Messtechnik und Prüfstände für Verbrennungsmotoren

Kai Borgeest

Messtechnik und Prüfstände für Verbrennungsmotoren

Messungen am Motor, Abgasanalytik, Prüfstände und Medienversorgung

3., überarbeitete und erweiterte Auflage

Springer Vieweg

Kai Borgeest
Zentrum für Kfz-Elektronik und
Verbrennungsmotoren
Technische Hochschule Aschaffenburg
Aschaffenburg, Deutschland

Mit Beiträgen von
Georg Wegener
Fakultät Ingenieurwissenschaften
Technische Hochschule Aschaffenburg
Aschaffenburg, Deutschland

ISBN 978-3-658-43283-6 ISBN 978-3-658-43284-3 (eBook)
https://doi.org/10.1007/978-3-658-43284-3

Die Deutsche Nationalbibliothek verzeichnet diese Publikation in der Deutschen Nationalbibliografie; detaillierte bibliografische Daten sind im Internet über http://dnb.d-nb.de abrufbar.

Planung/Lektorat: Reinhard Dapper
Springer Vieweg ist ein Imprint der eingetragenen Gesellschaft Springer Fachmedien Wiesbaden GmbH und ist ein Teil von Springer Nature.
Die Anschrift der Gesellschaft ist: Abraham-Lincoln-Str. 46, 65189 Wiesbaden, Germany

Das Papier dieses Produkts ist recyclebar.

Vorwort zur 3. Auflage

In einigen Jahren werden unsere Autos elektrische Antriebe haben. Eine Neuauflage eines Buchs, das sich wesentlich mit Verbrennungsmotoren befasst, scheint nicht mehr zeitgemäß. Trotzdem gibt es drei gute Gründe:

1. Bei vielen Pkw-Herstellern wird es noch mindestens eine Generation von Verbrennungsmotoren geben. Dies werden vielleicht die besten Pkw-Motoren sein, die jemals gebaut wurden.
2. Neben Pkw gibt es zahlreiche andere Anwendungen. Bei Seeschiffen für lange Strecken z. B. ist eine Elektrifizierung des Antriebsstrangs noch nicht absehbar, dort wird man Verbrennungsmotoren mit anderen Kraftstoffen betreiben.
3. Ein großer Teil der Prüfstandstechnik für elektrische Fahrzeugantriebe ist mit jener aus dem Zeitalter der Verbrennungsmotoren identisch. Natürlich entfallen manche Dinge wie die Abgasmesstechnik oder die innermotorische Verbrennungsanalyse. Die Höchstdrehzahl elektrischer Belastungsmaschinen steigt schon seit längerer Zeit.

Eine Runderneuerung in Form dieser Auflage ist also sinnvoll. Einige, eher schleichende Veränderungen der Prüfstandstechnik aufgrund der Elektromobilität machen sich bereits in dieser Auflage bemerkbar; wahrscheinlich ist dies die letzte Auflage mit dem Titel „Messtechnik und Prüfstände für Verbrennungsmotoren“, aber nicht die letzten Auflage zur Mess- und Prüftechnik an Fahrzeugmotoren.

Neben diversen Erweiterungen wurde das Buch v. a. mit dieser Auflage wieder aktualisiert.

Ich danke Herrn Kielczyk (AVL Tippelmann GmbH) für die Bereitstellung der Abbildung eines Durchflussprüfstandes.

Aschaffenburg
September 2023

Kai Borgeest

Vorwort zur 2. Auflage

Die bewährte Struktur der erstenAufl age wurde beibehalten, ein Großteil der fast tausend Änderungen sind deshalb Aktualisierungen, die v. a. den Praktiker interessieren dürften, und redaktionelle Verbesserungen, von denen v. a. Studenten und andere Einsteiger in die Materie profitieren dürften.

Es gab aber neben kleineren Erweiterungen des Inhalts auch einige größere Erweiterungen: Während sich die erste Auflage auf Messungen am Motorenprüfstand konzentrierte, geht die zweite Auflage auch auf Messungen auf Rollenprüfständen und an Komponentenprüfständen ein. Der Abgasskandal beschleunigte Änderungen der Gesetzgebung in Europa, die sich neben dem technischen Fortschritt auf die Messtechnik auswirken, hier ist z. B. die Abgasmessung mit portablen Emissionsmesssystemen (PEMS) zu nennen. Da der Bruch einer Welle am Prüfstand ein gefährliches und teures Ärgernis ist, war es mir wichtig, den Abschnitt über Drehschwingungen auszubauen.

Herrn Wommer (Moehwald GmbH), Herrn Dr. Wytrykus (SMETEC GmbH), Frau Dr. Schläger (LaVision GmbH), Frau Brodt (Umicore), Frau Eisenhofer (Umicore) und Herrn Prof. Dr.-Ing. Vanhaelst (Ostfalia, Wolfsburg) danke ich für die Bereitstellung zusätzlicher Abbildungen in dieser Aufl age.

Aschaffenburg
Januar 2020

Kai Borgeest

Vorwort

Wie werden Fahrzeugantriebe langfristig aussehen? Werden wir elektrisch fahren? Werden wir mit gasbetriebenen Verbrennungsmotoren fahren? Wird es weitere Antriebsalternativen geben?

Diese Fragen kann niemand beantworten, heute und in naher Zukunft dominiert aber sicher der Verbrennungsmotor. Angesichts rasanter Fortschritte in der Elektromobilität könnte man vermuten, dass in die Weiterentwicklung von Verbrennungsmotoren nicht mehr viel investiert werde. Tatsächlich wird aber mehr denn je an Verbrennungsmotoren geforscht und entwickelt, offenbar bieten diese immer noch erhebliche Optimierungspotenziale bei Leistung, Verbrauch, Emissionen und weiteren Eigenschaften.

Die zulässigen Emissionen und ihre Prüfvorschriften werden vom europäischen Gesetzgeber zunehmend verschärft, ehrgeizige Klimaziele veranlassen den Gesetzgeber, zulässige CO_2-Emissionen und damit auch den Kraftstoffverbrauch zu senken, der Fahrer möchte noch mehr Leistung aus einem kompakt bauenden Motor und die Kombination des Verbrennungsmotors mit Elektroantrieben in hybriden Antriebssträngen stellt wiederum neue Anforderungen an den Verbrennungsmotor.

Um diese Ziele zu erreichen, bedient man sich in Forschung und Entwicklung zweier Methoden, der Simulation und der Messung am realen Motor. Diese beiden Verfahren schließen einander nicht notwendigerweise aus, sondern können sich auch ergänzen.

Gegenstand dieses Buches sind Messungen an Motoren. Diese können im Fahrzeug auf der Straße oder auf dem Rollenprüfstand durchgeführt werden, meist wird aber der Motor ohne Fahrzeug auf einem Motorenprüfstand betrieben.

Das Buch richtet sich an die Planer und Betreiber von Prüfständen, an die Entwickler von Motoren, an die Entwickler der Elektronik im Antriebsstrang und v. a. an Studenten der Mechatronik, des Maschinenbaus oder der Elektrotechnik.

Ich freue mich besonders, dass ich an der Hochschule Aschaffenburg mit meinem Kollegen Georg Wegener einen Koautor gewinnen konnte, der seine Erfahrungen in der Messung von Drehmomenten einbringen konnte.

Für die Bereitstellung von Grafiken und Fotos danke ich Herrn Höldge von der Voith Turbo HighFlex GmbH & Co. KG, Herrn Mack von der Daimler AG, Herrn Martin von D2T GmbH und Tony Guillou. Auch im Namen von Herrn Wegener danke ich den Herren Haller und Stock von der Hottinger Baldwin Messtechnik GmbH und Herrn Lorenz von der Lorenz Messtechnik GmbH.

Aschaffenburg Kai Borgeest
März 2016

Inhaltsverzeichnis

Abkürzungen und Symbole

Abkürzungen

Im allgemeinen Sprachgebrauch übliche Abkürzungen sind nicht gelistet.

AC	**A**lternating **C**urrent	Wechselstrom
ACI	**A**utomatic **C**alibration **I**nterface	Automatische Applikationsschnittstelle
AE		**A**nzeige**e**inheit
AFR	**A**ir **F**uel **R**atio	Luft/Kraftstoff-Verhältnis
AK		**A**rbeits**k**reis
Amd	**Amend**ment	Nachbesserung
ANSI	**A**merican **N**ational **S**tandards **I**nstitute	Normungsstelle der USA
ASAM	**A**ssociation for **S**tandardization of **A**utomation and **M**easurement **S**ystems	Gesellschaft zur Standardisierung von Automations- und Messsystemen
ASME	**A**merican **S**ociety of **M**echanical **E**ngineers	Amerikanische Gesellschaft der Maschinenbauingenieure
ASS		**A**bfüll**s**chlauch**s**icherung
ASTM	**A**merican **S**ociety for **T**esting and **M**aterials	Amerikanische Gesellschaft für das Testen und für Materialien (veraltete Bedeutung)
AU		**A**bgas**u**ntersuchung (jetzt Teil der HU)
BAnz AT		**B**undes**an**zeiger, **a**mtlicher **T**eil
BArbBl		**B**undes**arb**eits**bl**att
BCI	**B**ulk **C**urrent **I**njection	Störstrominjektion in den Kabelbaum
BGBl		**B**undes**g**esetz**bl**att
B.I.C.E.R.A.	**B**ritish **I**nternal **C**ombustion **E**ngine **R**esearch **A**ssociation	Britische Gesellschaft zur Erforschung von Motoren mit innerer Verbrennung
BMEP	**B**rake **M**ean **E**ffective **P**ressure	Prüfstandsmitteldruck
CAN	**C**ontroller **A**rea **N**etwork	(Automobiles Bussystem)

CARS	Coherent Anti-Stokes Raman Scattering	Kohärente Anti-Stokes-Raman-Streuung
CCA	Constant Current Anemometry	Konstantstrom-Anemometrie
CEN	Comité Européen de Normalisation	Europäisches Komitee für Normung
CENELEC	Comité Européen de Normalisation Électrotechnique	Europäisches Komitee für Normung (Elektrotechnik)
CF	Conformity Factor	Übereinstimmungsfaktor
CFD	Computational Fluid Dynamics	Numerische Strömungsberechnung
CFR	Code of Federal Regulations	(Sammlung von Verordnungen der USA)
CFR	Cooperative Fuel Research Committee of the SAE	Kooperativer Kraftstoffforschungs-Ausschuß der SAE
CiA	„CAN in Automation"	„CAN in Automation"
CIFI	Cylinder Individual Fuel Injection	Zylinderindividuelle Kraftstoffeinspritzung
CLA	Chemoluminescence Analyzer	Chemolumineszenz-Analysator
CLD	Chemoluminescence Detector	Chemolumineszenz-Detektor
CNG	Compressed Natural Gas	Komprimiertes Erdgas
CoE	CAN over EtherCAT	CAN über EtherCAT
CPC	Condensation Particle Counter	Kondensationspartikelzähler
CPU	Central Processing Unit	Zentraleinheit einer SPS
CRT	Continuous Regeneration Trap	(Abgasnachbehandlungsverfahren)
CTA	Constant Temperature Anemometry	Konstanttemperatur-Anemometrie
CVS	Constant Volume Sampling	Konstantvolumen-Probennahme
DAkkS		Deutsche Akkreditierungsstelle
DC	Diffusion Charger	Diffusionsauflader
DEHS	Di-Ethyl-Hexyl-Sebacic-Acid-Ester	Di-Ethyl-Hexyl-Sebacat
DGV	Doppler Global Velocimetry	Globale Doppler-Geschwindigkeitsmessung
DIN		Deutsche Institut für Normung e. V.
DMA	Differential Mobility Analyzer	Differenzieller Mobilitäts analysator
DMPS	Differential Mobility Particle Sizer	(Gerät zur Partikelgrößenbestimmung)
DMS	Differential Mobility Spectrometer	Differenzielles Mobilitätsspektrometer
DMS	Strain Gauge	Dehnungsmessstreifen
DN	Diamètre Nominal	Nennweite
DoE	Design of Experiments	Statistische Versuchsplanung
DOHC	Double OHC	Doppelte oben liegende Nockenwelle
DP	Decentralized Peripherals	Dezentrale Peripherie

DTS	**D**raft **T**echnical **S**pecification	Entwurf einer technischen Spezifikation (ISO)
DUT	**D**evice **u**nder **T**est	Prüfling
Dy:YAG	**Dy**sprosium-Doped **Y**ttrium **A**luminum **G**arnet	**Dy**sprosium-dotierter **Y**ttrium-**A**luminium-**G**ranat
ECE	**E**conomic **C**ommission for **E**urope	Wirtschaftskommission für Europa
EFM	**E**xhaust Gas **F**low **M**eter	Abgasmassendurchsatzmesser
EKA		**E**inlass**k**anal**a**bschaltung
ELPI	**E**lectrical **L**ow **P**ressure **I**mpactor	Elektrischer Niederdruckimpaktor
ELR	**E**uropean **L**oad **R**esponse	(Lastzyklus)
EMV		**E**lektro**m**agnetische **V**erträglichkeit
EOBD	**E**lectronic **O**n-**B**oard-**D**iagnosis	Elektronische Borddiagnose
EoL	**E**nd **o**f **L**ine	Bandende
EN	European Standard	**E**uropäische **N**orm
ESC	**E**uropean **S**tationary **C**ycle	(Stationärer Abgaszyklus)
ESD	**E**lectro**s**tatic **D**ischarge	Elektrostatische Entladung
ETC	**E**uropean **T**ransient **C**ycle	(Transienter Abgaszyklus)
EU	**E**uropean **U**nion	**E**uropäische **U**nion
FCE	**F**araday **C**up **E**lectrometer	Faradaybecher-Elektrometer
FEM	**F**inite **E**lement **M**ethod	**F**inite-**E**lemente-**M**ethode
FSN	**F**ilter **S**moke **N**umber	Filter-Rauchzahl
FTIR	**F**ourier **T**ransform **I**nf**r**ared Spectroscopy	**F**ourier-**T**ransformations-**I**nf**r**arot-Spektroskopie
FVV		**F**orschungs**v**ereinigung **V**erbrennungskraftmaschinen
GCMS	**G**as **C**hromatography, **M**ass **S**pectrometry	**G**as**c**hromatographie/ **M**assen**s**pektroskopie
GMBl		**G**emeinsames **M**inisterial**bl**att
GPS	**G**lobal **P**ositioning **S**ystem	Globales Ortungssystem
GRPE	Working Party on **P**ollution and **E**nergy	(UN-Arbeitsgruppe)
HELS	**H**elmholtz **E**quation **L**east **S**quare	Helmholtz-Gleichung, kleinste Quadrate
HEPA	**H**igh-**E**fficiency **P**articulate **A**ir (... Filter)	Schwebstoff- (...Filter)
HFM	**H**ot **F**ilm air mass **M**eter	**H**eiß**f**ilm-Luftmassen-**M**esser
HFO	**H**eavy **F**uel **O**il	Schweröl
HiL	**H**ardware **i**n the **L**oop	(Hardware in geschlossener Regelschleife)
HP	**H**orse **P**ower	Pferdestärke (PS)

Hrsg.		Herausgeber
HTL	**H**igh **T**hreshold **L**ogic	Hochschwellen-Logik
IEC	**I**nternational **E**lectrotechnical **C**ommission	(Internationale Normungsorganisation)
IP	**I**nternet **P**rotocol	Internetprotokoll
ISO	**I**nternational **O**rganization for **S**tandardization	(Internationale Normungsorganisation)
IT	**I**nformation **T**echnology	**I**nformations**t**echnik
JTC	**J**oint **T**echnical **C**ommittee	Gemeinsamer technischer Ausschuss
LDA	**L**aser **D**oppler **A**nemometry	**L**aser-**D**oppler-**A**nemometrie
LDSA	**L**ung **D**eposited **S**urface **A**rea	lungendeponierte Oberfläche
LDV	**L**aser **D**oppler **V**elocimetry	**L**aser-**D**oppler-**V**elocimetrie
LH2	liquid H_2	flüssiger H_2
Lkw		**L**ast**k**raft**w**agen
LIF	**L**aser **I**nduced **F**luorescence	**L**aser**i**nduzierte **F**luoreszenz
LII	**L**aser **I**nduced **I**ncandescence	**L**aser**i**nduzierte **I**nkandeszenz
LIP	**L**aser **I**nduced **P**hosphorescence	**L**aser**i**nduzierte **P**hosphoreszenz
LNG	**L**iquefied **N**atural **G**as	Verflüssigtes Erdgas
LPG	**L**iquefied **P**etrol **G**as	Autogas (Flüssiggas)
LSB	**L**east **S**ignificant **B**it	Bit mit der geringsten Wertigkeit
MEG	**M**onoethylene **G**lycol	**M**ono**e**thylen**gl**ykol
MOZ		**M**otor-**O**ktan**z**ahl
MSB	**M**ost **S**ignificant **B**it	Bit mit der höchsten Wertigkeit
MVEG	**M**otor **V**ehicle **E**missions **G**roup Cycle	= NEFZ
NAH	**N**ear Field **A**coustic **H**olography	Akustische Nahfeldholografie
NDIR	**N**on **D**ispersive **I**nfra **r**ed Spectroscopy	Nichtdispersive Infrarotspektroskopie
NDUV	**N**on **D**ispersive **U**ltra**v**iolet Spectros-copy	**N**icht**d**ispersive **U**ltra**v**iolettspektroskopie
Nd:YAG	**N**eo**d**ymium Doped **Y**ttrium **A**luminum **G**arnet	**N**eo**d**ym-dotierter **Y**ttrium-**A**luminium- **G**ranat
NEDC	**N**ew **E**uropean **D**riving **C**ycle	Neuer Europäischer Fahrzyklus
NEFZ		**N**euer **E**uropäischer **F**ahr**z**yklus
NMC	**N**on-**M**ethane **C**utter	**N**icht-**M**ethan-**C**utter
NMHC	**N**on-**M**ethane **H**ydro**c**arbons	Nicht-Methan-Kohlenwasserstoffe
NTC	**N**egative **T**emperature **C**oefficient	(Heißleiter)
NVH	**N**oise, **V**ibration, **H**arshness	(Fahrzeugakustik)
OATS	**O**pen **A**rea **T**est **S**ite	Freigeländetesteinrichtung
OHC	**O**ver**h**ead **C**amshaft	Oben liegende Nockenwelle

OT		**O**berer **T**otpunkt
PAK		**P**olyzyklische **a**romatische **K**ohlenwasserstoffe
PAS	**P**hoto **A**coustic **S**pectroscopy	Photoakustische Spektroskopie
PASS	**P**hoto **A**coustic **S**oot **S**pectrometry	Photoakustische Rußspektrometrie
PCRF	**P**article **C**oncentration **R**eduction **F**actor	Partikelkonzentrations-Reduktionsfaktor
PDV	**P**lanar **D**oppler **V**elocimetry	**P**lanare **D**oppler-**V**elocimetrie
PEMS	**P**ortable **E**mission **M**easurement **S**ystem	**P**ortables **E**missions-**M**ess**s**ystem
PFI	**P**ort **F**uel **I**njection	Saugrohreinspritzung
PIV	**P**article **I**mage **V**elocimetry	Partikelbild-Geschwindigkeitsmessung
PLIF	**P**lanar **LIF**	**P**lanare **LIF**
PLU		**P**ierburg **L**uftfahrt **U**nion GmbH
PMD	**P**ara **m**agnetic **D**etector	**P**ara**m**agnetischer **D**etektor
PMP	**P**article **M**easurement **P**rogram	**P**artikel**m**essungs**p**rogramm
PTV	**P**article **T**racking **V**elocimetry	Partikelverfolgung-Geschwindigkeitsmessung
Pkw		**P**ersonen**k**raft**w**agen
PSP	**P**article/**P**articulate **S**ampling **P**robe	Partikelentnahmesonde
PTC	**P**ositive **T**emperature **C**oefficient	(Kaltleiter)
PTFE	**P**oly**t**etra**f**luoro**e**thylene	**P**olyte**t**ra**f**luor**e**thylen
PVDF	**P**oly**v**inyli**d**ene**F**luoride	**P**oly**v**inyli**d**en**f**luorid
PWG		**P**edal**w**ert**g**eber
PWM	**P**ulse **W**idth **M**odulation	**P**uls**w**eiten**m**odulation
QCL	**Q**uantum **C**ascade **L**aser	Quantenkaskadenlaser
QLS	**Q**uantitative **L**ight **S**ection	**Q**uantitativer **L**icht**s**chnitt
RDE	**R**eal **D**riving **E**missions	Emissionen bei realer Fahrt
ROZ		**R**esearch-**O**ktan**z**ahl
S.		**S**eite
SAE	**S**ociety of **A**utomotive **E**ngineers	Gesellschaft der Automobilingenieure (Historische Bezeichnung)
SAW	**S**urface **A**coustic **W**ave	Akustische Oberflächenwelle
SC	**S**ub **c**ommittee	Unterausschuss
SCR	**S**elective **C**atalytic **R**eduction	(Abgasnachbehandlungsverfahren)
SEFI	**Se**rial **F**uel **I**njection	Serielle Kraftstoffeinspritzung
SHED	**S**ealed **H**ousing for **E**vaporative **D**etermination	(Prüfkammer für Verdunstungsemissionen)

SMPS	**S**canning **M**obility **P**article **S**izer	(Gerät zur Partikelgrößenbestimmung)
SOF	**S**oluble **O**rganic **F**raction	Löslicher organischer Anteil
SPS		**S**peicher**p**rogrammierbare **S**teuerung
SR		**S**ystematische **R**echtssammlung
SSI	**S**ynchronous **S**erial **I**nterface	Synchron-serielle Schnittstelle
SZ		**S**chwärzungs**z**ahl
TA		**T**echnische **A**nleitung
TC	**T**echnical **C**ommittee	Technischer Ausschuss
TCP	**T**ransmission **C**ontrol **P**rotocol	Übertragungssteuerungsprotokoll
TEDS	**T**ransducer **E**lectronic **D**ata **S**heet	Elektronisches Sensordatenblatt
TEM	**T**ransversal **E**lectric **M**ode	**T**ransversal-**e**lektrischer **M**odus
TGA		**T**echnische **G**ebäudeausrüstung
THC	**T**otal **H**ydro **c**arbons	Gesamt-Kohlenwasserstoffe
TiRe-LII	**Ti**me **Re**solved LII	Zeitaufgelöste LII
TOF	**T**ime **o**f **F**light	Laufzeit
TR		**T**echnische **R**egeln
TRbF		**T**echnische **R**egeln für **b**rennbare **F**lüssigkeiten
TRBS		**T**echnische **R**egeln für **B**etriebs**s**icherheit
TRGS		**T**echnische **R**egeln für **G**efahr**s**toffe
TRT	**T**otal **R**educed **S**ulfur	Gesamter reduzierter Schwefel
TRT		**T**echnische **R**egeln für **T**anks
TTL	**T**ransistor **T**ransistor **L**ogic	**T**ransistor-**T**ransistor-**L**ogik
TWC	**T**ubular **W**ave **C**oupler	Koaxialer Richtkoppler
UMA		**U**ntersuchung des **M**otormanagements und **A**bgasreinigungssystems
UN	**U**nited **N**ations	Vereinte Nationen
USB	**U**niversal **S**erial **B**us	**U**niverseller **s**erieller **B**us
UT		**U**nterer **T**otpunkt
UV	**U**ltra **v**iolet	**U**ltra **v**iolett
VDI		**V**erein **D**eutscher **I**ngenieure
VI	**V**iscosity **I**ndex	**V**iskositäts**i**ndex
Vol.	**Vol**ume	**Vol**umen
VTG	**V**ariable **T**urbine **G**eometry	**V**ariable **T**urbinen**g**eometrie
WHSC	**W**orld **H**armonized **S**tationary **C**ycle	Weltharmonisierter stationärer Zyklus

WHTC	**W**orld **H**armonized **T**ransient **C**ycle	Weltharmonisierter transienter Zyklus
WLTC	**W**orldwide harmonized **L**ight Duty **T**est **C**ycle	(Testzyklus in der WLTP)
WLTP	**W**orldwide harmonized **L**ight vehicles **T**est **P**rocedure	(Neue Abgastestprozedur)
WMTC	**W**orldwide harmonized **M**otorcycle **T**est **C**ycle	(Neuer Abgastestzyklus für Motorräder)

Symbole in Formeln und Naturkonstanten

Physikalische und mathematische Symbole

Ein Punkt über einem Symbol symbolisiert die Ableitung der Größe nach der Zeit, ein Unterstrich einen Vektor, ein vorangestelltes Δ eine Differenz und ein Zirkumflex (^) über einem Symbol einen Spitzenwert. Größen, die im Buch sowohl klein geschrieben (z. B. als zeitabhängige Größe) als auch groß geschrieben (z. B. als stationärer Wert oder Effektivwert) vorkommen, sind hier mit Großbuchstaben aufgeführt.

a	Abstand
A	Querschnittsfläche
A	Empirische Konstante
A_{K}	Wirksamer Kolbenquerschnitt
B	Magnetische Flussdichte
B	Empirische Konstante
b	Dämpfungskoeffizient
b	Versatz gegenüber liegender Zylinder beim Boxermotor
C_{met}	Meteorologische Korrektur des Schallpegels
c	Steifigkeit
c	Lichtgeschwindigkeit
c	Schallgeschwindigkeit
c	Strömungsgeschwindigkeit
c	Konzentration (Stoff durch Index angegeben)
c_i	Gewichtungsfaktor
c_{u}	Strömungsgeschwindigkeit in Umfangsrichtung
c_{W}	Widerstandsbeiwert
d	Bohrung

d	Breite
d	Durchmesser, Innendurchmesser
D	Außendurchmesser
D	Dämpfungsgrad (lehrsche Dämpfung)
$\mathbf{D}$	Dämpfungsmatrix
E	Elastizitätsmodul
E	Elektrische Feldstärke
f_0	Frequenz der Strahlungsquelle beim Doppler-Effekt
f_0	Eigenfrequenz
f_{ausg}	Ausgangsfrequenz
f_{max}	Frequenz, bei der die Vergrößerungsfunktion maximal ist
F	Kraft
F_{Antrieb}	Antriebskraft
F_{C}	Coriolis-Kraft
F_{Gas}	Gaskraft
F_{H}	Hangabtrieb
F_{L}	Luftwiderstand
F_{K}	Kolbenkraft
F_{M}	Massenkraft
$F_{\text{M}i}$	Massenkraft *i*. Ordnung
F_{R}	Responsefaktor
F_{R}	Reibungskraft
F_{T}	Trägheitskraft
F_{W}	Fahrwiderstand
g	Erdbeschleunigung (9,8 m/s^2)
G	Schubmodul
G	Wuchtgüte
h	Plancksches Wirkungsquantum ($6{,}626 \cdot 10^{-34}$ Js)
h	Umkehrspanne
H_{i}	(unterer) Heizwert
i	Thermodynamische Zyklen pro Kurbelwellenumdrehung
i	Zählindex
I	Elektrischer Strom
I	Intensität (Schall/Licht)
I_{A}	Ankerstrom
I_{E}	Erregerstrom
I_{p}	Polares Flächenträgheitsmoment

I_x	Strom durch Heizdraht
J_B	Bremsseitiges Trägheitsmoment
J_{ges}	Gesamtes Trägheitsmoment
J_i	Trägheitsmoment an Zylinder *i*
J_M	Motorseitiges Trägheitsmoment
J_{MS}	Trägheitsmoment des Motorschwungrades
$\mathbf{J}$	Trägheits- oder Massenmatrix
k	Boltzmann-Konstante ($1{,}381 \cdot 10^{-23}$ J/K)
k	Spezifische Absorption
k	Proportionalitätsfaktor eines Dehnungsmessstreifens
k	Torsionssteifigkeit
k	Anzahl
k_i	Torsionssteifigkeit einzelner Wellenabschnitte
$\mathbf{K}$	Steifigkeitsmatrix
K_I	Schallpegelkorrektur für Impulshaltigkeit
K_R	Schallpegelkorrektur für Ruhezeiten
K_T	Schallpegelkorrektur für Tonhaltigkeit
l	Länge (ggf. präzisiert durch Index-Buchstaben)
L_{Aeq}	Mittelungspegel
$L_{EX,8h}$	über 8 Stunden gemittelter Schallpegel am Arbeitsplatz
$L_{pC,peak}$	Spitzenschallpegel am Arbeitsplatz
L_r	Beurteilungspegel nach TA Lärm
L_{xk}	Drehimpuls in *x*-Richtung
m	Faktor in Reaktionsgleichungen
m	Masse
m_{ein}	Bei einem Kolbenspiel einströmende Luftmasse
m_{Kolben}	Kolbenmasse
$m_{Kraftstoff}$	Kraftstoffmasse
$m_{Luft(,stöchiometrisch)}$	(Stöchiometrische) Luftmasse
m_{th}	Theoretische Luftmasse
M	Drehmoment
M_{ab}	Abtriebsmoment
M_{an}	Antriebsmoment
M_D	Drehmoment
M_{kipp}	Kippmoment einer Asynchronmaschine
M_{Mot}	Motormoment (wo es aus dem Zusammenhang eindeutig ist, nur ***M*** genannt)

$M_{\mathrm{M}i}$	Moment aus Massenkräften n. Ordnung
M_{xi}	Momente in x-Richtung
$\underline{M}$	Momentenvektor
n	Faktor in Reaktionsgleichungen
n	Anzahl
n	Drehfrequenz (Drehzahl)
n	Empirische Konstante
n_{S}	Synchrondrehzahl
p	Polpaarzahl
p	Druck
p	Schalldruck
p_0	Atmosphärendruck
p_{l}	Ladedruck
p_{m}	(Indizierter) Mitteldruck
p_{max}	Maximaldruck
p_{min}	Minimaldruck
P	Leistung
P_{mech}	Mechanische Leistung
q	Elementarladung ($1{,}602 \cdot 10^{-19}$ As)
Q_{ab}	Abgeführte Wärme
Q_{zu}	Zugeführte Wärme
r	Radius, Kurbelradius
r	Tastverhältnis
R	Widerstand
R_{ε}	Dehnungsabhängige Widerstandskomponente
R_T	Temperaturabhängige Widerstandskomponente
R_{x}	Heizdrahtwiderstand
s	Hub
s	Schlupf
S	Strouhalzahl
S	Signal, allgemein, ggf. durch Index spezifiziert
t	Zeit
t	Mechanische Remanenz
t_{r}	Laufzeit rückwärts
t_{v}	Laufzeit vorwärts
T	Periodendauer
T	Temperatur

T_i	Temperatur, nach Zeit oder Ort indiziert, Medium (z. B. Luft) ggf. als zusätzlicher Index angegeben
T_{i}	Lärmbeitragszeit
TK_0	Temperaturkoeffizient für Nullsignal
TK_{C}	Temperaturkoeffizient für Kennwert
u	Stellgröße
u_f	Energiedichte (auf die Frequenz bezogen)
u_λ	Energiedichte (auf die Wellenlänge bezogen)
U	Innere Energie
U	Elektrische Spannung
U_0	Speisespannung
U_{aus}	Ausgangsspannung
$ü$	Übersetzung
v	Geschwindigkeit
v_{max}	Höchstgeschwindigkeit
v	Schallschnelle
$V(f)$, $V(\omega)$	Vergrößerungsfunktion
V_{H}	Hubvolumen des Motors
V_{h}	Hubvolumen eines Zylinders
W	Arbeit
W	Wangenbreite
x	Ortskoordinate (eindimensional oder zwei- oder dreidimensionaler Vektor)
x_{i}	Variablen allgemein
z	Zylinderzahl
z	Zielgröße
α	Knickwinkel
α	Steigungswinkel
α	Gaspedalstellung (als Winkel oder prozentual)
β	Pendelwinkel
ε	Dehnung
ε_0	Absolute Permittivität (elektrische Feldkonstante, Dielektrizitätskonstante)
ε_{r}	Relative Permittivität
η	Verhältnis der Frequenz zur (ungedämpften) Resonanzfrequenz (Abstimmungsverhältnis)
η_{eff}	Effektiver Wirkungsgrad
η_{th}	Thermischer Wirkungsgrad

$\theta(x,t)$	Torsionswinkel
λ	Kurbelverhältnis
λ	Luftzahl
λ	Wellenlänge
λ_a	Luftaufwand
λ_{max}	Wellenlänge maximaler Emission
λ_0	Emittierte Wellenlänge
μ	Reibungskoeffizient
μ_0	Absolute Permeabilität (magnetische Feldkonstante, $4\pi \cdot 10^{-12}$ As / Vm)
μ_r	Relative Permeabilität
ν	Querkontraktionszahl (Poisson-Zahl)
ρ	Dichte (ggf. durch ergänzenden Indextext auf bestimmte Medien bezogen)
ρ	Spezifischer Widerstand
φ, ϕ	Winkel, allgemein
φ	Kurbelwinkel
φ_0	Anfangswert des Kurbelwinkels
Φ	Magnetischer Fluss
Ψ	Pleuelwinkel
Ψ_i	i-te Lösung der Helmholtzgleichung
ω	Winkelgeschwindigkeit $2\pi n$, Kreisfrequenz $2\pi f$
ω_{ab}	Abtriebswinkelgeschwindigkeit
ω_{an}	Antriebswinkelgeschwindigkeit
ω_s	Synchrondrehzahl
ω_0	Resonanzkreisfrequenz $2\pi f_0$ einer Schwingung
σ	Zugspannung
τ	Laufvariable für eine Integration über die Zeit

Chemische Symbole und Formeln

CH	Kohlenwasserstoff-Radikal
CH_4	Methan
CO	Kohlenmonoxid
CO_2	Kohlendioxid
H_2	Molekularer Wasserstoff
HC	Kurzschreibweise für C_mH_n (Kohlenwasserstoffe)
H_2S	Schwefelwasserstoff

NH_3	Ammoniak
NO	Stickstoffmonoxid
NO_2	Stickstoffdioxid
N_2	Molekularer Stickstoff
N_2O	Distickstoffoxid (Lachgas)
O_2	Molekularer Sauerstoff
O_3	Ozon
S	Schwefel
SO_2	Schwefeldioxid
SO_3	Schwefeltrioxid

1 Einleitung

Der Verbrennungsmotor ist noch der Standardantrieb von Landfahrzeugen und Schiffen. In der Luftfahrt wurde er von Strömungsmaschinen verdrängt, in Kleinflugzeugen werden aber noch Verbrennungsmotoren eingesetzt, die sich teilweise von Pkw-Motoren ableiten. Daneben ist er verbreitet bei Schienenfahrzeugen und stationären Anwendungen. Eine sichere Prognose, wie sich dieses Einsatzgebiet langfristig ändert, ist nicht möglich, zu vermuten ist

1. eine Verdrängung in Pkw-Antrieben durch rein elektrische Antriebe,
2. ein zunehmender Einsatz gemeinsam mit elektrischen Maschinen in Hybridantrieben,
3. v. a. auf Seeschiffen eine Substitution flüssiger Kraftstoffe durch Gase,
4. ein Einsatz als Energiewandler in Blockheizkraftwerken.

Auch langfristig wird also ein Entwicklungsbedarf im Zusammenhang mit Verbrennungsmotoren bestehen. Teilweise werden Motoren unter bekannten Einsatzbedingungen optimiert, z. B. zur Erfüllung neuer Abgasstandards, zur Reduktion des Kraftstoffverbrauchs und unmittelbar damit verbunden des CO_2-Ausstoßes sowie zur Erhöhung der Leistungsdichte *(Downsizing)*. In wenigen Fällen ist auch noch mit grundlegenden Neuentwicklungen an Verbrennungsmotoren zu rechnen. Kap. 2 wird zunächst relevante Grundlagen der Verbrennungsmotoren behandeln.

Messungen an Verbrennungsmotoren werden nicht nur bei den Herstellern von Fahrzeugen und Motoren durchgeführt. Auch Zulieferer von Baugruppen oder Teilen für Motoren sowie deren Zulieferer sind auf Messungen und Tests angewiesen. Weitere Einrichtungen sind die Hersteller von Kraft- und Schmierstoffen, Fahrzeug- und Motorentuner, Behörden, Hochschulen, Forschungseinrichtungen, Dienstleister und natürlich auch die Hersteller der Mess- und Prüftechnik für Verbrennungsmotoren.

K. Borgeest, *Messtechnik und Prüfstände für Verbrennungsmotoren*,
https://doi.org/10.1007/978-3-658-43284-3_1

Die Ziele der Messungen und Prüfungen können dabei sehr unterschiedlich sein, Beispiele sind Dauerlauftests, Leistungsmessung, Abgasmessung, Steuergeräteapplikation, Robustheitstests, Qualitätssicherung in der Produktion, Komponententests, Untersuchungen von Kraftstoffen, Schmierölen oder Kühlmitteln, akustische Optimierung oder EMV-Tests.

Fast allen diesen Messungen und Prüfungen ist zunächst gemeinsam, dass sie einen Prüfstand erfordern, der den Betrieb des Motors außerhalb des Fahrzeugs unter realistischen Bedingungen ermöglicht. Produktionstests werden teilweise auch unbefeuert durchgeführt, der Motor wird dabei lediglich durchgedreht, auch bei der Untersuchung von Schmierstoffen können im Einzelfall unbefeuerte Versuche stattfinden. Der grundlegende Aufbau von Prüfständen ist Gegenstand des 3. Kapitels.

Nicht alle Messungen an Motoren werden an Motorenprüfständen durchgeführt; Kap. 4 führt in weitere Einrichtungen ein, z. B. Fahrzeugprüfstände und Komponentenprüfstände.

Im 5. Kapitel wird auf die Mechanik, v. a. auf Schwingungsprobleme, die im ungünstigsten Falle Zerstörungen bewirken können, intensiv eingegangen.

Realistische Betriebsbedingungen beinhalten die Belastung des Motors während der Fahrt durch Trägheitskräfte beim Beschleunigen, durch den Luftwiderstand bei hohen Fahrgeschwindigkeiten, durch die Überwindung von Höhenunterschieden, durch Reibung und durch Zusatzaggregate (z. B. Klimakompressoren in Pkw oder Hydraulikpumpen in mobilen Arbeitsmaschinen). Die Maschine, die diese Belastung während des Fahrbetriebs in Form eines variablen Gegenmoments auf der Abtriebswelle des Motors simuliert, ist eine der wichtigsten Komponenten des Prüfstandes und wird in Kap. 6 behandelt.

Während der Prüfstandsläufe wird man bestrebt sein, möglichst viele im Sinne des Testzwecks relevante Messwerte vom Motor zu gewinnen und aufzuzeichnen. In dieser Hinsicht kann der ganze Prüfstand als ein sehr komplexes Messgerät betrachtet werden. In manchen Fällen, genügt es, Messwerte an den Schnittstellen des Motors zu seiner Außenwelt zu gewinnen, z. B. Drehzahl und Drehmoment, häufig müssen aber auch Zustände innerhalb des Motors erfasst werden bis hin zu einer örtlich und zeitlich aufgelösten Analyse der Verbrennungsvorgänge; dies erfordert eine wesentlich aufwendigere Messtechnik. Kap. 7 befasst sich mit der Messtechnik von den äußeren Schnittstellen bis tief ins Innere des Brennraumes. Da die Motorenentwicklung maßgeblich durch die regelmäßige Verschärfung von Abgasgrenzwerten getrieben wird, spielt die Abgasanalytik inzwischen eine besondere Rolle in der Motorenmesstechnik.

Moderne Prüfstände werden von einem elektronischen Prüfstandsregler oder einem PC gesteuert und geregelt. Der PC kann im benachbarten Kontrollraum oder über eine Internetanbindung an jedem beliebigen anderen Ort der Welt stehen. Die Technik zur Automatisierung und Regelung des Prüfstandes ist Gegenstand von Kap. 8. Sie umfasst auch z. B. die Simulation von Straßenfahrten oder das gezielte Abfahren einzelner Arbeitspunkte, die durch eine Regelung stabil gehalten werden müssen.

Der Betrieb eines Prüfstandes erfordert erhebliche Eingriffe in die Gebäudeinfrastruktur, oft werden Gebäude gezielt für diesen Zweck errichtet. Sowohl der Prüfstand, als auch die technische Gebäudeausrüstung (TGA) sind hochkomplex und erfordern eine umfangreiche Projektierung. Auch die Inbetriebnahme und der Betrieb erfordern mehr Kenntnisse und personelle Kapazitäten als einfache Messgeräte, hier soll Kap. 9 den Planern und Betreibern helfen.

An Prüfständen wird mit hohen mechanischen und elektrischen Leistungen, brennbaren und evtl. giftigen Gasen und Flüssigkeiten gearbeitet. Kap. 10 soll helfen, Personen-, Sach- und Umweltschäden zu vermeiden und gesetzliche Sicherheits- und Umweltvorschriften zu erfüllen.

2 Verbrennungsmotoren

Das Ziel dieses Kapitels ist, **kurz** Grundlagen der Verbrennungsmotoren einzuführen und Hinweise auf die in der Entwicklung interessanten Messgrößen sowie auf sonstige Eigenschaften zu geben, die für den Betrieb am Prüfstand relevant sind. Für eine ausführliche Behandlung von Verbrennungsmotoren sei z. B. auf [BassSchä17] verwiesen.

Wärmekraftmaschinen, also Maschinen, die Wärmeenergie in mechanische Arbeit wandeln, lassen sich einteilen in Strömungsmaschinen (z. B. Gasturbinen) und in Kolbenmaschinen, zu letzteren gehören Verbrennungsmotoren. Am Rande sei erwähnt, dass bei kleineren Gasturbinen teilweise eine ähnliche Prüftechnik wie bei Verbrennungsmotoren eingesetzt wird. Abb. 2.1 gibt einen Überblick.

Ein Merkmal von Verbrennungsmotoren ist die innere Verbrennung, d. h. Energie wird in chemisch gespeicherter Form als Kraftstoff zugeführt und innerhalb des Motors durch Verbrennung in Wärme umgesetzt, mit dieser Wärme wird am Kolben Arbeit verrichtet. Vom Kraftstoff zur mechanischen Arbeit liegen also zwei Energiewandlungen vor. Daneben gibt es Kolbenmaschinen, denen von außen Wärme über die Zylinderwand zugeführt wird (z. B. Stirlingmotor), die Wärmeerzeugung, die hier nicht notwendigerweise durch eine Verbrennung erfolgt, ist räumlich vom Motor entkoppelt. Eine andere Möglichkeit, Wärme aus einer externen Verbrennung einer Kolbenmaschine zuzuführen, ist die Einleitung von Dampf in den Arbeitsraum (Dampfmaschine). Ein Prüfstand für Stirlingmotoren unterscheidet sich nicht wesentlich von einem Prüfstand für Verbrennungsmotoren, sofern auch die externe Wärmeerzeugung durch Verbrennung erfolgt, bei den heute nicht mehr üblichen Dampfmaschinen sind die Unterschiede größer, weil hier die Erzeugung und Weiterleitung des Dampfes ausgiebig zu untersuchen wären und neben dem Abgas aus der Verbrennung auch große Mengen an Abdampf am Prüfstand anfallen.

Im Folgenden werden wir uns auf Verbrennungsmotoren mit interner Verbrennung konzentrieren. Nach den genannten beiden Energiewandlungen im Motor wird die Arbeit

K. Borgeest, *Messtechnik und Prüfstände für Verbrennungsmotoren*,
https://doi.org/10.1007/978-3-658-43284-3_2

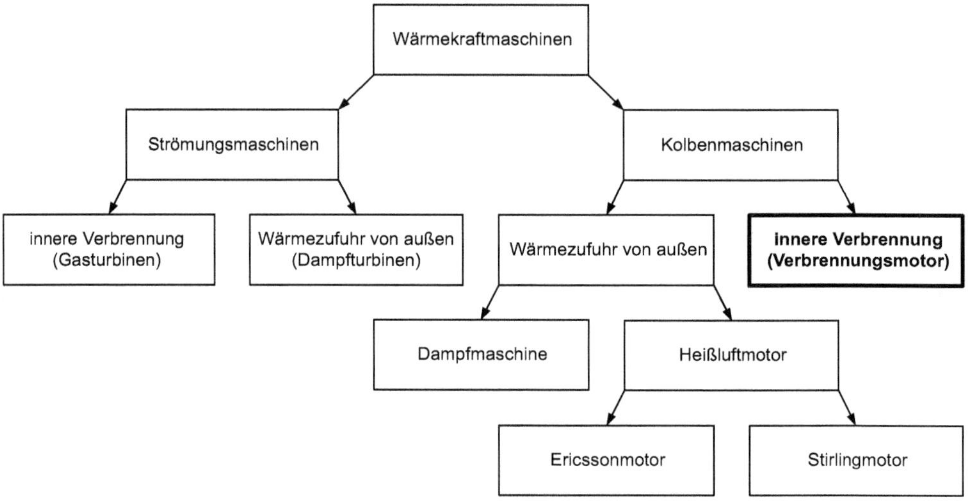

Abb. 2.1 Wärmekraftmaschinen

durch eine lineare Bewegung des Kolbens zwischen zwei Totpunkten abgegeben, der Kurbeltrieb des Motors wandelt diese lineare Bewegung in eine für den Fahrzeugantrieb sinnvolle Rotationsbewegung um. Eine Ausnahme stellen die nach ihrem Erfinder Felix Wankel benannten Rotationskolbenmotoren dar, in denen aus der Wärmefreisetzung direkt eine Drehbewegung erzeugt wird und der Kurbeltrieb damit entfällt.

2.1 Gemischbildung und Verbrennung

Abb. 2.2 gibt einen Überblick über erwünschte und unerwünschte Abläufe in einem Verbrennungsmotor. Auf der linken Seite stehen die zugeführten Stoffe (Edukte), deren Mengen im Prüfstand zu messen sind und die oft auch unter definierten Drücken und Temperaturen dem Motor zuzuführen sind, wenn die Versuche reproduzierbar sein sollen. Die Bereitstellung der Edukte unter definierten Bedingungen wird *Konditionierung* genannt.

Luft besteht zu 78 Vol.-% aus Stickstoff (N_2), sowie zu 21 Vol.-% aus Sauerstoff (O_2); der Rest, bestehend aus 0,04 Vol.-% Kohlendioxid (CO_2) und Spuren anderer Gase, z. B. Argon, sei hier vernachlässigt (Abb. 2.3).

Kraftstoffe bestehen v. a. aus Kohlenwasserstoffen (Abb. 2.4). Gasförmige Kraftstoffe mit Ausnahme des Wasserstoffs enthalten kurze Kohlenwasserstoffketten (1 bis 4 Kohlenstoffatome), flüssige Kraftstoffe lange Kohlenwasserstoffketten (Ottokraftstoff 5 bis 9 Kohlenstoffatome, Dieselkraftstoff 10 oder mehr Kohlenstoffatome). Ottokraftstoffe enthalten auch einen hohen Anteil an Kohlenwasserstoffen mit zyklischer Molekülstruktur, v. a. Benzol und dessen Verbindungen. Das in großen Schiffsmotoren

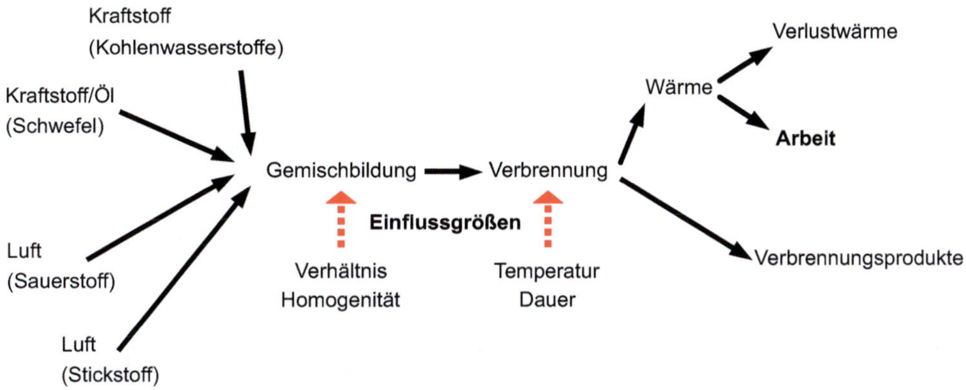

Abb. 2.2 Ausgangsstoffe, Umwandlungen, erwünschte und unerwünschte Produkte eines Verbrennungsmotors

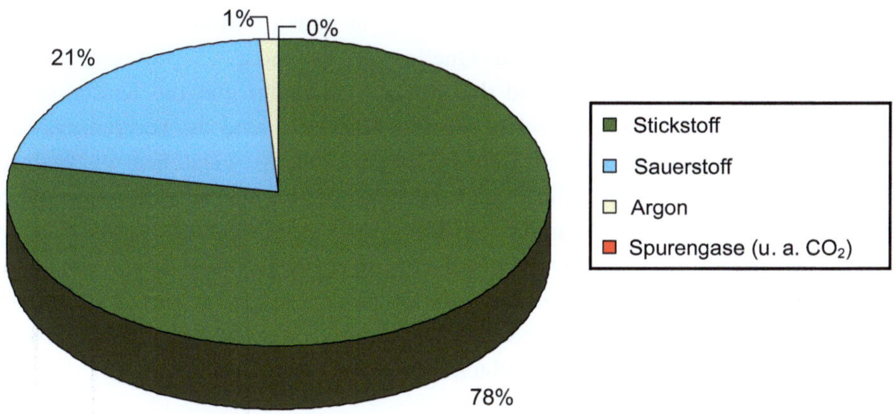

Abb. 2.3 Zusammensetzung der Luft in Vol.-%

verbrannte, zähflüssige Schweröl (*HFO,* Heavy Fuel Oil) wird aus den Destillationsrückständen der Raffinerie erzeugt und besteht aus großen, polyzyklischen Kohlenwasserstoffmolekülen, die auch Metalle und große Mengen Schwefel enthalten.

Zugunsten der CO_2-Bilanz wird flüssigen Kraftstoffen aus Biomasse produzierter Alkohol zugemischt, in einigen Ländern wie Brasilien kann der Alkohol sogar Hauptbestandteil sein. Pflanzenöle bestehen aus langkettigen, verzweigten Estern aus Glycerin und Fettsäuren (Triglyceriden).

Flüssige Kraftstoffe enthalten kleine Mengen Additive und Farbstoffe. Die früher übliche Zugabe bleihaltiger Additive als Antiklopfmittel ist mit Ausnahme von Flugbenzin heute nicht mehr zulässig. Der Schwefelanteil des Kraftstoffs ist in den letzten Jahren so

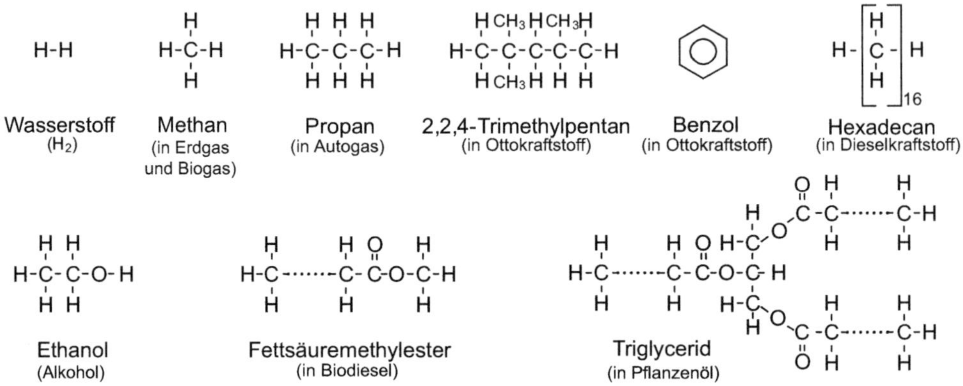

Abb. 2.4 Bestandteile von Kraftstoffen (Beispiele), dreidimensionale Struktur komplexer Moleküle stark vereinfacht

stark gesunken, dass inzwischen die geringe, auch in intakten Motoren nicht völlig vermeidbare Verbrennung von Schmieröl als Quelle maßgeblich ist.

Die zu verbrennenden Edukte sind durch das Luftsystem und die Kraftstoffanlage dem Motor zuzuführen, zu vermischen *(Gemischbildung)* und zu verbrennen. Dabei wird einerseits erwünscht Wärme freigesetzt, andererseits entstehen unerwünschte Verbrennungsprodukte. Die wesentlichen Einflussgrößen an dieser Stelle sind die Verbrennungstemperatur und das optimale Verhältnis der Edukte. Indirekt folgt daraus auch die Forderung nach einer guten Durchmischung, andernfalls können zwar die Gesamtmengen im richtigen Verhältnis stehen, aber trotzdem herrscht an einigen Stellen des Brennraumes Luftüberschuss, an anderen Kraftstoffüberschuss. Wenn Kohlenwasserstoffe vollständig verbrennen, gilt die allgemeine Reaktionsgleichung

$$\mathrm{C_mH_n} + \left(m + \frac{n}{4}\right) \cdot \mathrm{O_2} \rightarrow m \cdot \mathrm{CO_2} + \frac{n}{2}\mathrm{H_2O}. \tag{2.1}$$

Bei der Verbrennung langer Kohlenwasserstoffketten kann näherungsweise $n = 2m$ gesetzt werden, es kommen also außer an den Enden der Kette 2 Wasserstoffatome auf ein Kohlenstoffatom; damit ist

$$2 \cdot \mathrm{C_mH_{2m}} + 3m \cdot \mathrm{O_2} \rightarrow 2m \cdot \mathrm{CO_2} + 2m\mathrm{H_2O}. \tag{2.2}$$

Aus den Reaktionsgleichungen lässt sich die Aussage ableiten, dass bei einer sauberen Verbrennung von Kohlenwasserstoffen nur Kohlendioxid und Wasser entstehen. Tatsächlich reagieren weitere Edukte, so wird der Stickstoff der Luft bei hohen Verbrennungstemperaturen zu verschiedenen Stickoxiden oxidiert, Schwefel im Kraftstoff oder Öl wird zu Schwefeloxiden oxidiert und eine unvollständige Verbrennung liefert Zwischenprodukte, z. B. Rußpartikel, Kohlenmonoxid oder polyzyklische aromatische Kohlenwasserstoffe (PAK).

Eine zweite Aussage folgt aus den Reaktionsgleichungen: Bei definierter Zusammensetzung des Kraftstoffs besteht ein quantifizierbarer, direkter Zusammenhang zwischen Kraftstoffverbrauch und CO_2-Emission. Bei der Verbrennung liefert ein Liter Dieselkraftstoff 2,7 kg CO_2, während ein Liter Ottokraftstoff 2,4 kg CO_2 liefert (bei erhöhtem Ethanolanteil weniger). Aufgrund des geringeren Verbrauchs kann ein Dieselmotor aber trotzdem weniger CO_2 bei vergleichbarer Leistung erzeugen.

Die Untersuchung der Gemischbildung und der Verbrennung sind sicher die schwierigsten Aufgaben am Prüfstand, da hierfür aufwendige optische Verfahren an präparierten Motoren erforderlich sind, deswegen werden auch gerade in diesem Bereich zunehmend Simulationen eingesetzt. Insbesondere die numerische Strömungsberechnung (CFD, Computational Fluid Dynamics) ist hier hilfreich. Da diese nicht Inhalt dieses Buches ist, sei der Leser auf die praktische Einführung [Schwarze13] und das eher theoretische Buch [Ferziger20] verwiesen.

2.1.1 Luftsystem

Das Luftsystem hat die Aufgabe, der Verbrennung Frischgas (Luft) zuzuführen. Die Luft wird durch ein Papierfilter gereinigt, bei vielen Motoren verdichtet (Aufladung), durch eine Drosselklappe wird ggf. die Luftmenge gestellt, in vielen Motoren wird dann Abgas zugemischt (Abgasrückführung) und schließlich wird die Luft, meistens verwirbelt, in den Zylinder eingelassen. In diesem Abschnitt wird weiterhin das Abführen der Abgase behandelt, da ein enger Zusammenhang mit dem Luftsystem besteht. Neben Untersuchungen zur Optimierung der Leistung und der Emissionen ist das Luftsystem ein häufiges Untersuchungsobjekt auf Akustikprüfständen, einerseits kann das Ansauggeräusch weitergeleitet, durch Resonanzen verstärkt und abgestrahlt werden, andererseits ist der Turbolader mit seinem heulendem Geräusch eine wesentliche Lärmquelle im Motorraum. Weitere mögliche Geräuschquellen sind das Abblasventil, die Drosselklappe oder der Abgasrückführsteller.

Eine Kenngröße, die das Luftsystem ganzheitlich charakterisiert, ist der *Luftaufwand* λ_a nach [DIN1940]. Er gibt das Verhältnis der am Zylindereinlass einströmenden Gasmasse m_{ein} zur theoretischen Füllung m_{th} an, d. h.

$$\lambda_{\mathrm{a}} = \frac{m_{\mathrm{ein}}}{m_{\mathrm{th}}}. \tag{2.3}$$

Die theoretische Gasmasse ist die Masse, die mit der am Einlass herrschenden Dichte ρ das Hubvolumen V_h des Zylinders ausfüllen würde, also

$$m_{\mathrm{th}} = \rho V_{\mathrm{h}}. \tag{2.4}$$

Der Begriff Gasmasse ist bei Motoren mit innerer Gemischbildung synonym mit Luftmasse, bei Motoren mit externer Gemischbildung repräsentiert er das Kraftstoff-/Luftgemisch. Die einströmende Gasmasse ist leicht messbar (Abschn. 7.1.2). Der Luftaufwand kann größer als 1 sein, wenn bei einer überlappenden Öffnung der Einlass- und Auslassventile Luft vom Einlass in den Auslass strömt, ohne für einen Arbeitszyklus im Zylinder zu verbleiben. Er kann kleiner als 1 sein, wenn der Zylinder nicht vollständig mit einer Frischladung aufgefüllt wird.

2.1.1.1 Aufladung

Bei inzwischen fast allen Dieselmotoren und auch immer mehr Ottomotoren, wird die Luft verdichtet, dadurch kann mehr Luft in die Zylinder gepresst werden, als dies bei einem reinen Saugmotor der Fall wäre. Mehr Luft ermöglicht wiederum, mehr Kraftstoff zu verbrennen und mehr Leistung P_{mech} abzugreifen. Es gilt

$$P_{\mathrm{mech}} = inp_{\mathrm{m}} V_{\mathrm{h}}\, z. \tag{2.5}$$

p_{m} bezeichnet den mittleren Druck (Mitteldruck) während eines Arbeitszyklus des Kolbens, eine genaue Definition folgt in Abschn. 2.2. Das Hubvolumen V_{h} des Zylinders ist das Produkt aus dem Hubweg s des Kolbens, kurz Hub genannt und dem inneren Querschnitt des Zylinders:

$$V_{\mathrm{h}} = s\frac{\pi d^2}{4}, \tag{2.6}$$

wobei d der Zylinderdurchmesser (Bohrung) ist. $p_{\mathrm{m}}V_{\mathrm{h}}$ ist die mechanische Arbeit eines Zyklus. Durch Multiplikation mit der Drehzahl n ergibt sich daraus die Leistung. Bei einem Viertaktmotor ist zu beachten, dass der komplette Zyklus zwei Umdrehungen der Kurbelwelle erfordert, bei n Umdrehungen wird ist also erst nach jeder zweiten Umdrehung die komplette Arbeit erbracht. Dies wird durch den Faktor i ausgedrückt, für den bei Viertaktmotoren ½ einzusetzen ist. Bei Zweitaktmotoren, die mit jeder Umdrehung den Kreisprozess komplett durchlaufen, ist $i = 1$ zu setzen. Soll nicht nur der Leistungsbeitrag eines Zylinders, sondern die Leistung des gesamten Motors berechnet werden, ist die so ermittelte Leistung noch mit der Zylinderzahl z zu multiplizieren. Interessant an dieser Formel ist, dass sie gleichberechtigt nebeneinander alle Möglichkeiten zeigt, die Motorleistung zu erhöhen: durch die Realisierung als Zweitaktmotor (man sollte dabei eher an hocheffektive Schiffsdiesel als an schlecht verbrennende Laubbläser denken), durch die Drehzahl (Rennsport), durch den Mitteldruck oder durch den Hubraum $V_{\mathrm{H}} = z\, V_{\mathrm{h}}$ des gesamten Motors, sei es durch die Zylinderabmessungen (Hub/Bohrung) oder auch eine hohe Zylinderzahl.

Eine Möglichkeit, den Mitteldruck wirksam anzuheben, ist die erwähnte Aufladung [MerSchTe12]. Meistens erfolgt diese über einen Radialverdichter im Lufteinlass, andere Verdichtertypen sind z. B. Schraubenverdichter oder Spiralverdichter. Neben Verdichtern gibt noch andere Aufladeverfahren, die Resonanzen im Luftsystem nutzen oder Comprex-Lader [BassSchä17, HierPren03]. Angetrieben werden kann der Verdichter direkt durch den Motor, durch einen Elektromotor oder eine Abgasturbine. Mit Abstand am weitesten verbreitet ist ein Radialverdichter, der durch eine Abgasturbine angetrieben wird, bekannt als *Turbolader* (Abb. 2.5). Gesteuert wird der Turbolader über ein *Waste-*

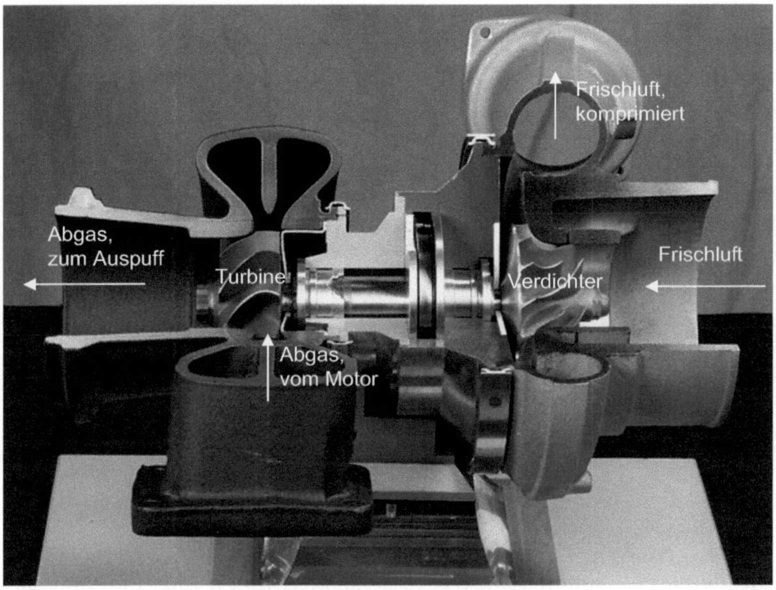

Abb. 2.5 Turbolader. Das Abgas strömt radial in die Turbine ein und axial aus. Die Turbine treibt über eine Welle den ähnlich aufgebauten Verdichter an, aus dem die axial einströmende Frischluft radial herausgedrückt wird. [@WikicT]

gate genanntes Ventil zur Umgehung der Abgasturbine oder über eine variable Turbinengeometrie *(VTG)*. Der Turbolader läuft als Bestandteil des zu untersuchenden Motors am Prüfstand mit, steht der Turbolader selbst im Vordergrund der Messaufgabe, findet ein Großteil der Untersuchungen nicht am Motorenprüfstand, sondern an einem eigens zu diesem Zweck vorgesehenen Turboladerprüfstand (Abschn. 4.4.2) statt. Da durch die Aufladung die Luft erhitzt wird, befindet sich zwischen dem Verdichter und dem Motoreinlass oft ein Wärmetauscher, der *Ladeluftkühler,* durch die Abkühlung erhöht sich die Luftdichte.

Resonanzen im Luftpfad können genutzt werden, um auch ohne Verdichter schwach aufzuladen. Dies funktioniert jedoch nur in einem sehr schmalen Drehzahlbereich, da die Laufzeit der Luftsäule (und damit die Resonanzfrequenz) durch die Länge des Ansaugrohres vorgegeben ist. Eine Lösung stellen *Schaltsaugrohre* dar, deren nutzbare Länge durch Öffnen oder Schließen von Klappen eingestellt wird. Übliche Schaltsaugrohre haben zwei, manchmal auch bis zu vier schaltbare Längen.

2.1.1.2 Abgasrückführung

Eine weitere wichtige Komponente des Luftsystems ist die *Abgasrückführung,* die einen Teil des Abgases wieder zum Einlass zurückführt. Der Zweck ist der Ersatz eines Teils des Frischgases durch Abgas als Inertgas (dessen veränderte Zusammensetzung zudem

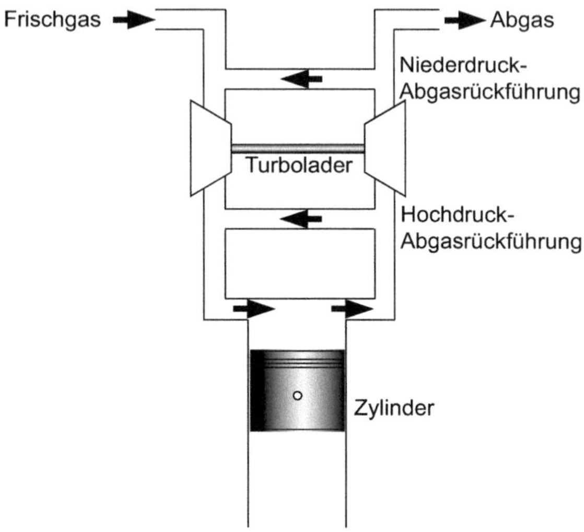

Abb. 2.6 Luftsystem mit Turbolader und zwei unterschiedlichen Abgasrückführsystemen. Zwecks Übersichtlichkeit nicht gezeigt sind Sensoren, Stellglieder, Hilfseinrichtungen wie z. B. Kühler, Filter und Kondensatabscheider sowie die Abgasnachbehandlung zwischen dem Turbolader und der Niederdruck-Abgasrückführung.

eine höhere Wärmekapazität hat, als das Frischgas), dadurch sinkt die Spitzentemperatur der Verbrennung und es entstehen weniger Stickoxide, allerdings kann eine schlecht geregelte Abgasrückführung zu erheblichen Emissionen von Ruß und Leistungsverlusten führen. Die Einstellung der Abgasrückführung erfordert deshalb einen hohen versuchstechnischen Aufwand, evtl. unterstützt durch Simulationen.

Abb. 2.6 zeigt zwei Varianten der Abgasrückführung, die meistens verwendete Hochdruck-Abgasrückführung und die seltener verwendete Niederdruck-Abgasrückführung. Selten werden beide Systeme parallel benutzt. Die Systeme sind nur schematisch gezeigt, jede Rückführung benötigt ein Stellventil, um die geforderte Rückführrate einzustellen. Unterstützt wird der Abgasrückführsteller üblicherweise durch eine Drosselklappe im Frischluftpfad. Weiterhin enthält die Abgasrückführung oft einen Kühler. Die Niederdruck-Abgasführung enthält oft einen Kondensatabscheider und ein Filter zum Schutz des Turboladers. Eine dritte Variante der Abgasrückführung, die interne Abgasrückführung, ist nicht eingezeichnet. Bei dieser lässt man das Auslassventil noch zu Beginn der Einlassphase offen, der Motor saugt dann nicht nur Frischgas an, sondern ein Teil des Abgases wird auch zurückgesogen. Eine interne Abgasrückführung lässt sich nur mit einer variablen Ventilsteuerung sinnvoll realisieren.

Am Prüfstand sind bei der Einstellung der Abgasrückführung oft die Emissionen am Auspuff, die Zusammensetzung des zurück geführten Abgases und dessen Menge zu bestimmen. Besonders wichtig sind Untersuchungen der Lebensdauer (insbesondere des Rückführstellers) oder von Größen, welche einen erheblichen Einfluss auf die Lebensdauer haben, z. B. Rußgehalt, Säuregehalt und Kondensatgehalt des zurück geführten Abgases.

2.1.1.3 Drosselklappe

Im Luftpfad des Motors befindet sich bei fast allen Ottomotoren noch eine Drosselklappe. Sie steuert die Luftmenge und damit die Menge des Kraftstoff-/Luftgemisches, die für das Drehmoment maßgeblich ist. Sie ist damit das Stellglied in einer *Quantitätsregelung,* d. h. die Zusammensetzung (Qualität) des Gemisches bleibt unverändert, nur die Menge (Quantität) wird verändert. Da der Motor zulasten seines Wirkungsgrades Arbeit aufwenden muss, um dass Frischgas durch eine Drosselung zu befördern, strebt die Motorenentwicklung an, auf die Drosselklappe verzichten zu können, z. B. mit Hilfe einer variablen Ventilsteuerung. Um zu verhindern, dass beim schnellen Gaswegnehmen der noch mit hoher Drehzahl rotierende Verdichter gegen die nun weitgehend geschlossene Drosselklappe pumpt, befindet sich zwischen Verdichter und Drosselklappe ein Überdruckventil.

Bei Dieselmotoren und auch bei direkt einspritzenden Ottomotoren unterstützt die Drosselklappe die Abgasrückführung. Eine Mengenregelung durch die Drosselklappe ist beim Dieselmotor nicht nötig, da mit Luftüberschuss gefahren wird und das Drehmoment über die Einspritzmenge und damit den Kraftstoffanteil gestellt wird *(Qualitätsregelung).* Weiterhin kann die Drosselklappe eine Sicherheitsfunktion übernehmen; wenn ein Dieselmotor trotz Abschaltung der Kraftstoffeinspritzung weiterläuft, weil er z. B. über einen defekten Turbolader Schmieröl ansaugt und verbrennt, so ermöglicht die Drosselklappe die Unterbrechung der Luftzufuhr und damit auch im Fehlerfall ein sicheres Abstellen des Motors. Ein definiertes Androsseln beim Abschalten des Motors kann ein sanfteres Abstellen begünstigen, dies mag in Hybridantrieben sinnvoll sein. Die Drosselklappe befindet sich hinter dem Verdichter und vor der Mündung der Abgasrückführung (sofern vorhanden).

2.1.1.4 Verwirbelung

Der Einlass in den Motor ist so zu gestalten, dass die Durchmischung von Kraftstoff und Luft bei niedrigen Drehzahlen durch Verwirbelung unterstützt wird, z. B. durch eine schneckenartige Gestalt *(Drallkanal)* oder eine tangentiale Einströmung *(Tangentialkanal),* bei höheren Drehzahlen hingegen sollen zugunsten des Luftdurchsatzes Verwirbelungen verhindert werden. Eine mögliche Lösung dieses Zielkonflikts ist, parallel einen direkten und einen verwirbelnden Einlasskanal vorzusehen und den direkten Kanal bei niedrigen Drehzahlen über eine Klappe abzuschalten *(EKA, Einlasskanalabschaltung).* Der Einfluss der Einlassgestaltung auf Leistung und Abgase kann am Prüfstand gut untersucht werden, eine direkte Untersuchung der Strömungsverhältnisse erfolgt aber zunehmend durch CFD-Simulation.

2.1.1.5 Ventiltrieb

Jeder Zylinder eines Viertaktmotors hat mindestens zwei Ventile, ein Einlassventil für das Frischgas und ein Auslassventil für das Abgas. Manche Motoren haben mehrere Auslass- oder Einlassventile pro Zylinder. Während zweier Kurbelwellenumdrehungen führt

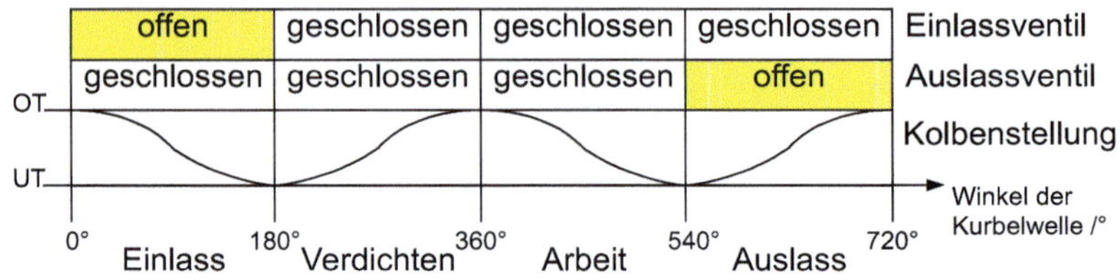

Abb. 2.7 Vereinfachte Darstellung der Steuerzeiten für die Ventile. *OT* Oberer Totpunkt, *UT* Unterer Totpunkt des Kolbens

ein Viertaktmotor die folgenden Takte aus, für die unterschiedliche Bezeichnungen geläufig sind:

1. Einlass (Ansaugen),
2. Verdichten (Kompression),
3. Arbeit (Verbrennen, Expansion),
4. Auslass (Ausstoßen, Auspuff).

Im Einlasstakt strömt durch ein geöffnetes Einlassventil Frischgas in den Zylinder, während der Kolben sich nach unten bewegt. Im Verdichtungstakt verdichtet der Kolben das im Zylinder enthaltene Gas bei geschlossenen Ventilen. Im Arbeitstakt wird bei geschlossenen Ventilen das Kraftstoff-/Luft-Gemisch verbrannt und damit Arbeit am Kolben verrichtet. Im Auslasstakt schiebt bei geöffnetem Auslassventil der Kolben auf dem Wege nach oben das Abgas aus.

Die Aufgabe des Ventiltriebs ist, die Ventile wie beschrieben und in Abb. 2.7 gezeigt zu öffnen und zu schließen. Tatsächlich erfolgt das Öffnen und Schließen der Ventile nicht exakt an den Totpunkten der Kolbenbewegung, da die Ventile einerseits nicht schlagartig öffnen und schließen, da andererseits auch motorische Optimierungen teilweise große Abweichungen (über 45°) von den theoretischen Steuerzeiten erfordern.

Über die Steuerzeiten des Einlassventils kann die Luftmenge beeinflusst werden. Ein frühes Schließen vor dem UT reduziert die Luftmenge (Miller-Prozess [US2670595]); ein etwas verzögertes Schließen des Einlassventils nach UT kann unter Ausnutzung der dann noch vorhandenen Strömung die Befüllung verbessern; eine lange Verzögerung führt dazu, dass wieder Luft aus dem Zylinder zurückgedrückt wird und die Verdichtung reduziert wird (neuerdings häufig als Atkinson-Prozess bezeichnet).

Eine Öffnung des Auslassventils vor UT mindert die zum Ausstoßen der Abgase erforderliche Arbeit, dafür allerdings wird der Arbeitstakt nicht voll ausgenutzt. Zwischen den Öffnungszeiten von Auslassventil und Einlassventil wird oft eine Überschneidung vorgesehen. Eine kurze Überschneidung unterstützt den Ladungswechsel, eine längere Überschneidung die Ventilkühlung. Durch eine besonders lange Öffnung des Auslassventils kann Abgas in den Zylinder zurückgesogen werden (interne Abgasrückführung).

Die Steuerzeiten können oft nur für einen typischen Betriebspunkt optimiert werden und müssen aufwendig erprobt werden. Eine Optimierung über einen weiten Betriebsbereich ist mit festen Steuerzeiten nicht erreichbar und erfordert einen variablen Ventiltrieb.

Realisiert wird der Ventiltrieb durch Steuerwellen, die mit der halben Kurbelwellendrehzahl rotieren und über Nocken die Ventile öffnen (Nockenwellen). Bei Pkw sind heute DOHC-Motoren üblich (double overhead camshaft), bei denen zwei separate, über dem Motor liegende Nockenwellen für die Einlassventile und die Auslassventile vorhanden sind. Der Antrieb der Nockenwellen mit der Übersetzung 2/1 von der Kurbelwelle erfolgt über einen Zahnriemen oder eine Kette. Bei kostengünstigen oder sehr großen Motoren liegen alle Einlass- und Auslassventile in einer Reihe und werden durch eine gemeinsame Nockenwelle gesteuert (OHC, overhead camshaft). Der Nocken öffnet das darunterliegende Ventil über einen Tassenstößel oder bei einer seitlich versetzten Nockenwelle über einen Schlepphebel (Nocken und Ventil auf der gleichen Seite des Hebeldrehpunktes) oder Kipphebel (Nocken und Ventil beidseitig des Drehpunktes). Bei großen Motoren wie auf Schiffen ist ein Riementrieb ungeeignet, dort sitzt die Nockenwelle oft nahe der Kurbelwelle neben dem Motor. Der Nocken betätigt dann das zugehörige Ventil über eine Stange und einen Hebel. Daneben kommen bei Großmotoren hydraulische Ventilsteuerungen vor. Das Ziel, die Steuerzeiten der Ventile für jeden Betriebspunkt optimal einzustellen, hat in den letzten Jahren zu einer Vielzahl variabler Ventiltriebe geführt, einen Überblick über die zahlreichen technischen Realisierungen gibt [Mahle13].

2.1.2 Kraftstoffsystem

Das Kraftstoffsystem hat die Aufgabe, den Kraftstoff vom Tank zum Ort der Gemischbildung zu befördern und dort mit dem geforderten Druck, in der geforderten Menge und zum geforderten Zeitpunkt bereitzustellen. Der Ort der Gemischbildung ist bei direkt einspritzenden Motoren der Brennraum, bei indirekt einspritzenden Dieselmotoren eine Nebenkammer des Brennraumes (Vorkammer oder Wirbelkammer), bei nicht direkt einspritzenden Ottomotoren das Saugrohr oder ein vor dem Saugrohr befindlicher Vergaser. Im Folgenden wird von den heute üblichen Verfahren ausgegangen, der Direkteinspritzung beim Dieselmotor, der Direkteinspritzung beim Ottomotor und der Saugrohreinspritzung beim Ottomotor. Anschließend wird auf die Besonderheiten des Kraftstoffsystems für gasförmige Brennstoffe eingegangen.

2.1.2.1 Direkteinspritzung beim Dieselmotor

Wenn Dieselkraftstoff durch einen im Zylinderkopf montierten Injektor direkt in den Brennraum gespritzt wird und sich dort selbst entzündet, ist ein wesentliches Problem, dass der Kraftstoff in Form kompakter Tropfen eingespritzt wird im Gegensatz zu einem homogenen Kraftstoff-/Luft-Gemisch.

Abb. 2.8 Zur Verbrennung tropfenförmig vorhandener Kraftstoffe: Die Luftzahl λ steigt mit dem Abstand vom Tropfen, nur in einem kleinen Abstandsbereich herrscht ein optimales Verhältnis von Luft und Kraftstoff.

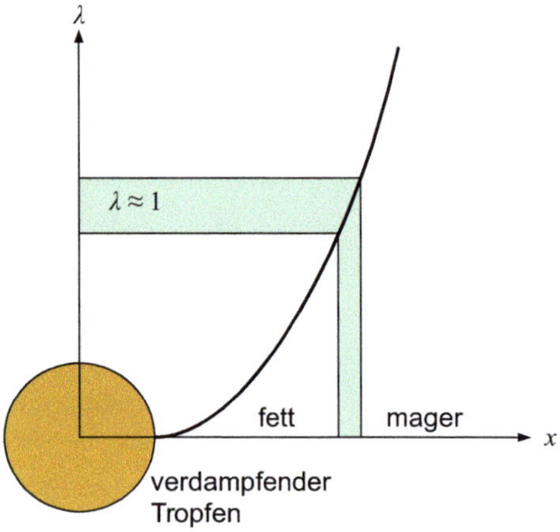

Abb. 2.8 zeigt einen Tropfen, der hier vereinfacht rund angenommen ist. Im Inneren des Tropfens erfolgt keine Verbrennung, weil Sauerstoff dort keinen Zugang hat. Von der Oberfläche verdampft Kraftstoff, die Konzentration des verdampften Kraftstoffs nimmt mit dem Abstand x vom Tropfen ab. Die Reaktionsgleichung (Gl. 2.1), die summarisch eine große Zahl verschiedener Zwischenreaktionen zusammenfasst [MerSchTe12], erfordert aber ein festes Verhältnis von Kraftstoff zu Sauerstoff. Dieses ist nur in einem bestimmten Abstand gegeben, innerhalb der durch diesen Abstand definierten Kugelfläche um den Tropfen ist das Kraftstoff/Luft-Gemisch zu fett (zu viel Kraftstoff bezogen auf die Luftmenge), außerhalb ist es zu mager (zu wenig Kraftstoff). Berechnet man die Massen der in Gl. 2.1 beteiligten Moleküle und berücksichtigt man auch die nicht an der Reaktion beteiligen Bestandteile der Luft, so ergibt sich, dass 14,5 kg Luft benötigt werden, um 1 kg Diesel vollständig zu verbrennen. Ein Gemisch mit diesem Verhältnis heißt stöchiometrisch. Abb. 2.8 gibt das Mischungsverhältnis in Form der Luftzahl λ an, die definiert ist als

$$\lambda = \frac{m_{\text{Luft}}}{m_{\text{Luft, stöchiometrisch}}}, \tag{2.7}$$

wobei m_{Luft} die tatsächliche Luftmasse bezeichnet, $m_{\text{Luft, stöchiometrisch}}$ hingegen jene Luftmasse, die ein stöchiometrisches Verhältnis ergeben würde. Interessant ist insbesondere, dass trotz des Luftüberschusses beim Dieselmotor (das mittlere λ liegt weit über 1) im Bereich der Tropfenoberflächen Luftmangel herrscht, das lokale λ liegt dort unter 1. Diese fetten Bereiche sind für die Schadstoffbildung im Dieselmotor von großer Bedeutung. Alternativ zur Luftzahl wird außerhalb Europas oft das Luft-Kraftstoffverhältnis (*AFR,* Air Fuel Ratio) angegeben. Die Definition lautet

$$\text{AFR} = \frac{m_{\text{Luft}}}{m_{\text{Kraftstoff}}}. \tag{2.8}$$

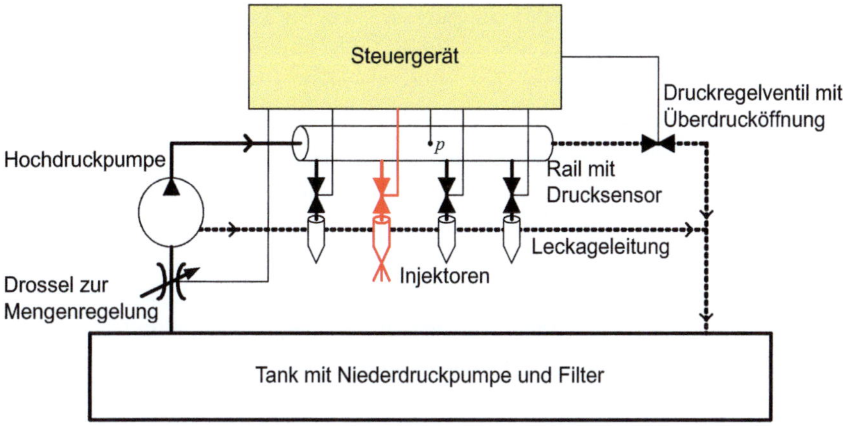

Abb. 2.9 Common-Rail-System

Eine praktische Konsequenz aus den vorigen Betrachtungen ist, den Kraftstoff bei der Einspritzung möglichst fein zu zerstäuben. Dies wird durch Einspritzdrücke bis zu 3000 bar[1] erreicht. Eine weitere Anforderung an heutige Einspritzsysteme ist eine möglichst freie Gestaltbarkeit des Einspritzverlaufs, ggf. mit Voreinspritzungen und Nacheinspritzungen. Diese Anforderungen erklären die Evolution der Einspritzsysteme [Reif12] von der Reihenpumpe über Verteilerpumpen, Pumpe-(Leitung-)Düse zum heute üblichen System Common Rail, das im Folgenden betrachtet wird. Auch bei Großdieselmotoren werden die noch verbreiteten Einzelpumpen durch Common-Rail-Systeme abgelöst, diese unterscheiden sich allerdings in ihrer praktischen Ausführung erheblich von den hier beschriebenen Common-Rail-Systemen.

Abb. 2.9 zeigt den Aufbau eines Common-Rail-Systems. Der Kraftstoff wird zunächst durch die Niederdruckpumpe, z. B. eine elektrische Kraftstoffpumpe im Tank oder eine Zahnradpumpe, mit einem Druck von wenigen bar ins System gefördert. Über eine elektrisch verstellbare Drossel wird saugseitig die Fördermenge in die vom Motor übersetzt angetriebene Hochdruckpumpe geregelt. In einem rohrförmigen Druckbehälter *(Rail)* steht der Kraftstoff ständig unter einem vom Steuergerät geregelten Druck bis zu 3000 bar zur Verfügung. Die Injektoren können jederzeit einspritzen, wenn deren integriertes Ventil vom Steuergerät angesteuert wird. Ein kleiner Teil des Kraftstoffs wird für Steuer-, Kühlungs- oder Schmierzwecke in der Pumpe und den Injektoren benötigt, dieser fließt über eine Leckageleitung in den Tank zurück. Bisher wenige Common-Rail-Systeme haben in den Injektoren integrierte Druckübersetzer, so können hohe Einspritzdrücke mit geringeren Drücken im Rail und an der Hochdruckpumpe erreicht werden.

[1] 1 bar = 100 kPa = 1000 hPa. Die gültige SI-Einheit ist das Pascal (Pa), das Buch folgt hier der gängigen Praxis, die Einheit bar zu verwenden.

Da die Druckregelung über die Saugdrossel als Stellglied in manchen Fällen zu träge ist, verfügen viele Common-Rail-Systeme über ein zusätzliches Druckregelventil, das einen schnellen Druckabbau erlaubt, diese Variante wird 2-Regler-System oder zutreffender 2-Steller-System genannt. Bei den ersten Common-Rail-Systemen etwa bis zum Jahr 2000 fehlte noch die Saugdrossel und die Druckregelung geschah ausschließlich über das Druckregelventil, die nicht genutzte Pumpleistung führte bei dieser Variante zu einer unerwünschten Erhitzung des zurücklaufenden Kraftstoffs; 2-Steller-Systeme arbeiten nach dem Start bei sehr niedrigen Außentemperaturen noch gezielt eine kurze Zeit in diesem Modus, um den Kraftstoff aufzuheizen. Sofern nicht das Einspritzsystem selbst oder dessen Komponenten Gegenstand der Untersuchungen am Prüfstand sind, ist das Steuergerät für den Prüfstandsbediener die wichtigste Komponente, da nur über das Steuergerät Betriebspunkte vorgegeben werden können und ohne Zugriff auf das Steuergerät der Motor nicht betrieben werden kann [Borgeest23E].

2.1.2.2 Einspritzung beim Ottomotor

Grundsätzlich ist die Einspritzanlage eines Ottomotors ähnlich der eines Dieselmotors aufgebaut. Unterschiede sind u. a. der niedrigere Druck (unterhalb 500 bar gegenüber bis zu 3000 bar bei Dieselmotoren) und eine veränderte Schmierung innerhalb der Komponenten (Ottokraftstoff hat im Gegensatz zu Dieselkraftstoff sehr ungünstige Schmiereigenschaften). Da bei Ottomotoren der Verbrennungsbeginn durch die Zündung festgelegt wird und nicht durch die Einspritzung, ist die Genauigkeit des Einspritzzeitpunktes beim Ottomotor relativ unkritisch. Eine indirekte Folge dieser Unterschiede ist, dass die Leckageleitung bei Ottomotoren entfallen kann.

Bei Ottomotoren wird unterschieden zwischen einer Direkteinspritzung wie beim Dieselmotor oder einer Einspritzung ins Saugrohr (*PFI,* Port Fuel Injection). Vereinzelt wird auch die heute nicht mehr verbreitete Einpunkteinspritzung in der Nähe der Drosselklappe als Saugrohreinspritzung bezeichnet, im engeren Sinn ist damit aber eine Einspritzung hinter der Verzweigung des Einlasses auf die einzelnen Zylinder, oft sehr dicht vor den Einlassventilen gemeint *(Mehrpunkteinspritzung).* Bei letzter wird unterschieden, ob vor allen Zylindern gleichzeitig eingespritzt wird oder um $720°/z$ (z: Zylinderzahl) zeitlich versetzt (*SEFI,* Serial Fuel Injection). Anstelle eines konstanten Zeitversatzes ist auch wie bei der Direkteinspritzung eine zylinderindividuelle Berechnung und Anpassung des optimalen Einspritzzeitpunktes möglich (*CIFI,* Cylinder Individual Fuel Injection).

Beim Ottomotor sind zwei Formen der Gemischbildung möglich. Bei Vergasern, Einzelpunkteinspritzung und Saugrohreinspritzung entsteht ein homogenes Kraftstoff-/Luft-Gemisch. Das stöchiometrische Verhältnis ist mit 14,7 kg Luft pro kg Benzin ähnlich wie beim Diesel, muss aber sehr genau eingehalten werden. Zur Erhöhung der Motorleistung muss also die Luftmenge zusammen mit dem Kraftstoff erhöht werden (Quantitätsregelung). Daher ist einsichtig, dass die Kraftstoffmenge bei geringen Leistungsanforderungen nicht beliebig reduziert werden kann; eine ausreichende Zylinderfüllung mit $\lambda = 1$ muss sichergestellt sein.

Hier greift der Vorteil der Direkteinspritzung, bei dieser wird ein Kraftstoffstrahl unmittelbar nach dem Einspritzen gezündet, die Verbrennung spielt sich nur in einer kleinen „Schicht“ im Brennraum ab *(Schichtladebetrieb);* der restliche Zylinder muss nicht mit einem stöchiometrischen Kraftstoff-/Luft-Gemisch befüllt werden. Daraus resultiert der Verbrauchsvorteil direkt einspritzender Ottomotoren, allerdings tritt die im Zusammenhang mit Abb. 2.8 bereits für den Dieselmotor erläuterte Problematik der Inhomogenität auf und führt zu einer Verschlechterung der Schadstoffwerte. Nahe der Volllast geht man auch bei Direkteinspritzern zum Homogenbetrieb über, indem der Kraftstoff nicht unmittelbar vor der Zündung eingespritzt wird, sondern schon, während der Kolben noch auf dem Weg nach unten ist. In der Praxis ist insbesondere der Übergang zwischen Schichtladebetrieb und Homogenbetrieb sehr aufwendig zu applizieren, weiterhin muss im Schichtladebetrieb eine genaue zeitliche Abstimmung zwischen Einspritzung und Zündung sichergestellt sein, die Anforderungen an die Injektoren und Zündkerzen sind in dieser Betriebsart höher als im Homogenbetrieb.

Ein homogenes Brennverfahren (seit 2019 in Serie) spritzt lange vor Verbrennungsbeginn Kraftstoff ein, lässt Zeit zur Homogenisierung und verdichtet den Kraftstoff bis kurz vor die Selbstzündung. Die Verbrennung wird zunächst wie bei einem klassischen Ottomotor durch die Zündkerze eingeleitet, die Fremdzündung mit einer sich zunächst langsam ausbreitenden Flammenfront geht dann aber in kontrollierte Selbstzündung (im Gegensatz zum Klopfen des Motors, das durch eine unkontrollierte Selbstzündung erfolgt) im gesamten Brennraum über.

2.1.2.3 Besonderheiten bei gasförmigen Kraftstoffen

Für Fahrzeugantriebe in Betracht gezogene oder angewandte gasförmige Kraftstoffe sind Wasserstoff, komprimiertes Erdgas (*CNG,* Compressed Natural Gas) oder Flüssiggas (*LPG,* Liquefied Petrol Gas), das als Kraftstoff auch Autogas genannt wird. Unter niedrigen Temperaturen verflüssigtes Erdgas (*LNG,* Liquefied Natural Gas) wird derzeit nur in einigen Schiffsmotoren angewandt.

Wasserstoff ist als einziger Brennstoff kohlenstofffrei, bei der Verbrennung entsteht kein CO_2, allerdings kann bei der Herstellung CO_2 entstehen. Im Gegensatz zur energetischen Verwertung in einer Brennstoffzelle entstehen bei der motorischen Verbrennung Stickoxide, außerdem werden in jedem Motor Spuren von Schmierstoffen verbrannt. Problematisch sind die gegenüber Ottokraftstoff geringere Klopffestigkeit (siehe unter Zündung), die Speicherung im Fahrzeug und an der Tankstelle und die Explosionsgefahr. Verschiedene Techniken zur Speicherung werden in Betracht gezogen, realistisch und in Versuchsfahrzeugen erprobt sind Kryotanks, in denen der Wasserstoff bei Temperaturen unter 20 K verflüssigt und damit bei geringem Volumen gelagert wird (LH2, liquid H_2) oder Drucktanks über 20 MPa, für weitere Informationen über die schwierige Speicherung von Wasserstoff sei auf [KlelEich18] verwiesen.

Erdgas besteht zum überwiegenden Teil aus Methan, bei der Verbrennung entsteht deshalb weniger CO_2 als bei anderen Kohlenwasserstoffen. Vorteilhaft ist die hohe Klopffestigkeit, Oktanzahlen (ROZ) über 130 sind je nach genauer Zusammensetzung möglich, sicherheitstechnisch lässt sich Erdgas gut beherrschen. Gespeichert wird Erdgas in Drucktanks bis 20 MPa. Um eine Explosion des Tanks im Brandfall zu verhindern, sind Gastanks mit Abblasventilen versehen, die ein kontrolliertes Austreten und Abbrennen ermöglichen. Zwischen dem Tank und dem Motor befindet sich ein Druckminderer, der einen Betriebsdruck von ca. 600 kPa einstellt. Das Gas kann ähnlich wie bei einem Vergaser nahe der Drosselklappe mit der Frischluft vermischt werden oder ins Saugrohr eingeblasen werden. Eine direkte Einblasung in den Brennraum wird entwickelt, die größte Schwierigkeit ist dabei die Entwicklung serientauglicher Injektoren für die Direkteinblasung.

Autogas (Flüssiggas) besteht hauptsächlich aus Propan und Butan. Es hat gegenüber Benzin und Diesel eine noch etwas günstigere CO_2-Bilanz. Die Oktanzahl liegt über 100, ist aber geringer als beim Erdgas. Ungünstig ist, dass Flüssiggas schwerer ist als Luft und in Senken leicht zündfähige Gemische bildet. Flüssiggas wird bei ca. 1 MPa flüssig im Tank gelagert. Bei Flüssiggas führt die Druckminderung zur Verdampfung. Auf die Verdampfung kann verzichtet werden, die Einspritzung erfolgt dann flüssig, die Direkteinspritzung von Flüssiggas wird deshalb heute schon beherrscht.

Sowohl Ottomotoren als auch Dieselmotoren können mit Gas betrieben werden. Gasmotoren für Pkw basieren auf Ottomotoren und können aufgrund der noch kleinen Tankstellenzahl auch mit Benzin betrieben werden. Der Flüssiggasbetrieb ist erst beim warmen Motor sinnvoll, deshalb erfolgt der Warmlauf mit Benzin und während des Betriebs wird manuell oder automatisch auf Flüssiggas umgeschaltet. Motoren für zwei unterschiedliche Kraftstoffe heißen *bivalent,* diese brauchen folglich zwei Kraftstoffanlagen für Gas und für Benzin. Dies erfordert noch zwei verschiedene Injektoren für jeden Zylinder, bei Großmotoren ist aber die Entwicklung kombinierter Injektoren schon fortgeschritten. Blockheizkraftwerke für Wohngebäude verwenden üblicherweise PKW-Ottomotoren, auf die Möglichkeit eines Benzinbetriebs und die dafür erforderliche Kraftstoffanlage wird dort aber verzichtet. Größere Gasmotoren für den stationären Betrieb oder den Antrieb von Schiffen basieren auf Dieselmotoren, üblich ist bei diesen, mit einer Diesel-Einspritzanlage eine kleine Menge Zündöl (Dieselkraftstoff, Heizöl, Pflanzenöl) einzuspritzen, um das Gas zu entzünden.

2.1.2.4 Zündung

Während bei Dieselmotoren der eingespritzte Kraftstoff aufgrund der nach dem Verdichten erreichten Lufttemperatur selbst zündet, benötigen Ottomotoren eine Fremdzündung. Dies geschieht durch einen kurzzeitigen Lichtbogen zwischen den Elektroden einer Zündkerze [Reif14]. Alternative Verfahren [Basshuys16] sind die Laserzündung, die Zündung durch ein Mikrowellenplasma über einem Resonator oder die Zündung durch hochfrequente Koronaentladungen an einer kronenförmigen Elektrode mit ausgeprägten Spitzen.

Der optimale Zündzeitpunkt liegt kurz vor OT und wird über ein Kennfeld in Abhängigkeit von Last und Drehzahl gesteuert. Grundsätzlich wird der Zündzeitpunkt beim Homogenbetrieb mit steigender Drehzahl und steigender Last nach früh verstellt,

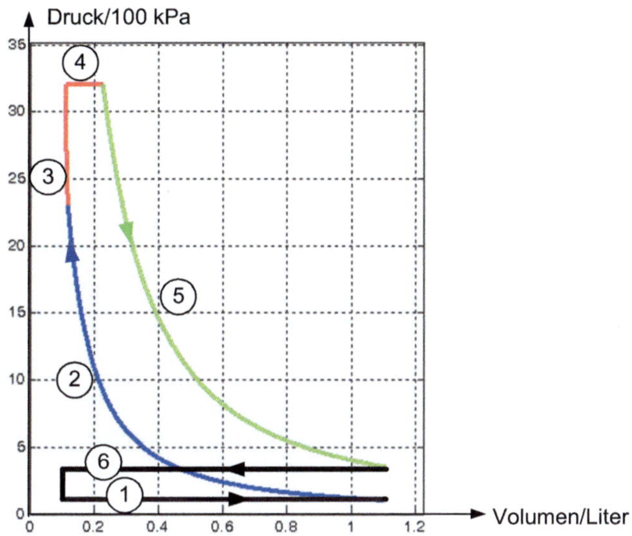

Abb. 2.10 Beispiel eines idealisierten Viertakt-Kreisprozesses nach [Seiliger22] im *p*-*V*-Diagramm. *1* Einlasstakt: Isobare. *2* Verdichtungstakt: adiabate Verdichtung. *3* Arbeitstakt: Isochore. *4* Arbeitstakt: Isobare. *5* Arbeitstakt: adiabate Expansion. *6* Auslasstakt: Isobare

bei Direkteinspritzung wird der Einspritzzeitpunkt mitverstellt. Bei zu früher Zündung kommt es zu einer explosionsartigen Verbrennung (Klopfen), die den Motor schädigt. Dem Klopfen entgegen wirken lässt sich durch eine *Klopfregelung,* diese besteht aus einem piezoelektrischen Sensor, der bereits ein beginnendes Klopfen detektiert und einer Funktion im Steuergerät, die darauf den Zündzeitpunkt wieder nach hinten schiebt.

2.2 Thermodynamik

Nach der Verbrennung gilt es, einen möglichst großen Teil der freigesetzten Wärme in mechanische Arbeit umzusetzen. Hier begeben wir uns auf das Gebiet der technischen Thermodynamik [BaehKabe16]. Die thermodynamischen Zustandsgrößen Druck, Temperatur, Volumen und weitere, abgeleitete Größen der Zylinderfüllung ändern sich zyklisch, es liegt ein thermodynamischer Kreisprozess vor. Das aktuelle Volumen kann mit Hilfe des Kurbelwellenwinkels aus der Lage des Kolbens berechnet werden, Drücke und Temperaturen lassen sich direkt messen.

Die in Abb. 2.10 gezeigten Zustandsänderungen verteilen sich zeitlich auf die vier Takte eines Viertaktmotors. Bei einem Zweitaktmotor ist die im Bild unten gezeigte Ladungswechselschleife so nicht darstellbar, weil Einlass und Auslass teilweise zeitgleich mit dem Verdichten und Entspannen stattfinden.

Zum Einlasstakt schließt das Auslassventil und öffnet das Einlassventil. Der sich nun nach unten bewegende Kolben saugt frische Luft oder bei externer Gemischbildung ein unverbranntes Kraftstoff-/Luftgemisch bei näherungsweise konstant angenommenen Druck ein (1). Das Druckniveau liegt ohne Aufladung unterhalb des atmosphärischen Drucks und wird erheblich durch die Drosselklappe beeinflusst. Bei Aufladung wird das Frischgas mit höherem Druck eingeschoben.

Befindet sich der Kolben am unteren Totpunkt, ist das Volumen im Zylinder maximal, im Beispiel 1,1 Liter. Drückt der Kolben bei geschlossenen Ventilen nach oben (2), wird das im Zylinder eingeschlossene Gas (Luft oder bei externer Gemischbildung ein Luft-/Kraftstoffgemisch) stark verdichtet, das Volumen sinkt, der Druck steigt und – aus dem p-V-Diagramm nicht direkt ersichtlich – die Temperatur steigt ebenfalls. Erfolgt diese Verdichtung sehr schnell, kann in dieser kurzen Zeit keine Wärme an die Zylinderwand abgegeben werden, die zum Verdichten erforderliche Arbeit wird vollständig in die innere Energie U des Gases umgesetzt. Die innere Energie ist nicht direkt messbar, da ihre Änderung aber proportional zur Änderung der Temperatur T ist, kann sie indirekt über eine Temperaturmessung bestimmt werden. Tatsächlich gilt die Annahme einer adiabaten Verdichtung, also einer Verdichtung ohne Wärmeaustausch mit der Umgebung, nur näherungsweise.

Kurz bevor der Kolben seinen oberen Totpunkt erreicht, ist das Gas auf mehrere 100°C erhitzt; wenn nun Dieselkraftstoff eingespritzt wird, entzündet er sich selbsttätig, bei Ottokraftstoff muss mit einem Zündfunken der Zündkerze nachgeholfen werden. Die beginnende Verbrennung erhöht den Druck und schiebt später den Kolben nach unten. Seiliger stellt dies zuerst durch einen isochoren Druckanstieg (isochor: bei konstantem Volumen) dar (3), gefolgt von einer isobaren Expansion (isobar: bei konstantem Druck) (4). An dieser Stelle unterscheidet sich der Seiliger-Prozess vom idealisierten Ottoprozess, der nur eine Isochore vorsieht und vom idealisierten Dieselprozess, der nur eine Isobare vorsieht. Tatsächlich beschreibt der Seiliger-Prozess sowohl reale Otto- als auch reale Dieselmotoren treffender als die idealisierten Otto- und Dieselprozesse, bleibt mit seiner strikten Unterteilung in Isochore und Isobare aber immer noch sehr modellhaft. Gemessene p-V-Diagramme *(Indikatordiagramme)* zeigen an dieser Stelle einen stark gerundeten Übergang, wobei sich zwischen Otto- und Dieselmotoren nur geringe Unterschiede zeigen, allerdings erreichen Dieselmotoren einen höheren Druck.

Nach Ende der Verbrennung entspannt sich das Gas bei geschlossenen Ventilen weiter und verrichtet dabei Arbeit am Kolben; da nahezu die gesamte innere Energie ohne Wärmeabfuhr in Arbeit umgesetzt wird, ist dies näherungsweise durch die Adiabate (5) dargestellt.

Wenn sich der Kolben wieder nach oben bewegt, schiebt er die Abgase durch das nun geöffnete Auslassventil hinaus (6). Das Druckniveau ergibt sich durch den Gegendruck der Abgasanlage und liegt etwas über dem atmosphärischen Druck. Die Annahme einer Isobaren stellt eine Näherung dar, tatsächlich erreicht der Druck etwa in der Mitte der Auslassphase das Maximum.

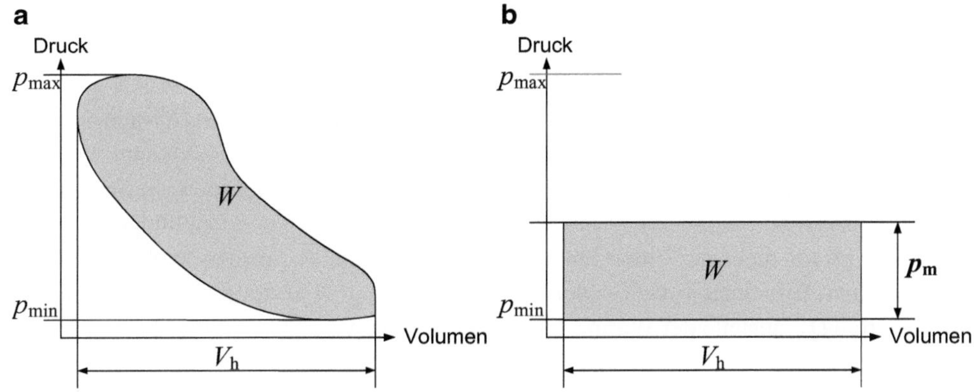

Abb. 2.11 Veranschaulichung des Mitteldruckes p_m: **a** der originale Kreisprozess, **b** ein Vergleichsprozess zwischen zwei konstanten Drücken (Gleichdruckprozess) bei gleicher abgegebener Arbeit W und gleichem Hubvolumen V_h

Der Verlauf des Kreisprozesses entscheidet über den *thermischen Wirkungsgrad* η_{th} des Motors. Dieser definiert sich für einen Zyklus zu

$$\eta_{th} = \frac{W}{Q_{zu}}, \tag{2.9}$$

mit der im Kreisprozess am Kolben verrichteten Arbeit W und der aus der Verbrennung zugeführten Wärme Q_{zu}. Die Arbeit ergibt sich im p-V-Diagramm als Größe der eingeschlossenen Fläche. Für einen idealisierten Prozess ist im Gegensatz zum Realprozess sogar eine exakte analytische Berechnung möglich, indem die Zustandsänderungen als mathematische Funktionen beschrieben werden, die Integrale der nach oben und nach unten die Fläche einschließenden Funktionen berechnet und voneinander subtrahiert werden. Da heutige Indiziersysteme digital arbeiten, bieten sie die Möglichkeit, auch bei der Messung mathematisch schwer formulierbarer Realprozesse die Arbeit numerisch zu berechnen.

Eine weitere, wichtige thermodynamische Kenngröße ist der Mitteldruck p_m (auch mittlerer Kolbendruck nach [DIN1940]). Er ergibt sich zu

$$p_m = \frac{W}{V_h}, \tag{2.10}$$

wobei V_h das Hubvolumen des Zylinders, also das Volumen zwischen dem oberen und dem unteren Totpunkt ist. Abb. 2.11 veranschaulicht den Begriff. In Worten formuliert ist der Mitteldruck der mittlere Druck über dem Minimaldruck, bei dem ein „rechteckiger" Kreisprozess über ein gegebenes Hubvolumen die gleiche Arbeit liefern würde.

Der Mitteldruck ist ursprünglich eine thermodynamische Größe, lässt sich aber sinngemäß auch auf die an der Welle abgegebene Arbeit beziehen (effektiver Mitteldruck) oder auf die dazwischen liegenden Reibverluste (Reibmitteldruck). Der sich aus dem Indikatordiagramm ergebende Mitteldruck wird deshalb zur Unterscheidung von Mitteldrücken, die sich auf andere Arbeiten beziehen, auch indizierter Mitteldruck genannt. Der am Prüfstand bestimmte effektive Mitteldruck wird im englischen Sprachraum als *BMEP* (Brake Mean Effective Pressure) bezeichnet, weil er nicht thermodynamisch, sondern über das Drehmoment und somit über die Arbeit an der Belastungsmaschine bestimmt wird.

Da der Motor nicht nur einen einzigen Zyklus durchläuft, werden in der Praxis oft die zeitlichen Ableitungen der Größen, also die Leistung P anstelle der Arbeit und der Wärmestrom $\dot{Q}_{zu}$ anstelle der Wärme verwendet, damit ist

$$\eta_{th} = \frac{P}{\dot{Q}_{zu}}. \tag{2.11}$$

Die Qualität der Verbrennung beeinflusst den thermischen Wirkungsgrad nicht, da nur die tatsächlich in der Verbrennung freigesetzte Wärme berücksichtigt wird, nicht hingegen die Energie, die durch unvollständige Verbrennung ungenutzt bleibt. Auch berücksichtigt der thermische Wirkungsgrad nicht den Anteil der Arbeit oder Leistung, der z. B. durch Reibung im Motor verloren geht. Die nach diesen Verlusten verbleibende, also tatsächlich vom Motor an der Welle abgegebene Leistung wird mechanische Leistung P_{mech} genannt.

Möchte man die gesamte im verbrauchten Kraftstoff gespeicherte Energie als Bezugsgröße nehmen und die tatsächliche mechanische Leistungsabgabe berücksichtigen, so verwendet man anstelle des thermischen Wirkungsgrades den effektiven Wirkungsgrad η_{eff}, der sich folgendermaßen definiert:

$$\eta_{eff} = \frac{P_{mech}}{\dot{m}_{Kraftstoff} H_i}. \tag{2.12}$$

Anstelle des Wärmestroms steht nun der Massenstrom des Kraftstoffs multipliziert mit dessen Heizwert H_i im Nenner.

2.3 Kurbeltrieb

Die resultierende mechanische Leistung liegt am Kolben noch nicht in der gewünschten Form vor, die oszillierende Bewegung des Kolbens ist durch den *Kurbeltrieb* in eine möglichst gleichförmige Drehbewegung umzuwandeln.

Der Kurbeltrieb wandelt die resultierende Kraft am Kolben, deren Spitzenwert durch die Gaskraft während der Verbrennung dominiert wird, in ein Drehmoment, das über die Kupplung und das Getriebe das Fahrzeug antreibt. Die Ungleichförmigkeit der Kolbenkraft überträgt sich auf das Antriebsmoment, das mit jedem Arbeitstakt eines Zylinders einen Spitzenwert erreicht und ohne schwingungsdämpfende Maßnahmen sowohl im Antriebsstrang des Fahrzeugs als auch am Prüfstand störende oder schädliche Torsionsschwingungen anregen kann.

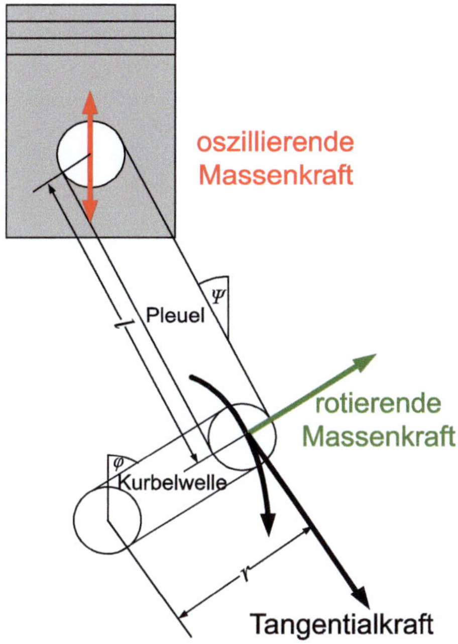

Abb. 2.12 Am Kolben tritt eine oszillierende Massenkraft auf, an der Kurbelwelle eine rotierende Massenkraft. *l*: Pleuellänge zwischen den Pleuelaugen, *r*: Kurbelradius zwischen Kurbelzapfen und Hubzapfen

Mit zunehmenden Bemühungen zur Kraftstoffeinsparung wird die Reduktion der Reibung im Kurbeltrieb bedeutsamer. Eine herausragende Rolle hat die Reibung der Kolbenringe an der Zylinderwand, auch in den Lagern kommt es zu Reibungsverlusten. Um die *Reibleistung,* also die reibungsbedingte Verlustleistung zu bestimmen, wird von der an der Welle gemessenen Leistung die indizierte Leistung aus dem gemessenen *p*-*V*-Diagramm abgezogen.

Bei Drehkolbenmotoren (Wankelmotoren) entfällt der Kurbeltrieb.

2.3.1 Gas- und Massenkräfte

Auf den Kolben wirkt eine Kraft, die sich additiv zusammensetzt aus der Gaskraft F_{Gas} und der oszillierenden Massenkraft F_{M}. Die Gaskraft entsteht aus dem Druck im Brennraum, der wie beschrieben durch die Verbrennung seinen Spitzenwert erreicht:

$$F_{\text{Gas}} = pA_{\text{K}}. \tag{2.13}$$

A_{K} ist der wirksame Kolbenquerschnitt einschließlich der Kolbenringe, der nahezu der Querschnittsfläche des Zylinders entspricht.

Die unerwünschte oszillierende Massenkraft nach Abb. 2.12 wird durch die Trägheit des Kolbens verursacht, sie ist näherungsweise sinusförmig und erreicht ihre maximalen Beträge am oberen und unteren Totpunkt. Sie ergibt sich zu (Herleitung in [BassSchä17])

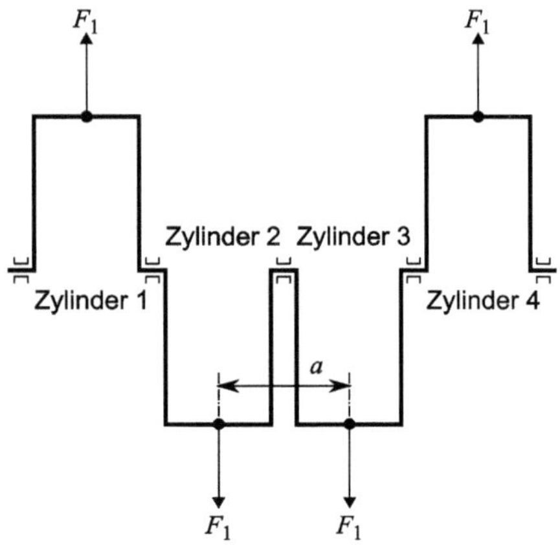

Abb. 2.13 Massenkräfte 1. Ordnung an einer Vierzylinderkurbelwelle (Größenverhältnisse zwischen Hauptlagern und Pleuellagern nicht maßstäblich). Die Summe der Massenkräfte 1. Ordnung ist 0. a: Abstand der Zylinderachsen, F_1: Massenkräfte 1. Ordnung

$$F_M = -m_{Kolben} r\omega^2[\cos(\varphi) + \lambda\cos(2\varphi)]. \tag{2.14}$$

φ gibt den aktuellen Winkel der Kurbelwelle bezogen auf OT an. Das negative Vorzeichen zeigt an, dass die Richtung dieser Kraft am oberen Totpunkt der Gaskraft entgegen wirkt, d. h. sie „zieht" nach außen. m_{Kolben} ist die Masse des Kolbens einschließlich Ringe und Bolzen (bei heutigen Pkw-Kolben ca. 300 g). Da das Pleuel im oberen Teil der oszillierenden Kolbenbewegung folgt, ist ein Teil der Pleuelmasse zur Kolbenmasse zu addieren, präzise lässt sich dieser Anteil nur durch aufwendige Berechnungen bestimmen, geschätzt ist er kleiner als ein Drittel der Pleuelmasse. Das *Pleuelverhältnis* λ ist ebenfalls eine Konstruktionsgröße des Motors und beschreibt das Verhältnis zwischen dem Kurbelradius und der Pleuellänge:

$$\lambda = \frac{r}{l}. \tag{2.15}$$

Die oszillierende Massenkraft lässt sich in zwei Teile zerlegen, die Massenkraft 1. Ordnung

$$F_{M1} = -m_{Kolben} r\omega^2\cos(\varphi) \tag{2.16}$$

und die Massenkraft 2. Ordnung

$$F_{M2} = -m_{Kolben} r\omega^2\lambda\cos(2\varphi). \tag{2.17}$$

Sie regt Schwingungen in Richtung der Zylinderlängsachse mit der Oszillationsfrequenz des Kolbens an *(Massenkraft 1. Ordnung)*, außerdem ist eine Schwingung mit kleinerer Amplitude und der doppelten Oszillationsfrequenz überlagert *(Massenkraft 2. Ordnung)*. Es treten auch Massenkräfte höherer Ordnungen auf, die vernachlässigbar und deshalb in den Formeln nicht berücksichtigt sind.

Bisher wurde jeweils die Kraft an einem einzelnen Kolben betrachtet. Bei einem Motor mit mehreren Zylindern überlagern sich die Massenkräfte, dies kann sowohl zu

Abb. 2.14 Massenkräfte 2. Ordnung an einer Vierzylinderkurbelwelle (Größenverhältnisse zwischen Hauptlagern und Pleuellagern nicht maßstäblich). Die Summe der Massenkräfte 2. Ordnung ist $4F_2$. F_2: Massenkräfte 2. Ordnung

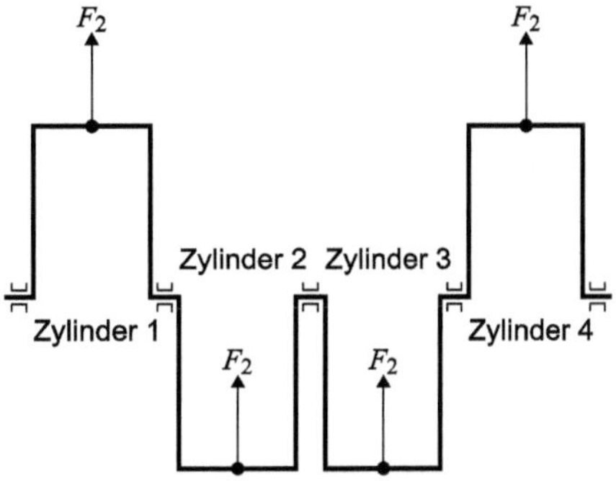

einer Verstärkung als auch zu einer gegenseitigen Auslöschung führen. Exemplarisch stelle man sich die Massenkräfte bei einem 4-Zylinder-Reihenmotor vor (Abb. 2.13 und 2.14). Die einzelnen Massenkräfte 1. Ordnung erreichen ihren maximalen Betrag, wenn jeweils zwei Kolben am oberen und zwei Kolben am unteren Totpunkt sind. An den beiden Kolben im OT ($\varphi = 0$) ist $\cos\varphi = 1$, es greift dann je eine nach oben gerichtete Kraft an, an den beiden Kolben im UT hingegen ist $\varphi = 180°$ und somit $\cos\varphi = -1$, es greift jeweils eine Kraft gleichen Betrages in Gegenrichtung an. Die Summe der Massenkräfte 1. Ordnung ist daher 0.

Für die Massenkräfte 2. Ordnung gilt hingegen für alle vier Kolben $\cos 2\varphi = 1$, die vier Massenkräfte 2. Ordnung löschen sich also nicht aus, sondern addieren sich (Abb. 2.14).

Selbst wenn sich Massenkräfte einer Ordnung auslöschen, so kann aufgrund des Angriffspunktes an verschiedenen Zylinderachsen aber ein resultierendes Drehmoment um die Motorquerachse entstehen. Tab. 2.1 stellt die resultierenden Massenkräfte 1. und 2. Ordnung und die daraus resultierenden Momente für die häufigsten Motorbauformen zusammen, weitere Bauformen sind in [Bosch14] gezeigt.

Der Motoren- und Fahrzeughersteller muss entscheiden, ob er die oszillierenden Kräfte und resultierenden Momente akzeptiert oder Gegenmaßnahmen ergreift, in der Regel werden dies Ausgleichswellen mit rotierenden Gewichten sein, welche die Kräfte kompensieren (Lanchester-Ausgleich). Die rotierenden Massenkräfte der Kurbelwelle nach Abb. 2.12 sind durch mitrotierende Gegengewichte vollständig kompensierbar. Durch größere Auslegung der Gegengewichte können auch oszillierende Massenkräfte 1. Ordnung kompensiert werden, da dies aber zu unerwünschten Nebeneffekten führt (Bildung seitwärts gerichteter Kraftkomponenten, hohes Gewicht der Kurbelwelle), wird dies nicht immer getan.

Tab. 2.1 Summen oszillierender Massenkräfte 1. und 2. Ordnung (ΣF_{F1}, ΣF_{F2}) sowie daraus folgender Drehmomente bei verschiedenen Zylinderanordnungen. Beim Boxermotor liegen sich die momentbildenden Zylinder in Paaren fast gegenüber, der Versatz b ist in diesem Falle so klein, dass $\Sigma M_{M2} \approx 0$

Anordnung	ΣF_{F1}	ΣF_{F2}	ΣM_{M1}	ΣM_{M2}
3 Zylinder, Reihe	0	0	$\sqrt{3}F_{M1}a$	$\sqrt{3}F_{M2}a$
4 Zylinder, Reihe	0	$4F_{M2}$	0	0
4 Zylinder, Boxer	0	0	0	$2F_{M2}b$
5 Zylinder, Reihe	0	0	$0{,}449F_{M1}a$	$4{,}98F_{M2}a$
6 Zylinder, Reihe	0	0	0	0
6 Zylinder, V 90°, 3 Kröpfungen	0	0	$\sqrt{3}F_{M1}a$	$\sqrt{6}F_{M2}a$

2.3.2 Drehung der Kurbelwelle

Am Kolben wirkt die Kolbenkraft F_K, die sich aus Gas- und Massenkraft zusammen setzt:

$$F_K = F_{Gas} + F_M. \tag{2.18}$$

Die Kolbenkraft teilt sich vektoriell auf in eine Stangenkraft entlang des Pleuels und eine Normalkraft, die den Kolben gegen die Zylinderwand drückt. Die Stangenkraft wiederum teilt sich auf in die am Kurbelzapfen angreifende Tangentialkraft F_T (Abb. 2.12) und eine dazu senkrechte Komponente, die nicht zum Antrieb beiträgt. Da sich sowohl der Kurbelwinkel φ als auch der Winkel des Pleuels zur Senkrechten Ψ ständig ändern, sind beide Kraftaufteilungen ebenfalls veränderlich. Nach [Tschöke18] ist

$$F_T = \frac{F_K \cdot \sin(\varphi + \psi)}{\cos(\psi)}. \tag{2.19}$$

Da oft φ bekannt ist, nicht aber Ψ, empfiehlt es sich, Ψ mithilfe trigonometrischer Betrachtungen als Funktion von φ auszudrücken und zu ersetzen:

$$\psi = \arcsin(\lambda \sin(\varphi)). \tag{2.20}$$

Das Drehmoment an der Kurbelwelle beträgt

$$M = rF_T. \tag{2.21}$$

Bei mehreren Zylindern addieren sich deren Drehmomentanteile. Dort, wo die Kurbelwelle ein Drehmoment an einen Zylinder liefert, z. B. bei der Verdichtung, ist das negative Vorzeichen des Drehmomentanteils zu berücksichtigen.

Wenn die Drehrichtung der Kurbelwelle durch die Steuerung vorgegeben ist, bleiben dem Motorhersteller zwei Möglichkeiten, auf welcher Seite der Kurbelwelle er den Flansch einbaut. Während Schiffe, die keinen Rückwärtsgang haben, durch Umsteuern des Motors [Mau13] rückwärts fahren, haben Fahrzeugmotoren üblicherweise nur eine Drehrichtung und ein Getriebe mit Rückwärtsgang. Am Prüfstand muss die Drehrichtung bekannt sein, insbesondere muss eine Belastungsmaschine mit Vorzugsrichtung zum Drehsinn des Motors passen. Die Schaufeln von Wasserbremsen sind oft asymmetrisch, sodass ein Betrieb nur in einer Drehrichtung sinnvoll ist. Deutsche Kfz-Motoren drehen im Sinne der umständlichen Definition in [DIN73021] (Blick von der dem Antrieb abgewandten Seite auf den Motor) rechts herum. [ISO1204] definiert die Drehrichtung hingegen von der Antriebsseite gesehen. Blickt man auf das Schwungrad, dreht solch ein Motor also links herum (entgegen dem Uhrzeigersinn). Gedächtnisstütze: Bei einem Pkw mit in Fahrtrichtung rechts eingebautem Quermotor kehrt sich die Drehrichtung im Getriebe und dann ein zweites Mal im Differenzial um. Er hat also die gleiche Drehrichtung wie die Räder. Besonders bei japanischen und britischen Motoren muss mit der inversen Drehrichtung gerechnet werden.

2.3.3 Einzelkomponenten des Kurbeltriebs

Die aus Leichtmetall-Legierungen oder Stahl gegossenen einteiligen oder bei größeren Motoren mehrteiligen Kolben als „Schnittstelle" zwischen Thermodynamik und Mechanik sind v. a. thermisch, aber auch mechanisch hoch belastet und bedürfen ausgiebiger Erprobung. Typische Temperaturen am Boden eines Pkw-Kolbens erreichen leicht 400°C, nach unten zum Schaft nehmen die Temperaturen stark ab, allerdings sind dort Temperaturschwankungen mit wechselnder Dehnung kritisch. Belastet sind auch Anbauteile wie die zwischen Kolben und Zylinderwand liegenden Kolbenringe und der Kolbenbolzen, der das obere Lager des Pleuels bildet. Die Erprobung erfolgt in Motoren, die oft mit zusätzlicher Telemetrie zur Übertragung von Sensordaten vom bewegten Kolben ausgestattet sind, auf Motorenprüfständen [Mahle15].

Das stählerne, gusseiserne oder gesinterte Pleuel wird erheblich durch Wechselkräfte beansprucht, die Festigkeit über die vorgesehene Betriebsdauer wird deshalb vor dem Motorenversuch mit elektromagnetischen Hochfrequenzpulsatoren oder hydraulischen Prüfmaschinen erprobt. Potenzielle Schwachstellen sind auch die Lager, die oben aus dem kleinen Pleuelauge auf dem Kolbenbolzen und unten aus dem großen Pleuelauge auf der Kurbelwelle bestehen.

Die stählerne oder gusseiserne Kurbelwelle nimmt an ihren kurbelartigen Kröpfungen die Kräfte von den Pleueln auf und wandelt deren tangentiale Komponente in eine Drehbewegung. Die radiale Kraftkomponente beansprucht die Kurbelwelle mechanisch, trägt aber nicht zur Bildung des antreibenden Drehmoments bei. Zwischen zwei Pleuellagerzapfen liegen die Hauptlager, wobei kleinere Wellen auch mit weniger Hauptlagern auskommen. In der Kurbelwelle befinden sich Ölbohrungen zur Schmierung der Kurbelzapfen. Zu erproben ist neben der Festigkeit der Welle auch die Reibung in den Lagern.

2.4 Abgasnachbehandlung

Bei einfachen Fahrzeugen wie Motorrollern werden die Abfallprodukte einer unvollständigen motorischen Verbrennung direkt an die Umwelt abgegeben, bei Pkw und Lkw ist eine Abgasnachbehandlung zur Einhaltung der gesetzlichen Grenzwerte unverzichtbar. Bei Ottomotoren kommt schon seit Jahrzehnten der Dreiwegekatalysator zum Einsatz. Bei Dieselmotoren gibt es Oxidationskatalysatoren, Partikelfilter und Katalysatoren zur Reduktion von Stickoxiden (DeNOx-Katalysatoren). Als Kombination gibt es CRT (Continuous Regeneration Traps), die Ruß filtern und zur Reduktion des Stickstoffs verwenden, wobei der Ruß selbst durch Oxidation zu Kohlendioxid entfernt wird.

Im Dreiwegekatalysator finden parallel drei wesentliche chemische Reaktionen statt: Kohlenmonoxid und unverbrannte Kohlenwasserstoffe werden wie im Oxidationskatalysator des Dieselmotors oxidiert, Stickoxide werden reduziert. Der Betrieb setzt ein stöchiometrisches Verhältnis von Luft und Kraftstoff voraus, da bei Luftüberschuss keine Reduktion stattfindet und bei Luftmangel keine Oxidation. Motorisch setzt die Verwendung des Dreiwegekatalysators also eine Regelung der Luftzahl λ auf 1 voraus.

Partikelfilter filtern beim Durchgang des Abgases durch poröse Keramik oder fein perforiertes Metall Rußpartikel mechanisch. Die gefilterten Rückstände verbleiben im Filter bis dieser vom Motorsteuergerät unterstützt durch Freibrennen regeneriert wird.

Die Reduktion von Stickoxiden im Katalysator ist hingegen eine chemische Reaktion. Man unterscheidet Speicherkatalysatoren, in denen Stickoxide durch chemische Bindung gespeichert werden und bei fettem Betrieb freigesetzt und reduziert werden sowie die aufwendigeren, aber auch effektiveren SCR-Katalysatoren (Selective Catalytic Reduction), in denen Ammoniak, das aus einer wässrigen Harnstofflösung (AdBlue) gewonnen wird, als Reduktionsmittel benutzt wird [Borgeest23E].

Häufig gilt am Prüfstand die Anforderung, einen Motor mit der Originalabgasanlage zu testen. Abgesehen von Platzproblemen (die Abgasanlage verläuft evtl. genau dort, wo am Prüfstand auch die Belastungsmaschine steht), erfordert dies oft eine doppelte Abgasmessanlage mit einer Probennahme direkt am Motor und hinter der Abgasnachbehandlung. Steht die Abgasnachbehandlung selbst im Mittelpunkt der Untersuchungen, können diese entweder am Motor durchgeführt werden oder auf speziellen Prüfständen für Komponenten zur Abgasnachbehandlung. Letztere besitzen einen Abgasgenerator, der ein definiertes Referenzabgas erzeugt und in die Abgasnachbehandlung einspeist.

2.5 Kühlung

Die Motorkühlung erfolgt über drei Wege, den Kühlmittelkreislauf, den Schmiermittelkreislauf und die Umströmung durch Luft. Der heute dominante Weg ist der Kühlmittelkreislauf, eine Ausnahme sind Motoren für Zweiräder, die direkt vom Fahrtwind umströmt werden und zur Verbesserung der Wärmeabfuhr mit Kühlrippen versehen sind. Abb. 2.15 zeigt den Kühlmittelkreislauf, in Abschn. 3.1.2 werden Veränderungen am

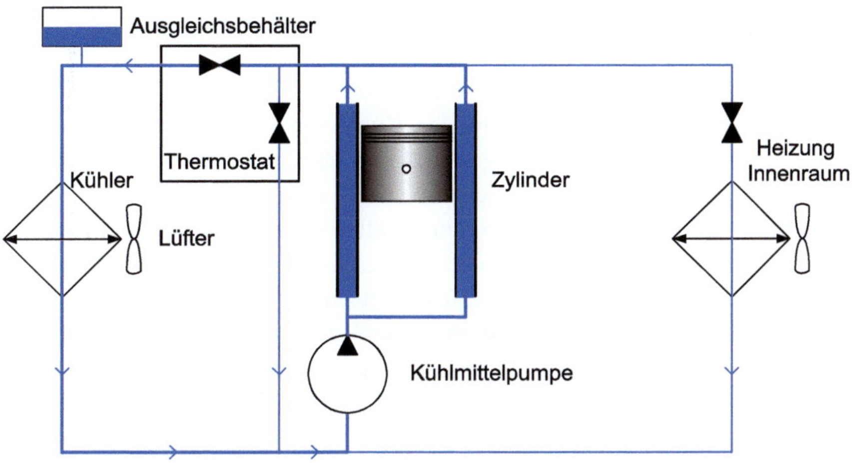

Abb. 2.15 Kühlmittelkreislauf des Motors im Fahrzeug. Der Kreislauf kann weitere Wärmetauscher beinhalten, z. B. Ölkühler

Kühlmittelkreislauf gezeigt, die erforderlich sind, um den Motor auch am Prüfstand gut zu temperieren, um reproduzierbare Messergebnisse zu erhalten und um die Kühlmitteltemperatur im Rahmen von Versuchen zu ändern. Der Originalkreislauf im Fahrzeug besteht aus mehreren Teilkreisläufen, einen großen Kreislauf mit Kühler, einen kleinen Kreislauf ohne Kühler und einem Nebenkreislauf zur Beheizung des Fahrzeuginnenraumes, der hier nicht näher betrachtet wird.

Nach dem Kaltstart soll der Motor schnell seine optimale Betriebstemperatur von ca. 90°C erreichen. Danach soll eine weitere Aufheizung möglichst vermieden werden. Nach dem Kaltstart fließt deshalb ein großer Anteil des Kühlmittels durch den kleinen Kühlkreislauf. Dort kann das Kühlmittel nur wenig Wärme abgeben und erreicht schnell die Betriebstemperatur. Danach schließt ein Thermostat den kleinen Kreislauf, nun fließt das Kühlmittel durch den Kühler, der als Wärmetauscher Wärme an die durchströmende Luft abgibt. Sofern der Fahrtwind nicht zur Durchströmung reicht, unterstützt ein meist elektrisch angetriebener Lüfter. Da die freie Konvektion des Kühlmittels bei heutigen Motoren nicht ausreicht, wird das Kühlmittel durch eine riemengetriebene oder zunehmend durch eine elektrische Pumpe umgewälzt. Das Kühlmittel besteht zu mindestens 30 Vol.-% (meist 50 bis 70 %) aus Wasser, der Rest sind Glykole zum Frostschutz und Additive v. a. zum Korrosionsschutz.

2.6 Schmierung

Die Schmierung soll hauptsächlich den Verschleiß reibender Materialpaarungen, z. B. der Kolbenringe in der Zylinderlaufbuchse oder der Kurbelwellenlager reduzieren, diese Aufgabe wird heute beherrscht. In den letzten Jahren geriet die Schmierung verstärkt in den Fokus der Motorenentwicklung, weil sie auch zur Reduktion reibungsbedingter Verluste und damit zur Reduktion des Kraftstoffverbrauchs beiträgt.

Fast alle Fahrzeuge haben heute eine Druckumlaufschmierung. Das Schmieröl befindet sich in der Ölwanne unterhalb der Kurbelwelle. Eine Ölpumpe fördert das Schmieröl mit einem Druck von einigen 100 kPa über ein Filter durch Bohrungen im Kurbelgehäuse, in der Zylinderkopfdichtung, im Zylinderkopf und in der Kurbelwelle zu den Schmierstellen. Die höchsten Schmierstellen befinden sich an der Nockenwelle, dort befindet sich in der Regel auch der Öldruckschalter. Die Rückförderung zur Ölwanne erfolgt durch die Schwerkraft. Oft erfolgt eine Ölkühlung durch einen Wärmetauscher, in dem entweder das Kühlmittel oder Luft Wärme aufnimmt. In hydraulischen Systemen am Motor wie z. B. hydraulischen Nockenwellenverstellern wird das Schmiermittel als Hydraulikmedium verwendet, diese Systeme werden ebenfalls über den Schmierölkreislauf mitversorgt. Bei größeren Motoren erfolgt eine Kolbenkühlung mit Öl durch Anspritzen oder bei Schiffsmotoren auch über Posaunenrohre. Ungeeignet ist die Druckumlaufschmierung bei Motoren, die im Betrieb stark geneigt werden (z. B. Geländeeinsatz, Boote) oder die starken Seitwärtsbeschleunigungen (z. B. Zentrifugalbeschleunigungen im Rennsport) ausgesetzt sind, in diesem Falle werden Trockensumpfschmierungen eingesetzt, bei denen der Ölsumpf durch einen geschlossenen Behälter ersetzt ist. Der Ölkreislauf trägt neben der Schmierung auch zur Motorkühlung bei. Für reproduzierbare Messungen am Prüfstand muss die Öltemperatur präzise durch einen motorexternen Wärmetauscher geregelt werden. Um das Öl schneller auf eine definierte Betriebstemperatur zu bekommen und auch um tribologische Versuche mit Öltemperaturen außerhalb des normalen Betriebsbereichs zu fahren, ist eine zusätzliche Heizeinrichtung am Prüfstand sinnvoll.

2.7 Motorelektrik

Die zentrale Komponente der Motorelektrik ist das Motorsteuergerät, kurz ECU (Electronic Control Unit oder speziell Engine Control Unit) oder bei Dieselmotoren auch EDC (Electronic Diesel Control). Es erhält von zahlreichen Sensoren im Motor (z. B. für Kühlmitteltemperatur, Drehzahl, Nockenwellenposition, Luftmassenstrom, Lufttemperatur, Ladedruck, Sauerstoffgehalt und NO_x-Gehalt des Abgases, Kraftstoffdruck, Pedalstellungen) analoge und digitale Signale, die z. B. mit einem Multimeter oder Oszilloskop darstellbar sind. Es steuert zahlreiche Aktoren im Motor (z. B. Kraftstoffventile, Abgasrückführsteller, Drosselklappensteller, Glühkerzen, Zündkerzen, Klappen im Luftsystem) an, meistens über Pulsweitenmodulation (PWM). Bei der PWM wird ein Rechtecksignal mit einer Frequenz von z. B. 1 kHz ausgegeben. Durch seine Trägheit mittelt der Aktor das Rechtecksignal. Der Mittelwert und die daraus resultierende Stellgröße des Aktors hängen je nach Art des Aktors linear oder nichtlinear vom Tastverhältnis, dem Verhältnis zwischen Einschaltdauer und Ausschaltdauer, ab [Borgeest23E]. Bei einem linearen Aktor ist die resultierende Stellgröße proportional zum Tastverhältnis.

Ein besonders wichtiger, im Fahrzeug auch sicherheitskritischer Sensor am Motorsteuergerät ist der Pedalwertgeber (PWG), der den Fahrerwunsch in Form einer Gaspedalstellung elektrisch an das Motorsteuergerät übermittelt. Zu diesem Zweck befinden sich am Gaspedal zwei Potenziometer mit unterschiedlichen Winkel-/Spannungskennlinien, die über getrennte Leitungen unterschiedliche Signale an das Steuergerät liefern, die aber zueinander in einem definierten Verhältnis stehen (s. Abschn. 8.1.2.4). Wird dieses Verhältnis verletzt, erkennt das Steuergerät dies als Fehler.

Die Verbindungen werden über den Motorkabelbaum hergestellt, an dem das Steuergerät, die Sensoren und Aktoren über Steckverbinder angeschlossen sind. Der Motorkabelbaum wird meist über einen weiteren Steckverbinder mit dem Fahrzeugkabelbaum verbunden. Gebündelt wird der Kabelbaum über Wellschläuche aus Kunststoff oder textile Hüllen. Nicht immer übernimmt das Steuergerät alle Motorfunktionen, so kann z. B. die Zündung beim Ottomotor, die Ansteuerung der Glühkerzen beim Dieselmotor oder die aktive Motorlagerung in der Oberklasse über ein eigenes Steuergerät bedient werden und bei Motoren mit hohen Zylinderzahlen ist manchmal sogar eine Kernaufgabe der Motorsteuerung, nämlich die elektrische Ansteuerung der Injektoren, in mehrere Einspritzsteuergeräte ausgelagert.

Wenn der Motor mehrere Steuergeräte hat, müssen diese um sinnvoll zusammenzuarbeiten und um die vorhandenen Sensoren gemeinsam nutzen zu können, untereinander Daten austauschen. Die Anzahl der Steuergeräte in Oberklassefahrzeugen liegt heute nur noch knapp unter Hundert. Das Motorsteuergerät muss auch mit vielen anderen Steuergeräten Daten austauschen. Es erhält es z. B. die aktuelle Fahrgeschwindigkeit vom ESP-Steuergerät, bei automatischen Getrieben erfolgt ein intensiver Datenaustausch mit dem Getriebesteuergerät, in Hybridfahrzeugen muss das Steuergerät für den Verbrennungsmotor mit dem Steuergerät für den elektrischen Antrieb koordiniert werden und ohne die Kommunikation mit dem Transponder der Wegfahrsperre verweigert die Motorsteuerung ihre Dienste.

Die Kommunikation mit anderen Steuergeräten im Fahrzeug ist häufig ein erhebliches Problem am Motorenprüfstand, da sich der Motor dort nicht mehr im Fahrzeug befindet, man kann sich leicht vorstellen, dass insbesondere die Wegfahrsperre die Arbeit am Prüfstand erheblich erschweren kann.

2.8 Forschungsmotoren

Für grundlegende Untersuchungen am Prüfstand, insbesondere bei der Verbrennungsanalyse, sind Serienmotoren, deren Prototypen oder Modifikationen nicht optimal geeignet. Besser geeignet sind Forschungsmotoren, die z. B. von Prüfstandsherstellern oder von unabhängigen Unternehmen angeboten werden (Tab. 2.2). Steht eine gut ausgestattete Werkstatt zur Verfügung, ist sogar ein Selbstbau möglich.

Das auffälligste Merkmal eines typischen Forschungsmotors ist, dass er nur einen Zylinder hat. Forschungsmotoren werden mit verschiedenster Messtechnik instrumentiert,

Tab. 2.2 Einige Anbieter von Forschungsmotoren

Name	WWW-Adresse	Typen
AVL List GmbH, Graz	www.avl.com	nach Kundenspezifikation
ECC Automotive, Eschweiler	eccing.de	M010, M100, M200, M500
FEV GmbH, Aachen	www.fev.com	6 Reihen mit Bohrungen (in mm) 65–100, 100–140, 140–200, 200–365, 250–400, 400–530
WTZ Roßlau gGmbH	www.wtz.de	FM16, FM18, FM24, FM35
Alternative Eigenbau		

darunter auch optische Verfahren zur Verbrennungsanalyse. Da Forschungsmotoren nicht im sehr begrenzten Raum unter der Motorhaube eines Fahrzeugs untergebracht werden müssen, sind diese nicht so eng mit ihrer Peripherie gepackt und deshalb für diverse Instrumente und ergänzende Versuchsaufbauten gut zugänglich. Sie sind modular aufgebaut und lassen sich mit wenigen Handgriffen umrüsten. Forschungsmotoren erfordern nicht den komplexen Kabelbaum eines Serienmotors und werden üblicherweise über weitgehend selbst programmierbare Motorsteuerungen angesteuert. Ein Massenausgleich über mehrere Zylinder entfällt bei einem Einzylindermotor, ggf. kann über Ausgleichswellen ein Massenausgleich hergestellt werden.

Die Verwendung seriennaher Motoren hingegen ist sinnvoll, wenn auch die durchzuführenden Untersuchungen realitätsnah sein sollen. Ein weiteres Argument zugunsten seriennaher Motoren kann der hohe Preis von Forschungsmotoren (von mehreren 10.000 € bis zu mehreren 100.000 €) sein.

Es gibt Forschungsmotoren mit Sichtfenster in den Brennraum oder gar mit gläserner Laufbuchse oder gläsernen Zylinderkopfkomponenten *(Glasmotoren)*. Auch der Kolbenboden kann gläsern sein. Häufig enthält ein Glasmotor einen Spiegel, der eine seitliche Beobachtung ermöglicht. Ist ein direkter Einblick in den Motor nicht erforderlich, ist auch eine optische Instrumentierung über ein Endoskop möglich. Gegenüber großen Glasfenstern schränkt das Endoskop zwar den Einblick erheblich ein, ermöglicht aber eine seriennähere Motorkonstruktion oder sogar die optische Instrumentierung eines Serienmotors. Ein Glasmotor weicht von einem herkömmlichen Motor erheblich ab, so ist der Kolben deutlich schwerer und auch die Schmierung erfolgt aufgrund anderer Materialien und um nicht die Sicht durch Ölnebel zu versperren mit anderen Schmierstoffen in anderer Menge oder sogar mit entsprechenden Oberflächenbeschichtungen trocken. Damit liegt auch die Höchstdrehzahl vieler Glasmotoren unter 2000 min^{-1}. Glasmotoren drücken mehr Verbrennungsgase ins Kurbelgehäuse als herkömmliche Motoren. Eine umfassende Darstellung der Besonderheiten findet sich in [KashThir09] und [KashThir11].

3 Aufbau von Motorenprüfständen

Um zu überlegen, wie ein Prüfstand aufgebaut sein muss, betrachten wir nochmals Abb. 2.2. Die gezeigten Edukte, also Kraftstoff und Luft, müssen dem Motor unter definierten Bedingungen zugeführt und deren Menge gemessen werden, die in der Mitte gezeigten Prozesse der Gemischbildung und Verbrennung müssen gesteuert und gemessen werden und die Produkte (mechanische Arbeit, Verlustwärme und Abgase) müssen ebenfalls beherrscht und gemessen werden. Weiterhin müssen definierte Betriebsbedingungen herrschen, die in Kap. 2 dargestellten Hilfskreisläufe des Motors (Kühlmittel, Öl) müssen dazu herausgeführt werden, um reproduzierbare Temperaturen und Drücke einzustellen und um Messungen an diesen Medien durchzuführen.

Daraus folgt die in Abb. 3.1 gezeigte Struktur. Einige wichtige und gut abgrenzbare Teilsysteme werden in den folgenden Kapiteln detailliert behandelt, einige Teilsysteme sind in diesem Kapitel am besten aufgehoben.

Um den Prüfstand herum sind Kontrollräume, Vorbereitungsräume, Kraftstofflager, Gaslager und andere Räume einzurichten. Die Anlage erfordert eine umfangreiche technische Gebäudeausstattung (Kap. 9), die über den Bedarf anderer Laborgebäude hinaus gehen kann.

Aus mechanischer Sicht sind die beiden wichtigsten Geräte im Prüfstand der Prüfling selbst und die Belastungseinheit, die realistische Betriebsbedingungen des Motors unter Last erzeugen kann und oft durch eine elektrische Maschine realisiert wird (Kap. 6). Dazu sind der Prüfling und die Belastungsmaschine über eine Welle miteinander zu verbinden. Der Prüfling und die Belastungsmaschine werden auf eine gemeinsame Platte montiert, die gegenüber dem restlichen Gebäude schwingungsgedämpft ist. Abb. 3.2 zeigt den scheinbar einfachen Aufbau der Kernkomponenten Belastungsmaschine und Motor auf einer Grundplatte. Tatsächlich birgt dieser einfache Aufbau eine große Zahl mechanischer Detailfragen v. a. schwingungstechnischer Art, die deshalb ein eigenes Kap. 5 verdienen.

K. Borgeest, *Messtechnik und Prüfstände für Verbrennungsmotoren*,
https://doi.org/10.1007/978-3-658-43284-3_3

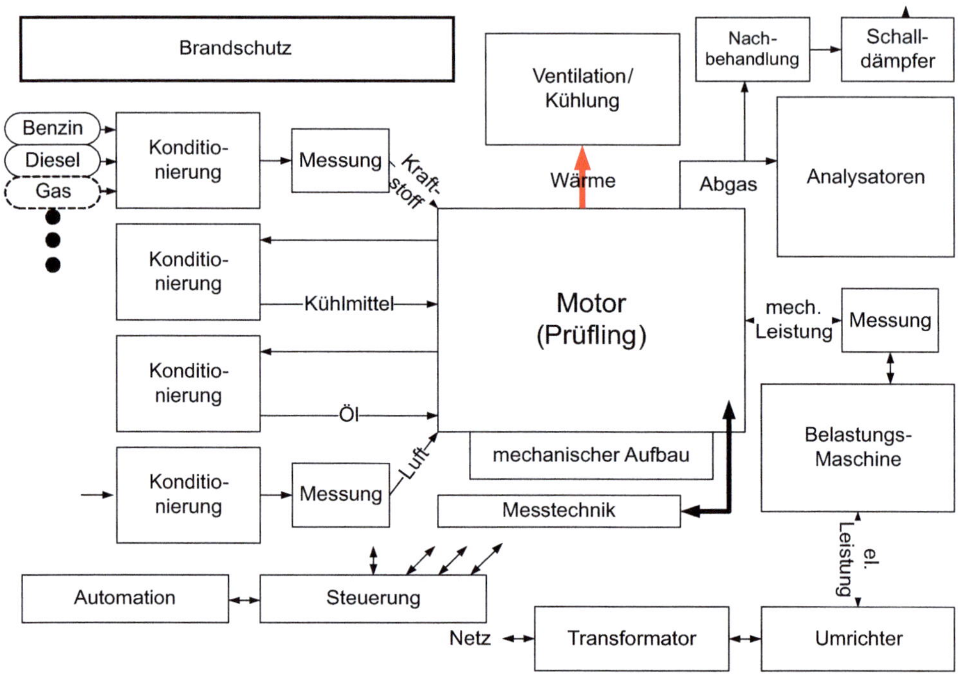

Abb. 3.1 Vereinfachter Aufbau eines Motorenprüfstandes aus funktionaler Sicht

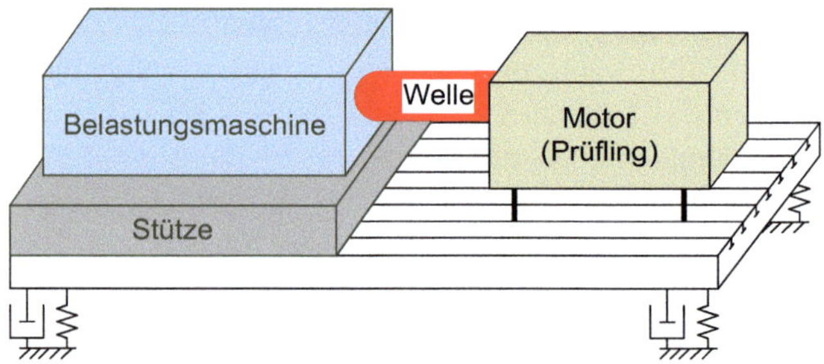

Abb. 3.2 Vereinfachter Aufbau eines Motorenprüfstandes aus mechanischer Sicht

3.1 Medienversorgung

Der Motor benötigt zur Verbrennung Kraftstoff und Luft, die ihm auch am Prüfstand unter definierten Bedingungen zugeführt werden müssen. Der im Fahrzeug geschlossene Kühlmittelkreis wassergekühlter Motoren wird am Prüfstand aufgetrennt, um ohne Fahrtwind eine hinreichende Kühlung sicherzustellen und um bei reproduzierbaren Kühlmitteltemperaturen zu fahren. Oft wird auch der im Fahrzeug geschlossene Schmiermittelkreislauf des Motors am Prüfstand in gleicher Weise aufgetrennt.

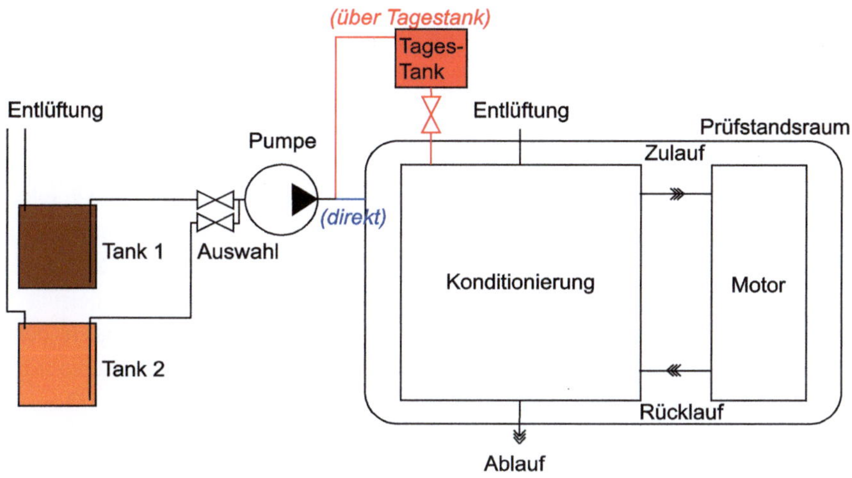

Abb. 3.3 Möglicher Aufbau der Kraftstoffversorgung

3.1.1 Kraftstoffversorgung

Die häufigsten Kraftstoffe an Prüfständen sind Dieselkraftstoff in unterschiedlichen Sorten, Ottokraftstoff in unterschiedlichen Sorten, Kerosin, pflanzliche Kraftstoffe, Ethanol, Methanol, Erdgas, Autogas und Wasserstoff. Je nach Verwendungszweck des Prüfstandes stehen vielleicht nur zwei, vielleicht auch zehn Kraftstoffe zur Verfügung (die höchste, dem Autor bekannte Zahl sind 34 Sorten). Es bietet sich an, zwischen flüssigen und gasförmigen Kraftstoffen zu unterscheiden. Die Ankopplung der prüfstandsseitigen Kraftstoffversorgung an den Motor wird in Abschn. 3.1.5 beschrieben.

Die Kraftstoffversorgung beginnt mit der Betankung. Pro Kraftstoffsorte steht ein Tank zur Verfügung (Abb. 3.3), eine elektrisch oder pneumatisch betriebene Pumpe fördert den Kraftstoff in den Prüfstand. Dann wird der Kraftstoff konditioniert, wobei Temperatur und Druck die Regelgrößen sind, meistens wird in der Konditioniereinrichtung auch die Menge gemessen. Aus Kostengründen werden Teile der Kraftstoffversorgung, insbesondere die teure Konditionierung und Durchflussmessung für mehrere Kraftstoffsorten genutzt. Sofern der nach einem Sortenwechsel noch in der Anlage befindliche Restkraftstoff nicht vom Motor bedenkenlos verbrannt werden kann, ist die Anlage nach dem Umschalten zu spülen. Ideal wäre der völlige Verzicht auf Anlagenteile, die gemeinsam für unterschiedliche Kraftstoffe genutzt werden; aus Kosten- und Platzgründen werden hier aber oft erhebliche Kompromisse eingegangen, z. B. bei kleineren Prüfständen eine gemeinsame Konditionierung. Bei der Verwendung von Biokraftstoffen oder stark ethanolhaltigen Kraftstoffen ist darauf zu achten, dass alle Komponenten, insbesondere die Konditioniereinrichtungen, für diese Kraftstoffe geeignet sind, serienmäßig ist dies bei vielen Geräten nicht der Fall.

3.1.1.1 Kraftstofflager und Betankung

Der Kraftstoff kann im Gebäude, in unterirdischen Tanks oder in Außentanks bevorratet werden. Ein grundsätzlicher Nachteil unterirdischer Installationen ist, dass Schäden von außen nicht erkennbar sind. Geologische oder hydrogeologische Einflüsse, z. B. ein hoher, wechselnder Grundwasserspiegel, können Kräfte auf unterirdische Komponenten ausüben. Ohne Gegenmaßnahmen korrodieren unterirdische Tanks leicht von außen. Die Baukosten liegen bei unterirdischen Anlagen zwischen gebäudeintegrierten und oberirdischen Anlagen, hohe Kosten können allerdings beim Rückbau einer unterirdischen Anlage entstehen; die frühere Lösung, den Tank nach Außerbetriebsetzung mit einem härtenden Bindemittel zu füllen und im Erdreich zu belassen, ist in der Regel nicht mehr zulässig. Die optische Beeinträchtigung durch äußere Tankanlagen dürfte bei Installationen in Gewerbe- oder Industriegebieten nicht bedeutsam sein. Die Anlagen müssen gegen den Zugriff Unbefugter, gegen extreme Sonneneinstrahlung und in Verkehrsbereichen gegen Fahrzeuge, z. B. Gabelstapler, geschützt sein. Ein Nachteil von Installationen innerhalb von Gebäuden ist ein erhöhtes Brandrisiko, das durch Sicherheitsmaßnahmen aber beherrschbar ist (auch bei einer Heizung befinden sich Brennstoffe im Gebäude). Ein gravierender Nachteil bei Installationen in Gebäuden ist der zusätzlich umbaute Raum und die damit verbundenen Kosten. Die Anfahrt- und Wendemöglichkeit eines Tanklasters muss bei der Planung bedacht werden.

Neben fest installierten Anlagen kommen in Einzelfällen, in denen wenige 100 l einer Kraftstoffsorte benötigt werden, auch mobile Tankanlagen in Betracht, wie sie z. B. nach [DIN6623] als Baustellenbedarf lieferbar sind.

Leerstehende Tanks und Leitungen können korrodieren, bei Anlagen die nicht ständig im Betrieb sind, müssen nichtrostende Stähle verwendet werden. Kraftstoffeinrichtungen im Freien können bei niedrigen Temperaturen durch Ausflockungen verstopfen, in diesem Falle sind Isolierungen oder gar Heizungen hilfreich.

Bei lange gelagertem Kraftstoff kann sich Wasser absetzen, das korrosiv wirkt, bei Frost gefriert und die Vermehrung von Mikroorganismen fördert [Shennan88]. Es gibt Bakterienarten der Gattungen Pseudomonas, Flavobacterium, Desulfovibrio, Desulfotomaculum, Hydrogenomonas, Sarcina und Clostridium sowie einige Pilze (Hormoconis resinae, Yarrowia tropicalis und Arten der Gattungen Aspergillus, Candida und Fusarium) die teilweise Kraftstoffbestandteile, insbesondere jene biogenen Ursprungs, direkt verstoffwechseln und sich im lange gelagerten Kraftstoff vorzugsweise an Kraftstoff/Wasser-Grenzflächen vermehren und absetzen (Dieselpest). Bei nicht mineralischen Kraftstoffen oder Kraftstoffbestandteilen ist das Risiko biologischer Kontamination erhöht. Auch auf Kunststoffoberflächen in Kraftstoffanlagen wurden Biofilme nachgewiesen. Zwar betrifft dies hauptsächlich Kunststofftanks auf Sportbooten, aber auch am Prüfstand können Pumpenteile oder Filter betroffen sein. Biofilme können nachfolgende Einrichtungen verstopfen und Korrosion fördern. Einige Mikroorganismen sind humanpathogen, z. B. kann Pseudomonas aeruginosa Lungenentzündungen verursachen. Dieselpest kann eine vollständige Leerung und Desinfektion der Tankanlage erfordern.

Abb. 3.4 Tankdeckel mit Armaturen für Ottokraftstoff, bei Diesel entfällt die Gaspendelung

Es werden auch präventiv einsetzbare Biozide angeboten, deren Auswirkungen auf Motoren ist jedoch weitgehend unbekannt.

Abschn. 10.8 geht auf die Umweltgefährdung durch Kraftstoffleckagen bei der Lagerung und beim Befüllen ein, Abschn. 9.8 auf den Brandschutz. Gasförmige Kraftstoffe bzw. die Dämpfe leichtflüchtiger flüssiger Kraftstoffe wie Benzin können eine explosionsgefährdete Atmosphäre verursachen.

Erwartungsgemäß wird die Gestaltung der Kraftstoffanlage weitgehend durch gesetzliche Anforderungen bestimmt, mit dem Ziel, die erwähnten Risiken zu minimieren. Relevant sind insbesondere die TRT und die TRGS (technische Richtlinien für Tanks und technische Regeln für Gefahrstoffe).

Die Tanks und nicht zugängliche Leitungen sind doppelwandig auszuführen, ggf. können Auffangwannen Alternativen zu doppelwandigen Tanks darstellen. Eine Überwachung des Druckes zwischen beiden Tankhüllen ermöglicht eine Leckageerkennung nach [EN13160-2]. Andere Kriterien wie eine unerwartete Füllstandsänderung im Tank sollten allenfalls unterstützend zur Leckageerkennung verwendet werden. Die Tanks sollen explosionsdruckstoßfest sein, d. h. eine Explosion im Tank durch einen Flammenrückschlag ohne gefährliche Zerstörungen (aber nicht notwendigerweise völlig schadenfrei) überstehen [§TRT006]. Die Gefahr eines Flammen-Rückschlags in den Tank wird durch eine Rückschlagsicherung reduziert [§TRT030].

Abb. 3.4 zeigt die typischen Armaturen eines einzelnen Kraftstofftanks, in ähnlicher Form sind diese auch bei einer Tankbatterie vorhanden. Die beim Betanken oder durch Ausdehnung verdrängte Luft gelangt über eine Entlüftung ins Freie. Bei Ottokraftstoffen ist die verdrängte Luft reich an Kohlenwasserstoffen und muss beim Betanken abgesogen werden (Gaspendelung). Der Grenzwertgeber erkennt über einen Kaltleiter, dass der Tank voll ist und gibt über die genormten Steckkontakte (im Bild unter der abschraubbaren Verschlusskappe) dem Tankfahrzeug das Signal, die Förderung zu beenden. Über das Peilrohr können Instrumente wie Peilstäbe in den Tank abgelassen werden. Ein Manometer überwacht den Druck zwischen den Tankwänden, um so Leckagen zu erkennen, bevor Kraftstoff in die Umgebung austritt.

Rohrgewinde zwischen Kraftstoffleitungen sind gegenüber Kraftstoffen mit ausgeprägter Kriechneigung (z. B. Winterdiesel) nicht immer hinreichend dicht, Weichstoffdichtungen können verspröden und den Kraftstoff kontaminieren. Gut geeignet sind geschweißte Verbindungen, ggf. auch Pressfittings.

Der Kraftstoff kann vom Tank über die Konditioniereinrichtung zum Prüfstand geleitet werden, vereinzelt wird aber im oder am Prüfstand ein zusätzlicher Tagestank zwischen dem Vorratstank und der Konditionierung verwendet. Die Förderung vom Tagestank zum Motor erfolgt in diesem Falle nicht durch eine Pumpe, sondern bei einem hoch angebrachten Tagestank durch die Schwerkraft, idealerweise mit Entnahme an der tiefsten Stelle zur restlosen Entleerung. Die Höhe ist so zu bemessen, dass der hydrostatische Druck in diesem Falle innerhalb der Spezifikation für den Eingangsdruck der Konditioniereinrichtung liegt. Tagestanks mit sehr leicht entflammbaren Kraftstoffen (Benzin) sollten sich nicht im Prüfstandsraum befinden. Der Tagestank muss eine Rücklaufmöglichkeit in den Vorratstank, die neben der Funktion als Überlauf auch ein schnelles Ablassen bei Brandgefahr ermöglicht, und eine Entlüftung haben. Die Zuleitung zur Konditionierung sollte über ein normalerweise verschlossenes Absperrventil erfolgen. Die Verwendung des Tagestanks für unterschiedliche Kraftstoffsorten sollte vermieden werden.

Im Fahrzeug läuft eine kleine Kraftstoffmenge in den Tank zurück. Diese kann Verunreinigungen enthalten und ist oft wärmer als der frische Kraftstoff. Ein Nebeneffekt bei der Verwendung eines Tagestanks mit Rücklauf vom Motor ist die Simulation eines solchen Tankbetriebs wie im Fahrzeug, was bei Untersuchungen an Kraftstoffen interessant sein kann. Allerdings benötigt der Rücklauf in einen erhöhten Tagestank am Prüfstand eine Pumpe.

Bei der Verwendung von Schweröl (bei der Öldestillation in der Raffinerie verbleibender Rückstand, deshalb auch Rückstandsöl genannt) für Großmotoren, das erhebliche Verunreinigungen enthält und erst oberhalb 100 °C hinreichend fließt, kommen zusätzlich noch ein Absetztank, Heizungen und Separatoren (Zentrifugen) zum Einsatz [MBP08]. Diese aufwendigen Anlagen entsprechen ungefähr den Einrichtungen, die auf Seeschiffen installiert sind.

Bei der Verwendung von CNG kann, sofern keine bestimmte Zusammensetzung gefordert ist, Erdgas aus dem öffentlichen Netz entnommen werden und auf ca. 20 MPa komprimiert in Drucktanks gelagert werden. LPG wird bei Drücken bis ca. 1 MPa ebenfalls in Drucktanks gelagert, Wasserstoff wird in Druck- oder Kryotanks gelagert, zukünftig wahrscheinlich auch an Trägerflüssigkeiten chemisch gebunden. LPG wird in Flaschen oder im Tankwagen geliefert. Bei Wasserstoff kann die Lieferung in gleicher Weise erfolgen, bei großen Wasserstoffmengen ist auch eine Erzeugung vor Ort in Betracht zu ziehen, vorteilhaft ist die Nähe eines Betriebs, in dem Wasserstoff als Prozessgas anfällt.

Der am Prüfstand verbrauchte Kraftstoff unterliegt laut [§EnergieStG] in Deutschland und § 4 [§MOeStG] in Österreich in vielen Fällen, die durch diese Gesetze definiert werden, nicht der Mineralölsteuer. Aufgrund der Energiesteuer-Richtlinie [§EU03-96] ist die Gesetzgebung anderer EU-Staaten ähnlich. Eine Rückerstattung bereits gezahlter Mineralölsteuer ist in Deutschland nicht ausgeschlossen, das Verfahren ist allerdings mit erheblichen bürokratischen Hürden verbunden und wird von der Finanzverwaltung nicht in einheitlicher Weise durchgeführt. Sinnvoll ist die Beantragung der Steuerbefreiung vorab beim zuständigen Hauptzollamt. Zur Vermeidung einer Ordnungswidrigkeit oder Straftat sollte vor einer Verwendung von wesentlich geringer besteuertem Heizöl anstelle von Dieselkraftstoff das aktuelle Steuerrecht geprüft werden; auch ist zu bedenken, dass Heizöl andere Additive als Dieselkraftstoff enthält.

3.1.1.2 Kraftstoffkonditionierung

Die Kraftstoffkonditionierung stellt dem Motor die benötigte Kraftstoffmenge unter einem definierten Druck (typisch sind wie bei der motoreigenen Pumpe 300 bis 600 kPa) bei einer definierten Temperatur (entsprechend den zu unterschiedlichen Jahreszeiten üblichen Außentemperaturen oder auch darüber hinaus) zur Verfügung. Die Konditioniereinheit regelt ohne externe Messung die Temperatur an ihrem Ausgang, die nachfolgende Installation darf dann die Temperatur nicht wesentlich verändern. Die Kraftstoffmenge wird nicht durch die Konditionierung, sondern durch den Verbrauch des Motors bestimmt, ist aus Sicht der Konditioniereinrichtung also eine unbekannte Störgröße, lediglich der maximale Durchfluss ist durch die Konditioniereinrichtung begrenzt, im Einzelfall ist zu überprüfen, ob die benutzte Konditioniereinrichtung auch einen Mindestdurchfluss für die Druck- und Temperaturregelung benötigt. Eine Abweichung zwischen dem gemessenen Kraftstoffverbrauch und den gelieferten Kraftstoffvorräten kann auf eine ungenaue Messung, eine fehlerhafte Abrechnung des Kraftstofflieferanten oder ein Leck hindeuten.

Abb. 3.5 skizziert den Aufbau eines Konditioniergerätes. Der Kraftstoff wird gefiltert und auf einen gegenüber dem Einlass erhöhten und geregelten Druck gepumpt. An dieser

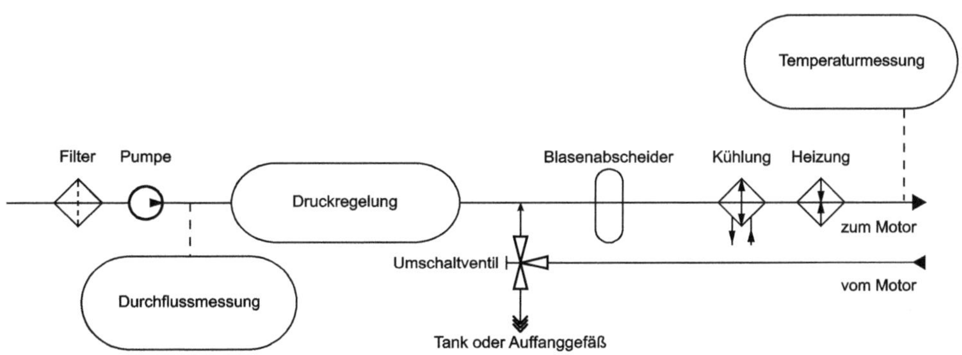

Abb. 3.5 Kraftstoffkonditionierung mit Messeinrichtung für den Durchfluss. Das System enthält in der Regel weitere Temperatursensoren.

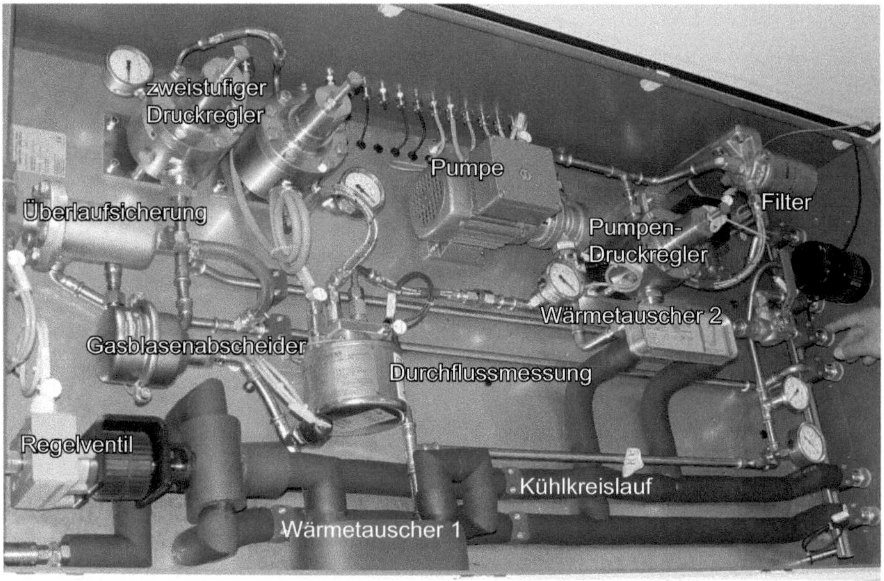

Abb. 3.6 Kraftstoffkonditionierung mit Messeinrichtung (ohne Heizung). Wärmetauscher 1 befindet sich in der Kraftstoffzufuhr zum Motor, Wärmetauscher 2 kühlt nur einen Nebenkreislauf der Pumpe zur Systemdruckregelung. Die Einrichtung wird so aufgestellt, dass sich die Überlaufsicherung oben befindet.

Stelle erfolgt auch die Verbrauchsmessung. Befindet sich das Umschaltventil in oberer Stellung wird danach der zurück laufende Kraftstoff vom Motor dem frischen Kraftstoff zugemischt, die gemessene Menge ist in diesem Falle nur der frische Kraftstoff. Befindet sich das Umschaltventil in unterer Stellung wird der Rücklauf abgelassen und die gemessene Menge des frischen Kraftstoffes ist mit der Zulaufmenge zum Motor identisch, ansonsten ist diese Stellung v. a. für das Spülen. Gemessen wird so also der Bruttokraftstoffverbrauch, der sowohl den im Motor verbrannten als auch den zum Tank zurückgeleiteten Kraftstoff umfasst. Das Gemisch aus frischem und evtl. zurückgeleitetem Kraftstoff wird von Gasblasen befreit und über einen Kaltwasser-Wärmetauscher auf die Solltemperatur gekühlt. Einige Konditioniergeräte bieten optional auch die Möglichkeit, den Kraftstoff zu heizen, dies geschieht meist elektrisch. Die Realisierung eines solchen Gerätes ohne Heizung zeigt Abb. 3.6.

Viele Motoren benötigen einen definierten Gegendruck im Kraftstoffrücklauf. Nicht jede Konditioniereinrichtung kann diese Bedingung erfüllen, in diesem Falle ist eine separate Druckregelung in den Rücklauf zu schalten. Oft ist der zulässige Gegendruck erst am Prüfstand zu ermitteln, in diesem Falle muss die Druckregelung einstellbar sein.

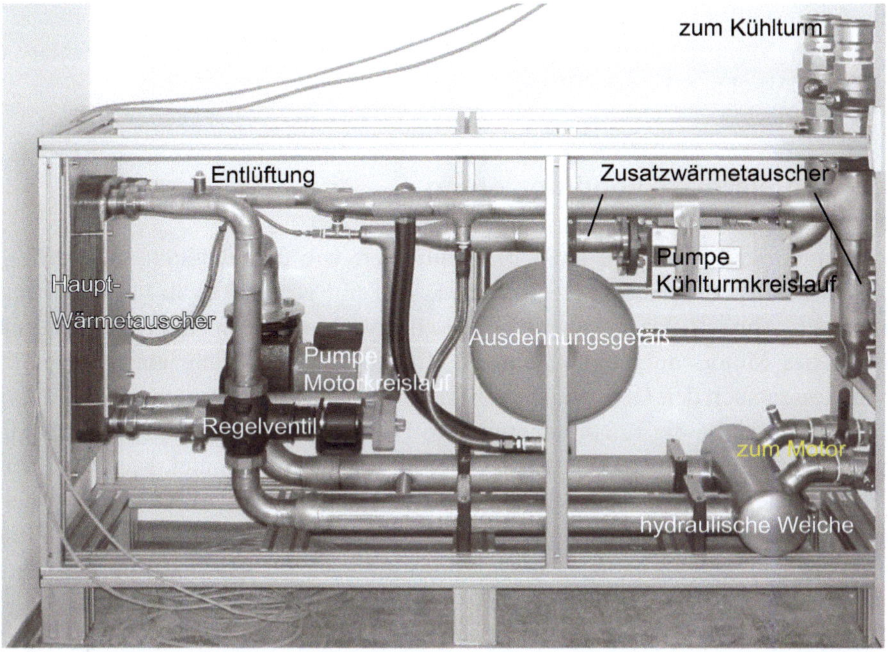

Abb. 3.7 Kühlmittelkonditionierung. Die hydraulische Weiche erlaubt geringe Abweichungen der Volumenströme im Motor und in der Konditioniereinrichtung, indem dann ein Teil der Strömung kurzgeschlossen wird. Der Hauptwärmetauscher führt die Wärme vom erweiterten Motorkreislauf in den Kühlturmkreislauf und kann von einem als Thermostat geregelten Ventil umgangen werden. Zusatzwärmetauscher erlauben den Anschluss kleinerer Kühlkreisläufe, z. B. für Öl. Eine Heizung ist in diesem System nicht vorhanden. Viele Komponenten stammen aus dem Heizungsbau, der Leser mag einige Komponenten aus dem heimischen Heizungskeller erkennen.

3.1.2 Kühlmittelkonditionierung

Ähnlich wie beim Kraftstoff hat auch die Kühlmittelkonditionierung die Aufgabe, eine definierte Temperatur und ggf. einen definierten Druck sicher zu stellen. Im Gegensatz zur Kraftstoffkonditionierung muss die Kühlmittelkonditionierung eine wesentlich höhere Flüssigkeitsmenge konditionieren. Einige Geräte beschränken sich auf einen Temperaturbereich um die Betriebstemperatur eines warmen Motors (z. B. 70–140°C), andere Geräte können auch die Temperaturbereiche des kalt gestarteten Motors, ggf. unter arktischen Bedingungen auf 1°C genau darstellen. Im Gegensatz zum Kraftstoff handelt es sich beim Kühlmittel nicht um einen Zufluss in den Motor von außen; beim Kühlmittel wird der geschlossene Kreislauf des Motors aufgetrennt und anstelle des Kühlers im Fahrzeug die Konditioniereinrichtung des Prüfstandes angeschlossen.

Abb. 3.7 zeigt eine Einrichtung zur Kühlmittelkonditionierung mit einem inneren Kreislauf (Primärkreislauf), der vom Kühlmittel des Motors durchflossen wird und einem fest installiertem äußeren Kreislauf (Sekundärkreislauf), der keine stoffliche Verbindung zum Motor hat und über außerhalb des Gebäudes installierte Kühlgebläse oder Kühltürme (Abschn. 8.3) seine Wärme angibt.

3.1.3 Schmiermittelkonditionierung

Das Schmiermittel (Öl) wird ähnlich konditioniert wie das Kühlmittel. Die Mengen, die durch das Konditionierungsgerät fließen, sind mit wenigen m^3/h hingegen wesentlich kleiner. Ähnlich wie bei der Kühlmittelkonditionierung wird der Schmiermittelkreislauf des Motors aufgetrennt, um die Konditioniereinrichtung einzufügen. Einige Geräte messen auch den Ölverbrauch von Motoren oder Komponenten wie Turboladern, in diesem Fall sollte die Konditionierung die Druckverhältnisse am Prüfling möglichst wenig beeinflussen. Konditionierungsgeräte für das Schmiermittel bauen kleiner als die Konditionierungsgeräte für den Kraftstoff oder das Kühlmittel. Deshalb werden sie manchmal baulich mit anderen Konditionierungssystemen kombiniert oder als rollfähige Geräte gebaut.

3.1.4 Verbrennungsluftkonditionierung

Eine grobe, oft hinreichende Konditionierung der Verbrennungsluft kann über das Lüftungssystems des Prüfstandes erfolgen. Diese kann Temperatur und Feuchte umfassen, oft auch unteratmosphärische Drücke zur Höhensimulation. Die Temperatur und der Luftdruck beeinflussen v. a. die Leistung des Motors. Die Luftfeuchte beeinflusst v. a. die Stickoxidemissionen des Motors und die Klopfgrenze. Da innerhalb des Prüfstandes noch zahlreiche Störeinflüsse die Luft beeinflussen und insbesondere Drücke nicht für die gesamte Prüfstandszelle einstellbar sind, kann ein spezielles Verbrennungsluft-Konditioniergerät aufgestellt werden, das über eine Schlauchverbindung dem Motor konditionierte Luft zur Verfügung stellt und insbesondere den schwierig präzise darzustellenden Luftdruck auf 10 kPa genau regeln kann. Der Temperaturbereich beschränkt sich oft auf die in gemäßigten Breiten üblichen Temperaturen, gegen Aufpreis bieten die Hersteller aber auch erweiterte Temperaturbereiche an. Auch gibt es Konditionierungsgeräte, die zwischen Turbolader und Einlass angeschlossen werden und dort eine definierte Temperatur und ggf. Feuchte der Ladeluft sicherstellen und solche, die auch selbst den Motor aufladen können. Im Alltagsbetrieb eines Fahrzeugs sind die Zustandsgrößen der Ansaugluft nahezu stationär, für Rennmotoren hingegen sind aufwendigere Konditioniereinrichtungen erforderlich, die binnen Sekunden geänderte Parameter einstellen können.

3.1.5 Schnellkupplungen

Die Medienübergabe für Kraftstoff, Kühlmittel und Öl (Hin- und Rücklauf) zwischen dem Prüfstand und dem Prüfling kann durch normale Rohrfittings erfolgen, die durch einen Hahn abgesichert sind. Der Druckverlust bei dieser Lösung kann vernachlässigt werden, für industrielle Prüfstände mit häufigen Prüflingswechseln ist diese Lösung aber zu unflexibel und Medien können auslaufen. Bewährt haben sich Schnellkupplungen, die in unterschiedlichen Größen von den Prüfstandsanbietern geliefert werden. Diese sind im getrennten Zustand geschlossen und minimieren so Leckagen. Häufig werden die Schnellkupplungen auf einer Konsole oder in einem Bereich des Bodens zusammengefasst. Die Konsolenlösung ermöglicht den schnellsten Wechsel des Prüflings, erfordert allerdings prüfstandsseitig etwas mehr zusätzliche Rohrlänge zur Heranführung an die Konsole.

3.2 Motorenprüfstände für besondere Aufgaben

3.2.1 Schwenkprüfstände

Motoren auf kleinen Schiffen oder in geländegängigen Fahrzeugen können im Betrieb erheblich geneigt werden. Bei Motoren mit einer herkömmlichen Ölwanne kann dies zu Unterbrechungen der Schmierung führen. Daneben können Lager im gekippten Betrieb anders beansprucht werden, als in der Solllage. Derartige Untersuchungen können durchgeführt werden an Motorenprüfständen, deren Grundplatte hydraulisch in Längsrichtung oder in Querrichtung geneigt werden kann (Kippprüfstand, Neigeprüfstand oder Schwenkprüfstand). Sämtliche Verbindungen erfolgen über elastische Leitungen. Das Kippen kann statisch oder dynamisch erfolgen. Ein Hexapod wie bei Fahrsimulatoren ermöglicht das Maximum an Freiheitsgraden, oftmals genügt aber schon eine betriebstypische Kippachse. Ein Unterscheidungsmerkmal ist auch, mit welcher Geschwindigkeit die Bewegungen während des Betriebs erfolgen können, zyklische Bewegungen mit Periodendauern knapp über einer Sekunde sind erreichbar (Abb. 3.8).

3.2.2 Klimaprüfstände

In den meisten Einsatzgebieten von Verbrennungsmotoren wird eine zuverlässige Funktion in einem weiten Temperaturbereich sowohl bei trockener als auch bei feuchter Luft erwartet. Während hohe Temperaturen im Motorprüfstand leicht erreicht werden (allerdings bleibt auch dann deren präzise Regelung eine Herausforderung) und die Feuchtigkeit durch die Konditionierung der Ansaugluft eingestellt werden kann, ist eine Auslegung des Prüfstandes als Kältekammer aufgrund der hohen Verlustleistung des Verbrennungsmotors anspruchsvoll. Das wesentliche Einsatzgebiet eines Verbrennungs-

Abb. 3.8 Mithilfe eines Hexapoden in alle Richtungen schwenkbarer Motorenprüfstand von D2T bei PSA in Carrières sous Poissy. (Foto: D2T)

motors unter wechselnden klimatischen Bedingungen sind Fahrzeuge. Reine Motoren-Klimaprüfstände sind selten, oft werden Komplettfahrzeuge in der Klimakammer getestet, entweder im Stand (z. B. Startverhalten bei geringen Temperaturen) oder auf dem Rollenprüfstand. Bei den Fahrzeugtests spielen auch Teststrecken in klimatisch extremer Umgebung eine Rolle (Abschn. 4.3). Trotzdem kommen für bestimmte Zwecke wie dem Test von Schmiermitteln Klima-Motorenprüfstände zum Einsatz, in denen Temperaturen zwischen −30 und +40°C und darüber hinaus dargestellt werden können [Martyr21]. Die Belastungsmaschine kann sich außerhalb des klimatisierten Bereichs befinden. Eine Alternative kann ein nichtklimatisierter Prüfstand mit einem flüssigkeits- oder kaltluftdurchströmten Kühlmantel um den Motor sein.

3.2.3 NVH-Prüfstände

Eine Fahrzeugeigenschaft, die vom Käufer unmittelbar bemerkt wird, ist die Geräuschentwicklung. Darüber hinaus bestehen gesetzliche Anforderungen, die sich insbesondere bei mobilen Arbeitsmaschinen [§EU05-88] und bei Pkw mit Ausnahme stark motorisierter Sportwagen verschärfen, bei Motorrädern gibt es derzeit keine Verschärfung, bei Lkw sogar teilweise Lockerungen der Grenzwerte, für Sportwagen ab einer bestimmten Motorleistung liegen die Grenzwerte höher als für andere Pkw [§EU14-540]. Sowohl aus den Rechtsquellen als auch aus den Käuferanforderungen resultiert also das Ziel der Geräuschminimierung, daneben kann es aber auch das Ziel sein, einen definierten Klang zu erzeugen (Akustik-Design), besonders Sportwagenhersteller haben konkrete Vorstellungen, wie sich ihre Marke „anhört". Der Motor ist nicht die einzige Geräuschquelle, wichtig sind auch Abrollgeräusche, Auspuffgeräusche und besonders bei Lkw Bremsgeräusche.

Der Begriff *NVH* fasst alle akustischen Phänomene im Fahrzeug zusammen. „N" steht für Noise und bezeichnet hörbaren Schall ab ca. 100 Hz. In der Regel beschränkt sich die Verwendung des Begriffs auf unerwünschten Schall. „V" steht für Vibration und bezeichnet Schwingungen (Körperschall) bis ca. 20 Hz, die spürbar, aber nicht hörbar sind. „H" steht für Harshness und bezeichnet Schwingungen zwischen 20 und 100 Hz, die als Körperschall spürbar und als Luftschall hörbar sind. Man kann den Begriff NVH auch durch den deutschen Begriff Vibroakustik ersetzen [Zeller18]. Wesentliche Schwingungsquellen im Fahrzeug sind durch das Fahrwerk übertragene Stöße, Motor- und Auspuffgeräusche und Bremsgeräusche. An NVH-Motorenprüfständen werden die Vibrationen und Geräusche des Motors, evtl. auch der Abgasanlage untersucht. Vibrationen und Geräusche des Motors sind z. B. die durch Massenkräfte verursachten Schwingungen (Abschn. 2.3 und 5.1), Kolbengeräusche, Verbrennungsgeräusche, Ansauggeräusche, Geräusche der Kurbelwellenlager, das Pfeifen des Turboladers, Geräusche des Ventiltriebs und der Injektoren. Bei Baumaschinen und anderen mobilen Arbeitsmaschinen, die oft im Stand betrieben werden, können Lüfter eine erhebliche Belästigung verursachen. Daneben können Anbauaggregate wie Lichtmaschine oder Klimakompressor Geräusche verursachen.

Daraus folgen drei wesentliche Eigenschaften des NVH-Prüfstandes (Abb. 3.9): Er muss mit akustischer Messtechnik ausgestattet sein, die Messtechnik soll nur die direkte

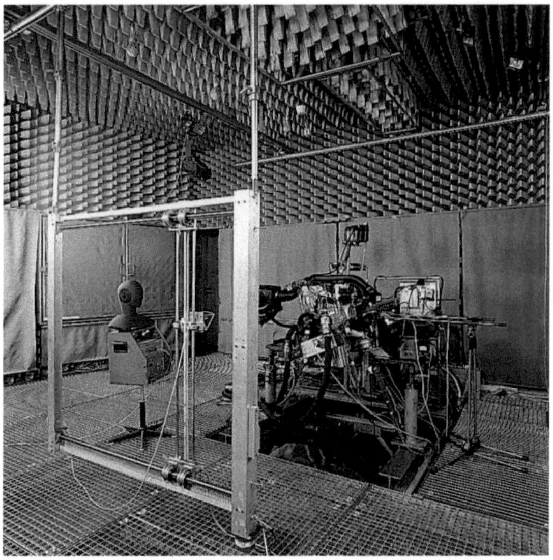

Abb. 3.9 NVH-Prüfstand am FKFS in Stuttgart [@WikicA]

Emission des Motors aufnehmen, hingegen keine reflektierten Wellen, die Interferenz und Resonanzen verursachen können, und der Prüfstand soll selbst möglichst wenig Störgeräusche verursachen. Außerdem muss der Prüfstand gegen Störungen von außen entkoppelt sein.

Die Messtechnik werden wir in Abschn. 7.6 betrachten. An dieser Stelle wird die Beschaffenheit des Prüfstandes bezüglich Reflexionsarmut und Störarmut diskutiert.

Reflexionen werden durch absorbierende Wände unterdrückt. Der umgangssprachliche Begriff des schalltoten Raumes irritiert, da nur Reflexionen gedämpft (nicht immer völlig absorbiert) werden, aber der direkte Schall nicht beeinflusst wird. Das Gefühl beim Betreten eines solchen bei abgestellten Geräten ungewöhnlich schallarmen Raumes, das von vielen Personen als unangenehm empfunden wird, mag die Popularität des Begriffs erklären. Üblich ist, die Innenwände mit meist keilförmig profilierten Platten aus Mineralwolle oder Glaswolle auszukleiden, von improvisierten Lösungen mit Eierkartons sollte schon aus Gründen des Brandschutzes abgesehen werden. Es sollte bedacht werden, dass auch nicht brennbare, poröse Materialien Öl (auch Öldämpfe) aufsaugen können. Höhere Frequenzen werden im Material durch Strömungsreibung bedämpft, niedrigere Frequenzen durch Streuung und Interferenz an der Oberflächenstruktur. Die Tiefe des Profils hängt deshalb von der unteren Grenzfrequenz ab und kann mehr als 1 m betragen, üblich ist eine viertel Wellenlänge bei der unteren Grenzfrequenz [Genuit10]. Deshalb und weil die untere Hörschwelle in dieser Größenordnung liegt, sind wenige NVH-Prüfstände für Messungen bei Frequenzen von 20 Hz oder darunter ausgelegt; typisch sind untere Grenzfrequenzen zwischen 60 und 120 Hz. Selbstverständlich sind auch Messungen unterhalb der Grenzfrequenz des Prüfraumes möglich, allerdings muss dann der Einfluss von Reflexionen oder dadurch verursachten Resonanzen auf die Messergebnisse bei deren Auswertung hinterfragt werden. Die Absorber bewirken zusätzlich zu dicken Wänden auch eine Dämmung gegenüber der Umgebung. Zunehmend werden neuartige, flache Dämpferelemente eingesetzt, die intern ein gedämpftes resonantes System enthalten und damit ohne den Platzbedarf der Pyramidenabsorber auskommen [Fuchs10].

Die Prüfzelle wird oft als „Gebäude im Gebäude" schwingungstechnisch vom Gebäuderest entkoppelt aufgestellt, ähnlich der Lagerung der Grundplatte im Prüfstand (Abschn. 5.1.1). Die Resonanzfrequenz der Lagerung des Prüfraumes im äußeren Gebäude soll deutlich unterhalb der untersuchten Frequenzen liegen, typisch sind Frequenzen unter 5 Hz. In der Nachbarschaft sollten keine Schwingungserreger sein. Trotz vollständiger Verkleidung der Wände und Türen muss der Ausgang aus Sicherheitsgründen gut erkennbar sein.

Für eine optimale Wirkung müsste auch der Boden mit Absorberprofilen ausgekleidet werden (akustischer Vollraum), praktische Lösungen sind ein akustisch durchlässiger Arbeitsboden (Gitterrost, begehbares Drahtnetz) über den Absorbern oder mobile Absorber, die nach Bedarf dort aufgestellt werden, wo der Boden bei den Versuchen frei bleibt. Zugunsten der Reproduzierbarkeit von Versuchen sollten Bodenmarkierungen die Wiederholbarkeit der Aufstellung unterstützen. Kostengünstiger ist es, durch einen schallharten Boden Reflexionen in definierter Weise zu erlauben (akustischer Halbraum), diesen Ansatz gestattet auch [DIN45635-11]. Aufgrund der Kosten eines Schallraumes sollte bei der Planung in Erwägung gezogen werden, diesen nicht nur für den Motorentest zu verwenden.

Das genaue Gegenteil solcher Schallräume sind Echoräume in Analogie zu den Modenverwirbelungskammern in der EMV. Echoräume sind vollständig mit reflektierenden Wänden (einschließlich dem Boden) ausgestattet, die Wände sind aber nicht rechtwinklig angeordnet, sodass sich keine stehenden Wellen bei bestimmten Wellenlängen ausbilden, sondern ein diffuses Feld durch Überlagerung. Richtwirkungen können in einem Echoraum nicht untersucht werden. Dem Autor ist kein als Echoraum ausgelegter NVH-Motorenprüfstand bekannt.

Störgeräuschquellen, deren Einfluss am NVH-Prüfstand unterdrückt werden müssen, sind die Belastungsmaschine einschließlich Hilfslüfter, die Raumbelüftung, Rohrleitungen und Stellglieder. Störgeräusche der Belastungsmaschinen lassen sich wirksam vermindern durch eine Wand zwischen Motor und Belastungsmaschine. Diese erfordert allerdings eine lange Welle, die sich beträchtlich verwinden kann. Ein Zwischenlager kann eine unzulässige Biegung und eine Überlastung der Maschinenlager durch das Gewicht der Welle vermeiden. Die Wanddurchführung der Welle muss akustisch abgedichtet werden, z. B. indem die Welle innerhalb des Messraumes in einem Rohr geführt wird. Eine elektrische Belastungsmaschine wird meist durch ein Hilfsgebläse gekühlt, dieses wird an NVH-Prüfständen oft durch eine zwar aufwendige, aber leise Wasserkühlung ersetzt.

Schwierig ist, den erheblichen Luftaustausch eines Motorenprüfstandes geräuscharm zu gestalten. Zur Vermeidung von Strömungsgeräuschen sind die Strömungsgeschwindigkeiten klein zu halten, dies erfordert große Querschnitte für die Ein- und Ausströmung. Bei der thermischen Auslegung kann berücksichtigt werden, dass Dauerläufe auf NVH-Prüfständen nicht üblich sind.

Rohrleitungen sollten im Prüfstand nur dann verlaufen, wenn sie für dessen Betrieb unvermeidbar sind (z. B. Kühlmittelleitungen), andernfalls sind ähnliche Maßnahmen zu ergreifen, wie sie z. B. im hochwertigen Wohnungsbau bei Sanitärleitungen üblich sind, also Vermeidung einer starren Kopplung an die Gebäudestruktur, die Verwendung strömungsdynamisch glatter Rohre (die bei Verlust ihrer Eigenschaften durch Ablagerungen auszutauschen sind) und Verkleidung von Leitungen. Armaturen und Leitungen sollten soweit möglich hinter den Absorbern und möglichst fern von den üblichen Messzonen installiert sein.

Wenn die Abgasanlage des Motors nicht in die Messung einbezogen werden soll, stellt sie ein erhebliches akustisches Problem dar. Sie muss dann auf kürzestem Wege aus der Prüfzelle herausführen, dies führt aber gegenüber der Original-Abgasanlage zu veränderten Motoreigenschaften. Wenn dies nicht akzeptabel ist, muss die Abgasanlage derart gekapselt werden, dass der Schall gut isoliert, die Wärme aber abgeleitet wird, ggf. durch einen Flüssigkeitsmantel. Die herausgeführte Abgasanlage darf keine gefährlichen Temperaturen an Absorbern verursachen.

3.2.4 EMV-Prüfstände

Die Elektromagnetische Verträglichkeit (EMV) soll sicherstellen, dass elektrische Systeme sich nicht gegenseitig stören. Das klassische EMV-Problem im Auto war eine Zündanlage, die den Radioempfang störte, aus dieser Zeit stammte der Begriff Funkentstörung. Heute umfasst die EMV nicht nur die Funkentstörung am Radio. Das (leider nicht erfundene) Beispiel einer Hupe, die unbeabsichtigt einen Airbag auslöst, zeigt, dass die EMV jegliche Wechselwirkung zwischen Systemen umfasst und in vielen Fällen sicherheitskritisch ist. Darüber hinaus dürfen auch innerhalb eines Systems keine störenden Wechselwirkungen stattfinden, die EMV ist also von der Systemebene bis hinunter zur Leiterplattenebene oder sogar innerhalb eines Chips sicherzustellen.

Trotz dieser Bedeutung sind Motorenprüfstände zur Untersuchung der EMV rar. Das liegt daran, dass einerseits die EMV einzelner Komponenten wie Steuergeräte nach der Norm [ISO11452] im EMV-Labor überprüft wird, andererseits wird später noch einmal die EMV des gesamten Fahrzeugs nach [ISO11451] überprüft. Der Zwischenschritt einer EMV-Prüfung des Motors mit seiner Elektrik entfällt oft. Ein wesentlicher Grund ist, dass sich Felder in Anwesenheit der Karosserie anders ausbreiten als an einem frei stehenden Motor, ein EMV-Motorenprüfstand mag deshalb für Grundsatzuntersuchungen interessant sein, über die EMV in der Serie lassen sich in Abwesenheit der Karosserie und realistisch verlegter Kabelbäume keine belastbaren Aussagen gewinnen, stattdessen wird eher ein Komplettfahrzeug auf dem EMV-Rollenprüfstand untersucht (Abb. 4.3).

Obgleich elektromagnetische Wellen sich physikalisch fundamental von Schallwellen unterscheiden, gibt es doch Parallelen, die sich auch auf die Gestaltung eines Prüfstandes auswirken. Der EMV-Prüfstand muss mit EMV-Messtechnik (Abschn. 7.7, [Borgeest18]) ausgestattet sein, er muss frei von reflektierten Wellen sein und der Prüfstand sollte selbst möglichst wenige Störungen verursachen. Während an einem Akustikprüfstand nur die Schallabstrahlung interessiert, sind an einem EMV-Prüfstand sowohl die Abstrahlung, als auch die Wirkung einer Einstrahlung von Bedeutung.

Wie in der Akustik werden auch in der EMV Freifeldbedingungen angestrebt. Diese lassen sich im Freien erreichen (*OATS,* Open Area Test Site), aufgrund Einstrahlung von außen und Abstrahlung nach außen sowie Witterungseinflüssen ist die Errichtung eines Motorenprüfstandes im Freien aber nicht praktikabel. Deswegen behilft man sich auch hier damit, die Wände des Prüfraumes mit Absorbern zu bedecken. Diese können Ferritkacheln sein oder Pyramiden aus leitfähigem Schaumstoff. Bei letzteren sollte neben prüfstandsüblichen Brandrisiken bedacht werden, dass auch die Absorption extrem hoher elektromagnetischer Leistung über einen längeren Zeitraum zu einer unzulässigen Erwärmung führen kann.

Die Prüfzelle wird durch metallische Wände nach außen abgeschirmt. Schon kleine Öffnungen im Metallbau führen zur Ein- oder Auskopplung von Feldern, so sind Fenster zu vermeiden, Türen müssen in geschlossenem Zustand durch Kontaktfederleisten auch elektrisch dichten. Unvermeidbare Durchführungen elektrischer Leitungen müssen mit Filtern ausgestattet sein.

Wie in der Akustik der Echoraum das Gegenstück zum absorbierenden Raum ist, so gibt es auch in der EMV ein Gegenstück zur Absorberhalle, die Modenverwirbelungskammer aus reflektierenden Wänden.

3.2.5 Prüfstände für Hybrid- und Elektroantriebe

Viele heutige Fahrzeuge haben einen Hybridantrieb, der einen Verbrennungsmotor mit einer elektrischen Maschine als Antrieb kombiniert. Auch rein elektrisch angetriebene Fahrzeuge gewinnen an Bedeutung. Bei Hybridfahrzeugen wird unterschieden zwischen Parallelhybriden, bei denen der Verbrennungsmotor und die elektrische Maschine beide im Wechsel oder auch gleichzeitig Antriebsleistung liefern, und Serienhybriden, bei denen nur die elektrische Maschine das Fahrzeug antreibt und der Verbrennungsmotor mit einem angeflanschten Generator ausschließlich der Stromerzeugung dient. Ein Sonderfall des Serienhybrids ist ein Elektrofahrzeug mit *Range-Extender* („Reichweitenverlängerer"); dieses soll im Normalfall nur elektrisch fahren, für den Fall, dass die nächste Lademöglichkeit mit der vorhandenen Ladung nicht mehr erreicht wird, steht aber noch ein kleiner Verbrennungsmotor zur Verfügung, um die Batterie nachzuladen. An einen Range-Extender werden andere Anforderungen gestellt, als an einen normalen Verbrennungsmotor, das wichtigste Kriterium ist eine kleine Bauweise, um Platz für Akkumulatoren zu haben. Damit kommen auch andere Motorbauformen als gewohnt auf den Prüfstand. Des Weiteren gibt es leistungsverzweigte Hybridantriebe, die als Kombination von Serien- und Parallelhybriden betrachtet werden können. Je nachdem, wo die Leistung des elektrischen Antriebs mit der des Verbrennungsantriebs kombiniert wird, existieren unterschiedliche Arten von Parallelhybriden. Ebenfalls existieren viele Arten der Leistungsverzweigung, einen Überblick gibt [ReNoBo12].

Abb. 3.10 zeigt ein Beispiel eines hybriden Antriebsstrangs auf dem Motorenprüfstand, als Beispiel wurde ein leistungsverzweigter Hybrid wie z. B. der Toyota Prius gewählt. Unterbricht man dort den mechanischen Pfad vom Verbrennungsmotor zur Drehmomentaddition, entspricht dieser einem Serienhybrid. Ersetzt man stattdessen den Generator und den Elektromotor durch nur eine elektrische Maschine und unterbricht die mechanische Verbindung vom Verbrennungsmotor zum Generator, dann erhält man einen Parallelhybrid.

Zunächst fällt auf, dass bis auf die Batterie der komplette Hybridantrieb auf dem Prüfstand den Verbrennungsmotor ersetzt. Obwohl der Hybrid intern komplexer aufgebaut ist, kann er am Prüfstand aufgebaut und an die Belastungsmaschine angeschlossen werden, wie ein Verbrennungsmotor. Eine Ausnahme sind Hybridantriebe, bei denen eine Achse elektrisch und die andere durch den Verbrennungsmotor angetrieben wird (P4-Hybride), in diesem Falle kann der komplette Hybridantrieb nur in Verbindung mit dem Chassis am Rollenprüfstand untersucht werden.

Im Gegensatz zu einem reinen Verbrennungsmotorenprüfstand ist es jedoch sinnvoll, anstelle der Originalbatterie einen Batteriesimulator am Prüfstand zu verwenden. Dies

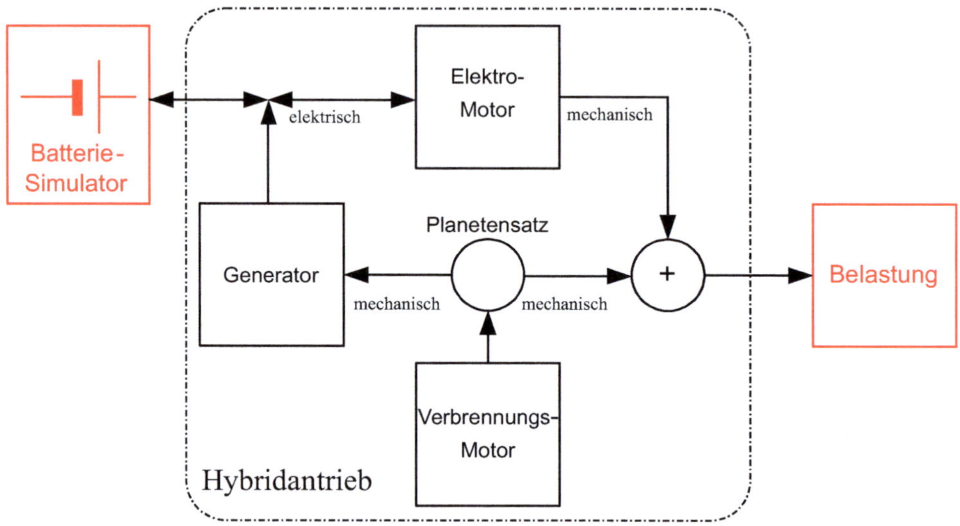

Abb. 3.10 Leistungsverzweigter Hybridantrieb auf dem Prüfstand. Die Leistungsverzweigung erfolgt durch einen Planetensatz auf den elektrischen Pfad (*links*) und den mechanischen Pfad (*rechts*). +: Drehmomentaddition

ist ein Umrichter, der aus Sicht des Antriebs wie eine Batterie Strom einspeist oder beim Laden entnimmt, tatsächlich wird die Energie aber dem Netz entnommen oder in dieses eingespeist. Neben dem Sicherheitsaspekt (erhebliche Brandgefahr bei der Verwendung großer Li-Ionen-Akkumulatoren am Prüfstand), eröffnet der Simulator experimentelle Freiheiten, die bei einer realen Batterie nicht gegeben sind. Ein weiterer Unterschied ist, dass ein hybrider Antrieb einen größeren Drehzahl-/Drehmomentbereich abdecken kann, als ein reiner Verbrennungsmotor, die Belastungsmaschine muss dazu passend ausgelegt sein. Schließlich kann ein Hybridantrieb auch etwas mehr Raum beanspruchen, als ein reiner Verbrennungsmotor. Trotz dieser Unterschiede wird deutlich, dass sich ein Hybridprüfstand nicht wesentlich von einem Verbrennungsmotorenprüfstand unterscheidet. Ist ein Verbrennungsmotorenprüfstand geplant, der zu einem späteren Zeitpunkt zum Hybridprüfstand aufgerüstet werden soll, braucht also nur die Belastungsmaschine ausreichend dimensioniert sein und es sollte genügend Platz und die Möglichkeit, später eine Batteriesimulation zu installieren, vorhanden sein.

3.2.6 Produktionsprüfstände

Auf *Produktionsprüfständen,* auch *EoL-Prüfstände* (End of Linie) genannt, werden Motoren, die soeben aus der Fertigung kommen, auf ihre Funktion überprüft. Man unterscheidet Heißtests oder befeuerte Tests, bei denen der Motor aus eigener Kraft läuft und kalte oder unbefeuerte Tests, bei denen der Motor nur durch die elektrische Maschine durchgedreht wird, um mechanische Fehler zu erkennen. Die Prüfung soll nur die Aussage liefern, ob ein Motor funktioniert oder nicht, weiterhin kann auch die Programmierung und Datensatzanpassung des Motorsteuergerätes am Produktionsprüfstand erfolgen. Produktionsprüfstände sind mit wenig oder gar keiner Messtechnik ausgestattet. Eventuell ist eine einfache akustische Messtechnik mit automatischer Signalauswertung vorhanden, um Fehler des Motors zu detektieren. Anspruchsvoll ist bei Produktionsprüfständen, einen schnellen Motorenwechsel im durch die Fertigung vorgegebenen Takt durchführen zu können. Die Zuführung der zu testenden Motoren geschieht auf Schlittensystemen, sämtliche Verbindungen zwischen Motor und Prüfstand (elektrische, mechanische und Medienverbindungen) werden auf einer Andockebene idealerweise ohne manuellen Eingriff hergestellt.

Fahrzeug- und Komponentenprüfstände 4

Neben Motorenprüfständen gibt es andere Prüfstände für ähnliche Aufgaben, die in einigen Anwendungen mit Motorenprüfständen konkurrieren. Antriebsstrangprüfstände (Abschn. 4.1) erweitern den Triebstrang über den Motor hinaus (und oft sogar ohne diesen). Ergänzt man den Antriebsstrang weiter, kann man gleich ein ganzes Fahrzeug untersuchen; derartige Prüfstände heißen Fahrzeugprüfstände und werden meist als Rollenprüfstände ausgeführt. Um Verwechselungen mit ganz anderen Fahrzeugprüfständen, z. B. mit hydraulischer Anregung zur Fahrwerksuntersuchung, zu vermeiden, werden wir diese in Abschn. 4.2 als Fahrzeug-Rollenprüfstände bezeichnen. Eine wichtige Rolle in der Motorenerprobung spielen auch Straßenfahrten (Abschn. 4.3). Schließlich sind oft Motorkomponenten zu erproben, dies ist auch ohne den Motor auf oft hochspezialisierten Komponentenprüfständen möglich (Abschn. 4.4). In Abschn. 4.5 werden kurz Prüfstände für Betriebsstoffe vorgestellt.

4.1 Antriebsstrangprüfstände

Antriebsstrang-Prüfstände wie in Abb. 4.1 werden verwendet, um das mechanische Übertragungsverhalten des Antriebsstrangs bestehend aus Getrieben (Übersetzungsgetriebe und Differenziale, ggf. mit Differenzialsperre) und den dazwischen liegenden Wellen zu untersuchen. Neben der Betriebsfestigkeit und NVH (Abschn. 3.2.3) beinhaltet dies auch die Steuergeräteapplikation, z. B. für ein Automatikgetriebe.

Der Verbrennungsmotor wird durch eine elektrische Maschine *(Prime Mover)* simuliert oder er wird gemeinsam mit dem Antriebsstrang im Prüfstand aufgestellt, dann kann neben dem reinen Antriebsstrang auch die Kombination von Verbrennungsmotor und Antriebsstrang als Prüfling betrachtet werden. So wird in diesem Falle oft eine ähnliche Messtechnik wie im Motorenprüfstand integriert. Einige Prüfstände sind so auf-

K. Borgeest, *Messtechnik und Prüfstände für Verbrennungsmotoren*,
https://doi.org/10.1007/978-3-658-43284-3_4

Abb. 4.1 Antriebsstrangprüfstand (Copyright: Daimler AG) mit Verbrennungsmotor im Vordergrund und zwei elektrischen Maschinen an den Wellen links und rechts im Hintergrund

gebaut, dass sie leicht umgebaut werden können für die unterschiedliche Verwendung als Motorenprüfstände oder Antriebsstrangprüfstände. Näher beschrieben sind Antriebsstrangprüfstände in [PaulLebe14].

Während an einem Motorenprüfstand die Belastungsmaschine möglichst direkt an den Verbrennungsmotor gekoppelt wird, befindet sich an einem Antriebsstrangprüfstand der gesamte Fahrzeugantriebsstrang dazwischen; damit ergibt sich auch die Notwendigkeit, jedes angetriebene Rad des Fahrzeugs durch eine Belastungsmaschine zu simulieren. In der Regel befindet sich an jeder Maschine ein Messflansch für Drehmomente (vgl. Abschn. 7.4). Da an einem Antriebsstrangprüfstand v. a. hochdynamische Untersuchungen durchgeführt werden, eignen sich hochdynamische elektrische Maschinen als Belastungsmaschinen. Soll dann auch noch der Verbrennungsmotor durch eine elektrische Maschine simuliert werden, so kommt ein Antriebsstrangprüfstand für einen Allrad-Pkw bereits auf fünf elektrische Maschinen. Infolgedessen sind der Platzbedarf für Maschinen und Umrichter, die installierte elektrische Leistung und damit der Preis eines Antriebsstrangprüfstandes höher. Nicht jede elektrische Maschine benötigt zwangläufig einen eigenen, vollständigen Umrichter, möglich ist auch ein gemeinsamer Gleichspannungs-Zwischenkreis (Abschn. 6.3.3.4).

Damit sich diese Investition amortisiert, sollte ein Antriebsstrang-Prüfstand auch überwiegend zu diesem Zweck eingesetzt werden, es verbleiben nur zwei seltene Situationen, in denen ein Verbrennungsmotor auf dem Antriebsstrangprüfstand eingesetzt

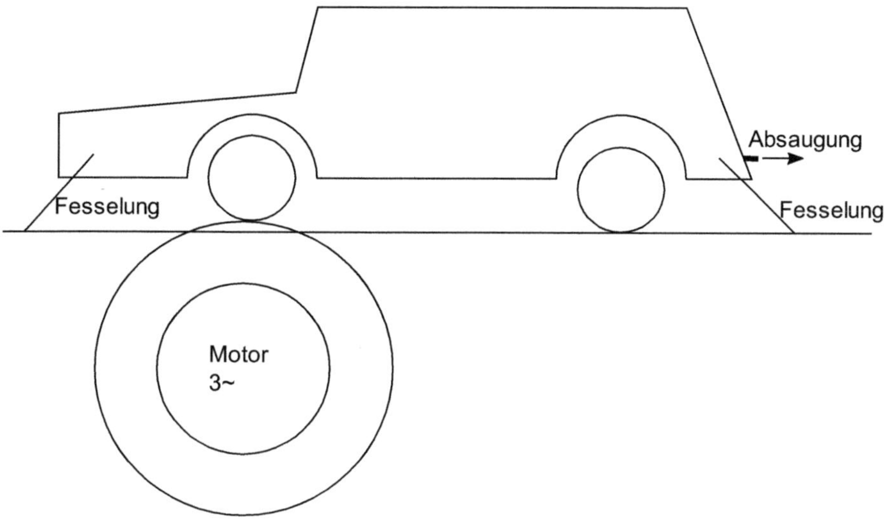

Abb. 4.2 Aufbau eines Rollenprüfstandes für eine Antriebsachse

wird: Dies ist einerseits der Fall, wenn das Verhalten des Antriebsstrangs mit den vom Motor eingeleiteten Schwingungen originalgetreuer dargestellt werden soll, als dieses mit der Simulation durch eine elektrische Maschine dargestellt werden kann. Der andere Fall ist der dazu komplementäre Fall, wenn der Motor das untersuchte Objekt ist und mit dem originalen Antriebsstrang belastet werden soll, weil dessen Simulation durch die Belastungsmaschine des Motorenprüfstandes nicht genügt.

Ein Schaltgetriebe im zu prüfenden Antriebsstrang benötigt Steller, die den Gang schalten und kuppeln.

4.2 Fahrzeug-Rollenprüfstände

Auf einem Rollenprüfstand befindet sich jedes Antriebsrad auf einer Rolle, deren Durchmesser wesentlich größer als der Raddurchmesser ist (Abb. 4.2), z. B. ca. 175 cm (69 Zoll). Die Rollenoberfläche ist mit einem straßenähnlichen Reibbelag versehen. Der wesentliche Teil der Rolle befindet sich unter Bodenniveau, falls überhaupt ragt nur ein geringer Teil aus der Arbeitsebene heraus. Eine unter dem Boden montierte elektrische Maschine zwischen den Rollen kann Fahrwiderstände simulieren. Im einfachsten Falle wirkt nur eine elektrische Maschine auf alle Rollen, typisch ist heute eine elektrische Maschine zwischen zwei Rollen. Auch ein Einzelantrieb jeder Rolle ist möglich. Anstelle einer großen Rolle pro Rad, kann auch ein Paar hintereinander angeordneter kleiner Rollen vor dem Reifen und hinter dem Reifen zum Einsatz kommen. Während bei älteren Rollenprüfständen zunächst auf eine große Schwungmasse geachtet wurde, später auf eine zum Fahrzeug passende, auswechselbare Schwungmasse, wird diese heute zunehmend passend zum Fahrzeug durch die elektrische Maschine simuliert. Auf dem Rollenprüfstand kann eine Vorwärtsfahrt mit einem kompletten Fahrzeug simuliert werden, da sich aber quasi die Straße (in Form der Rollen) unter dem Fahrzeug bewegt und das Fahrzeug selbst steht und mit Ketten oder drehbaren Radnabenfesseln fixiert wird, können fahrdynamische Effekte wie das Nicken nicht mitsimuliert werden. Rollenprüfstände werden für Pkw, Lkw und Motorräder gebaut, daneben gibt es Rollenprüfstände für spezielle Fahrzeuge wie Gabelstapler.

Alternativ zu Rollen gibt es Bremsen/Antriebe, welche von den beiden Seiten eines mit frei laufenden Rädern aufgebockten Fahrzeugs an den Radnaben schlupffrei verschraubt werden. Während konventionelle Rollenprüfstände elektrisch angetrieben werden, lassen sich diese Lösungen durch Hydraulik besonders kompakt realisieren.

Rollenprüfstände sind oft mit einer ähnlichen Messtechnik wie Motorenprüfstände ausgestattet, insbesondere kommt dieselbe Abgasmesstechnik zum Einsatz. Die Abgaswerte zur Typprüfung werden beim Pkw auf dem Rollenprüfstand, beim Lkw auf dem Motorenprüfstand gemessen.

Das Fahrzeug auf dem Rollenprüfstand kann durch einen Fahrer bedient werden oder durch einen Fahrroboter im Fahrzeug. Geübte Fahrer können einen Abgastest innerhalb der erlaubten Toleranz im Fahrzyklus noch immer besser fahren, als ein Roboter, der Fahrer bekommt dabei unterstützende Hinweise über einen Bildschirm vor dem Fahrzeug. Ein weiterer Grund für den Einsatz menschlicher Fahrer ist der erhebliche Aufwand, um den Fahrroboter einzurichten und anzulernen.

Für eine realistische Fahrtwindsimulation werden Rollenprüfstände auch in Windkanäle eingebaut, für Untersuchungen an Motoren reicht in der Regel aber ein kleineres vor dem Fahrzeug aufgebautes Kühlgebläse.

EMV- oder Akustikmessungen werden eher am Gesamtfahrzeug als am einzelnen Motor durchgeführt. Zu diesem Zwecke werden Rollenprüfstände in elektromagnetische oder akustische Absorberhallen integriert. Auch werden Rollenprüfstände häufiger in eine Klimakammer integriert als Motorenprüfstände. Für besonders realitätsnahe Klimasimulation werden Rollenprüfstände in Klimawindkanäle integriert, die in ihrer Maximalausstattung Temperatur, Luftfeuchte, Wind und sogar Niederschlag und Sonneneinstrahlung realistisch und hinreichend reproduzierbar darstellen. Bei Rollenprüfständen für vibroakustische Messungen werden die elektrischen Maschinen schallisoliert in einem Nebenraum aufgestellt und wie bei Motorenprüfständen für vibroakustische Messungen über lange Wellen und Zwischenlager mit den Rollen verbunden. Um auch unterhalb des Fahrzeuges messen zu können, müssen Fahrzeug und Motor von unten zugänglich sein. In einer EMV-Halle steht der Rollenprüfstand oft auf einer Drehscheibe, um die Einstrahlempfindlichkeit und Abstrahlung auch richtungsabhängig zu bestimmen (Abb. 4.3).

Abb. 4.3 Drehbarer Rollenprüfstand für EMV-Messungen. (Foto: Tony Guillou, www.tonyguillou.com, für ETS-Lindgren/Westsächsische Hochschule Zwickau)

4.3 Teststrecken und Messungen im Straßenverkehr

Messungen an Motoren werden nicht nur an Prüfständen durchgeführt, sondern auch auf der Straße. Dies können abgesperrte Testgelände sein, die von Zulieferern, Autoherstellern oder unabhängigen Betreibern errichtet, instand gehalten und zur Verfügung gestellt werden, dies können auch temporär zur Verfügung gestellte Rennstrecken sein, dies kann aber mit einer entsprechenden Sondergenehmigung (vgl. § 19 und § 70 [§StVZO] sowie [§AFGBV]) auch der öffentliche Straßenverkehr sein. Eine dedizierte Teststrecke, wie sie z. B. Bosch in Boxberg, Segula beim Rodgauer Stadtteil Dudenhofen, BMW in Aschheim, VW in Ehra-Lessien oder ATP in Papenburg betreibt, wird hauptsächlich für Fahrdynamiktests, die im öffentlichen Verkehr zu gefährlich wären, benutzt und weniger für Messungen am Motor. Einen anderen Charakter haben Teststrecken in klimatisch extremen Regionen. Teststrecken nahe der subpolaren Klimazone wie Arjeplog (Schweden), Rovaniemi (Finnland), Ivalo (Finnland) oder Thompson (Kanada) werden zur Fahrdynamikerprobung bei winterlichen Straßenverhältnissen eingesetzt, aber auch die *Wintererprobung* von Motoren und deren Komponenten wird dort intensiv durchgeführt. Teststrecken in oder nahe der subtropischen Klimazone wie Santa Oliva (Spanien), Nardò (Italien) oder zahlreiche Strecken in Arizona werden zu einem erheblichen Teil zur *Sommererprobung* von Motoren eingesetzt. Neben der Temperaturbelastung fällt dort auch sehr viel Staub an. Bei sportlichen Fahrzeugen ist ein Motorentest auf einer Rennstrecke wie dem Nürburgring üblich. Der Straßenverkehr dient vor allem der Erprobung des subjektiven Fahrverhaltens einschließlich des Motors.

Mit der Forderung, Emissionen unter Realbedingungen zu messen, werden auch Abgasmessungen im Straßenverkehr mit portablen Emissionsmesssystemen (PEMS) durchgeführt (Abschn. 7.8.6.2). Bei Messungen auf der Straße muss die Messtechnik, die am Prüfstand mehrere 19-Zoll-Schränke füllen kann, soweit miniaturisiert sein, dass sie im Fahrzeug mitgeführt werden kann.

4.4 Komponentenprüfstände

Neben dem Motor müssen auch dessen Komponenten und Betriebsstoffe geprüft werden. In vielen Fällen geschieht dies direkt im Motor am Motorenprüfstand. In anderen Fällen könnte man diesen Abschnitt bis hin zur Werkstoffprüfung ausdehnen (z. B. Festigkeit von Schrauben oder Härte der Kurbelwelle), was den Rahmen dieses Buchs sprengen würde; hier sei auf die umfangreiche werkstoffwissenschaftliche Literatur verwiesen, z. B. [Czichos07]. Es gibt jedoch einige komplexe Motorkomponenten, die teilweise im Motor und teilweise eigenständig untersucht werden. Die Untersuchung solcher Komponenten in eigenen Komponentenprüfständen und von Betriebsstoffen mit speziellen Laboreinrichtungen ist keinesfalls nur eine Sparlösung, die den Motor erübrigt, vielmehr ermöglichen spezialisierte Einrichtungen oft einen direkteren Zugriff auf relevante Parameter, der im Motor nicht immer gegeben ist.

4.4.1 Durchflussprüfstände

Zur Ermittlung von Strömungsverhältnissen im Zylinder ist nicht immer ein kompletter Motor erforderlich. Es kann sinnvoll sein, nur die interessierende Teilgeometrie, z. B. einen Einlass oder Auslass im Zylinderkopf, zu durchströmen und die Strömung mit den später an verschiedenen Stellen vorgestellten Verfahren für Motoren zu visualisieren. Dies erfordert einerseits die Erzeugung der Strömung mit einem Gebläse sowie einem nachfolgenden Luftbehälter zur Beruhigung der Strömung und andererseits die gezielte Veränderbarkeit und die Messung des Durchflusses (Massenstrom/Volumenstrom), des Druckes und ggf. der Temperatur und der Feuchte an der Schnittstelle zum Prüfling. In die Schnittstellen eingebracht werden z. B. Flügelräder zur Messung des Dralls oder aufwendigere Messsysteme wie in Abschn. 7.10.

Abb. 4.4 zeigt exemplarisch einen Durchflussprüfstand. Der Prüfling wird in die Kammer links eingebracht. Dort kann auch eine zusätzliche Aktorik untergebracht werden, die z. B. die Ventile im Zylinderkopf öffnet.

Neben Durchflussprüfständen für gasförmige Strömungen, werden auch Flüssigkeitsströmungen in Einspritzprüfständen (Abschn. 4.4.3) vermessen. Daneben gibt es Durch-

Abb. 4.4 Durchflussprüfstand. (Foto: AVL Tippelmann)

flussprüfstände für Komponenten des Schmier- oder Kühlkreislaufs, die typischerweise mit einer regelbaren Pumpe den Durchfluss mit der Druckdifferenz über das Einbauteil korrelieren.

4.4.2 Turboladerprüfstände

Turbolader zählen zu den komplexesten Motorkomponenten, dementsprechend vielfältig sind die Testaufgaben. Abb. 2.5 zeigt die wesentlichen Bestandteile eines Turboladers, eine Abgasturbine, einen Verdichter für die Frischluft und die gelagerte Welle zur Verbindung beider Teile.

Neben der Erfüllung von Test- und Messaufgaben stellt der Prüfstand ähnlich einem Motorenprüfstand auch sämtliche Infrastruktur zum Betrieb des Laders zur Verfügung; neben den interessierenden Gasströmen ist hier vor allem die Schmierung zu nennen, bei wassergekühlten Ladern auch die Kühlung. Auch für die Turboladerschmierung gibt es Konditioniereinrichtungen, die Druck und Temperatur des Schmierstoffes regeln, ebenso für die Kühlung bei Ladern mit Flüssigkeitskühlung. Auch eine Befestigungsvorrichtung ist erforderlich, für sehr große Turbolader (Schiffsturbolader mit einer Masse von mehreren Tonnen) sind fertige Maschinengestelle mit integrierter Medienversorgung erhältlich.

Wesentliche Größen zur Beschreibung der Turbine sind Druckverhältnis, Durchsatz als Volumenstrom oder Massenstrom, Drehzahl, Drehmoment und effektiver Turbinenquerschnitt (dieser berücksichtigt neben der bekannten Geometrie einer Turbine auch den am Prüfstand zu bestimmenden Einfluss der Strömung, s. [Pucher12]). Diese werden gemeinsam mit thermodynamischen Größen auf einem Turboladerprüfstand, manchmal auch auf einem reinen Turbinenprüfstand in der Regel stationär bestimmt. Der Abgasstrom wird durch ein Gebläse und einen Erdgasbrenner, selten durch eine elektrische Beheizung, einen Dieselbrenner, einen Benzinbrenner, einen Ethanolbrenner oder einen Flüssiggasbrenner simuliert, dabei werden Temperaturen bis 1200°C und Massenströme bis 1 kg/s (bei den wenigen Großprüfständen für Schiffsturbolader wesentlich mehr) erreicht. Ein wesentliches Sicherheitsmerkmal ist eine Überwachung der Brennerflamme, diese kann beim Erlöschen eine Neuzündung, andernfalls ein Abstellen des Brennstoffs veranlassen. Die Turbine wird definiert und messbar mechanisch belastet durch eine verdichterseitige Drosselung, alternativ kann sie auf einem reinen Turbinenprüfstand durch eine elektrische Maschine an der Welle belastet werden. Durch Umgebungsluft kann eine schnelle Abkühlung des Heißgasstroms für Thermoschock-Tests erreicht werden. Ein Stellglied für einen Turbinen-Bypass (Wastegate) oder eine variable Turbinengeometrie (VTG), die den effektiven Turbinenquerschnitt im Betrieb beeinflusst, soll am Prüfstand vorgesehen sein.

Wesentliche Größen zur Beschreibung des Verdichters sind ebenfalls Druckverhältnis, Durchsatz als Volumenstrom oder Massenstrom, Drehzahl und Drehmoment. Diese werden gemeinsam mit der Temperatur und der Feuchte in einem Turbolader- oder Verdichterprüfstand bestimmt. Die Frischluft wird gefiltert und ggf. konditioniert. Aus den am Verdichterprüfstand bestimmten Größen lässt sich das Verdichterkennfeld bestimmen (Abb. 4.5), das als Grundlage dient, um einen Turbolader an einen Motor anzupassen. In

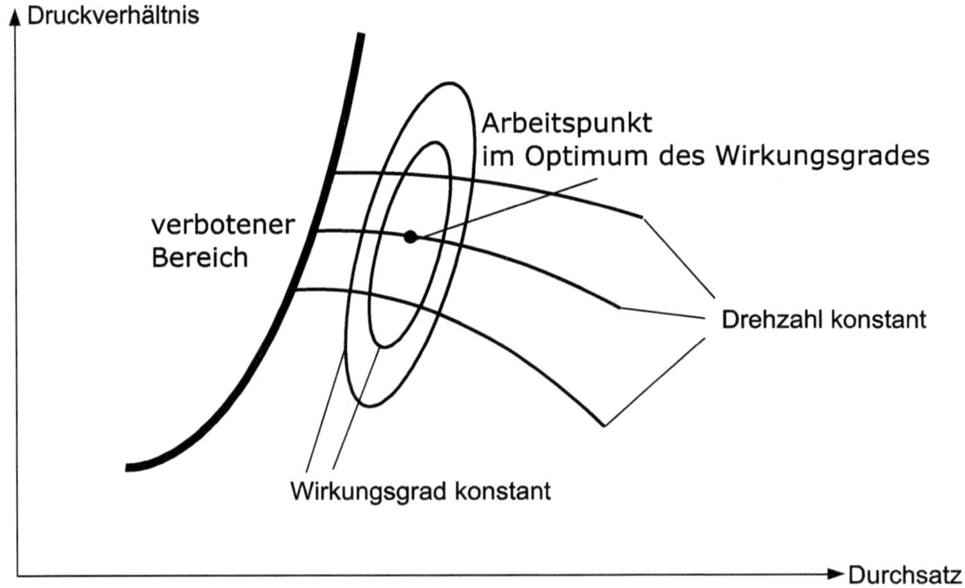

Abb. 4.5 Verdichterkennfeld eines Turboladers (schematisch)

Abb. 4.6 Reibleistungsprüfstand für Turbolader zur Messung der Lagerreibung für verschiedene Öldrucke, Öltemperaturen und Axialschübe. (Foto: Robin Vanhaelst, Ostfalia, Wolfsburg)

diesem Kennfeld befindet sich auf der Abszisse der Durchsatz und auf der Ordinate das Verhältnis der Drücke vor und hinter dem Verdichter. In dieses Koordinatensystem eingezeichnet werden typischerweise die Linien konstanter Laderdrehzahl sowie konstanten Verdichterwirkungsgrades. Bei geringen Durchsätzen und hohen Druckverhältnissen setzt ein schädlicher ungleichförmiger Betrieb ein, die Grenze dieses Bereichs (Pumpgrenze) wird ebenfalls eingetragen.

Untersuchungen beim Laufzeug (rotierende Teile von Turbine und Verdichter mit verbindender Welle) betreffen die Lebensdauer, die Lageabweichung, die Reiblast, den Ölverbrauch und die Dichtigkeit (Abb. 4.6).

Übliche Prüfstände kombinieren die Funktionalität eines Turbinen- und Verdichterprüfstandes, meist auch eines Laufzeugprüfstandes, in Einzelfällen kann es sich aber um separate Prüfstände handeln.

4.4.3 Einspritzprüfstände

In Einspritzprüfständen werden Einspritzanlagen oder deren Komponenten untersucht. Unter den Komponenten interessieren besonders Injektoren und Hochdruckpumpen, in Einzelfällen mag aber auch das Rail (Abschn. 2.1.2) mit den angeschlossenen Leitungen interessieren, um z. B. Druckschwankungen zu untersuchen.

Auf einem vollständigen Einspritzprüfstand werden die Originalpumpen (Hochdruckpumpe zur Einspritzung und Niederdruckpumpe zur Vorförderung) oder eine Prüfstandspumpe motorisch angetrieben. Diese versorgen die Einspritzanlage wie im Fahrzeug. Vereinzelt ist die Anlage auf einen Injektor reduziert.

Die Injektoren spritzen in Röhrchen mit Umgebungsdruck oder in geregelte Druckkammern, die ggf. mit Kameras zur Strahluntersuchung ausgestattet sind. Hochtemperaturdruckkammern simulieren die Zylinder von Verbrennungsmotoren noch realistischer und werden dann meist mit der in Abschn. 7.10 vorgestellten Messtechnik ausgerüstet.

Standen Messungen an Injektoren im Vordergrund, wurden diese bei den früher üblichen, niedrigeren Einspritzdrücken oft auch mit Handpumpen versorgt. Bei Injektorprüfungen interessiert im einfachsten Falle nur die Einspritzmenge (pro Einspritzung oder über einen längeren Zeitraum), fortgeschrittenere Prüfstände (Abb. 4.7) messen den Einspritzratenverlauf und beziehen ihn auf die elektrische Ansteuerung der Injektoren. Der Verlauf der Einspritzrate kann zeitlich hoch aufgelöst werden, indem der Injektor in ein geschlossenes, kraftstoffgefülltes Rohr spritzt und der Druckverlauf im Rohr gemessen wird.

Betrieben werden Einspritzprüfstände mit realen Kraftstoffen oder mit ggf. temperierten Prüfölen, deren Anforderungen in [ISO4113] definiert sind.

4.4.4 Pumpenprüfstände

In einem Verbrennungsmotor werden mechanisch oder elektrisch angetriebene Pumpen für Schmieröl, Kraftstoff und Kühlmittel eingesetzt. Auch enthalten viele Motoren eine Luftpumpe zur Erzeugung eines Unterdrucks, der z. B. für elektropneumatische Stellglieder im Motor oder den Bremskraftverstärker nötig ist.

Wesentliche, zu überprüfende Größen sind Durchflussmengen, Pumphöhen (Drücke), Lebensdauer unter verschiedenen Betriebsbedingungen (Förderprofile, Temperaturen, Vibrationen, Eigenschaften der geförderten Medien) und bei elektrischen Pumpen auch die elektrischen Größen des Antriebs einschließlich der elektromagnetischen Verträglichkeit (EMV). Auch akustische Messungen werden durchgeführt. Auf Pumpenprüfständen ist ein elektrischer Antrieb auch bei solchen Pumpen, die im Fahrzeug nicht elektrisch angetrieben werden, aufgrund seiner Regelbarkeit gut geeignet. Antriebsseitige Messgrößen sind Drehzahl und Drehmoment.

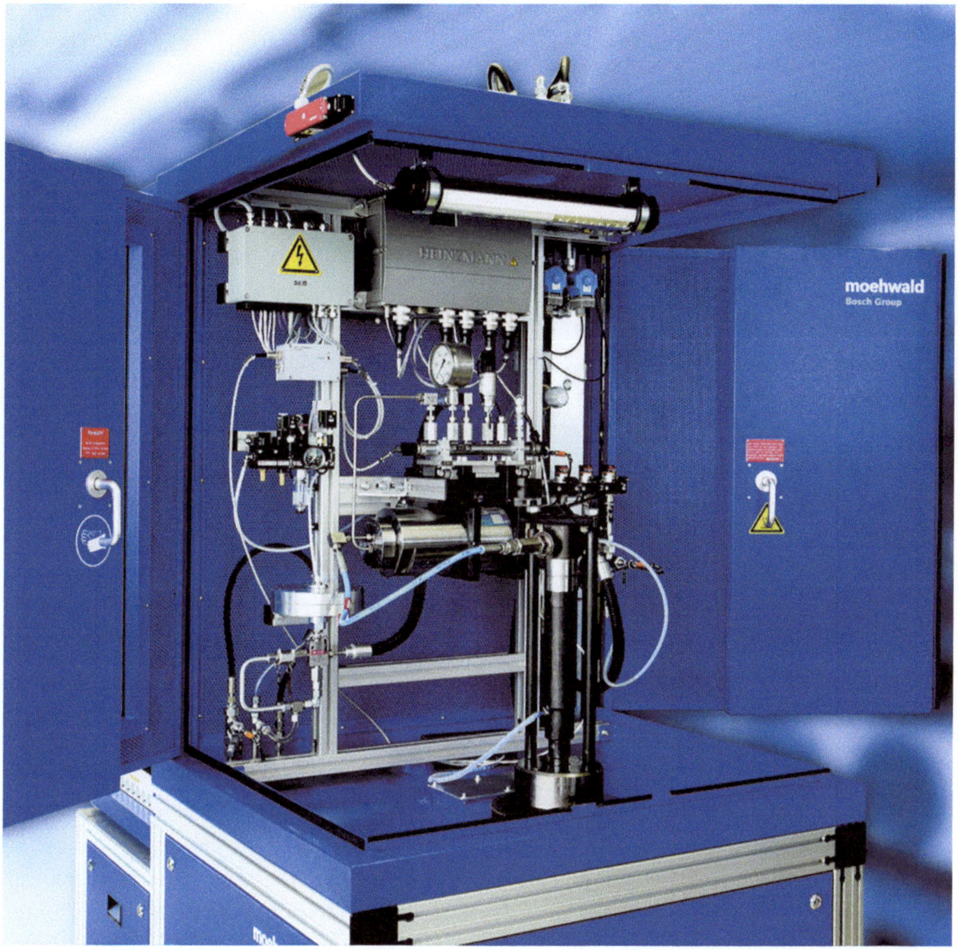

Abb. 4.7 Prüfstand für Common-Rail-Injektoren, im Vordergrund ein Großinjektor. (Foto: Moehwald GmbH)

4.4.5 Nockenwellenprüfstände

Die Nockenwelle steuert in Abhängigkeit der Kolbenstellung, die über die Kurbelwelle und einen Ketten- oder Riementrieb vermittelt wird, die Einlass- und Auslassventile des Zylinders (Abschn. 2.1.1.5). Aufgrund des Nockenprofils ergibt sich ein nicht sinusförmiger, sondern durch ausgeprägte Spitzen geprägter Drehmomentverlauf, der zu einer an Oberwellen reichen Torsionsbeanspruchung führt. Da stets andere Nocken über die Länge der Welle beansprucht werden, entstehen auch Biegemomente.

Im einfachsten Falle wird unter einem Nockenwellenprüfstand ein elektromotorischer Antrieb der Nockenwelle mit einer Messuhr zur Aufnahme des vom Nocken dargestellten Profils ohne weitere Komponenten des Ventiltriebs verstanden.

Bei zusammengesetzten Baugruppen (gebaute Nockenwelle oder restlicher Ventiltrieb) wird mit statischer Kraftbeanspruchung die Stabilität untersucht. Die Haltbarkeit gegenüber Schwingungen wird geprüft, indem die Nockenwelle dynamisch mit Frequenzen im Bereich von Resonanzen der Welle in Schwingungen versetzt wird.

Die häufigsten Aufgaben in der Entwicklung sind jedoch die Bestimmung des Drehmoments (oder davon abgeleitet der Reibleistung) in Abhängigkeit der Drehzahl und die dynamische Erprobung von Komponenten des Ventiltriebs. Diese Anwendungen erfordern einen vollständig aufgebauten Ventiltrieb, eine konditionierte Ölversorgung und einen elektromotorischen Antrieb. Für NVH-Untersuchungen kann der Prüfstand mit Schwingungsaufnehmern oder Mikrofonen ausgestattet sein. Falls erforderlich, kann der Nockenwellenprüfstand unter definierten klimatischen Bedingungen arbeiten.

Sollen nur eine einzelne Komponente des Ventiltriebs, z. B. die Feder, erprobt werden, wird der Großteil der Untersuchung vorab an einem spezialisierten Prüfstand für diese Komponente erfolgen [Mahle13].

4.4.6 Lagerprüfstände

In einem Verbrennungsmotor befinden sich zahlreiche Lager an der Kurbelwelle (Hauptlager und Pleuellager), zwischen Pleuel und Kolben und an der Nockenwelle, an Ausgleichswellen und an externen Anbauten. Die meisten Lager sind Gleitlager, bei sehr kleinen Motoren werden manchmal aber auch Wälzlager (Kugellager oder andere Bauformen) eingesetzt. Die Lebensdauer kann bei Dauerlauftests am Motorenprüfstand untersucht werden, oft ist es aber vorher schon sinnvoll, Lager separat zu untersuchen. Die Lagerreibung kann an einem isolierten Lager an einem Lagerprüfstand besser beurteilt werden, als an einem Motorenprüfstand (siehe auch Abschn. 4.5.2, Untersuchungen an Schmierölen). Weitere Untersuchungsziele können die Schwingungsdämpfung oder auch Schwingungsübertragung sein.

Wesentliche Komponenten eines Lagerprüfstandes sind die äußere Lageraufnahme, die Welle, die außerhalb des Prüflings besonders reibungsarm gelagert werden muss (z. B. mit Luftlagern), der Wellenantrieb und die vom genauen Einsatzzweck des Prüfstandes abhängige Messtechnik (z. B. Winkel/Drehzahl, Drehmoment, Temperatur und Schwingungsaufnehmer).

4.4.7 Riemenprüfstände

In Fahrzeugmotoren werden Zahnriemen und Keilriemen eingesetzt, letztere heute meist als Keilrippenriemen, d. h. mit mehreren kleineren Keilen im Querschnittsprofil. Im

Fahrzeug gibt es ein Zahnrad oder eine Riemenscheibe als Antrieb und meistens mehrere Zahnräder oder Riemenscheiben als belastete Abtriebe, als leerlaufende Umlenkrollen oder federbelastet als Riemenspanner. Die kompletten Riementriebe sind oft sehr komplex und werden in Gänze meist am Motor erprobt.

Riemenprüfstände werden oft sehr individuell angefertigt, manchmal gar von den Riemenherstellern selbst. Sie vereinfachen meist diese Anordnung und bestehen oft nur aus einem elektrischen Antrieb, einem parallelen belastbaren Abtrieb und einer Spannrolle (alternativ kann die Vorspannung auch über eine Feineinstellung des Abstands von Antrieb und Abtrieb eingestellt werden). Auf eine für Kolbenmotoren typische Modulation des Antriebsmoments oder auch mancher Lastmomente (z. B. an der Nockenwelle), wird oft verzichtet. Neben den mechanischen Größen Antriebsmoment, Drehwinkel (oder zumindest Anzahl der Umläufe) und Vorspannkraft wird am Prüfstand auch die Temperatur erfasst, auch das Geräusch kann vermessen werden. Es kann zweckmäßig sein, die Umgebungstemperatur im Prüfstand auf die Betriebsbedingungen im Motorraum des Fahrzeugs anzupassen. Oft wird unter verschärften Bedingungen wie höheren Temperaturen oder kleineren Radien erprobt.

Um Schäden durch zerstörte Riemen zu vermeiden, werden viele Prüfstände geschlossen betrieben, eine Beobachtung kann durch Sicherheitsfenster oder Kameras erfolgen. Neben der höheren Sicherheit sind geschlossene Prüfstände leiser und klimatisierbar. Daneben gibt es aber auch offene Prüfstände.

Kettentriebe werden ähnlich erprobt, dabei spielt das Geräusch eine größere Rolle als bei Riementrieben.

4.4.8 Prüfstande für Abgaskomponenten

4.4.8.1 Schalldämpfer und Leitungen

An diesen Prüfständen werden Komponenten von Abgasanlagen (Schalldämpfer und Verbindungen) untersucht. Hauptkriterien sind Haltbarkeit, Strömungswiderstand und Geräuschemissionen (Abschn. 7.6). Die Haltbarkeit hängt auch von der Abgastemperatur und der Zusammensetzung des Abgases ab. Ein Komponentenprüfstand sollte daher Heißgas mit Temperaturen weit über 1000°C und Drücken von mehreren 100 kPa in den Prüfling blasen können, auch wenn diese Werte im normalen Betrieb kaum erreicht werden. Eine schnelle Umschaltung auf Kaltluft erlaubt Thermoschock-Prüfungen.

Zur Messung des Strömungswiderstandes und des Gegendrucks wird der Prüfling von einer definierten Gasmenge durchströmt, wobei Drucksensoren vor und hinter der Komponente verwendet werden. Werden diese Messungen (bevorzugt) kalt durchgeführt, ist zu berücksichtigen, dass sich bei Erhitzung Innenabmessungen der Komponente ändern und damit auch der Strömungswiderstand. Bei sehr präziser Betrachtung sind selbst die Wandeigenschaften und die Beeinflussung der Strömung durch Temperaturgradienten nicht unabhängig von der Temperatur.

Da die Akustik der Abgasanlage auch von der Integration in das Fahrzeug abhängt (Einbaulage, Aufhängung, Umgebung des Austritts am Endrohr) und letzten Endes auch die Erfüllung gesetzlicher Anforderungen für das Gesamtfahrzeug nachzuweisen ist, werden Akustikmessungen bevorzugt an Fahrzeugprüfständen durchgeführt. Dafür spricht auch die Schwierigkeit, die Druckpulsation vom Motor auf einem Komponentenprüfstand realistisch abzubilden. Für eine subjektive Bewertung der Geräuschemissionen (zu Hörversuchen s. [Genuit10]) ist das Fahrzeug unverzichtbar. Transmissionsmessungen an Schalldämpfern lassen sich ohne Heißgas durchführen mit einem Lautsprecher als Schallquelle und Referenzmikrofonen vor dem Schalldämpfer und Mikrofonen zur Schallmessung hinter dem Schalldämpfer.

4.4.8.2 Abgasrückführung und Abgasnachbehandlung

Die Abgasrückführung (Abschn. 2.1.1.2) führt Verbrennungsgase zum Einlass zurück, um Stickoxid-Emissionen zu senken. Die Zulieferer von Aktoren (Abgasrückführsteller, im weiteren Sinne auch Drosselklappen) erproben die Haltbarkeit ihrer Produkte auch über eine hohe Anzahl von Betätigungen, allerdings geschieht das oft unter idealisierten Laborbedingungen. Die im Betrieb auftretenden Beanspruchen durch aggressive Abgase (Temperaturen, Kondensation, Ruß, aggressive Säuren) lassen sich nur schwer im Labor realistisch simulieren, sodass man hier recht schnell wieder beim Motorenversuch ist.

Komponenten der Abgasnachbehandlung (3-Wege-Katalysatoren, Partikelfilter, CRT, Speicherkatalysatoren oder auch andere, noch experimentelle Technologien) sind einmal als Bestandteil der Abgasanlage auf ihr strömungstechnischen Eigenschaften (insbesondere Gegendruck) und ihre Haltbarkeit zu untersuchen. Bei der Haltbarkeitsprüfung kann eine zusätzliche mechanische Schwinganregung, die den Bedingungen in der Abgasanlage entspricht, sinnvoll sein. Hinzu kommen funktionale Untersuchungen, in denen die chemischen Reaktionen (bei Partikelfiltern das physikalische Filterverhalten) überprüft werden, um deren Beitrag zur Reinigung der Abgase sicher zu stellen. Diese Untersuchungen können idealisiert mit Heißgas durchgeführt werden, das mit den entsprechenden Schadstoffe angereichert wurde Teilweise kann dies schon durch die Brennereinstellung erfolgen. Für Partikelfilter können (selten) feine Prüfsande oder (realistischer) Industrie-Ruß mit Partikelgrößen bis zu 1 μm verwendet werden. Auf SCR-Prüfständen kann die fahrzeugeigene Ammoniakerzeugung durch AdBlue verwendet werden, daneben kann aber auch eine besser dosierbare prüfstandseigene Ammoniakversorgung aus geeigneten flüssigen oder festen Trägerstoffen erfolgen. Der Temperaturbereich des Heißgases sollte 1000°C überschreiten können und zur Darstellung von Regenerationszyklen sollte die mit motorüblichen Zeitkonstanten veränderbar sein. Auf solchen Prüfständen können härtere Bedingungen als im Motorbetrieb eingestellt werden und die Prüfung damit gegenüber einem Motorenprüfstand verkürzt werden. Am aussagekräftigsten für den Betrieb sind aber auch hier Untersuchungen, die an den Motorbetrieb am Prüfstand gekoppelt sind.

4.4.9 Steuergeräteprüfstände

Das Motorsteuergerät (Abschn. 2.7) verarbeitet Daten, die an den Eingängen von Sensoren geliefert werden und erzeugt an seinen Ausgängen Signale zur Ansteuerung von Aktoren. Die Eingänge werden u. a. darauf überwacht, dass das Eingangssignal in einem definierten Bereich liegt, die Ausgänge werden auf u. a. auf Unterbrechung oder Kurzschluss überwacht. Während Steuergerätefunktionen in frühen Entwicklungsphasen nur simuliert werden, ergibt sich später die Notwendigkeit das Steuergerät in der Entwicklung mit Hardware und Software zu betreiben. Die Eingangsspannungen auf analogen Eingängen werden oft über Potenziometer eingestellt, an die Ausgänge müssen Ersatzlasten angeschlossen werden, deren Impedanzen den originalen Stellgliedern ähneln (falls verfügbar werden oft auch originale Stellglieder angeschlossen). Daneben gibt es weitere Schnittstellen des Steuergerätes, die evtl. Signale benötigen, hier sind insbesondere externe Busse (z. B. CAN, FlexRay) und die in der Entwicklung besonders problematische Wegfahrsperre zu nennen. Um die zum Betrieb des Steuergerätes nötige Kommunikation auf diesen Bussen zu erzeugen, können andere Steuergeräte angeschlossen werden, oder der Beitrag anderer Steuergeräte wird auf einem PC mit entsprechender Software und Busschnittstelle simuliert (Restbussimulation [Borgeest23E]). Sobald an geschlossenen Regelkreisen entwickelt wird, genügt die weitgehend statische Instrumentierung des Steuergerätes nicht mehr, die externe Regelstrecke muss im Labor dargestellt werden; d. h. die Ausgänge des Steuergerätes führen in einen Simulator, der wiederum die Signale, die auf die Sensoreingänge gelegt werden, realistisch berechnet. Derartige Simulatoren werden *Hardware-in-the-Loop*-Simulatoren (HiL) genannt [Borgeest23E]. Erst danach ist es üblich, das Steuergerät gemeinsam mit dem Motor am Motorenprüfstand oder im Fahrzeug zu betreiben.

Abb. 4.8 zeigt ein sehr einfaches HiL-System. Unten befinden sich die Schnittstellen zu Steuergeräte-Pins. Die zu simulierenden Funktionen werden beim gezeigten System mit Simulink modelliert und dann zu einem Echtzeitmodell kompiliert. Komplexe HiL-Systeme enthalten den kompletten Motorkabelbaum sowie Ersatzlasten und weitere Einschübe. Sie können einen 19-Zoll-Schrank benötigen. Solche Systeme kosten dann mehrere 10.000 €. Oft bestehen Schnittstellen zu weiteren HiL-Systemen, z. B. zur Getriebesimulation.

Etwas anders als in der Entwicklung sind die Anforderungen an einen Steuergerätprüfstand in der Produktion. Auf den ersten Blick ähnelt ein Steuergeräteprüfstand für die Produktion einem HiL-System, teilweise werden auch gleiche Hardwarekomponenten verwendet, die aufwendige Simulation der Regelstrecken entfällt aber. Stattdessen verfügen Steuergeräteprüfstände in der Produktion oft über automatisierte Fehlersimulatoren (für bestimmte Zwecke werden diese auch in der Entwicklung eingesetzt), welche die Schnittstellen des Steuergerätes in unzulässige Betriebszustände bringt, um die Erkennung des Fehlers durch das Steuergerät und die Reaktion darauf zu überprüfen.

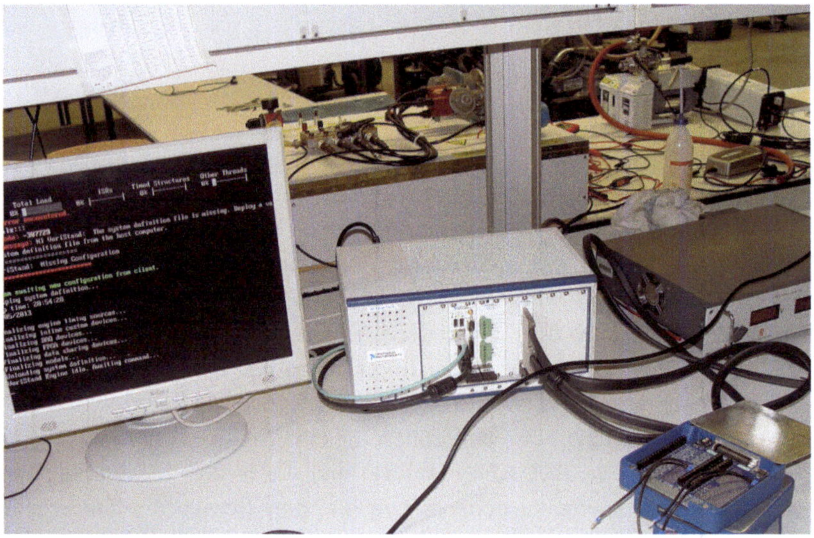

Abb. 4.8 Ein einfaches HiL-System

4.5 Prüfstände für Betriebsstoffe

Kraftstoffe, Schmiermittel und Kühlmittel werden auf Motorenprüfständen und auf speziellen Prüfständen getestet.

4.5.1 Untersuchungen an Kraftstoffen

Bereits in Abschn. 2.1 wurde die Vielfalt an Kraftstoffen und Kraftstoffbestandteilen vorgestellt. Zukünftige synthetische Kraftstoffe können diese nachbilden, können aber auch eine andere Zusammensetzung haben (z. B. die rußarm verbrennenden Oxymethylenether). Einige Kraftstoffe wie Wasserstoff, Methan oder Flüssiggas sind wohl definiert, die Zusammensetzung von Erdgas und Biogas kann schon etwas variieren, obgleich Methan deren Hauptbestandteil ist. Erheblich unterscheiden sich Otto- und Dieselkraftstoffe in ihrer Zusammensetzung, die einschlägigen europäischen Normen (Otto [EN228], Diesel [EN590] und weitere Normen für Marinediesel) und außereuropäischen Normen wie ASTM D439 in den USA definieren zwar Eigenschaften innerhalb einer gewissen Breite und Prüfverfahren, nicht aber die genaue Zusammensetzung. Bei einigen Biokraftstoffen kann die Zusammensetzung noch stärker variieren.

Bei Ottomotoren sind frühzeitige Selbstzündungen (Klopfen) unerwünscht, im Gegensatz dazu ist bei Dieselmotoren eine hohe Zündwilligkeit gewünscht, Klopffestigkeit und Zündwilligkeit sind gegensätzliche Eigenschaften. Neben grundlegenden physikalischen Parametern sind deshalb die Klopffestigkeit bei Ottokraftstoffen und die Zündwilligkeit bei Dieselkraftstoffen zu testen. Die Klopffestigkeit wird als Oktanzahl angegeben. Sie gibt an, welcher Mischung aus zündwilligen n-Heptan und klopffesten 2,2,4-Trimethylpentan (Iso-Oktan) die Klopffestigkeit des vorliegenden Kraftstoffs entspricht, ein Kraftstoff mit einer Oktanzahl 98 ist z. B. so klopffest wie ein Gemisch aus 2 % n-Heptan und 98 % Iso-Oktan. Je nach Bestimmungsmethode wird die Oktanzahl als Research-Oktanzahl ROZ angegeben oder als Motor-Oktanzahl MOZ, daneben gibt es weitere Definitionen. Die wichtigste Oktanzahl ist die ROZ, die auch an Tankstellen in der EU angegeben ist. Die Oktanzahlen unterscheiden sich in den Temperaturen und Drehzahlen, bei denen sie bestimmt werden. Zur Bestimmung wird ein Prüfmotor verwendet, der durch das Cooperative Fuel Research Committee (CFR) of the SAE definiert wurde. Dieser Motor ist ein 1928/1929 konzipierter Einzylinder-Versuchsmotor mit variabler Verdichtung und Kraftstoffkonditionierung. Dieser Motor wird ebenfalls genutzt, um die Cetanzahl, die sich über ein Vergleichsgemisch aus zündwilligem n-Hexadecan (Cetan) und zündträgem 1-Methylnaphthalin definiert, nach [ISO5165] zu bestimmen.

Weitere Tests betreffen die Kompatibilität zu in der Kraftstoffanlage verwendeten Kunststoffen und Metallen sowie mit Schmierstoffen. So können z. B. Kraftstoffbehälter aus Metall und einige Kunststoffe durch Alkohole angegriffen werden. Zwar ist die Beständigkeit von Standardwerkstoffen gegenüber einzelnen Chemikalien gut bekannt, Kraft- und Schmierstoffe sind aber Gemische, die Temperaturen in einem großen Bereich annehmen können und selbst Kunststoffe können sich in ihren Additiven unterscheiden und sich auch über die Lebensdauer verändern. Neben Langzeiterprobungen am Motor kommen hier auch Versuche infrage, in denen eine isolierte Probe mit dem Betriebsstoff in Berührung kommt. Oft kommen Werksnormen der Fahrzeughersteller zur Anwendung. Noch umfangreicher werden die Untersuchungen, wenn auch Werkstoffe außerhalb der Kraftstoffanlage untersucht werden sollen, z. B. Fahrzeuglacke.

4.5.2 Untersuchungen an Schmierölen

Aus den beiden Hauptaufgaben, Reibung zu vermindern, um Verschleiß und Reibverluste zu minimieren und Wärme zu übertragen, ergeben sich die wichtigsten Eigenschaften, nämlich Viskosität und das Wärmeableitvermögen. Weiterhin dient es als Korrosionsschutz.

Die Viskosität gibt an, welche Schubspannungen bei einem Gradienten in der Strömungsgeschwindigkeit entstehen, anschaulich steht die Viskosität für die Zähflüssigkeit. Eine zu hohe Viskosität verschlechtert die Schmiereigenschaften und die Wärmeableitung, bei zu geringer Viskosität werden z. B. Lagerflächen nicht sicher benetzt, die Dichtfunktion zwischen Kolbenringen und Zylinder lässt nach, das Öl drückt vermehrt durch kleinste Spalte aus dem Ölkreislauf heraus und der Öldruck ist möglicherweise zu niedrig. Auch beeinflusst die Viskosität die Dämpfung in Gleitlagern.

Gemessen wird die Viskosität mit einfachen Viskosimetern, die z. B. die Durchlaufzeit durch eine Kapillare oder die Fallzeit einer Kugel im Öl als Messkriterium verwenden, oder mit Rheometern, die eine Scherung mit definierter Winkelgeschwindigkeit zwischen zwei durch einen dünnen Ölfilm getrennten rotierenden Probekörpern verschiedenster Form verursachen und die dabei auftretenden Kräfte aus dem gemessenen Drehmoment ableiten.

Im Gegensatz zum Rheometer übt ein Tribometer zusätzlich eine definierte Kraft senkrecht zum Schmierfilm aus, somit können bei geeigneten Werkstoffen und Oberflächen der Probekörper direkt die Reibkoeffizienten und der Verschleiß bestimmt werden.

Das Wärmeableitvermögen hängt von der Viskosität, v. a. aber von der leicht bestimmbaren Wärmekapazität ab.

Es fällt schon schwer, den Korrosionsschutz als physikalische messbare Größe überhaupt zu definieren, da dieser aus dem Zusammenspiel von Öl, metallischen Werkstoffen und Betriebsbedingungen resultiert. Ein weiteres Kriterium ist die Materialverträglichkeit v. a. gegenüber Dichtungen und Kupfer.

Den höchsten thermischen Belastungen mit über 200°C ist das Öl zwischen den Kolbenringen und den Zylinderwänden ausgesetzt, aber auch an anderen Stellen nimmt es Temperaturen weit über 100°C an. Die Temperaturstabilität ist kein selbständiges Kriterium, vielmehr sagt sie aus, wie sich andere Kriterien mit der Temperatur reversibel oder irreversibel ändern. Typischerweise wird die Abhängigkeit der Viskosität von der Temperatur im Bereich reversibler Änderung durch eine dimensionslose Kennzahl, den erweiterten[1] *Viskositätsindex* VI, der auf Viskositätsmessungen bei 40°C und 100°C beruht, dargestellt. Die grafische oder rechnerische Ermittlung des VI aus den Messwerten wird z. B. in [Basshuys16] erläutert. Motorenöle mit geringer Temperaturabhängigkeit der Viskosität erreichen einen VI von fast 200, bei einer hohen Temperaturabhängigkeit (Einbereichsöle) kann der VI unter 100 liegen. Wichtig ist auch das Wärmeableitvermögen bei hohen Temperaturen, da das Öl in den heißesten Bereichen des Motors auch kühlen soll.

Die Alterungsstabilität ist ebenfalls kein eigenständiges Kriterium. Das Schmiermittel im Motor ist schon nach kurzer Zeit kein reines Öl mehr, es enthält Wasser, Verbrennungsrückstände und Feinabrieb. Daneben verändert sich das Öl selbst; lange Kohlenwasserstoffketten scheren ab und Oxidation führt zur Bildung von Alkoholen und Säuren. Auch können Additive im Betrieb abbauen. Die erforderliche chemische Analytik reicht von einfachen flammenspektroskopischen Verfahren bis hin zur Massenspektrometrie.

[1] Die ursprüngliche Definition galt nur für Einbereichsöle. Zur Unterscheidung wird der erweiterte Viskositätsindex für Mehrbereichsöle manchmal durch den zusätzlichen Buchstaben E gekennzeichnet.

Eine Übersicht über physikalische und chemische Eigenschaften geben [ACEA21] und [ACEA22]. Neben physikalischen und chemischen Prüfverfahren kommen für eine realitätsnahe Prüfung Motorenprüfstände mit vollständigen Motoren oder mit unbefeuerten Teilmotoren neben Schwenkprüfständen (Abschn. 3.2.1) zum Einsatz. Dabei wird das Öl zwischenzeitlich wiederholt analysiert. Teilweise werden auch Versuche auf der Straße gefahren.

4.5.3 Untersuchungen an Kühlmitteln

Das Kühlmittel besteht aus mineralarmem Wasser (30 bis 70 Vol.-%) mit einer primär dem Frostschutz und dem Korrosionsschutz dienenden Zusatzflüssigkeit (im Handel als Frostschutz bezeichnet). Hauptbestandteile der Zusatzflüssigkeit sind Glykole, v. a. 1,2-Ethandiol (Monoethylenglykol, MEG), oder andere einfache oder mehrfache Alkohole, daneben schützen Additive vor Korrosion, Oxidation und Schaumbildung und puffern den pH-Wert. Wesentliche testrelevante, teilweise zusammenhängende Merkmale sind die Erniedrigung des Gefrierpunktes, die Erhöhung des Siedepunktes, der Korrosionsschutz, Verträglichkeit mit Kunststoffen (Behälter, Schläuche), Temperaturstabilität (auch bei einer Kühlmittel-Betriebstemperatur von 90°C können lokal an Grenzflächen zu den Laufbuchsen höhere Temperaturen auftreten, bei denen sich Glykole zu Carbonsäuren zersetzen [Andersohn13]), die durch mögliche Oxidation begrenzte Lebensdauer der Flüssigkeit, Ausfällungen und der pH-Wert. Neben der chemischen Korrosion ist auch Kavitation zu berücksichtigen.

Der Test im Motor am Prüfstand oder im Fahrzeug ist die letzte Untersuchung, bevor ein Motoren- oder Fahrzeughersteller ein Mittel für einen bestimmten Motor oder ein bestimmtes Fahrzeug freigibt. Zuvor durchläuft das Mittel zahlreiche spezielle Testsverfahren, die v. a. durch die ASTM (vormals American Society for Testing and Materials) standardisiert sind. Eine Übersicht über fast 100 Standards findet sich unter [ASTM].

Aufgrund der vielfältigen Werkstoffe und Werkstoffkombinationen im und am Motor scheint die Untersuchung des Korrosionsschutzes die schwierigste Aufgabe. Auch die Forschungsvereinigung Verbrennungskraftmaschinen (FVV) hat Richtlinien herausgegeben, bezüglich der Korrosion ist hier R530 [FVV530] zu nennen.

5 Prüfstandsmechanik

Einführend in die Mechanik sei nochmals der Grundaufbau Abb. 3.2 in Erinnerung gerufen. Auf einer Grundplatte befinden sich sowohl der Verbrennungsmotor als auch die Belastungsmaschine, beide sind mit einer Welle verbunden. Besonders der Verbrennungsmotor leitet nicht nur im Fahrzeug, sondern auch am Prüfstand störende Schwingungen ein, die wir in Abschn. 5.1 betrachten; deren Nichtbeachtung kann zu Schäden am Prüfling oder am Prüfstand führen, sowie die Umgebung des Prüfstandes stören. In Abschn. 5.2 werden wir kurz auf die Grundplatte eingehen. Während wir bereits bei der schwingungstechnischen Betrachtung in Abschn. 5.1 auf die Lagerung des Motors eingehen, werden wir das Thema in Abschn. 5.3 nochmals unter dem Aspekt des schnellen Prüflingswechsels aufgreifen. Recht ausführlich werden wir in Abschn. 5.4 eine nur scheinbar triviale Komponente betrachten, die Welle zwischen Prüfling und Belastungsmaschine. Während wir in Abschn. 5.1 linear gerichtete Schwingungen betrachten, müssen wir bei der Welle Torsionsschwingungen, ggf. auch Biegeschwingungen betrachten. Zur Vertiefung der in den Abschn. 5.1 und 5.3 betrachteten Schwingungsprobleme sei dem Leser die reichhaltige Literatur zur Maschinendynamik empfohlen, so z. B. das ausführliche erläuternde Werk [DreHol16] und das übersichtliche, zum Nachschlagen geeignete Werk [Jürgler04]. Im Vergleich zum Motor trivial ist die Lagerung der Belastungsmaschine (Abschn. 5.5). Selten werden noch andere Komponenten wie Getriebe (Abschn. 5.6) oder Kupplungen (Abschn. 5.7) in den Wellenstrang integriert.

K. Borgeest, *Messtechnik und Prüfstände für Verbrennungsmotoren*,
https://doi.org/10.1007/978-3-658-43284-3_5

5.1 Schwingungen am Prüfstand

Unerwünschte Schwingungen treten in Form von Drehschwingungen an der Welle auf, deren Betrachtung folgt in Abschn. 5.4.1. Hier betrachten wir zunächst die Schwingungen, die der Motor in die Grundplatte und evtl. in das Gebäudefundament einträgt. Die wesentliche Ursache der Schwingungen ist die Trägheit der Motorkolben beim Richtungswechsel in den Totpunkten; die Kräfte wurden bereits in Gl. 2.14, den darauf folgenden Formeln und in Tab. 2.1 dargestellt. Bei einem Reihenmotor mit senkrecht stehenden Zylindern werden diese Massenkräfte vertikal eingeleitet und lediglich durch leichte Ausweichbewegungen z. B. der Motorlager kann eine geringe horizontale Komponente entstehen. Die kleinere rotierende Massenkraft an der Kurbelwelle wechselt, sofern sie nicht schon im Motor ausgeglichen wurde, ihre momentane Wirkrichtung zwischen vertikal an den Totpunkten und horizontal genau zwischen den Totpunkten. Bei Motoren mit schräg oder horizontal liegenden Zylindern, also auch bei V-Motoren, ist die horizontale Kraftkomponente größer. In diesem Falle ist zu beachten, dass für die horizontal eingeleiteten Kraftkomponenten völlig andere Parameter gelten können. Als extremes Beispiel stelle man sich eine senkrechte Spiralfeder für eine vertikale Beanspruchung unter der Grundplatte vor, die bei horizontaler Beanspruchung extrem nachgiebig wird und dies obendrein in nichtlinearer Weise. Während in manchen Fällen die Vertikalkomponente und die Horizontalkomponente mit ggf. unterschiedlichen Parametern in gleicher Weise separat berechnet werden können, ist dieses ein Beispiel eines Falls, in dem eine unabhängige Betrachtung nicht mehr möglich ist, da die vertikale Einfederung auch die horizontale Nachgiebigkeit beeinflusst und umgekehrt. Eine erste Überlegung bei Schwingungen in mehreren Achsen sollte also immer eine Überprüfung sein, ob an irgendeiner Stelle die Schwingungskomponenten gekoppelt sind. Falls nicht vernachlässigbare Kopplungen vorhanden sind, wird aus den Schwingungsgleichungen ein System gekoppelter, oftmals sogar nichtlinearer Differenzialgleichungen. Wenn diese Schwingungen berechnet werden sollen, ist zur Lösung des Differenzialgleichungssystems eine Simulation sinnvoller als eine analytische Rechnung.

Weiterhin sei daran erinnert, dass über die Länge des Motors verteilte Massenkräfte selbst dann, wenn ihre vektorielle Summe Null ist, Drehmomente bewirken können. Die Kräfte durch die rotierende Belastungsmaschine können vernachlässigt werden, sofern nicht aufgrund eines Fehlers die Unwucht das übliche Maß überschreitet.

Betrachten wir das System aus der Grundplatte und dem Motor, handelt es sich um einen Zweimassenschwinger (Abb. 5.1). Praktisch sind beide Schwinger hinreichend entkoppelt, sie können deshalb angenähert als zwei unabhängige Einmassenschwinger betrachtet werden. So werden wir zunächst in Abschn. 5.1.1 den Schwinger „Grundplatte gegen Gebäudestruktur“ betrachten und dann in Abschn. 5.1.2 den anderen Schwinger „Motor gegen Grundplatte“. Die Verformungsschwingungen der Grundplatte (Abschn. 5.2) sind gegenüber der Schwingung der Platte als Ganzes vernachlässigbar, deshalb ist es sinnvoll, die Platte als steif zu betrachten.

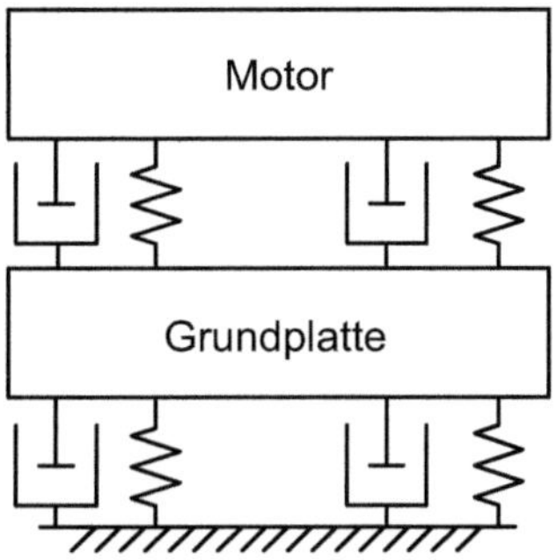

Abb. 5.1 Vertikalschwingungen am Prüfstand als Zweimassenschwinger dargestellt

5.1.1 Lagerung der Grundplatte

Zu vermeiden ist v. a. eine Einkopplung von Schwingungen der Grundplatte ins Gebäude, im Einzelfall, z. B. beim Betrieb benachbarter Prüfstände ist auch umgekehrt die Einkopplung von Gebäudeschwingungen auf den Prüfling zu vermeiden.

Die Vergrößerungsfunktion V, auch als Amplitudenfrequenzgang bezeichnet, ist das normierte Verhältnis zwischen Ausgangsgröße (Kraft auf die Gebäudestruktur) und Erregergröße (Kraft auf die Platte). Sie berechnet sich zu

$$V(\eta) = \frac{\sqrt{1 + (2D\eta)^2}}{\sqrt{(1-\eta^2)^2 + (2D\eta)^2}}, \tag{5.1}$$

mit dem Dämpfungsgrad D und dem Frequenzverhältnis (Abstimmungsverhältnis)

$$\eta = \frac{f}{f_0} = \frac{\omega}{\omega_0}. \tag{5.2}$$

f_0 und ω_0 sind die ungedämpfte Resonanzfrequenz[1] und die ungedämpfte Resonanzkreisfrequenz $2\pi f_0$. Eine Herleitung kann in [Magnus16][2] nachgelesen werden. Grafisch ist die Vergrößerungsfunktion in Abb. 5.2 dargestellt.

Die Vergrößerungsfunktion enthält drei Bereiche. Im linken Bereich ($V \approx 1$, *unterkritischer* Bereich) wird die Kraft direkt von der Grundplatte ins Fundament übertragen, so als wäre sie fest mit dem Fundament verbunden. Im mittleren Bereich (*kritischer* Bereich) tritt Resonanz, also eine unerwünschte Verstärkung, auf. Im rechten Bereich

[1] Die Resonanzfrequenz einer ungedämpften, erzwungenen Schwingung ist gleich der Eigenfrequenz einer ungedämpften, freien Schwingung.

[2] Der dortige Lösungsweg für eine Unwuchterregung führt mit einem kosinusförmigen Kraftansatz zur gleichen Vergrößerungsfunktion.

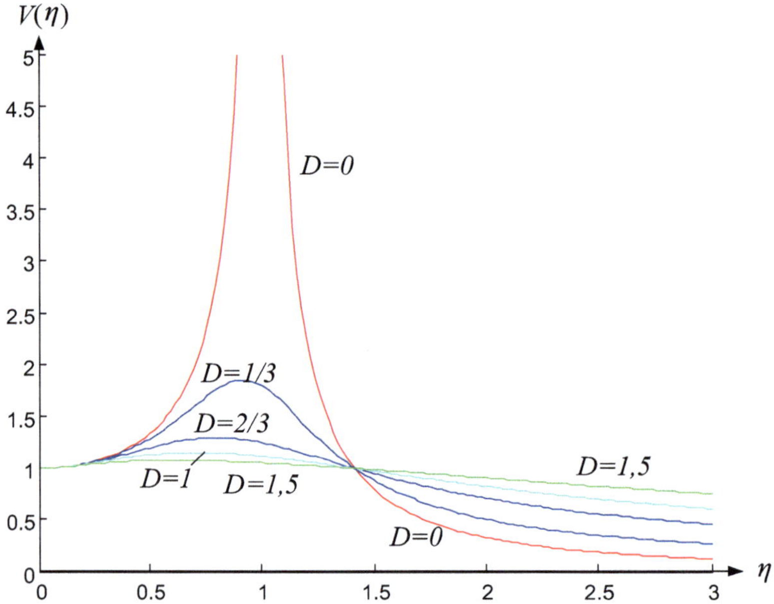

Abb. 5.2 Vergrößerungsfunktion nach Gl. 5.1 für die Kraftübertragung auf das Gebäude durch die Schwingung der Grundplatte mit unterschiedlichen Dämpfungen

(*überkritischer* Bereich) wird die gewünschte Abschwächung erreicht, deshalb wird die Resonanzfrequenz möglichst niedrig (unter 10 Hz) ausgelegt, damit arbeitet man im rechten Bereich. Die stärkste Abschwächung würde man dort überraschenderweise mit einem dämpfungsfreien System ($D = 0$) erreichen. In diesem Falle würden z. B. Federn unter der Grundplatte die Stöße vollständig aufnehmen. Tatsächlich ist ein völliger Verzicht auf Dämpfung einerseits praktisch nicht möglich, weil Federn oder elastische Materialien auch ohne zusätzliche Dämpfungsmaßnahmen eine Eigendämpfung besitzen, andererseits wäre eine zu geringe Dämpfung auch gefährlich, weil beim Hochlauf oder beim Abstellen des Prüfstandes der Resonanzbereich durchfahren wird. Schaltbare oder adaptive Lager, die beim Durchlaufen der Resonanz ihre Charakteristik und damit auch die Vergrößerungsfunktion vorübergehend ändern, werden aufgrund des hohen Aufwandes und der Möglichkeit einer Fehlfunktion bisher kaum verwendet.

Die Dämpfung D nach [Lehr30] beträgt

$$D = \frac{b}{2\sqrt{cm}}, \tag{5.3}$$

wobei c die Steifigkeit der Federn ist und m die Masse der Grundplatte mit Aufbauten. Schwierig zu bestimmen ist der Dämpfungskoeffizient b. Dieser kann die Eigendämpfung der Federn oder zusätzliche Dämpfungselemente repräsentieren. Bei der Aus-

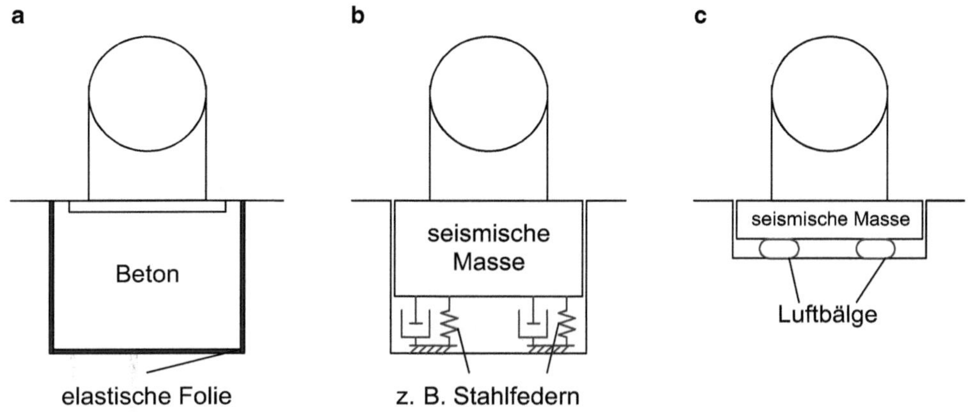

Abb. 5.3 Lagerung der Grundplatte, nur zwei von mindestens vier (meistens sechs) Federn/Bälgen gezeigt

legung wird er dem Hersteller der Federn oder Dämpfer vorgegeben, bei einer nachträglichen Berechnung kann ein Datenblatt helfen. In der Regel zu aufwendig wäre eine experimentelle Bestimmung von D oder b an einem vorhandenen Prüfstand mit einem Ausschwingversuch, da hierzu eine Vertikalschwingung definiert erzeugt und das Abklingen der Schwingung gemessen werden muss. Es sollte nicht vergessen werden, dass Dämpfungskennwerte nicht immer konstant sind, sondern durch Temperaturen beeinflusst werden können und im Falle einer Frequenzabhängigkeit oder Nichtlinearität bei hohen Amplituden sogar von der Schwingung selbst. Das Maximum der Vergrößerungsfunktion eines schwach gedämpften ($D<1$) linearen Masse-Feder-Schwingers liegt bei der Frequenz

$$f_{\max} = \frac{1}{2\pi}\sqrt{\frac{c}{m}}\sqrt{1-2D^2}, \tag{5.4}$$

wobei c die Steifigkeit der Verbindung und m die Masse des Schwingers ist. Am Rande sei bemerkt, dass dieses Maximum geringfügig unter der Eigenfrequenz eines gedämpften freien Schwingers liegt. Die Gleichung zeigt drei Wege auf, das Maximum zu drücken, nämlich D zu erhöhen, c zu senken oder m zu erhöhen. Wir hatten bereits bei der Betrachtung der Vergrößerungsfunktion festgestellt dass D klein sein sollte, damit scheidet die Dämpfung als Stellparameter der Resonanzfrequenz aus, zumal eine sehr starke Dämpfung nötig wäre, um die Resonanzfrequenz merklich zu verschieben. Für sehr kleine Werte von D können wir auch in guter Näherung die ungedämpfte Resonanzfrequenz

$$f_{\max} = f_0 = \frac{1}{2\pi}\sqrt{\frac{c}{m}} \tag{5.5}$$

annehmen.

Folglich verbleiben c und m als Einflussgrößen. Daraus ergeben sich drei Alternativen zur Lagerung. Je weicher die Federung ist (also je kleiner c ist), umso kleiner darf auch die Masse sein. So erfordert die in Abb. 5.3a gezeigte Lagerung, in der die elastische Trennung zwischen der schwingenden Masse und dem Gebäude durch eine relativ dünne Folie realisiert ist (großes c), eine entsprechend große Masse, damit die Resonanzfrequenz nicht zu hoch wird. Praktisch kann diese große Masse realisiert werden, indem die Grundplatte in einen großen Betonblock eingebettet wird. Eine Variante wäre, unter Verzicht auf ein Fundament den Betonblock direkt auf dem verdichteten Unterboden zu lagern, wenn dieser bei geeigneter Beschaffenheit die geforderte Elastizität und Dämpfung hat.

Bei der Lagerung auf Stahlfedern wie in Abb. 5.3b kann die seismische Masse kleiner ausfallen, bei der Lagerung auf weichen Luftfedern wie in Abb. 5.3c noch kleiner. Die Lösung c) ermöglicht also die kompakteste Bauweise des Prüfstandsfundaments, außerdem kann mit Luftfedern auch ein Höhenausgleich auf etwa 0,1 mm genau realisiert werden. Oft wird angestrebt, die Oberfläche der Grundplatte auf der gleichen Höhe wie die Umgebung zu halten, dies vermindert die Stolpergefahr und ermöglicht ein bequemes Arbeiten, aus technischer Sicht ist dies aber nur nötig, wenn ein Prüflingstausch über spezielle Rollwagen erfolgt (Abschn. 5.3). Nachteilig bei Luftfedern ist die Druckluftversorgung in der geforderten Qualität. Zu Wartungszwecken müssen die Luftfedern zugänglich sein. Um die Betriebskosten im Stillstand zu senken, ist es sinnvoll, die Luftversorgung außerhalb der Betriebszeiten abschalten zu können; dazu werden zweckmäßigerweise elastische Stützelemente unter den Block gelegt, die ein Absetzen ermöglichen.

5.1.2 Lagerung des Motors

Eine Schwingung des Motors auf der Grundplatte kann sich im ungünstigsten Fall zu derart hohen Auslenkungen aufschaukeln, dass Schäden am Motor, dessen Anbauten oder am Prüfstand auftreten. Ein sinnvolles Modell der Schwingungen zwischen Grundplatte und Motor betrachtet den Motor als eine schwingende Masse, die über eine Parallelschaltung von Federn und Dämpfern auf der steif angenommenen Grundplatte liegt.

Die Vergrößerungsfunktion V, also das normierte Verhältnis zwischen Ausgangsgröße (vertikale Auslenkung des Motors) und Erregergröße (vertikale Kraft am Motor), ist

$$V(\eta) = \frac{1}{\sqrt{(1-\eta^2)^2 + (2D\eta)^2}}, \tag{5.6}$$

mit dem Dämpfungsgrad D und dem Frequenzverhältnis η wie in Gl. 5.2. Eine Herleitung kann in [Magnus16] nachgelesen werden. Grafisch ist die Vergrößerungsfunktion in Abb. 5.4 dargestellt.

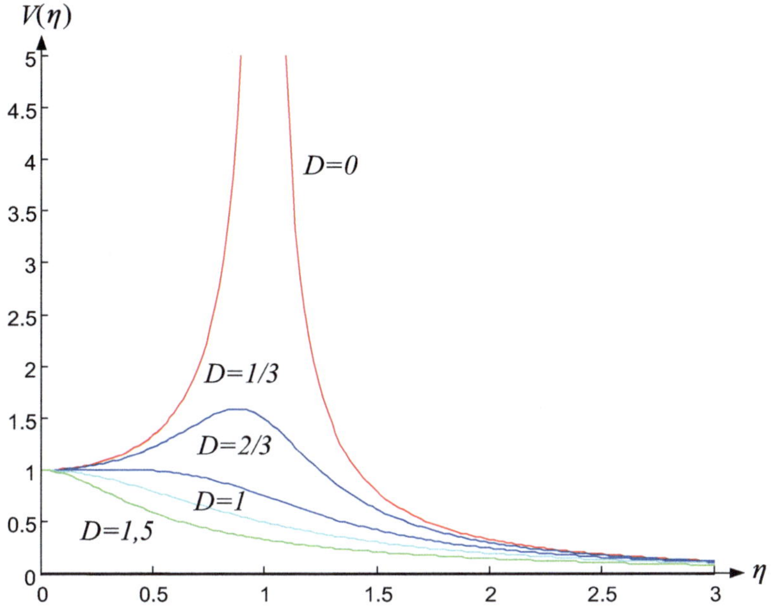

Abb. 5.4 Vergrößerungsfunktion nach Gl. 5.6 der Schwingung des Motors auf der Grundplatte

Zwar unterscheidet sich die Vergrößerungsfunktion von jener nach Gl. 5.1, die für die Kraftübertragung zwischen Grundplatte und Boden gilt, jedoch können auch hier wieder drei Bereiche unterschieden werden, von denen nur der rechte einen sinnvollen Betriebsbereich darstellt. Im Gegensatz zur Vergrößerungsfunktion in Abb. 5.2 bewirkt eine höhere Dämpfung hier auf jeden Fall eine geringere Schwingungsamplitude, sodass hier mit einer starken Dämpfung gearbeitet werden kann. Auch hier ist zu beachten, dass beim Starten und beim Abstellen des Motors der Resonanzbereich durchfahren wird.

Häufig werden die Originalmotorlager verwendet, mit denen die Motor-/Getriebeeinheit im Fahrzeug aufgehängt ist. Da der Motor meist ohne Getriebe am Prüfstand aufgebaut wird, muss der Lagerpunkt am Getriebe durch einen zusätzlichen Lagerpunkt am Motor ersetzt werden. Zu bedenken ist, dass eine im Fahrzeug optimale Lagerung nicht in jedem Fall auch am Prüfstand optimal ist, da die Lager im Fahrzeug mit relativ elastischen Karosseriestrukturen verbunden sind, am Prüfstand jedoch ohne weitere elastische Strukturen mit der Grundplatte verbunden sind. Die Verbindung wird im Abschn. 5.3 betrachtet, weil die konstruktive Lösung davon abhängt, wie der Prüfling (Motor) getauscht wird.

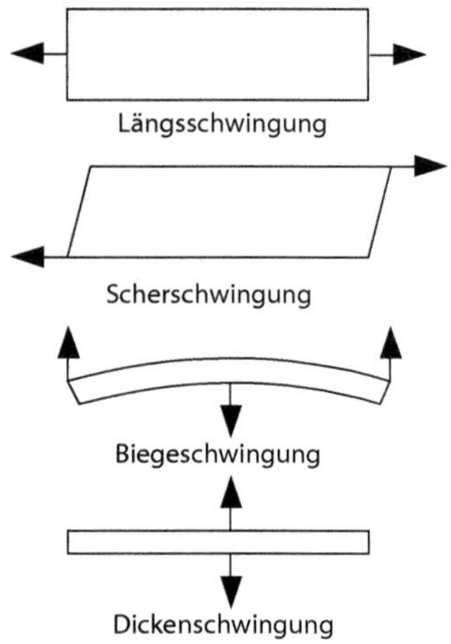

Abb. 5.5 Die wichtigsten theoretisch möglichen Schwingungsmoden der Grundplatte

5.2 Grundplatte

Als Grundlage dient eine gusseiserne Platte, die eine möglichst flexible Montage des Motors und der Belastungsmaschine mit ihrer Stütze ermöglicht. Bei Prüfständen für Pkw-Verbrennungsmotoren beträgt ihre Länge 3 m oder mehr, ihre Breite liegt zwischen 1 und 2 m, ein typischer Wert ihrer Höhe ist 30 cm, ihre Masse beträgt einige Tonnen. Die in Abb. 3.2 parallel geschalteten Federn und Dämpfer unter der Platte symbolisieren die schwingungstechnische Entkopplung zum Gebäude. Als flexibles Montagesystem haben sich T-förmige Nuten (T slots) nach [DIN650] auf der Oberseite bewährt.

Die Grundplatte kann Biegeschwingungen, Schwingungen längs der Raumachsen und Scherschwingungen vollziehen. Abb. 5.5 zeigt eine Auswahl von vier theoretisch möglichen Schwingungen, allgemein sind Längsschwingungen, Scherschwingungen und Biegeschwingungen in allen drei Raumachsen möglich, daraus ergeben sich neun Schwingungsmoden. Von diesen neun Moden können sich weitere Varianten bilden, so kann man sich z. B. leicht eine mehrfache Biegung vorstellen. Praktisch ist die Grundplatte hinreichend steif, dass selbst die wichtigsten Moden in Abb. 5.5 vernachlässigt werden können. Insbesondere Längsschwingungen und Scherschwingungen werden durch den Motor kaum angeregt.

5.3 Austausch des Prüflings

Je nach Anwendung des Prüfstandes können sich die Intervalle, in denen ein Prüfling gewechselt wird, erheblich unterscheiden, so mag ein Hochschulprüfstand über Jahre mit dem gleichen Motor laufen, ein Forschungsprüfstand über Monate, ein Entwicklungsprüfstand über Tage und bei Produktionsprüfständen liegen die Intervalle in der Größenordnung von Minuten. Dementsprechend wird man unterschiedliche Lösungen finden,

Abb. 5.6 Spindelstütze, darüber ein Motorlager. Die Stützen stehen auf Traversen, die auch eine Justierung in die Querrichtung der Grundplatte erlauben.

wie der Prüfling gewechselt werden kann; grundsätzlich lässt sich feststellen, je häufiger ein Prüfling gewechselt wird, umso schneller muss der Wechsel gehen und je schneller der Wechsel gehen muss, umso höher ist die Investition in eine technische Lösung, die den schnellen Wechsel unterstützt.

Die klassische Variante ist eine Lagerung des Motors auf Spindeln, die frei in den T-Nuten der Grundplatte platzierbar sind. Auf diesen Spindeln sitzen die in Abschn. 5.1.2 erwähnten, Schwingungen dämpfenden Lager und darauf der Motor (Abb. 5.6). Die Schnittstelle der Spindelstütze zum Motorlager ist meist ein Innengewinde, typisch M12 bis M16, ggf. mit Adaptersätzen. Die Stützen können wie in Abb. 5.6 über Traversen auf der Grundplatte befestigt sein, die eine Justierung in die Querrichtung der Grundplatte erlauben.

Bei häufigeren Motorwechseln ist es zweckmäßig, die Aufbauten bereits so weit wie möglich außerhalb des Prüfstandes vorzubereiten. Eine häufige Lösung ist, das oben gezeigte System mit dem Motor und allem für den Motorbetrieb notwendigen Zubehör (z. B. Steuergeräte, Adapterflansch für die Welle) auf einer Metallpalette außerhalb des Prüfstandes aufzubauen. Im Prüfstand müssen dann nur noch die mit der Grundplatte verschraubten Paletten gewechselt werden und die Medien für den Motor angeschlossen werden.

Noch schneller lässt sich der Wechsel durchführen, wenn anstelle einer zu verschraubenden Platte ein Rollwagen (Trolley) oder gar ein auf Luftkissen getragenes Gestell auf der Grundplatte abgesetzt wird.

Neben der Motorlagerung ist gerade bei Systemen für schnelles Andocken auch die Medienversorgung so zu gestalten, dass der schnelle Wechsel unterstützt wird. Dafür sollten alle Übergabepunkte räumlich gebündelt werden und Schnellkupplungen (Abschn. 3.1.5) verwendet werden.

Auch für die mechanische Anbindung der Welle werden Docksysteme angeboten, die anstelle eines zu verschraubenden Flansches eine rastende Steckverbindung verwenden. Derartige Systeme sind z. B. auf [Tectos] dargestellt.

5.4 Welle

Die Welle überträgt das Drehmoment des Verbrennungsmotors auf die Belastungsmaschine. Ist die Belastungsmaschine eine elektrische Maschine, kann diese auch umgekehrt ein Schleppmoment erzeugen, das von der Welle auf den Verbrennungsmotor übertragen wird. Zur Messung des Drehmoments wird ein Messflansch an der Belastungsmaschine verwendet, motorseitig wird die Welle über einen Adapterflansch befestigt, der mit dem Lochkreis der Welle und dem Lochkreis auf dem Motorschwungrad anzufertigen ist. Wird aufgrund besonderer Messaufgaben auf das Schwungrad des Motors verzichtet, so ist der Lochkreis am Flansch der Kurbelwelle zu verwenden. Der Adapterflansch muss ausgewuchtet sein.

Zum Ausgleich des Abstandes zwischen dem Verbrennungsmotor und der Belastungsmaschine ist die Welle in einem kleinen Bereich in ihrer Länge anpassbar. Konstruktiv wird die Ausziehbarkeit z. B. durch eine Keil- oder Zahnwelle realisiert, bei der das Innenprofil der äußeren Teilwelle und das Außenprofil der inneren Teilwelle formschlüssig ineinander greifen bei freier Verschiebbarkeit in Längsrichtung. Die Welle wird häufig vormontiert mit den zugehörigen Kupplungen geliefert und kann so beidseitig angeflanscht werden (Abb. 5.7). Die Kupplungen können elastische Dämpfungselemente enthalten sowie Gleichlaufgelenke zum Ausgleich geringer Winkelabweichungen. Trotz der mechanischen Freiheitsgrade ist ein nennenswerter Versatz oder Winkel zu vermeiden, das zulässige Maß wird vom Wellenhersteller spezifiziert. Typisch sind wenige Millimeter zulässiger Versatz und ein zulässiger Winkel bis 1°. Die Spezifikation des zulässigen Winkels und des Versatzes kann auch abhängig von der geforderten Betriebsdauer erfolgen. Oft sind kurzzeitig zulässige Überschreitungen spezifiziert. Die korrekte Ausrichtung ist nach dem Einbau mit einer Messuhr und einer geeigneten Lehre oder mit Laser-Messwerkzeugen zu überprüfen. Ein unpräziser Einbau der Welle gefährdet nicht nur die Welle selbst und ihre Kupplungen, sondern schädigt auch die Lager der Belastungsmaschine und des Motors. Zum Schutz der Lager ist weiterhin das Gewicht der Welle mit Kupplungen und Flanschen mit der Spezifikation des Herstellers der Be-

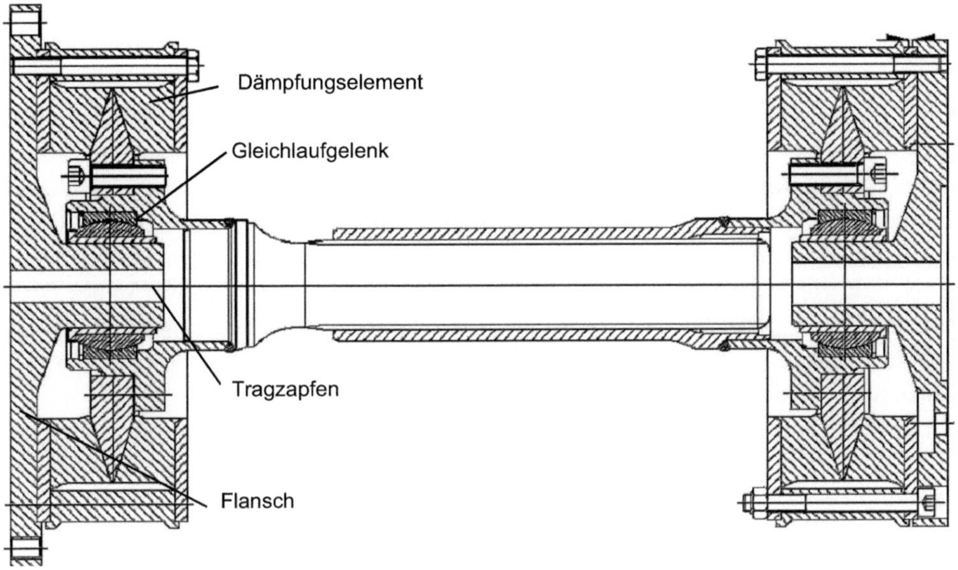

Abb. 5.7 Welle mit Kupplungen. (Zeichnung: Voith Turbo HighFlex GmbH & Co. KG)

lastungsmaschine und des Motors abzugleichen. Bei Pkw-Prüfständen hat eine normale Welle mit Anbauteilen eine Masse in der Größenordnung von ca. 20 bis 30 kg.

Ein wichtiges Auswahlkriterium der Welle ist das zu übertragende Drehmoment. Dabei darf nicht nur auf das maximal zulässige Drehmoment geachtet werden, wichtig ist v. a. die wesentlich niedrigere dauerhaft zulässige Wechselbelastung. Werden Welle und Kupplungen separat geliefert, sind diese Größen für alle Komponenten zu überprüfen.

Ist ein Winkel in der Wellenführung oder ein großer Versatz unvermeidbar, werden selten auch Kardanwellen mit je einem Kreuzgelenk entsprechend [DIN808] an jedem Ende eingesetzt. Ein wesentlicher Nachteil gegenüber einem Gleichlaufgelenk ist jedoch die mit zunehmendem Knickwinkel α ungleichförmigere Übertragung der Kreuzgelenke. Ist ω_2 die Winkelgeschwindigkeit hinter dem Gelenk und ω_1 vor dem Gelenk, dann schwankt das Verhältnis beider Winkelgeschwindigkeiten periodisch innerhalb folgender Grenzen:

$$\cos\alpha \leq \frac{\omega_2}{\omega_1} \leq \frac{1}{\cos\alpha}. \tag{5.7}$$

Eine Begründung mit Herleitung kann z. B. in [SeThScAu02] nachgelesen werden. Nur bei exakter Ausrichtung beider Kreuzgelenke der Welle (gleiche Knickwinkel, beide Gelenkzapfen der Zwischenwelle in einer Ebene sowie Antriebswelle, Zwischenwelle und Abtriebswelle in einer Ebene) wird die Ungleichförmigkeit kompensiert. Selbst bei perfekter Kompensation beider Kreuzgelenke läuft die Welle zwischen den Gelenken ungleichförmig, sie sollte also möglichst wenig Masse haben.

Auch die Welle mit dem Verbrennungsmotor und der Belastungsmaschine ist ein schwingfähiges System. Eine zu hohe Schwingungsamplitude führt zur Ermüdung oder zum Bruch der Welle, oft ohne Vorwarnung durch Geräusche. Ein Wellenbruch kann trotz Wellenschutz zu Sach- und Personenschäden führen und muss deshalb zuverlässig verhindert werden. Die Welle kann zwei Arten von Schwingungen vollziehen, Biegeschwingungen und Drehschwingungen (Torsionsschwingungen). Ein Verbrennungsmotor, v. a. ein Dieselmotor, kann durch erhebliche Ungleichförmigkeiten seines Drehmoments leicht gefährliche Drehschwingungen anregen, die Biegeschwingungen sind bei sachgemäßem Einbau (Vermeidung von Unwuchten) und Vermeidung von Überdrehzahlen weniger kritisch.

Die in Elastikwellen enthaltenen Dämpfungselemente müssen vor Betriebsstoffen und Chemikalien geschützt werden. Weiterhin ist zu bedenken, dass bei der Dämpfung kinetische Energie in Wärme umgewandelt wird, auch hier sind Spezifikationen des Herstellers bezüglich der zulässigen Temperatur oder der zulässigen Verlustleistung zu beachten. Silikon ist thermisch höher belastbar als Kautschuk.

5.4.1 Drehschwingungen der Welle

Wellenbrüche auf Prüfständen sind ein Ereignis, das häufig genug ist, um damit rechnen zu müssen. Selten sind Biegeschwingungen oder einmalige Biegungen der Grund, fast immer versagen Prüfstandswellen durch Torsion, auch können Torsionsschwingungen dynamische Messungen beeinflussen. Die Dauerfestigkeit sowohl der Prüfstandswelle als auch der Kurbelwelle des Motors sollte durch entsprechende Auswahl bzw. Auslegung sicher gestellt sein. Bei Drehschwingungen höherer Amplituden entscheiden sowohl die Amplitude als deren Häufigkeit, ob die Prüfstandswelle versagt. Auch ein Versagen der Kurbelwelle ausgehend von den Hohlkehlen oder den Ölbohrungen kann insbesondere bei unerprobten Prototypen nicht ausgeschlossen werden. Unzulässig hohe Amplituden treten bei ansonsten korrekter Auslegung in Resonanz auf. Wichtig ist deshalb, die Resonanzfrequenzen berechnen zu können. Die Schätzung der dabei auftretenden Amplituden bleibt schwierig, weil die Dämpfung kaum präzise ermittelt werden kann. Die präventive Ermittlung von Resonanzgefahren schließt messtechnische Verfahren aus.

5.4.1.1 Anregung der Drehschwingungen

Der Verbrennungsmotor erregt Drehschwingungen (Torsionsschwingungen) v. a. durch die Ungleichförmigkeit seiner Drehung, weitere Quellen können am Prüfstand mitlaufende Hilfsaggregate des Motors sein, die den Motor ungleichmäßig belasten. Selbst durch elektrische Aktoren verursachte Änderungen eines Drehmoments können Schwingungen anregen. Regelkreise des Motors und seines Steuergerätes können in einen

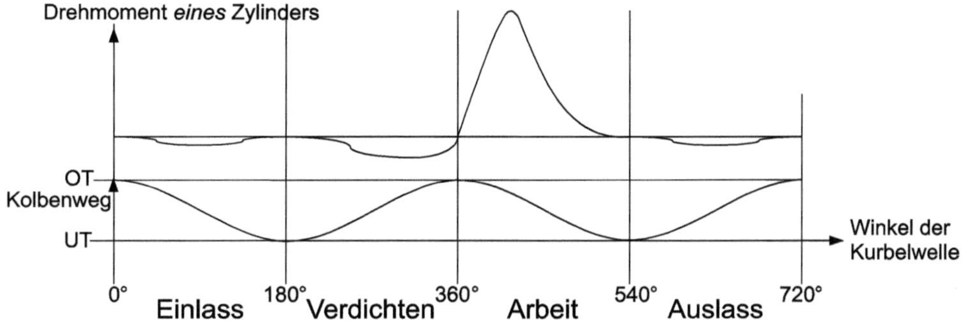

Abb. 5.8 Verlauf des Drehmomentbeitrages eines Zylinders. UT: unterer Totpunkt, OT: oberer Totpunkt

instabilen Zustand geraten, insbesondere wenn das Motorsteuergerät mit einem noch nicht serienreifen Datenstand appliziert ist. Daneben ist beim experimentellen Betrieb von Motoren auch mit Fehlzündungen zu rechnen. Beim ungezündeten Durchdrehen während des Starts beeinflusst die Kompression den Verlauf des Drehmoments.

Die wichtigste Ursache sind die Gaskräfte am Kolben nach Gl. (2.13), die in ihrer Ungleichförmigkeit als Drehmoment auf die Kurbelwelle überragen werden. Abb. 5.8 zeigt den Verlauf des Drehmoments an der Kurbelwelle, der je nach Betriebszustand des Motors (Drehzahl, Brennverlauf) variieren kann. Er ähnelt dem Verlauf der erzeugenden Gaskraft, aufgrund der ungleichförmigen Übertragung durch den Kurbeltrieb verläuft er aber nicht qualitativ gleich (Abb. 2.12 und Abschn. 2.3.2, die Tangentialkraft ist bei etwas unterhalb 90° und etwas oberhalb 270° Kurbelwinkel am größten, bei 0° und 180° ist sie Null). Das maximale Moment eines Zylinders tritt bei vier Takten periodisch alle zwei Umdrehungen der Kurbelwelle auf, bei mehreren Zylindern addieren sich diese Momentverläufe.

Auch Massenkräfte wirken auf den Kurbeltrieb. Sie nehmen nach Gl. (2.14) quadratisch mit der Drehzahl zu. Bei hohen Drehzahlen sind sie nicht vernachlässigbar, Resonanzen treten aber bevorzugt bei niedrigen Drehzahlen auf. Die Massenkraft erster Ordnung durchläuft einen Zyklus in einer Umdrehung, hat also im Zweitaktmotor die gleiche Frequenz wie die Grundfrequenz der Gaskraft, die Massenkraft zweiter Ordnung hat die doppelte Frequenz. Die Massenkräfte erster Ordnung erreichen ihre Maxima an den Totpunkten, wenn der Hebelarm an der Kurbelwelle Null ist (oder fast Null bei Schränkung, d. h. wenn die Kurbelwelle geringfügig zur Zylinderachse versetzt ist), die Auswirkung auf die Torsion der Kurbelwelle ist in [HafnMaas85] ausführlich dargestellt. Die Massenkräfte führen nicht zu zusätzlichen Frequenzanteilen im Spektrum, können jedoch durch Überlagerung vorhandene Spektralanteile verstärken. Tab. 2.1 zeigt, dass sich Massenkräfte bei vielen üblichen Zylinderanordnungen vektoriell zu Null addieren; da sie jedoch an verschiedenen Stellen entlang der Kurbelwelle angreifen, können sie trotzdem Biegemomente verursachen.

Das Drehmoment hat einen Verlauf, der mit einer Sinuskurve fast nichts mehr gemein hat, aber immerhin periodisch ist. Rechnerisch lässt sich ein beliebig geformtes Signal, wenn es periodisch ist, durch eine Fourier-Analyse in additiv überlagerte reine Sinusschwingungen verschiedener Frequenzen zerlegen. Neben der Grundschwingung mit der Periode 4π (720°, zwei Umdrehungen der Kurbelwelle), die bei einem perfekten Sinussignal die einzige Schwingung wäre, treten bei einer Verzerrung des Signals zusätzliche Schwingungen auf, deren Frequenzen ganzzahlige Vielfache der Grundfrequenz sind. Diese werden *Oberwellen* oder *Harmonische* genannt. In vielen Fällen, so auch hier, kann angenommen werden, dass die Grundwelle die höchste Amplitude hat, während die Oberwellen mit zunehmender Frequenz schwächere Amplituden haben, daher genügt es in der Praxis, nur die Grundwelle und eine endliche Zahl von Oberwellen kleiner Frequenz zu betrachten, obwohl die Gesamtzahl aller Oberwellen gegen unendlich gehen kann. Die Fourier-Analyse eines Signals liefert neben der Amplitude eines jeden Frequenzanteils auch eine Phase für jeden Frequenzanteil, die hier aber mangels praktischer Bedeutung nicht weiter beachtet wird.

Aus den obigen Betrachtungen folgt, dass die Frequenz der Grundschwingung f_1 durch einen Zylinder proportional zur Drehzahl n ist, nämlich bei einem Viertaktmotor, der bei jeder zweiten Umdrehung das maximale Moment erreicht,

$$f_1 = \frac{n/2}{\text{min}^{-1}} \Big/ 60\,\text{s}\cdot \tag{5.8}$$

und bei einem Zweitaktmotor, der mit jeder Umdrehung das maximale Moment erreicht,

$$f_1 = \frac{n}{\text{min}^{-1}} \Big/ 60\,\text{s}\cdot \tag{5.9}$$

Bei einem Mehrzylindermotor ist diese Frequenz mit der Zylinderzahl z zu multiplizieren:

$$\begin{aligned} f_1 &= \frac{zn}{120\,\text{s/min}} \quad \text{(4 Takte)} \\ f_1 &= \frac{zn}{60\,\text{s/min}} \quad \text{(2 Takte)} \end{aligned}. \tag{5.10}$$

Beispiel: Betrachtet werde ein Viertakt-Vierzylindermotor. Gesucht sind die Frequenzen für verschiedene Betriebszustände:

Anlassdrehzahl 300 $\text{min}^{-1}, f_1 = 10$ Hz, Oberwellen: $f_2 = 20$ Hz, $f_3 = 30$ Hz, usw.
Leerlaufdrehzahl 800 $\text{min}^{-1}, f_1 = 27$ Hz, Oberwellen: $f_2 = 54$ Hz, $f_3 = 81$ Hz, usw.
Höchstdrehzahl 6000 $\text{min}^{-1}, f_1 = 200$ Hz, Oberwellen: $f_2 = 400$ Hz, $f_3 = 600$ Hz, usw.

Liegt die Resonanzfrequenz des schwingenden Systems bei ca. 15 Hz (ein realistischer Wert), stellt sich diese Situation grafisch wie in Abb. 5.9 dar.

Man erkennt in diesem Beispiel zwei Probleme, nämlich dass die Resonanz der Drehschwingung beim Kurbeln zwischen der Grundwelle und der nächsten Harmonischen

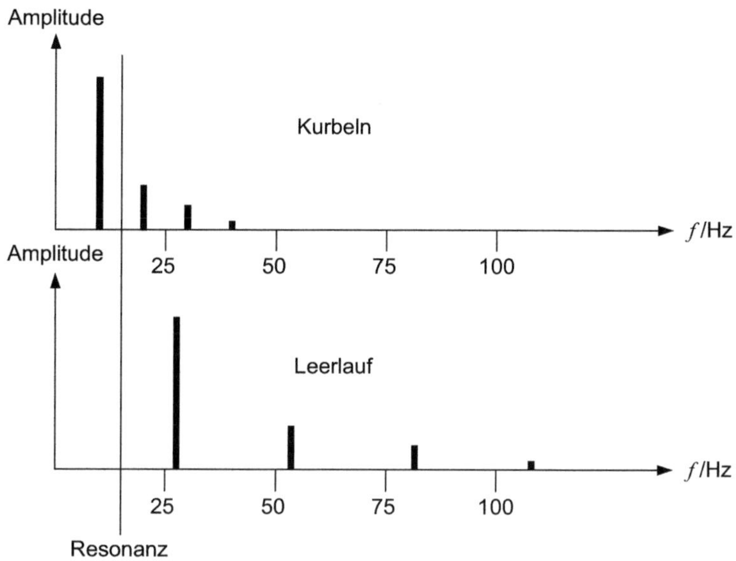

Abb. 5.9 Anregungsspektrum beim Anlassen und im Leerlauf. Das obere Spektrum entsteht, wenn der Motor selbst ein Drehmoment erzeugt, während des passiven Durchdrehens wird das Moment aber durch die Verdichtung moduliert

liegt und dass die Grundfrequenz beim Hochlauf die Resonanz durchlaufen muss. Dies erfordert ein schnelles Durchreißen durch die Resonanz und einen Schutz durch Dämpfung. Der Betrieb im Leerlauf oder bei höheren Drehzahlen ist nicht kritisch.

Solange der Motor beim Kurbeln noch nicht selbst zündet, liefert mit Ausnahme pneumatisch gestarteter Großmotoren eine elektrische Maschine ein gleichförmiges Drehmoment. Dieses Moment wird aber durch die Verdichtung im Zylinder moduliert, die bei jeder zweiten Kurbelwellendrehung ihr Maximum erreicht. Damit treten die gleichen Frequenzen wie im gezündeten Betrieb auf, da der Drehmomentverlauf „runder" ist, enthält das Spektrum aber schwächere Oberwellen.

5.4.1.2 Einfaches Berechnungsmodell

Die Drehschwingungen der Welle können näherungsweise am Modell in Abb. 5.10 berechnet werden. Der Torsionswinkel $\theta(x,t)$ ist der Drehung der Welle überlagert; bei der Drehung einer völlig verwindungssteifen Welle wäre er an jedem Ort x entlang der Welle und zu jeder Zeit t exakt 0. Die Schwungmassen des Verbrennungsmotors (hauptsächlich seines Schwungrades), des Flansches, möglicher Ausgleichswellen mit Antrieb, der vom Motor angetriebenen Nebenaggregate und der motorseitigen Wellenkupplung addieren sich zum motorseitigen Trägheitsmoment J_M. Die Schwungmassen der Belastungsmaschine, eines Messflansches (sofern vorhanden) und der bremsseitigen Wellenkupplung addieren sich zum bremsseitigen Trägheitsmoment J_B. Da motorseitig das resultierende Trägheitsmoment des Motors überwiegt und bremsseitig das

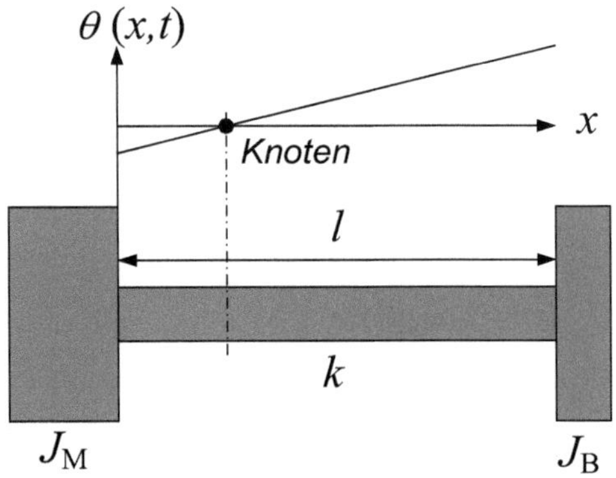

Abb. 5.10 Einfaches Modell für die Drehschwingung einer Welle. x: Ortskoordinate, t: Zeit, $\theta(x,t)$: Torsionswinkel, l: Länge, k: Torsionssteifigkeit der Welle, J_M: motorseitiges Trägheitsmoment, J_B: bremsseitiges Trägheitsmoment

Trägheitsmoment der Belastungsmaschine, werden häufig die Trägheitsmomente von Flanschen und Kupplungen vernachlässigt, dies führt zu einer Unterschätzung der Trägheitsmomente bis ca. 10 %. Eine weitere Näherung liegt darin, dass beide Trägheitsmomente jeweils auf den Anfang der Welle ($x=0$) bzw. auf das Ende der Welle ($x=l$) bezogen werden, obwohl sowohl die Kurbelwelle des Motors als auch die Belastungsmaschine eine geometrische Ausdehnung in x-Richtung haben, die größer als die Länge der Welle sein kann. Das System sei ungedämpft angenommen, obwohl durch Eigendämpfung, Lagerreibung, mitlaufende Hilfsaggregate, die Belastungsmaschine (Luftreibung, Wirbelströme oder Käfigläufer) und durch Dämpfungselemente in den Wellenkupplungen Dämpfung erfolgt. Aufgrund der komplexen Form der Welle (vgl. Abb. 5.7) ist auch die Annahme einer über der Länge konstanten Steifigkeit eine Näherung. Auch wird der Einfluss überlagerter Biegungen oder Biegeschwingungen auf die Drehschwingungen vernachlässigt.

Selten wird ein zusätzliches Schwungrad mit besonders hoher Trägheit am Prüfstand eingebaut, um die Trägheit des Fahrzeugs zu simulieren, je nach Einbauort wird man dieses der motorseitigen oder bremsseitigen Trägheit zuordnen; befinden sich beidseitig eines zusätzlichen Schwungrades Wellen, ist dieses einfache Berechnungsmodell nicht mehr sinnvoll anwendbar.

Auf den ersten Blick haben wir einen Drehschwinger mit zwei Freiheitsgraden. Die resultierende Schwingung hat entlang der Welle einen Schwingungsknoten, an dem zu jedem Zeitpunkt t gilt $\theta(x,t)=0$. Denkt man sich die Welle dort eingespannt, so hätte man links davon einen rotierenden Einmassenschwinger und rechts einen rotierenden Einmassenschwinger; beide Schwinger können jeweils in Analogie zur linearen Schwingung einer gefederten Masse nach Gl. (5.6) und Abb. 5.4 betrachtet werden. Da wir aber einen stetigen Verlauf des Torsionswinkels und dessen Ableitung entlang der x-Koordinate haben, schwingen beide Schwungmassen mit einer gemeinsamen Resonanzfrequenz gegeneinander. Die ungedämpfte Eigenfrequenz und Resonanzfrequenz f_0 ist

$$f_0 = \frac{1}{2\pi}\sqrt{\frac{k}{J_{\mathrm{ges}}}} \tag{5.11}$$

mit dem resultierenden Trägheitsmoment

$$J_{ges} = \frac{J_\mathrm{M} J_\mathrm{B}}{J_\mathrm{M} + J_\mathrm{B}}. \tag{5.12}$$

Eine Fesselung der rechten Seite durch die Bremse kann rechnerisch durch den Grenzübergang $J_\mathrm{B} \to \infty$ und daraus folgend $J_{\mathrm{ges}} \to J_\mathrm{M}$ in die Gleichung integriert werden.

Die Resonanzfrequenz verschiebt sich mit zunehmender Dämpfung zu kleineren Werten. Die Lehrsche Dämpfung beträgt in diesem Falle

$$D = \frac{b}{2\sqrt{kJ_{\mathrm{ges}}}}, \tag{5.13}$$

wobei b wieder der Dämpfungsterm der Schwingungsdifferenzialgleichung ist, der aber praktisch oft unbekannt ist. Die Amplitude der erzwungenen Schwingung ist maximal bei der Resonanzfrequenz

$$f_{\mathrm{max}} = f_0\sqrt{1 - 2D^2}. \tag{5.14}$$

Eine kurzzeitige Anregung kann eine danach fortdauernde freie Schwingung provozieren, deren Maximum verschiebt sich bei Dämpfung weniger nach unten:

$$f_{\mathrm{max}} = f_0\sqrt{1 - D^2}. \tag{5.15}$$

5.4.1.3 Berechnung der Steifigkeit

Die Steifigkeit k gibt an, welches Moment M erforderlich ist, um einen Verdrehwinkel θ zu bewirken, d. h.

$$k = \frac{M}{\theta}. \tag{5.16}$$

Im Regelfall wird die Steifigkeit der Welle von ihrem Hersteller angegeben und die Berechnung erübrigt sich. Ist diese nicht angegeben, sind eigene Berechnungen erforderlich. Die Steifigkeit einer Welle hängt vom Material (Schubmodul G) und ihrer Geometrie (polares Flächenträgheitsmoment I_p und Länge l) ab:

$$k = \frac{GI_\mathrm{p}}{l}. \tag{5.17}$$

Der Schubmodul ist eine Materialkonstante und beträgt z. B. bei Stahl 80 GPa, bei Aluminium 26 GPa. Ist er unbekannt, kann er aus dem Elastizitätsmodul E und der Quer-

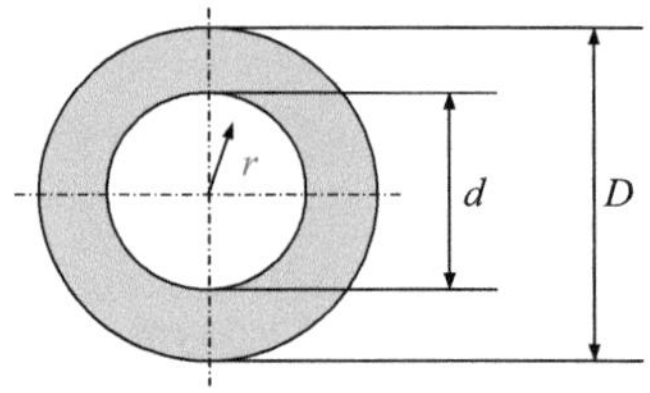

Abb. 5.11 Geometrieparameter im Wellenquerschnitt zur Berechnung des polaren Flächenträgheitsmoments

kontraktionszahl υ (auch Querdehnungszahl oder Poisson-Zahl[3] genannt) berechnet werden zu

$$G = \frac{E}{2(1+\upsilon)}. \tag{5.18}$$

Der Elastizitätsmodul und die Querkontraktionszahl können in zahlreichen Formelsammlungen [Hütte12] nachgeschlagen werden; für die Querkontraktionszahl kann bei vielen Metallen näherungsweise 1/3 angenommen werden.

Allgemein ergibt sich das polare Flächenträgheitsmoment aus der Querschnittgeometrie der Welle zu

$$I_{\mathrm{p}} = \int r^2 dA, \tag{5.19}$$

wobei r der Radius ist, über den integriert wird. In der Regel wird die Welle einen Querschnitt wie in Abb. 5.11 haben, dann ist

$$I_{\mathrm{p}} = \frac{\pi}{32}\left(D^4 - d^4\right). \tag{5.20}$$

Bei einer Vollwelle wird $d = 0$ gesetzt.

Bisher wurde unterstellt, dass sich der Querschnitt nicht entlang der x-Koordinate ändert. Hat die Welle hingegen unterschiedliche Querschnittgeometrien, so ist die Steifigkeit abschnittsweise zu berechnen. Die Gesamtsteifigkeit errechnet sich bei n Abschnitten aus den Teilsteifigkeiten k_i zu

$$k = \frac{1}{\sum_{\mathrm{i}=1}^{n} \frac{1}{k_i}}. \tag{5.21}$$

[3] Siméon Denis Poisson, 1781–1840, auf vielen Gebieten tätiger französischer Physiker und Mathematiker.

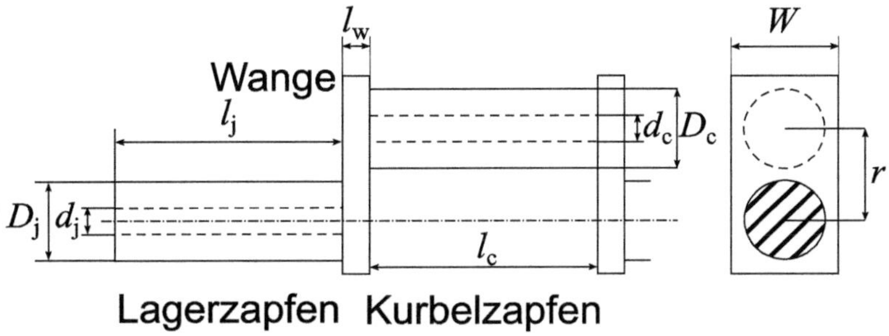

Abb. 5.12 Abmessungen an der Kurbelwelle

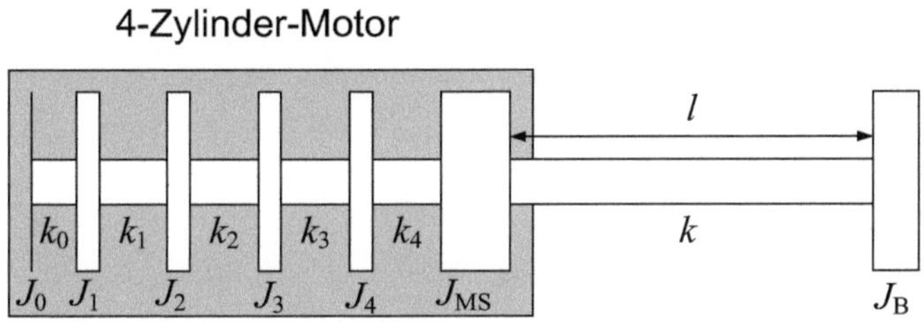

Abb. 5.13 Gegenüber Abb. 5.10 erweitertes Modell. k_i: Torsionssteifigkeiten der Kurbelwellenabschnitte, J_0: Trägheitsmoment der Restwelle mit Anbauten, J_i: Trägheitsmomente einzelner Zylinder, J_{MS}: Trägheitsmoment des Motorschwungrades

Man erkennt aus der Gleichung, dass der Wellenabschnitt mit der geringsten Steifigkeit die Gesamtsteifigkeit der Welle dominiert, während ein zusätzlicher steifer Abschnitt (z. B. ein in den Wellenstrang integrierter Messflansch für Drehmomente) die Gesamtsteifigkeit kaum beeinflusst. Ändert sich die Geometrie nicht sprunghaft zwischen den n Abschnitten, sondern kontinuierlich, geht die Summe in ein Integral über.

5.4.1.4 Detaillierte Analyse

Eine genauere Analyse erfordert, den Motor nicht als eine einzige Schwungmasse zu betrachten, sondern als System gekoppelter Schwungmassen (Abb. 5.13). Die Teilschwungmassen werden zylinderweise berechnet; das Schwungrad, sowie eventuelle Schwungmassen auf der dem Schwungrad gegenüber liegenden Motorseite werden berücksichtigt. Die Steifigkeit der dazwischen liegenden Kurbelwellenabschnitte muss berechnet werden. Aufgrund der Kröpfung der Kurbelwelle ist die Berechnung der Steifigkeiten hier komplizierter als bei einer Welle mit rundem Querschnitt, Formeln hierzu wurden von [Carter28, Wilson35] angegeben. Beide Formeln beruhen auf Gl. (5.21), in die Trägheitsmomente des Lagerzapfens, des Kurbelzapfens und der Wangen eingesetzt wurden.

Die Torsionssteifigkeit nach Carter ist

$$k = \frac{G\pi}{32\left[\frac{l_j+0{,}8l_w}{D_j^4-d_j^4}+\frac{0{,}75l_c}{D_c^4-d_c^4}+\frac{1{,}5r}{l_w W^3}\right]}, \tag{5.22}$$

darin bezieht sich der linke Nennerterm auf den Lagerzapfen (Index j wie engl. „journal"), der mittlere Nennerterm auf den Kurbelzapfen (Index c wie engl. „crank pin") und der rechte Nennerterm auf die Wangen zwischen dem Kurbelzapfen und den Lagerzapfen (Index w wie engl. „web"). l kennzeichnet die Länge des jeweiligen Abschnitts. Da die Wangen spiegelsymmetrisch sind, bezeichnet l_w die Länge einer Wange (ohne Berücksichtigung derer genauer Gestaltung). D bezeichnet den Außendurchmesser, d den Innendurchmesser von hohlen Abschnitten. W ist die Wangenbreite und r der Abstand zwischen Kurbelzapfenmitte und Lagerzapfenmitte (Abb. 5.12). Ausgleichsgewichte an der Kurbelwelle tragen nicht zur Steifigkeit bei.

Die Torsionssteifigkeit nach Wilson ist

$$k = \frac{G\pi}{32\left[\frac{l_j+0{,}4D_j}{D_j^4-d_j^4}+\frac{l_c+0{,}4D_c}{D_c^4-d_c^4}+\frac{r-0{,}2(D_j+D_c)}{l_w W^3}\right]}. \tag{5.23}$$

Während eine rein geometrische Berechnung der Flächenträgheitsmomente und damit der Teilsteifigkeiten der unbelasteten Kurbelwelle ein eindeutiges Ergebnis liefern muss, berücksichtigen diese beiden Formeln empirisch Abweichungen durch Formänderungen in unterschiedlicher Weise, die Ergebnisse mit beiden Formeln unterscheiden sich also etwas. Während Carter v. a. Schiffskurbelwellen betrachtete, mag die Formel nach Wilson eher auf eine Pkw-Kurbelwelle anwendbar sein.

Eine präzisere Formel, die manchmal nach der früheren British Internal Combustion Engine Research Association B.I.C.E.R.A.-Formel genannt wird, findet sich in [Nestro58]. Sie berücksichtigt sogar Bohrungen und Hohlkehlenrundungen, ist aber dementsprechend komplex. Sie berechnet in der Originalversion nicht direkt die Steifigkeit, sondern die fiktive Länge eines runden Wellenabschnittes gleicher Steifigkeit. Laut [HafnMaas85] weichen die Ergebnisse nur um wenige Prozente von Messergebnissen ab.

Das gekoppelte Mehrschwingersystem wird nicht durch eine leicht lösbare, einzelne Differenzialgleichung einer Schwingung beschreiben, sondern durch ein Differenzialgleichungssystem der Form

$$\mathbf{K}\underline{\theta} + \mathbf{D}\dot{\underline{\theta}} + \mathbf{J}\ddot{\underline{\theta}} = \underline{M}. \tag{5.24}$$

Darin fasst der Vektor $\underline{\theta}$ alle entlang der Kurbelwelle und der Prüfstandswelle an den Orten der rotierenden Massen auftretenden Torsionen zusammen. **K** ist die Steifigkeitsmatrix, eine Tridiagonalmatrix, welche die Steifigkeiten der Wellenabschnitte enthält, im konkreten Beispiel:

$$\mathbf{K} = \begin{pmatrix} k_0 & -k_1 & 0 & 0 & 0 & 0 & 0 \\ -k_1 & k_0+k_1 & -k_2 & 0 & 0 & 0 & 0 \\ 0 & -k_2 & k_1+k_2 & -k_3 & 0 & 0 & 0 \\ 0 & 0 & -k_3 & k_2+k_3 & -k_4 & 0 & 0 \\ 0 & 0 & 0 & -k_4 & k_3+k_4 & -k_5 & 0 \\ 0 & 0 & 0 & 0 & -k_5 & k_4+k & -k \\ 0 & 0 & 0 & 0 & 0 & -k & k \end{pmatrix}. \tag{5.25}$$

D ist die für die Berechnung der Resonanzfrequenzen ggf. vernachlässigbare Dämpfungsmatrix mit allen Dämpfungstermen. Neben der inneren Dämpfung der tordierten Kurbelwelle treten auch relativ geringe Dämpfungen gegenüber der ruhenden Umgebung in den Lagern auf, die in Gleitlagern der Kurbelwelle von den tribologischen Eigenschaften des Schmierstoffs abhängen. Rückseitig wird die Kurbelwelle an der Riemenscheibe gedämpft. **J** ist die Trägheits- oder Massenmatrix mit allen Trägheitsmomenten auf der Hauptdiagonalen, im Beispiel:

$$\mathbf{J} = \begin{pmatrix} J_0 & 0 & 0 & 0 & 0 & 0 & 0 \\ 0 & J_1 & 0 & 0 & 0 & 0 & 0 \\ 0 & 0 & J_2 & 0 & 0 & 0 & 0 \\ 0 & 0 & 0 & J_3 & 0 & 0 & 0 \\ 0 & 0 & 0 & 0 & J_4 & 0 & 0 \\ 0 & 0 & 0 & 0 & 0 & J_{MS} & 0 \\ 0 & 0 & 0 & 0 & 0 & 0 & J_B \end{pmatrix}. \tag{5.26}$$

$\underline{M}$ ist der Vektor aller anregenden Drehmomente. Soll nicht die Reaktion auf anregende Momente im Zeitbereich oder Frequenzbereich simuliert werden, sondern die Eigenfrequenzen und Schwingungsformen in freier Schwingung berechnet werden, wird das homogene Differenzialgleichungssystem verwendet, für $\underline{M}$ wird dann rechts ein Nullvektor eingesetzt. Die Lösung ergibt keine einzelne Resonanzfrequenz, sondern verschiedene, überlagerte Schwingungsformen mit unterschiedlichen Eigenfrequenzen. Der Umgang mit diesem Differenzialgleichungssystem ist zu komplex für eine händische Lösung; üblich ist die Verwendung einer Software, in welche die einzelnen Trägheiten, Steifigkeiten und – sofern nicht vernachlässigt – die Dämpfungen eingegeben werden. Danach löst die Software das Gleichungssystem numerisch. Als vertiefende Literatur seien [DreHol16] und [NeNeHo05] empfohlen.

Die direkte Lösung dieses Differenzialgleichungssystem liefert die n Torsionswinkel θ_i als Funktion der Zeit. Grundsätzlich ist es möglich aus der Lösung im Zeitbereich mit verschiedenen Anregungen das Verhalten im Frequenzbereich, also die Schwingungsmoden und ihre Resonanzen zu bestimmen, dies ist jedoch aufwendig.

Ein früher iterativer Algorithmus ist das Verfahren von Holzer [Holzer21]. Dieses wurde seinerzeit noch auf dem Papier durchgeführt und erst später auf Digitalrechner implementiert. Ein moderneres Verfahren, das Programme heute oft einsetzen, ist die

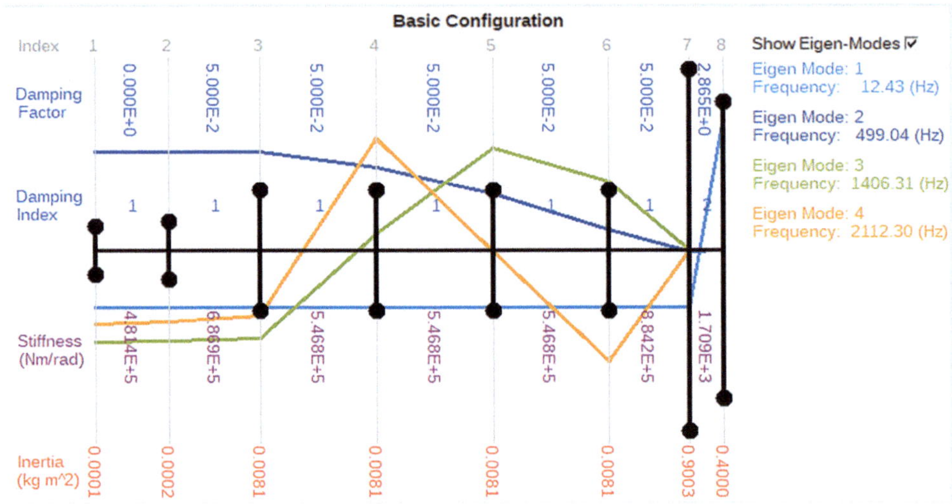

Abb. 5.14 Beispiel von Schwingungsmoden, die mit Virtual Engine simuliert wurden. Die Trägheiten 3 bis 6 sind vier Motorzylindern zugeordnet, Trägheit 7 ist das Motorschwungrad und Trägheit 8 die Belastungsmaschine. Trägheiten 1 und 2 sind ungenutzte Wellenstümpfe der Kurbelwelle, auf denen z. B. ein Dämpfer angeordnet werden könnte. In diesem Falle schirmt das Schwungrad die inneren Moden des Motors ab, es gibt jedoch einen Modus mit einer Eigenfrequenz von 12 Hz zwischen Motorschwungrad und Belastungsmaschine

Methode der Übertragungsmatrizen [Magnus16]. Beide Verfahren erfordern keine Lösung im Zeitbereich.

[HafnMaas85] vereinfacht Gl. (5.24), indem Torsionswinkel als komplexe Zeiger der Form

$$\theta(t) = \hat{\theta}\ e^{j\omega t} \tag{5.27}$$

mit der Amplitude $\hat{\theta}$ dargestellt werden und auch die anregenden Momente. Die ersten beiden Ableitungen der Torsionswinkel ergeben

$$\begin{aligned} \dot{\theta}(t) &= j\omega\hat{\theta}\ e^{j\omega t} &= \quad & j\omega\theta(t) \\ \ddot{\theta}(t) &= j^2\omega^2\hat{\theta}\ e^{j\omega t} &= \quad & -\omega^2\theta(t). \end{aligned} \tag{5.28}$$

Setzt man die rechten Ausdrücke anstelle der Ableitungen in Gl. (5.24) ein, lassen sich die drei Matrizen **K, D** und **J** zu einer einzigen Koeffizientenmatrix **A** zusammenfassen; das für jede relevante Frequenz zu lösende Gleichungssystem vereinfacht sich zu

$$\mathrm{A}\underline{\hat{\theta}} \quad = \quad \underline{\hat{M}}. \tag{5.29}$$

Die eingesetzte Software kann eine eigene Implementierung der Algorithmen sein, daneben besteht die Möglichkeit, ein entsprechendes Modell für kommerziell oder frei verfügbare Mehrkörpersimulationsprogramme zu entwickeln. Ein FEM-Programm (Finite-Elemente-Methode) eignet sich gut für Festigkeitsuntersuchungen, ist aber für prüfstandsbezogene Schwingungsanalysen recht aufwendig.

Ein Beispiel für die Unterstützung durch Software ist die in FEV Virtual Engine enthaltene Crank Concept Analysis, die neben der bloßen Analyse von Torsionsschwingungen und Biegeschwingungen auch bei der dauerfesten Auslegung unterstützt. Die zuvor beschriebenen Verfahren sind dort in eine komfortable Benutzerumgebung der Mehrkörpersimulation Adams eingebunden. Sie berechnet aus geometrischen und Materialdaten alle relevanten Parameter der Kurbelwelle, also Trägheiten, Steifigkeiten (mit FEM-Unterstützung) und Dämpfungen, die für weitere Analysen benutzt werden können. Daraus kann ein Modell entwickelt werden, dass zusammen mit der Verbindungswelle und der Belastungsmaschine simuliert wird (Abb. 5.14).

Selbst das in diesem Unterabschnitt vorgestellte, komplexe Modell vereinfacht die Physik noch derart, dass einzelne Steifigkeiten k_i und Schwungmassen J_i räumlich konzentriert angenommen werden. Tatsächlich ist das System nicht diskret, sondern kontinuierlich; für eine theoretisch exakte Lösung müsste also über die gesamte Länge jedem infinitesimal kleinen Abschnitt des Systems eine längenbezogene Steifigkeit und Trägheit als kontinuierliche Funktion der Ortskoordinate zugeordnet werden. Aus praktischer Sicht ist dies aber nicht nötig.

Neben den Kurbelzapfen gehen auch Pleuel und Kolben in die Trägheit ein. Hier zeigt sich ein weiteres Problem: Es leuchtet ein, dass die Geometrie der Anordnung aus Kurbelzapfen, Pleuel und Kolben vom Kurbelwinkel abhängt, die jeweiligen J_i sind also, obwohl sie normal als konstante Mittelwerte betrachtet werden, bei exakter Betrachtung periodische Funktionen des Kurbelwinkels. Empirisch hat sich gezeigt, dass Eigenfrequenzen der isolierten Kurbelwelle mit Kolben und ohne Prüfstand dadurch zyklisch um bis zu ca. $\pm 1\ \%$ schwanken [Wilson35]. Dies hat zwar den Vorteil, dass es recht schwierig ist, längere Zeit exakt auf einer Eigenfrequenz zu verbleiben, und damit eine Resonanzkatastrophe anzuregen, es hat aber auch den Nachteil, einen mehrere Hz breiten Eigenfrequenzbereich leichter zu treffen, als eine einzige Eigenfrequenz. Rechnerisch kann das Problem gelöst werden, in dem für verschiedene Kurbelwinkel die Trägheiten berechnet und dann die Differenzialgleichungen gelöst werden, mit Simulationsprogrammen, die eine Berechnung als Funktion der Zeit durchführen, ist dies sogar recht einfach möglich.

Eine weitere Vereinfachung ist, die unverformte Geometrie aller Teile für die Schwingungsanalyse zugrunde zu legen, obwohl eine geringfügige Verformung sicher vorhanden ist. Teilweise wurde diese bereits in den empirischen Gl. (5.22) und (5.23) berücksichtigt. Grundsätzlich ist die gegenseitige Wechselwirkung zwischen Dynamik und Verformung mit der FEM vollständig simulierbar, allerdings mit erheblichen Rechenzeiten; praktisch ist dies nicht sinnvoll.

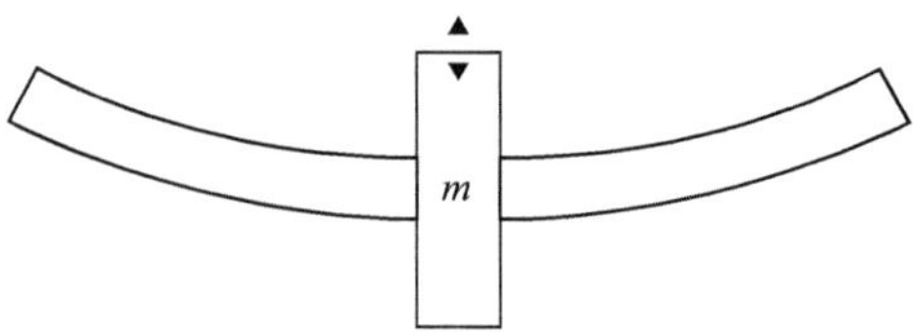

Abb. 5.15 Biegeschwingung. Wird die Masse mittig konzentriert angenommen, ist dies der einfachste Biegemodus. Er setzt voraus, dass die Lager die hier stark übertrieben Winkel zwischen den Enden der Welle und der Horizontalen zulassen

5.4.2 Biegeschwingungen der Welle

Die Biegeschwingungen sind im Betrieb weniger kritisch als die Drehschwingungen. Voraussetzungen sind allerdings, dass die Welle korrekt eingebaut ist, vom Hersteller ausgewuchtet wurde und nicht über der spezifizierten Drehzahl betrieben wird. [ISO1940], abgelöst durch [ISO21940-11], empfiehlt eine Wuchtgüte G von 6,3 (in der Norm ohne physikalische Einheit angegeben), d. h. das Produkt aus Exzentrizität der Masse unter Vernachlässigung fliehkraftbedingter Biegung und der Winkelgeschwindigkeit darf maximal 6,3 mm/s betragen (zum Vergleich: für den Pkw-Triebstrang wird oft eine Wuchtgüte von 40 angesetzt). Da die Exzentrizität durch die Fertigung der Welle und den ggf. anschließenden Auswuchtvorgang gegeben ist, muss die zulässige Winkelgeschwindigkeit so begrenzt werden, dass auch bei der verbleibenden Restexzentrizität die Wuchtgüte nicht überschritten wird.

Näherungsweise werden Biegeschwingungen gerne durch eine konzentrierte Masse m in der Mitte des beidseitig eingespannten Biegeschwingers modelliert (Abb. 5.15), dieses Modell ist aber ungenau; realistischer aber auch komplizierter ist, die Welle als Kontinuum zu modellieren. Unwuchtberechnungen unter Berücksichtigung des elastischen Verhaltens erfolgen nach [ISO21940-12]. Sollte eine Beschäftigung mit den Biegeschwingungen vonnöten sein, wird der Leser in [GaNoPf02] vertiefende Information finden.

5.4.3 Wellenschutz

Die Welle ist durch einen Wellenschutz abgedeckt, bei offenem Wellenschutz soll ein Sicherheitskreis den Betrieb des Prüfstandes verhindern. Der Wellenschutz verhindert v. a. Schäden bei einem Bruch der Welle. Daneben wird eine versehentliche Berührung der rotierenden Welle verhindert, zwischen Welle und Motor wie in Abb. 5.16 oder zwischen Welle und Belastungsmaschine können jedoch rotierende Teile, z. B. Adapterflansche, berührbar bleiben.

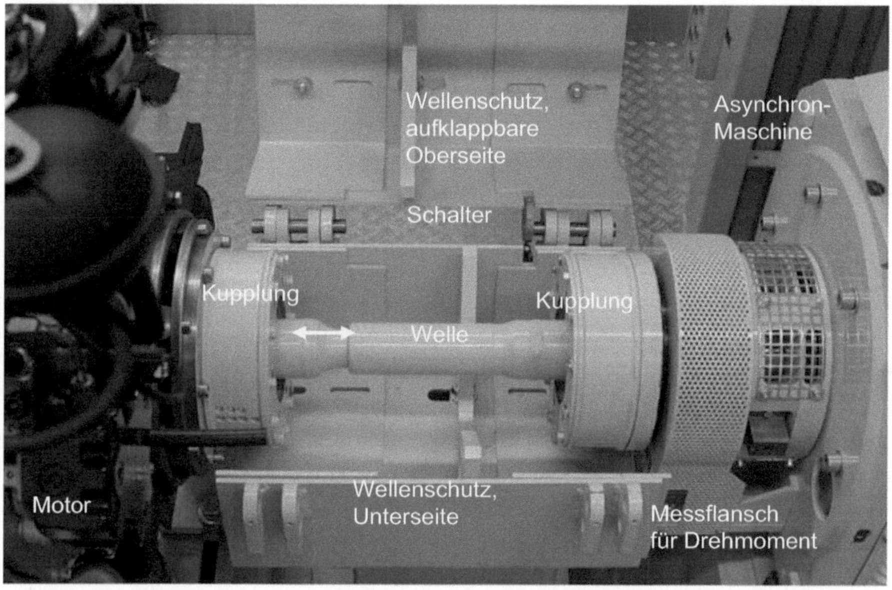

Abb. 5.16 Welle mit den beiden elastischen Kuppelelementen im geöffnetem Wellenschutz

5.5 Lagerung der Belastungsmaschine

Im störungsfreien Betrieb erzeugen die üblichen Belastungsmaschinen kaum Massenkräfte, sie werden deshalb auf einen verwindungssteifen Zwischenrahmen als Stütze gesetzt, der mit der Grundplatte direkt verschraubt ist und üblicherweise vom Anbieter der Maschine geliefert wird. Der Zwischenrahmen kann auch zur Befestigung des Wellenschutzes genutzt werden.

Problematisch wird die Lagerung, wenn die Belastungsmaschine mit der Originalabgasanlage des Motors um den Platz konkurriert. In diesem Falle ist es möglich, die Maschine über ein Gestell höher aufzustellen, was allerdings ein Getriebe zwischen Motor und Belastungsmaschine zum Ausgleich des Höhenunterschiedes erforderlich machen kann.

Soll das Drehmoment an der Welle über das Reaktionsmoment der Belastungsmaschine gemessen werden, ist die Belastungsmaschine pendelnd zu lagern, d. h. sie muss sich um ihre eigene Achse drehen können, damit dürfen nur die Lager, nicht aber die Maschine verschraubt werden. Die Sicherung der Maschine gegen Verdrehen erfolgt dann ausschließlich über den Hebelarm mit der Kraftmessdose zur Messung des Reaktionsmoments (Kap. 6 und 7).

5.6 Getriebe

Der Motor wird auf dem Motorenprüfstand ohne das Fahrzeuggetriebe betrieben. Sollte dies doch erforderlich sein, um z. B. die Abstimmung zwischen Motor und Getriebe zu untersuchen, kommt zu diesem Zweck ein spezieller Antriebsstrangprüfstand (Abschn. 4.1) zum Einsatz, bei dem das Getriebe wahlweise vom originalen Verbrennungsmotor oder einer hochdynamischen elektrischen Maschine, die den Verbrennungsmotor simuliert, angetrieben wird. Sollen nur die Schaltpunkte des Getriebes dargestellt werden, ist es wesentlich günstiger, die Gangschaltung über die Ansteuerung der Belastungsmaschine zu simulieren (vgl. Abschn. 8.1.2.3).

Es gibt jedoch Situationen, die ein spezielles Getriebe am Motorenprüfstand erfordern. Dies kann der Fall sein, wenn die Spezifikation des Motors nicht zur Belastungsmaschine passt. Ein typisches Beispiel ist die Untersuchung von Rennmotoren, deren hohe Drehzahlen von vielen Belastungsmaschinen nicht abgedeckt werden. Da ein Getriebe das dynamische Verhalten am Motorabtrieb erheblich verfälscht, kann dies nur ein Notbehelf sein; wenn immer möglich, sollte versucht werden, eine passende Maschine zu bekommen. Eine weitere Anwendung für ein Prüfstandsgetriebe liegt vor, wenn die originale Abgasanlage verwendet werden soll und die Belastungsmaschine dieser im Weg steht. In diesem Falle kann ein Getriebe mit der Übersetzung 1 einen Versatz zur Seite oder nach oben schaffen.

Als Prüfstandsgetriebe werden einstufige Zahnradgetriebe verwendet, seltener Kettengetriebe, Riemengetriebe oder Reibgetriebe.

Alternativ zu Getrieben können Kardanwellen eingesetzt werden, da deren Ungleichförmigkeit der Drehmomentübertragung auch durch ein Doppelgelenk schwer zu kompensieren ist, kommt diese Lösung für viele Prüfstandsanwendungen nicht in Betracht. Bei Belastungsmaschinen mit Vorzugsrichtung ist eine eventuelle Umkehr des Drehsinns durch ein Getriebe zu bedenken.

5.7 Motorkupplung

Am Prüfstand ist ein Betrieb des Motors ohne dessen Kupplung üblich. Besonders bei einer trägheitsarmen und reibungsarmen Belastungsmaschine kann der Motorabtrieb durch Auslauf der Belastungsmaschine nahezu momentfrei geschaltet werden, ohne dass dies einer Kupplung bedarf. Einige elektrische Belastungsmaschinen ermöglichen eine Momentkompensation, die ein Drehmoment 0 am Messflansch einstellt, also auch die eigene Reibung der Belastungsmaschine aktiv kompensiert. Wenn diese Näherungen an den ausgekuppelten Betrieb insbesondere aufgrund der Trägheit der Belastungsmaschine nicht genügen, kann die Verwendung der Kupplung in Erwägung gezogen werden.

Daneben kann es weitere Argumente zugunsten der Verwendung einer Kupplung geben; der wichtigste Grund ist, wenn der Motor wie im Fahrzeug verbaut mit der Originalkupplung erprobt werden soll. Der Motorenprüfstand kann so auch als Kupplungsprüfstand verwendet werden, wenn die Kupplung unter möglichst realitätsnahen Bedingungen am Motor eingesetzt werden soll. Im Gegensatz dazu haben Kupplungsprüfstände [AlbOttMe12], die gezielt zu diesem Zweck gebaut wurden, sowohl als Antrieb als auch als Abtrieb je eine elektrische Maschine.

Eine Kupplung dämpft Schwingungen, bewirkt damit allerdings auch eine Verfälschung des gemessenen Drehmoments. Wenn die Kupplung schleift, kann auch eine Drehzahlmessung verfälscht werden. Vereinzelt werden Kupplungen auch zur Begrenzung von Drehmomentspitzen in Höhe des von der Kupplung übertragbaren Drehmoments eingesetzt. Am Prüfstand ist mit einem wesentlich schnelleren Verschleiß als im Fahrbetrieb zu rechnen.

6 Belastungsmaschinen

Sofern bei einem Fahrzeug nicht der Gang herausgenommen oder die Kupplung getrennt ist, wird der Motor im Fahrbetrieb mit einem Gegenmoment belastet. Einige Untersuchungen am Motor lassen sich am Prüfstand auch unbelastet durchführen, meist ist eine dem Fahrbetrieb ähnliche Belastung erforderlich.

Wir betrachten zunächst die Kräfte auf das gesamte Fahrzeug, die Umrechnung in ein Drehmoment, das auf den Motor einwirkt, erfolgt später. Der Fahrwiderstand F_W setzt sich zusammen aus Reibung F_R, Hangabtrieb F_H und Luftwiderstand F_L. In gleicher Richtung wirkt beim Beschleunigen des Fahrzeugs die Trägheitskraft F_T, die aber oft separat betrachtet wird. Zunächst sollen diese als Kräfte angegeben werden, die der Fahrtrichtung entgegengesetzt wirken. Das Fahrzeug fahre einen Hang mit der Steigung α hinauf. Die Reibung, zum wesentlichen Anteil Rollreibung, ergibt sich zu

$$F_R = \mu\, mg \cdot \cos(\alpha). \tag{6.1}$$

Darin sind mg die Gewichtskraft und μ der Reibungskoeffizient, hier typisch ca. 0,02 unter Berücksichtigung der Reifenverformung. Die Annahme eines konstanten Reibungskoeffizienten stellt eine erhebliche Vereinfachung der sehr komplexen Wechselwirkung zwischen Rad und Straße dar, für eine präzise Betrachtung müssten Reifenmodelle [Adamski14] herangezogen werden, welche die genaue Geometrie von Rad und Reifen, die Gummimischung und zahlreiche weitere Einflussgrößen, v. a. den Schräglaufwinkel bei Kurvenfahrt, berücksichtigen. In der Praxis ist aber für die Betrachtung des Antriebsstrangs und damit auch des Motors die Annahme eines konstanten Reibungskoeffizienten hinreichend. Da der Reibungsanteil bei sehr hohen Geschwindigkeiten gegenüber dem Luftwiderstand vernachlässigbar wird, kann auf eine Korrektur der Gewichtskraft durch Berücksichtigung von Auftrieb oder Spoilerkräften verzichtet werden. Der Hangabtrieb beträgt

$$F_H = mg \cdot \sin(\alpha). \tag{6.2}$$

K. Borgeest, *Messtechnik und Prüfstände für Verbrennungsmotoren*,
https://doi.org/10.1007/978-3-658-43284-3_6

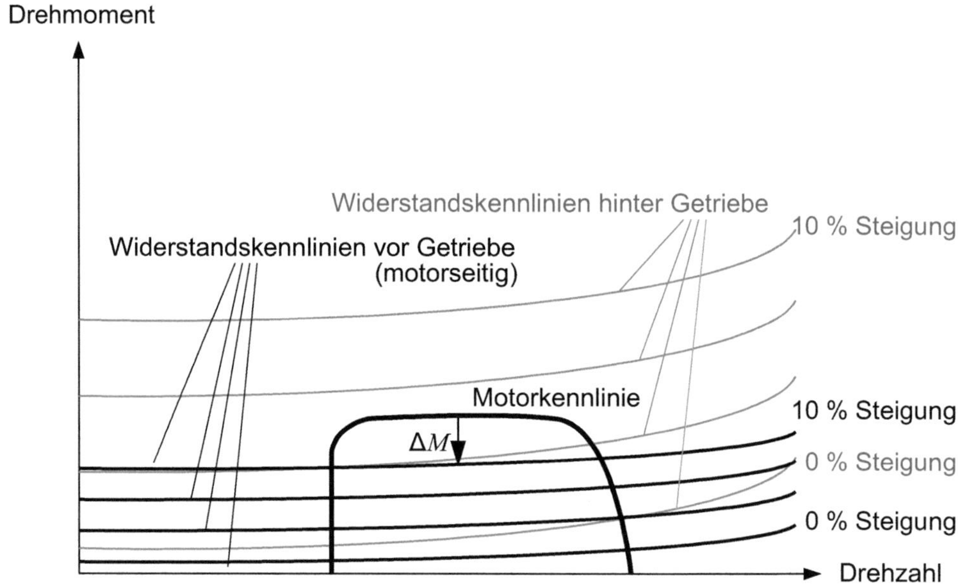

Abb. 6.1 Drehzahl-/Drehmomentkennlinien des Motors mit Widerstandskennlinien und auf die Schnittstelle zum Prüfstand transformierten Kennlinien. ΔM: Beschleunigungsreserve des Motors

Der Luftwiderstand beträgt

$$F_{\mathrm{L}} = \frac{c_{\mathrm{W}} A \rho v^2}{2}, \tag{6.3}$$

wobei c_{W} der Widerstandsbeiwert ist (umgangssprachlich als c_{W}-*Wert*, englisch *drag coefficient,* bekannt, typischer Wert etwa 0,25), A der Strömungsquerschnitt des Fahrzeugs, ρ die Luftdichte (ca. 1,2 kg/m^3 unter normalen klimatischen Bedingungen) und v die Fahrgeschwindigkeit. Damit ist bei unbeschleunigter Fahrt der Fahrwiderstand

$$F_{\mathrm{W}} = mg[\mu\cos(\alpha) + \sin(\alpha)] + \frac{c_{\mathrm{W}} A \rho v^2}{2}. \tag{6.4}$$

Diese Kraft kann in ein Drehmoment am Motor umgerechnet werden. Wird von einer schlupffreien, vollständigen Kraftübertragung ausgegangen, ergibt sich das vom Getriebe abgegebene Moment als Produkt aus dem Fahrwiderstand F_{W} und dem Radradius r. Die Widerstandskurven $M(n)$ hinter dem Getriebe sind in Abb. 6.1 grau dargestellt. Sie entsprechen bis auf den Umrechnungsfaktor den Widerstandskurven $F_{\mathrm{W}}(v)$. Unter Berücksichtigung der Getriebeübersetzung $ü$ und ohne gesonderte Berücksichtigung von Reibungsverlusten im Antriebsstrang ist das Drehmoment M, das den Motor belastet

$$M = \frac{r}{ü} F_{\mathrm{W}}. \tag{6.5}$$

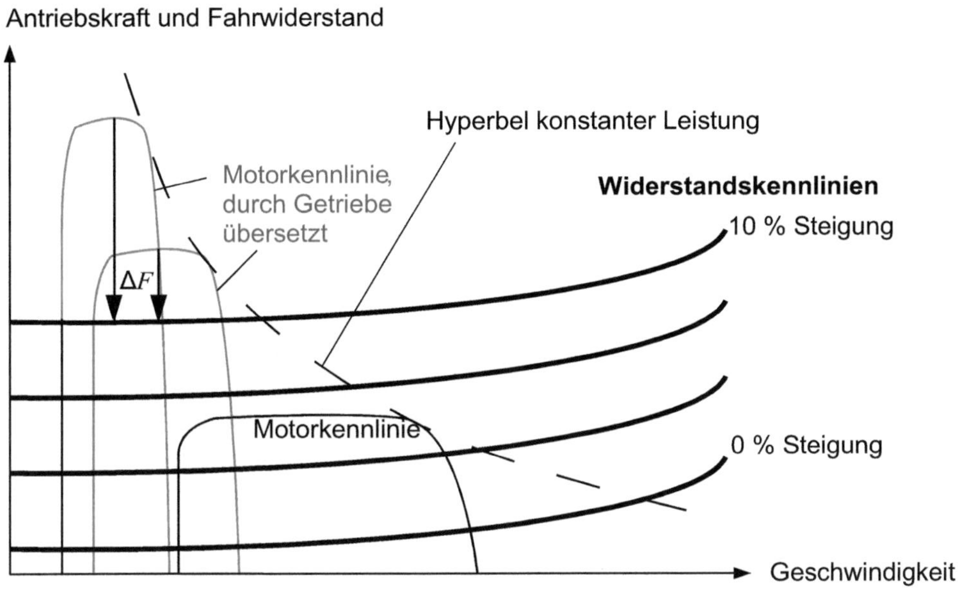

Abb. 6.2 Drehzahl-/Drehmomentkennlinien des Motors mit Widerstandskennlinien und auf die Antriebsräder transformierte Motorkennlinie. ΔF: Beschleunigungsreserve des Fahrzeugs

Die Gleichung gilt unabhängig von der Anzahl der Antriebsräder, da sich die Widerstandskraft zunächst zwar auf alle Räder aufteilt, die Drehmomente im Antriebsstrang aber wieder addieren, ein eventueller Radschlupf sei hier nicht betrachtet. In gleicher Weise lässt sich die Fahrgeschwindigkeit in die Winkelgeschwindigkeit ω des Motors umrechnen.

$$\omega = \frac{\ddot{u}}{r} v. \tag{6.6}$$

Die Motordrehzahl n ist dann

$$n = \frac{\ddot{u}}{2\pi r} v. \tag{6.7}$$

Das in Abb. 6.1 schwarz dargestellte Widerstandsmoment M aus Gl. 6.5 muss durch die Belastungsmaschine nachgebildet werden. Die Drehmomentdifferenz ΔM zwischen der Motorkennlinie und der Widerstandskennlinie steht zur Beschleunigung zur Verfügung.

Neben der Darstellung in Abb. 6.1, in der die Widerstandskennlinien nach Gl. 6.5 transformiert sind, wird in der Fahrzeugtechnik häufig eine alternative Darstellung nach Abb. 6.2 gewählt, in der nicht die Widerstandskennlinien durch das Getriebe zu Widerstandskennlinien am Motor transformiert werden, sondern umgekehrt die Motorkennlinie $M = f(n)$ nach der Gleichung

Abb. 6.3 Pronyscher Zaum

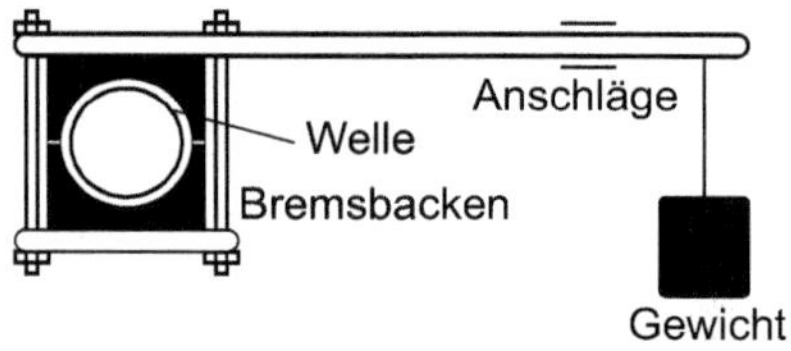

$$F_{\text{Antrieb}} = \frac{ü}{r} M \tag{6.8}$$

in die Antriebskraft F_{Antrieb} hinter das Getriebe transformiert wird. Diese Darstellung ist gleichwertig, sie ist v. a. hilfreich bei der Auslegung des Fahrzeugantriebsstrangs. Man sieht dort, wie das Getriebe das Drehmoment des Motors „auf die Straße bringt". Betrachtet man z. B. die Widerstandslinie für 10 % Steigung, wird erkenntlich, dass im Direktgang (Übersetzung 1, bei den meisten Getrieben der vierte oder fünfte Gang) das Fahrzeug die Steigung nicht bewältigen kann und erst durch Übersetzungen größer 1 eine Beschleunigungsreserve ΔF zur Verfügung steht. Bei einem stufenlosen Getriebe (mechanisch oder bei einem Serienhybrid elektrisch) kann die Übersetzung kontinuierlich entlang der Leistungshyperbel eingestellt und optimiert werden.

Da hier aber nicht der Motorbetrieb im realen Fahrzeug, sondern am Prüfstand interessiert, ist es sinnvoll, die Lastkennlinien wie in Abb. 6.1 auf den Motorflansch zu transformieren, da dieser die Schnittstelle zwischen Prüfling und Prüfstand ist.

Zur Erzeugung des Belastungsmoments haben sich unterschiedliche Techniken etabliert. Die älteste Einrichtung zu diesem Zweck war der pronysche[1] Zaum (Abb. 6.3), ein gewichtsbelasteter Hebel, der mithilfe gegenüberliegender, meist wassergekühlter hölzerner Backen auf die Welle aufgepresst werden konnte. Durch die Anpressung war zusätzlich zu den Gewichten eine „Feineinstellung" des Moments möglich. Der Prony-Zaum war schwierig zu benutzen und hat nur noch historische Bedeutung.

Ein naheliegender Gedanke wäre die Verwendung einer Reibbremse ähnlich der Trommel- oder Scheibenbremse im Fahrzeug. Die präzise Dosierung des Bremsmoments ist aber schwierig und eine Reibbremse in fahrzeugüblichen Abmessungen würde unter Prüfstandsbedingungen schnell glühen und zerstört werden. Es gibt allerdings wenige Ausnahmen, so setzen Hobbybastler PKW-Bremsen als Belastungsmaschinen für Kleinstmotoren ein. V. a. für Industrieanwendungen mit großen Drehmomenten und kleinen Drehzahlen (z. B. große Wickelmaschinen) werden von in der Automobilbranche kaum bekannten Unternehmen wie Eaton wassergekühlte Reibbremsen hergestellt, in wenigen Fällen könnte deren Spezifikation für einen Betrieb am Prüfstand passen.

[1] Gaspard de Prony, 1755–1839, französischer Ingenieur, erfand u. a. den pronyschen Zaum.

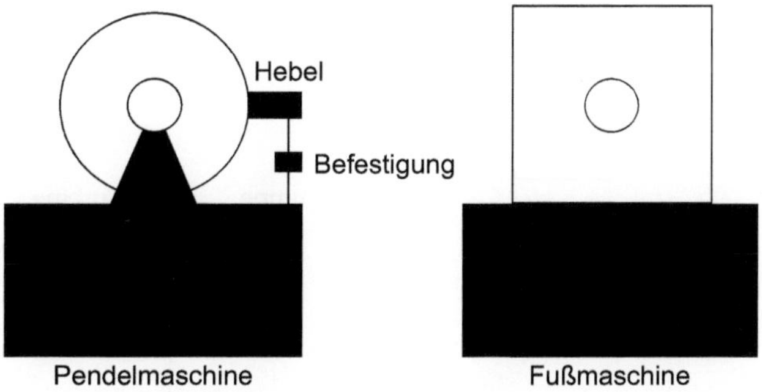

Abb. 6.4 Bauformen von Belastungsmaschinen

Im 19. Jahrhundert entwickelte W. Froude[2] Wasserbremsen (Abschn. 6.1), um Schiffsantriebe definiert zu belasten. Diese Bremsen konnten sich später auf Prüfständen für Schiffsantriebe, Dampflokomotiven und eben auch Verbrennungsmotoren durchsetzen. Da Wasserbremsen vergleichsweise träge sind, wurden später Wirbelstrombremsen (Abschn. 6.2) eingeführt, ohne aber die Wasserbremsen, die sich durch ihre hohe Leistungsdichte auszeichnen, vollständig zu verdrängen. Mit dem Fortschritt der Leistungselektronik wurden gut regelbare, hochdynamische elektrische Maschinen (Abschn. 6.3) erschwinglich, die außerdem nicht nur als Bremse, sondern auch als Antrieb benutzt werden können. Heute sind elektrische Maschinen bei Pkw-Prüfständen am stärksten verbreitet. Auf Prüfständen, welche die Vorteile elektrischer Maschinen nicht ausnutzen, werden immer noch Wirbelstrombremsen und Wasserbremsen als kostengünstigere Alternative installiert. Auf Prüfständen für Großmotoren dominieren Wasserbremsen, da hier deren noch unübertroffene Leistungsdichte zum Tragen kommt und keine hohen Anforderungen an die Dynamik gestellt werden. Als weitere Alternative ist auf Prüfständen für Kleinstmotoren die Hysteresebremse verbreitet (Abschn. 6.4). In Einzelfällen werden zwei unterschiedliche Belastungsmaschinen zu einer Tandembremse kombiniert (Abschn. 6.5). Neben diesen Typen gibt es noch einige Prinzipien ohne praktische Relevanz, einen Überblick auch über unkonventionelle Belastungsmaschinen gibt [Killedar12].

Äußerlich unterscheidet man zwei Bauformen, die Fußmaschine und die Pendelmaschine (Abb. 6.4). Die Fußmaschine ist fest mit der Grundplatte verschraubt. Elektrische Fußmaschinen haben oft ein quaderförmiges Gehäuse. Die Pendelmaschine ist nicht verschraubt und so gelagert, dass sie sich um ihre eigene Achse drehen könnte. Gegen Drehung gesichert ist sie lediglich über einen Hebel definierter Länge, der über eine Kraftmessdose befestigt ist; damit bieten Pendelmaschinen die Möglichkeit zur Drehmomentmessung über das Reaktionsmoment der Maschine. Eine seltene Sonderform sind Belastungsmaschinen mit einem Befestigungsflansch.

[2] William Froude, 1819–1879, englischer Ingenieur, lieferte maßgebliche Beiträge zur Hydrodynamik.

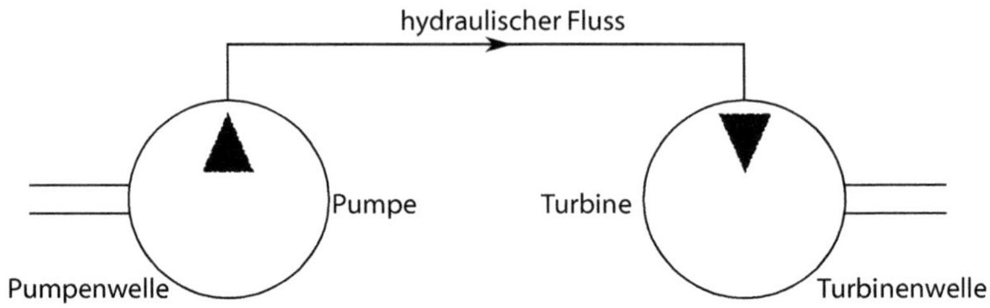

Abb. 6.5 Ideale hydrodynamische Kraftübertragung

6.1 Hydraulische Bremsen

6.1.1 Prinzip

Ein lange bekanntes Prinzip der Kraftübertragung ist die hydrodynamische Kraftübertragung (Abb. 6.5). Eine Pumpe setzt eine Flüssigkeit (Öl oder Wasser) in Bewegung, die Flüssigkeit treibt andernorts eine Turbine an. Die Pumpe wandelt die Leistung an der Antriebswelle in hydraulische Leistung um, die Turbine wandelt die hydraulische Leistung wieder in mechanische Leistung an ihrer Welle um.

Wenn wir zunächst Pumpe und Turbine als verlustlose Wandler betrachten, gilt

$$\underbrace{M_{\text{an}}\omega_{\text{an}}}_{\text{Antriebsleistung an Pumpenwelle}} = \underbrace{\Delta p\dot{V}}_{\text{hydraulische Leistung}} = \underbrace{M_{\text{ab}}\omega_{\text{ab}}}_{\text{Abtriebsleistung an Turbinenwelle}} . \tag{6.9}$$

Die hydraulische Leistung ist das Produkt aus der Druckdifferenz Δp und dem Volumenstrom $\dot{V}$. Nehmen wir an, dass die Flüssigkeit vor der Pumpe Umgebungsdruck hat, so ist Δp der Überdruck gegenüber der Umgebung. Die Leistung an der Pumpen- und der Turbinenwelle ist jeweils das Produkt aus Drehmoment M und Winkelgeschwindigkeit ω. Pumpe und Turbine können durch Rohrleitungen miteinander verbunden sein, es ist aber auch möglich, Pumpe und Turbine in ein gemeinsames Gehäuse einzubauen. Solche hydrodynamischen Getriebe werden z. B. in Diesellokomotiven eingesetzt, auch der in Verbindung mit Automatikgetrieben eingesetzte Drehmomentwandler ist ähnlich aufgebaut [LechNaun07].

Was geschieht bei dieser Anordnung, wenn das Turbinenrad nicht drehbar ist, sondern fest wie in Abb. 6.6? ω_{ab} ist dann 0 und damit auch die Abtriebsleistung. Würden wir die Annahme verlustfreier Wandler aufrecht erhalten, dann wäre auch die Leistung an der Pumpe 0, eine derartige Bremse wäre für Prüfstände ungeeignet.

Tatsächlich wird ein Strömungsgetriebe mit festgesetzter Turbine nicht in dieser Weise bremsen. Um das reale Verhalten der Anordnung zu verstehen, müssen wir die Annahme verlustfreier Wandler aufgeben. In diesem Falle gibt die Pumpe (im Folgenden Rotor genannt) nicht die gesamte Wellenleistung an das Fluid weiter, sondern

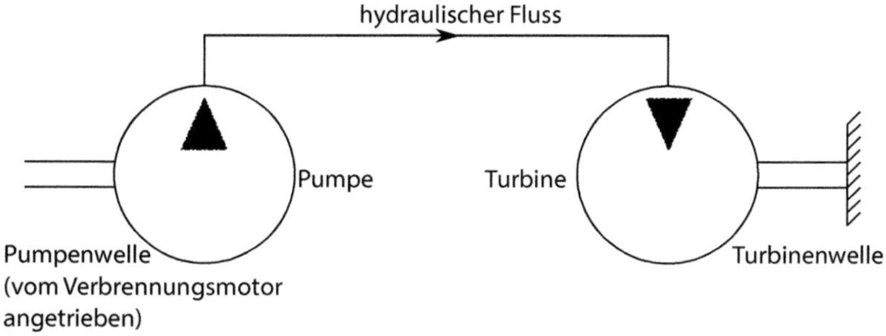

Abb. 6.6 Prinzip der hydraulischen Bremse: Hydrodynamische Übertragung mit gefesselter Turbinenwelle

setzt einen Teil an der Grenzfläche zum Fluid in Wärme um. Auch kann das Fluid seine verbleibende hydraulische Leistung nicht an die stehende Turbine (im Folgenden Stator genannt) abgeben, die hydraulische Leistung wird deshalb ebenfalls in Wärme umgewandelt. Physikalisch betrachtet haben wir also nun eine erhebliche Reibung zwischen dem Rotor und dem Fluid sowie zwischen dem Fluid und dem Stator. Eine Umwandlung von Antriebsleistung in Wärme ist genau die Aufgabe einer Prüfstandsbremse. Die Anordnung eignet sich deshalb als Belastungsmaschine am Prüfstand, eine weitere praktische Anwendung sind Retarder bei Nutzfahrzeugen und dieselhydraulischen Schienenfahrzeugen [LechNaun07]. Während Retarder überwiegend Öl als Fluid verwenden, wird bei Prüfstandsbremsen Wasser eingesetzt, deshalb werden diese als Wasserbremsen bezeichnet. Retarder verwenden im Gegensatz zu den Prüfstandsbremsen einen geschlossenen Öl- oder Wasserkreislauf.

Sowohl aus dem Energiesatz als auch aus dem Drallsatz lässt sich die eulersche Pumpengleichung oder Pumpenhauptgleichung herleiten, die umgekehrt auch für Turbinen gilt und deshalb auch verallgemeinert eulersche Hauptgleichung der Strömungsmaschinen heißt. Sie liefert das pumpenseitige Antriebsmoment und damit das Lastmoment am Verbrennungsmotor

$$M_{\text{an}} = \dot{m}(r_2 c_{\text{u2}} - r_1 c_{\text{u1}}). \tag{6.10}$$

Während die Radien r_2 (Außenradius des Pumpenrades, Austritt) und r_1 (Innenradius des Pumpenrades, Eintritt) konstruktiv gegeben und damit bekannt sind, können die tangentialen Strömungsgeschwindigkeiten außen c_{u2} und innen c_{u1} anhand der Umfangsgeschwindigkeiten geschätzt werden. Der genaue Massenstrom $\dot{m}$ ist unbekannt. Deshalb ist man hier zur Ermittlung des Drehmoments auf experimentelle oder numerische Verfahren angewiesen.

Es zeigt sich eine quadratische Abhängigkeit zwischen Drehzahl und Drehmoment wie in Abb. 6.7a gezeigt. Für die Leistung gilt eine kubische Abhängigkeit.

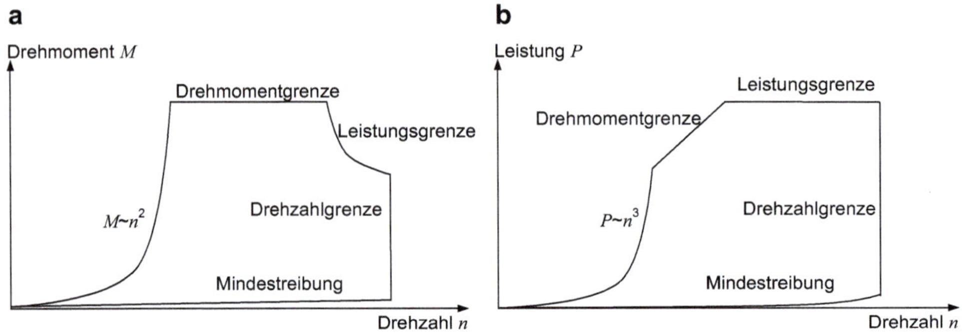

Abb. 6.7 Kennfelder einer Wasserbremse. Die Leistung im rechten Kennfeld (**b**) ergibt sich durch Multiplikation des Drehmoments im linken Kennfeld (**a**) mit der Drehzahl, beide Darstellungen sind gleichwertig

Abb. 6.8 Aufbau einer Wasserbremse mit zwei Kammern

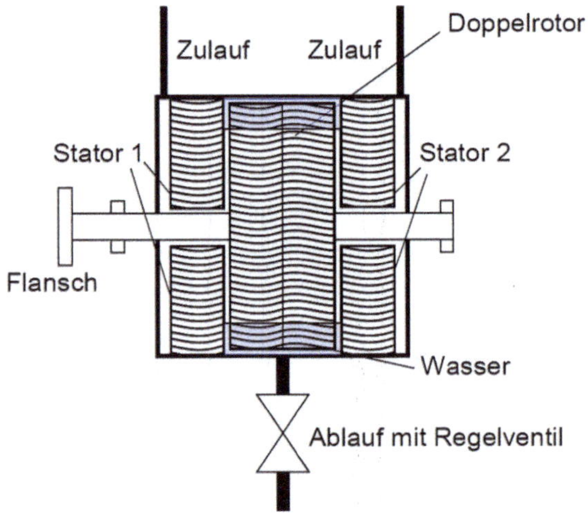

6.1.2 Technische Realisierung und Anwendung

Zur Regelung des Bremsmoments bieten sich zwei Möglichkeiten, eine Abdeckung („Sluice Gate"), die zwischen Stator und Rotor verfahren wird und damit die wirksame Fläche von Rotor und Stator verringert oder die Regelung der Wassermenge im Gerät. Weil das Verfahren des Sluice Gates sehr langsam ist und bei vielen Maschinen über ein Handrad erfolgt, ist heute eine Regelung über die Befüllung verbreitet.

Die in Abb. 6.7a gezeigte Parabel $M \sim n^2$ gilt für eine Maschine mit maximaler Füllung, durch Teilbefüllung (oder teilweise Abdeckung durch das Sluice Gate) kann auch nahezu jedes Drehmoment unterhalb der Parabel angesteuert werden. Bei Teilbefüllung befindet sich wie in Abb. 6.8 aufgrund der Fliehkraft Wasser im äußeren Bereich der Turbine. Das Verhalten der Maschine ändert sich, wenn bei sehr kleinen Drehzahlen die

Fliehkraft nicht mehr ausreicht, diesen Wasserring aufrecht zu erhalten und der Rotor wie ein Schöpfrad aus einer Pfütze fördert, dieser Effekt ist in Abb. 6.7 nicht berücksichtigt.

Wie beschrieben kann *nahezu* jedes Drehmoment unterhalb der Parabel angesteuert werden, nach unten besteht allerdings eine Grenze durch die mechanische Reibung und die Luftreibung, die nicht unterschritten werden kann. Diese Reibungskurve lässt sich näherungsweise durch eine ansteigende Gerade darstellen, die nicht genau durch den Ursprung geht, da auch im Stillstand Reibung vorhanden ist. Nicht dargestellt sind Anteile höherer Potenz, v. a. quadratische Anteile, sowie die Überwindung der Anlaufreibung. Viele Hersteller schreiben eine Mindestfüllung mit Wasser vor, in diesem Falle ist die untere Grenzkurve in Abb. 6.7a ebenfalls eine Parabel.

Weitere Grenzen sind gegeben durch das maximal zulässige Drehmoment, die maximal zulässige Drehzahl und die maximal zulässige Leistung. Eine Überschreitung des maximalen Drehmoments oder der maximalen Drehzahl kann unmittelbar zur mechanischen Beschädigung führen. Die Leistungsgrenze soll die Maschine vor Überhitzung schützen, sie gibt in der Regel die Dauerleistung an, bei der sich stationär die höchste zulässige Temperatur einstellt. Genauer betrachtet hängt diese auch von der Wassertemperatur, der Umgebungstemperatur und von der Dauer der Überlastung ab, eine kurzzeitige Überschreitung der zulässigen Verlustleistung muss nicht zwangsläufig zur Überhitzung führen. Ein weiteres Betriebsrisiko, das mit der Temperatur steigt, ist die Bildung von Dampfblasen durch lokale Unterdrücke, deren Zerfall Druckwellen erzeugt, die das Material angreifen *(Kavitation)*. Es liegt hier im Ermessen des Herstellers, die Leistungsgrenze ggf. genauer als Funktion der genannten Einflussfaktoren zu spezifizieren.

Bei Maschinen mit geregelter Wassermenge wird der Zulauf von oben konstant gehalten, während der Ablauf unten über ein Ventil kontrolliert wird. Der Ablauf verfügt über einen großen Querschnitt, sodass bei einer vollständigen Öffnung des Ventils die Bremse schnell momentfrei geschaltet werden kann. Einige Maschinen werden auch über die Zuläufe gesteuert, bei älteren Maschinen teilweise über offene Trichter, über denen sich manuell bediente „Wasserhähne" befanden. Zulaufgeregelte Maschinen mit konstantem Ablauf vermeiden stehendes Wasser im unteren Bereich. Der Betrieb mit Leitungswasser hat den Vorteil einer effektiven Wärmeabfuhr, welche die hohe Leistungsdichte dieser Maschinen ermöglicht. Er stellt hohe Anforderungen an die Korrosionsfestigkeit. Vorgaben des Herstellers zum zulässigen Einlaufdruck, zur Mindestwassermenge und zur Reinheit sind zu beachten, diese erfordern ggf. einen Druckminderer, eine Entkalkungsanlage und ein Vorfilter. Bei längeren Stillstandszeiten sollten die vom Hersteller empfohlenen Maßnahmen zum Korrosionsschutz beachtet werden, dies kann eine völlige Trockenlegung sein, bei Maschinen mit offenen Einläufen auch eine Befüllung mit schützenden, abwasserkompatiblen Additiven. Die Temperatur des ablaufenden Wassers kann bei hoher Last bis zu ca. 40 °C über der Frischwassertemperatur liegen, entsprechende Temperaturspezifikationen des Herstellers sind zu beachten und ggf. im Betrieb zu überwachen.

Abb. 6.9 Scheibe des Stators einer kleinen Wasserbremse mit Vorzugsrichtung des zugehörigen Läufers gegen den Uhrzeigersinn

Die Bremse wird typischerweise doppelt ausgeführt, mit einem innen rotierenden Doppelrotor und zwei an den Enden liegenden Statorscheiben, die gleich oder ähnlich den Rotorscheiben strukturiert sind. Die in Abb. 6.9 gezeigte Scheibe ist durch eine Schrägung der Schaufeln asymmetrisch, derartige Bremsen sind für eine vorgegebene Drehrichtung optimiert (zur Drehrichtung des Motors s. Abschn. 2.3.2). Daneben gibt es Bremsen, die sich aufgrund gerader Schaufeln in beiden Drehrichtungen gleich verhalten. Bei umsteuerbaren Großmotoren muss die Bremse bidirektional sein. Für extreme Drehzahlen (Gasturbinen) werden auch bidirektionale Bremsen mit glatten, schaufellosen Scheiben angeboten, bei denen Scherkräfte im Wasser für die Leistungsumsetzung maßgeblich sind.

Wasserbremsen werden für Leistungen beginnend im kW-Bereich für Kleinmotoren bis in den MW-Bereich für Schiffsdiesel angeboten. Für hohe Drehzahlen (Rennmotoren, Elektromotoren, Gasturbinen) werden spezielle Typen angeboten. Wesentliche Vorteile sind der Preis und die Leistungsdichte. Nachteilig ist das träge Regelverhalten bei der Einstellung des Bremsmoments durch die Befüllung. So kann bei einem Drehmomentsprung die Einschwingzeit mehrere Sekunden betragen.

Tab. 6.1 nennt Anbieter hydraulischer Bremsen. Neben den serienmäßig lieferbaren Spezifikationen sind bei den meisten Anbietern auch abweichende Spezifikationen als Sonderanfertigungen möglich. Einige Modelle werden nur noch als überholte Gebrauchtgeräte geliefert. Bei Wasserbremsen ist eine pendelnde Lagerung mit Drehmomentmessung über einen Hebel und eine Kraftmessdose üblich. Auffällig sind die in Vergleich zu anderen Bremsentypen hohen Leistungen. Bei vielen Herstellern nimmt mit

Tab. 6.1 Einige Anbieter von Wasserbremsen. Berücksichtigt sind auch Bremsen, die v. a. für Gasturbinen bestimmt sind. Die teils nicht runden Werte sind darauf zurückzuführen, dass die Leistung außerhalb Kontinentaleuropas oft in HP statt in kW angegeben wird.

Name	WWW	Serie	Leistung/kW	Höchstdrehzahl/ min^{-1}
AVL	www.avl.com	Omega	550–12.000	1500–7000
		DynoSpecial	14.500–140.000	150–800
Froude	froudedyno.com	(R)F	750–12.000	2000–16.000
		HS (high speed)	900–56.000	6500–30.000
		LS (low speed)	8950–75.000	130–650
Horiba	www.horiba.com	DT	700–4500	2700–7500
Kahn	www.kahn.com	100	51–58.840	4500–15.000
		300	1985–19.850	1600–4000
		400	5149–58840	4500–16000
		Weitere Modelle mit Montageflansch ohne Ständer verfügbar		
Powertest	powertestdyno.com	H 36	1194–7457	2500
		35X	261–1566	4000
		45X	2014–3344	4000
		50X	373–746	6000
Piper	www.piper-ltd.co.uk	P2400	750	2500
SAJ	www.sajdyno.com	AWM	44,1–1470	2750–10.000
		SH	300–6700	2500–10.500
Superflow	s. Powertest			
Taylor	www.taylordyno.com	DH	201–600	4500–5500
		DL	1194–5966	2500
		DS	1584–3169	4000
		DX	186–2237	4000/6000
		M2	37	6000

zunehmender Leistung die Höchstdrehzahl ab. Die Hersteller bieten meist auch das Zubehör, insbesondere die Steuerung, an.

Neben stationären Wasserbremsen gibt es mobile Bremsen, die im Fahrzeug angeflanscht oder von einem Fahrzeug geschleppt werden. Diese lassen sich besonders dort einsetzen, wo ein leichter Zugang zum Antriebsstrang besteht, z. B. an der Zapfwelle landwirtschaftlicher Maschinen.

Eine exotische Variante sind hydrostatische Bremsen. Diese arbeiten abweichend von den hydrodynamischen Wasserbremsen mit ölhydraulischen Kolbenpumpen, die gegen einen variablen Gegendruck arbeiten, die praktische Bedeutung dieser Bremsen ist gering. Sie sind kaum kommerziell verfügbar, können aber aus Hydraulikkomponenten selbst gebaut werden. Trotz ihrer geringen Bedeutung verdient ihr Prinzip Erwähnung.

Eine gleichfalls exotische Variante sind Ölscherbremsen wie sie z. B. von der Firma Force Control angeboten werden. Diese bestehen aus einer Lamellenkupplung, bei der ein Teil des Lamellenpakets mit der Welle rotiert und ein Teil des Lamellenpakets fest steht. Durch die Pressung der Lamellen kann die Bremse verstellt werden. Die Ölführung ist so gestaltet, dass das Öl zentrifugal durch die Lamellenpaare nach außen gedrückt wird und dort Wärme abgibt. Ölscherbremsen eignen sich für Sonderanwendungen mit hohen Drehmomenten und kleinen Drehzahlen.

6.2 Wirbelstrombremsen

Eine Bewegung relativ zu einem Magneten oder ein sich änderndes Magnetfeld führt in einer Metallscheibe zur Bewegung von Ladungsträgern und damit über die induzierte Spannung zum Stromfluss. Da dieser Strom einen geschlossenen Kreis innerhalb des Körpers bildet, heißt er Wirbelstrom. Wie jeder Stromfluss verursacht er ohmsche Verluste, somit wird indirekt kinetische Energie (Rotation einer Scheibe) in Wärme umgewandelt, dies ist bei einer Bremse beabsichtigt. Zunächst sollen beide Fälle, drehende Scheibe und veränderliches Magnetfeld, theoretisch betrachtet werden, dann wird auf die technische Realisierung der Bremsen eingegangen.

6.2.1 Prinzip: Wirbelströme in rotierender Scheibe

Die Entstehung der Wirbelströme durch die Rotation der Scheibe wird in Abb. 6.10 verdeutlicht. Die Rotation der Scheibe bewirkt, dass sich ein Ort auf der Scheibe mit der senkrecht zum Magnetfeld gerichteten Umfangsgeschwindigkeit v durch das Feld bewegt. Auf ein dort vorhandenes Elektron wird eine radiale (nach außen oder innen gerichtete) Kraft mit dem Betrage

$$F = qvB \tag{6.11}$$

ausgeübt. Mit der Feldrichtung und dem Drehsinn wie in Abb. 6.10 weist diese Kraft nach außen, wie man sich mithilfe der Rechte-Hand-Regel aus der Physik (unter Berücksichtigung der negativen Ladung eines Elektrons) verdeutlichen kann. q ist die Ladung eines Elektrons mit dem Betrage $1{,}602 \cdot 10^{-19}$ As, B die magnetische Flussdichte. Abb. 6.10a zeigt, dass bei der angegebenen Drehrichtung die Kraft auf das Elektron und damit dessen Beschleunigung nach außen wirkt. Die Elektrotechnik definiert die Richtung eines elektrischen Stromes entgegengesetzt der physikalischen Bewegungsrichtung der Elektronen, der Strom fließt deshalb innerhalb des Feldes von außen nach innen. Außerhalb des Magnetfeldes schließt sich der Stromkreis, es bilden sich also Strom-

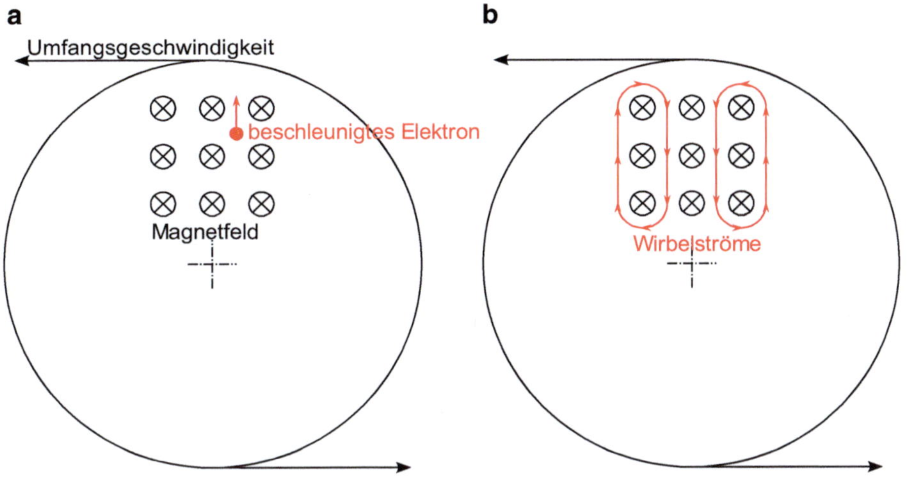

Abb. 6.10 Entstehung von Wirbelströmen an einer rotierenden Scheibe. Die durchkreuzten Kreise symbolisieren magnetische Feldlinien, die in die Zeichenebene hinein gerichtet sind.

wirbel wie in Abb. 6.10b. Mit dem Widerstand der Scheibe entstehen durch diese Wirbelströme die hier beabsichtigten Verluste.

Aus Gl. 6.11 lässt sich herleiten, dass neben der Kraft auf ein Elektron auch das dadurch bedingte elektrische Feld und somit die induzierte Spannung zur Umfangsgeschwindigkeit v und damit zur Winkelgeschwindigkeit ω proportional ist. Die Verlustleistung P ist proportional zum Quadrat der induzierten Spannung und damit proportional zum Quadrat der Drehzahl. Aufgrund

$$M = \frac{P}{\omega} = \frac{P}{2\pi n} \tag{6.12}$$

steigt das Drehmoment nicht quadratisch, sondern nur linear mit der Drehzahl n.

6.2.2 Prinzip: Wirbelströme durch veränderliches Magnetfeld

Die Entstehung der Wirbelströme durch ein veränderliches Magnetfeld wird in Abb. 6.11 verdeutlicht. Ein ansteigendes Magnetfeld verursacht aufgrund des Induktionsgesetztes ein elektrisches Feld, das die magnetischen Feldlinien zyklisch umschließt. Das elektrische Feld verursacht wiederum einen Stromfluss entlang der elektrischen Feldlinien. Dies ist wieder ein Wirbelstrom, der allerdings im Gegensatz zu Abb. 6.10 die magnetischen Feldlinien vollständig umschließt.

Das Induktionsgesetz lässt sich in seiner allgemeinen Form wie folgt schreiben:

$$\oint E \mathrm{d}s = \dot{\Phi}. \tag{6.13}$$

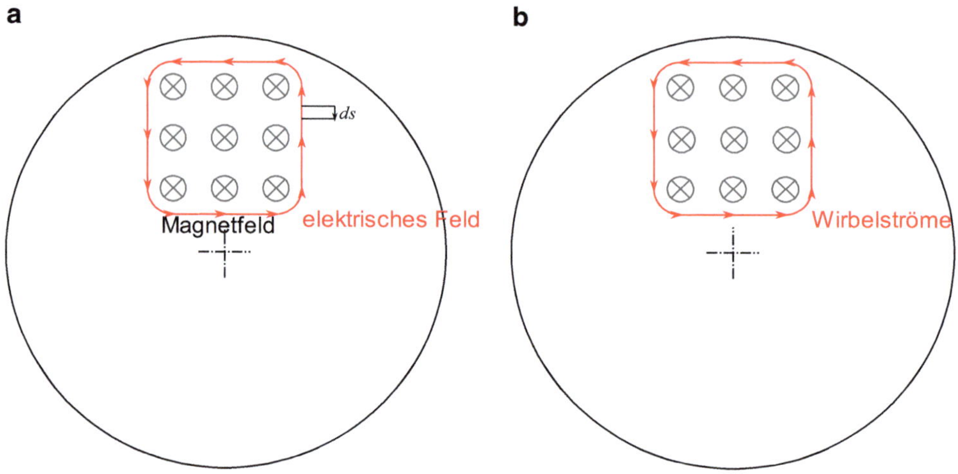

Abb. 6.11 Entstehung von Wirbelströmen durch ein zeitlich veränderliches Magnetfeld. Die durchkreuzten Kreise symbolisieren magnetische Feldlinien, die senkrecht in die Scheibe hinein zeigen. Da das Magnetfeld als veränderlich betrachtet wird, ist dies eine Momentaufnahme, eine halbe Periode später zeigen die Feldlinien senkrecht aus der Scheibe heraus.

Das linke Umlaufintegral beschreibt die Wirkung, nämlich die induzierte Spannung als geschlossen umlaufendes elektrisches Feld E entlang infinitesimal kurzer Wegstücke ds, wie in Abb. 6.11a dargestellt. Die rechte Seite der Gleichung zeigt hingegen die Ursache, nämlich die zeitliche Änderung des magnetischen Flusses Der magnetischen Fluss Φ ist bei einer gleichmäßigen Verteilung der magnetischen Flussdichte über die Fläche A definiert als

$$\Phi = AB. \tag{6.14}$$

Bei einer ungleichmäßigen Verteilung der Flussdichte über Fläche wäre anstelle einer Multiplikation das Integral der Flussdichte über die Fläche zu berechnen, dies ist hier aber nicht erforderlich.

Damit lautet das Induktionsgesetz für den Sonderfall eines veränderlichen Magnetfeldes durch eine konstante Fläche

$$\oint E\mathrm{d}s = A\dot{B}. \tag{6.15}$$

Nach der lenzschen Regel ist das umlaufende Feld so gerichtet, dass der dadurch entstehende Stromfluss (Abb. 6.11b) der Änderung des ursprünglichen Magnetfeldes entgegen wirkt.

Gl. 6.15 zeigt, dass die induzierte Spannung proportional zur Änderung der magnetischen Flussdichte ist. Damit ist wie bei der Betrachtung der rotierenden Scheibe die Leistung proportional zum Quadrat der Flussdichteänderung (Abb. 6.12).

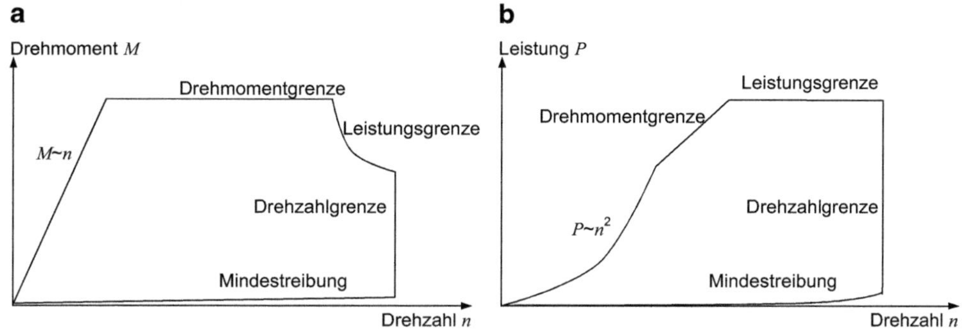

Abb. 6.12 Kennfelder einer Wirbelstrombremse. Die Leistung im *rechten Kennfeld* (**b**) ergibt sich durch Multiplikation des Drehmoments im *linken Kennfeld* (**a**) mit der Drehzahl, beide Darstellungen sind gleichwertig

Tab. 6.2 Einige Anbieter von Wirbelstrombremsen

Name	WWW	Serie	Leistung/kW	Höchstdrehzahl/ min^{-1}
A&D	www.aanddtech.com	baugleich API FR		
API	api-com.group	FR	5–3200	5500–15.000
AVL	www.avl.com	DynoPerform (Serie läuft aus)	20–500	8000–17.000
FEV	www.fev.com	DE	80–900	4000–12.000
Horiba	www.horiba.com	WT	190–470	4000–10.000
Meiden	www.meidensha.com	EWD	220–1000	9000–13.000
		TWD	55–750	4000–11.000
SAJ	www.sajdyno.com	SE	5–720	3750–14.000
Taylor	www.taylordyno.com	DE	20–720	3500–14.000
Weka	www.weka-motoren-pruefstaende.de	MT (luftgekühlt)	für Kleinmotoren	

6.2.3 Technische Realisierung und Anwendung

Die einfachste Realisierungsmöglichkeit wäre, das theoretische Prinzip aus Abschn. 6.2.1 direkt umzusetzen, indem eine elektrisch leitende Scheibe zwischen zwei Magnetpolen rotiert. Da Luft ein schlechter Wärmeleiter ist, würde bei üblichen Leistungen und Baugrößen die Scheibe schnell überhitzen und sich verziehen. Nur wenige Bremsen sind deshalb so aufgebaut (Tab. 6.2).

Eine naheliegende Lösung ist, die Scheibe nicht in Luft, sondern in Wasser rotieren zu lassen. Für einen hinreichenden Wasserdurchsatz ist ein Spalt zwischen Ständer und Läufer erforderlich, der für die Auslegung des Magnetkreises nicht optimal ist, mit einer

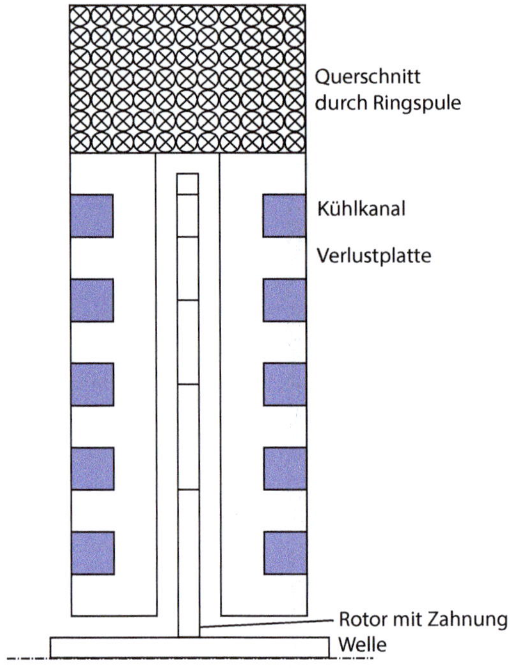

Abb. 6.13 Halb-Querschnitt durch eine Wirbelstrombremse mit Verlustplatten im Stator. Die Luftspalte sind übertrieben breit dargestellt und wären bei maßstäblicher Darstellung nicht mehr erkennbar

Schwächung des Magnetfeldes sinkt die Bremswirkung. Praktisch ist diese Schwächung glücklicherweise tolerabel klein. Da die Wasserreibung größer ist als die Reibung in Luft, wird das Mindestbremsmoment angehoben. Weiterhin sollte bei einer Umspülung der Scheiben die Lebensdauer nicht durch Korrosion oder Ablagerungen verkürzt werden, diese Einschränkung hat praktisch schon eine größere Bedeutung. Es gibt Wirbelstrombremsen, die nach dem Prinzip aus Abschn. 6.2.1 mit einem wassergekühlten Spalt zwischen Ständer und Läufer realisiert sind (z. B. von SAJ), sie stellen aber die Minderheit dar.

Zugunsten der Kühlbarkeit werden die Metallscheiben, in denen die Verluste auftreten sollen, in den Ständer verlagert. Damit bleibt nur das Funktionsprinzip nach Abschn. 6.2.2 durch Veränderung des Magnetfeldes. Abb. 6.13 zeigt die praktische Realisierung. Ein gezahnter Rotor durchbricht das Magnetfeld zyklisch und bewirkt damit die erforderliche Änderung der Flussdichte im Magnetkreis. Diese erzeugt in den Verlustplatten, die sich beidseitig des Rotors ringförmig um die Welle legen, Wirbelstromverluste. Auf der Außenseite des Rotors befinden sich von Wasser durchflossene, konzentrische Ringe zur Wärmeabfuhr (Abb. 6.14).

Prinzipbedingt haben die Wirbelstrombremsen selbst keine bevorzugte Drehrichtung, anhand der Herstellerangaben ist jedoch zu überprüfen, ob etwaige Hilfseinrichtungen, z. B. zur Kühlung, die Richtungsunabhängigkeit einschränken. Sie reagieren in der Regel

Abb. 6.14 Ausschnitt aus der Verlustplatte einer Wirbelstrombremse mit zugesetzten Kanälen

innerhalb einer Sekunde auf eine Momentanforderung, allerdings kann durch Restmagnetismus das Abklingen des Drehmoments mehrere Sekunden dauern.

Eine Unterbrechung der Kühlung führt sehr kurzfristig zum Ausdehnen oder Verziehen der Verlustplatten, aufgrund des engen Luftspaltes führt dies zur Kollision mit dem Rotor. Deshalb sollte die Bremse den Wasserfluss überwachen und bei einer Unterbrechung der Kühlung sofort die Spule stromlos schalten. Eine bloße Füllstandsüberwachung genügt nicht, da auch stehendes Wasser die Wärme nicht hinreichend abführen würde. Ähnlich wie bei einer hydraulischen Bremse erfolgt eine Speisung aus dem Leitungswassernetz, auch hier sollte darauf geachtet werden, dass das Wasser nicht zu hart (kalkhaltig) ist und keine korrosiven Bestandteile enthält. Eine gelegentliche Inspektion und ggf. ein Austausch der Verlustplatten (Stückpreis bei Pkw-typischen Bremsen ca. 1000 €) kann einem Totalschaden durch unzureichende Kühlung vorbeugen. Häufige schnelle Lastwechsel bewirken häufige Temperaturschwankungen der Kühlplatten.

Tab. 6.2 nennt Anbieter von Wirbelstrombremsen. Bei vielen Herstellern nimmt auch hier mit zunehmender Leistung die Höchstdrehzahl ab. Der Zweck der Wasserkühlung wurde bereits erläutert, so stellen luftgekühlte Wirbelstrombremsen mit ihrer geringeren Leistungsdichte eine Minderheit dar. Allerdings sind luftgekühlte Wirbelstrombremsen kostengünstiger und unkomplizierter zu betreiben, weil sie keine Wasserversorgung benötigen. Aufgrund der schwachen Kühlung luftgekühlter Bremsen sind die Leistungen sehr vorsichtig spezifiziert und können nach Herstellerangabe kurzzeitig durchaus überschritten werden. Üblich sind Bremsen mit einem Rotor, bei höheren Leistungen werden bis zu vier Rotoren eingesetzt. Trotzdem genügt eine Steuerung für Bremsen mit mehreren Rotoren, die intern separate Regelkreise und Überwachungen enthält.

Tab. 6.3 Die vier Betriebsquadranten einer elektrischen Belastungsmaschine

Drehzahl	Drehmoment	Betriebsart der Belastungsmaschine
Positiv	Positiv	Motor vorwärts
Positiv	Negativ	Bremse/Generator vorwärts
Negativ	Positiv	Bremse/Generator rückwärts
Negativ	Negativ	Motor rückwärts

6.3 Elektrische Belastungsmaschinen

Dieselbe elektrische Maschine lässt sich auf zweierlei Weise nutzen, als Generator und als Motor (die zuvor beschriebene Wirbelstrombremse wird nicht als elektrische Maschine bezeichnet, obwohl sie auch elektrisch arbeitet).

Eine von außen erzwungene Drehung führt zur Induktion einer Spannung, die Maschine arbeitet als Generator. Wenn der Generator nicht mit offenen Klemmen läuft, sondern eine angeschlossene Last mit einem bestimmten ohmschen Widerstand (oder eine Leistungselektronik, die einen ohmschen Widerstand simuliert) einen Stromfluss verursacht, erzeugt die mechanisch angetriebene Maschine ein mit dem Strom zunehmendes Gegenmoment. Wir können die elektrische Maschine also als einstellbare Bremse ähnlich einer hydraulischen oder Wirbelstrombremse verwenden.

Im Gegensatz zu diesen Bremsen kann die elektrische Maschine aber auch umgekehrt beim Anlegen einer Spannung als Motor benutzt werden und den Verbrennungsmotor schleppen. So lässt sich auch der Schubbetrieb am Prüfstand darstellen, wie er beim Ausrollen eines Fahrzeugs mit eingelegtem Gang oder bei Bergabfahrt stattfindet. Aufgrund dieses Vorteils und ihrer besseren Regelbarkeit hat sich die elektrische Maschine trotz höherer Kosten als meistverwendete Belastungsmaschine in Motorenprüfständen etabliert. Wenn eine elektrische Maschine beide Drehrichtungen erlaubt, ist also in einem Drehzahl/Drehmomentdiagramm der Betrieb in allen vier Quadranten *(Vierquadrantenbetrieb)* möglich (Tab. 6.3).

Eine Belastungsmaschine am Motorenprüfstand wird unregelmäßiger belastet als viele Industrieantriebe. Die Hersteller elektrischer Maschinen geben eine Nennbetriebsart S1 bis S10 nach [IEC60034-1] an. Die geringste Anforderung, nämlich der konstante Dauerbetrieb (S1) dürfte an Prüfständen die Ausnahme darstellen, die häufigsten Betriebsarten dürften S5 (periodischer Aussetzbetrieb) und S8 (ununterbrochener periodischer Betrieb mit Last- und Drehzahländerungen mit Einfluss des Anlaufvorganges und elektrischer Bremsung) sein. Wird die Maschine als Teil eines Prüfstandes beschafft, wird der Prüfstandsanbieter die passende Betriebsart auswählen; wird die Maschine separat beschafft, ist je nach Aufgabe und damit Betriebsart des Prüfstandes die passende Nennbetriebsart zu spezifizieren.

Abb. 6.15 zeigt, welche Arten elektrischer Maschinen es gibt. Lange Zeit waren nur Gleichstrommaschinen verbreitet, da der Betrieb mit Drehstrom einen teuren und un-

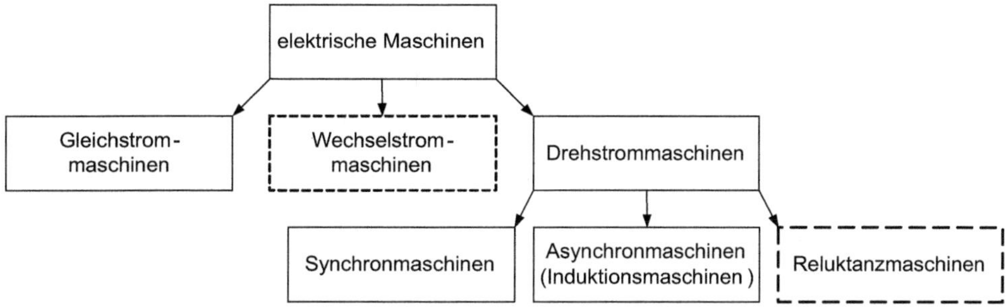

Abb. 6.15 Systematik elektrischer Maschinen. Einphasige Wechselstrommaschinen und Reluktanzmaschinen haben keine praktische Bedeutung im Zusammenhang mit Prüfständen.

zuverlässigen Umrichter zur Bereitstellung einer Drehspannung mit variabler Frequenz und Amplitude erforderte, obwohl die Drehstrommaschine selbst robuster und etwas preisgünstiger als die Gleichstrommaschine war. Dank der Fortschritte der Leistungselektronik sind diese Umrichter heute zuverlässig und so preisgünstig, dass die Drehstrommaschine auch mit dem Umrichter zusammen kaum teurer als ein Gleichstromantrieb ist. Aufgrund weiterer Vorteile, die wir in Abschn. 6.3.3 diskutieren, sind Drehstrommaschinen deswegen heute die Standardlösung. Meist werden Asynchronmaschinen eingesetzt, in letzterer Zeit aber zunehmend auch Synchronmaschinen.

Die Temperaturen im Inneren der Maschine überschreiten leicht 100 °C, deswegen genügt bei größeren Maschinen eine Eigenkühlung durch Lüftungsschlitze und einem mitrotierenden Flügelrad im Gehäuse nicht. Die Kühlung der Maschine erfolgt in der Regel über ein Hilfsgebläse, an Akustikprüfständen werden zur Geräuschreduktion auch wassergekühlte Maschinen eingesetzt. Die Kühlung muss im Aussetzbetrieb durchlaufen, nach dem Anhalten der Maschine muss die Kühlung nach der Spezifikation des Herstellers nachlaufen.

6.3.1 Gleichstrommaschinen

Der grundsätzliche Aufbau einer Gleichstrommaschine ist in Abb. 6.16 gezeigt. Über den Umfang sind mindestens zwei (meist vier oder mehr) Elektromagnete verteilt, die ein Magnetfeld erzeugen. In diesem Magnetfeld liegt der mit Wicklungen über den Umfang belegte Läufer (Anker). Zur Vereinfachung ist im Bild nur eine Läuferwicklung eingezeichnet, in der oben der Ankerstrom I_A dem Betrachter entgegen fließt, unten fließt derselbe Strom vom Betrachter weg. Auf jeden Leiter wird eine Kraft $\underline{F}$ ausgeübt, auf den Läufer wirkt ein Drehmoment, das diesen in Bewegung setzt. Große elektrische Maschinen besitzen zwischen den gezeigten Polen zusätzliche Wendepole, diese sind im Bild nicht gezeigt. Ebenfalls nicht gezeigt sind die auf den Polen sitzenden Kompensationswicklungen, die die Feldverzerrung durch den Ankerstrom ausgleichen.

Tab. 6.4 Einige Anbieter elektrischer Bremsen. Die angebotenen Maschinen werden in der Regel von anderen Herstellern (z. B. Oswald, Schorch oder ELIN) zugekauft. Zu beachten ist, dass die Nenndrehzahl, bis zu der das volle Drehmoment verfügbar ist, erheblich unter der Höchstdrehzahl liegen kann. Die Motorleistung liegt meist etwas unter der Bremsleistung. Darüber hinaus gehende Spezifikationen können ggf. auf Kundenanfrage erfüllt werden.

Name	WWW	Serie	Leistung (Bremsbetrieb)/kW	Höchstdrehzahl/ min^{-1}
A&D	www.aanddtech.com	ADT	50–600	6000–15.000
AVL	www.avl.com	DynoSpectra	100–1000	3500–22.000
		DynoForce	55–1000	3500–10000
		DynoUltra	Auf Anfrage	Auf Anfrage
Dasym	http://www.dasym.de	H	108–470	9000–12.000
		L	235–810	3500–5000
		M	265–580	8500–10000
		E	147–265	16000–20000
FEV	www.fev.com	Dynacraft	66–700	4500–1000
		MDA	160–630	4500–10.000
		MDC	280–800	3500–4000
Froude	froudedyno.com	AC	140–690	3500–10.000
Horiba	www.horiba.com	$Dynas_3$ HD	255–1026	4480–5070
		$Dynas_3$ HP	265	10.000
		$Dynas_3$ HS	147–211	16000–20000
		$Dynas_3$ HT	250–460	8000–1000
		$Dynas_3$ LI	145–460	8500–10.000
Meiden	www.meidensha.co.jp	FCDY	55–450	5000–10.000
		i	250–600	6000-12000
Taylor	www.taylordyno.com	DA	12–746	3000–11.000

Für eine fortwährende Drehung müssen die Kraftvektoren immer in die gleiche Richtung zeigen, dies erfordert, dass auch nach einer halben Drehung des Läufers und der Wicklung oben der Strom dem Betrachter entgegen fließen muss und unten von ihm fort. Die Stromrichtung durch die Läuferwicklung muss dazu nach einer viertel Drehung vertauscht werden (bei Maschinen mit höherer Polzahl entsprechend öfter). Diese Vertauschung bewirkt der *Polwender* oder *Kommutator*. Er besteht aus über den Umfang verteilten, mitrotierenden Kontaktlamellen, die über feststehende, *Bürsten* genannte Kohlestifte kontaktiert werden. Diese sind Verschleißteile, die Wartung erfordern. Zwischen dem Kommutator und den Bürsten können Lichtbögen entstehen, die den Verschleiß beschleunigen und eine breitbandige elektromagnetische Störquelle darstellen, die Messungen am Prüfstand verfälschen kann.

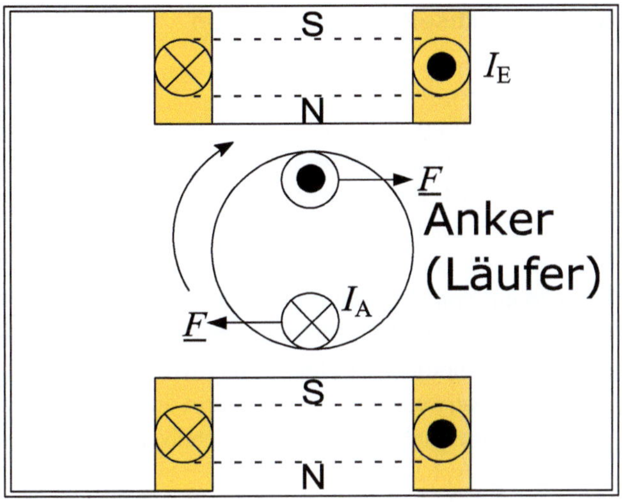

Abb. 6.16 Prinzip einer Gleichstrommaschine (vereinfacht). Elektromagnete erzeugen mithilfe des Erregerstromes I_E ein Feld, in dem sich der Läufer dreht. Zwei vom Ankerstrom I_A durchflossene Leiter des Läufers sind dargestellt (Stromrichtung *oben* aus der Zeichenebene heraus, *unten* in die Zeichenebene hinein). Wendepole und Kompensationswicklungen in der Prinzipdarstellung nicht berücksichtigt

Die Erregerwicklung und die Ankerwicklungen können parallel *(Nebenschluss)* oder in Reihe *(Reihenschluss)* geschaltet werden, eine zweigeteilte Erregerwicklung kann auch gleichzeitig mit einem Teil in Serie und dem anderen Teil parallel geschaltet werden *(Doppelschluss)*. Bei Kleinmotoren wird die Erregerwicklung oft durch Permanentmagnete ersetzt. Schließlich können beide Wicklungen auch völlig unabhängig gespeist werden *(Fremderregung)*, dies wird bei Prüfstandsmaschinen getan.

Im Motorbetrieb ist die Drehzahl proportional zur Läuferspannung, durch Feldschwächung ist eine weitere Drehzahlerhöhung (bei gleichzeitigem Abfall des Drehmoments) möglich. Im Bremsbetrieb ist das Drehmoment proportional zum Strom. In beiden Fällen ist ein Stellen mithilfe von Widerständen möglich, es ist jedoch leicht vorstellbar, dass dies mit praktisch inakzeptablen Verlustleistungen verbunden ist. Eine weitere, heute ebenfalls historische Möglichkeit zur Ansteuerung mit weniger Verlusten aber hohen Kosten war die Verwendung eines rotierenden Umformers, bei denen zwei mit einer Drehstrommaschine gekoppelte Gleichstrommaschinen die eigentliche Prüfstandsmaschine versorgten oder belasteten (Leonard-Satz).

Daher wurden Gleichstrommotoren erst attraktiv durch eine leistungselektronische Ansteuerung. Für den Prüfstandsbetrieb als Motor und Bremse eignet sich die Sechspulsbrückenschaltung [Fischer22]. Die Entwicklung der Leistungselektronik, die die Gleichstrommaschine praktikabel machte, sorgte auch für deren baldige Ablösung durch Drehstrommaschinen. Es sind noch einige Prüfstände mit Gleichstrommaschinen im Betrieb, auch können Gleichstrommaschinen als Sonderlösung im reinen Bremsbetrieb mit luftgekühlten Widerständen dort eingesetzt werden, wo bei hoher Prüflingsleistung weder hinreichende Netzleistung zum Anschluss eines Umrichters, noch ein Wasseranschluss für hydraulische oder Wirbelstrombremsen vorhanden ist. Bei Neuanlagen werden ansonsten Drehstrommaschinen eingesetzt.

6.3.2 Wechselstrommaschinen

Einphasige Wechselstrommaschinen sind entweder vom Gleichstrom-Reihenschlussmotor abgeleitet oder es handelt sich um intern mehrphasige Maschinen, bei denen eine externe Beschaltung eine weitere Hilfsphase erzeugt oder der ständerseitige Magnetkreis so aufgebaut ist, dass Hilfspole bei einphasiger Speisung zusätzliche Feldkomponenten mit verschobener Phase erzeugen.

Erstere unterscheiden sich von Gleichstrommotoren durch den geblechten Ständer zur Vermeidung von Wirbelstromverlusten (der Läufer ist ohnehin wie beim Gleichstrommotor geblecht) und bieten gegenüber Gleichstrommotoren keine Vorteile. Sie wurden als Traktionsmotoren in elektrischen Treibfahrzeugen und als Kleinmotoren in Haushaltsgeräten verwendet und werden dort durch Drehstrommaschinen verdrängt.

Es gibt eine Vielzahl schaltungstechnischer Varianten um aus einer einphasigen Speisung eine Hilfsphase zu erzeugen sowie eine Vielzahl teils recht origineller konstruktiver Varianten wie den Spaltpolmotor, um aus einem magnetischen Wechselfeld ein Drehfeld zu erzeugen. Diese Varianten führen zu schlechten Wirkungsgraden und ungünstigen Drehzahl-Drehmoment-Verläufen, sodass sie ausschließlich bei elektrischen Kleinmaschinen sinnvoll eingesetzt werden [StöKalAm11].

Es gibt kein Argument zugunsten eines Einsatzes einphasiger Wechselstrommaschinen gleich welcher Art als Belastungsmaschine an Motorenprüfständen und dem Autor ist kein derartiger Prüfstand bekannt.

6.3.3 Drehstrommaschinen

Allen Drehstrommaschinen gemeinsam ist, dass durch Drehstrom in der Maschine ein rotierendes Magnetfeld erzeugt wird. Die aus dem Englischen stammende Bezeichnung *AC-Maschine* (alternating current), sollte gemieden werden, da sie nichts darüber aussagt, ob es sich um eine einphasige oder eine mehrphasige Maschine handelt.

Abb. 6.18 zeigt dies am Beispiel einer Synchronmaschine mit Ständerwicklungen und einem Permanentmagneten als Läufer. Die drei Phasenwicklungen U, V und W verteilen sich über den Ständerumfang. Werden diese drei Wicklungen an eine Drehspannungsquelle angeschlossen, fließt durch sie ein zwischen den Phasen um 120° verschobener Drehstrom wie in Abb. 6.17. Damit sind auch die von den drei Wicklungen erzeugten Magnetfelder um 120° in der Phase verschoben. Das Magnetfeld rotiert also in der Maschine, deswegen werden die Drehstrommaschinen auch Drehfeldmaschinen genannt. Befindet sich in dieser Maschine ein drehbar gelagerter Magnet wie in Abb. 6.18, dreht sich dieser im Feld mit. Weil er in diesem Falle mit der gleichen Drehzahl rotiert wie das Feld, heißt diese Maschine Synchronmaschine (Abschn. 6.3.3.1), vom Prinzip ist diese die einfachste Drehstrommaschine. Eine weitere, in der Theorie komplexere, aber im Aufbau gleichfalls einfache Drehstrommaschine ist die Asynchronmaschine (Abschn. 6.3.3.2). Sie ist derzeit die Standardmaschine für Motorenprüfstände. Auch die

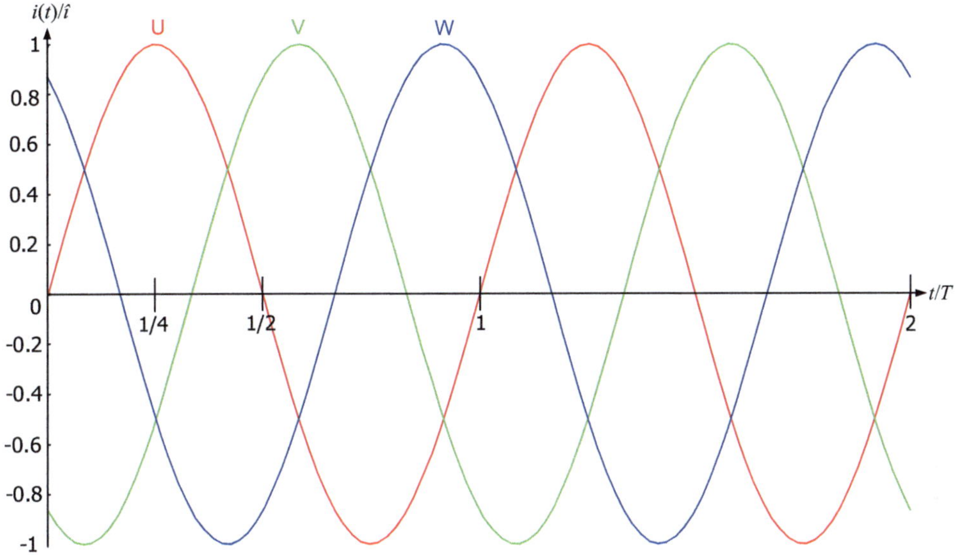

Abb. 6.17 Drehstrom: Stromverläufe $i(t)$ relativ zum Spitzenstrom $\hat{\imath}$ der drei Phasen U, V und W mit der Periode T

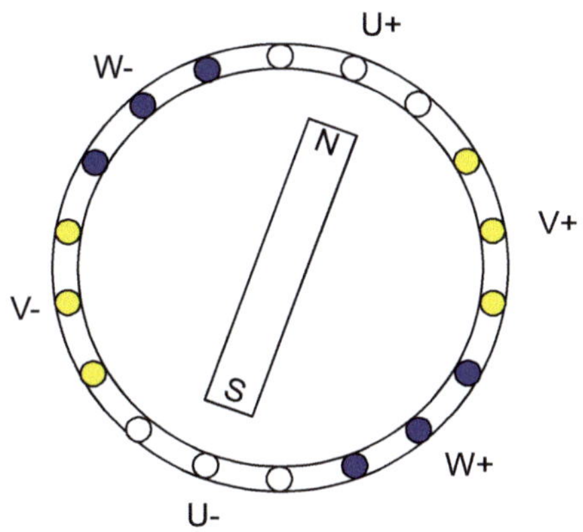

Abb. 6.18 Prinzip einer zweipoligen Synchronmaschine (vereinfacht). Die gezeigte Wicklung liegt über den Umfang der Maschine verteilt in Ständernuten entlang der Längsrichtung der Maschine. An beiden Enden der Maschine werden die Leiter über im Bild nicht gezeigte Wickelköpfe geschlossen. Neben der gezeigten Wicklung ist auch eine raumsparende Realisierung der Ständerwicklung in Form einzeln umwickelter Pole *(Zahnpolwicklung)* ähnlich der Gleichstrommaschine in Abb. 6.16 möglich, aber wegen der daraus folgenden Feldverzerrung bei Prüfstandsmaschinen nicht üblich.

Reluktanzmaschinen in Abschn. 6.3.3.3 lassen sich im weitesten Sinne den Drehstrommaschinen zuordnen.

6.3.3.1 Synchronmaschinen

Eine Synchronmaschine zeichnet sich dadurch aus, dass der Läufer mit der gleichen Drehzahl rotiert, wie das Feld. Die einfachste Art, solch einen Läufer zu realisieren, ist die Verwendung eines Permanentmagneten wie in Abb. 6.18. Umgekehrt erzeugt der Ständer eine synchrone dreiphasige Spannung, wenn im Bremsbetrieb der Magnetläufer durch den Verbrennungsmotor angetrieben wird. Anstelle eines Permanentmagneten kann der Läufer auch durch einen gleichstromgespeisten Elektromagneten realisiert werden, wie z. B. bei der Fahrzeuglichtmaschine, Synchronmaschinen für Prüfstände verwenden aber Permanentmagnete.

Oft sind Maschinen mit mehr als zwei Polen realisiert, dies kann durch zwei oder mehr Läuferpolpaare geschehen. Dann muss sich auch die Ständerwicklung entsprechend der Anzahl der Läuferpolpaare p über den Umfang verteilt wiederholen, z. B. hätte eine Maschine mit einem vierpoligen Läufer ($p=2$) auf dem Ständer die Wicklungsfolge U+/V+/W+/U – /V – /W– über den halben Umfang verteilt und über die andere Hälfte nochmals die gleiche Reihenfolge.

Der Einsatz von Synchronmaschinen auf Prüfständen ist noch recht neu und damit weniger verbreitet, als der von Asynchronmaschinen. Ein wesentlicher Vorteil permanent erregter Synchronmaschinen gegenüber Asynchronmaschinen ist das weniger als halb so große Trägheitsmoment (z. B. 0,15 kg m^2 für eine 346-kW-Maschine), damit ist ein dynamischerer Betrieb möglich und eine Synchronmaschine kann mit vergleichsweise kleinen Verbrennungsmotoren zusammen arbeiten, bei denen eine Asynchronmaschine gleicher Leistung überdimensioniert wäre. Daher lässt sich mit einer einzigen Synchronmaschine ein größeres Spektrum an Motoren belasten, als dies mit einer Asynchronmaschine der Fall wäre. Wenn Messungen mit der originalen Abgasanlage durchgeführt werden sollen, ist nicht selten die Belastungsmaschine der Abgasanlage im Wege. Permanent erregte Synchronmaschinen bauen kompakter und finden leichter noch zwischen zwei Abgasrohren einschließlich Katalysatoren und Schalldämpfern Platz. Auch ist der Drehzahlbereich etwas höher als bei Asynchronmaschinen. Nachteilig sind die teuren und zeitweilig schwer verfügbaren seltenen Erden, die für besonders starke Permanentmagnete erforderlich sind. Auch kann deren Flussdichte bei höheren Temperaturen irreversibel nachlassen.

6.3.3.2 Asynchronmaschinen

Asynchronmaschinen sind die derzeit am häufigsten eingesetzten Belastungsmaschinen. Ihr Ständer gleicht dem einer Synchronmaschine. Von den beiden möglichen Ausführungsformen des Läufers, dem Schleifringläufer und dem Käfigläufer kommt praktisch nur der Käfigläufer zum Einsatz (Abb. 6.19). Der Läufer besteht aus Stäben in Längsrichtung der Maschine, die über den Umfang gleichmäßig verteilt und an den beiden Enden durch Kurschlussringe alle leitend miteinander verbunden sind. Der Käfig-

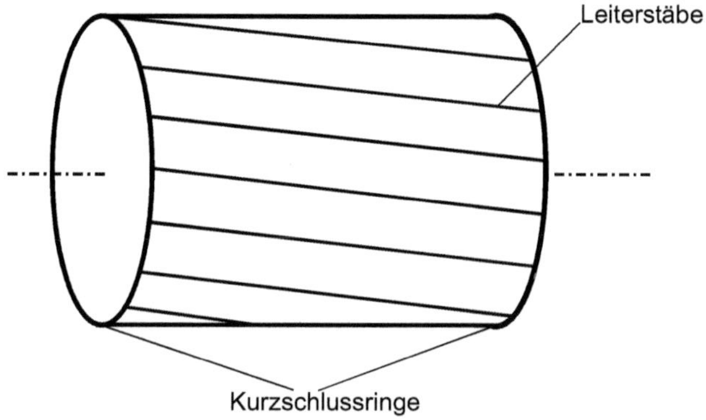

Abb. 6.19 Aufbau eines Käfigläufers (vereinfacht). Die Leiterstäbe werden zugunsten des Anlaufverhaltens als Motor schräg zwischen den Kurzschlussringen verlötet. Sie sind bei größeren Maschinen aus Kupfer und werden in ein ferromagnetisches Material eingelegt.

läufer kommt also ohne externe Anschlüsse der Läuferwicklung aus, deshalb sind Käfigläufermaschinen kostengünstig herstellbar und verschleißarm.

Damit im Läufer Ströme fließen können, obwohl der Kurzschlussläufer keine Anschlüsse hat, muss der Läufer induktiv von der Ständerwicklung über den Luftspalt mit Energie versorgt werden. Deshalb werden diese Maschinen auch als *Induktionsmaschinen* bezeichnet. Das Ersatzschaltbild der Maschine entspricht einem Transformator mit dem Ständer als Primärwicklung und dem Läufer als Sekundärwicklung. Würde sich der Läufer exakt mit dem Drehfeld im Ständer drehen, wäre das Magnetfeld aus Sicht des Läufers konstant; bei Synchrondrehzahl findet also keine Induktion statt und damit kann die Maschine auch selbst kein Drehmoment entwickeln. Wenn die Maschine aber im Motorbetrieb gegen ein Lastmoment arbeitet, wird der Läufer gegenüber dem Ständerdrehfeld etwas abgebremst. Umgekehrt wird im Bremsbetrieb der Läufer durch ein äußeres Drehmoment gegenüber dem Ständerfeld beschleunigt. Die Abweichung zwischen der Drehzahl des Drehfeldes und des Läufers in diesem asynchronen Betrieb wird ausgedrückt durch den Schlupf:

$$s = \frac{n_s - n}{n_s}. \tag{6.16}$$

n ist die tatsächliche Drehzahl, n_s die durch das Drehfeld definierte Synchrondrehzahl. Der Schlupf liegt typisch etwa zwischen −0,1 (Generator-/Bremsbetrieb) und 0,1 (Motorbetrieb). Durch den Schlupf ist das Magnetfeld relativ zum Läufer veränderlich, die Induktion findet statt und die Maschine erzeugt ein Drehmoment; sie arbeitet als Motor, in der Kennlinie in Abb. 6.20 ist dies links oben dargestellt. Bewirkt ein äußeres Drehmoment eine Drehzahl oberhalb der Synchrondrehzahl, findet ebenfalls eine Relativbewegung zwischen Läufer und Ständerdrehfeld und damit eine Induktion statt, in diesem Falle arbeitet die Maschine als Generator, also am Prüfstand als Bremse, dieser Betrieb ist in Abb. 6.20 rechts unten dargestellt. Die Schlupfabhängigkeit des Läuferstromes wird im Ersatzschaltbild [Fischer22] dadurch ausgedrückt, dass anstelle des konstanten Lastwiderstandes an der Sekundärspule eines Transformators ein schlupf-

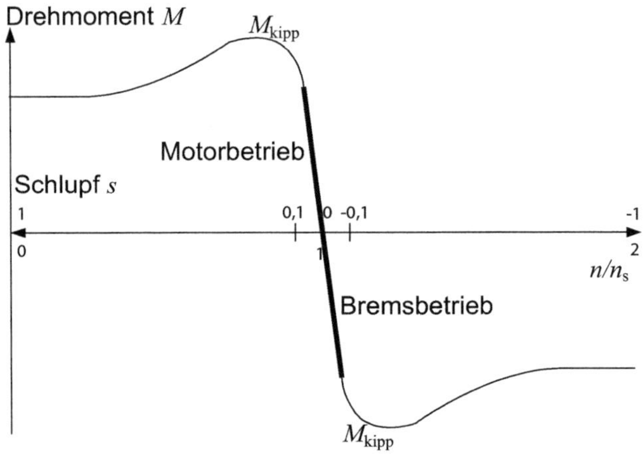

Abb. 6.20 Kennlinie einer Asynchronmaschine: Der hervorgehobene, gerade Abschnitt um die Synchrondrehzahl n_s wird praktisch genutzt, das Kippmoment ist v. a. für den motorischen Anlauf relevant.

abhängiger Ersatzwiderstand angenommen wird, der bei Synchrondrehzahl gegen unendlich geht.

Die Kennlinie zeigt, dass der Drehzahlbereich einer starr am Netz betriebenen Asynchronmaschine sehr begrenzt ist. Deshalb wird ein drehzahlvariabler Umrichter verwendet, der die Ansteuerfrequenz und damit auch die Synchronfrequenz und die Arbeitsgerade in einem weiten Bereich nach links oder rechts verschieben kann, sodass innerhalb der Spezifikation eine beliebige Kombination von Drehzahl und Drehmoment möglich ist.

6.3.3.3 Reluktanzmaschinen

Reluktanzmaschinen haben einen ferromagnetischen Läufer ohne Wicklungen. Sie nutzen das Prinzip, dass sich ein Eisenkern in ein Magnetfeld hineinzieht und so die im Luftspalt gespeicherte Feldenergie minimiert. Um das Feld zu schließen, muss sich bei einem geschalteten, rotierenden äußeren Feld der Läufer ähnlich einer Synchronmaschine in das Feld hineindrehen. Der interessierte Leser mag konstruktive Varianten und die Berechnung in [Krishnan01] vertiefen. Der Generatorbetrieb wird in [Torrey02] beschrieben. Hohe Drehmomente bei geringen Drehzahlen, ein geringes Trägheitsmoment des Läufers und der robuste Aufbau machen Reluktanzmaschinen als Motoren attraktiv, am Prüfstand ist jedoch v. a. der Brems- oder Generatorbetrieb wichtig. Trotz intensiver Forschung finden Reluktanzgeneratoren nur zögernd Verbreitung.

6.3.3.4 Umrichter für Drehstrommaschinen

Wie bereits beschrieben, entsteht das rotierende Ständerfeld einer Drehstrommaschine durch eine dreiphasige Spannung. Da die Drehzahl sowohl bei einer Synchronmaschine als auch bei einer Asynchronmaschine von der Frequenz der Drehspannung abhängt, muss diese variabel sein. Sowohl für Asynchronmaschinen als auch für Synchronmaschinen lässt sich herleiten [Fischer22], dass die Frequenz- und Drehzahlerhöhung zu

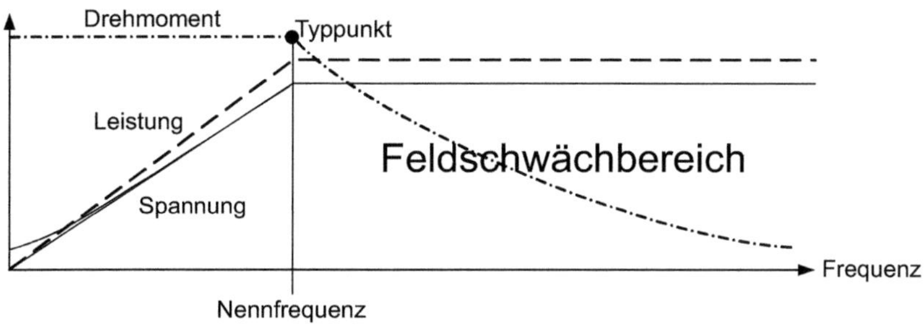

Abb. 6.21 Verlauf von Drehmoment, Leistung und notwendiger Spannung einer frequenzvariabel betriebenen Asynchronmaschine oder Synchronmaschine. Ggf. wird bei sehr kleinen Frequenzen die Spannung etwas angehoben. Nicht eingezeichnet ist eine eventuelle zusätzliche Leistungsgrenze, die oft knapp unter der Höchstdrehzahl einsetzt.

einer Abschwächung des Drehmoments führt. Der Abschwächung lässt sich entgegenwirken, indem mit der Frequenz auch die Spannung erhöht wird, der Umrichter muss also neben einer variablen Frequenz auch eine variable Spannung erzeugen.

Man erhält den gezeigten Drehmomentverlauf in Abb. 6.21, indem für jede Frequenz des Umrichters der Kurvenverlauf nach Abb. 6.20 eingetragen und das Maximalmoment markiert wird. Als Maximalmoment kann M_{kipp} definiert sein oder häufiger der obere Wert des in Abb. 6.20 durch die verdickte Linie dargestellten normalen Betriebsbereiches. Das gezeigte Drehmoment ist oft das kurzzeitig erreichbare Spitzenmoment der Maschine, das dauerhaft mögliche Drehmoment liegt niedriger, und ist auch unterhalb der Nennfrequenz nicht immer konstant. Der Hersteller sollte deshalb mehrere derartige Kennlinien für unterschiedliche Lastdauern spezifizieren. Alternativ kann die Drehzahl anstelle der Frequenz angegeben werden; da das Maximalmoment im Motorbetrieb leicht unterhalb der Synchronfrequenz erreicht wird und im fremderregten Bremsbetrieb leicht oberhalb, verschiebt sich das Diagramm dann geringfügig. Wie Abb. 6.21 zeigt, kann die Spannung nicht beliebig angehoben werden, sondern erreicht an einem bestimmten Punkt (*Typpunkt* genannt) ihr Maximum. Bei einer weiteren Erhöhung der Frequenz ohne die Spannung zu erhöhen, sinkt dann das Drehmoment. Der Grund dafür liegt in einer Abschwächung des Magnetfeldes, weshalb dieser Betriebsbereich Feldschwächbereich genannt wird.

Abb. 6.22 zeigt die Schaltung eines Umrichters, der rechte Teil zwischen dem Zwischenkreis und dem Motor ist in Abb. 6.23 als Foto zu sehen. Der Gleichrichter wandelt im Motorbetrieb die netzseitigen 400 V und 50 Hz in eine Gleichspannung um, die durch die Kondensatoren gepuffert wird (Zwischenkreis). Der gezeigte Spannungszwischenkreis mit Kondensatoren ist üblich, alternativ gibt es aber auch induktiv gestützte Stromzwischenkreise und kombinierte Zwischenkreise. Die sechs durch Transistoren realisierten Schalter erzeugen eine dreiphasige Ansteuerung der elektrischen Maschine mit der gewünschten Spannung und Frequenz. Im Generator-/Bremsbetrieb

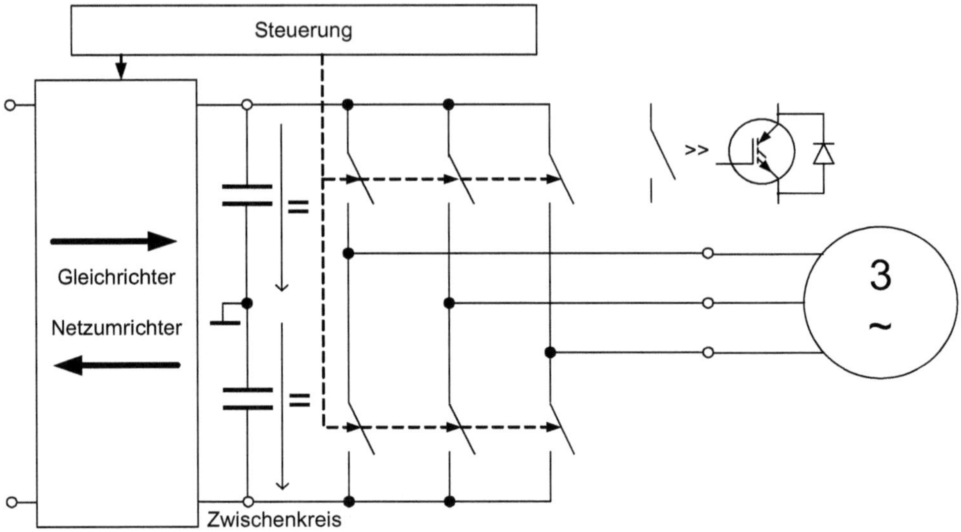

Abb. 6.22 Schaltung und Funktion des Umrichters

werden die sechs Transistoren als Gleichrichter angesteuert und laden den Zwischenkreis. Der Netzumrichter erzeugt daraus eine dreiphasige Spannung mit 400 V und 50 Hz. Wird der Gleichrichter/Netzumrichter ähnlich dem motorseitigen Teilumrichter mit sechs Transistoren aufgebaut, so handelt es sich um nur eine Schaltung, die je nach Steuerung als Gleichrichter oder Netzumrichter betrieben wird. Die Kühlung des Umrichters erfolgt meist durch ein Gebläse (im Foto über dem Schrank).

Ein kritischer Punkt bei Umrichtern ist deren elektromagnetische Verträglichkeit (EMV). Neben Abstrahlungen, die in Leitungen von Messgeräten oder Steuerleitungen einkoppeln und so zu falschen Messungen oder Funktionsstörungen führen, sind die Verzerrungen des aus dem Netz entnommenen Stromes (Harmonische) kritisch. Besonders kritisch sind Harmonische mit der dreifachen Netzfrequenz (150 Hz), da diese bei einem dreiphasigen System einen Gleichtaktstörstrom (gleicher Störstrom auf allen drei Phasen) verursachen, der zu entsprechenden Spannungsschwankungen am Mittelspannungs-/Niederspannungstransformator des Werkes bzw. des Energieversorgers führt, die Geräte außerhalb des Prüfstandes schädigen können. Die Harmonischen erfordern ein netzseitiges Filter. Mindestens sind die Anforderungen an die EMV nach [EN61800-3] zu erfüllen. Gleichtaktstörungen mit Harmonischen der Grundfrequenz werden auch an die Maschine übertragen und bilden dort über Kapazitäten nach Masse einen geschlossenen Stromkreis.

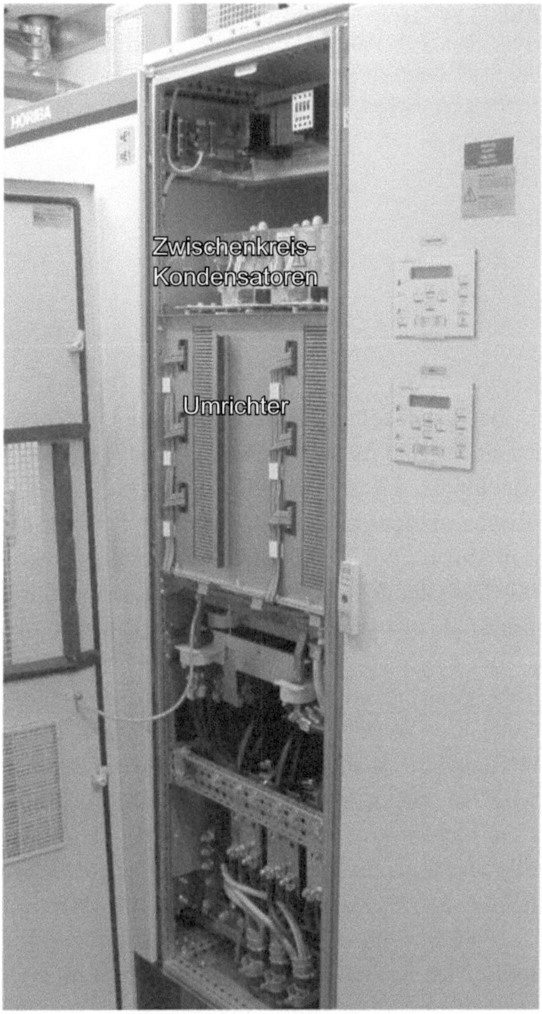

Abb. 6.23 Aufbau des Maschinenteils eines Umrichters. Das Netzteil (Gleichrichter/Netzumrichter) im Schrank *links dahinter* sieht ähnlich aus, anstelle des Maschinenanschlusses sind dort Netzdrosseln. *Rechts* im Vordergrund der Schrank mit der Steuerung

6.3.4 Fehler und Diagnose

Grundsätzlich zeichnen sich elektrische Maschinen durch eine hohe Zuverlässigkeit aus. Da sie zu den Kernkomponenten des Prüfstands gehören und eine Reparatur teuer oder unmöglich ist, können Schäden an der Maschine aber hohe Kosten verursachen. Fehler können in der Elektrik (Ständer/Läufer) oder in der Mechanik auftreten.

Ständerfehler sind seltene Wicklungsunterbrechungen oder häufiger Kurzschlüsse, die meist nur einen Teil einer Wicklung betreffen und deshalb nicht immer sofort erkannt werden. Die typische Ursache sind Schäden der Isolierung, bedingt durch Alterung oder durch Teilentladungen bei hohen Spannungen.

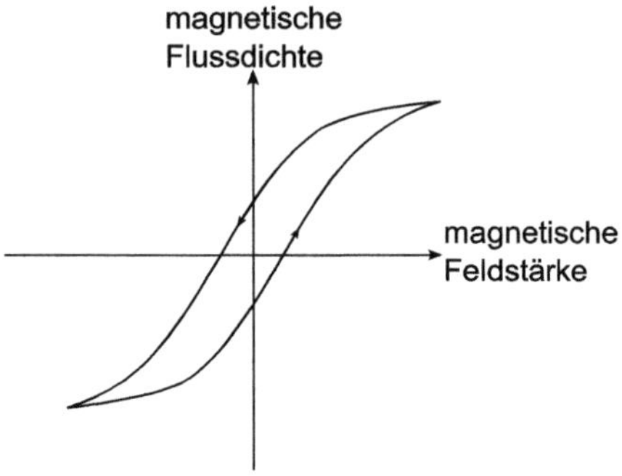

Abb. 6.24 Hystereseschleife (Flussdichte als Funktion der Feldstärke) eines ferromagnetischen Materials

Bei gewickelten Läufern (die bei typischen Prüfstandsmaschinen kaum mehr vorkommen) sind die Schäden den Ständerschäden vergleichbar, zusätzlich sind die Läuferwicklungen durch Fliehkräfte beansprucht. Bei Synchronmaschinen sind die Permanentmagnete potenzielle Schwachstellen des Läufers, deren Flussdichte kann im Laufe der Zeit sinken, bei Übertemperatur geschieht dies sehr schnell. Bei Asynchronmaschinen mit Käfigläufer können selten die Läuferstäbe brechen oder sich von den beidseitigen Kurzschlussringen lösen. Dadurch kann auch der Ständer beschädigt werden.

Bei mechanischen Schäden ist an eine Durchbiegung zu denken, die sich infolge der daraus entstehenden Unwucht verstärken kann oder an Lagerschäden durch unzulässige Gewichte (Welle), Lagerströme (nicht bei isolierenden Keramiklagern) oder Korrosion bei langem Stillstand unter ungünstigen Bedingungen. Die Lagertemperatur im Betrieb wird bei vielen Maschinen durch Sensoren überwacht. Der Errichter des Prüfstandes kann Lagerströme durch die Auslegung des Umrichters, durch Filter zwischen Umrichter und Maschine und durch Auslegung der Maschine und ihrer Lager reduzieren. Nachträglich lassen sich Lager elektrisch überbrücken.

Ein klassisches Diagnoseverfahren ist die thermische Überwachung. Eine Diagnose im Betrieb ist auch über den Motorstrom möglich. Dieser zeigt oft fehlertypische Signaturen, deren Auswertung allerdings umfangreiche Expertise voraussetzt und in der Regel noch nicht automatisch erfolgen kann. Daher haben auch viele Motorumrichter noch keine hochentwickelten Überwachungsfunktionen integriert, lediglich schwere Fehler werden sicher erkannt. Einen Überblick über Diagnoseverfahren, die zukünftig Eingang in die Software der Umrichters finden könnten, geben [Henao14, Lee20].

Mechanische Schäden sind manchmal hörbar, daneben empfiehlt sich die Anwendung von Schwingungsmessgeräten. Auch grobe Asymmetrien im Magnetfeld durch elektrische Fehler können sich akustisch manifestieren.

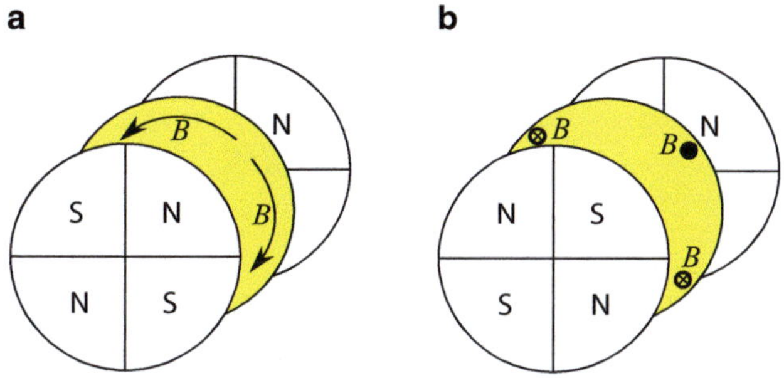

Abb. 6.25 Funktionsprinzip einer Hysteresebremse mit einer Läuferscheibe zwischen zwei vierpoligen Magnetscheiben. **a** Maximale Bremswirkung: Magnetische Flussdichte *B* entlang des Läuferumfangs, **b** Minimale Bremswirkung: Magnetische Flussdichte *B* schneidet den Läufer senkrecht.

6.4 Hysteresebremsen

Das Ummagnetisieren eines ferromagnetischen Materials führt zu Verlusten, die gleichfalls für eine Bremswirkung genutzt werden können. Abb. 6.24 zeigt eine typische Hystereseschleife. In einem Ummagnetisierungszyklus wird die Schleife einmal komplett durchlaufen. Der Begriff *Hysterese* bezeichnet das Phänomen, dass nicht etwa nur eine Kennlinie eindeutig einen Zusammenhang zwischen der Flussdichte und der Feldstärke beschreibt, sondern dass je nach Richtung zwei Kennlinien existieren, die zusammen eine geschlossene Schleife bilden. Der Flächeninhalt dieser Schleife entspricht der in einem Zyklus umgesetzten Energie pro Volumen.

Die Hersteller haben verschiedene technische Lösungen gefunden, dieses Prinzip zur Erzeugung eines Belastungsmoments zu nutzen. Abb. 6.25a zeigt ein sehr einfaches Prinzip, wie die Hystereseschleife ständig durch magnetisches Umpolen durchlaufen wird. Eine mit der zu bremsenden Welle rotierende ferromagnetische Scheibe befindet sich zwischen zwei scheibenförmigen Magneten. Der magnetische Kreis schließt sich über den Läufer entlang des Umfangs (oberer und rechter Pfeil in Abb. 6.25a). Dreht sich ein beliebiger Punkt auf dem Läufer um 90° weiter, schließt sich das Magnetfeld mit entgegengesetzter Richtung über den Umfang, im Bild ist also die Pfeilrichtung umgekehrt. Durch eine höhere Polzahl lässt sich der Läufer während einer Drehung noch häufiger ummagnetisieren und man erhält die gewünschten Verluste.

Um das Bremsmoment unterhalb des Maximums zu regeln, gibt es zwei Möglichkeiten. Einerseits kann das Magnetfeld elektrisch erzeugt werden (anstelle flacher Magnetscheiben müsste eine Spule mit sich abwechselnden Polfingern verwendet werden), das Magnetfeld wird dann über den Erregerstrom gestellt. Andererseits kann einer der Magnete wie in Abb. 6.25b um bis zu eine Polteilung (hier 90°) geschwenkt werden. Das Magnetfeld durchsetzt dann den Läufer senkrecht, diese Änderung des Magnetkreises ändert das Feld in der Scheibe, damit die Verluste und schließlich das Brems-

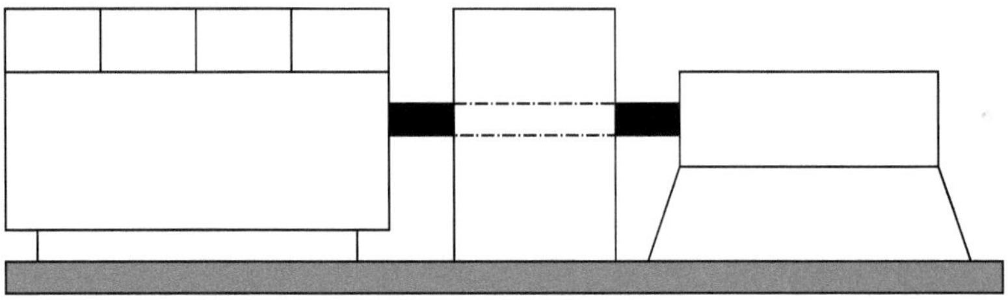

Abb. 6.26 Aufbau einer Tandembremse

moment. Hysteresebremsen finden Anwendung bei kleinen Leistungen bis zu einigen kW.

6.5 Tandembremsen

In einigen Situationen kann es sinnvoll sein, eine passive Bremse (Wirbelstrom oder hydraulisch) für hohe Leistungen mit einer aktiven Belastungsmaschine zu kombinieren (Abb. 6.26). Derartige Szenarien sind z. B. hohe Bremsleistungen in Verbindung mit kleinen Schleppleistungen oder auch hohe Dauerbremsleistungen mit kurzzeitigen Dynamikanforderungen. Grundsätzlich lassen sich solche Anforderungen durch eine elektrische Maschine erfüllen, die für die höchste, mögliche Leistung ausgelegt ist. Es kann aber wirtschaftlicher sein, stattdessen z. B. den Bremsbetrieb mit einer großen hydraulischen Bremse zu ermöglichen, während für den Schleppbetrieb eine elektrische Maschine mit deutlich geringerer Leistung zur Verfügung steht. In diesem Falle werden die aktive und passive Maschine starr gekoppelt. Da die passive Maschine das größere Drehmoment aufbringt, wird sie näher am Prüfling platziert. Bei der Verwendung einer Tandembremse ist zu beachten, dass der Prüfstandsregler in der Lage sein muss, mit dieser Bremse umzugehen.

6.6 Starten des Motors

Für Bremsen, die nicht selbst antreiben können, ist als Zubehör oftmals ein kleiner, meist elektrischer Hilfsantrieb mit mechanischer oder pneumatischer Einkupplung zum Starten des Motors verfügbar, der nahe der Belastungsmaschine installiert wird. Elektrische Maschinen können diese Aufgabe selbst übernehmen. Des Weiteren kann auch der motoreigene Starter verwendet werden. Dabei ist zu beachten, dass Resonanzen (Kap. 5) schnell durchlaufen werden.

Messtechnik

7

Wie bereits erwähnt, ist ein Motorenprüfstand im Wesentlichen ein komplexes Messgerät. Wir werden uns in diesem Kapitel von den Schnittstellen des Motors in das Innere vorarbeiten (Abb. 7.1). Wir beginnen mit den äußeren Eingangsgrößen des Motors, dem Kraftstoffverbrauch und dem Luftverbrauch (Abschn. 7.1). In diesem Zusammenhang werden weitere Anwendungen der Durchflussmessung am Motor vorgestellt, auch wenn diese keine Eingangsgrößen sind. Äußere Ausgangsgrößen sind v. a. die mechanischen Größen Drehzahl, aktueller Drehwinkel (Abschn. 7.2) und Drehmoment (Abschn. 7.4) sowie die daraus abgeleitete Leistung (Abschn. 7.5). Kräfte und abgeleitete Größen wie Spannungen und Dehnungen sind keine typischen Ausgangsgrößen, sondern motorinterne Größen; da die Drehmomentmesstechnik auf der Kraftmesstechnik basiert, bietet es sich aber an, die Kraftmesstechnik zusammen mit der Messtechnik anderer mechanischen Größen zu behandeln (Abschn. 7.3). Neben den gewünschten mechanischen Ausgangsgrößen gibt es unerwünschte Eigenschaften des Motors, die ebenfalls an seinen Schnittstellen zur Außenwelt gemessen werden, nämlich Lärm (Abschn. 7.6), elektromagnetische Abstrahlung und die Empfindlichkeit gegenüber Einstrahlung (Abschn. 7.7) und Abgase (Abschn. 7.8).

Wenn wir weiter ins Innere des Motors vorstoßen, so interessieren uns v. a. die thermodynamischen Zustandsgrößen Druck und Temperatur (Abschn. 7.9). Auch das Volumen ist eine wichtige Zustandsgröße der Thermodynamik, das aktuelle Volumen im Zylinder wird aber nicht gemessen, sondern aus dem Kurbelwellenwinkel berechnet. Andere, konstante Volumina im Motor (z. B. eines Einlasskrümmers) lassen sich aus Konstruktionsdaten berechnen. Neben Volumina sind auch Volumenströme und Massenströme wichtig. Diese werden in Abschn. 7.1 behandelt, weil sie v. a. an den Schnittstellen des Motors interessieren.

K. Borgeest, *Messtechnik und Prüfstände für Verbrennungsmotoren*,
https://doi.org/10.1007/978-3-658-43284-3_7

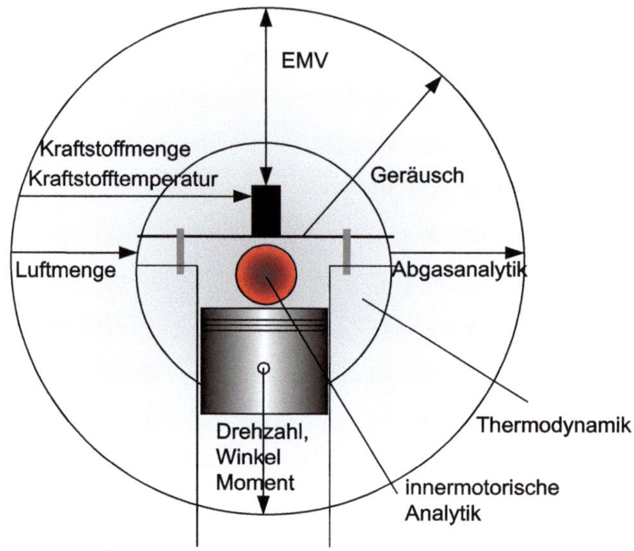

Abb. 7.1 Überblick über die Messtechnik am Prüfstand. Der *äußere Ring* repräsentiert die Messtechnik an den Schnittstellen des Motors: die Eingangsgrößen *links* sind Gegenstand von Abschn. 7.1, die mechanischen Ausgangsgrößen der Abschn. 7.2 bis 7.5, Geräusche von Abschn. 7.6, die EMV von Abschn. 7.7, die Abgasanalytik von Abschn. 7.8. Der *mittlere Ring* repräsentiert die thermodynamischen Größen im und am Motor (Abschn. 7.9), der *innere Ring* die Analytik im Brennraum (Abschn. 7.10)

Die letzte Stufe sind schließlich die Vorgänge im Herzen des Motors: die Strömung, Gemischbildung und Verbrennung im Zylinder. Die hierfür verwendete Messtechnik ist Gegenstand von Abschn. 7.10.

Einzelsensoren, die an externe Geräte zur Signalauswertung angeschlossen werden, identifizieren sich zunehmend über ein „elektronisches Datenblatt" (TEDS), um die Idee des „Plug & Play" auch in der Messtechnik umzusetzen; andernfalls kann nach dem Anschluss der Sensoren eine manuelle Konfiguration der Geräte nötig sein.

7.1 Durchflussmessung

Häufig gemessene Durchflüsse sind der Kraftstoffverbrauch (Abschn. 7.1.1), der Luftverbrauch (Abschn. 7.1.2), vereinzelt die Abgasmenge (Abschn. 7.1.3) und das Leckgas (Abschn. 7.1.4), auch Blow-By-Gas genannt. Selten sind Durchflüsse anderer Betriebsflüssigkeiten (Kühlmittel, Harnstofflösung für SCR) zu messen, hier eignen sich einige der beim Kraftstoff benutzten Verfahren (7.1.1.3 und 7.1.1.4). Durchflüsse werden als Volumenstrom *(volumetrisch)* oder Massenstrom *(gravimetrisch)* gemessen. Volumen-

Tab. 7.1 Messverfahren für Kraftstoff (indirekte Messung über CO_2-Emission nicht berücksichtigt)

	Masse, Massenstrom	Volumenstrom
Diskontinuierlich	Auslaufgewicht, Kraftstoffwaage	Flüssigkeitsspiegel eines Kraftstoffbehälters
Kontinuierlich	Coriolis-Messer	Verdränger, hydraulische Brückenschaltung, Turbine, Wirkdruck

messverfahren bestimmen die Strömungsgeschwindigkeit c und leiten daraus nach der Gleichung

$$\dot{V} = cA, \tag{7.1}$$

den Volumenstrom $\dot{V}$ durch einen Querschnitt A ab. Ein einfaches, nur selten elektronisch auswertbares Verfahren ist die Durchflussmessung mit einem Schwebkörper, das zu Kontrollzwecken eingesetzt werden kann. Induktive Durchflussmesser werden an Prüfständen in der Regel nicht eingesetzt, da diese nur für gut leitende Flüssigkeiten sinnvoll einsetzbar sind.

7.1.1 Kraftstoffverbrauch

Tab. 7.1 stellt mögliche Messverfahren gegenüber. Da der Ölverbrauch in der Regel nicht dynamisch gemessen werden braucht, eignen sich die diskontinuierlichen Verfahren auch zu diesem Zweck. Der Kraftstoffverbrauch kann indirekt über die CO_2-Emission des Motors oder direkt als Volumenstrom oder Massenstrom kontinuierlich oder diskontinuierlich gemessen werden. Die gesetzliche Verbrauchsmessung in der EU wendet das indirekte Verfahren in Verbindung mit dem Messzyklus WLTC an. Die Messtechnik für CO_2-Emissionen wird in Abschn. 7.8 behandelt.

Diskontinuierliche Verfahren wie das Auslaufverfahren (Abschn. 7.1.1.1) einschließlich der Messung eines Flüssigkeitsspiegels oder die Kraftstoffwaage (Abschn. 7.1.1.2) haben zugunsten der kontinuierlichen Verfahren an Bedeutung verloren. Hier ist insbesondere der verbreitete Coriolis-Messer (Abschn. 7.1.1.3) zu erwähnen, der eine hohe Genauigkeit in angemessener zeitlicher Auflösung ermöglicht und dabei den Kraftstofffluss nur minimal beeinträchtigt. Ebenfalls oft verwendet werden die Verdrängerverfahren (Abschn. 7.1.1.4).

Die hydraulische Brückenschaltung besteht aus vier hydraulischen Widerständen (Blenden oder Drosseln), die wie in einer Wheatstone-Brücke verschaltet werden (vgl. elektrische Wheatstone-Brücke in Abb. 7.27). Während eine Pumpe eine Strömung über eine Brückendiagonale erzeugt, fließt die zu messende Strömung über die andere Diagonale. Über zwei hydraulische Widerstände addieren sich die Strömungen, über die anderen zwei subtrahieren sie sich, damit entstehen unterschiedliche Drücke in der Schaltung, die auf unterschiedliche Weise gemessen werden können. Da dieses Prinzip doch eher unüblich ist, wird auf eine genaue Erläuterung und die Darstellung der Varianten in diesem Buch verzichtet und auf [Baker02] verwiesen. Für Messturbinen, die aufgrund ihrer Viskositätsabhängigkeit und ihrer aufwendigen Mechanik im Flüssigkeitsstrom ebenfalls kaum für Messungen der Kraftstoffmenge am Prüfstand eingesetzt werden, sei auf das gleiche Buch verwiesen.

Das Wirkdruckverfahren wird wegen seines Druckverlustes gleichfalls kaum zur Kraftstoffmessung eingesetzt, da es allerdings am Prüfstand oft zur Messung des Leckgases eingesetzt wird, folgt eine Vorstellung des Prinzips an späterer Stelle in Abschn. 7.1.4.1.

7.1.1.1 Auslaufverfahren

Optisch oder durch andere Verfahren, z. B. durch eine Kapazitätsmessung, wird der Flüssigkeitsspiegel eines Auslaufbehälters mit Kraftstoff überwacht. So kann der mittlere Volumenstrom über einen längeren Zeitraum gemessen werden. Für dynamische Messungen ist das Verfahren ungeeignet, da mit einer Kürzung der Messintervalle die Anforderungen an die Genauigkeit zur Bestimmung des Flüssigkeitsspiegels leicht in eine unrealistische Größenordnung steigen.

Eine gravimetrische Variante dieses Verfahrens (Auslaufgewicht) kann abgeleitet werden, indem der Füllstand eines zweiten Gefäßes mit einer Flüssigkeit bekannter Dichte überwacht wird, wobei ein Druckausgleich mit dem Kraftstoffgefäß erfolgt, stattdessen wird aber eher direkt die Gewichtskraft des Kraftstoffs mit einer Kraftstoffwaage gemessen.

7.1.1.2 Kraftstoffwaage

Man stelle sich vor, den Kraftstofftank eines Fahrzeugs permanent zu wiegen, um dessen Verbrauch zu bestimmen. Dieses Prinzip eignet sich, um den Kraftstoffverbrauch über einen längeren Zeitraum sehr präzise zu bestimmen, für den momentanen Verbrauch ist dieses Prinzip aber ungeeignet. Eine Kraftstoffwaage für Prüfstände wägt nicht den Fahrzeugtank, sondern einen Messbehälter innerhalb des Gerätes. Dieser Messbehälter ist genau wie der Fahrzeugtank mit einem Kraftstoffrücklauf und einer Entlüftung ausgestattet. Seine Größe sollte so ausgelegt sein, dass sein Inhalt für mindestens einen Fahrversuch ohne Unterbrechung ausreicht. Bei Dauerlaufmessungen kann diese Bedingung aufgrund der hohen Menge nicht immer erfüllt werden, in diesem Falle sind zwei parallele Kraftstoffwaagen vorzusehen. Wenn eine Waage fast leer ist, wird auf die zweite Waage umgeschaltet und die erste wieder befüllt und entsprechend umgekehrt kurz vor Leerung der zweiten Waage.

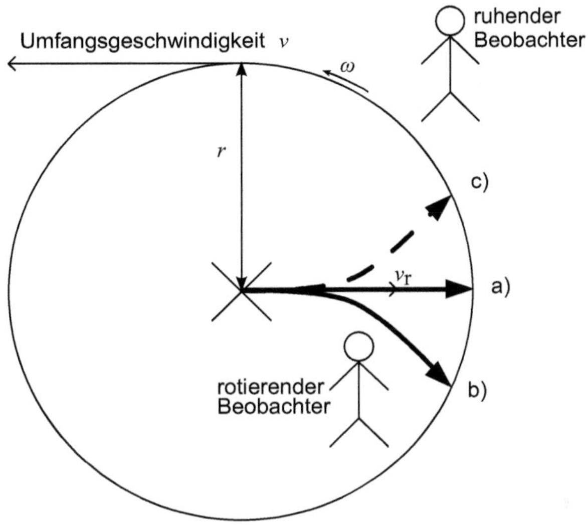

Abb. 7.2 Veranschaulichung des Coriolis-Effekts: **a** Gerade Bahn aus Sicht des ruhenden Beobachters, **b** dieselbe Bahn scheint sich dem rotierenden Beobachter entgegen zu krümmen, **c** so würde sich die Masse aus Sicht des ruhenden Beobachters bewegen, wenn sie aufgrund der Coriolis-Kraft von der Scheibe mitgenommen wird.

7.1.1.3 Coriolis-Messer

Der diesen Durchflussmessern zugrunde liegende Coriolis-Effekt[1] lässt sich am ehesten veranschaulichen anhand eines Massenkörpers, der sich auf einer mit der Winkelgeschwindigkeit ω rotierenden Scheibe von deren Mittelpunkt zum Rand bewegt (Abb. 7.2). Die Umfangsgeschwindigkeit v der Scheibe beträgt im Abstand r zum Mittelpunkt

$$v = \omega r. \tag{7.2}$$

Bewegt sich die Masse m von einem externen Standpunkt aus betrachtet geradlinig auf der Bahn a) in Abb. 7.2 mit der Radialgeschwindigkeit v_r vom Mittelpunkt der Scheibe fort, so sind die Geschwindigkeit der Masse (nämlich die Radialgeschwindigkeit) und die Umfangsgeschwindigkeit senkrecht zueinander. Bahn b) stellt dieselbe Bewegung aus Sicht eines mitrotierenden Beobachters dar.

Erwartet hingegen ein mitrotierender Beobachter eine aus seiner Sicht gerade Bahn der Masse, so muss diese neben der radialen Geschwindigkeit vom Mittelpunkt fort eine zunehmende tangentiale Geschwindigkeitskomponente annehmen, nämlich die Umfangsgeschwindigkeit. Ein ruhender Beobachter würde diese tangentiale Beschleunigung als Krümmung in Form von Bahn c) wahrnehmen. Die konstante tangentiale Beschleunigung erfordert, dass die Scheibe eine Kraft in Richtung von v auf die Masse ausübt. Dies kann z. B. geschehen, indem die Masse nicht mehr frei die Scheibe überfliegt,

[1] Gaspard Gustave de Coriolis, 1792–1843, französischer Mathematiker und Physiker, der sich v. a. mit der Mechanik beschäftigte.

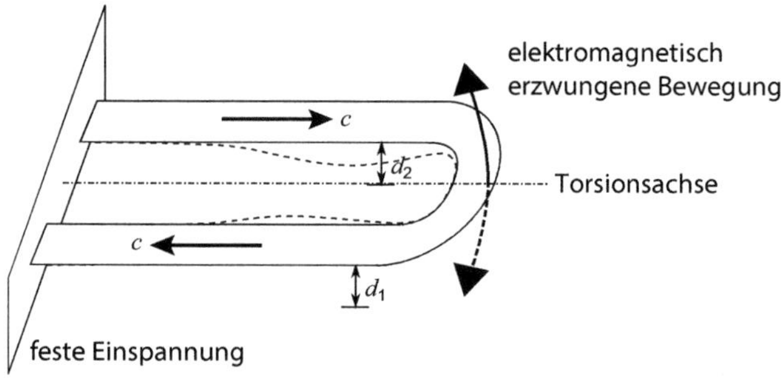

Abb. 7.3 Anwendung des Coriolis-Prinzips auf ein U-Rohr, c Strömungsgeschwindigkeit, $d_{1,2}$ optisch gemessene Abstände zur Bestimmung der Verwindung

sondern durch ein Rohr geführt wird, das mit der Scheibe verbunden ist und geradlinig vom Mittelpunkt zum Rand führt. Diese Führungskraft ist die Coriolis-Kraft F_C. Sie berechnet sich [Gerthsen] zu

$$F_C = 2m\omega v_r \tag{7.3}$$

und zeigt in Richtung der Umfangsgeschwindigkeit v, steht also senkrecht zur Radialgeschwindigkeit v_r.

Ein Coriolis-Messer enthält z. B. ein U-Rohr wie in Abb. 7.3 (es gibt auch zahlreiche andere Geometrien mit einem oder zwei Rohren), das durch einen elektromagnetischen Antrieb relativ zu einem festen Einspannungspunkt zyklisch auf- und abwärts bewegt wird. Der Rohrendpunkt beschreibt kurzzeitig ein Kreissegment. Im Gegensatz zur obigen Erläuterung des Coriolis-Prinzips findet keine permanente Rotation statt, sondern nur eine Verschiebung des Rohrendpunktes um einen sehr kleinen Winkel. Das Rohr enthält keine Gelenke, sondern wird nur im Rahmen seiner Elastizität bewegt. Die Verwindung der Rohrschenkel infolge der dabei auftretenden Coriolis-Kräfte wird durch optische Aufnehmer gemessen.

Vorteilhaft sind der vernachlässigbare Einfluss des Sensors auf die Strömung und das durchfließende Medium, eine hohe erzielbare Genauigkeit (auch als Referenz zur Kalibrierung anderer Verbrauchsmessgeräte) und eine hohe Dynamik, die durch die elektromechanische Bewegung des Rohres begrenzt wird. Nachteilig ist, dass die auftretenden Kräfte und Verwindungen sehr klein sind, damit sind kleine Massenströme nicht messbar. Auch wenn dies v. a. Gase betrifft, so ist auch bei sehr kleinen Kraftstoffmengen mit Abweichungen von mehreren % zu rechnen, daher sollte anhand des Datenblattes überprüft werden, für welchen Mindestdurchfluss die spezifizierte Genauigkeit gilt.

7.1.1.4 Verdrängungsmesser

Verdrängungsmesser entsprechen in ihrem Aufbau einer Verdrängerpumpe, meist nach PLU (Pierburg Luftfahrt Union) einer Zahnradpumpe (Abb. 7.4). Sie ermöglichen eine kontinuierliche Volumenstrommessung mit einer in den meisten Fällen ausreichenden Dynamik, es treten aber Druckverluste auf. Diese lassen sich kompensieren, indem der Druck vor und nach dem Zähler gemessen wird und ein Servoantrieb am Zähler die

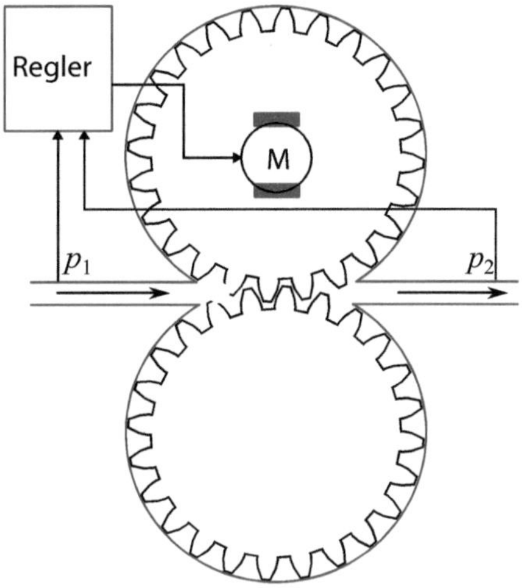

Abb. 7.4 Auf einer Zahnradpumpe basierender Verdrängungsmesser. Würden nur die beiden Zahnräder durch die Strömung gedreht, träten Druckverluste auf. Diese werden kompensiert, indem die Drücke p_1 und p_2 gemessen werden und der Servomotor M den Druckverlust ausgleicht.

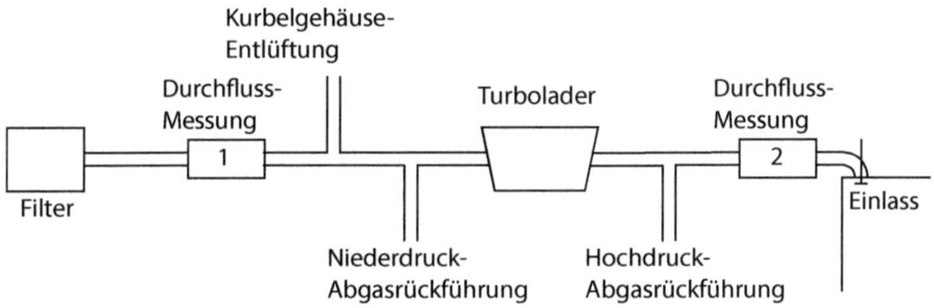

Abb. 7.5 Mögliche Orte der Luftmassenmessung. 1 ist der übliche Ort, 2 misst direkt den Luftaufwand.

Druckverluste ausgleicht; der Zähler wird also als Pumpe betrieben, aber nur soweit, dass er dabei seine eigenen Druckverluste kompensiert. Auf dem Markt sind Geräte nach diesem Prinzip verfügbar, die so klein sind, dass sie nicht nur am Prüfstand, sondern auch im Motorraum des Fahrzeugs einsetzbar sind.

Die oft in Zapfsäulen verwendeten Schraubenverdränger verkörpern eine weitere Variante dieses Messprinzips. Auch andere Verdrängerformen wie Kolben sind möglich. Eine Genauigkeit von 1 % ist erreichbar.

7.1.2 Luftverbrauch

Der Luftverbrauch des Motors kann vor der Abgasrückführung und vor dem Turbolader gemessen werden, er kann aber auch direkt vor dem Einlassventil gemessen werden (Abb. 7.5). Im ersten Falle würde der Sensor über ein Luftfilter aus dem Prüfstandsraum versorgt, dort wird er auch nicht durch Ölnebel aus der Kurbelgehäuseentlüftung beeinträchtigt (ein erhebliches Problem bei den serienmäßig im Motor verbauten Luftmassensensoren). Im zweiten Falle entspricht der gemessene Luftverbrauch dem Luftaufwand des Motors (Abschn. 2.1.1), allerdings sollte der Luftaufwand dann ohne Aufladung und Abgasrückführung gemessen werden, da der Luftmassenmesser sonst an dieser Stelle erheblichen Temperaturen und der chemischen Belastung durch zurück geführtes Abgas ausgesetzt wäre. Das Verhalten der Abgasrückführung und der Aufladung wird über einen dort mit zusätzlichen Schläuchen angeschlossenen Sensor ohnehin erheblich verfälscht.

Der Luftverbrauch wird üblicherweise gravimetrisch gemessen. Mechanische Luftmassenmesser, die z. B. die Verstellung einer Klappe (Stauscheibe) durch einen Luftstrom messen, sind heute aufgrund mangelnder Dynamik und der erforderlichen Mechanik obsolet. Ein Sensor, der die Strömungsgeschwindigkeit über die Druckdifferenz an einem Hindernis misst (Wirkdruckverfahren, Abschn. 7.1.4.1), deckt keinen hinreichend großen Messbereich mit der geforderten Auflösung ab. Heute sind thermische Messverfahren (Hitzdraht-Anemometrie, Abschn. 7.1.2.1) und die Messung mit Ultraschall (Abschn. 7.1.2.2) üblich. Die beim Kraftstoffverbrauch verbreitete Messung nach dem Coriolis-Prinzip ist hier ungeeignet, da Gase den dafür erforderlichen Massenstrom nur bei sehr hohen Strömungsgeschwindigkeiten erreichen und die großen Leitungsquerschnitte im Luftsystem einen Coriolis-Sensor sehr verteuern würden.

In manchen Fällen genügt der motoreigene Sensor, seine Auswertung erfordert jedoch den Zugriff auf das Motorsteuergerät. Nachteilig ist die geringere Genauigkeit motoreigener Luftmassenmesser aufgrund konstruktiver Kompromisse, einer wechselnden Temperaturbelastung des Sensors durch den Motor und des aufgrund knappen Bauraumes oft ungünstigen Einbaus. Idealerweise soll der Sensor eine laminare Strömung messen, die prüfstandsseitigen Luftmassenmesser befinden sich deshalb hinter einem Rohr zur Beruhigung der Strömung. Üblich ist eine Länge in der Größenordnung des 10-fachen Durchmessers, bei Pkw-Motoren z. B. 100 mm Innendurchmesser (DN100) und ca. 1000 mm Länge. Kürzere Rohre würden nicht ausreichend beruhigen, längere Rohre stören im Prüfstand und führen zu wenngleich geringen Druckverlusten. Außerdem werden wie auch bei den im Fahrzeug verbauten Sensoren Gitter zur Gleichrichtung der Strömung verwendet.

7.1.2.1 Hitzdraht-Anemometrie

Die Hitzdraht-Anemometrie misst den Luftmassenstrom mithilfe der strömungsbedingten Abkühlung eines elektrisch beheizten Drahtes. Verwendet wird ein Platindraht, dieser kann gerade zwischen zwei keramischen Haltern aufgespannt sein, zwischen mehreren Haltern in einer komplexeren Geometrie aufgespannt sein oder auch sich als Schicht auf einem keramischen Substrat (selten auch Quarz) befinden, das dem Draht Festigkeit verleiht, andererseits aber bei einer zu hohen Wärmekapazität die Trägheit der Messung erhöht. Durch eine kurzzeitig erhöhte Temperatur von ca. 1000 °C werden Verunreinigungen am Draht abgebrannt.

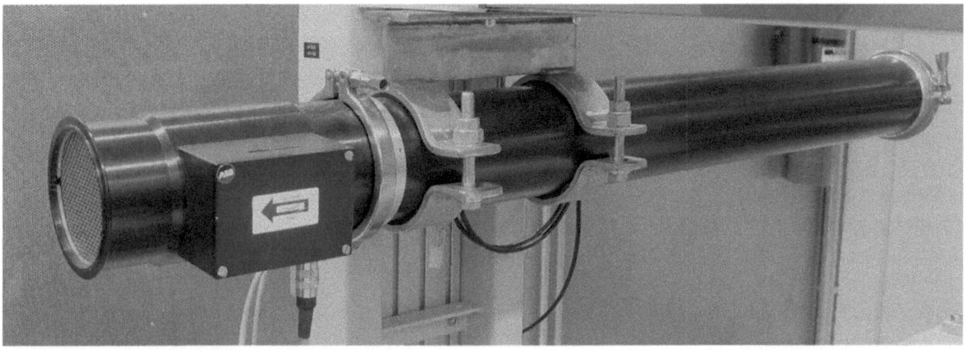

Abb. 7.6 Luftmassenmesser mit Rohr, am Messgalgen befestigt

[King14] beschrieb den Wärmestrom $\mathrm{d}Q_{ab}/\mathrm{d}t$ vom überströmten Hitzdraht mit der empirischen Formel

$$\frac{\mathrm{d}Q_{\mathrm{ab}}}{\mathrm{d}t} = \left[A + B(\rho c)^{\frac{1}{n}}\right] \cdot (T_{\mathrm{Draht}} - T_{\mathrm{Luft}}), \tag{7.4}$$

wobei ρ die Dichte der Luft, c die zu messende Strömungsgeschwindigkeit, T_{Draht} die Temperatur des Heizdrahtes und T_{Luft} die Temperatur der Luftströmung vor dem Sensor ist. A, B und n sind empirisch ermittelte Größen. Näherungsweise gilt

$$\frac{\mathrm{d}Q_{\mathrm{ab}}}{\mathrm{d}t} \approx \left(A + B\sqrt{\rho c}\right) \cdot (T_{\mathrm{Draht}} - T_{\mathrm{Luft}}). \tag{7.5}$$

Der Zusammenhang zwischen Wärmeabfuhr und Strömungsgeschwindigkeit ist erkennbar nichtlinear, wobei die Empfindlichkeit mit steigender Strömungsgeschwindigkeit abnimmt. Der Hitzdraht ist zusammen mit einem Temperatursensor für T_{Luft} in einem Gehäuse eingebaut (Abb. 7.6). Die Dichte der Luft kann über den Atmosphärendruck bestimmt werden.

Die Elektronik zur Auswertung des Signals ist meist in einem separaten Gerät in der Warte untergebracht (z. B. bei Geräten von ABB), kann sich aber auch direkt am Sensor befinden (z. B. bei Geräten von FEV). Grundsätzlich unterscheidet man drei Methoden der thermischen Anemometrie, die Konstantstrommethode, bei der der Wärmeabfluss nach Gl. 7.4 zu einer Temperaturänderung des Drahtes führt, die Konstanttemperaturmethode, welche die Wärmeabfuhr durch Änderung der elektrischen Verlustleistung kompensiert und den Thomas-Messer.

7.1.2.1.1 Konstantstrom-Anemometrie

Bei der *Konstantstrom-Anemometrie* (Constant Current Anemometry, CCA) wird eine Wheatstone-Messbrücke mit einem konstanten Strom versorgt (Abb. 7.7). Die Brücke ist so dimensioniert, dass etwa zehnmal so viel Strom durch den rechten Zweig mit dem

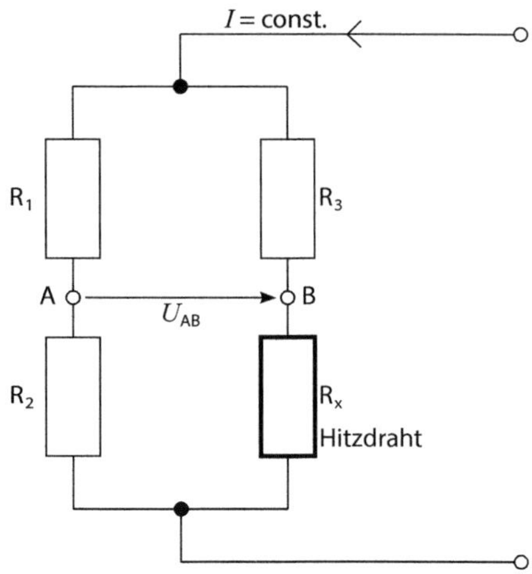

Abb. 7.7 Bei der Konstantstrom-Anemometrie wird eine Wheatstone-Brücke mit einem konstanten Strom I gespeist und die Spannung U_{AB} über die Brückendiagonale als temperaturabhängige Ausgangsspannung ausgewertet. R_1, R_2 und R_3 sind Widerstände, von denen einer zwecks Kaltabgleich veränderlich sein kann, R_x der Hitzdraht im Luftstrom mit dem veränderlichen Widerstand R_x.

Hitzdraht R_x fließt wie durch den linken Zweig [Eckelm97]. Ein Luftstrom bewirkt eine Abkühlung; da der Platindraht ein Kaltleiter ist, sinkt dessen Widerstand und die Spannung an Punkt B sinkt. Der Betrag der Spannung U_{AB} ist ein Maß für den Luftstrom.

Da sich die Temperatur des Hitzdrahtes bei der CCA abhängig von der Strömungsgeschwindigkeit ändert, begrenzt die thermische Trägheit des Drahtes die Messgeschwindigkeit. Der Zusammenhang zwischen Strömungsgeschwindigkeit und dem Widerstand ist nichtlinear, bei hohen Geschwindigkeiten ist die Empfindlichkeit für die praktische Anwendung nicht mehr fein genug. Dies lässt sich durch einen höheren Strom kompensieren, der dann aber bei kleinen Geschwindigkeiten zum Durchbrennen des Sensors führt. Dieser Zielkonflikt führt auf die Idee, den Strom dynamisch nachzuführen und damit auf die bei gängigen Sensoren verwendete Konstanttemperatur-Anemometrie.

7.1.2.1.2 Konstanttemperatur-Anemometrie

Bei der *Konstanttemperatur-Anemometrie* (Constant Temperature Anemometry, CTA) wird nicht der Strom durch die Brücke, sondern die Temperatur des Hitzdrahtes konstant gehalten. Dies erfordert, dass die elektrische Verlustleistung gleich der abgeführten Wärme nach Gl. 7.4 ist, also

$$\underbrace{I_x^2 R_x}_{\text{elektrische Leistung}} = \underbrace{\left[A + B(\rho c)^{\frac{1}{n}}\right] \cdot (T_{\text{Draht}} - T_{\text{Luft}})}_{\text{thermische Leistung}}, \tag{7.6}$$

wobei I_x der Strom durch den Hitzdraht ist und R_x dessen Widerstand (die nicht kursive Schreibweise $\mathrm{R_x}$ in Abb. 7.7 und 7.8 kennzeichnet den Draht als Bauteil). Erreicht wird dies durch eine selbstabgleichende Brücke nach Abb. 7.8. Wird der Draht $\mathrm{R_x}$ durch eine Luftströmung gekühlt, sinkt dessen Widerstand R_x und damit die Spannung an Punkt B. Die Spannung über der Brückendiagonalen U_{AB} steigt, wird verstärkt und liefert über

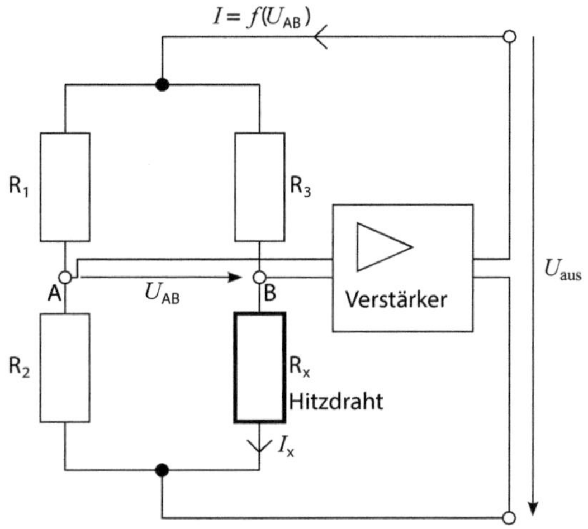

Abb. 7.8 Bei der Konstanttemperatur-Anemometrie wird eine Wheatstone-Brücke mit einem von der Verstimmung abhängigen Strom I so gespeist, dass die Temperatur des Hitzdrahtes R_x konstant bleibt. R_1, R_2 und R_3 sind Festwiderstände. Die Stellspannung U_{aus} hinter dem Verstärker ist zugleich die Ausgangsgröße. Je nach Auslegung liegt I_x zwischen 50 und 95 % von I.

einen Verstärker einerseits das messbare Ausgangssignal U_{aus} und andererseits eine erhöhte Versorgungsspannung und damit einen erhöhten Heizstrom.

Regelungstechnisch betrachtet handelt es sich um eine Proportionalregelung der Hitzdrahttemperatur. Bei einer Proportionalregelung erfolgt kein vollständiger Ausgleich, eine restliche Abweichung bleibt zurück. Dass eine kleine Abweichung bleiben *muss,* ist einsichtig, denn bei einer völligen Konstanz der Drahttemperatur wäre dessen Widerstand R_x auch konstant, die Brücke wäre stets abgeglichen und würde kein Ausgangssignal liefern. Der Begriff der Konstanttemperatur-Anemometrie ist also so zu verstehen, dass die Temperatur des Hitzdrahtes sich nur in einem sehr engen Bereich um den Sollwert verändert, sie ist aber nicht streng konstant. Je höher die Verstärkung gewählt wird, umso geringer ist die bleibende Abweichung. Damit kann der Messbereich mit guter Auflösung gegenüber dem einfacheren Konstantstrom-Verfahren erhöht werden, insbesondere wird ein Durchbrennen bei fehlender Strömung sicher verhindert, allerdings ist der Zusammenhang zwischen Strömungsgeschwindigkeit und der Ausgangsspannung noch immer nichtlinear.

Dieses analoge Verfahren wird heute digital nachgebildet, indem der Hitzdraht durch einen weiteren Temperaturfühler ausgemessen wird und ein Mikrocontroller den Strom durch den Hitzdraht nachstellt. Die Nichtlinearität lässt sich durch ein in der Software hinterlegtes Kennfeld korrigieren.

7.1.2.1.3 Thomas-Messung

Beim Thomas-Messer befindet sich ein Temperatursensor in Strömungsrichtung vor einem Hitzdraht, ein zweiter Temperatursensor im gleichen Abstand hinter dem Hitzdraht. In der klassischen Ausführung waren sowohl der Hitzdraht als auch die beiden Temperatursensoren Platindrähte. Heute wird eine Variante des Thomas-Messer mikro-

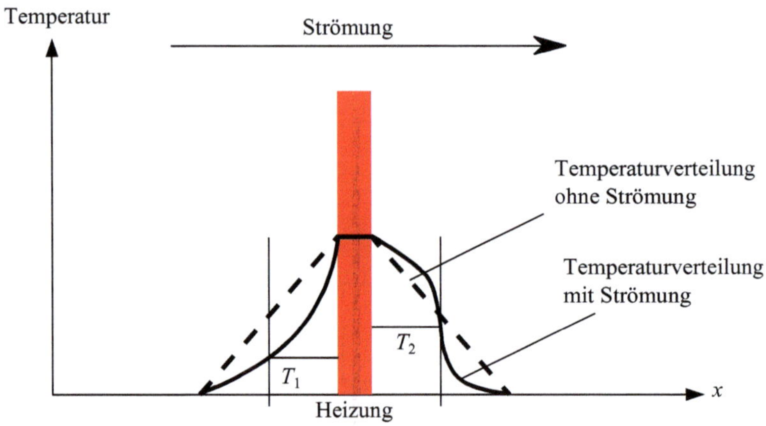

Abb. 7.9 Prinzip des Thomas-Messers auf einem Halbleiterchip. x ist die Ortskoordinate entlang der Strömungsrichtung. T_1 und T_2 sind die beiden bei Überströmung unterschiedlichen Temperaturen.

systemtechnisch realisiert, bei der sowohl die Heizleitung als auch die Temperatursensoren sich auf einem Halbleiterchip befinden.

Ohne Strömung haben beide Temperatursensoren die gleiche Temperatur. Durch die Strömung wird der vordere Sensor gekühlt, der hintere Sensor wird hingegen von der aufgeheizten Luft überströmt (Abb. 7.9). Damit stellt sich zwischen beiden Temperatursensoren ein Gradient ein, der als Maß für die Strömungsgeschwindigkeit dient. Dieses Prinzip ist z. B. bei den im Fahrzeug integrierten Luftmassenmessern (von Bosch HFM, Heißfilm-Luftmassen-Messer genannt) üblich [Borgeest23E]. Der Sensor kann auch die Strömungsrichtung detektieren.

7.1.2.2 Ultraschallmessung

U. a. die Firma FEV bietet ein Messgerät für den Luftdurchfluss an, das auf einer Messung mit Ultraschall basiert. Ein Ultraschallsender erzeugt ein Wellenpaket, welches das luftdurchströmte Rohr kreuzt. Die Wellen werden mit der Strömung „mitgenommen" (es addieren sich also die Strömungsgeschwindigkeit und die Ausbreitungsgeschwindigkeit in Richtung der Strömung). Die dadurch verkürzte Laufzeit des Ultraschalls gegenüber dem strömungsfreien Zustand liefert ein Maß für die Strömungsgeschwindigkeit. Die Schallgeschwindigkeit c hängt von der Dichte und dem Kompressionsmodul des Mediums ab. Dieser Einfluss auf die Messung der Strömungsgeschwindigkeit kann eliminiert werden, indem eine weitere Messung gegen die Strömungsrichtung erfolgt, sei es wie in Abb. 7.10 mit einem weiteren Sender/Empfängerpaar oder mit einem einzigen Ultraschallwandlerpaar, das im Wechsel in beide Richtungen betrieben wird. Bei der Messung entgegen der Strömung verlängert sich die Laufzeit in gleichem Maße bei Vor-

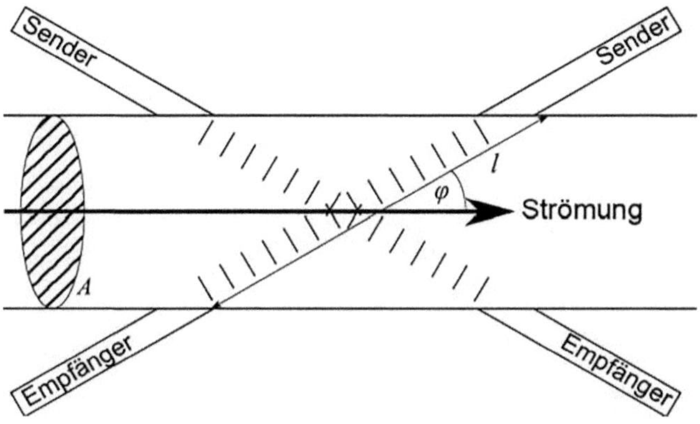

Abb. 7.10 Prinzip der Strömungsmessung mit Ultraschall. *A* Querschnitt, φ Winkel zwischen Senderichtung und Strömung, *l* Abstand zwischen Ultraschallwandlern

handensein einer Strömung, wie sie sich bei Messung in Strömungsrichtung verkürzt. Der Volumenstrom ist

$$\frac{\mathrm{d}V}{\mathrm{d}t} = \frac{Al}{2\cos(\varphi)}\left(\frac{1}{t_\mathrm{v}} - \frac{1}{t_\mathrm{r}}\right). \tag{7.7}$$

Die Symbole sind im Bild erläutert, t_v und t_r sind die gemessenen Laufzeiten in Strömungsrichtung und gegen die Strömungsrichtung. Um gegenüber Störungen der Strömung unempfindlicher zu sein, wird diese Messanordnung in mehrfacher Ausführung am Rohr angebracht, die Ergebnisse werden gemittelt.

Ein weiteres Ultraschallverfahren nutzt anstelle der Laufzeiten den Doppler-Effekt; da dieses Verfahren die Anwesenheit von Partikeln, die sich mit der Strömung bewegen, erfordert, ist es zur Messung der Ansaugluftmenge nicht geeignet.

7.1.2.3 Corona-Messung

Ein mit 10 kV oder mehr vorgespannter Draht verläuft in Längsrichtung eines Messrohrs, um ihn herum kommt es zu Teilentladungen. Der Draht ist von zwei ringförmigen Gegenelektroden umgeben, die nacheinander von der Luft durchströmt werden. Ohne Durchströmung werden bei symmetrischem Aufbau beide Ringelektroden gleich von den Corona-Entladungen erfasst, mit zunehmender Strömungsgeschwindigkeit verschiebt sich der Ionenstrom in die hintere Elektrode. Eine elektronische Schaltung vergleicht die Ströme an beiden Ringelektroden.

Das Verfahren misst Strömungen in beide Richtungen, die Antwortzeit liegt im ms-Bereich, eine Genauigkeit von 1 % ist möglich.

7.1.3 Abgasmenge

Viele Geräte zur Messung des Abgasvolumenstromes nutzen das Ultraschallverfahren aus Abschn. 7.1.2.2, daneben kommen auch Venturirohre und Staudrucksonden zum Einsatz. Aufgrund der Abgastemperaturen bis 600 °C werden die temperaturempfindlichen piezoelektrischen Ultraschallwandler gekühlt, was allerdings die Baugröße wesentlich gegenüber anderen Durchflussmessgeräten erhöht. In die Messgeräte sind weitere Sensoren integriert, z. B. für Druck und Temperatur.

7.1.4 Leckgas (Blow-By-Gas)

Im Betrieb des Motors werden Brenngase aus dem Brennraum an den Kolbenringen vorbei und durch die Ringstöße in das Kurbelgehäuse geblasen. Diese Gase werden Leckgase oder Blow-By-Gase genannt. Die Messung ihres Volumens ist bei Untersuchungen an den Kolbenringen, am Kolben und an der Zylinderwand wichtig. Auch bei Dauerlaufversuchen werden sie mitgemessen, dort dienen sie als früher Verschleißindikator. Ist solch ein Messgerät am Prüfstand, wird dieses oft auch bei anderen Aufgaben als Frühwarnsystem mit angeschlossen. Die Durchflussmengen können einige 10 l/min betragen. Besonders interessant ist die Blow-by-Messung bei Rennmotoren, einerseits ist man dort mehr noch als bei Serienmotoren bemüht, die Reibung zu reduzieren, z. B. durch Verzicht auf einen dritten Kolbenring, andererseits können gerade diese Maßnahmen auch einen erhöhten Leistungsverlust durch Blow-by bewirken, sodass in diesem Zielkonflikt durch umfangreiche Versuche und Simulationen optimiert werden muss.

Während die Messung der Blow-by-Gasmenge ein Standardverfahren an fast jedem Prüfstand ist, kann im Einzelfall auch die Zusammensetzung des Aerosols, v. a. der Gehalt an Öltröpfchen interessieren. Eine spezielle Messtechnik zu diesem Zweck ist nicht etabliert. Eine Möglichkeit ist das Auffangen des Kondensats in gekühlten Behältern zur Mengenmessung, ggf. auch zur chemischen Analytik. Ein grobes aber in vielen Fällen ausreichendes Verfahren zur Kondensatbestimmung ist die optische Trübungsmessung. Zur Partikelmessung im Blow-By-Gas kann die zur Abgasuntersuchung vorgesehene Technik nur eingeschränkt eingesetzt werden, die Besonderheiten der stark pulsierenden Strömung, der Partikelgrößenverteilung und der Zusammensetzung erfordern Anpassungen [BischTuo03].

Der Zwischenraum zwischen Kolben und Zylinder ist ein ungeeigneter Ort, einen Gasdurchfluss zu messen. Abgesehen von einem vernachlässigbaren Anteil, der sich im Öl löst, wird bei heutigen Motoren das Leckgas über die Kurbelgehäuseentlüftung wieder in den Ansaugtrakt geleitet. Dort wird die Leckgasmessung zwischengeschaltet. Das Messgerät besteht aus einem Behälter zur Pufferung der Pulsation, ggf. einem Ölseparator und dem Durchflusssensor. Da das Blow-By-Gas anschließend in den Ansaugtrakt des Motors zurückgeführt wird, folgt hinter dem Sensor ein weiterer Pufferbehälter. Viele Unternehmen bieten Wirbeldurchflussmesser (Abschn. 7.1.4.2) zur Messung der

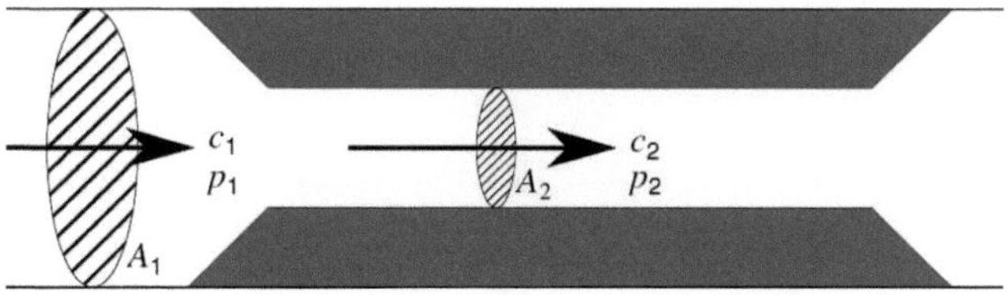

Abb. 7.11 Prinzip der Wirkdruckmessung. $A_{1,2}$ Querschnitte, $p_{1,2}$ Drücke, $c_{1,2}$ Strömungsgeschwindigkeiten

Blow-by-Gasmenge an, diese ermöglichen Genauigkeiten besser als 1 %. AVL bietet Blow-by-Messgeräte nach dem Prinzip der Wirkdruckmessung an.

7.1.4.1 Wirkdruckmessung

Wirkdruckverfahren nutzen die aus dem Energieerhaltungssatz folgende Bernoulli-Gleichung

$$p_1 + \frac{\rho c_1^2}{2} = p_2 + \frac{\rho c_2^2}{2}, \tag{7.8}$$

wobei der auf beiden Seiten der vollständigen Gleichung auftauchende atmosphärische Druck aufgrund vernachlässigbarer Höhenunterschiede als konstant angenommen und fortgelassen wurde. Die Kompression des Gases wurde vernachlässigt, damit kann die Dichte ρ konstant angenommen werden. Eine Differenzdruckmessung liefert den Wirkdruck

$$p_1 - p_2 = \frac{\rho}{2}\left(c_2^2 - c_1^2\right). \tag{7.9}$$

Da das Volumen des Mediums in der Düse bei Vernachlässigung der Kompression erhalten bleibt, ist

$$\frac{\mathrm{d}V}{\mathrm{d}t} = c_1 A_1 = c_2 A_2. \tag{7.10}$$

Aus diesen beiden Gleichungen folgt für den zu messenden Volumenstrom

$$\frac{\mathrm{d}V}{\mathrm{d}t} = \sqrt{\frac{2(p_1 - p_2)}{\rho\left(\frac{1}{A_2^2} - \frac{1}{A_1^2}\right)}}. \tag{7.11}$$

Da der gemessene Differenzdruck quadratisch mit dem Volumenstrom steigt, ist der so darstellbare Messbereich begrenzt, eine praktische Lösung liegt in auswechselbaren Rohren für die jeweiligen Bereiche.

Tatsächlich werden anstelle der Düsenanordnung in Abb. 7.11 oft andere Geometrien in das Rohr eingefügt, insbesondere Blenden nach [ISO5167-2]. Dies sind dünne Schei-

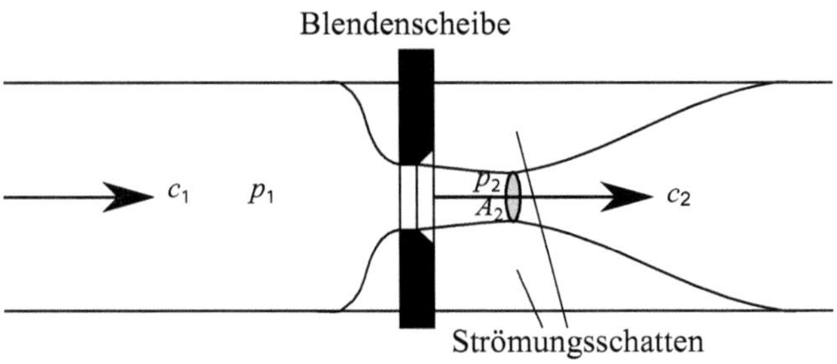

Abb. 7.12 Prinzip der Wirkdruckmessung mit Blende. A_2 kleinster Strömungsquerschnitt, $c_{1,2}$ Strömungsgeschwindigkeiten

Abb. 7.13 Prinzip der Wirbeldurchflussmessung. Die Wirbelzählung erfolgt hier mit Ultraschall. d ist die Breite des Störkörpers

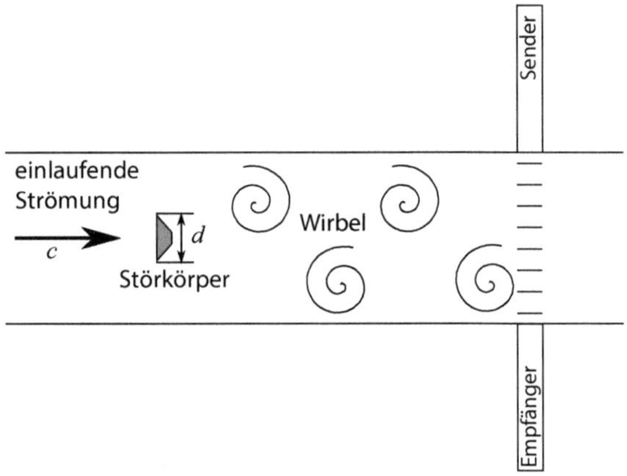

ben mit einer Bohrung. Turbulenzen an der Blende kanalisieren die Strömung ähnlich einer Düse *(Strahlkontraktion)*, die Drücke p_1 und p_2 werden in geringem Abstand vor und hinter der Blende gemessen (Abb. 7.12). Die Blende hat eine kurze Bauweise, erfordert aber einen geraden Einlauf und hat hohe Gesamtdruckverluste in Form einer auch in großem Abstand verbleibenden Druckdifferenz. Da die Querschnitte in (Abb. 7.11) nahe der Blende und bei einer starken Kompression eines Gases auch die Dichte nicht direkt bekannt sind, gibt die Norm Tabellen und Formeln zur praktischen Berechnung des Durchflusses an. Neben der Blende eignen sich als weitere genormte Drosselgeräte Normdüsen, Normventuridüsen [ISO5167-3], Venturirohre [ISO5167-4], kegelförmige Verengungen (Cones) [ISO5167-5] und keilförmige Verengungen (Wedges) [ISO5167-6].

7.1.4.2 Wirbel-Durchflussmessung

Die Wirbel-Durchflussmessung, auch Vortex-Durchflussmessung, nutzt die Bildung von Verwirbelungen hinter Strömungshindernissen (Abb. 7.13).

Um die Wirbelablösung zu fördern, benötigt das Hindernis scharfe Kanten. Die Verwirbelungen bestehen aus abwechselnd gegenläufigen Wirbeln, deren Ablösefrequenz f und damit deren Häufigkeit in der Strömung hinter dem Hindernis von der Anströmgeschwindigkeit c abhängig ist (Kármánsche[2] Wirbelstraße [Sigloch22]). Es ist

$$f = S\frac{c}{d}, \tag{7.12}$$

wobei S eine konstant angenommene Größe, die Strouhal-Zahl[3], ist. Die Strouhal-Zahl ist nicht streng konstant, sie hängt nichtlinear von der Reynolds-Zahl ab, diese hängt wiederum von der zu messenden Strömungsgeschwindigkeit ab; mit der im Bild gezeigten Form des Störkörpers gibt es einen weiten Auslegungsbereich, in dem die Strouhal-Zahl einen nahezu konstanten Wert hat, dieser Bereich wird praktisch genutzt. Die Wirbel werden z. B. mithilfe von Ultraschall oder einem elektromechanischen Geber gezählt.

Der Sensor ist robust, aufgrund der Verwirbelungen setzen sich aber Verschmutzungen leicht im Sensor ab, was gerade beim Blow-by-Gas eine Ölabscheidung erfordert. Weiterhin können die Strömungsvorgänge durch Schwingungen beeinflusst werden.

7.1.4.3 Balgenzähler

Das Prinzip des Balgenzählers mag dem Leser vom heimischen Gaszähler bekannt sein, deswegen wird dieses Messgerät auch oft nur als Gaszähler bezeichnet. Es besteht aus zwei balgenförmigen Kammern, die im Wechsel befüllt und entleert werden. Die Ausdehnung und Kontraktion der beiden Kammern steuert über ein Getriebe die Messuhr an, sowie die Ventile, die für beide Kammern jeweils die Befüllung und Entleerung steuern. Der Gaszähler ermöglicht eine gute Genauigkeit in der Größenordnung von 1 % und deckt einen großen Messbereich ab, der bei kleinsten Mengen unterhalb einem Liter pro Minute beginnt. Nachteilig ist seine Anfälligkeit gegen Verschmutzung und seine Trägheit.

7.2 Messung von Drehzahl und Kurbelwellenwinkel

Im Fahrzeug bestimmt die Drehzahl n in Verbindung mit der Getriebeübersetzung die Fahrgeschwindigkeit, sie ist damit eine der wichtigsten Messgrößen am Motor. Auch bei Motoren außerhalb des Fahrzeugs bestimmt die Drehzahl gemeinsam mit dem Drehmoment die abgegebene Leistung, sie ist also auch hier eine wichtige Messgröße. Da

[2] Theodore von Kármán, 1881–1963, in Ungarn geborener Physiker, der das Gebiet der Aerodynamik mitgeprägt hat.

[3] Vincent Strouhal, 1850–1922, tschechischer Physiker, auf dem Gebiet der Hydrodynamik tätig.

die korrekte Einheit der Drehzahl s^{-1} oder min^{-1} ist, schlagen Normungsgremien anstelle des Begriffs Dreh*zahl* den Begriff Dreh*frequenz* vor. Obgleich dieser Vorschlag berechtigt ist, benutzt dieses Buch zugunsten der Lesbarkeit den üblichen Begriff Dreh*zahl*.

Eng mit der Drehzahl verknüpft ist die Winkelgeschwindigkeit ω, sie gibt an, um welchen Winkel pro Zeiteinheit sich die Welle oder ein anderes Teil dreht und beträgt

$$\omega = 2\pi n. \tag{7.13}$$

Die Einheit ist Radiant/s, soll die Winkelgeschwindigkeit in °/s angegeben werden, ist zusätzlich die Umrechnung

$$\frac{\omega}{\circ} = \frac{180}{\pi}\omega \tag{7.14}$$

zu berücksichtigen. Die Winkelgeschwindigkeit ist die zeitliche Ableitung des Kurbelwinkels

$$\omega = \frac{\mathrm{d}\varphi}{\mathrm{d}t}, \tag{7.15}$$

sie kann also direkt gemessen werden oder durch Ableitung aus einer Winkelmessung bestimmt werden. Umgekehrt kann der Kurbelwinkel durch Integrieren der Winkelgeschwindigkeit über die Zeit t bestimmt werden, nämlich

$$\varphi = \int_0^t \omega \mathrm{d}\tau + \varphi_0, \tag{7.16}$$

wobei τ nur als zeitliche Hilfsvariable der Integration dient und φ_0 der Anfangswinkel zu Beginn der Integration ist. Folglich kann auch der Kurbelwinkel direkt gemessen oder durch Integration aus der Winkelgeschwindigkeit oder der Drehzahl bestimmt werden. Ein praktisches Problem bei der Bestimmung aus der Winkelgeschwindigkeit oder Drehzahl ist, dass das Integral nur eine Winkeldifferenz liefert, zur Bestimmung des absoluten Winkels muss also bekannt sein, welche Position φ_0 die Kurbelwelle zu Beginn der Integration hat.

Der Kurbelwellenwinkel ist z. B. bei der Steuergeräteapplikation oder bei der Messung thermodynamischer Größen wichtig, die in der Regel als Funktionen des aktuellen Winkels der Kurbelwelle gemessen werden. Durch ihn kann auch direkt das aktuelle Volumen in einem Zylinder berechnet werden.

Die geforderte Auflösung hängt vom Verwendungszweck ab; während für einen Dauerlauf- oder Produktionsprüfstand eine grobe Winkel- und Geschwindigkeitsauflösung genügt, wird man für die Applikation abgasrelevanter Werte im Steuergerät eine Winkelauflösung unter 1° benötigen. Durch Interpolationsverfahren in der Sensorauswertung kann die Auflösung gegenüber der physikalisch vom Sensor zur Verfügung gestellten Auflösung erhöht werden. Bei der Drehzahl interessiert nicht nur die Auflösung des gemessenen Wertes, sondern auch die zeitliche Auflösung, mit der winkelabhängige

Messwerte zur Verfügung gestellt werden. So ist es z. B. bei der Verbrennungsoptimierung unerlässlich, den Drehzahlverlauf während eines einzigen Arbeitstaktes auflösen zu können.

Ein Drehzahlsensor ist normalerweise als Zubehör in die Belastungsmaschine integriert. Da bei Fußmaschinen auch noch ein Drehmomentsensor integriert ist, befindet sich der Drehzahlsensor häufig an der vom Motor aus gesehen hinteren Seite der Belastungsmaschine. Auch gibt es kombinierte Drehzahl-/Drehmomentsensoren.

Die heute am meisten verbreiteten Messverfahren sind optische oder elektromagnetische Absolut- und Inkrementalwinkelgeber (Abschn. 7.2.1 und 7.2.2), weiterhin kommen noch vereinzelt Resolver (Abschn. 7.2.3) oder Tachogeneratoren (Abschn. 7.2.4) zum Einsatz. Die in der Industrie oft als Winkelgeber eingesetzten rotierenden Differentialtransformatoren [Webster14] sind aufgrund ihres begrenzten Winkelbereichs und ihrer Nichtlinearität an den Enden des Messbereichs hier ungeeignet. Eine weitere nützliche Informationsquelle ist die Motorelektrik mit dem Motorsteuergerät (Abschn. 7.2.5). Die Aufstellung dieser Messprinzipien zeigt, dass Winkelgeber, die durch Differentiation eine Drehzahl liefern, dominieren gegenüber direkten Drehzahlgebern, bei denen der Winkel durch Integration ermittelt wird.

Viele heutige Sensoren können an die üblichen Bussysteme (Abschn. 8.4) angeschlossen werden. Auch kommen vereinfachte serielle Schnittstellen wie EnDAT [Heidenhn17] oder SSI (serial synchronous interface) zum Einsatz. Andere Sensoren stellen zusätzlich oder ausschließlich proprietäre Signale zur Verfügung, bei absoluten oder inkrementellen Winkelgebern sind dies meist ausgelesene Codierungen oder Zählimpulse in digitaler Form mit dem verbreiteten TTL-Pegel [TieSchGa19] oder dem besonders störsicheren HTL-Pegel (High-Pegel bis 30 V), sinusförmige Spannungssignale (1 V Spitze-Spitze) oder Stromsignale. Bei Resolvern oder Tachogeneratoren sind dies die internen, analogen Rohsignale oder gefilterte Analogsignale. Zum Anschluss sind 12-polige M23-Rundsteckverbinder verbreitet. Die Signale werden oft doppelt ausgegeben, positiv und invertiert. Die Schnittstellen sind nicht genormt, aber trotzdem weitgehend ähnlich oder gleich, Unterschiede bestehen zwischen den Herstellern vor allem bei der Ausgabe von Referenzsignalen. Exemplarisch genannt sei eine Herstellerbroschüre [Heidenhn21], bei anderen Herstellern sind die Ausgabeformate ggf. zu erfragen.

Im mechanischen Aufbau wird unterschieden zwischen Gebern, die ein eigenes Lager zwischen Rotor und Stator haben und solchen, bei denen der Rotor nicht intern gelagert ist, der Stator also von außen so ausgerichtet werden muss, dass die Welle zentriert darin läuft. Bei einigen lagerlosen Gebern wird die Welle nicht vollständig vom Stator umfasst.

7.2.1 Absolutwinkelgeber

Der Absolutwinkelgeber liefert sofort beim Einschalten unabhängig von der Vorgeschichte und der Drehzahl zu jedem Zeitpunkt t einen gültigen Winkel $\varphi(t)$. Durch Differenziation kann die Drehzahl bestimmt werden. Absolutwinkelgeber lesen einen

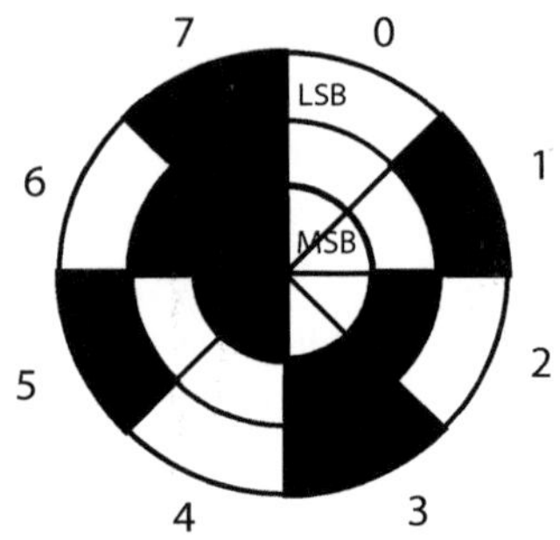

Abb. 7.14 3-Bit-Kodierscheibe mit Binär-Code

Tab. 7.2 Zuordnung eines 3-Bit-Binär-Codes zu Winkeln

Binärcode	MSB		LSB	Sektor als Dezimalzahl	Bedeutung als Winkel
000				0	$0 \leq \varphi \leq 45°$
001			■	1	$45° \leq \varphi \leq 90°$
010		■		2	$90° \leq \varphi \leq 135°$
011		■	■	3	$135° \leq \varphi \leq 180°$
100	■			4	$180° \leq \varphi \leq 225°$
101	■		■	5	$125° \leq \varphi \leq 270°$
110	■	■		6	$270° \leq \varphi \leq 315°$
111	■	■	■	7	$315° \leq \varphi \leq 360°$

winkelabhängigen Code optisch aus. Sie werden auch Drehgeber, Codierer, Kodierer oder englisch Encoder genannt; da diese Begriffe gelegentlich auch für Inkrementalgeber und außerdem nicht nur für Winkel- sondern auch lineare Weggeber verwendet werden, sollte der Begriff Absolutwinkelgeber bevorzugt werden.

Das Prinzip soll zunächst an einem 3-Bit-Binär-Code (Tab. 7.2) erläutert werden, Abb. 7.14 zeigt eine Codierscheibe, wobei ein schwarz dargestelltes Feld eine binäre 1 repräsentiert, ein weißes Feld eine logische 0. Der äußere Ring zeigt zu jedem Winkel das Bit mit der geringsten Wertigkeit (LSB, least significant bit) an, der innere Ring das Bit mit der höchsten Wertigkeit (MSB, most significant bit).

Wenn der Geber sich z. B. bei 180° befindet, ist es aufgrund von Toleranzen möglich, dass die Lichtsensoren über den beiden äußeren Ringen eine 1 detektieren (Sektor 3), der innere Sensor aber bereits das schwarze Feld von Sektor 4 erkennt. Auf dieser Grenzposition würde dann zwischen der Binärdarstellung der 3 und der Binärdarstellung der 4 kurzzeitig die binäre Darstellung der 7 auftauchen. Dies wäre bezüglich des Winkels eine grobe Falschinformation.

Dieses Problem lässt sich lösen, wenn sich von einem Winkelsektor zum Nächsten nur jeweils genau ein Feld ändert. Eine derartige Codierung nennt man Gray[4] -Code, die Schrittweite, also die Anzahl der sich zwischen zwei benachbarten Codes ändernden Bits wird Hamming[5] -Distanz genannt. Toleranzen führen mit einem Gray-Code im ungünstigsten Fall nur dazu, dass bereits ein benachbarter Winkel angezeigt wird, die Grenzen der Winkelbereiche also ungenau detektiert werden, nicht aber, dass kurzzeitig völlig andere Winkel detektiert werden wie bei einfachen Binär-Codes. Abb. 7.15 und Tab. 7.3 zeigen einen Graycode mit der meist verwendeten Hamming-Distanz 1.

Da das LSB häufiger wechselt als das MSB und die Scheibe außen einen größeren Umfang hat, stellt meistens der äußere Ring das LSB dar und die Wertigkeit der Bits steigt nach innen. Eine seltenere Alternative zu Binär- und Gray-Codes sind Nonius-Codes, die wie von einem Messschieber bekannt mit zwei versetzten Skalen arbeiten [Basler16].

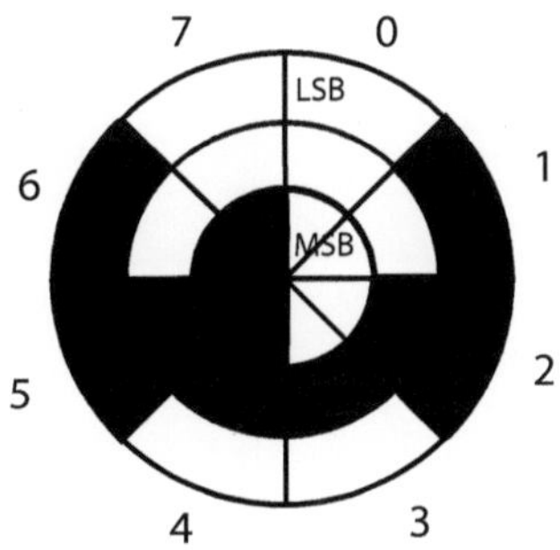

Abb. 7.15 3-Bit-Kodierscheibe mit Gray-Code

Tab. 7.3 Zuordnung eines 3-Bit-Gray-Codes zu Winkeln

Graycode	MSB		LSB	Sektor als Dezimalzahl	Bedeutung als Winkel
000				0	$0 \leq \varphi \leq 45°$
001			■	1	$45° \leq \varphi \leq 90°$
011		■	■	2	$90° \leq \varphi \leq 135°$
010		■		3	$135° \leq \varphi \leq 180°$
110	■	■		4	$180° \leq \varphi \leq 225°$
111	■	■	■	5	$125° \leq \varphi \leq 270°$
101	■		■	6	$270° \leq \varphi \leq 315°$
100	■			7	$315° \leq \varphi \leq 360°$

[4] Frank Gray, 1887–1969, US-amerikanischer Physiker, der sich v. a. der Entwicklung der Telekommunikation widmete.

[5] Richard Wesley Hamming, 1915–1998, US-amerikanischer Mathematiker, der v. a. Leistungen auf dem Gebiet der Kodierung erbrachte.

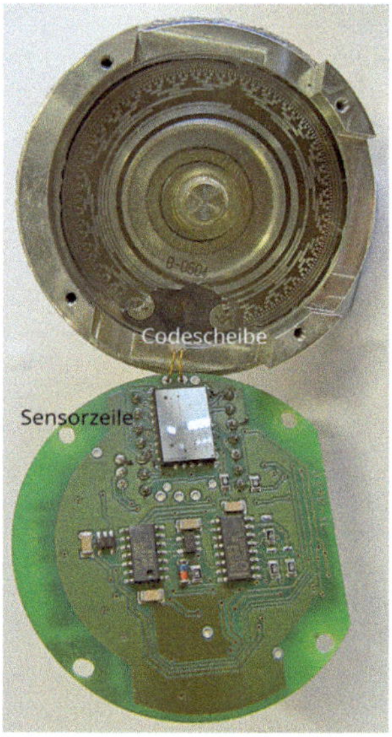

Abb. 7.16 Optischer Encoder ([@WikicEO]), oben ist die Codescheibe (unten beschädigt) zu erkennen, unten die Elektronik mit der Sensorzeile

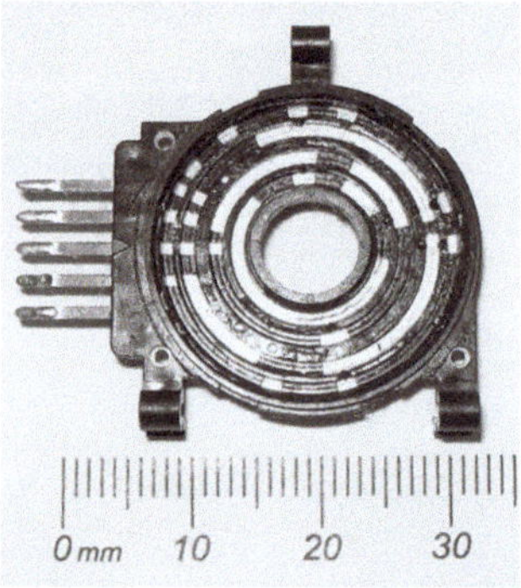

Abb. 7.17 Elektromechanischer Encoder ([@WikicEM]), ein rotierender Finger mit Schleifkontakten (nicht im Bild) läuft über alle sichtbare Bahnen

Neben optischen Gebern (Abb. 7.16) gibt es auch solche, die über mechanische Kontakte den Winkelcode auslesen (Abb. 7.17), diese haben jedoch den Nachteil, zu verschleißen. Ein magnetisches oder kapazitives Auslesen des Codes ist möglich, aber nicht üblich.

7.2.2 Inkrementalwinkelgeber

Ein Inkrementalgeber gibt keinen absoluten Winkel an, sondern zählt während einer Drehung Winkelteilungen. Im einfachsten Falle tastet ein Inkrementalgeber optisch eine

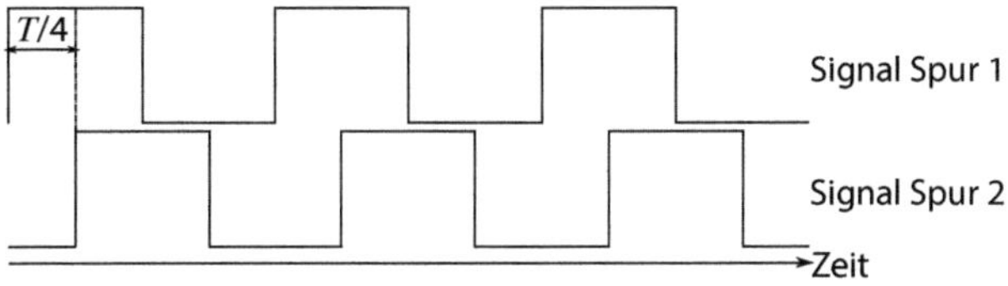

Abb. 7.18 Signale eines zweispurigen Inkrementalgebers mit einem Versatz einer viertel Periode T

rotierende Strichskala ab und zählt die Striche. Dies erfolgt meistens durch Reflexion, die Lichtquelle und der Sensor sitzen dabei auf der gleichen Seite der Strichscheibe, etwas aufwendiger sind geschlitzte Scheiben oder Scheiben mit einem Wechsel transparenter und intransparenter Abschnitte, bei denen die Lichtquelle und der Sensor nicht auf der gleichen Seite der Scheibe stehen. Eine andere Realisierungsmöglichkeit sind magnetische Geber, z. B. ein Zahnrad aus einem ferromagnetischen Material, das durch einen Magnetsensor abgetastet wird, der Drehzahlgeber am Motor ist so realisiert [Borgeest23E].

Inkrementalgeber mit gleichmäßigen Strichteilungen können nur Winkeländerungen und damit auch Winkelgeschwindigkeiten anzeigen. Wenn ein absoluter Winkel interessiert, muss der Geber eine zusätzliche Referenzmarke haben, die eine definierte Position anzeigt. Die Referenzmarke kann eine Modifikation der Strichskala (z. B. ein fehlender Strich an definierter Stelle) oder ein integrierter zusätzlicher Geber sein (z. B. eine zweite Strichskala mit nur einem Strich an definierter Stelle). Die in Pkw-Motoren integrierten Geber benutzen meist ein Zahnrad mit 60 Zähnen als Winkelteilung, wobei zwei aufeinanderfolgende Zähne an definierter Stelle als Referenzmarke fehlen.

Inkrementalgeber sind oft zweispurig aufgebaut mit zwei um eine viertel Strichperiode versetzten Inkrementscheiben (Abb. 7.18). Dies verdoppelt die Auflösung auf eine viertel Strichperiode und ermöglicht auch eine Richtungserkennung. Sofern der Geber keine interne Signalverarbeitung hat, ist es üblich, dass beide versetzte Signale und ein zusätzliches Referenzsignal am Steckverbinder ausgegeben werden.

7.2.3 Resolver

Ein Resolver ist ein induktiver Drehgeber und besteht aus zwei um 90° versetzten Ständerspulen und einer in deren Feld drehbaren Rotorspule, die über Schleifringe oder meist induktiv an die externe Elektronik angebunden ist.

Steht z. B. die mit einer Wechselspannung $u_0(t)$ versorgte Rotorspule in Abb. 7.19 waagerecht, erzeugt Statorspule 1 eine Wechselspannung $u_1(t)$ mit gleicher Phasenlage und maximaler Amplitude, die dazu senkrechte Statorspule 2 induziert keine Spannung. Steht der Rotor senkrecht, erzeugt Statorspule 2 eine Wechselspannung $u_2(t)$ mit gleicher Phasenlage und maximaler Amplitude, während Statorspule 2 nicht induziert. In 45°-Stellung induzieren beide Statorspulen mit gleicher Spannung $u_1(t) = u_2(t)$. Über das

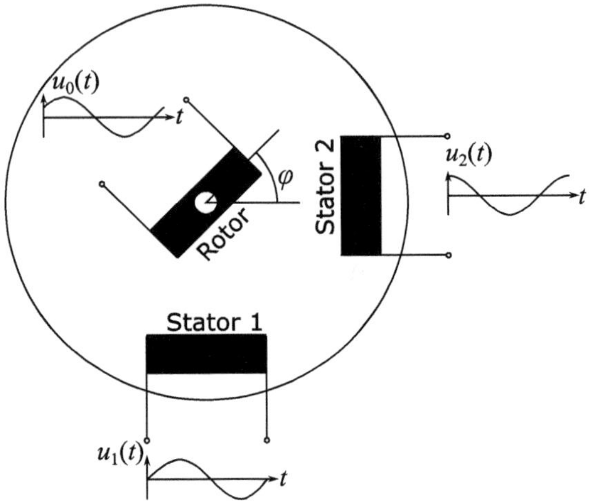

Abb. 7.19 Prinzip eines Resolvers mit drehbarer Rotorspule und zwei festen Statorspulen

Verhältnis der Spannungen ist allgemein eine Information zum Absolutwinkel φ gegeben zu

$$\varphi = \arctan\frac{u_2(t)}{u_1(t)}. \tag{7.17}$$

Ein Resolver kann auch umgekehrt mit einer Signaleinspeisung in die Statorspulen und der Auswertung der Rotorspannung betrieben werden. Liegen an den Statorspulen zwei um 90° versetzte Wechselspannungen gleicher Amplitude und Frequenz an, wird im Rotor eine Wechselspannung mit einer winkelabhängigen Phasenlage induziert. Steht z. B. die Rotorspule waagerecht, teilt sie das Magnetfeld ausschließlich mit der Statorspule 1 und erhält deren Phasenlage, steht sie senkrecht, erhält ihr Signal die Phasenlage von Statorspule 2, in 45°-Stellung liegt die Phase dazwischen. Damit ist ebenfalls eine Information zum Absolutwinkel gegeben.

Resolver können auch mit mehr als einem Statorspulenpaar realisiert werden, dann sind die Winkel zwischen zwei Spulen entsprechend kleiner als 90°, z. B. 45° oder 22,5°. Ausführungen mit drei um 120° versetzten Wicklungen werden als Synchros bezeichnet. Resolver sind robust und erlauben Auflösungen deutlich unter einem Grad, wurden inzwischen aber weitgehend durch absolute oder inkrementale Winkelgeber ersetzt.

Neben dem beschriebenen Typ gibt es Reluktanzresolver, deren Rotor aus einem ferromagnetischen Material ohne Wicklung besteht. Je nach Winkel ändert sich der magnetische Widerstand (Reluktanz) und damit die Kopplung zwischen den beiden Statorspulen [Basler16].

Neben magnetischen Gebern recht selten sind kapazitive Geber [Basler16].

7.2.4 Tachogeneratoren

Ein Tachogenerator ist ein kleiner Gleichstromgenerator, der eine Spannung mit richtungsabhängiger Polarität proportional zur Drehzahl erzeugt. Typische Ausgangsspannungen sind einige $10\,\mathrm{mV/min^{-1}}$ bis zu einigen $100\,\mathrm{mV/min^{-1}}$. Die Geschwindigkeitsauflösung hängt von der Fähigkeit der Folgeelektronik zur präzisen Spannungsmessung ab. Er benötigt keine Spannungsversorgung, wenn das Erregerfeld durch Permanentmagnete erzeugt wird. Viele Tachogeneratoren decken extreme Temperaturbereiche ab. Auch Tachogeneratoren wurden weitgehend durch absolute oder inkrementale Winkelgeber ersetzt.

7.2.5 Motorelektrik

Neben eigener Sensorik am Prüfstand kann auch die Elektrik des Motors Drehzahlinformationen liefern. Dies kann auf drei Wegen erfolgen: Der Drehzahlsensor des Motors kann über das Motorsteuergerät ausgewertet werden (Abb. 7.20), bei einem Ottomotor können die Zündspannungen zur Drehzahlmessung verwendet werden und schließlich kann auch die Restwelligkeit des Generators eine Drehzahlinformation liefern.

Die größte Genauigkeit unter diesen drei Verfahren lässt sich durch Auswertung des Drehzahlgebers durch die Motorsteuerung erzielen, die auch für zahlreiche weitere Größen ein nützliches Messgerät sein kann. Nahe dem Motorschwungrad befindet sich ein Zahnrad, das durch einen Hallgeber oder einen induktiven Geber mit einer physikalischen Auflösung von typisch 6° bei Pkw-Motoren ausgewertet wird. Steuergeräteintern wird die Auflösung durch Interpolation auf deutlich unter 1° verbessert. Aufgrund einer Referenzmarke am Zahnrad (üblich sind zwei fehlende Zähne als Referenzmarke) kennt das Steuergerät den absoluten Winkel, sobald die Referenz nach dem Starten einmal abgetastet wurde.

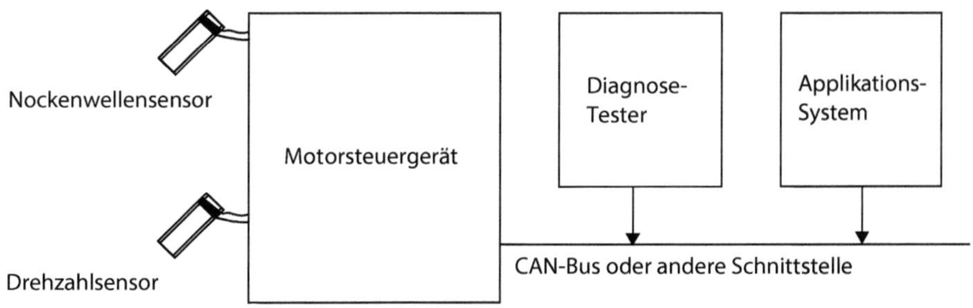

Abb. 7.20 Drehzahl- und Winkelsignal vom Motorsteuergerät

Bei den meisten Viertaktmotoren lässt sich anhand des Kurbelwinkels nicht eindeutig unterscheiden, ob ein Kolben z. B. kurz vor der Zündung steht oder kurz vor dem Ende des Auslasstaktes. Diese Zweideutigkeit wird durch einen weiteren Sensor an der Nockenwelle aufgelöst, da sich die Nockenwelle nur alle vier Takte einmal dreht, und nicht wie die Kurbelwelle alle zwei Takte. Bei Motoren, die nicht alle 360° zünden (z. B. Dreizylindermotoren), ist der Nockenwellensensor verzichtbar, wenn zusätzlich die Winkelbeschleunigung ausgewertet wird.

Der Zugang zu den Daten im Steuergerät kann einerseits über einen Diagnosetester erfolgen, selbst ein einfacher EOBD-Tester (elektronische On-Board-Diagnose nach [ISO15031-1,2,3,4], die eine standardisierte Minimaldiagnose bietet) hat Zugriff auf die Drehzahl, empfohlen wird aber ein Diagnosetester des Herstellers, dessen Funktionen über den Umfang der EOBD hinausgehen. Noch präzisere Informationen erhält man mit einer Applikationssoftware (z. B. [INCA]). Dieser Vollzugriff auf das Steuergerät setzt allerdings voraus, dass das Steuergerät applizierbar ist und dass eine Beschreibungsdatei (z. B. mit den Datei-Endungen .A2L oder bei älteren Steuergeräten .DAM) des Steuergerätes für die Applikationssoftware vorliegt, was nur bei dafür vorbereiteten Entwicklungssteuergeräten der Fall ist. Diese Datei beschreibt nicht nur, wo die auszulesenden Daten gespeichert sind, sondern auch Zusatzinformationen wie Wertebereiche und physikalische Größen für die korrekte, lesbare Anzeige der Werte. Auch ist zu beachten, dass einige A2L-Dateien, insbesondere solche, die an den Kunden ausgeliefert werden, nur einen Teil der Steuergerätedaten freigeben. Gelingt dies, erhält man nicht nur die gemittelten Drehzahlsignale der Diagnose, sondern auch zeitlich höher aufgelöste Drehzahl- und Winkelinformationen.

Diagnosegeräte im Service verwenden Stromzangen oder kapazitive Spannungssensoren an der Zündanlage, um die Zündhäufigkeit und damit die Drehzahl zu bestimmen. Dieses Verfahren bietet aber nur eine geringe zeitliche Auflösung, eine geringe Genauigkeit und keine Winkelinformation.

Ebenfalls im Service wird die Restwelligkeit des Drehstromgenerators (Lichtmaschine) hinter dem integrierten Gleichrichter ausgewertet. Da der Generator eine B6-Gleichrichterschaltung enthält [Borgeest23E], bewirkt eine Drehspannungsperiode sechs Spannungsspitzen hinter dem Gleichrichter. Je nachdem, ob ein 12-poliger oder 16-poliger Generator vorliegt, also die Pol**paar**zahl p 6 oder 8 beträgt, entspricht eine Drehspannungsperiode einer sechstel oder achtel Umdrehung. Weiterhin muss die Übersetzung $\ddot{u}$ zwischen Motor und Generator bekannt sein. Damit ist die Impulsfrequenz f hinter dem Gleichrichter bei gegebener Motordrehzahl n

$$f = 6\frac{pn}{\ddot{u}}. \tag{7.18}$$

Obgleich die zeitliche Auflösung geringfügig besser als bei der Auswertung des Zündsignals ist, entspricht sie nicht der eines Sensors, auch hier ist die Genauigkeit gering und eine absolute Winkelposition wird nicht geliefert.

7.2.6 Drehzahl des Turboladers

Die Messung der Turboladerdrehzahl ist aufgrund ihrer hohen Werte und der auftretenden Temperaturen schwierig. Angeboten werden Wirbelstromsensoren, die in das Gehäuse geschraubt werden und das Vorbeidrehen der Schaufeln registrieren. Sie können bei Temperaturen bis fast 300 °C und Drehzahlen von mehreren 100000 min^{-1} arbeiten.

7.2.7 Detektion des oberen Totpunktes

Ein sehr spezieller Aspekt der Winkelmessung ist die Erkennung, wann der Kolben am oberen Totpunkt (OT) steht. Im Normalfall ergibt sich diese Kenntnis aus der normalen Kurbelwinkelmessung, bei der Optimierung von Brennverläufen müssen aber Abläufe der Einspritzung, Gemischbildung Zündung und Verbrennungen in der Nähe des OT präziser auf diesen bezogen werden, als es bei den restlichen Abläufen im Motor erforderlich ist. In diesen Fällen ist es sinnvoll, den OT genau zu detektieren. Bewährt hat sich eine kapazitive Messung, indem ein leitfähiger Sensorstift durch den Zylinderkopf geführt wird, der als Gegenelektrode den Kolbenboden hat.

7.2.8 Messung von Drehschwingungen

Bereits in Kap. 5 wurde die Berechnung von Drehschwingungen behandelt, dort ging es darum, Resonanzen am Prüfstand zu kennen, um diesen und den Prüfling vor Schäden zu schützen. Daneben ist die Messung von Drehschwingungen der Kurbelwelle und ihrer Verwindung aber auch eine häufige Entwicklungsaufgabe bei der Motorenentwicklung. In Kap. 5 wurden rechnerische Verfahren benutzt, um den Betrieb am Prüfstand vorzubereiten. Die Anwendungen in der Motorenentwicklung gehen über eine präventive Resonanzermittlung hinaus, sodass neben den vorgestellten rechnerischen und numerischen Methoden hier auch messtechnische Verfahren eingesetzt werden können.

Eine messtechnische Schwingungsanalyse erfordert eine örtlich und zeitlich hoch aufgelöste Bestimmung des Kurbelwinkels oder der Winkelgeschwindigkeit. Die bisher diskutierten Verfahren zur Bestimmung von Kurbelwinkel oder der Winkelgeschwindigkeit genügen diesen Anforderungen nicht immer. So messen die betrachteten Aufnehmer nur an einer Stelle im Wellenstrang, sie sind nicht flexibel genug, um an verschiedenen Stellen zu messen. Die zeitliche Auflösung der betrachteten Aufnehmer kann im Einzelfall genügen, auch hier ist bei der Schwingungsanalyse oft eine höhere Auflösung gewünscht.

Der Stand der Technik sind berührungslose *Rotationsvibrometer*. Diese fokussieren einen Laserstrahl auf die zu untersuchende Stelle. Der reflektierte Laserstrahl hat nach Gl. (7.70) eine etwas abweichende Frequenz. Diese Abweichung wird elektronisch ausgewertet und ist ein Maß für die Umfangsgeschwindigkeit auf einer rotierenden Oberfläche. Daraus können die Winkelgeschwindigkeit und die Winkelbeschleunigung berechnet werden. Eine doppelte Laseroptik erlaubt die sichere Unterscheidung von Rotationsbewegungen und überlagerten Translations-Bewegungen.

7.3 Kraftmessung

Kräfte lassen sich messen mithilfe des piezoelektrischen Effekts, durch Wegmessung an einer Feder (oft in Form der kraftbedingten Materialdehnung) oder durch magnetoelastische Messaufnehmer.

7.3.1 Piezoelektrische Sensoren

Wenn ein piezoelektrischer Kristall zusammengedrückt wird, kommt es im Material zu einer geometrischen Verschiebung von Ladungen, die an den Oberflächen als elektrische Spannung nachweisbar ist [Gerthsen]. Diese Spannung ist proportional zur Kraft und zur Verformung des Piezoelements. Bei einer statischen Kraft erwartet man eine statisch anliegende, proportionale Spannung, dies geschieht jedoch nicht, weil sich die Ladungen schon nach weniger als einer Minute durch den Innenwiderstand des Materials oder den Widerstand des Messaufbaus zu einem großen Teil ausgeglichen haben. Die Stärke eines piezoelektrischen Sensors liegt daher bei dynamischen Kräften. Piezoelektrische Materialien sind mit Ausnahme des teuren Polymers PVDF (Polyvinylidenfluorid) spröde Keramiken. Damit eignen sich diese gut als Drucksensoren, bei denen die Kraft senkrecht wirkt und die Verformungen gering sind. Eine Verwendung zur Messung statischer Kräfte oder Drehmomente ist unüblich [Gautschi02].

7.3.2 Kraftmessung durch Dehnungsmessung

Eine Kraftmessung durch Wegmessung an einer Feder ist kaum verbreitet. Eine Variante dieses Prinzips hingegen, die Elastizität des vorhandenen Materials zu nutzen, um dessen Dehnung unter Krafteinwirkung zu berechnen, ist das am häufigsten verwendete Verfahren. Dabei nutzt man das hookesche[6] Gesetz, das innerhalb materialabhängiger Grenzen die relative Längenänderung (Dehnung) ε als lineare Funktion der Zugspannung σ im Material beschreibt. Es gilt

$$\varepsilon = \frac{\sigma}{E}, \tag{7.19}$$

[6] Robert Hooke, 1635–1703, englischer Wissenschaftler mit Beiträgen auf vielen Gebieten.

wobei E der Elastizitätsmodul des Materials ist [Hütte12]. Sinngemäß gilt dies auch für Druckspannungen. Die Zugspannung wiederum ist proportional zur in gleicher Richtung wirkenden Kraft.

Zur Messung von Dehnungen gibt es zwei Möglichkeiten, Dehnungsmessstreifen (DMS) und Bragg-Gitter. Sehr selten werden SAW-Aufnehmer (Surface Acoustic Wave) eingesetzt, dies sind keramische Aufnehmer, auf deren Oberfläche sich eine Schallwelle mit dehnungsabhängiger Geschwindigkeit ausbreitet. Entwickelt wurden auch kapazitive Dehnungssensoren, u. a. für Hochtemperaturanwendungen [Hoffmann], sie haben sich aber nicht durchgesetzt.

7.3.2.1 Dehnungsmessstreifen

Der Widerstand eines Drahtes mit der Länge l, dem Querschnitt A, dem Durchmesser d und dem spezifischen Widerstand ρ beträgt

$$R = \frac{\rho l}{A} = \frac{4\rho l}{\pi d^2}. \tag{7.20}$$

Bei einer Dehnung des Drahtes können zwei Dinge geschehen, einerseits kann sich der spezifische Widerstand ändern. Dieser Effekt nennt sich piezoresistiver Effekt und ist bei Halbleitern zu beobachten, in Metallen ist er vernachlässigbar. Der zweite Effekt ist eine Geometrieänderung durch die Dehnung; eine Längung ist unmittelbar einsichtig, da sich das Volumen des Materials bei der Dehnung aber nur wenig ändert, geht mit der Längung eine Verkleinerung des Querschnitts (Querkontraktion) einher. Für den Durchmesser gilt daher

$$\frac{\Delta d}{d} = -\nu \frac{\Delta l}{l}, \tag{7.21}$$

wobei ν die Querkontraktionszahl (Abschn. 5.4.1.3) ist. Sie ist eine nachschlagbare Materialkonstante [Hütte12, Hoffmann], sie kann nach Gl. 5.18 auch aus anderen Materialkonstanten berechnet werden, nämlich

$$\nu = \frac{E}{2G} - 1, \tag{7.22}$$

wobei E der Elastizitätsmodul ist und G der Schubmodul. Bei Metallen wird oft näherungsweise angenommen, dass das Gesamtvolumen bei Dehnung konstant bleibt, in diesem Falle wäre $\nu = 0{,}5$ (Herleitung z. B. über totales Differential). Es handelt sich allerdings um eine sehr grobe Näherung, z. B. gilt für Kupfer $E = 110$ GPa und $G = 41{,}4$ GPa, woraus sich $\nu = 0{,}33$ ergibt. Bei Metallen dominiert dieser geometrische Effekt. Vereinzelt wird der Begriff des piezoelektrischen Effekts auch als Sammelbegriff für den piezoelektrischen Effekt im engeren Sinne und dem geometrischen Effekt verwendet.

Die dehnungsbedingte Widerstandsänderung ΔR_ε des Drahtes kann mithilfe des totalen Differentials, d. h. als Summe der partiellen Ableitungen $\partial R/\partial$ … nach allen Einflussgrößen, berechnet werden:

$$\Delta R_\varepsilon = \frac{\partial R}{\partial \rho}\Delta\rho + \frac{\partial R}{\partial l}\Delta l + \frac{\partial R}{\partial d}\Delta d. \tag{7.23}$$

Das Einsetzen der partiellen Ableitungen ergibt

$$\Delta R_\varepsilon = \frac{4l}{\pi d^2}\Delta\rho + \frac{4\rho}{\pi d^2}\Delta l - \frac{8\rho l}{\pi d^3}\Delta d. \tag{7.24}$$

Praktisch interessiert die relative Widerstandsänderung $\Delta R_\varepsilon/R$, bei deren Berechnung sich viele Terme heraus kürzen:

$$\frac{\Delta R_\varepsilon}{R} = \frac{\Delta\rho}{\rho} + \frac{\Delta l}{l} - 2\frac{\Delta d}{d}. \tag{7.25}$$

Setzt man Gl. 7.20 und dann die Definition der Dehnung

$$\varepsilon = \frac{\Delta l}{l} \tag{7.26}$$

ein, erhält man

$$\frac{\Delta R_\varepsilon}{R} = \frac{\Delta\rho}{\rho} + \varepsilon + 2\nu\varepsilon. \tag{7.27}$$

Wird bei Metallen die Änderung des spezifischen Widerstandes nicht berücksichtigt, gilt mit der Konstanten

$$k = 1 + 2\nu, \tag{7.28}$$

die umgangssprachlich als „k-Wert" eines DMS bezeichnet wird:

$$\frac{\Delta R_\varepsilon}{R} = k\varepsilon. \tag{7.29}$$

Nimmt man die Poisson-Zahl näherungsweise mit 0,5 an, resultiert $k=2$ für Metall-DMS, mit $\nu=0{,}33$ ergibt sich $k=1{,}66$. Wird auch die Änderung des spezifischen Widerstandes berücksichtigt, geht k gegen 2.

Bei den seltenen Halbleiter-DMS hingegen dominiert die Änderung des spezifischen Widerstandes gegenüber der Verformung, dort gilt:

$$\frac{\Delta R_\varepsilon}{R} = \frac{\Delta\rho(\varepsilon)}{\rho}, \tag{7.30}$$

Abb. 7.21 Auf einer metallischen Oberfläche aufgeklebter Dehnungsmessstreifen

wobei k über 100 betragen kann, aufgrund der Nichtlinearität eines Halbleiter-DMS aber nicht konstant ist.

Aus praktischen Gründen wird nicht ein langer Draht zur Dehnungsmessung verwandt, sondern ein mäandrierter Draht (Abb. 7.21), der im DMS durch einen Kunststoffmantel geschützt ist.

Der DMS wird auf eine Oberfläche parallel zur Kraftrichtung geklebt. Vor dem Kleben muss die Fläche gereinigt und manuell mit Schleifpapier vorbehandelt werden. Da der Kleber die Messung nicht durch seine mechanischen Eigenschaften verfälschen darf, sind die Empfehlungen des Herstellers des DMS zu beachten. Ein senkrecht zur Dehnrichtung montierter DMS misst die Querkontraktion des Körpers. Vier DMS können zu einer Wheatstone-Brücke (Abb. 7.22) verschaltet werden, wenn ihre Temperatur gleich ist, der Platz für vier DMS vorhanden ist und ihre Dehnungen/Stauchungen definiert sind.

Wenn nur ein DMS am Messkörper ist, die anderen drei Brückenwiderstände als Festwiderstände in der Messelektronik, nennt man dies trotz der vollständigen Brückenschaltung eine Viertelbrücke. Sind zwei DMS am Prüfkörper und zwei Widerstände in der Messelektronik spricht man von einer Halbbrücke. Der Regelfall ist der oben beschriebene Fall der Vollbrücke, bei der alle vier Brückenwiderstände als DMS am Messkörper sind.

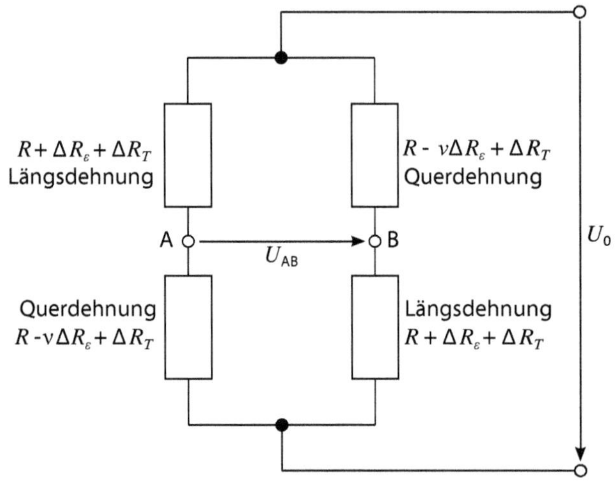

Abb. 7.22 Vier DMS in Vollbrücke, U_0 ist die Gleich- oder Wechselspannung zur Versorgung der Brücke, die Spannung U_{AB} zwischen den Punkten A und B die gemessene Spannung. R ist der Widerstand ohne Dehnung bei Nenntemperatur. ΔR_ε ist die interessierende dehnungsbedingte Widerstandsänderung, ΔR_T die unerwünschte temperaturbedingte Widerstandsänderung und υ die Poisson-Zahl. Zwei DMS sind in Dehnungsrichtung appliziert und werden somit ihrer Länge nach gedehnt, zwei senkrecht dazu

Die Beschriftung in Abb. 7.22 greift ein häufiges Beispiel auf, bei dem der Messkörper auf Druck/Zug beansprucht wird und in Zugrichtung aufgebrachte Dehnungsstreifen durch Längsdehnung den Widerstand $R + \Delta R_\varepsilon + \Delta R_T$ annehmen, senkrecht dazu montierte DMS infolge der Querkontraktion den Wert $R - \nu\Delta R_\varepsilon + \Delta R_T$.

Die resultierende Spannung U_{AB} ergibt sich als Differenz der mit der Spannungsteilerregel bestimmten Spannungen an den Punkten A und B, also

$$U_{\mathrm{AB}} = U_0 \left(\underbrace{\frac{R - \nu\Delta R_\varepsilon + \Delta R_T}{2R + (1-\nu)\Delta R_\varepsilon + 2\Delta R_T}}_{\mathrm{A}} - \underbrace{\frac{R + \Delta R_\varepsilon + \Delta R_T}{2R + (1-\nu)\Delta R_\varepsilon + 2\Delta R_T}}_{\mathrm{B}} \right). \quad (7.31)$$

Durch den gleichen Nenner auf beiden Seiten lässt sich dieser Ausdruck wie folgt zusammenfassen:

$$U_{\mathrm{AB}} = U_0 \frac{R - \nu\Delta R_\varepsilon + \Delta R_T - R - \Delta R_\varepsilon - \Delta R_T}{2R + (1-\nu)\Delta R_\varepsilon + 2\Delta R_T}. \quad (7.32)$$

Daraus folgt

$$U_{\mathrm{AB}} = U_0 \frac{-(1+\nu)\Delta R_\varepsilon}{2R + (1-\nu)\Delta R_\varepsilon + 2\Delta R_T} \approx -U_0 \frac{(1+\nu)\Delta R_\varepsilon}{2R}. \quad (7.33)$$

Obwohl in Abb. 7.22 der Dehnungseinfluss und der Temperatureinfluss in vergleichbarer Weise auf die Widerstände der einzelnen DMS wirken, steht in Gl. 7.32 nur noch der Dehnungseinfluss im Zähler.

Die Rechnung kann noch fortgesetzt werden durch Einsetzen von Gl. 7.28 und der Annahme eines k-Wertes von etwa 2:

$$U_{\text{AB}} \approx -U_0 \frac{(1+\nu)}{2} k\varepsilon \approx -U_0(1+\nu)\varepsilon. \quad (7.34)$$

Bei anderen Geometrien kann eine ähnliche Rechnung aufgestellt werden, so werden bei Biegebeanspruchung DMS auf der Innenseite und der Außenseite appliziert, die Stauchung innen entspricht der Dehnung außen, anstelle ν ist für diese Geometrie in den obigen Gleichungen 1 einzusetzen. Dann ist

$$U_{\text{AB}} = U_0 \frac{-2\Delta R_\varepsilon}{2R + 2\Delta R_T} \approx -U_0 \frac{\Delta R_\varepsilon}{R}. \quad (7.35)$$

Einsetzen von Gl. 7.28 und die Annahme eines k-Wertes von etwa 2 liefert:

$$U_{\text{AB}} \approx -U_0 k\varepsilon \approx -2U_0\varepsilon. \quad (7.36)$$

Bei der Messung von Torsionsspannungen, z. B. an einer Welle (s. a. Abschn. 7.4), werden DMS paarweise um +45° und −45° zur Längsachse (also 90° gegeneinander) appliziert, U_{AB} berechnet sich dann wie beim Biegebalken.

Egal welche geometrische Anordnung vorliegt, der Temperatureinfluss ist nicht vollständig kompensiert, einerseits hat er über den Nennerterm noch einen geringen Einfluss auf die Brückenempfindlichkeit, zum anderen hängen auch der k-Wert und die mechanischen Eigenschaften der DMS in geringem Maße von der Temperatur ab. Ein vollständige Kompensation auch dieser indirekten Einflüsse setzen eine Messung der Temperatur und eine spätere Korrektur in der Elektronik zum Auswerten voraus.

7.3.2.2 Bragg-Gitter

Bragg-Gitter sind eine noch recht neue Alternative zu Dehnungsmessstreifen, sie werden auch als optische Dehnungsmessstreifen vermarktet. Sie bestehen aus einem Lichtwellenleiter, dessen Brechungsindex sich innerhalb einer Zone von einigen cm zyklisch über die Länge ändert. Diese Änderungen führen dazu, dass bestimmte Wellenlängen reflektiert und nicht übertragen werden. Bei einer Dehnung des Lichtwellenleiters verändern sich die Abstände des Brechungsmusters, damit verschieben sich auch die reflektierten Wellenlängen. Ein Bragg-Gitter ist robuster als normale Dehnungsmessstreifen gegenüber chemischen Einflüssen. Auch zeigt das häufig verwendete Quarzglas keine wesentliche Wärmedehnung. Da die Auswertung optisch erfolgt, ist auch die elektromagnetische Verträglichkeit besser [Kreuzer07]. Die Kosten der Bragg-Gitter und ihrer optischen Signalverarbeitung liegen aber noch höher als bei Dehnungsmessstreifen.

7.3.2.3 Magnetoelastische Sensoren

Der magnetoelastische Effekt ist der Umkehreffekt der Magnetostriktion. Bei der Magnetostriktion streckt sich ein ferromagnetisches Material entlang eines Magnetfeldes, weil die enthaltenen Elementarmagnete sich gleichmäßig ausrichten. Ebenso lässt sich die gleichmäßige Ausrichtung der Elementarmagnete durch mechanisches Strecken erreichen. Infolge dieser gemeinsamen Ausrichtung steigt die relative Permeabilität in der Streckrichtung. Diese geänderte Permeabilität lässt sich über die Änderung der Induktivität einer umgebenden Spule nachweisen. Durch dieses Prinzip lassen sich Kräfte messen, besonders attraktiv ist das Prinzip für die Messung von Drehmomenten an rotierenden Teilen, da die Abfrage der Permeabilität durch Spulen berührungslos erfolgt.

7.3.3 Wägezellen

Durch Applikation von Dehnungsmessstreifen oder ähnlichen Sensoren kann man an vielen Stellen am und im Motor Kräfte messen, allerdings erfordert dies eine aufwendige Präparation. Auch sind die Sensoren nicht gegen Umwelteinflüsse geschützt. Wo dies konstruktiv möglich ist, kann es einfacher sein, den Kraftfluss aufzutrennen und eine geschlossene „Dose“ in einen auf Druck oder Zug beanspruchten Stab einzusetzen. Eine typische, bereits in Kap. 6 erwähnte Anwendung ist die Messung des Reaktionsmoments einer Belastungsmaschine. Dazu wird ein Hebel definierter Länge an der Maschine über eine Stange im Boden verankert. Die Stange ist zweiteilig, zwischen den beiden Teilen befindet sich eine Wägezelle. In der Regel ist diese bereits im Lieferumfang der Maschine enthalten.

Im einfachsten Falle besteht eine Wägezelle (Load Cell) aus zwei Kontaktflächen, an denen die äußeren Kräfte angreifen, und einem oder mehreren Dehn-/Zugstäben im Inneren, die diese beiden Flächen verbinden. Auf diesen befinden sich Dehnungsmessstreifen, typischerweise zu einer Brücke verschaltet (Abb. 7.23). Daneben gibt es auch

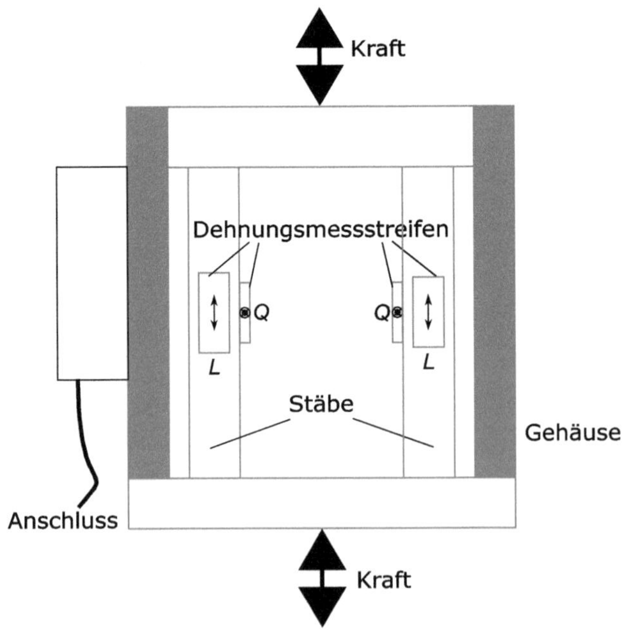

Abb. 7.23 Aufbau einer Wägezelle, *L:* DMS misst in Längsrichtung der Stäbe (im Bild senkrecht), *Q:* DMS misst in Querrichtung der Stäbe (im Bild in die Zeichenebene hinein)

andere interne Bauformen der Wägezellen, z. B. unter Verwendung von Biegebalken oder Scherstäben [Norden98].

7.4 Drehmomentaufnehmer (Georg Wegener)

Wenn im Kontext der Motorenprüfstände von Drehmomentmessung die Rede ist, ist zuallererst das Drehmoment gemeint, das vom Motor abgegeben wird, also das Drehmoment der rotierenden Welle. Unter den vielen Messgrößen, die im Betrieb eines Motorenprüfstands erfasst werden müssen, kommt diesem Drehmoment eine besonders wichtige Rolle zu. Grund hierfür ist, dass das Drehmoment – neben der Drehzahl – eine der beiden zentralen Messgrößen ist, die zur Bestimmung der mechanischen Leistung erforderlich sind, denn zur Bestimmung der mechanischen Leistung nutzt man am günstigsten die Beziehung

$$P_{\mathrm{mech}} = M_{\mathrm{D}}\omega. \tag{7.37}$$

Da die Drehmomentmessung darüber hinaus technisch recht anspruchsvoll ist, ist ihr hier ein relativ ausführlicher Abschnitt gewidmet. Bei technischen Aufgaben der Drehmomentmessung sind zunächst zwei Anwendungsformen zu unterscheiden, die Messung an rotierenden und die an nicht rotierenden Bauteilen. Beispiele für die Drehmomentmessung an nicht rotierenden Bauteilen sind der Drehmomentschlüssel oder z. B. Prüfvorrichtungen zum Bestimmen von Torsionsfedersteifigkeiten.

Die Drehmomentmessung im Motorenprüfstand zählt – wenn nicht spezielle indirekte Messmethoden gewählt werden – zur technisch aufwendigeren Messung am rotierenden Bauteil. Daneben sind auch die herrschenden Umgebungsbedingungen, wie z. B. die Temperaturverteilung, parasitäre Belastungen und die Fliehkraftbelastung infolge der Drehung eher anspruchsvoll.

7.4.1 Grundlegende Klassifizierung der Messprinzipien

7.4.1.1 Indirekte Drehmomentmessung

Da die Messung des Drehmoments im rotierenden Wellenstrang besonderen Aufwand bedeutet, ist es naheliegend, zunächst Alternativen zu suchen, mit denen dieser vermieden werden kann.

7.4.1.1.1 Messung aus der elektrischen Leistung

Der Zusammenhang zwischen Leistung, Drehmoment und Drehzahl kann, sofern die Leistung und die Drehzahl bekannt sind, zur Bestimmung des Drehmoments genutzt werden. Vorausgesetzt ist dabei, dass eine kontinuierliche Messung der Drehzahl stattfindet. Wird als Belastungsmaschine ein Generator verwendet, so kann die mechanische Leistung aus der vom Generator erzeugten elektrischen Leistung abgeschätzt werden. Auch wenn beim Rückrechnen der Wirkungsgrad berücksichtigt wird, bleibt diese Methode dennoch eine Abschätzung, da der Wirkungsgrad als solcher ja keineswegs eine Konstante darstellt.

In aktuellen Motorenprüfständen wird die Bestimmung aus der elektrischen Leistung nur selten als einzige Form der Drehmomentmessung verwendet, da die Genauigkeit heutigen Anforderungen im Allgemeinen nicht mehr entspricht.

7.4.1.1.2 Messung des Reaktionsdrehmoments mithilfe einer Pendelmaschine

Dieses Messprinzip beruht auf dem newtonschen Grundprinzip von Wirkung und Gegenwirkung (Actio und Reactio), in diesem Fall Moment und Gegenmoment. Gemessen werden soll das Drehmoment, das der Verbrennungsmotor abgibt, also in den Wellenstrang einbringt. Dasselbe Moment mit umgekehrtem Vorzeichen muss vom Wellenstrang in die Belastungsmaschine weitergeleitet werden. Dies gilt zumindest in erster Näherung, wenn man zunächst spezielle Phänomene außer Acht lässt, die weiter unten noch diskutiert werden sollen.

Die Belastungsmaschine kann ein solches Moment nur aufnehmen, wenn sie ihrerseits gegenüber der Umgebung so abgestützt ist, dass sie durch dieses Moment nicht in Drehung versetzt wird. Normalerweise ist das Drehmoment dadurch abgestützt, dass die abstützenden Kräfte des Maschinengehäuses an den unterschiedlichen Lagerungspunkten unterschiedlich sind. Das Abstützmoment kann aber messtechnisch zugänglich gemacht werden, wenn die Maschine als sogenannte Pendelmaschine (cradle mounted dynamometer) ausgeführt ist. Das bedeutet, dass das Maschinengehäuse sich um die Drehachse der Welle drehen kann, diese Drehung nur durch einen einzelnen Lagerpunkt verhindert wird und an diesem Lagerpunkt die abstützende Kraft gemessen wird. Das Prinzip dieses Aufbaus zeigt Abb. 7.24. Zu beachten ist dabei, dass das eingeleitete Moment auch über den Luftspalt zwischen Rotor und Ständer der Maschine hinweg geleitet wird, da ja hier die elektromagnetischen Kräfte wirken.

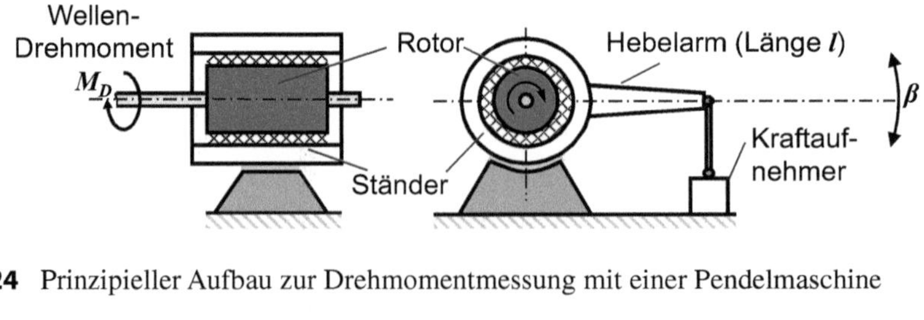

Abb. 7.24 Prinzipieller Aufbau zur Drehmomentmessung mit einer Pendelmaschine

Bei stationärem Betrieb, d. h. konstanter Drehzahl und konstantem Drehmoment, gilt genau wie in der Statik das Momentengleichgewicht. Das heißt, dass die Summe sämtlicher Momente um die Drehachse null sein muss. Man erhält also zwischen dem eingeleiteten Drehmoment M_D und der Kraft F am Kraftaufnehmer die einfache Beziehung

$$M_{\mathrm{D}} = l \cdot F \tag{7.38}$$

mit dem Hebelarm l.

Mit dieser Beziehung kann nun das Drehmoment berechnet werden, wenn l bekannt ist und F gemessen wird. Gewisse Einschränkungen ergeben sich durch die Reibung der Lagerung der Maschine und sonstige mögliche zusätzliche Drehmomente, die in der Gleichung nicht berücksichtigt sind und die sich schwer so fassen lassen, dass sie berücksichtigt werden können.

Die Hauptschwierigkeit dieses Messprinzips besteht in der Anwendung auf dynamische Messungen. Die Anwendung des Momentengleichgewichts setzt voraus, dass sämtliche beteiligten Körper entweder in Ruhe sind (z. B. der Ständer der Belastungsmaschine) oder mit konstanter Drehzahl um eine Trägheitshauptachse (d. h. ausgewuchtet) rotieren. Wenn diese Voraussetzungen nicht gelten, so ist die Summe sämtlicher Momente um die Drehachse (hier als x-Achse bezeichnet) nicht null, sondern gleich der zeitlichen Ableitung des Gesamt-Drehimpulses L_x um diese Achse.

$$\sum_i M_{\mathrm{xi}} = \sum_k \dot{L}_{\mathrm{xk}} \tag{7.39}$$

Diese zeitliche Ableitung der Einzel-Drehimpulse ergibt sich hier als Produkt aus Winkelbeschleunigung bzw. zeitlicher Ableitung der Winkelgeschwindigkeit einerseits und Massenträgheitsmoment J_k andererseits. Dabei sind – zumindest bei genauer Betrachtung – zwei Körper zu berücksichtigen, der Rotor der Maschine und der Stator. Die Winkelbeschleunigung für den Rotor ergibt sich aus der zeitlichen Ableitung der Winkelgeschwindigkeit ω, die Winkelbeschleunigung des Ständers ergibt sich aus der Nachgiebigkeit der Abstützung über Hebelarm und Kraftaufnehmer. Der Winkel β weicht sicherlich stets nur sehr wenig von der Gleichgewichtslage ab, aber bei hohen Drehzahlen kann nicht ausgeschlossen werden, dass seine zweite zeitliche Ableitung dennoch einen relevanten Anteil am Gesamtmoment bewirkt.

$$M_{\mathrm{D}} - l \cdot F = J_{\mathrm{Rotor}} \dot{\omega} + J_{\mathrm{Stator}} \ddot{\beta}. \tag{7.40}$$

In Worten kann man diesen Zusammenhang auch so beschreiben: Das eingeleitete Drehmoment M_D steht im dynamischem Fall nicht mehr vollständig zur Verfügung, um eine Reaktionskraft F zu bewirken. Stattdessen wird es zum Teil „verbraucht", um den Rotor (und ggf. die Kippbewegung des Ständers) zu beschleunigen. Damit enthält die Gleichung zu viele – messtechnisch z. T. schwer zu fassende – Ausdrücke, um auf einfache Weise aus der Messung der Kraft F das Wellen-Drehmoment M_D zu ermitteln.

In aktuellen Motorenprüfständen kommen Pendelmaschinen zur Drehmomentmessung nach wie vor zum Einsatz, obwohl die unten beschriebenen rotierenden

Drehmomentaufnehmer immer mehr Marktanteile für sich verbuchen. Die größte Verbreitung hat das Messprinzip Pendelmaschine in Verbindung mit Wirbelstrombremsen und hydraulischen Bremsen als Belastungsmaschinen. Bei der Beurteilung der Messunsicherheit ist neben der fehlenden Eignung für dynamisches Drehmoment auch die Reibung in der Pendellagerung des Ständers der Bremsmaschine zu beachten. Bei hohen Anforderungen muss hier erheblicher Aufwand betrieben werden, z. B. hydrostatische Gleitlager.

Die höchste Genauigkeit, die mit diesen indirekten Methoden in der Praxis erreicht wird, wird dann erzielt, wenn beide kombiniert werden. Man nutzt die gute Genauigkeit der Drehmomentmessung über die Pendelmaschine für stationäre Betriebszustände und bestimmt aus einer intelligenten Auswertung der erzeugten elektrischen Leistung Korrekturen bei dynamischen Drehmomentanteilen und Drehzahländerungen.

7.4.1.2 Rotierende Drehmomentaufnehmer im Wellenstrang

Um die Schwächen der indirekten Messmethoden zu vermeiden, werden heute zur Drehmomentmessung in Motorenprüfständen meist rotierende Drehmomentaufnehmer eingesetzt, die das vom Verbrennungsmotor abgegebene Drehmoment direkt im Wellenstrang messen. Man spricht hier auch von *In-Line-Drehmomentmessung* oder *In-Line-Drehmomentaufnehmern.*

Alle technisch relevanten Ansätze zur Umsetzung dieses Ansatzes beruhen auf der mehr oder weniger direkten Messung der Torsionsverformung, die durch das zu messende Drehmoment bewirkt wird.

Unabhängig vom spezifischen Messprinzip, das hierzu genutzt wird, bieten sich allgemein zwei Möglichkeiten der mechanischen Implementierung an: Zum einen lässt sich – je nach Sensorprinzip mit unterschiedlicher praktischer Umsetzbarkeit – die Torsionsverformung eines Bauteils messen, das ohnehin im Prüfstand vorhanden ist, das ist in der Regel eine Gelenkwelle. Zum anderen kann ein speziell gestalteter Messkörper in den Wellenstrang eingebaut werden, z. B. zwischen Gelenkwelle und Belastungsmaschine. Dieser Ansatz bietet den Vorteil, dass der Messkörper für die Verformungsmessung wie auch für die Erfordernisse der Signalübertragung gezielt gestaltet werden kann. Bei solchen Lösungen spricht man Drehmomentsensoren oder Drehmomentaufnehmern im engeren Sinne, je nach Bauform auch Drehmomentmesswelle oder Drehmomentmessflansch genannt.

Ferner muss stets die Aufgabe der Messung am rotierenden Teil gelöst werden. Das heißt, das Messsignal muss vom rotierenden Teil zu einer Messelektronik in der nicht rotierenden Umgebung übertragen werden. Je nach Messprinzip muss zusätzlich die zur Messung benötigte elektrische Energie auf die rotierende Welle übertragen werden. Bei der Torsionsmessung an der Gelenkwelle wird die hierzu benötigte Telemetrie meist als weitgehend separate Aufgabe mit eigenständiger Hardware angegangen. Drehmomentaufnehmer hingegen bilden in der Regel ein festes Paar aus dem eigentlichen, mitrotierenden Teil, dem sogenannten Rotor und dem nicht rotierenden Gegenstück, dem Stator. Häufig kommen Übertragungsprinzipien zum Einsatz, die nur eine geringe

Reichweite haben und eine recht genaue Positionierung der Kommunikationspartner zueinander erfordern. Teilweise sind Rotor und Stator in einem Gehäuse vereint, teilweise separat zu montieren und ggf. entsprechend zueinander auszurichten, dass die Übertragung gewährleistet ist.

Angesichts der heute verfügbaren Möglichkeiten der Telemetrie kann für praktisch beliebige Messprinzipien eine passende Telemetrielösung gefunden werden, die die Messung auf dem rotierenden Wellenstrang ermöglicht. Dennoch erscheinen zunächst solche Messprinzipien als besonders elegant, bei denen die Messung der Torsionsverformung und eine berührungslose Übertragung dieser Information in die nicht-rotierende Welt eine integrale Einheit bilden. Daher sollen zunächst zwei solche Messprinzipien kurz vorgestellt werden.

7.4.1.2.1 Messung des Verdrehwinkels mithilfe des Transformatorprinzips

Naheliegend ist es, die Verdrehung eines Abschnitts einer rotierenden Welle dadurch zu messen, dass der Winkel zwischen zwei Fixpunkten ausgewertet wird, die einen definierten Abstand in Wellenlängsrichtung haben. Stellvertretend für diesen Ansatz sei hier kurz das folgende Konstruktionsprinzip erläutert.

An den beiden Fixpunkten eines als Torsionswelle ausgebildeten Messkörpers ist jeweils eine zylindrische Metallhülse konzentrisch zum Messkörper angebracht. Die beiden Hülsen sind mit Längsschlitzen ausgestattet und umschließen einander konzentrisch. In Abhängigkeit des wirkenden Drehmoments verdrehen sich die Hülsen gegeneinander und die Überdeckung der Schlitze ändert sich proportional zum Drehmoment. Zur elektrischen Messung dieser Verdrehung wird das Transformatorprinzip genutzt. Die Transformatorspulen umschließen die Torsionswelle ebenfalls konzentrisch, die beiden geschlitzten Hülsen befinden sich als Abschirmung zwischen Primärspule und Sekundärspule. Die transformatorische Kopplung ist nun messbar davon abhängig, wie weit sich die Schlitze der beiden Hülsen überdecken.

Der Vorteil dieses Messprinzips ist, dass keine Übertragung eines elektrischen Messsignals im engeren Sinne zwischen Rotor und Stator erforderlich ist. Denn durch geschickte Anordnung ist es möglich, dass Primär- und Sekundärspule beide am nichtrotierenden Teil des Drehmomentaufnehmers, dem Stator angebracht sind.

Für die Anwendung im Motorenprüfstand hat dieses Messprinzip allerdings erhebliche Schwächen. Zum einen ist prinzipbedingt erforderlich, dass der Messkörper die Form einer relativ langgestreckten Messwelle hat und eine messbare Torsionsverformung ermöglicht. Diese Bauform ist jedoch aus mechanischen Gründen, auf die weiter unten noch eingegangen wird, im Bereich der Prüfstände nicht vorteilhaft und wird bereits seit Jahren durch kürzer bauende, steifere Geometrien verdrängt. Weiterhin erfordert das Messprinzip eine sehr genaue Positionierung zwischen Rotor und Stator. Daher ist trotz berührungsloser Übertragung des Messsignals eine mechanische Verbindung zwischen Rotor und Stator durch Wälzlager erforderlich. Eine solche ist jedoch im Prüfstandsbereich ebenfalls nicht vorteilhaft, unter anderem aus Gründen der Reibung und des Wartungsaufwands.

7.4.1.2.2 Messmethode akustische Oberflächenwellen

Die Übertragungseigenschaften bei der Ausbreitung akustischer Oberflächenwellen (Surface Acoustic Waves, SAW) ändert sich bei einigen Feststoffen signifikant, wenn diese unter mechanischer Spannung stehen. Diese mechanische Spannung kommt bei der Anwendung als Drehmomentsensor aus der Torsionsbelastung eines Wellenstücks. Als Medium für die akustischen Oberflächenwellen wird ein piezoelektrisches Material verwendet. Dieses ist in Form eines Plättchens auf dem i. Allg. metallischen Material der rotierenden Welle bzw. des Messkörpers aufgebracht. Die Verbindung zwischen dem Plättchen und dem Material des Messkörpers muss dabei so fest sein, dass eine mechanische Beanspruchung (Spannung bzw. mittelbar Dehnung) des Messkörpers sich auch auf das Plättchen überträgt. Position und Orientierung des Plättchens müssen sich an der Richtung der Spannung bzw. Dehnung des Messkörpers infolge der Torsionsbeanspruchung orientieren. Auf diese Frage wird weiter unten in Zusammenhang mit der Drehmomentmessung auf Basis von Dehnungsmessstreifen noch detaillierter eingegangen.

Durch den piezoelektrischen Effekt ist es leicht möglich, auf dem Plättchen mechanische Verformungen – also auch akustische Wellen elektrisch zu induzieren. Man bringt auf dem Plättchen ein geeignet geformtes Elektrodenpaar auf, das dann mit einer elektrischen Wechselspannung beaufschlagt wird. Diese Wechselspannung kann berührungslos durch ein elektromagnetisches Wechselfeld induziert werden, das seinerseits von einem nicht mitrotierenden Teil der Sensor-Einrichtung erzeugt wird.

Die Auswertung der Wellenausbreitungsgeschwindigkeit kann dann nach unterschiedlichen Prinzipien erfolgen. Zum Beispiel kann die Welle auf dem Piezo-Plättchen eine Strecke zurücklegen und dann durch ein zweites Elektrodenpaar aufgenommen werden, vgl. [Drafts01]. Durch Auswertung von Amplitude und/oder Phaseninformation kann auf Betrag und Vorzeichen des Drehmoments geschlossen werden. Eine andere Methode besteht darin, durch Messung der Impedanz des mit dem Piezo-Plättchen gekoppelten Elektrodenpaars die Änderung der Resonanzfrequenz zu bestimmen und hieraus die mechanische Dehnung und mittelbar dann das Drehmoment zu ermitteln, vgl. [Lonsdale].

Die infrage kommenden Wellenlängen ergeben sich aus den sinnvollen Abmessungen der Piezo-Plättchen im einstelligen bis niedrigen dreistelligen µm-Bereich. Unter Berücksichtigung der Ausbreitungsgeschwindigkeit der akustischen Oberflächenwellen ergeben sich daraus die zugehörigen Frequenzen. Diese liegen im typischerweise Bereich von einigen MHz bis wenigen GHz. Diese Frequenzen sind gut geeignet für die berührungslose Übertragung, weil wenig störanfällig durch die niederfrequente Abstrahlungen, wie sie z. B. von elektrischen Antrieben, Umrichtern etc. verursacht werden.

Drehmomentsensoren, die nach diesem patentierten Verfahren arbeiten, sind kommerziell erhältlich. Ihr Einsatzgebiet sind jedoch eher kostenkritische Anwendungen mit geringeren Drehmomenten. Im Bereich der Motorenprüfung mit ihren hohen Anforderungen an Messgenauigkeit, eher großen Drehmomenten und den schwierigen Umgebungsbedingungen kommen sie nicht zur Anwendung. Ähnlich wie das zuvor beschriebene Transformatorprinzip erfordert auch dieses Übertragungsprinzip eine sehr genaue Positionierung zwischen Rotor und Stator. Das bedeutet, dass trotz berührungsloser

Übertragung des Messsignals eine mechanische Verbindung zwischen Rotor und Stator in Form von Wälzlagern erforderlich ist.

7.4.2 Dehnungsmessstreifen als Messprinzip für Drehmomentaufnehmer

Für die Bestimmung des Drehmoments im rotierenden Wellenstrang in Motorenprüfständen hat sich das Messprinzip Dehnungsmessstreifen (DMS) heute durchgesetzt, vgl. [SchiWege02]. Zwar ist die Übertragung in diesem Fall ein separat zu lösendes Problem, jedoch ist das bei entsprechendem Aufwand lösbar. Die Vorteile des Messprinzips DMS hinsichtlich Messgenauigkeit und Störunempfindlichkeit rechtfertigen diesen Aufwand. Hier soll zunächst das Messprinzip als solches diskutiert werden, bevor weiter unten die Übertragung von Versorgungsspannung und Messsignal behandelt wird.

Der DMS ist, wie in Abschn. 7.3.2.1 bereits ausgeführt ein Sensorprinzip zur Verformungsmessung. Zur Messung des Drehmoments ist damit der zunächst naheliegendste Ansatz die Messung der Verformung eines geraden Wellenstücks. Dabei ist diese Überlegung zunächst unabhängig davon, ob die Verformung einer Gelenkwelle oder die Verformung eines Messkörpers im Fall eines Drehmomentaufnehmers gemessen werden soll.

Wie in Abschn. 7.3.2.1 erläutert, misst der Dehnungsmessstreifen die Dehnung ε, im einfachsten Fall anschaulich als Quotient $\varepsilon = \Delta l / l$ zu interpretieren. Bei dieser Definition der Dehnung wird vorausgesetzt, dass die Belastung (Spannung σ, also Kraft pro Fläche) und die Verformung (Dehnung ε) in gleicher Richtung wirken. Bei der Verformung einer durch Drehmoment belasteten Welle handelt es sich aber um Torsion, die resultierende Verformung ist eine Verdrehung der Welle. Bei lokaler Betrachtung an einem Punkt der Oberfläche handelt es sich bei der Belastung um eine Schubspannung, bei der Verformung um eine Schub- oder Scherverformung. Allerdings ist diese Klassifizierung davon abhängig, wie in dem untersuchten Punkt das Koordinatensystem für Belastungs- und Verformungsrichtung definiert wird. Man betrachte hierzu Abb. 7.25, oben.

Die Schubspannung τ an der Oberfläche einer kreisrunden Torsionswelle (Voll- oder Hohlwelle) ergibt sich z. B. gemäß [RichSand13] zu

$$\tau_{\mathrm{xy}} = \frac{M_{\mathrm{D}}}{I_{\mathrm{P}}} \frac{D}{2}. \tag{7.41}$$

Darin sind M_{D} das Drehmoment (bzw. Torsionsmoment im Sinne der Technischen Mechanik), D der (Außen-)Durchmesser der Welle und I_{P} das polare Flächenträgheitsmoment, das bereits in Abschn. 5.4 eingeführt wurde. Die Belastungsform ist dadurch gekennzeichnet, dass in diesem Koordinatensystem die Normalspannungen σ_{x} und σ_{y} (Zug- oder Druckspannung) null sind. Die Verformung kann dennoch mithilfe von Dehnungsmessstreifen (DMS) gemessen werden. Dazu müssen die Dehnungsmess-

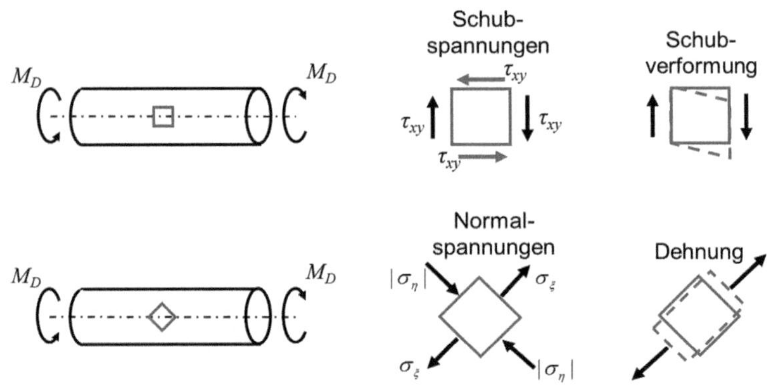

Abb. 7.25 Belastung einer Torsionswelle. Lokale Betrachtung der Spannung und Verformung an einem kleinen quadratischen Element der Wellenoberfläche. *Oben:* Koordinatensystem parallel zur Wellenlängsachse. *Unten:* Koordinatensystem gegenüber der Wellenlängsachse um 45° gedreht

streifen in einem Winkel von 45° gegenüber der Wellenlängsachse aufgebracht werden, wie im Folgenden gezeigt werden soll.

Betrachtet man die Torsionsbelastung in einem gegenüber der Wellenlängsachse gedrehten Koordinatensystem, so ergeben sich im allgemeinen Fall für alle drei Spannungen σ_ξ, σ_η und $\tau_{\xi\eta}$ von null verschiedene Werte. Zur Unterscheidung der Koordinatensysteme werden als Koordinatenbezeichnungen im gedrehten Koordinatensystem die griechischen Buchstaben ξ und η verwendet. Die Bestimmung der Spannungen σ_ξ, σ_η und $\tau_{\xi\eta}$ in Abhängigkeit vom Winkel kann durch Transformationsgleichungen erfolgen oder grafisch mithilfe des sogenannten mohrschen Spannungskreises. Zur detaillierten Beschreibung dieser Verfahren sei auf die gängigen Lehrbücher der Technischen Mechanik verwiesen z. B. [RichSand13]. An dieser Stelle sollen lediglich die Ergebnisse für den vorliegenden Belastungsfall zitiert werden, der in der Technischen Mechanik als reiner Schub bezeichnet wird.

Nun wird das Koordinatensystem um genau 45° gedreht, vgl. Abb. 7.25, unten. Bei reinem Schub handelt es sich bei diesem Koordinatensystem um das sogenannte Hauptachsensystem, das bedeutet, dass die Schubspannung $\tau_{\xi\eta}$ in diesem Koordinatensystem null ist. Mithilfe der Transformationsformeln bzw. des mohrschen Spannungskreises erhält man für die Normalspannungen im gedrehten Koordinatensystem

$$\sigma_\xi = \tau_{\mathrm{xy}} = \frac{M_{\mathrm{D}}}{I_{\mathrm{P}}}\frac{D}{2}, \sigma_\eta = -\tau_{\mathrm{xy}} = \frac{-M_{\mathrm{D}}}{I_{\mathrm{P}}}\frac{D}{2}. \tag{7.42}$$

Wichtig ist bei der Interpretation dieser Gleichung, dass die Schubspannung τ_{xy} nicht die Schubspannung im neuen, gedrehten Koordinatensystem ist (diese ist ja null), sondern die im ursprünglichen, nicht gedrehten.

Zur Bestimmung der Längsverformungen ε aus den Normalspannungen σ_ξ und σ_η muss das Hookesche Gesetz in der Formulierung für den zweiachsigen Spannungszustand herangezogen werden. Aus der eindimensionalen Formulierung in Gl. 7.18 wird dann verallgemeinert

$$\varepsilon_x = \frac{1}{E}(\sigma_x - \nu\sigma_y), \varepsilon_y = \frac{1}{E}(\sigma_y - \nu\sigma_x), \tag{7.43}$$

worin die Materialkonstanten E und ν der Elastizitätsmodul und die Querkontraktionszahl sind, die bereits in Abschn. 7.3.2.1 eingeführt wurden. Man erkennt, dass über die Querkontraktionszahl ν die Spannung σ_y auch einen Beitrag zur Dehnung ε_x liefert und umgekehrt. Für das gedrehte Koordinatensystem ergibt sich analog

$$\varepsilon_\xi = \frac{1}{E}(\sigma_\xi - \nu\sigma_\eta), \varepsilon_\eta = \frac{1}{E}(\sigma_\eta - \nu\sigma_\xi). \tag{7.44}$$

Setzt man die oben bestimmten Hauptspannungen σ_ξ und σ_η ein, so erhält man für die Dehnungen

$$\varepsilon_\xi = \frac{1+\nu}{E}\frac{M_D}{I_P}\frac{D}{2} = \varepsilon_{45^\circ}, \varepsilon_\eta = -\frac{1+\nu}{E}\frac{M_D}{I_P}\frac{D}{2} = -\varepsilon_{45^\circ}. \tag{7.45}$$

Folglich lässt sich die Torsionsverformung mit Dehnungsmessstreifen messen, indem diese gegenüber der Wellenlängsachse um 45° gedreht angeordnet werden. Ob sie dabei um 45° in positivem oder negativem Drehsinn gedreht werden bestimmt das Vorzeichen der Dehnung. Im Weiteren sollen die Dehnungen abgekürzt als ε_{45° und $-\varepsilon_{45^\circ}$ bezeichnet werden.

Vorteilhaft ist bei der Verformungsmessung stets die Verschaltung mehrerer DMS zu einer wheatstoneschen Halb- oder noch besser Vollbrücke (Abschn. 7.3.2.1). Hierfür bietet der beschriebene Vorzeichenzusammenhang eine ideale Voraussetzung: Man bringt zwei DMS an der gleichen Position an, davon einer um +45°, der andere um −45° gegenüber der Wellenlängsachse gedreht, s. Abb. 7.26, links oben. Bei positivem Drehmoment liefert der eine also positives, der andere negatives Ausgangssignal. Das Ausgangssignal äußert sich gemäß der Grundgleichung der Dehnungsmessstreifen Gl. 7.27 in der Änderung des Widerstands R des DMS, mit dem Proportionalitätsfaktor k,

$$\frac{\Delta R_\varepsilon}{R} = k\varepsilon_{45^\circ}. \tag{7.46}$$

Der Widerstand wird, je nach Orientierung des Betreffenden DMS um den Betrag ΔR_ε zu- oder abnehmen,

$$R_{\text{neu}} = R + \Delta R_\varepsilon = R(1 \pm k\varepsilon_{45^\circ}). \tag{7.47}$$

Sind die beiden DMS zur Halbbrücke verschaltet, so addieren sich ihre Messsignale. In der Praxis werden hierfür von den DMS-Herstellern spezielle DMS geliefert, die die beiden im 45°-Winkel angeordneten Messgitter auf einer einzigen Trägerfolie enthalten.

Beim Bau von Drehmomentaufnehmern wird dieses Prinzip noch weiter vervollkommnet: Man bringt gegenüber von diesem DMS-Paar spiegelbildlich ein zweites an, sodass vier DMS im Einsatz sind, die zu einer Vollbrücke verschaltet werden können. Unter Verwendung der Nummerierung nach Abb. 7.27 lässt sich die gemessene Spannung U_{AB} als Differenz der Spannungen an den Widerständen R_3 und R_1 ausdrücken. Diese Teilspannungen wiederum werden mithilfe der Spannungsteilerregel in Abhängigkeit von der Speisespannung U_0 ausgedrückt. Man erhält somit für die gemessene Spannung den Ausdruck

$$U_{AB} = U_0 \left(\frac{R_3}{R_3 + R_4} - \frac{R_1}{R_1 + R_2} \right). \tag{7.48}$$

Durch passende Verschaltung von nach rechts und nach links um 45° gedrehten DMS erreicht man, dass gilt

$$R_2 = R_3 = R + \Delta R_\varepsilon = R(1 + k\varepsilon_{45^\circ}) \tag{7.49}$$

und

$$R_1 = R_4 = R - \Delta R_\varepsilon = R(1 - k\varepsilon_{45^\circ}). \tag{7.50}$$

Werden die Ausdrücke nach Gl. 7.48 und 7.49 in Gl. 7.47 eingesetzt, so erhält man:

$$U_{AB} = U_0 \left(\frac{R(1 + k\varepsilon_{45^\circ})}{R(1 + k\varepsilon_{45^\circ} + 1 - k\varepsilon_{45^\circ})} - \frac{R(1 - k\varepsilon_{45^\circ})}{R(1 - k\varepsilon_{45^\circ} + 1 + k\varepsilon_{45^\circ})} \right) \tag{7.51}$$

und schließlich durch Vereinfachen der Bruch-Terme und Einsetzen der Beziehung Gl. 7.44 für ε_{45°

$$U_{AB} = U_0 k\varepsilon_{45^\circ} = \frac{1+\nu}{E} \frac{M_D}{I_P} \frac{D}{2}. \tag{7.52}$$

Diese Beziehung gilt gemäß den verwendeten Eingangsbeziehungen gleichermaßen für Vollwellen wie Hohlwellen, wobei diese sich durch das jeweilige polare Flächenträgheitsmoment I_P voneinander unterscheiden. Vorteil der Hohlwelle ist, dass bei weniger Materialeinsatz größere Steifigkeiten gegenüber Biegung und Querkräften erreicht werden.

Wenn die Drehmomentmessung durch Aufbringen der DMS direkt auf die Gelenkwelle verwirklicht wird, liegt praktisch immer die beschriebene Geometrie der Torsionswelle vor. Das ist allerdings eher im Fahrversuch als bei Motorenprüfständen der Fall. Die Torsionswelle wird aber auch als Messkörperform für Drehmomentaufnehmer häufig eingesetzt. Allerdings kann hier aus einer weit größeren Vielfalt an Messkörpergeometrien gewählt werden, die jeweils bestimmte Vorteile haben, s. Abb. 7.26. Eine weitere Variante der Grundform Torsionswelle ist die Vierkantwelle, deren Hauptvorteil eine vereinfachte Montage der DMS ist.

Ein grundsätzlich anderer Ansatz beruht auf Verwendung einer Anzahl von auf Biegung belasteten Streben oder Speichen. Bei längs angeordneten Streben erhält man die sogenannte Käfigform. Bei radial angeordneten Speichen erhält man einen Messkörper in Form eines Speichenrads. Zu beachten ist beim Speichenrad die Montage im

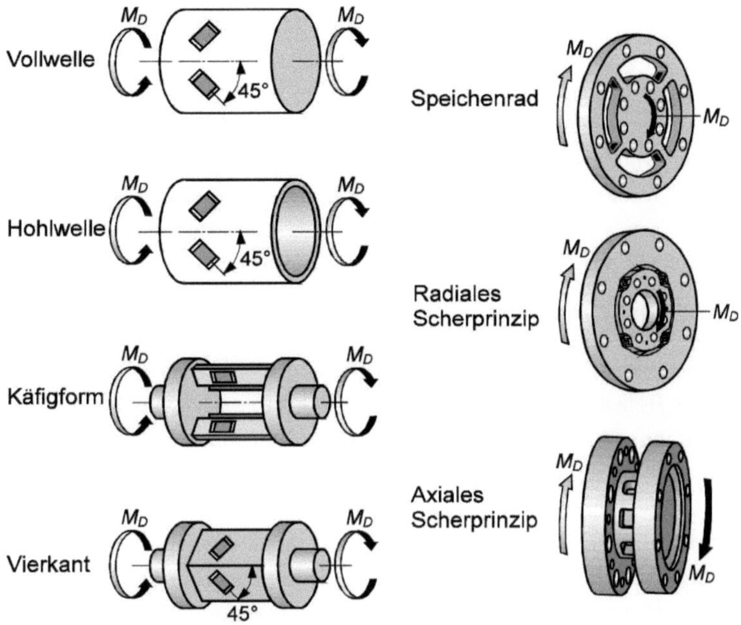

Abb. 7.26 Mögliche Messkörperformen für Drehmomentaufnehmer auf Basis des DMS-Messprinzips. (Abbildung mit freundlicher Genehmigung der Hottinger Baldwin Messtechnik GmbH)

Abb. 7.27 Wheatstone-Brücke mit Speisespannung U_0 und gemessener Spannung U_{AB}. Die Widerstände stehen im Fall der Vollbrückenschaltung sämtlich für Dehnungsmessstreifen (*DMS*), die bei Belastung ihren Widerstand ändern.

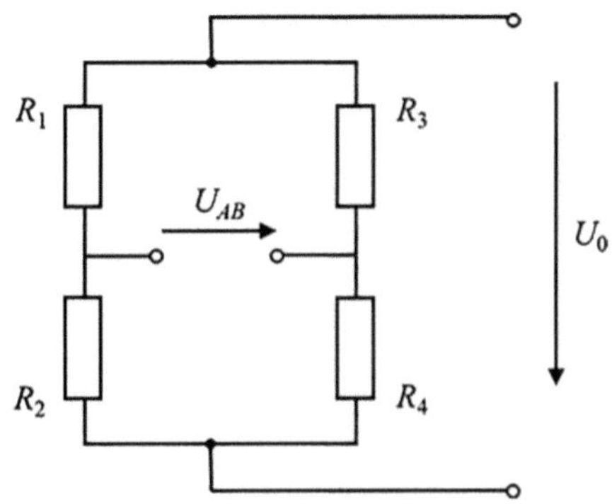

Wellenstrang: Das eine Ende wird am inneren Ring des Speichenrads (der „Nabe") angeflanscht, das andere am äußeren Ring. Sowohl Käfigform als auch Speichenrad werden insbesondere zur Messung kleiner Drehmomente eingesetzt, da sie eine sehr große Verdrehung bei geringem Drehmoment ermöglichen. Daher sind sie im Prüfstandbereich praktisch nicht anzutreffen.

Sowohl aus dem Speichenrad als auch aus der Käfigform lassen sich jedoch Varianten bilden, die extrem vorteilhaft auch für die Anwendung in Motorenprüfständen sind. Hierzu werden die auf Biegung belasteten Speichen bzw. Längsstreben durch sogenannte

Scherbalken ersetzt. Das sind extrem kurze Balken, die außerdem so gestaltet sind, dass die Biegeverformung im eigentlichen Sinn sehr gering ist. In diesem Fall dominiert die Schub- oder Scherverformung. Zur Messung der Schubverformung werden – anders als zur Messung der Biegeverformung – die DMS an den Seiten des Biegebalkens angebracht statt an Ober- und Unterseite. Genau wie zur Messung der lokalen Schubverformung bei der Torsionswelle sind die DMS um 45° gegenüber der Balkenlängsachse gedreht.

Aspekte zur Wahl der Messkörpergeometrie sind Steifigkeit, Baulänge, Empfindlichkeit im Sinne von hohem Messsignal infolge großer Verformung, Unempfindlichkeit gegen parasitäre Lasten.

Alle beschriebenen Messkörperformen erlauben es, mehrere DMS so anzubringen, dass bei gleicher Belastung paarweise jeweils ein DMS gedehnt wird und der andere gestaucht. Somit kann stets in vorteilhafter Weise die Vollbrückenschaltung eingesetzt werden, wie dies oben für die Torsionswelle gezeigt wurde. Zunächst wird dadurch erreicht, dass das Messsignal bei gleicher Verformung deutlich größer ist, als bei Messung mit nur einem aktiven DMS. Je nach Geometrie wird meist der Faktor vier erreicht. Weitere wichtige Vorteile sind die beinahe automatische Kompensation vieler Störeinflüsse, allen voran der Temperatureinflüsse, wie weiter unten noch gezeigt wird.

7.4.3 Übertragung von Versorgung und Messsignal

7.4.3.1 Problematik und Lösungsansätze zur berührungslosen Übertragung

Die klassische Lösung zur Messung mit DMS an rotierenden Bauteilen sind Schleifringe. Dabei müssen schon im einfachsten Fall mindestens vier Kanäle vorhanden sein: zwei zur Bereitstellung der Speisespannung U_0 und weitere zwei zum Auslesen der Diagonalspannung U_{AB} der Brücke. In der Praxis wird allerdings für Messgrößenaufnehmer – zumal unter schwierigen Bedingungen – für DMS-Vollbrücken stets die Sechsleitertechnik angewendet, d.h. zu den genannten vier Leitungen kommen noch zwei sogenannte Fühlerleitungen hinzu. Schleifringe haben jedoch erhebliche Nachteile wie z.B. Verschleiß, Reibung und Störung des Messsignals durch elektromechanische Effekte bei der Übertragung. Daher sind sie heute bei Motorenprüfständen praktisch vollständig den berührungslosen Verfahren der Speisespannungs- und Signalübertragung gewichen.

Dabei ist die Übertragung des eigentlichen Messsignals heutzutage relativ problemlos, die besondere Schwierigkeit besteht darin, dass zur Speisung der DMS-Brückenschaltung die Speisespannung U_0 auf dem Rotor bereitgestellt werden muss. Da der typische elektrische Widerstand einer DMS-Vollbrücke nur 350 Ω beträgt, muss eine nicht ganz unerhebliche Leistung bereitgestellt werden.

Bei der Verwendung von separat erhältlichen Telemetrie-Bausteinen müssen oft auf dem rotierenden Teil Batterien angebracht werden. Solche Lösungen findet man bei der

Drehmomentmessung häufiger im Bereich der Gelenkwellen mit applizierten DMS im Fahrversuch. Hier wird der größere Wartungsaufwand in Kauf genommen. Auch die Drehzahlen sind – da jenseits des Getriebes – geringer als im Motorenprüfstand. Dadurch ist die Unwuchtproblematik, die eine solche Lösung mit sich bringt, besser zu verkraften. In der Prüfstandstechnik hingegen finden sich praktisch ausschließlich Lösungen, in denen auch die Energieversorgung berührungslos vom Stator auf den Rotor erfolgt.

Folglich müssen bei Drehmomentaufnehmern für die Anwendung in Prüfständen zwei Aufgaben der drahtlosen Übertragung erfüllt werden: Energie muss vom Stator zum Rotor übertragen werden, damit dort eine Speisespannung für die DMS-Messbrücke zur Verfügung steht. Weiterhin muss das Messsignal vom Rotor zum Stator übertragen werden, um dort dann der Folge-Elektronik (z. B. Prüfstandsregler) verfügbar gemacht zu werden. Im Allgemeinen wird für beide Übertragungsaufgaben direkte induktive Einkopplung mit geeigneten Frequenzen verwendet.

Insbesondere die Energieübertragung erfordert dabei geringe Abstände zwischen den Antennen von Rotor und Stator. Bisweilen kommen daher auch in Prüfstandsanwendungen noch Drehmomentaufnehmer zum Einsatz, bei denen Rotor und Stator gegeneinander mit Kugellagern geführt werden. In der Regel jedoch sind Rotor und Stator miteinander nicht mechanisch verbunden. Um eine fehlerfreie Übertragung zu gewährleisten, müssen bei solchen Drehmomentaufnehmern die vom Hersteller angegebenen Abstände bzw. Spaltweiten unbedingt eingehalten werden. Bei praktisch allen aktuellen Drehmomentaufnehmern dieser Bauart ist am Stator eine Antenne in Form einer konzentrisch zur Drehachse angeordneten Spulenwicklung angebracht. Die Gegenantenne am Stator besteht meist ebenfalls aus einer ringförmigen Spule, wobei diese z. T. nur aus einem Ring aus leitfähigem Material besteht, d. h. eine einzige Windung hat, Abb. 7.28. Bei einzelnen Typen von Drehmomentaufnehmern ist statt eines Antennenrings, der den Rotor komplett umschließt, statorseitig eine Antenne eingesetzt, die den Rotor nur zu einem geringen Teil umschließt. Das bedeutet für die Sicherstellung einer guten Übertragung erhöhten Aufwand, hat aber mechanisch Vorteile. Zum einen wird die Montage erheblich erleichtert, zum anderen entfallen Probleme mit der Schwingungsanfälligkeit, die bisweilen bei größeren Ringen separate Maßnahmen erforderlich macht.

Die einfachste Methode, beide Übertragungsaufgaben befriedigend zu lösen, ist die Verwendung separater, räumlich getrennte Antennenpaare (jeweils Rotor- und Statorantenne) für die Energieversorgung und die Messsignalübertragung. Dies ist allerdings nur bei Drehmomentaufnehmern mit relativ großer Baulänge realisierbar, die aber aus mechanischen Gründen mittlerweile bei Motorenprüfständen nicht mehr eingesetzt werden. Bei den heute üblichen, kurz bauenden Drehmomentaufnehmern (Drehmomentmessflanschen) müssen aus Platzgründen die beiden Übertragungsaufgaben praktisch an derselben Position gelöst werden. Dabei können z. T. dieselben Antennen für beide Übertragungsaufgaben eingesetzt werden, aber auch separate Antennen trotz des engen Bauraums. In beiden Fällen allerdings besteht die Schwierigkeit, dass eine Beeinflussung der Messsignalübertragung durch die Energieübertragung vermieden werden muss. Die

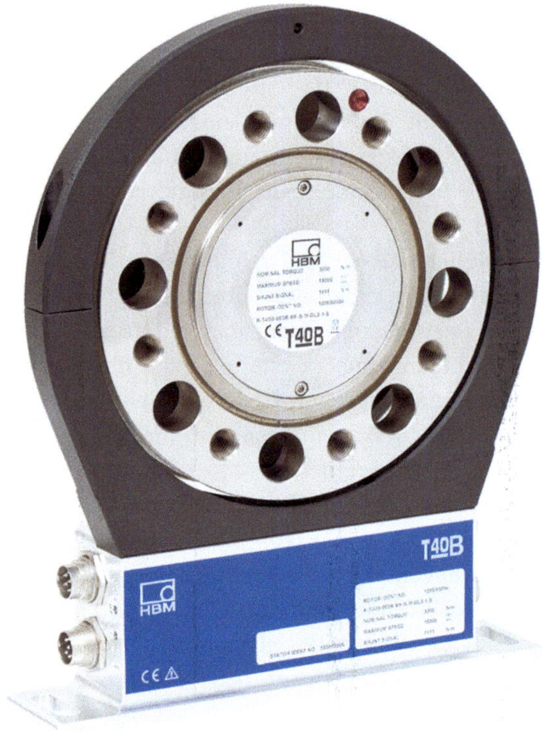

Abb. 7.28 Drehmoment-Messflansch, bestehend aus Rotor und Stator. Der Spalt zwischen Rotor und dem Antennenring des Stators *(dunkel)* ist stellenweise sichtbar. Für das Foto wurden beide Komponenten zueinander fixiert. (Abbildung mit freundlicher Genehmigung der Hottinger Baldwin Messtechnik GmbH)

am weitesten verbreitete Lösung hierfür ist, zur Übertragung zwei sehr unterschiedliche Frequenzbänder zu nutzen. Typisch sind bei diesem Ansatz für die Versorgung Frequenzen im Bereich von ca. 20 bis 500 kHz, für die Signalübertragung Frequenzen von 5 bis 20 MHz.

7.4.3.2 Speisung der DMS-Brücke

Die so auf den Rotor übertragene elektrische Energie muss jedoch noch aufbereitet werden. Die Speisung der DMS-Messbrücke erfordert stabilisierte Spannung definierter Amplitude. Auch wenn prinzipiell eine Speisung mit Wechselspannung möglich und sogar vorteilhaft ist, kann nicht direkt eingekoppelt werden. Das heißt, eine recht aufwendige Elektronik auf dem Rotor wandelt die eingekoppelte Spannung in eine stabilisierte Speisespannung für die DMS-Brücke um. Bei den meisten Drehmomentaufnehmern ist dies eine Gleichspannung. Nur bei höchsten Genauigkeitsanforderungen kommt Trägerfrequenzspeisung zum Einsatz, vgl. [Kuhn07]. Dabei muss wiederum beachtet werden, dass die Verwendung von Trägerfrequenz stets die Signalbandbreite nach oben begrenzt, d. h. dass die Dynamik des messbaren Drehmoments eingeschränkt ist, wenn die Trägerfrequenz nicht um ein mehrfaches darüber liegt.

7.4.3.3 Aufbereitung des Messsignals zur berührungslosen Übertragung

Eine weitere Aufgabe, für die geeignete Elektronik auf dem Rotor vorhanden sein muss, ist die Aufbereitung des Messsignals. Im Ausgangssignal der DMS-Brücke ist zunächst die Amplitude die Größe, die dem Drehmoment proportional ist. Die Amplitude ist aber bei berührungsloser Übertragung diejenige Größe, die am anfälligsten ist für nicht genau kalkulierbare Verluste und Störungen. Daher wird das Messsignal bei sämtlichen industriell angebotenen Drehmomentaufnehmern vor der Übertragung umgewandelt. Dabei sind zwei grundsätzliche Varianten gebräuchlich. Zum einen die schon seit den 1990er Jahren eingeführte Frequenzmodulation, bei der die Frequenz des Ausgangssignals dem Drehmoment proportional ist. Durchgesetzt hat sich dabei ein Signal in Form einer Rechteckschwingung. Die dabei verwendeten Frequenzen erfordern es aber dennoch, dass dieses Signal für die eigentliche Übertragung auf ein höherfrequentes Trägersignal aufmoduliert wird, vgl. [SchiWege02].

Die zweite, heute an Bedeutung gewinnende Variante eines Ausgangssignals besteht darin, dass das Messsignal bereits auf dem Rotor digitalisiert wird und dann ein digitaler Wert berührungslos übertragen wird. Dabei gilt auch hier das oben gesagte zu den Frequenzen, die für die berührungslose Übertragung gewählt werden.

7.4.4 Messgenauigkeit und konstruktive Einflussfaktoren

Bei der Diskussion um Messgenauigkeit oder Messunsicherheit von Messgrößenaufnehmern (Sensoren) und Messgeräten sind drei Problemfelder zu unterscheiden. Erstens die Kalibrierung, der weiter unten ein separater Abschnitt gewidmet wird. Zweitens den messtechnischen Eigenschaften wie z. B. Auflösung, Linearität usw., d. h. solche, die auch unter idealen Messbedingungen allein durch der Messtechnik auftreten. Das dritte Problemfeld schließlich sind Einflüsse, die durch den Messaufbau und das Einwirken von Umgebungsbedingungen entstehen. Solche Einflüsse stellen bei Drehmomentaufnehmern noch größere Herausforderungen für die Hersteller dar als bei anderen DMS-basierten Messgrößenaufnehmern. Die Umgebungsbedingungen im rotierenden Aufnehmer sind wegen der Fliehkraftbelastung, aber auch wegen der besonderen Temperaturverhältnisse besonders schwierig. Darüber hinaus enthält der Rotor des Drehmomentaufnehmers die oben erläuterte komplexe Elektronik, sodass besonders viele und potenziell empfindliche Bauteile diesen schwierigen Bedingungen ausgesetzt sind.

Eine vollständige Auflistung und Erläuterung aller messtechnisch relevanten Kenngrößen von Drehmomentaufnehmern, findet sich in der Richtlinie [VDI2639] und in [SchiWege02].

7.4.4.1 Messgenauigkeit unter idealen Umgebungsbedingungen

Messtechnische Kenngrößen, die die Messgenauigkeit unter idealen Umgebungsbedingungen beschreiben, sind bei Drehmomentaufnehmern vor allem die

Linearitätsabweichung (sofern nicht kompensiert), die mechanische Hysterese, die Wiederholpräzision (statistische Streuung der Messergebnisse) und schließlich die Auflösung.

Bei Drehmomentaufnehmern für Prüfstände auf dem Stand der Technik sind diese Größen gemäß Herstellerspezifikationen jede für sich meist unter 0,05 % des Nenn-Drehmoments. Allerdings werden nicht von allen Herstellern sämtliche dieser Eigenschaften separat spezifiziert.

Hier soll aus dieser Gruppe vor allem das Phänomen der Hysterese hervorgehoben werden, da es bei heutigen Drehmomentaufnehmern quantitativ einen besonders bedeutsamen Anteil an der verbleibenden Messunsicherheit ausmacht und da es praktisch nicht durch elektronische oder rechnerische Maßnahmen kompensiert werden kann.

Als Hysterese bezeichnet man den Unterschied der Kennlinie (Drehmoment vs. Ausgangssignal oder auch Ist-Drehmoment vs. angezeigtem Drehmoment) bei einerseits ansteigendem und andererseits abfallendem Drehmoment. Zur Ermittlung einer entsprechenden Kenngröße wird (z. B. im Rahmen einer Kalibrierung) das Drehmoment stufenweise oder kontinuierlich von null bis zum Nenndrehmoment erhöht und anschließend wieder verringert. Als Kennzahl wird dann meist die sogenannte Umkehrspanne h angegeben, das ist der maximale Unterschied zwischen der Kennlinie bei ansteigendem und derjenigen bei abfallendem Drehmoment, man vergleiche Abb. 7.29.

Eine Erweiterung des Hysteresebegriffs ist die sogenannte mechanische Remanenz t, auch als Nullpunkthysterese bezeichnet, vgl. [RöskPesh97] und [DKD3-5]. Wie bei der Ermittlung der Hysterese wird eine Kennlinie mit sowohl ansteigendem als auch abfallendem Drehmoment ermittelt. Allerdings nicht nur von null bis zum Nenndrehmoment, sondern vom negativen bis zum positiven Nenndrehmoment (und umgekehrt). Durch den Hystereseeffekt wird man auch beim Drehmoment null unterschiedliche Ausgangssignale (und angezeigtes Drehmoment) erhalten, je nachdem, ob null vom positiven Nenndrehmoment kommend oder vom negativen Nenndrehmoment kommend erreicht wird. Die Differenz ist die Remanenz t. Dieser Effekt ist lange bei Überlegungen zur Messgenauigkeit oder Messunsicherheit von Drehmomentmessungen vernachlässigt worden, ist jedoch gerade in der Anwendung Motorenprüfstand relevant. Denn bei einem praxisnahen Belastungszyklus müssen auch Fahrzustände nachgebildet werden,

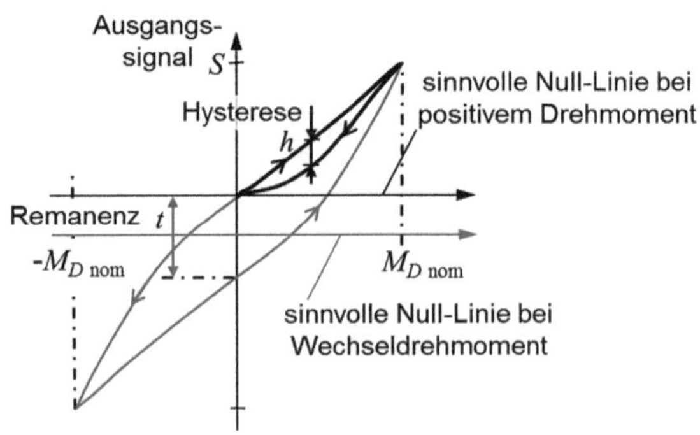

Abb. 7.29 Schematische Kennlinie (nicht maßstäblich) eines Drehmomentaufnehmers. *Schwarz:* Hystereseschleife bei Belastung von Null bis $+M_{D,nom}$. *Grau:* Schleife bei Belastung mit Wechseldrehmoment von $-M_{D,nom}$ bis $+M_{D,nom}$

bei denen das Fahrzeug rollt und der Motor somit von den Rädern mitgedreht wird. Das bedeutet bei gleich bleibender Drehrichtung eine Umkehrung des Drehsinns des Drehmoments.

Obwohl Hysterese und Remanenz deterministische physikalische Vorgänge sind, ist ihr Einfluss bei der Drehmomentmessung im Prüfstand in der Praxis nicht durch theoretische Überlegungen zu kompensieren. Das liegt daran, dass dieser Einfluss nicht allein vom aktuellen Belastungsdrehmoment abhängig ist, sondern insbesondere auch von der Belastungsgeschichte. In Grafiken ist i. Allg. die Kennlinie als geschlossene Kurve (sogenannte Hystereseschleife) abgebildet. Diese bezieht sich auf den Extremfall, dass die Umkehr der Belastungsrichtung erst bei Erreichen des vollen Nenndrehmoments erfolgt. Da dies in der Praxis meist anders ist, liegen die möglichen Ablesewerte irgendwo im Feld, dessen Außengrenzen durch die Hystereseschleife gegeben sind.

Eine weitere messtechnische Eigenschaft, die für die Messgenauigkeit von Bedeutung ist und i. Allg. ohne konkreten Bezug zu den Umgebungsbedingungen definiert ist, ist die Nullpunktstabilität. Allerdings ist diese in der Praxis sehr stark von den Einsatzbedingungen abhängig. Neben der oben bereits erläuterten Nullpunkthysterese spielen hier auch Temperaturbedingungen und Langzeiteffekte eine wichtige Rolle.

7.4.4.2 Temperatureinflüsse

Temperatureinflüsse können durch eine Vielzahl physikalischer Effekte entstehen, die sich in der Praxis überlagern. Die wichtigsten sollen hier kurz erläutert werden.

Die erste mögliche Ursache für einen Temperatureinfluss ist eine Temperaturdehnung des Messkörpers. Da Dehnungsmesssteifen ja zunächst die Dehnung messen, ist eine eventuelle Temperaturdehnung zunächst nicht zu unterscheiden von einer Dehnung, die durch ein Drehmoment verursacht ist. Dieser Einfluss lässt sich aber sehr elegant schaltungstechnisch eliminieren: Dazu werden die Dehnungsmessstreifen so angebracht, dass bei gleicher Belastung paarweise jeweils ein DMS gedehnt wird und der andere gestaucht. Diese Paare werden dann im Sinne der Wheatstone-Brücke zu Halb- oder besser noch Vollbrücken verschaltet. Diese Technik wurde bereits in Abschn. 7.3.2.1 vorgestellt.

Zweite mögliche Ursache für einen Temperatureinfluss auf die Drehmomentmessung ist der Temperatureinfluss auf den Widerstand der Leitungen in der DMS-Messbrücke. Da die elektrisch erfasste Messgröße in der Brückenschaltung der elektrische Widerstand ist, kann eine solche Änderung sich als fälschlich angezeigtes Drehmoment auswirken. Das gilt, obwohl die Leitungslängen, die hier relevant sind, lediglich die kurzen Leitungen im Innern des Rotors betreffen. Auch dieser Effekt ist in erster Näherung automatisch kompensiert, weil die DMS im Drehmomentaufnehmer als Halb- oder Vollbrücke verschaltet sind.

Voraussetzung für diese automatische Kompensation ist allerdings ein vollkommen symmetrischer Aufbau. Das betrifft nicht nur die Symmetrie der Montagepositionen der einzelnen DMS. Auch die Leitungen zu sämtlichen DMS der Brücke müssen exakt gleiche Länge haben, sodass auch die Widerstandsänderung bei Temperaturänderung bei allen gleich ist.

Eine dritte mögliche Ursache für einen Temperatureinfluss auf die Drehmomentmessung ist die Änderung des Elastizitätsmoduls des Messkörperwerkstoffs infolge von Temperaturänderungen. Zur Kompensation dieses Effekts können gezielt temperaturabhängige Abgleichswiderstände in die Messbrücke integriert werden.

Als letzte mögliche Ursache für einen Temperatureinfluss soll hier ohne detaillierte Erläuterung möglicher Wirkmechanismen erwähnt werden, dass auch die Elektronik, die im Rotor des Drehmomentaufnehmers den Temperaturbelastungen ausgesetzt ist, einen Temperatureinfluss auf die Drehmomentmessung bewirken kann. Auch in diesem Bereich gibt es Temperatureinflüsse, die auf den Nullpunkt wirken (bzw. als Offset auf jedes beliebige gemessene Drehmoment). Daneben gibt es bei Elektronik die sogenannte Temperaturabhängigkeit des Verstärkungsfaktors. Auch hier sind eine Optimierung zur Minimierung der Einflüsse und/oder Kompensationsmaßnahmen möglich.

Zum Temperatureinfluss insgesamt ist zu sagen, dass die Hersteller großen Aufwand betreiben, diesen zu minimieren. Die Maßnahmen lassen sich grob unterteilen in elektromechanische Maßnahmen, wie z. B. möglichst große Symmetrie der Messbrücke und Ansätze zur elektronischen oder rechnerischen Kompensation. Letztere erfordern, dass eine Temperaturmessung des Messkörpers als Eingangsgröße für die Kompensation in der Rotorelektronik integriert ist. Die beiden Ansätze zur Kompensation werden von unterschiedlichen Herstellern in unterschiedlicher Gewichtung kombiniert. Es hat sich gezeigt, dass in vielen Teilbereichen eine elektronische Kompensation an Grenzen stößt. Das liegt an der oft extrem inhomogenen Temperaturverteilung im Innern eines Drehmomentaufnehmer-Rotors. Verursacht ist diese z. B. durch einseitige Erwärmung, wenn der Drehmomentaufnehmer unmittelbar benachbart zur Belastungsmaschine angebracht ist. Eine weitere mögliche Ursache ist die Kühlung infolge des Fahrtwinds bei hohen Drehzahlen, die bewirkt, dass die Temperaturen am Rand geringer sind als im Innern. Das heißt, es kommt zu einem radialen Temperaturgradienten. Weiter erschwerend sind Phasen mit instationärer Temperaturverteilung, die im Prüfstand ebenfalls häufig auftreten. Ursache dieser Schwierigkeiten liegt in der Methode der elektronischen Kompensation: Als Basis für die Kompensation wird experimentell eine Kurve aufgenommen, die die Abhängigkeit der Messabweichung von der Temperatur zeigt. Dies geschieht in einem Ofen im Prüflabor, wo die Temperaturbedingungen i. Allg. homogen und stationär sind. Im praktischen Betrieb reichen schon die Unterschiede zwischen den Positionen des Temperatursensors und den jeweiligen Einzelkomponenten, um ein gänzlich anderes Temperaturverhalten zu bewirken.

Unabhängig von der Kompensationsstrategie des jeweiligen Herstellers ist jedoch hervorzuheben, dass die Kenngrößen für Temperatureinflüsse, die von heutigen Drehmomentaufnehmern erreicht werden, nur durch aufwendige Maßnahmen realisiert werden konnten. Es handelt sich somit um zulässige Toleranzen für Resteffekte. Folglich kann man diese Größen nicht direkt auf eine der physikalischen Ursachen zurückführen. Man kann deshalb auch nicht voraussagen, ob das angezeigte Drehmoment zu groß oder zu klein sein wird.

Zur quantitativen Spezifikation der verbleibenden Temperatureffekte wird eine mathematische Beschreibung verwendet, die sich in vielen Bereichen der Messtechnik und Sensorik eingebürgert hat. Dabei werden zwei separate Kenngrößen angegeben:

Beim sogenannte Temperatureinfluss auf das Nullsignal handelt es sich um einen Offset, der additiv zum wirklichen Drehmoment hinzukommt, unabhängig vom aktuellen wirklichen Drehmoment. In den Datenblattangaben im Allgemeinen als Prozentsatz vom Nenndrehmoment des jeweiligen Typs angegeben. Beim sogenannte Temperatureinfluss auf den Kennwert ist es eine Messabweichung, die proportional zum Istwert des Drehmoments ist. Beide Effekte sind linear abhängig von der Abweichung der Ist-Temperatur von der Nenntemperatur des jeweiligen Drehmomentaufnehmers als Bezugstemperatur.

Zahlenmäßig werden die zulässigen Einzel-Messabweichungen beider Effekte durch sogenannte Temperaturkoeffizienten beschrieben: TK_0 für den Temperatureinfluss auf das Nullsignal, prozentual bezogen auf das Nenndrehmoment des jeweiligen Drehmomentaufnehmers:

$$\Delta M_\mathrm{D} \leq \frac{TK_0}{100\,\%} \cdot \frac{\Delta T}{10\,°\mathrm{C}} M_\mathrm{D,nom} \quad \text{mit} \quad TK_0 \text{ in \% von } M_\mathrm{D,nom} \text{ pro } 10\,°\mathrm{C} \tag{7.53}$$

TK_C für den Temperatureinfluss auf den Kennwert, prozentual bezogen auf das tatsächliche aktuelle Drehmoment:

$$\Delta M_\mathrm{D} \leq \frac{TK_\mathrm{C}}{100\,\%} \cdot \frac{\Delta T}{10\,°\mathrm{C}} M_\mathrm{D,ist} \quad \text{mit} \quad TK_\mathrm{C} \text{ in \% von } M_\mathrm{D,ist} \text{ pro } 10\,°\mathrm{C} \tag{7.54}$$

Man beachte, dass diese Gleichungen jeweils zulässige Obergrenzen für einen betragsmäßigen Effekt darstellen, also keinesfalls zur rechnerischen Kompensation eingesetzt werden können.

7.4.4.3 Parasitäre mechanische Lasten

Parasitäre mechanische Lasten für einen Drehmomentaufnehmer sind Längs- oder Axialkräfte, Quer- oder Radialkräfte sowie Biegemomente. Dabei sind i. Allg. Querkräfte und Biegemomente in der Praxis schwer voneinander zu trennen, da Biegemomente Folge von Querkräften sind.

Ziel bei der Konstruktion eines Drehmomentaufnehmers ist, dass ausschließlich eine Belastung durch Drehmoment ein Messsignal erzeugt. Der Einfluss der parasitären Belastungen auf das Messsignal wird als Übersprechen bezeichnet. Ziel bei Konstruktion und Optimierung des Drehmomentaufnehmers ist, dieses zu minimieren. Deshalb können parasitäre Lasten unter Umständen so groß sein, dass sie zur Zerstörung führen, ohne dass zuvor im Messsignal erkennbar wäre, dass eine Überlastung vorliegt. Andererseits führen auch parasitäre Lasten, die im Bereich des Zulässigen liegen, Messabweichungen herbei, deren Beitrag zur Gesamt-Messunsicherheit erheblich oder gar dominierend ist. Die Größenordnung kann bis 1 % des Nenndrehmoments und darüber liegen.

Spezifikationen zu den parasitären Lasten sind bei unterschiedlichen Herstellern sehr uneinheitlich und sehr oft unbefriedigend oder gar nicht vorhanden. Zum Teil gibt es Spezifikationen der zulässigen parasitären Lasten, aber Angaben zum möglichen Übersprechen auf das Messsignal fehlen. Zum Teil sind diese Spezifikationen auch indirekt in Begriffe wie z. B. ankoppelbarer Masse gefasst. Es muss festgehalten werden, dass bezüglich des Einflusses von parasitären Lasten auf die Drehmomentmessung in Motorenprüfständen sehr oft zu wenig Information für eine befriedigende Messunsicherheitsabschätzung vorliegt; nicht nur, weil sehr oft Herstellerangaben zum Übersprechen fehlen, sondern weil auch die im Betrieb auftretenden parasitären Lasten sehr schlecht abschätzbar sind.

Ursachen von Querkräften und Biegemomenten sind z. B. Eigengewicht der Komponenten, Unwucht und Reaktionsmomente bei schlechter Ausrichtung des Wellenstrangs. Axialkräfte entstehen z. B. als stoßförmige Belastung infolge Kurbelwellenverformung während des Arbeitstakts.

7.4.4.4 Drehzahl und Dynamik

Drehzahl und dynamisches Drehmoment werden oft in einem Atemzug genannt, sind jedoch zwei sehr unterschiedliche Belastungsarten. Gemeinsam ist ihnen, dass sie beide bei der Drehmomentmessung in Motorenprüfständen bedeutsame mögliche Fehlerquellen sind, die oft nicht genügend beachtet werden. Beide sind durch die übliche Prüfung und Kalibrierung auf statischen Drehmoment-Kalibrieranlagen nicht erfassbar und deshalb in ihrem Einfluss besonders schwer einzuschätzen.

Die Drehzahl verursacht mögliche Einflüsse auf die Drehmomentmessung in erster Linie durch die Fliehkraftbelastung. Bei den üblichen Motordrehzahlen von mehreren tausend Umdrehungen pro Minute entsteht bereits eine messbare Verformung des Messkörpers. Ähnlich wie bei der Temperaturdehnung hat diese keinen Einfluss auf das Messsignal, wenn die Geometrie des Messkörpers und die DMS-Vollbrücke perfekt symmetrisch sind. Dabei muss auch die DMS-Brücke nicht nur elektrotechnisch, sondern auch mechanisch symmetrisch sein. Weiterhin kann die Fliehkraft auch Einfluss auf die Funktion der Rotorelektronik haben. Jegliche Abweichungen von perfekten Eigenschaften führen zu Einflüssen auf das Messsignal. Daneben gibt es noch den mechanischen Effekt der Luftreibung, genauer Verwirbelungseffekte. Diese bewirken ein tatsächliches Drehmoment, also keinen Messfehler im engen Sinne, jedoch eine Abweichung des gemessenen Drehmoments von dem vom Prüfling abgegebenen Drehmoment. Ähnlich wie oben bzgl. der Temperatureinflüsse erläutert, lässt sich auch der Drehzahleinfluss gedanklich zerlegen in den Einfluss auf das Nullsignal und einen möglichen Einfluss auf den Kennwert. Zum Einfluss auf das Nullsignal gibt es zumindest bei führenden Herstellern Typprüfungen. Nur vereinzelte weiterführende Untersuchungen existieren hingegen zur Frage, ob auch ein Einfluss auf den Kennwert existiert, so etwa der Artikel [AndNolWe03].

Bei Drehzahlbelastung, also rotierendem Betrieb, kann im Prinzip das Drehmoment als solches quasi konstant sein. Beim Verbrennungsmotor trifft allerdings diese Betrachtung nur zu, wenn das Pulsieren des Drehmoments mit den unterschiedlichen Arbeitstakten des Motors vernachlässigt wird, es handelt sich also eher um eine Idealisierung als einen möglichen Betriebszustand.

Dynamisches Drehmoment, z. B. im Sinne von pulsierendem Drehmoment, kann grundsätzlich auch völlig ohne Rotation auftreten. Im Bereich der Motorenprüfstände ist es jedoch praktisch stets mit rotierendem Betrieb verknüpft. Ursachen der dynamischen Anteile sind z. B. das Drehmoment, das zum Beschleunigen oder Verzögern rotierender Komponenten benötigt wird, das Pulsieren des Drehmoments beim Arbeitstakt des Verbrennungsmotors oder ein schlagartiges Umschalten der Last die von der Belastungsmaschine aufgebracht wird. Durch das Auftreten von Torsionsschwingungen können solche Effekte zusätzlich noch erheblich verstärkt werden.

Die dynamischen Drehmomente zum Beschleunigen und Abbremsen liegen üblicherweise im Rahmen des Drehmoments, das der Verbrennungsmotor auch über längere Zeit abgeben kann, insofern dem quasistatischen Drehmoment bei stationärem Betrieb vergleichbar. Zu einer starken Belastung kommt es, wenn kräftig abgebremst wird, schlimmstenfalls, wenn ein Teil im Prüfstand blockiert oder in einem Notfall schnell heruntergefahren werden muss.

Sehr wichtig bei Prüfständen für Verbrennungsmotoren ist das Pulsieren des Drehmoments während der unterschiedlichen Arbeitstakte. Die auftretenden dynamischen Drehmomentspitzen liegen um ein Vielfaches höher als das mittlere abgegebene Drehmoment über einen kompletten Zyklus mit sämtlichen Arbeitstakten. Dies ist auch bei der Auslegung, d. h. der Wahl des Messbereichs für den einzusetzenden Drehmomentaufnehmer zu beachten. Das wird besonders dann übersehen, wenn für die Auswertung der Messung nur ein gefiltertes Signal betrachtet wird, das diese hochfrequenten Drehmomentspitzen nicht zeigt.

Unter bestimmten Umständen allerdings ist dieses Pulsieren an der Position des Drehmomentaufnehmers nicht zu messen. Das ist dann der Fall, wenn der Wellenstrang eine so geringe Torsions-Eigenfrequenz hat, dass er diese Dynamik nicht übertragen kann. Dieses Phänomen kann – je nach Zweck der Messung – willkommen sein, stellt jedoch im Sinne einer möglichst richtigen messtechnischen Erfassung des Drehmoments ein Grundproblem des dynamischen Messens dar.

Ein zweites Grundproblem beim Messen von dynamischem Drehmoment im Prüfstand soll hier noch etwas näher beleuchtet werden. Man betrachtet zunächst das Antriebsdrehmoment, das zum Beschleunigen vorn rotierenden Komponenten benötigt wird. Gemäß dem Drehimpulssatz gilt

$$M_{\mathrm{D}} = J \cdot \dot{\omega} \tag{7.55}$$

mit dem Massenträgheitsmoment J. Die Frage ist nun, welche Komponenten im Wellenstrang bei der Ermittlung des Massenträgheitsmoments zu beachten sind. Man betrachte dazu als Beispiel Abb. 7.30.

Ist M_{D} das Drehmoment, das vom Verbrennungsmotor abgegeben wird, so müssen im Massenträgheitsmoment J sämtliche rotierenden Körper enthalten sein, die sich jen-

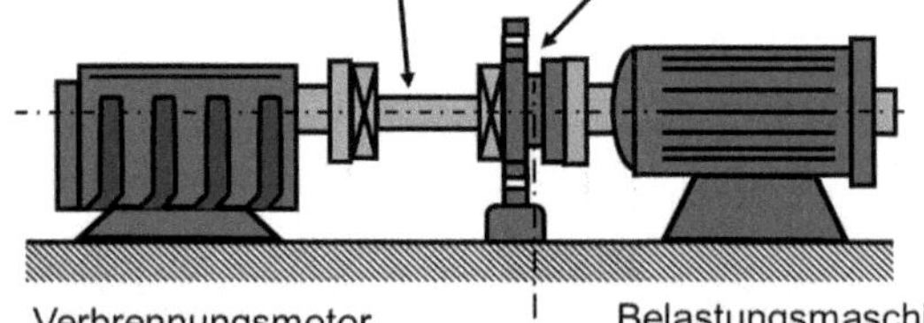

Abb. 7.30 Schematischer Aufbau eines Motorenprüfstands

seits des Abtriebsflansches des Verbrennungsmotors befinden. Das heißt hier: der Rotor der Belastungsmaschine, der Drehmomentaufnehmer und die Gelenkwelle. Ist M_D das Drehmoment, das durch den Drehmomentaufnehmer geleitet wird und folglich von diesem gemessen werden kann, so müssen im Massenträgheitsmoment J nur die rotierenden Körper enthalten sein, die sich jenseits des Drehmomentaufnehmers befinden (genauer, jenseits der axialen Position der Messstelle innerhalb des Drehmomentaufnehmers). Die Massenträgheitsmomente unterscheiden sich also. Da Gl. 7.54 in beiden Fällen gilt, kann folglich das gemessene Drehmoment nicht identisch mit dem vom Verbrennungsmotor abgegebenen sein. Es handelt sich um eine systematische Messabweichung, die aus dem Messaufbau resultiert, d. h. eine Abweichung, die auch bei vollkommen idealem Drehmomentaufnehmer auftritt.

Diese Überlegung ist natürlich nicht nur anzuwenden, wenn das Drehmoment für eine längere Drehbeschleunigungsphase als mehr oder weniger konstant angenommen werden kann, sondern auch dann, wenn eine kurzzeitige Drehmomentspitze eine entsprechend kurzzeitige Phase der Drehbeschleunigung bewirkt, mit anderen Worten bei jeglichem dynamischen Drehmoment. Eine ausführlichere Darstellung der Besonderheiten der dynamischen Drehmomentmessung in Prüfständen findet sich in dem Artikel [AndrWege06].

7.4.5 Bauformen, Montage und Anschluss

7.4.5.1 Mechanische Bauform und Montage im Prüfstand

Die klassische Form des Drehmomentaufnehmers ist die „Drehmomentmesswelle“, ein lang gestreckter Messkörper, meist als Vollwelle ausgebildet. Schon wegen der langen Bauform sind Rotor und Stator mit Wälzlagern zueinander zentriert. Die Wälzlager sind aber auch wegen der bei dieser Aufnehmergeneration meist noch üblichen Schleifringe notwendig. Diese Form ist jedoch bei Motorenprüfständen kaum noch zu finden. Die mechanische Verbindung zum Wellenstrang erfolgte mit Passfedern, Klemmverbindungen und später bereits über Flansche.

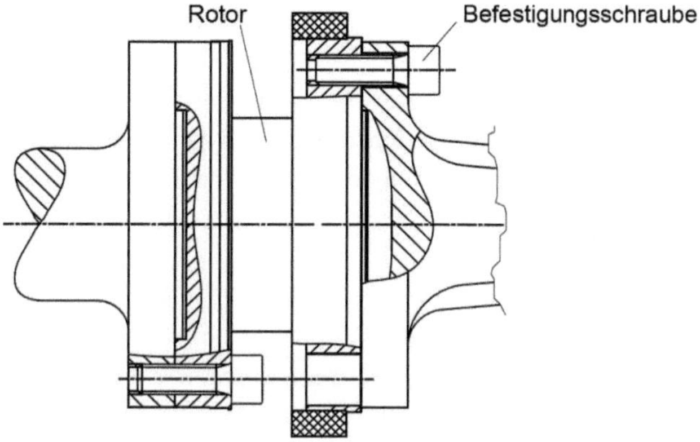

Abb. 7.31 Montage des Rotors eines Drehmomentmessflanschs zwischen Gelenkwelle (*rechts*) und Anschlussflansch der Belastungsmaschine (*links*). Sämtliche Schrauben werden von rechts eingeführt. (Abbildung mit freundlicher Genehmigung der Hottinger Baldwin Messtechnik GmbH)

Aktuell werden in Motorenprüfständen praktisch ausschließlich sogenannte Drehmomentmessflansche eingesetzt. Die Namensgebung drückt aus, dass die Verbindung zum Wellenstrang eine Flanschverbindung ist. Weiter bringt der Name zum Ausdruck, dass die Bauform so kurz ist, dass der gesamte Drehmomentaufnehmer äußerlich kaum mehr als ein Flansch zu sein scheint, insbesondere wenn man nur den Rotor betrachtet. Typisch für den Messflansch ist weiter, dass zwischen Rotor und Stator keine mechanische Zentrierung durch Wälzlager besteht.

Wegen der besonders kurzen Bauform ist der axiale Zwischenraum zwischen den beiden Flanschscheiben zu kurz, um die zur Montage benötigten Schrauben seitlich einzuführen. Daher ist eine spezielle Montagevariante verbreitet, bei der sämtliche Schrauben von derselben Seite eingeführt werden, siehe Abb. 7.31.

Bei der Montage des Stators ist auf eine saubere Zentrierung zwischen Rotor und Stator zu achten. Einerseits darf es unter keinen Umständen zum Anstreifen kommen, auch bei eventuell auftretenden Schwingungen. Andererseits müssen die vorgegebenen Spaltweiten und maximal zulässigen Versatzwerte eingehalten werden, um die einwandfreie Versorgungs- und Signalübertragung zu gewährleisten. Noch engere Vorgaben bzgl. der Zentrierung bestehen unter Umständen, wenn der Drehmomentaufnehmer mit einem integrierten Messmodul für Drehzahl ausgestattet ist.

7.4.5.2 Montageposition im Wellenstrang

Die Position der Messstelle im Wellenstrang ist entscheidend dafür, welches Drehmoment tatsächlich gemessen wird. Auch bei idealem Drehmomentaufnehmer ist das Drehmoment nicht an jeder Stelle des Wellenstrangs das Drehmoment, das tatsächlich vom Verbrennungsmotor abgegeben wird. Bei älteren Prüfstandskonzepten oder besonderen Aufbauten, bei denen der Wellenstrang zwischen Verbrennungsmotor und Belastungsmaschine durch Zwischenlager abgestützt ist, hängt es von der Position der Drehmomentmessung ab, ob das Reibmoment mit erfasst wird. Besonders zu beachten sind in diesem Zusammenhang die oben bereits erwähnten Abweichungen aufgrund dynamischer Effekte.

Aber auch jenseits der messtechnischen Aufgabe des Drehmomentaufnehmers kann dessen Position im Wellenstrang Auswirkungen haben. Denn über seine Torsionssteifigkeit und sein Massenträgheitsmoment beeinflusst er Eigenfrequenzen und Schwingungen im Wellenstrang.

7.4.5.3 Elektrisches Ausgangssignal und Elektrischer Anschluss

Das Drehmoment-Ausgangssignal am Stator stellt die Schnittstelle zu weiteren Komponenten der Prüfstands-Messtechnik oder -Steuerung dar.

Das reine DMS-Signal mit Speisung und Messsignal ist bei rotierenden Drehmomentaufnehmern nur bei Schleifring-Übertragung anzutreffen. Daher ist es heute praktisch ohne Bedeutung bei Motorenprüfständen. Bei den berührungslos arbeitenden Drehmomentaufnehmern ergibt sich die historisch älteste und immer noch weit verbreitete Variante aus der Form des Signals, die für die berührungslose Übertragung gewählt wurde: Es handelt sich um eine Rechteckspannung mit definierter Amplitude, einer definierten Frequenz, die dem Drehmoment null entspricht und einer Frequenzspanne, die der mechanischen Drehmomentspanne zwischen maximalem Drehmoment in positiver und negativer Richtung entspricht.

Beispiel: Gegeben sei ein Drehmomentaufnehmer mit einem Nenn-Drehmoment (Messbereich) von 500 Nm, das Ausgangssignal sei spezifiziert als

$$f_{\text{ausg}} = 60\,\text{kHz} \pm 30\,\text{kHz}. \tag{7.56}$$

Das bedeutet, bei einem Drehmoment von $M_{\text{D}} = -500\,\text{Nm}$ eine Frequenz von 30 kHz, bei $M_{\text{D}} = 0$ eine Frequenz von 60 kHz und schließlich bei $M_{\text{D}} = +500\,\text{Nm}$ eine Frequenz von 90 kHz.

Die Frequenz-Eckwerte für diese Form des Ausgangssignals ergaben sich bei Messflanschen der 1990-er Jahre direkt aus der vom jeweiligen Hersteller gewählten Frequenz für das zwischen Rotor und Stator übertragene Messsignal. Heute wird es aus Kompatibilitätsgründen oft auch bei Drehmomentaufnehmern angeboten, bei denen das übertragene Signal bereits digital ist. Die Umwandlung erfolgt dann nachträglich im Stator oder einer zugeordneten separaten Einheit. Folglich können ggf. die Frequenz-Eckwerte vom Kunden aus unterschiedlichen Optionen gewählt werden.

Durch Nachbearbeitung im Stator sind heute aber auch Drehmoment-Schnittstellen in Form eines analogen Spannungssignals, z. B. ±5 V oder ±10 V verbreitet. Auch digitale Drehmoment-Schnittstellen in Form unterschiedlichster Feldbus-Schnittstellen sind erhältlich. Auch hier werden die Messdaten im Allgemeinen im Stator nachbearbeitet bzw. umgewandelt, sodass man nicht an das Format gebunden ist, das für die Übertragung zwischen Rotor und Stator angewendet wird. Im Stator stehen bisweilen darüber hinaus auch Möglichkeiten für diverse Arten der Signalkonditionierung zur Verfügung, wie z. B. Filterung.

Zusammenfassend ist zur Drehmomentschnittstelle zu sagen, dass sich die Hersteller der Drehmomentaufnehmer bemühen, dem Prüfstandshersteller entgegen zu kommen, damit die Aufnehmer in Prüfstände mit unterschiedlichen Automatisierungs- und Datenerfassungskonzepten integrierbar sind. Praktisch sämtliche Hersteller bieten verschiedene Varianten von Drehmomentschnittstellen zum selben Produkt zur Auswahl an.

7.4.5.4 Drehmomentaufnehmer mit integrierter Drehzahlmessung

Es bietet sich an, die Drehmomentmessung und Drehzahlmessung mechanisch zu vereinen und ein Zusatzmodul zur Drehzahlmessung im Drehmomentaufnehmer zu integrieren. Ähnlich wie bei der Drehmomentmessung wird auch zur Drehzahlmessung ein System aus Rotor und Stator benötigt. Zum Einsatz kommen ausschließlich inkrementale Systeme (Abschn. 7.2.2), wobei optische als auch magnetische Systeme angeboten werden. Offene optische Systeme sind relativ anfällig im rauen Prüfstands-Einsatz und werden mehr und mehr durch magnetische Systeme verdrängt. Das Ausgangssignal ist bei inkrementalen Systemen zunächst eine Impulsreihe, bisweilen wird es aber bereits im Stator aufbereitet, sodass es in verschiedensten anderen Formaten zur Verfügung stehen kann.

Damit sind beide Messgrößen vorhanden, die zur Bestimmung der Leistung benötigt werden. Ein Vorteil gegenüber der Verwendung eines separaten Systems zur Drehzahlmessung ist, dass das ausgangsseitige Wellenende der Belastungsmaschine nicht für den Drehzahlsensor verwendet werden muss und somit andere Komponenten dort angebracht werden können. Ein gewisser Nachteil besteht darin, dass die Problematik der Zentrierung zwischen den mechanisch nicht verbundenen Komponenten Rotor und Stator nun zusätzlich noch die Belange der Drehzahlmessung erfüllen muss und dadurch meist noch etwas aufwendiger wird.

Einige Drehzahlmesssysteme in Drehmomentaufnehmern stellen neben der Impulsreihe für die Bestimmung der Drehzahl auch einen sogenannte Referenzimpuls zur Verfügung. Das heißt, es gibt einen separaten Messkanal, auf dem lediglich ein Impuls pro Umdrehung ausgegeben wird. Dieser kann dann verwendet werden, um auch den Drehwinkel zu bestimmen.

7.4.6 Kalibrierung von Drehmomentaufnehmern

7.4.6.1 Aufgabenstellung und spezifische Probleme

Bei praktisch jeder Sensorik wird die Empfindlichkeit oder Kennlinie aus einer Kalibrierung bestimmt, statt aus einer Berechnung auf Basis der zugrunde liegenden physikalischen Effekte. Dies gilt in besonderem Maß für Messgrößenaufnehmer, deren Wirkungsweise so komplex ist wie die der rotierenden Drehmomentaufnehmer.

Ziel der Kalibrierung ist, den Zusammenhang zwischen der Eingangsgröße und der Ausgangsgröße eines Messgrößenaufnehmers oder Messgeräts quantitativ zu dokumentieren. Im Falle von Drehmomentaufnehmern ist Eingangsgröße die mechanische Belastung durch ein Drehmoment, Ausgangsgröße ist das elektrische Ausgangssignal, das je nach Typ und Option unterschiedlich sein kann, so beispielsweise das bei berührungslosen Messflanschen klassische frequenzmodulierte Rechtecksignal oder eine analoge Spannung im Bereich $\pm 10\,\text{V}$. Bei digitalem Ausgangssignal oder bei Kalibrierung einer abgeglichenen Messkette hat das Ausgangssignal dieselbe Einheit wie das Eingangssignal, also Nm oder kNm. Gerade dann ist es für das Verständnis von Kalibrieren wichtig, beide als separate Größen zu begreifen. Bei der Kalibrierung wird daher für das Ausgangssignal in solchen Fällen die neutrale Einheitenbezeichnung „Anzeigeeinheiten" (AE) verwendet. Eine Justierung des Messgeräts, um Anzeigeeinheiten mit der tatsächlichen Eingangsgröße besser in Deckung zu bringen, ist definitionsgemäß nicht Aufgabe oder Bestandteil einer Kalibrierung. Natürlich wird dies dennoch als separater Arbeitsgang bzw. Dienstleistung im Umfeld der Kalibrierung durchgeführt.

Bei der Kalibrierung sollten so weit wie möglich die Anforderungen beim späteren Einsatz nachgebildet werden. Das ist bei der Kalibrierung von rotierenden Drehmomentaufnehmern derzeit allerdings nur teilweise umsetzbar.

Im Betrieb dieser Aufnehmer findet oft während einer laufenden Messung ein Wechsel zwischen Rechts- und Linksdrehmoment statt. Dem wird man gerecht durch Kalibriereinrichtungen, in denen eine Kalibrierung für beide Drehsinne möglich ist. Sinnvoll ist dabei eine durchgängige Kalibrierung, statt zweier separater Kalibrierungen. Diese wird unter dem Begriff „Wechseldrehmoment" angeboten.

Die Einbausituation von Drehmomentaufnehmern im Wellenstrang mit der engen Anbindung an Flanschverbindungen bedingt eine mögliche Beeinflussung der Messeigenschaften durch die inneren Spannungen und leichten parasitären Belastungen, die beim Einbau entstehen können. Das versucht man ansatzweise abzubilden, indem der Aufnehmer bei der Kalibrierungen nacheinander in drei Einbaustellungen kalibriert wird. Jede dieser Einbaustellungen ist gegenüber der vorherigen um 120° um die Rotationsachse gedreht. Dieses Vorgehen wird allerdings wegen des hohen Aufwands nur bei den aufwendigsten und teuren Kalibrierungen durchgeführt. Bisweilen werden Adaptionsteile wie z. B. Kupplungen bereits vor der Kalibrierung mit dem Drehmomentaufnehmer zu einer Einheit verbunden. Ein etwaiger Einfluss der messtechnischen Eigenschaften durch die Verbindung wird so mit einkalibriert. Nach einer solchen Kalibrierung darf das Anbauteil dann vor dem Einbau in den Prüfstand nicht mehr vom Drehmomentaufnehmer getrennt werden, da sonst die Kalibrierung ihre Gültigkeit verliert.

Darüber hinausgehende parasitäre Lasten können nicht berücksichtigt werden, genauso wie nach heutigem Stand der Technik auch keine Kalibrierung in rotierendem Betrieb oder mit dynamischem Drehmoment möglich ist.

7.4.6.2 Kalibrierung als formaler Nachweis der Rückführbarkeit

Wird eine Kalibrierung im Sinn eines verbindlichen und allgemein anerkannten Nachweises gefordert, so spricht man von der Rückführung auf nationale Normale. Im Fall der Messgröße Drehmoment ist das nationale Normal eine sogenannte Normal-Messeinrichtung, die von ihrer Bauart und Funktion einer Kalibrieranlage entspricht, und die bei der Physikalisch-Technischen Bundesanstalt installiert ist. Ist für einen Drehmomentaufnehmer ein Rückführbarkeitsnachweis gefordert, so muss dieser mit einer Kalibrieranlage kalibriert werden, die in mehr oder weniger direkter Kalibrierkette auf diese Normal-Messeinrichtung zurückgeführt ist. Derart auf das nationale Normal zurückgeführte Kalibrieranlagen heißen auch Bezugsnormal-Messeinrichtungen, ein Beispiel zeigt Abb. 7.32. Darüber hinaus muss auch das Kalibrierverfahren nach anerkannten Normen oder Richtlinien durchgeführt werden. Die Erfüllung dieser Anforderungen ist gewährleistet in einem Kalibrierlabor, das eine Akkreditierung für Drehmomentkalibrierung durch die Deutsche Akkreditierungsstelle (DAkkS) vorweisen kann.

Einfachere Kalibrierungen, die nicht alle oben genannten Anforderungen erfüllen, werden unter dem Begriff Werkskalibrierungen zusammengefasst. Da dieser Begriff nicht geschützt ist, hängt es sehr vom durchführenden Unternehmen ab, welche Qualität erreicht wird. Eine Werkskalibrierung kann eine Kalibrierung bei einem akkreditierten Kalibrierlabor sein, die auf einer rückgeführten Kalibrieranlage, jedoch nach einem vereinfachten Verfahren durchgeführt wird. Eine Werkskalibrierung kann auch durch den Betreiber des Aufnehmers oder Messgeräts erfolgen. In jedem Fall ist es der Verantwortung der durchführenden Stelle überlassen, welche Verfahren eingesetzt werden und ob die eingesetzten Kalibriereinrichtungen auf nationale Normale zurückgeführt sind.

7.4.6.3 Kalibrieranlagen und -verfahren im Kalibrierlabor

Der klassische Ansatz zur Kalibrierung von Drehmomentaufnehmern basiert auf der physikalischen Definition des Drehmoments. Eine definierte Kraft wird am Ende eines Hebelarms definierter Länge angebracht. Als Kraft wird dabei die Gewichtskraft verwendet. Um Drehmomente unterschiedlicher Größe darstellen zu können sind die Massen als Massestapel ausgeführt, die nach und nach den Hebel belasten. Um Drehmomente mit beiderlei Drehsinn erzeugen zu können, ohne den zu kalibrierenden Aufnehmer neu montieren zu müssen, wird im Allgemeinen ein zweiseitiger Hebelarm eingesetzt, s. Abb. 7.32.

Dieses Prinzip wird in technisch perfektionierter Umsetzung auch heute noch bei den genauesten Kalibrieranlagen und den Drehmoment-Normalmesseinrichtungen eingesetzt. Zu den technischen Feinheiten bei hochgenauen Anlagen seien hier nur einige Stichpunkte erwähnt: Zur Minimierung der Lagerreibung werden Luftlager eingesetzt, d. h. die Lagerzapfen schweben permanent in einem mit Pressluft durchströmten Spalt von wenigen µm Dicke. Um Stöße beim Hinzufügen einer weiteren Massescheibe zu vermeiden, wird der Hebelarm in dieser Phase blockiert und erst nach dem Auflegen wieder freigegeben. Damit der Hebelarm auch bei wachsender Belastung waagerecht bleibt, wird die Winkelstellung durch eine aktive Regelung korrigiert, der Aufstellort der Anlage wird permanent klimatisiert, usw.

Eine Abwandlung desselben Prinzips sind Anlagen, bei denen ein Laufgewicht auf einem zweiseitigen Hebelarm verschoben wird und dadurch – mehr oder weniger stufen-

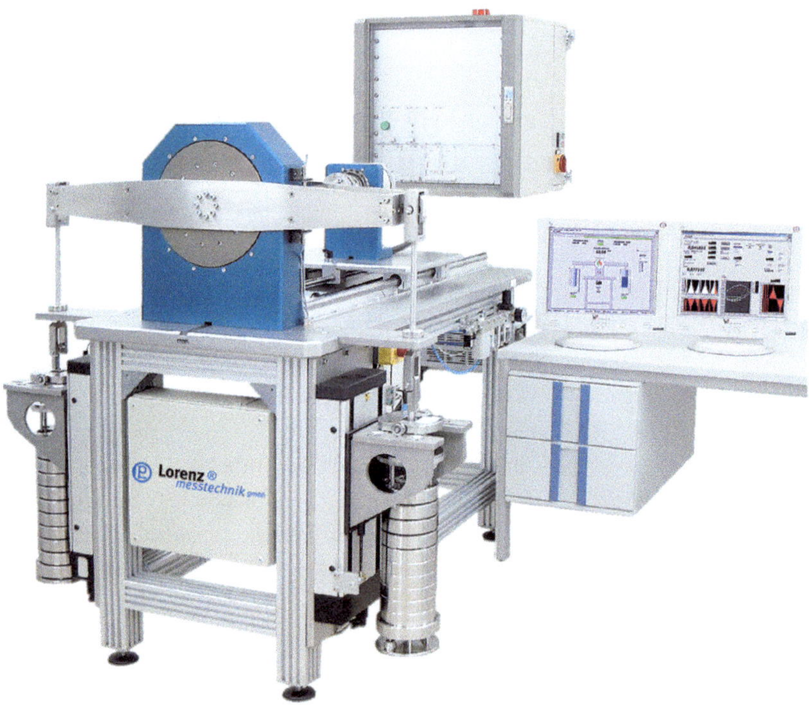

Abb. 7.32 Drehmoment-Kalibriereinrichtung nach dem Prinzip Hebelarm und Massenstapel, Messbereich 1 bis 200 Nm. (Abbildung mit freundlicher Genehmigung der Lorenz Messtechnik GmbH)

los – positive und negative Drehmomente unterschiedlichen Betrags erzeugt. Eine jüngere Entwicklung, die ebenfalls auf dem Prinzip Hebelarm und Masse basiert, ist das Pendelprinzip: Ein Gewicht ist an einem einseitigen Hebel angebracht, der in neutraler Position senkrecht hängt. Eine Drehmomentbelastung wird erzeugt, indem der Hebel auf unterschiedliche Winkel angehoben wird, wobei je nach Seite des Ausschlags wahlweise positives oder negatives Drehmoment erzeugt werden kann.

Eine alternative Methode, die in jüngerer Zeit zunehmend Verbreitung findet, ist die Referenzmethode. Zur Erzeugung eines Drehmoments kann eine prinzipiell beliebige mechanische Vorrichtung eingesetzt werden, wobei allerdings in der technischen Umsetzung auch hier hohe Anforderungen an Regelung, Spielfreiheit u. Ä. zu erfüllen sind. Die Kalibrierung erfolgt dann durch Vergleichsmessung mit einem hochgenauen Referenz-Drehmomentaufnehmer. Dieser ist im Allgemeinen als nicht-rotierender Aufnehmer aufgebaut. Solche Anlagen erreichen nicht allerhöchste, aber oft sehr hohe Genauigkeiten. Sie erzielen in diesem Bereich mit geringerem Aufwand meist bessere Ergebnisse als einfache Hebelarm-Anlagen.

Die üblichen Kalibrierverfahren sind zum großen Teil an den Möglichkeiten der Anlagen mit Massenstapel orientiert, das heißt die Belastung mit dem Kalibrierdrehmoment

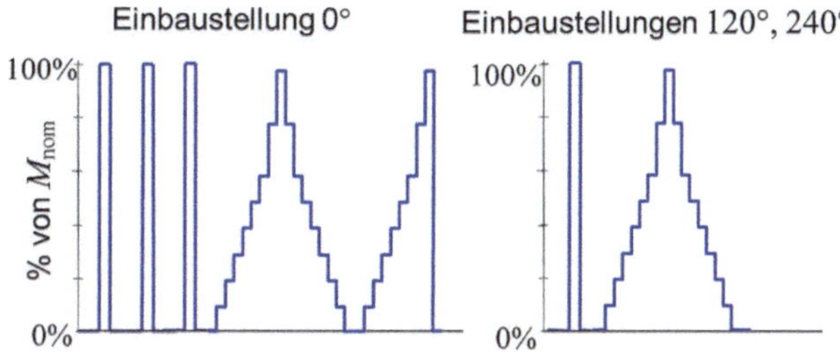

Abb. 7.33 Kalibrierstufen nach DIN 51309, der Norm, die bei anspruchsvollsten Kalibrierungen in DAkkS-Kalibrierlabors eingesetzt wird

erfolgt in Stufen. Dabei wird fast immer nach einer Messreihe mit stufenweise ansteigendem Drehmoment (Aufwärtsreihe) eine Messreihe mit stufenweise abfallendem Drehmoment aufgenommen (Abwärtsreihe), siehe Abb. 7.33. Ergänzend sind, je nach Richtlinie bzw. je nach Anforderung weitere Belastungen vorgesehen: Vorbelastungen vor den eigentlichen Messreihen, Wiederholmessungen zur Bestimmung der Wiederholpräzision sowie die oben bereits erwähnten Vergleichsmessungen bei variierter Einbauposition.

Abläufe für DAkkS-Kalibrierung sind verbindlich in Normen geregelt, so etwa die Norm [DIN51309] für die aufwendigen Kalibrierungen mit Vergleichsmessungen und die Richtlinie [VDI2646] für ein Verfahren mit reduziertem Aufwand.

Die Normen und Richtlinien enthalten auch Vorgaben darüber, welche messtechnischen Kenngrößen zu ermitteln sind, weiterhin Anleitungen, wie diese einzelnen Kenngrößen zu einer Klassifizierung des kalibrierten Drehmomentaufnehmers oder einer Gesamt-Messunsicherheit zusammengefasst werden können. Sowohl bei Klassifizierung als auch bei Messunsicherheit geht auch die Messunsicherheit der Kalibrieranlage ein, d. h. gute Ergebnisse können nur erreicht werden, wenn sowohl der kalibrierte Aufnehmer hohe Anforderungen erfüllt, als auch die eingesetzte Kalibrieranlage.

Neben der traditionellen stufenweisen Kalibrierung hat sich in den letzten Jahren auch die sogenannte zügige oder kontinuierliche Kalibrierung etabliert. Auch bei dieser wird das Kalibrierdrehmoment zunächst steigend, dann fallend aufgebracht. Die Abläufe und Auswertungen sind sinngemäß von der stufigen Kalibrierung übertragen. Das Drehmoment wird stoßfrei kontinuierlich allmählich gesteigert oder abgesenkt, sodass man auch von einer quasistatischen Belastung sprechen kann. Bisweilen wird dieses Verfahren allerdings fälschlich als dynamisches Kalibrieren bezeichnet.

Für die zügige Kalibrierung eignen sich Laufgewichtsanlagen, auf dem Pendelprinzip basierende Anlagen und solche, die nach dem Referenzprinzip arbeiten.

7.4.6.4 Kalibrierung im Prüfstand

Die regelmäßige Rekalibrierung von Drehmomentaufnehmern im Kalibrierlabor erfordert den Ausbau aus dem Prüfstand, verursacht direkte Kosten und vor allem Ausfallzeiten. Daher ist der Gedanke naheliegend, die Kalibrierung vor Ort durchzuführen.

Idealerweise mit einer Vorrichtung die in den Prüfstand eingebracht werden kann, sodass der zu kalibrierende Aufnehmer nicht aus dem Prüfstand ausgebaut werden muss.

Solche Vorrichtungen und Verfahren erreichen nicht die Genauigkeiten der höchstrangigen Varianten der Kalibrierung im Kalibrierlabor. Bei entsprechendem Aufwand sind sie jedoch einer Werkskalibrierung auf einer separaten Kalibrieranlage durchaus vergleichbar. Auch messtechnisch gesehen haben sie einige vorteilhafte Aspekte. Durch die Kalibrierung in der tatsächlichen Einbausituation sind einige Einflussfaktoren automatisch berücksichtigt und verursachen nicht Messunsicherheitsanteile durch Abweichung von der Kalibriersituation.

Zur Kalibrierung im Prüfstand muss der Wellenstrang aufgetrennt werden, i. Allg. unmittelbar benachbart zum Drehmomentaufnehmer. Um beim Aufbringen des Kalibrierdrehmoments ein Durchdrehen des Wellenstrangs zu verhindern, muss eine Blockiervorrichtung vorhanden sein. Zwei Ansätze zur Kalibrierung im Prüfstand sind verbreitet:

Das traditionelle Verfahren nutzt einen transportablen Hebelarm und Gewichte. Dieses Verfahren ist anschaulich und zunächst relativ einfach realisierbar. Allerdings sind anders als bei stationären Kalibrieranlagen aufwendige Vorrichtungen wie automatische Gewichtsauflage und Luftlager hier nicht realisierbar, was die erreichbare Güte stark beeinträchtigt. Wird ein konventionelles Wälzlager eingesetzt, um das Gewicht des Hebelarms und der angehängten Gewichte zu stützen, so bewirkt die Lagerreibung Messabweichungen für das Drehmoment. Verzichtet man auf das Lager, so belasten das Gewicht des Hebelarms und der angehängten Gewichte den Drehmomentaufnehmer als erhebliche Querkraft. Diese Querkraftbelastung bewirkt ebenfalls einen erheblichen Messunsicherheitsbeitrag, sofern sie überhaupt noch im Bereich des Zulässigen liegt. Man vergleiche hierzu Abb. 7.34.

Noch relativ jung ist der Ansatz der Vor-Ort-Kalibrierung im Prüfstand mit Referenz-Drehmomentaufnehmern. Das Kalibrierdrehmoment wird von einem geeigneten Mechanismus erzeugt, die Kalibrierung erfolgt durch Vergleich der Anzeigen des Referenzaufnehmers und des zu kalibrierenden Aufnehmers. Das Verfahren vermeidet parasitäre Lasten. Reibung ist zwar im Mechanismus zur Drehmomenterzeugung i. Allg. vorhanden, beeinträchtigt aber nicht die Kalibrierung, denn auf Referenz und Kalibrierobjekt wirkt das gleiche Drehmoment, auch wenn dies um einen Reibungsverlust geringer ist, als das am Mechanismus von außen aufgebrachte. Man vergleiche hierzu Abb. 7.35.

7.4.6.5 Planung der Kalibrierung unter Berücksichtigung der Einsatzbedingungen

Abschließend soll hier noch darauf hingewiesen werden, dass der Nutzen einer Kalibrierung optimiert werden kann, wenn bereits bei der Planung bzw. bei der Auftragserteilung der Kalibrierung die Einsatzbedingungen im Prüfstand berücksichtigt werden. Folgende Optionen können sinnvoll sein, um bei einer späteren Messunsicherheitsabschätzung zu vermeiden, mit groben Schätzungen arbeiten zu müssen.

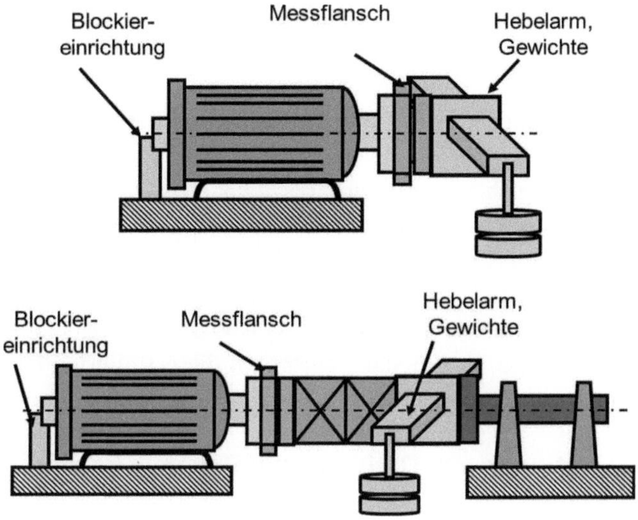

Abb. 7.34 Kalibrierung im Prüfstand mit Hebelarm und Gewichten. *Oben*: ohne zusätzliche Lagerung. *Unten*: mit zusätzlicher Lagerung

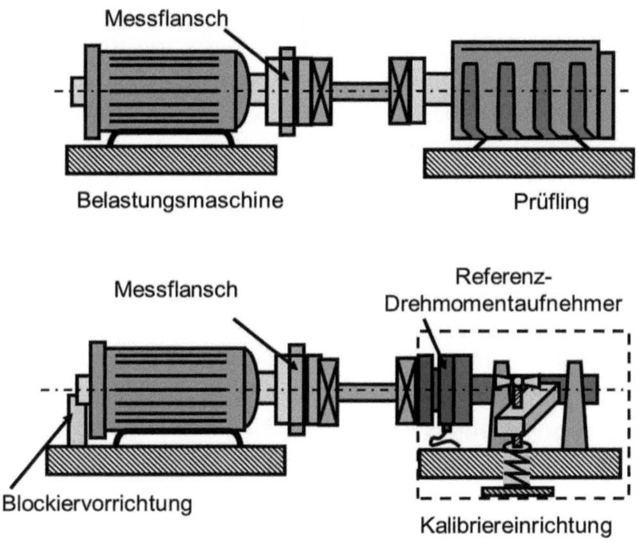

Abb. 7.35 Kalibrierung im Prüfstand mit Referenz-Drehmomentaufnehmer: Kalibriervorrichtung nimmt Platz des Prüflings ein

- Kalibrierung evtl. als Messkette. d. h. Kalibrierung einer Einheit, bestehend aus dem Drehmomentaufnehmer und der Folgeelektronik, die das elektrische Ausgangssignal in eine Anzeige in Einheiten des Drehmoments macht.

- Kalibrierung im Teilbereich, d. h. der Maximalwert des Drehmoments in der Kalibrierung orientiert sich am im Prüfstandsbetrieb zu erwartenden Wert statt am Messbereich des Typs des Drehmomentaufnehmers.
- Rechts-/Links-Drehmoment, d. h. je eine Kalibrierung für beide Richtungen von Drehmoment.
- Wechseldrehmoment, d. h. den Einsatz, bei dem rechts- und linksdrehendes Drehmoment in direktem Wechsel auftreten. Anders als bei einer Kalibrierung für Rechts- und Linksdrehmoment erfolgt bei dieser Kalibrierung ein Durchfahren des Nullpunkts ohne erneuten Nullabgleich. Die Kalibrierergebnisse beinhalten den Effekt der Nullpunkthysterese (mechanische Remanenz), s. Abschn. 7.4.4.1. Für den Einsatz von Drehmomentaufnehmern im Prüfstand entspricht diese Kalibrierung meist den wirklichen Einsatzbedingungen besser als die Rechts-/Links-Kalibrierung.

7.4.6.6 Berücksichtigung von Drehzahl und Dynamik bei der Kalibrierung

Die Bedeutung von Drehzahl und Dynamik für die Messgenauigkeit bzw. Messunsicherheit wurde bereits in Abschn. 7.4.4.4 erläutert. Jedoch sind beide durch die übliche Prüfung und Kalibrierung mit den hier beschriebenen Methoden nicht erfassbar und deshalb in ihrem Einfluss besonders schwer einzuschätzen. Prüfmethoden oder gar Kalibriervorrichtungen, die diese Untersuchungen ermöglichen, sind leider sehr schwer zu realisieren. Insbesondere sind sämtliche Ansätze auf Basis von Referenz-Drehmomentaufnehmern ungeeignet. Grund ist, dass sie voraussetzen, dass Referenzaufnehmer zur Verfügung stehen, bei denen Drehzahl bzw. Dynamik keine Messabweichungen verursacht. Selbst wenn solche existieren sollten, fehlen ja Prüfmethoden, um diese Eigenschaft nachweisen zu können. In jüngerer Zeit sind jedoch einige Grundlagenuntersuchungen durchgeführt bzw. begonnen worden, die diese Lücke schließen sollen.

Da der Drehzahleinfluss auf das Nullsignal von gewissenhaften Herstellern bereits untersucht wird, ist das offene Thema beim Drehzahleinfluss nur der Einfluss auf Messungen unter Drehmomentbelastung (Einfluss auf den Kennwert). Hierzu konnten Aussagen gewonnen werden, indem ein Betriebszustand mit hoher Drehzahl und konstantem Drehmoment erzeugt wurde. Das Drehmoment wurde dann vergleichend mit einem mitrotierenden Drehmomentaufnehmer und einer Pendelmaschine gemessen. Da bei der Messung mit der Pendelmaschine der Messgrößenaufnehmer nicht rotiert, kann diese in diesem Fall als Referenz dienen [AndNolWe03].

Probleme der Dynamik beim Messen von Drehmoment ergeben sich einerseits durch das dynamische Verhalten des Prüfstands insgesamt, wie in Abschn. 7.4.4.4 beschrieben. Aber auch die Messfähigkeit des Drehmomentaufnehmers als solchem kann bei dynamischem Drehmoment beeinträchtigt sein. Beeinträchtigungen können durch mechanische Eigenschaften des Aufnehmers (Elastizität, Massenträgheit) bedingt sein, durch elektromechanische Eigenschaften, wie z. B. die Verdrahtung der DMS-Brücke oder durch elektronische Effekte. Ziel einer dynamischen Kalibrierung ist ein messtechnischer Nachweis, wie groß oder klein solche Effekte sind. Zu dieser Frage eignet sich als Ansatz der schon zuvor zitierte Drehimpulssatz (jetzt in leicht abweichender Schreibweise):

$$M_D = J \cdot \ddot{\varphi}. \tag{7.57}$$

Man verursacht an einem Körper mit bekanntem Massenträgheitsmoment J eine Drehbeschleunigung $\ddot{\varphi}$, die mit hoher Genauigkeit gemessen wird. Somit kann das Drehmoment M_D leicht bestimmt werden. Obwohl das Prinzip als solches leicht nachvollziehbar ist, ist seine praktische Umsetzung mit der erforderlichen Genauigkeit mit erheblichen technischen Schwierigkeiten verbunden. Der Aufbau von geeigneten Anlagen befindet sich derzeit noch im Stadium der wissenschaftlichen Grundlagenforschung, vgl. [KlaBruKo12]. Dabei beschränken sich die Winkelausschläge auf kleine stoßartige oder sinusförmige Auslenkungen. Eine Kombination mit Drehzahl im Sinne rotierender Drehmomentaufnehmer ist bei diesen Untersuchungen nicht vorgesehen.

7.5 Leistung und Arbeit

Die vom Motor abgegebene mechanische Leistung P_{mech}, als zeitabhängige Momentanleistung $p_{mech}(t)$ geschrieben, ist eine der wichtigsten Messgrößen am Prüfstand, sie berechnet sich als Produkt aus dem Drehmoment M, als zeitabhängige Größe $m(t)$, und der Winkelgeschwindigkeit ω, d. h.

$$p_{mech}(t) = m(t)\omega(t). \tag{7.58}$$

Die seltener relevante Arbeit W_{mech} bzw. $w_{mech}(t)$ ist das Zeitintegral der Leistung

$$w_{mech}(t) = \int_0^t m(\tau)\omega(\tau)\mathrm{d}\tau. \tag{7.59}$$

Man könnte sich zwar hypothetische Messaufbauten zur Bestimmung der Arbeit vorstellen, tatsächlich wird man diese wohl immer aus der Leistung berechnen.

Zur Bestimmung der Leistung bieten sich zwei Wege an, die Berechnung aus einer Drehzahl- und Drehmomentmessung und die direkte Leistungsmessung. Die vom Motor abgegebene Leistung wird von einer Wasserbremse oder einer Wirbelstrombremse in Wärme umgesetzt und ließe sich über Temperaturmessungen am Wasserzulauf und Wasserablauf bestimmen. Dieses Verfahren ist ungenau, weil auch ein Teil der Verlustleistung über das Gehäuse abgegeben wird und es zu träge ist, um Leistungsänderungen dynamisch zu erfassen. Bei einer elektrischen Maschine wird die mechanische Leistung des Prüflings überwiegend in elektrische Leistung umgesetzt. Diese ist präziser und schneller messbar als die Abwärme von Wasserbremsen und Wirbelstrombremsen. Allerdings erzeugt auch eine elektrische Maschine Abwärme, die von der Messung nicht erfasst wird. Tatsächlich lässt sich der Wirkungsgrad der elektrischen Maschine in unterschiedlichen Betriebszuständen durch den Hersteller bestimmen, damit ist eine in manchen Fällen bereits brauchbare Abschätzung der Motorleistung über die von der Maschine abgegebene elektrische Leistung möglich. Unterstützt wird diese evtl. durch ein Maschinenmodell, das in der Software des Umrichters hinterlegt ist.

Die präziseste Möglichkeit, die Leistung zu bestimmen, die auch die höchste zeitliche Auflösung bietet, ist die Berechnung aus Drehzahl und Drehmoment. Die zeitliche Auflösung erfordert allerdings von den Messaufnehmern für Drehzahl und Drehmoment, dass deren Messketten, die in der Regel Totzeiten in der digitalen Signalverarbeitung haben, die ausgegebenen Messwerte auf eine exakte Aufnahmezeit zurückführen können, ansonsten wird die zeitliche Auflösbarkeit durch die Unsicherheiten dieser beiden Verzögerungen begrenzt.

7.6 Akustische Messtechnik

Schwingende Oberflächen des Motorblocks oder von dessen Anbauteilen verursachen Schallwellen in der umgebenden Luft. Daraus leiten sich zwei wesentliche Richtungen der akustischen Messtechnik ab, die Schwingungsmesstechnik, die sich mit dem Körperschall im Motor und ggf. dessen weitere Ausbreitung über die Karosserie beschäftigt und die akustische Messtechnik im engeren Sinne, welche die Schallausbreitung in der Luft misst. Zur Schallmessung existiert ein umfangreiches Normenwerk, die Grundlage ist [ISO3740]. Daneben existieren weitere Standards, z. B. [ISO3741, ISO3743 und ISO9614]. Die zulässigen Geräuschemissionen sind durch den Gesetzgeber begrenzt [§EU13-168, §EU14]. Während bei modernen Pkw Auspuffgeräusche und das Abrollgeräusch dominieren, ist bei Zweirädern das Motorengeräusch noch wesentlich wichtiger.

7.6.1 Messung von Luftschall

Als Luftschall werden Dichteschwingungen bezeichnet, die sich mit einer Schallgeschwindigkeit c von ca. 340 m/s in der Luft fortpflanzen. Die genaue Schallgeschwindigkeit hängt vom Klima ab, sie steigt mit der Temperatur und in geringem Maße auch mit der Luftfeuchte. Nicht mit dieser Ausbreitungsgeschwindigkeit zu verwechseln ist die Schallschnelle v, die angibt, mit welcher Geschwindigkeit ein Luftteilchen um seine Ruhelage schwingt. Eine wichtige Kenngröße ist der Schalldruck p, der die Abweichung der Druckschwingung vom Atmosphärendruck angibt und meistens als Effektivwert angegeben wird. Er ist die Größe, die unmittelbar auf das Ohr oder eine Mikrofonmembran einwirkt. Eine ebenfalls häufig angegebene Größe ist das Produkt aus Schallschnelle und Schalldruck, die Schallintensität I. Ihre Einheit W/m^2 verrät, dass sie die Leistungsdichte beschreibt. Für eine ausführliche Beschreibung des Phänomens Schall sei auf [SinaSent20] verwiesen.

Grundsätzlich sind auch Schallschnelle (zeitlich hoch aufgelöste Strömungsmessung) oder Schallintensität (Doppelmikrofonmethode oder über thermische Wirkung) messbar, der Standardsensor der akustischen Messtechnik ist das Mikrofon zur Messung des Schalldrucks. Mit Einzelmikrofonen kann der Schall an bestimmten Stellen der Umgebung gemessen werden. Wenn der subjektive Höreindruck an einer bestimmten Stelle objektiviert werden soll, werden Kunstköpfe eingesetzt, deren beiden Mikrofone den Schall in ähnlicher Weise wahrnehmen wie beide menschliche Ohren. Oft steht aber eine andere Messaufgabe im Vordergrund: Man möchte das komplette Schallfeld nahe dem Motor erfassen; ist dieses bekannt, so kann auch der Schall an jeder anderen Stelle in der Umgebung berechnet werden. Zu diesem Zweck wird eine Gitterwand mit einer Matrix aus Mikrofonen nahe am Motor aufgestellt.

7.6.1.1 Mikrofone

Üblich sind standardisierte Kondensatormikrofone oder Elektretmikrofone, die über einen Lemo-Stecker an die Signalverarbeitung angeschlossen werden. In einem Kondensatormikrofon bildet eine mit dem Schall schwingende Membran eine Kondensatorplatte, die andere Kondensatorplatte ist hingegen fest. Der Kondensator wird entweder über eine externe Gleichspannung bis zu 200 V hochohmig geladen oder bei einem Elektret ist die Ladung permanent in einer der Platten gespeichert. Die Schwingungen verursachen eine Kapazitätsänderung, die bei konstanter Ladung eine messbare Spannungsänderung bewirkt. Andere Mikrofonprinzipien (Kohlemikrofon, dynamisches Mikrofon, Bändchenmikrofon) finden in der akustischen Messtechnik keine Verwendung.

In der Messtechnik werden kleinere Mikrofone als in der Tontechnik verwendet, üblich ist ein Membrandurchmesser von einem halben Zoll, auch 1-Zoll-Mikrofone und 1/4-Zoll-Mikrofone finden Verwendung. In einer Mikrofonmatrix kommen diese kleinen Mikrofone einem punktförmigen Schallsensor nahe, sie ermöglichen einen größeren linearen Frequenzbereich und verzerren weniger. Nachteilig können Einbußen in der Empfindlichkeit und erhöhtes Rauschen sein. Niederfrequente Anteile von wenigen Hertz treten v. a. als Störungen auf und werden deshalb durch einen Hochpass herausgefiltert.

7.6.1.2 Kunstköpfe

Ein Kunstkopf bildet grob geformt die obere menschliche Rumpfpartie und den Kopf mit den äußeren Teilen der Ohren (Gehörmuscheln und Gehörgänge) nach. Idealerweise kann der Kunstkopf den natürlichen Bewegungsumfang des Kopfes relativ zu den Schultern berücksichtigen. Ein Kunstkopf ist auf Abb. 3.9 links im Vordergrund sichtbar. Anstelle des beim Menschen den Schall verstärkenden Mittelohres befinden sich Kondensatormikrofone, die Mikrofonmembran ersetzt dort das Trommelfell. Der Kunstkopf kann so binaurales (beidohriges) Hören einschließlich der Richtcharakteristik, der Außenohrübertragungsfunktion und der Laufzeitunterschiede zwischen beiden Ohren simulieren. Bei niedrigen Frequenzen bestimmen v. a. die Kopf- und Schultergeometrie die Übertragungsfunktion, bei höheren Frequenzen der Übergang von der Ohrmuschel in den Gehörgang und die Resonanzen im Gehörgang [Fedtke07]. Aufgrund individuell unterschiedlicher Kopfformen und Gehörausprägungen, kann ein Kunstkopf nur einen Kompromiss repräsentieren, es sei denn, er wäre individuell auf das Gehör einer einzelnen Person angepasst.

7.6.1.3 Signalverarbeitung

Häufig begnügt man sich nicht damit, mit einer Mikrofonmatrix ein Schallfeld aufzunehmen, man möchte wissen, wie das Schallfeld zustande kommt, also die Quellen präzise lokalisieren oder wissen, wie sich das Schallfeld über die Messebene hinaus ausbreitet. Zu diesem Zweck wird die akustische Holographie, insbesondere die *Nahfeldholographie* (NAH, Near Field Acoustic Holography) genutzt. Neben älteren Verfahren wird dazu die Helmholtz-Equation-Least-Squares-Methode (HELS) eingesetzt. Es handelt sich um eine sehr mächtige Methode, die mit einem moderaten Rechen- und Programmieraufwand durchführbar ist. Der Schalldruck $p(\underline{x}, \omega)$ an einer Stelle ergibt sich als Überlagerung gewichteter Wellen, wobei die i-te Teilwelle eine Lösung $\Psi_i(\underline{x}, \omega)$ der Helmholtz-Gleichung (einer partiellen Differentialgleichung, die in der Akustik eine Schallwelle beschreibt) ist, also

$$p(\underline{x}, \omega) = \sum_i c_i \Psi_i(\underline{x}, \omega). \tag{7.60}$$

Die HELS-Methode bestimmt die Gewichtungsfaktoren c_i durch Minimierung des quadratischen Fehlers und kann ein Schallfeld damit auf die erzeugenden Wellen zurückführen [Wu15]. Sind diese so bestimmt, kann das Schallfeld an beliebigen Stellen auch außerhalb der Messebene berechnet werden.

Relativ neu auf dem Markt sind portable Mikrofonmatrizen in Verbindung mit einer Signalverarbeitung, die eine farbliche Visualisierung von Schallfeldern ermöglicht. Diese werden akustische Kameras genannt.

7.6.2 Messung von Körperschall

Körperschall kann lokal durch ein- oder mehrachsige Beschleunigungsaufnehmer gemessen werden. Die Aufnehmer können mikromechanische Beschleunigungssensoren sein, oft werden Aufnehmer aus piezoelektrischer Keramik verwendet. Zunehmend gewinnt die Laservibrometrie an Bedeutung. Bei der Laservibrometrie tastet ein Laser die schwingende Oberfläche ab. Aufgrund der Bewegung der Oberfläche erfährt der reflektierte Laserstrahl eine Phasen- und aufgrund des Doppler-Effekts eine Frequenzänderung. Beide können mithilfe eines Interferometers und eines Lichtdetektors ausgewertet werden, um die Amplitude und die Frequenz der Schwingung zu bestimmen. Mit dem Verfahren können auch Oberflächen gescannt werden, um Schwingungsbäuche und Schwingungsknoten zu entdecken. Neben der Schwingungs- und Geräusch-Optimierung kann die Körperschallmesstechnik auch helfen, Verschleiß zu erkennen.

7.7 EMV-Messtechnik

Die Sicherstellung der elektromagnetischen Verträglichkeit (EMV) ist von fundamentaler Bedeutung für die Zuverlässigkeit elektronisch gesteuerter Motoren, allerdings werden in nur wenigen Fällen Messungen am Motorenprüfstand notwendig sein (vgl. Abschn. 3.2.4).

Elektromagnetische Störungen können sich über Leitungen oder über Felder ausbreiten. Leitungsgeführte Störungen erfordern eine passende Messtechnik, stellen aber keine besonderen Anforderungen an den Prüfstand. Bei Störungen, die sich über Felder ausbreiten, wird unterschieden zwischen elektrischen Feldern, magnetischen Feldern und elektromagnetischen Feldern. Bei elektrischen und magnetischen Feldern handelt es sich in der Regel um Nahwirkungen, nämlich die elektrische Kopplung, auch kapazitive Kopplung genannt oder die magnetische Kopplung, auch induktive Kopplung genannt, zwischen zwei oder mehr Leitern. Außer der Notwendigkeit, Störfelder zu unterdrücken, stellen auch Messungen mit diesen Feldern keine Bedingungen an den Prüfstand. Anders ist dies bei elektromagnetischen Feldern, deren Messung erfordert in der Regel Ausbreitungsbedingungen wie im freien Feld, die Sicherstellung dieser Bedingungen am Prüfstand ist mit einem erheblichen Aufwand verbunden (Abschn. 3.2.4).

Neben dem Ausbreitungsweg muss in der EMV-Messtechnik unterschieden werden, ob die Aussendung (Emission) von Störungen gemessen werden soll oder die Empfindlichkeit (Immunität oder Suszeptibilität) gegenüber eingestreuten Störungen.

Eine dritte Unterscheidung bei zusammengesetzten Systemen betrifft die Frage, auf welcher Systemebene die Messung durchgeführt werden soll, auf Fahrzeugebene, auf Komponentenebene oder an einem Teilsystem, das zwischen diesen Ebenen anzusiedeln ist. Genormt und in der Praxis bewährt ist eine Kombination aus Fahrzeugmessungen und Komponentenmessungen. Teilsystemtests sind weder standardisiert noch vorgeschrieben, können aber im Einzelfall helfen, EMV-Probleme zu vermeiden oder zu lösen. Im Vordergrund werden Komponententests, also Steuergerätetests stehen. Neben Steuergeräten sind z. B. die Zündanlage oder die Einspritzanlage kritisch bezüglich der EMV. In vielen Fällen wird kein laufender Motor bei diesen Tests erforderlich sein, die zu prüfenden Geräte (Device under Test, DUT) werden an Ersatzlasten angeschlossen, die Funktion des Steuergerätes während eines Tests kann z. B. mit einem Oszilloskop überwacht werden. Der Motor kann in einigen Fällen, z. B. bei einer Zündanlage helfen, realistische Testbedingungen bezüglich der Verkabelungsgeometrie, elektrischer, magnetischer oder elektromagnetischer Felder oder der Betriebsbedingungen herzustellen, aufgrund der Kosten von EMV-Messungen am Motor und dem Risiko, den Motor durch Fehlfunktionen zu schädigen, wird man jedoch bestrebt sein, möglichst ohne Motor zu messen. Ein Sonderfall sind Hybridantriebe, dort sind elektrische Antriebe mit deren Leistungselektronik integrierte Bestandteile des Motors, daher ergibt sich häufiger als bei der elektrischen Ausstattung reiner Verbrennungsmotoren die Notwendigkeit, EMV-Messungen am Motorenprüfstand durchzuführen.

Tab. 7.4 Übersicht über genormte EMV-Messungen an motornahen (und anderen) Unterbaugruppen

	Ausbreitung über Leitungen	Ausbreitung über Felder
Emissionen	Leitungsgeführte Störungen [ISO7637]	Fernentstörung [EN55012]
Immunität	Leitungsgeführte Störungen [ISO7637, ISO16750-2], Elektrostatische Entladungen [ISO10605], Immunität Komponenten: Audiofrequenz auf Leitungen [ISO11452-10]	Eigenentstörung für Empfänger [EN55025], Einstrahlung Komponenten [ISO11452-1,-2,-3,-4,-5,-8,-9,-11]
	Einstrahlung Komponenten [ISO11452-4,-7]	

Viel Erfahrung mit der EMV ist in Normen eingeflossen, deren Einhaltung in der EU von der Kfz-EMV-Richtlinie 2004/104/EG [§EU04] und späteren, aktualisierenden Richtlinien [Borgeest18] verbindlich gefordert wird Eine wichtige spätere Aktualisierung ist die verbindliche Einführung der UN-ECE-Vorschrift R10 [§R10] in der EU, die sich von früheren EU-Vorschriften in der Berücksichtigung von Plug-In-Hybriden und Elektrofahrzeugen und in Formalitäten der Typzulassung unterscheidet, ansonsten aber in Struktur und technischem Inhalt weitgehend identisch mit früheren EU-Rechtsnormen ist. Die Normen definieren Grenzen und Messverfahren. Trotzdem liefern in manchen Fällen auch über die Normen hinausgehende Messungen zusätzliche Erkenntnisse und verbessern die Produktqualität. Tab. 7.4 gibt einen Überblick über die Normen. In den wenigen Fällen, in denen sich Störungen ausschließlich über Leitungen ausbreiten, z. B. beim Abschalten induktiver Lasten, ist es einfacher, die betroffenen Geräte zu schützen, als z. B. eine Induktivität daran zu hindern, beim Abschalten eine Spannung an den Anschlussklemmen zu induzieren. Eine Sonderstellung in der Tabelle haben die Teile 4 und 7 der ISO 11452. In diesen Verfahren werden Störungen im Labor über Leitungen eingekoppelt, damit sollen aber über Felder eingestrahlte Störungen simuliert werden. Die vielen Teile der ISO 11452 mögen überraschen, diese bieten unterschiedliche Alternativen, die den gleichen Zweck erfüllen; zur Erfüllung der gesetzlichen Anforderungen genügt es, aus den Normteilen 2, 3, 4 oder 5 eines der Verfahren auszuwählen. Praktisch ist es oft sinnvoll, zwei Verfahren in jeweils unterschiedlichen Frequenzbereichen zu kombinieren, da nicht alle Verfahren für Frequenzen vom kHz-Bereich bis in den GHz-Bereich durchgängig geeignet sind.

7.7.1 Messung leitungsgeführter Störungen

Im Fahrzeug wird unterschieden zwischen Störungen auf Versorgungsleitungen und auf Signalleitungen. Störungen auf Versorgungsleitungen entstehen durch das Schalten großer Verbraucher (insbesondere des Starters) oder prellende Schaltkontakte. Störungen auf Leitungen entstehen auch durch die Einwirkung von Feldern auf die Leitung; während

Tab. 7.5 Testimpulse nach [ISO7637-2] auf Versorgungsleitungen

Testimpuls	Simuliertes Ereignis	Wirkung
1	Abschalten mit parallel geschalteter Induktivität	Induktionsspannung
2	Abschalten mit serieller Induktivität (2a) oder parallel geschaltetem Motor (2b)	Induktionsspannung, Motor wirkt beim Auslaufen als Generator
3	Prellen eines Schalters	Folge hoher, kurzer Spannungsimpulse (Burst)
4 (jetzt ISO 16750)	Betätigung des Starters	Spannungseinbruch
5 (jetzt ISO 16750)	Plötzliche Entlastung der Lichtmaschine	Kurzzeitige Spannungsüberhöhung

die so erzeugten hochfrequenten Störungen für Versorgungsleitungen meist unbedeutend sind und deswegen in den Normen ISO 7637-2 und ISO 16750 nicht betrachtet werden, können sie auf Signalleitungen Störungen bewirken oder die mit der Leitung verbundenen, signalverarbeitenden Schaltungen sogar zerstören. Eine weitere Ursache von Störungen auf Leitungen sind elektrostatische Entladungen (ESD), diese treten allerdings v. a. bei der Handhabung elektronischer Komponenten in der Produktion und im Service auf. Bei der Messung leitungsgeführter Störungen nach Norm sind die Messaufbauten genau spezifiziert, eine Messung am Motor ist weder aus sachlichen noch aus formalen Gründen nötig. Die Störungen auf Versorgungsleitungen durch Schaltvorgänge folgen typischen Mustern, die in [Borgeest23E] ausführlich beschrieben und in Tab. 7.5 kurz zusammengefasst sind. Im Labor werden diese Testimpulse mit käuflichen Generatoren erzeugt, hinzu kommen evtl. weitere Testimpulse nach Werksnorm der Fahrzeughersteller, die von den Geräten z. T. beherrscht werden. Ähnliche Tests sind auch in der [ISO16750-2] spezifiziert. [ISO7637-3] spezifiziert, wie typische kapazitive und induktive Einkopplungen von parallelen Leitungen im Kabelbaum auf Signalleitungen mit Kondensatoren, kapazitiven Kopplern (tunnelförmigen Kondensatoren, in denen die zu beaufschlagende Leitung liegt) oder mit Stromzangen nachgebildet werden. Ein zukünftiger Normenteil zu Hochvoltleitungen in Elektro- oder Hybridfahrzeugen entsteht [ISO7637-4]. [ISO10605] spezifiziert den Schutz von Steuergeräten vor elektrostatischer Entladung und den Test dieser Maßnahmen. [ISO11452-10] koppelt über einen Transformator Signale zwischen 15 Hz und 250 kHz auf Versorgungsleitungen und Signalleitungen ein.

7.7.2 Messung gestrahlter Störungen

Die Messung gestrahlter Störungen umfasst sowohl die Messung abgestrahlter Felder des Prüflings als auch die Bestrahlung des Prüflings unter Beobachtung der Reaktion. Im

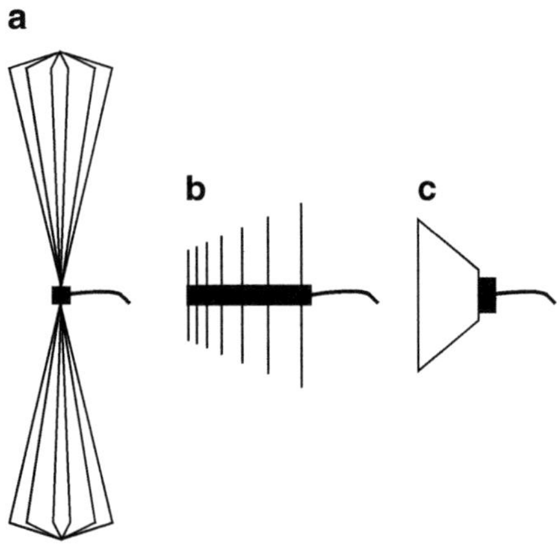

Abb. 7.36 Antennen für EMV-Messungen: **a** bikonische Antenne, **b** logarithmisch-periodische Antenne, **c** Hornstrahler

zweiten Falle ist der Begriff des Prüfens passender, da das Ergebnis eines solchen Tests nur lautet „geht" oder „geht nicht". Eventuell wird ein solcher Test allerdings mit verschiedenen Feldstärken durchgeführt, die dabei gemessen werden, um zu quantifizieren, bis zu welcher Feldstärke der Prüfling belastbar ist.

Der ideale Aufbau für solche Versuche ist die Aufstellung des Prüflings im Freien, weitab zivilisatorischer Störquellen, welche die Messung beeinflussen können. In einiger Entfernung wird die Antenne aufgestellt, die sowohl als Empfangsantenne zur Messung abgestrahlter Störungen als auch als Sendeantenne zur Einstrahlung von Störungen dient. Da dieses ideale Freifeld in der Realität kaum zu finden sein dürfte, holt man sich Ausbreitungsbedingungen wie im Freifeld mit einer Absorberhalle ins Labor. Dies Vorgehen beschreibt den Messaufbau zur Störfestigkeit nach [ISO11452-2]. Je nach Frequenzbereich eignen sich unterschiedliche Antennen, in der EMV-Messtechnik verbreitet sind bikonische Antennen (Abb. 7.36), da eine einzige bikonische Antenne einen Frequenzbereich von einigen 10 MHz bis zu einigen 100 MHz (und mit Einschränkungen darüber hinaus) abdecken kann. Daneben kommen logarithmisch-periodische Antennen (kurz Logper-Antennen, einige 100 MHz bis einige GHz) zum Einsatz, die eine stärkere Richtwirkung als bikonische Antennen haben. Für höhere Frequenzen werden Hornstrahler verwendet. Vorteil des Verfahrens nach [ISO11452-2] ist, dass die Absorberhalle, wenn sie groß genug ist, auch einen Motorenprüfstand oder Rollenprüfstand aufnehmen kann (siehe Abschn. 3.2.4).

Benötigt man den Motor und das Fahrzeug nicht und misst nur an Einzelkomponenten, sind die alternativen Verfahren nach [ISO11452-3] (TEM-Zelle) und [ISO11452-5] (Stripline) einfacher zu handhaben. Die TEM-Zelle (Transversal Electric Mode) ist ein zu einem Kasten erweiterter Koaxialleiter, dessen Innenleiter eine horizontale Ebene in der Mitte des Kastens (Septum) bildet; das Gehäuse ist der Außenleiter. Das Feld bildet sich zwischen Septum und Gehäuse aus. Nutzt man nur die obere Hälfte einer TEM-Zelle und lässt die Seitenwände weg, erhält man eine Stripline (Streifenleiter). Die Aufbauten eignen sich grundsätzlich auch zur Messung von Abstrahlung, diese ist jedoch nicht Gegenstand obiger Normen.

Noch einfacher in der Handhabung sind weitere alternative Verfahren nach [ISO11452-4], bei denen mit einer invers betrieben Stromzange (BCI, *Bulk Current Injection*) oder einem koaxialen Richtkoppler (TWC, *Tubular Wave Coupler*) Störungen direkt in den Kabelbaum eingespeist werden, die den Einfluss externer Felder simulieren sollen. Diese Verfahren können auch am laufenden Motor benutzt werden.

[ISO11452-7] beschreibt die Messung mit direkter Einkopplung von Funksignalen zwischen 250 kHz und 500 MHz in Geräte; zwar speisen die Tests über Leitungen ein, simuliert wird damit aber eine Einkopplung elektromagnetischer Wellen, bei denen Leitungen unbeabsichtigt als Antennen wirken. [ISO11452-8] beschreibt Grenzwerte und Messverfahren für die Immunität gegen Magnetfelder bis 150 kHz, die über Leiterschleifen oder Spulen eingekoppelt werden. Dieser Test kann z. B. eine Fahrt nahe einer Starkstromleitung simulieren. [ISO11452-9] spezifiziert die Messung der Empfindlichkeit gegenüber tragbaren Sendern, z. B. Mobiltelefonen. [ISO11452-11] beschreibt Messungen, die statt in einer Absorberhalle in einem voll reflektierenden Raum (Modenverwirbelungskammer, Abschn. 3.2.4) durchgeführt werden.

[EN55012] definiert die maximal zulässigen elektromagnetischen Abstrahlungen des Fahrzeugs nebst Messverfahren zwischen 150 kHz und 1 GHz, Messungen unterhalb 30 MHz sind in der EU aber nicht vorgeschrieben.

7.8 Abgasmesstechnik

In Kap. 2 wurde bereits die Erzeugung gesundheitsschädlicher sowie klimaschädlicher Abgase durch Verbrennungsmotoren thematisiert. Eine ideale Verbrennung kohlenwasserstoffhaltiger Kohlenwasserstoffe würde lediglich Wasserdampf und Kohlendioxid erzeugen. Tatsächlich erfolgt die motorische Verbrennung fast immer nichtideal, die so zusätzlich entstehenden Verbrennungsprodukte sind teilweise gesundheitsschädlich und unterliegen deswegen weltweit einer Reglementierung.

Dieser Abschnitt gliedert sich in Unterabschnitte über den rechtlichen Rahmen (Abschn. 7.8.1), die Abgasbestandteile (Abschn. 7.8.2) und den hauptsächlichen Unterabschnitt über die Messtechnik (Abschn. 7.8.3). Vor dem Messen muss dem Abgas eine brauchbare Probe entnommen werden (Abschn. 7.8.4). Jede Messung erfordert eine Kalibrierung, so auch die Messung von Abgasbestandteilen (Abschn. 7.8.5). Die praktische Realisierung von Messeinrichtungen ist Gegenstand von Abschn. 7.8.6. Ein Thema dabei, das in den letzten Jahren nicht zuletzt infolge des Abgasskandals an Bedeutung gewann [Borgeest23], ist die mobile Abgasmessung.

Tab. 7.6 Fahrzeug-Abgasgrenzwerte in der EU, Rechtsquellen einschließlich Benennung der Fahrzeugklassen s. Text, v_{max}: Höchstgeschwindigkeit in km/h, CF: Übereinstimmungsfaktor, M: Motorenprüfstand, R: Rollenprüfstand, RDE: Real Driving Emissions, S: Straße, THC: Kohlenwasserstoffe, NMHC: Kohlenwasserstoffe ohne Methan, WHSC: World Harmonized Stationary Cycle, WHTC: World Harmonized Transient Cycle, WLTP: Worldwide harmonized Light vehicles Test Procedure, WMTC: World Motorcycle Test Cycle. Teilstufen von Euro VI nicht berücksichtigt

	Kleinkraftrad, Motorrad, 2 oder 3 Räder, Quad	Diesel-Pkw, leichte Busse	Otto-Pkw (auch Gas), leichte Busse	schwere Lkw/Busse (Diesel)	übrige Lkw/Busse (Diesel)	übrige Lkw/ Busse (Otto)
EU-Fahrzeug-Klasse	L	M1(G), M2, N1 Gruppe I	M1(G), M2, N1 Gruppe I	M3, N3 (M1, M2, N1 und N2 über 2610 kg)	N1 Gruppen II und III, N2 bis 2610 kg	N1 Gruppen II und III, N2 bis 2610 kg
Gültiger Abgas-standard	Euro 5	Euro 6e	Euro 6e	Euro VI	Euro 6e	Euro 6e
Einführung Typzulassung	01.01.2020	01.09.2023	01.09.2023	31.12.2012	01.09.2023	01.09.2023
Einführung Erstzulassung	01.01.2021	01.09.2024	01.09.2024	31.12.2013	01.09.2024	01.09.2024
Prüfstand Homologation	R	R/S	R/S	M/S	R/S	R/S
Prüfstand Entwicklung	M/R	M/R/S	M/R/S	M/S	M/R/S	M/R/S
Testzyklus	WMTC	WLTP+RDE	WLTP+RDE	WHSC/ WHTC, + RDE	WLTP+RDE	WLTP+RDE

(Fortsetzung)

Tab. 7.6 (Fortsetzung)

	Kleinkraftrad, Motorrad, 2 oder 3 Räder, Quad	Diesel-Pkw, leichte Busse	Otto-Pkw (auch Gas), leichte Busse	schwere Lkw/Busse (Diesel)	übrige Lkw/Busse (Diesel)	übrige Lkw/Busse (Otto)
CO	Otto: 1000 mg/km, Diesel: 500 mg/km	500 mg/km	1000 mg/km	WHSC: 1500 mg/kWh, WHTC: 4000 mg/kWh RDE: CF = 1,5	N1-II: 630 mg/kWh N1-III und N2: 740 mg/km	N1-II: 1810 mg/kWh N1-III und N2: 2270 mg/km
NO_X	90 mg/km	80 mg/km, RDE: CF = 1,1	60 mg/km, RDE: CF = 1,1	WHSC: 400 mg/kWh, WHTC: 460 mg/kWh, RDE: CF = 1,5	N1-II: 105 mg/kWh N1-III und N2: 125 mg/km RDE: CF = 1,1	N1-II: 75 mg/kWh N1-III und N2: 82 mg/km RDE: CF = 1,1
THC	100 mg/km	170 mg/km zusammen mit NO_X	100 mg/km	WHSC: 130 mg/kWh, WHTC: 160 mg/kWh RDE: CF = 1,5	THC + NO_X: N1-II: 195 mg/km N1-III und N2: 215 mg/km	N1-II: 130 mg/km N1-III und N2: 160 mg/km
NMHC	= THC	= THC	68 mg/km	= THC	= THC	N1-II: 90 mg/km N1-III und N2: 108 mg/km
Partikelmasse	4,5 mg/km	4,5 mg/km	4,5 mg/km	10 mg/kWh	4,5 mg/km	4,5 mg/km
Partikelzahl, RDE: CF = 1,34	∞	$6 \cdot 10^{11}$/km	$6 \cdot 10^{11}$/km	$8 \cdot 10^{11}/6 \cdot 10^{11}\ kWh^{-1}$	$6 \cdot 10^{11}$/km	$6 \cdot 10^{11}$/km
Ammoniak	∞	∞	∞	10 ppm	∞	∞

7.8.1 Zyklen und rechtlicher Rahmen

Der europäische Gesetzgeber legt die zulässigen Abgasgrenzwerte und das Verfahren zu deren Ermittlung fest. Die in EU-Richtlinien festgelegten Grenzwerte für Fahrzeuge sind in Tab. 7.6 dargestellt. Auf dem US-Markt gelten Grenzwerte, die im Code of Federal Regulations [§CFR] definiert sind. Einzelne US-Bundesstaaten wie Kalifornien haben schärfere Regeln. Auch Japan hat eine eigene Abgasgesetzgebung. Andere Länder haben entweder keine Grenzwerte oder sie wenden den aktuellen oder einen früheren Stand der europäischen, amerikanischen oder japanischen Grenzwerte an.

Die Definition von Grenzwerten erfordert auch die Definition möglichst realistischer Messprozeduren. Neben dem Messaufbau ist vor allem die Beschreibung des Fahrzyklus wichtig, mit dem die Messdaten gewonnen werden, diese werden in den folgenden Abschnitten genannt.

7.8.1.1 Großmotoren

Großmotoren z. B. für Schiffe, Dieselkraftwerke und Maschinen werden stationär getestet, in diesem Falle gibt es keinen dynamischen Fahrzyklus, wohl aber eine Gewichtung über verschiedene durchfahrene Betriebszustände, die für Seeschiffe einschließlich der zulässigen Emissionen in [§MARPOL], für Binnenschiffe als „Klasse IWP“ in [§EU16-1628] und für stationäre Anwendungen in [§BImSchV13] definiert sind. [ISO8178] definiert einschlägige Tests. Allen stationären Tests an diesen Motoren ist gemeinsam, dass verschiedene Drehzahl/Drehmomentkombinationen jeweils über ein Messintervall stabil gehalten werden. Abschließend wird ein gewichteter Mittelwert der Emissionen in den verschiedenen Arbeitspunkten gebildet. Die Drehzahlen und Drehmomente sind jeweils relativ zur Nenndrehzahl und zur Volllast angegeben. Gemessen werden unverdünnte Rohabgase. Dynamischer als stationäre Motoren aber weniger dynamisch als Pkw werden Motoren für Lokomotiven und Triebwagen („Klasse RLL“ und Klasse „RLR“ in [§EU16-1628]) betrieben und getestet.

7.8.1.2 Fahrzeuge

In den verschiedenen Stufen des Fahrzeuglebenszyklus werden unterschiedliche Geräte und Verfahren zur Abgasmessung angewandt. In der Forschung steht der Erkenntnisgewinn zwecks langfristiger Motorenoptimierung im Vordergrund, gesetzliche Anforderungen spielen hier kaum eine Rolle. Hier werden oft die höchsten Anforderungen an die zeitliche Auflösung und die Mengenauflösung der Messtechnik gestellt. Auch werden in der Forschung je nach Forschungsziel Abgasbestandteile gemessen, die in den gesetzlichen Grenzwerten keine Rolle spielen. Die Investition in die Abgasmesstechnik eines einzelnen Prüfstandes kann eine Million Euro überschreiten. Die Abgasmesstechnik in der industriellen Entwicklung ist schon stärker am Ziel der Fahrzeugzulassung ausgerichtet, die zeitliche Auflösung spielt eine geringere Rolle, die Anforderungen an die Mengenauflösung sind auch etwas geringer, „exotische“ Abgasbestandteile interessieren hier nicht mehr. Noch geringer sind die Anforderungen an die Messtechnik für die Typzulassung eines Fahrzeugs, diese sind gesetzlich detailliert geregelt. Schließlich finden in vielen Staaten auch Abgasüberprüfungen im laufenden Betrieb eines Fahrzeugs statt, z. B. in Deutschland bei einigen Fahrzeugen die im Rahmen der Hauptuntersuchung durchgeführte *Untersuchung des Motormanagements und Abgasreinigungssystems* (UMA). Ein Werkstatt-Diagnosetester mit Abgasmessung kann weniger als 20000 € kosten, die Anforderung an Genauigkeit und Auflösung sind hier noch geringer als bei der Typzulassung.

Im Gegensatz zu diesen Untersuchungen dienen Felduntersuchungen zur Überprüfung der Konformität gegenüber der Typzulassung, erfordern also auch ähnliche Messtechnik wie bei der Typzulassung.

Die im Folgenden, v. a. in Tab. 7.6, vorgenommene Einteilung in verschiedene Fahrzeugklassen L, M1(G) bis M3 und N1 bis N3 basiert auf den EU-Richtlinien 70/156/EWG und 2007/46/EG [§EU70, §EU07-46] sowie den Verordnungen 678/2011/EU und 168/2013/EU [§EU11-678, §EU13].

7.8.1.2.1 Zweiräder und ähnliche Fahrzeuge

Die Ursprüngliche allgemeine Richtlinie für die Typzulassung zweirädriger oder dreirädriger Fahrzeuge sowie für Quads, also motorradähnlicher Vierradfahrzeuge war die Richtlinie 97/24/EG [§EU97]. Diese beinhaltet sehr viele Aspekte der Typzulassung, aber auch die Emissionen nach Euro 1, getrennt nach Anhang I, Kleinkrafträder (Höchstgeschwindigkeit 45 km/h, Hubraum bis 50 cm^3) und Anhang II, größere Motorräder. Dreiräder und Quads sind je nach Beschaffenheit ebenfalls einer dieser beiden Kategorien zugeordnet. Für erstere werden auch schon Grenzwerte Euro 2 eingeführt. Grundsätzlich werden ein inzwischen abgelöster siebenphasiger zyklusbasierter Test (Typ I genannt) und ein Leerlauftest (Typ II) unterschieden, spätere Rechtsquellen ergänzen weitere Tests.

Die Rechtsquellen für Fahrzeuge nach Anhang I wurden geändert durch Richtlinien 2003/77/EG [§EU03-77] (Messverfahren), 2005/30/EG [§EU05-30] (u. a. Austauschkatalysatoren), 2006/72/EG [§EU06-72] (alternatives Prüfverfahren), 2006/120/EG [§EU06-120] (Änderungen bez. Austauschkatalysatoren), 2009/108/EG [§EU09-108] (Hybridfahrzeuge) und 168/2013/EU [§EU13-168] (Euro 4; Euro 3 wurde bei Kleinkrafträdern übersprungen).

Richtlinie 2002/51/EG definiert Grenzwerte für Fahrzeuge nach Anhang II und führt Euro 2 ein, 2003/77/EG Euro 3 und neue Messverfahren. Aktuell ist Verordnung 168/2013/EU, die insbesondere Euro 4, in Teilen auch schon Euro 5 einführt.

Ergänzt wird Verordnung 168/2013/EU durch die Verordnung 134/2014/EU [§EU14-134]. Mit dieser Verordnung löst der WMTC, dessen stufenweise Einführung schon 2006 begann, endgültig die Vorgängerzyklen ab. Der WMTC ist ein relativ dynamischer Zyklus mit Ähnlichkeiten zum WLTC für Pkw, der in den Anhängen der Verordnung vollständig dokumentiert ist. Verordnung 168/2013/EU fasst ab 2020 (Euro 5) beide Zweirad-Kategorien zusammen (Tab. 7.6). Als Kuriosum Europäischer Rechtslegung mag

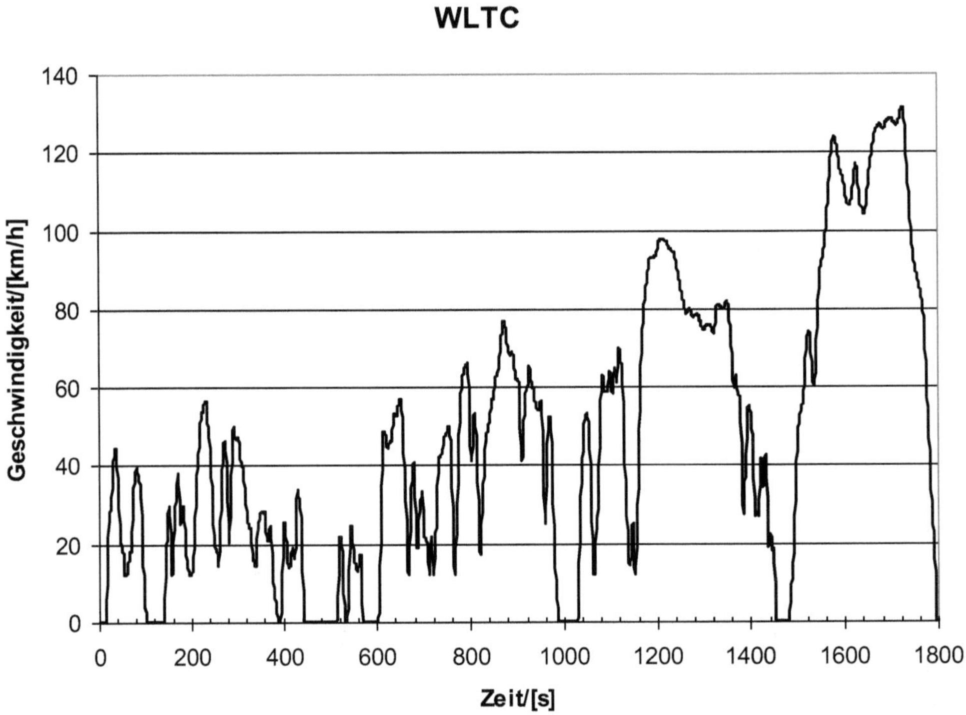

Abb. 7.37 Testzyklus WLTC (Worldwide Harmonized Light-Duty Vehicles Test Cycle)

Verordnung 2020/1694 betrachtet werden, die pandemiebedingt Verzögerungen bei der Markteinführung von Euro 5 zulässt [§EU20-1694].

7.8.1.2.2 Pkw

Grundlegende Rechtsnormen der EU sind Verordnung 715/2007/EG [§EU07-715], geändert durch Verordnungen 692/2008/EG [§EU08] (Präzisierung, Euro 6a, Euro 6b), 566/2011/EU [§EU11-566] (u. a. Partikelzahl), 459/2012/EU [§EU12-459] (Partikelemissionen direkt einspritzender Ottomotoren, Euro 6c) und Verordnung 136/2014 [§EU14-136].

Nach Einführung dieser Rechtsnormen rückten die Messverfahren in den Vordergrund der Gesetzgebung. Zur Messung wird sowohl ein reproduzierbarer Prüfstandszyklus als auch ein realitätsnaher Straßenzyklus verwendet (Abb. 7.37).

Bei Pkw wurde über 20 Jahre der *Neue Europäische Fahrzyklus* (NEFZ), auch New European Driving Cycle (NEDC) oder Motor Vehicle Emissions Group Cycle (MVEG) genannt, nach 91/441/EWG [§EU91-441] verwendet; er vermied starke Beschleunigungen, bei denen der Partikelausstoß besonders hoch ist und Geschwindigkeiten über 120 km/h, bei denen der Stickoxidausstoß besonders hoch ist. Der gleiche Zyklus wurde auch für die Messung des Kraftstoffverbrauchs und des daraus resultierenden CO_2-Ausstoßes verwendet, durch Verzicht auf starke Beschleunigung und hohe Geschwindigkeiten wurden auch hier günstigere Werte als im Straßenverkehr ermittelt, daneben benutzten manche Zulieferer und Hersteller intern Zyklen, die sich an realen Fahrten orientieren.

2017 begann mit der Verordnung [§EU17-1151] der Ersatz der Zyklen in Europa durch die *Worldwide harmonized Light vehicles Test Procedure*[7] (WLTP), die als wichtigsten Bestandteil den Worldwide harmonized Light vehicles Test Cycle (WLTC) definiert und zusätzliche Randbedingungen zur Vorbereitung des Prüfstandes und der Durchführung der Messung. Definiert wird er in der Global Technical Regulation 15 der UN [§GTR15], aufgrund der Neuheit erfolgt die Definition vieler Randbedingungen in mehreren Phasen. Die USA beteiligen sich nicht, da die dortigen Zyklen nach CFR 1065/1066 schon realistischer sind als z. B. in Europa. Zwar steigen die Anforderungen mit dem neuen Zyklus durch eine dynamischere Fahrweise und etwas höhere Geschwindigkeiten, allerdings profitiert auch die Abgasnachbehandlung von höheren lokalen Temperaturen durch den Testzyklus und kräftigere Motoren profitieren von einem günstigen Lastpunkt. So liefern die neuen Tests für einige Motoren günstigere, für viele andere schlechtere Emissionsmesswerte.

Der Prüfstandszyklus WLTP wird durch Messfahrten im realen Verkehr (RDE, *Real Driving Emissions*) mit PEMS (portablen Emissionsmesssystemen) im Kofferraum oder hinter dem Heck ergänzt (Abschn. 7.8.6.2). Diese dienen zunächst der Emissionsmessung und noch nicht der Verbrauchsmessung. Nachdem 2015 der Abgasskandal bekannt wurde, erfolgte die Gesetzgebung eilig in kleinen Tranchen, den drei „RDE-Paketen" 427/2016/EU [§EU16-427] (1), 646/2016/EU [§EU16-646] (2) und 2017/1151/EU [§EU17-1151] zusammen mit 2017/1154/EU [§EU17-1154] (3). 427/2016/EU besteht im Haupttext nur aus zwei Artikeln, Artikel 1 beschreibt die Änderungen an EU/692/08/EG (Einführung der RDE), Artikel 2 das Inkrafttreten. Technische Inhalte befinden sich v. a. im Anhang, eingeführt werden dort Multiplikatoren (*Übereinstimmungsfaktoren, CF:* Conformity Factors), die angeben, um welchen Faktor bei Messung der RDE die gesetzlichen Grenzwerte für die Stickoxidmasse und die Partikelzahl überschritten werden dürfen. Deren Höhe stand zunächst noch nicht fest. Ein wesentlicher Inhalt ist die Beschreibung der Messprozedur einschließlich Kalibrierung und des Aufbaus eines PEMS. 646/2016/EU führt den Zwischenstandard Euro 6d-TEMP ein mit Einführungsdatum 1. September 2017 für Typzulassungen (ursprünglich sollte nach 459/2012/EU Euro 6c zu diesem Datum für Typzulassungen eingeführt werden) und 1. September 2019 für alle Neufahrzeuge. 646/2016/EU führt außer der Zwischenstufe Euro 6d-TEMP auch schon die folgende Stufe Euro 6d ein (Typzulassung ab 1. Januar 2020, Einzelzulassung ab 1. Januar 2021). 646/2016/EU präzisiert 427/2016/EU, insbesondere wird der CF für Stickoxide quantifiziert (Euro 6d: 1,5, Euro 6d-TEMP: 2,1). 2017/1151/EU, ergänzt wenige Tage später durch die kleinere Verordnung 2017/1154/EU und

[7] Diese Groß-/Kleinschreibung entspricht der Originalschreibweise.

einen Nachtrag vom 27. Juli 2017, enthält nochmals umfangreiche Präzisierungen (einschließlich Übereinstimmungsfaktor Partikel 1,5 im Nachtrag) und berücksichtigen insbesondere Fahrzeuge mit teilweise elektrischem Antrieb. Ein viertes RDE-Paket in [§EU18-1832] mit der Absenkung des CF für Stickoxide auf 1,43 folgte 2018. Die CF wurden am 13. Dezember 2018 vom Gericht der Europäischen Union für nichtig erklärt (Rechtssachen T-339/16, T-352/16, T- 391/16). Während die im Lkw mitzuführende Messtechnik und Messfahrt für RDE vom Gesetzgeber bereits mit Euro VI spezifiziert wurde [§EU11-582], wurden beim PKW erst mit Euro 6d-TEMP Realfahrten eingeführt, damit sind auch technisch relevante Details der Gesetzgebung noch vergleichsweise neu. [§EU23-443] führt Euro 6e ein. Ein wesentlicher Unterschied ist die Reduktion der CF, die hierin auch nicht mehr CF genannt werden, da sie nur noch die zusätzliche Messunsicherheit mobiler Abgasmesstechnik repräsentieren. Ursprünglich 2025, nun voraussichtlich 2027 soll Euro 7 eingeführt werden, ein Entwurf der entsprechenden Verordnung existiert bereits [§EU-E7]. Neben Verschärfungen werden dabei auch Grenzwerte für Ammoniak eingeführt. Die Straßenerprobung ohne Übereinstimmungsfaktoren wird zukünftig im Vordergrund stehen.

7.8.1.2.3 Nutzfahrzeuge

Neben mitgeltenden Vorschriften für Pkw sind wesentliche Rechtsnormen für schwere Nutzfahrzeuge: Verordnung 595/2009/EG [§EU09-595] und Richtlinie 582/2011/EG [§EU11-582] zur Einführung von Euro VI einschließlich der Ablösung des stationären Tests (*ESC,* European Stationary Cycle), des transienten Tests (*ETC,* European Transient Cycle) und des Lastwechseltests (*ELR,* European Load Response) durch den *WHSC* (World Harmonized Stationary Cycle), der 13 verschiedene Betriebsmodi gewichtet, und den *WHTC* (World Harmonized Transient Cycle), der versucht, die Drehzahl und die Last über ein typisches Fahrprofil abzubilden. Auch die Verwendung von PEMS wird in der Anlage I der Richtlinie 582/2011 bereits eingeführt.

Beide Dokumente sind noch in Kraft, wurden aber geändert durch Verordnungen 64/2012 [§EU12-64], (Reparatur- und Wartungsinformationen, Diagnose), 519/2013 (ohne Bezug zum Thema dieses Buches), 133/2014 [§EU14-133] (v. a. Zyklen), 136/2014 [§EU14-136] (u. a. Dauerhaltbarkeit und Kraftstoffverbrauch), 627/2014 [§EU14-627] (Überwachung Partikelfilter), 2016/1718 [§EU16-1718] (PEMS und Dauerhaltbarkeit), 2017/1347 [§EU17-1347] (v. a. Korrekturen), 2017/2400 [§EU17-2400] (v. a. CO_2-Emissionen und Kraftstoffverbrauch), 2018/932 [§EU18-932] (PEMS und Eignung für mehrere Kraftstoffe) und [§EU19-1939] (OBD, Kaltstart und PEMS).

Leichte Lkw (Klasse N1) werden nach Verordnung 692/2008 in drei Gruppen I, II und III unterteilt. Die Vorschriften für leichte Lkw ähneln den Pkw-Vorschriften, für Gruppe I unterhalb 1305 kg gelten Pkw-Grenzwerte, Gruppe II reicht bis zu einer Bezugsmasse von 1760 kg.

Voraussichtlich 2027 soll Euro VII eingeführt werden, ein Entwurf der entsprechenden Verordnung existiert bereits [§EU-E7]. Darin werden Grenzwerte für Lachgas (N_2O) und Formaldehyd eingeführt.

7.8.1.3 Motoren in Kleingeräten

Die EU unterscheidet in Verordnung 2016/1628/EU [§EU16-1628] (korrigiert 2019, geändert 2020–2022) zwischen handgehaltenen Kleingeräten (Unterklassen NRSh-v-1a mit einem Hubraum kleiner als 50 cm^3 und NRSh-v-1b ab 50 cm^3) sowie nicht gehaltenen Geräten (Unterklassen NRS-vr-1a, NRS-vr-1b, NRS-vi-1a, NRS-vi-1b mit einer Leistung unter 19 kW, NRS-v-2a, NRS-v-2b mit einer Leistung ab 19 kW aber unter 30 kW und Unterklasse NRS-v-3 ab 30 kW unter 56 kW), die weitere Unterscheidung der Unterklassen von NRS erfolgt nach Drehzahl und Hubraum. Insbesondere typische Zweitaktanwendungen mit ihren hohen Emissionen fallen oft in die Klasse NRSh oder die Unterklassen NRS-vr-1a/b. Die neuen Klassen lösen die alten Klassen SH:1 bis SH:3 für Handgeräte sowie SN:1 bis SN:4 für Nichthandgeräte ab.

Tab. 7.7 zeigt die in der EU für Mobilgeräte gültigen Grenzwerte. Von einigen Ausnahmen und Sonderregelungen während der Covid-19-Pandemie ähnlich den Zweirädern abgesehen, traten diese am 1. Januar 2018 für Typzulassungen und am 1. Januar 2019 für alle in Verkehr gebrachten Geräte in Kraft. Die genannten Zyklen nach ISO 8178 sind statische Zyklen mit einer Gewichtung verschiedener Betriebspunkte.

7.8.2 Abgasbestandteile

7.8.2.1 Sauerstoff

Sauerstoff (O_2) gilt nicht als Schadstoff, der Sauerstoffgehalt im Abgas wird aber gemessen, um Rückschlüsse auf die Verbrennung zu ziehen. Ein fahrzeugseitig im Abgasstrang eingebauter Sauerstoffsensor ist die λ-Sonde. Am deutlichsten wird die Aussagekraft einer Messung des Sauerstoffgehalt im Abgas beim Ottomotor: Im stöchiometrischen Betrieb wird sämtlicher Sauerstoff der Ansaugluft für die Verbrennung verbraucht, Restsauerstoff im Abgas weist folglich auf eine unvollständige Verbrennung

Tab. 7.7 Abgasgrenzwerte für Mobilgeräte nach aktuellen EU-Vorschriften

	NRSh-v-1a	NRSh-v-1b	NRS-vr-1a/ NRS-vi-1a	NRS-vr-1b/ NRS-vi-1b	NRS-v-2a	NRS-v-2b/ NRS-v-3
Testzyklus nach [ISO8178]	G3	G3	G1	G2	G2	C2
CO in mg/kWh	805000	603000	610000	610000	610000	4400 oder bedingt mehr
$HC+NO_x$ in mg/kWh	50000	72000	10000	8000	8000	2700 oder bedingt mehr

hin. Die Prüfstandsmesstechnik zeigt den Sauerstoffgehalt oder aus diesem berechnete Größen wie die Luftzahl λ nach Gl. (2.7) oder das Luft-/Kraftstoff-Verhältnis (AFR) an.

Während die Sensorik für Sauerstoff im Fahrzeug (λ-Sonde) einen potenziometrischen Sensor (der eine konzentrationsabhängige Spannung liefert) mit keramischen Festelektrolyten (ZrO_2) verwendet [Borgeest23E], nutzen die Analysatoren am Prüfstand auf unterschiedliche Weise, dass Sauerstoff mit einer relativen Permeabilität von $\mu_r = 1 + 4 \cdot 10^{-7}$ bei atmosphärischem Druck zu den sehr wenigen paramagnetischen Gasen gehört. Paramagnetische Detektoren werden in Abschn. 7.8.3.7 vorgestellt. Der Vorteil der Lambdasonde ist die direkte Messung vor Ort und ihre Robustheit; gerade bei hoher Luftzahl kann ihre Genauigkeit aber nicht mit der eines paramagnetischen Detektors mithalten. Wenn die Genauigkeit der Lambda-Sonde hingegen genügt, kann sie über eine separate Elektronik oder noch einfacher über das Motorsteuergerät ausgelesen werden. Dabei ist auf die korrekte Betriebstemperatur zu achten, die erst kurz nach dem Start erreicht ist.

7.8.2.2 Kohlendioxid

Kohlendioxid (CO_2) ist ungiftig, sofern es nicht in Konzentrationen von mehreren Vol.-% in der Luft auftritt, bei denen Atemsuppression und Erstickung drohen. Der Gesetzgeber reglementiert den CO_2-Ausstoß, weil atmosphärisches CO_2 vermutlich zu einem wärmeren Klima führt *(Treibhauseffekt)*.

In Abschn. 2.1 wurde bereits die Äquivalenz von Kraftstoffverbrauch und Messung erläutert. Es genügt also, entweder den Verbrauch oder die CO_2-Emission zu messen und die jeweils andere Größe zu berechnen. Ungenau wird die Umrechnung bei Kraftstoffen, die in ihrer Zusammensetzung von der Norm abweichen, sowie bei Verbrennung unter Sauerstoffmangel, bei der eine größere Menge Kohlenmonoxid (CO) zulasten des Kohlendioxids entsteht. Misst man sowohl den Verbrauch, als auch das emittierte Kohlendioxid, so erhält man zusätzliche Sicherheit, um Fehler erkennen zu können.

Da CO_2 Infrarotstrahlung besonders zwischen 4200 nm und 4400 nm absorbiert, kann die Konzentration gut durch nichtdispersive Infrarotspektroskopie (Abschn. 7.8.3.1) gemessen werden. [Waghuley08] stellt einen billigen Sensor vor, der aus einer durch Siebdruck auf einen Träger aufgebrachten Schicht aus einem leitfähigen Polymer (Polypyrrol) besteht, dessen Leitfähigkeit durch CO_2 moduliert wird; bisher wurde keine Prüfstandsmesstechnik nach diesem Prinzip entwickelt.

7.8.2.3 Kohlenmonoxid

Kohlenmonoxid (CO) ist ein Blutgift, das bei unvollständigen Verbrennungen entsteht. Weitere Quellen neben Verbrennungsmotoren sind z. B. Öfen oder Zigaretten. Durch seine Oxidierbarkeit kann es durch einfache Gassensoren nachgewiesen werden [Schaumb95], allerdings nicht in hinreichender Genauigkeit quantitativ bestimmt werden. Es absorbiert Infrarotstrahlung v. a. zwischen 4400 und 5000 nm, deshalb ist die Konzentration durch nichtdispersive Infrarotspektroskopie (Abschn. 7.8.3.1) gut messbar. Kohlenmonoxid wird in der Entwicklung, bei der Typzulassung und ggf. bei der

UMA gemessen. Da die zu messende Konzentration einen weiten Bereich abdecken kann, ist der Einsatz zweier Analysatoren mit unterschiedlichen Auflösungen und Messbereichen sinnvoll. [Fu08] stellt einen billigen gedruckten Sensor auf Basis von Kohlenstoff-Nanoröhren vor; bisher wurde keine Prüfstandsmesstechnik nach diesem Prinzip entwickelt.

7.8.2.4 Partikel

Das Abgas v. a. von Dieselmotoren und direkt einspritzenden Ottomotoren enthält infolge unvollständiger Verbrennung von Kraftstofftropfen Rußpartikel in einem weiten Größenspektrum von weniger als 1 μm bis zu einigen 100 μm. Die Entstehung der Partikel wurde bereits anhand von Abb. 2.8 erläutert. Da Partikel unterschiedlich geformt sind, kann deren tatsächliche Größe nur schwer angegeben werden, deshalb wird als Äquivalent der aerodynamische Durchmesser verwendet, es wird also ersatzweise eine Kugelform mit äquivalentem aerodynamischen Verhalten angenommen. Besonders kleine und damit lungengängige Partikel (je nach Definition mit einem aerodynamischen Durchmesser unter 10 μm oder unter 2,5 μm) werden als Feinstaub bezeichnet. Die Partikel unterteilen sich in drei Bestandteile, Ruß, zähflüssige organische Bestandteile und Sulfate. Weiterhin kann in Spuren metallischer Abrieb enthalten sein, der aber keiner Berücksichtigung bedarf.

Der Hauptbestandteil der Rußpartikel ist Kohlenstoff. Kohlenstoff ist nicht gesundheitsschädlich, hat aufgrund seiner hohen Porosität aber eine große Oberfläche pro Volumen und ermöglicht die Anlagerung erheblicher Anteile an Fremdstoffen. Von diesen sind an erster Stelle die Krebs erregenden polyzyklischen, aromatischen Kohlenwasserstoffe (PAK), z. B. Benzopyren, zu nennen, die ebenfalls bei unvollständiger Verbrennung vermehrt entstehen.

Zweitaktmotoren erzeugen in großer Menge zähflüssige Partikel aus Schmiermittelrückständen mit entsprechend angelagerten Verbrennungsprodukten [RiBrSaNt05, MCCGKMRR, Prevot13], in vergleichsweise kleiner Menge entstehen derartige Partikel auch durch Ölverbrennung in Viertaktmotoren. Diese zähflüssigen Anteile, die teilweise eigene Partikel bilden, teilweise Rußpartikel benetzten, werden als *SOF* (Soluble Organic Fraction) bezeichnet.

Die schließlich dritte Fraktion sind Sulfate, die durch Verbrennung von im Kraftstoff oder im Schmiermittel enthaltenen Schwefel entstehen.

Die Reduktion der emittierten Partikelmasse bei vergangenen Motorengenerationen erfolgte überwiegend durch eine gesundheitlich bedenkliche Verkleinerung, weniger über die Anzahl der Partikel, dies veranlasste den Gesetzgeber, auch die Partikelzahl in die Gesetzgebung einzuführen. Die Definition einer reproduzierbaren und aussagekräftigen Messtechnik wird bei Partikeln dadurch erschwert, dass es sich nicht wie bei den meisten anderen Schadstoffen um die Konzentrationsmessung eines Gases handelt, sondern Partikel unterschiedlich zusammengesetzt und unterschiedlich groß sind. Mögliche Messgrößen sind deshalb Trübung durchgehenden Lichts, Schwärzung einer hellen Fläche, Leitfähigkeit, Partikelmasse, Partikelzahl, Größenverteilung der Partikel und Zusammensetzung der Partikel. Die Partikelmesstechnik (Abschn. 7.8.3.11) ist deshalb ein sehr eigenständiger Bereich in der Abgasmesstechnik, da andere Verfahren auf Partikel nicht anwendbar sind und für die vielen unterschiedlichen Messgrößen bei Partikeln entsprechend viele Messverfahren zur Verfügung stehen.

7.8.2.5 Freie Kohlenwasserstoffe

Freie Kohlenwasserstoffe sind nicht an Partikel gebunden. Bei Viertaktmotoren entstehen freie Kohlenwasserstoffe durch unvollständige Verbrennung. Bei Zweitaktmotoren sind sowohl freie als auch gebundene Kohlenwasserstoffe sogar ein wesentlicher Abgasbestandteil, der die blaue Farbe der Abgaswolke bedingt. Hier spielt vor allem der dem Kraftstoff beigemischte Schmierstoff eine Rolle, verbreitet sind Zweitaktgemische mit 2 bis 3 Vol.-% Schmierstoffanteil. 15 % der Kohlenwasserstoff-Emission in Deutschland werden durch Zweiräder verursacht [Adler04]. Neben der motorischen Verbrennung setzt auch die Verdunstung aus dem Tank oder beim Betanken Kohlenwasserstoffe frei, die Verdunstungsemissionen werden aber nicht am Motorenprüfstand untersucht, sondern in Verdunstungskammern (SHED, Sealed Housing for Evaporative Determination), in die das Gesamtfahrzeug unter variablen Klimabedingungen eingestellt wird.

Freie Kohlenwasserstoffe sind geringfügig gesundheitsschädliche, lineare oder schwach verzweigte Ketten, die aus unverbrannten Kraftstoffbestandteilen, sowie aufgebrochenen, kurzen Kohlenwasserstoffketten bestehen und in größerer Menge am Kraftstoffgeruch des Abgases erkennbar sind. In Spuren sind auch Cyclopentan und Cyclohexan enthalten. Weiterhin sind stark gesundheitsschädliche und kanzerogene Benzolverbindungen und andere Aromaten enthalten, die Bestandteil von Ottokraftstoffen oder Zwischenprodukte der Verbrennung von Dieselkraftstoffen sind. Insbesondere kleine Zweitaktmotoren emittieren große Mengen an Benzol, Toluol (Methylbenzol) und Xylol (Dimethylbenzol). Kohlenwasserstoffe haben auch eine indirekte Schadwirkung, weil sie zur Bildung von Ozon in der Atmosphäre beitragen können, einige Kohlenwasserstoffe zählen auch als Treibhausgase. Die Gesetzgebung unterscheidet auf vielen Märkten zwischen Methan und anderen Kohlenwasserstoffen (*NMHC,* Non-Methane Hydrocarbons). Die Summe aus Methan und NMHC wird *THC* (Total Hydrocarbons) genannt. Seit Euro 5 gelten in der EU eigene Grenzwerte für NMHC für Ottomotoren.

Zur Bestimmung von Kohlenwasserstoffen eignet sich am besten ein Flammenionisationsdetektor (Abschn. 7.8.3.5), jedoch kann auch die Absorption von Infrarotstrahlung genutzt werden (Abschn. 7.8.3.1). Halbleiter-Gassensoren können Kohlenwasserstoffe detektieren, erfüllen aber nicht die Anforderungen der Prüfstandsmesstechnik. [Wu13] stellt einen billigen Methan-Sensor auf Basis eines Verbundes von Graphen und dem leitfähigen Polymer Polyanilin vor; bisher wurde keine Prüfstandsmesstechnik nach diesem Prinzip entwickelt.

7.8.2.6 Aldehyde

Aldehyde sind teiloxidierte Kohlenwasserstoffe mit einer Carbonylgruppe, d. h. an einem endständigen Kohlenstoffatom eines Kohlenwasserstoffs sind zwei Wasserstoffatome durch ein doppelt gebundenes Sauerstoffatom ersetzt. Bekannte Vertreter sind Formaldehyd, Acetaldehyd und Acrolein. Sie entstehen als Zwischenprodukte einer unvollständigen Verbrennung. Sie reizen in hohen Konzentrationen und viele Aldehyde sind als „wahrscheinlich karzinogen" oder „karzinogen" eingestuft. Sie gelten in den auftretenden Konzentrationen als weniger gesundheitsschädlich im Vergleich zu manch anderen Abgasbestandteilen, deswegen gibt es auch noch keine Grenzwerte. Problematisch sind sie vor allem aufgrund ihrer Geruchsintensität schon in sehr niedrigen Konzentrationen.

Spezielle Analysatoren für Aldehyde sind noch nicht auf dem Markt, ein Nachweis kann falls erforderlich z. B. mit einem Massenspektrometer (Abschn. 7.8.3.10) oder nach Absorption in einer geeigneten Lösung durch Flüssigkeitschromatographie erfolgen. Ein Nachweis mit einem FTIR-Spektrometer (Abschn. 7.8.3.8) ist gleichfalls möglich, die Spektren sind aber nicht immer eindeutig von denen anderer organischer Verbindungen unterscheidbar.

7.8.2.7 Wasserstoff

Wasserstoff (H_2) kann in ungefährlichen Konzentrationen als Nebenprodukt in Abgaskatalysatoren oder bei fetter Verbrennung im Motor entstehen [Nagel97]. Er belastet nicht die Umwelt, da er in der Atmosphäre nicht stabil ist, der Gesetzgeber hat keine Grenzwerte definiert. Die Bestimmung von Wasserstoff ist eine seltene Aufgabe an Motorenprüfständen und kann mit einem Massenspektrometer (Abschn. 7.8.3.10) erfolgen. Bei sehr hohen Wasserstoffkonzentrationen ist neben der messtechnischen Eignung des Analysators aufgrund der hohen Explosionsgefahr auch dessen Sicherheit (Abschn. 10.6.1) zu beachten.

7.8.2.8 Stickoxide und Ammoniak

Stickstoffoxide, kurz Stickoxide, entstehen bei hohen Verbrennungstemperaturen durch Oxidation von Stickstoff, dem Hauptbestandteil der Luft. Die Reaktionen wurden erstmalig quantitativ von Zeldovich in Abhängigkeit der Temperatur beschrieben [Zeldovich46], deswegen wird der gesamte Reaktionsmechanismus für diese thermischen Stickoxide als Zeldovich-Reaktion bezeichnet. Daneben gibt es weitere Reaktionsmechanismen von untergeordneter Bedeutung (Kraftstoff-NO_X, Fenimore-Mechanismus [Fenimore71] unter fetten Bedingungen sowie Reaktionspfade über N_2O [Wolfrum72] oder NNH-Radikale [Bozzelli95] unter sehr mageren Bedingungen). Stickoxide sind ein Überbegriff, der die Verbindungen N_4O, N_2O, N_4O_2, NO, N_2O_3, N_4O_6, NO_2, N_2O_4 und N_2O_5 umfasst. Im Motorabgas in wesentlicher Menge enthalten sind NO (Stickstoffmonoxid) und NO_2 (Stickstoffdioxid), wobei das instabile NO recht bald nach Verlassen des Motors zu NO_2 oxidiert. Während Stickstoffmonoxid ähnlich dem Kohlenmonoxid ein Blutgift ist, greift Stickstoffdioxid v. a. die Atemwege an. Stickoxide fördern die bodennahe Ozonbildung im Sommer [MouOehZe92].

Den größten Anteil der Stickoxidbelastung tragen Dieselmotoren, vor allem von Nutzfahrzeugen, bei. Ein Dilemma der Motorenentwicklung ist, dass ausgerechnet dann die meisten Stickoxide auftreten, wenn der Motor bei hohen Temperaturen mit seinem optimalen Wirkungsgrad arbeitet. Deshalb arbeiten Nutzfahrzeuge heute wirkungsgradoptimiert in Verbindung mit einer Stickoxide reduzierenden Abgasnachbehandlung.

N_2O (Distickstoffoxid, Lachgas) ist in gesundheitlich nach derzeitiger Kenntnis unbedenklich niedriger Konzentration im Abgas enthalten. Es wird überwiegend von der Landwirtschaft an die Atmosphäre abgegeben, nach [UBA23] stammten 2022 in Deutschland nur 5 % aus dem Verkehr. Die Abgasnachbehandlung zur Reduktion von Stickoxiden senkt erfolgreich die NO- und NO_2-Emissionen, erzeugt aber als Nebenprodukt geringe Mengen N_2O. Da Lachgas als klimaschädlich eingestuft wird, ist ab Euro VII mit gesetzlichen Grenzwerten und somit der Notwendigkeit von Messungen zu rechnen. Eine geeignete Messtechnik ist die Quantenkaskadenlaser-Infrarotspektroskopie (Abschn. 7.8.3.2).

Im Fahrzeug kommen zunehmend Stickoxid-Sensoren zum Einsatz, die Stickoxide katalytisch spalten und mit einer λ-Sonde den dabei frei werdenden Sauerstoff messen. Bei bescheidener Genauigkeit ist dieser Sensor robust und direkt in der Abgasanlage einsetzbar [Borgeest23E]. Für präzise Messungen ist Stickstoffmonoxid gut mit einem Chemolumineszenz-Detektor (Abschn. 7.8.3.6) nachweisbar, nach vorheriger Reduktion zu Stickstoffmonoxid auch Stickstoffdioxid. Weiterhin sind Stickoxide schwach nachweisbar durch Infrarotabsorption oder UV-Absorption. Neuerdings wird NO_X auch photoakustisch gemessen. [Dua10] stellt einen billigen gedruckten Sensor auf Basis von reduziertem Graphen vor; bisher wurde keine Prüfstandsmesstechnik nach diesem Prinzip entwickelt.

Ammoniak (NH_3) ist ein stechend riechendes, giftiges Gas. Es kann in der Atmosphäre zu staubförmigen Verbindungen, z. B. Ammoniumnitrat oder Ammoniumsulfat reagieren. Es wird in SCR-Katalysatoren als Reduktionsmittel verwendet und meistens durch Injektion einer wässrigen Harnstofflösung ins Abgas erzeugt. Im Fahrzeug soll ein Sperrkatalysator den Ammoniakaustritt aus dem SCR-Katalysator (Abschn. 2.4) verhindern. Auch in 3-Wege-Katalysatoren von Ottomotoren kann Ammoniak entstehen. Bei Nutzfahrzeugen existieren ab Euro VI gesetzliche Grenzwerte für Ammoniak, deswegen sind hier Ammoniakmessungen am Prüfstand etabliert, eine Begrenzung für Pkw wird mit Euro 7 eingeführt [§EU-E7]. Übliche Messverfahren sind die Infrarotspektroskopie mit Quantenkaskadenlasern (Abschn. 7.8.3.2) und die FTIR (Fourier-Transformations-Infrarot-Spektroskopie, Abschn. 7.8.3.8). Die Oxidation zu Stickoxiden mit anschließender Messung durch einen Chemolumineszenz-Detektor (Abschn. 7.8.3.6) ist ebenfalls möglich, durch den Gesetzgeber in [§EU11_582] aber nicht vorgesehen. [Huang14] stellt einen billigen gedruckten Sensor auf Basis von Kohlenstoff-Nanoröhren und Polyaminobenzol-Sulfonsäure vor; bisher wurde keine Prüfstandsmesstechnik nach diesem Prinzip entwickelt.

7.8.2.9 Schwefeloxide und Schwefelwasserstoff

Aufgrund der heutigen Verwendung nahezu schwefelfreier Kraftstoffe für Straßenfahrzeuge entstehen Schwefeloxide vor allem bei der Verbrennung von Schmierstoffen in Zweitaktmotoren ohne Umlaufschmierung oder durch die Verbrennung von schwefelreichem Schweröl als Kraftstoff für Schiffsmotoren. Viertaktmotoren für Straßenfahrzeuge verbrennen, soweit sie nicht defekt sind, nur kleine Mengen an Schmierstoffen.

Eine Messung der Konzentration von Schwefelverbindungen im Abgas kann deshalb auch für die Bestimmung des Ölverbrauchs eines Viertaktmotors nützlich sein. Entstehende Oxide sind S_7O_2, S_2O, SO, S_2O_2, SO_2, SO_3 und SO_4, wobei das Schwefeldioxid SO_2 und das Schwefeltrioxid SO_3 den größten Anteil haben. Beide greifen v. a. die Atemwege an und können direkt oder indirekt zu schwefliger Säure und Schwefelsäure (saurer Regen) oder partikelförmigen Sulfaten reagieren. Der Straßenverkehr trägt nur wenig zu Schwefeloxid-Emissionen bei. Für den Schwefeloxidausstoß existieren keine Fahrzeuggrenzwerte, aber Grenzwerte für den Schwefelgehalt von Kraftstoffen. Die Messung von Schwefeloxiden an Motorprüfständen ist deshalb keine Standardmessung. Schwefeldioxid kann durch Fluoreszenz bei 320 nm unter UV-Bestrahlung mit 214 nm oder durch UV-Absorption bei 285 nm nachgewiesen werden.

Abgaskatalysatoren können unter stark reduzierenden Bedingungen (fetter Motorbetrieb bei hohen Katalysatortemperaturen) Schwefelwasserstoff (H_2S) bilden. Schwefelwasserstoff ist giftig und riecht schon in geringsten, gesundheitlich noch nicht kritischen Konzentrationen nach faulen Eiern; durch Betäubung der Geruchsrezeptoren schwindet der Geruch bei gefährlichen Konzentrationen. Eine Möglichkeit zur Bestimmung von Schwefelwasserstoff ist, diesen durch einen Oxidationskatalysator im Messgerät in Schwefeldioxid zu konvertieren und dieses mit den oben genannten Verfahren zu messen. Schwefelwasserstoff und andere, am Motor kaum relevante Verbindungen (z. B. Schwefelkohlenstoff, CS_2), in denen der Schwefel reduziert vorliegt, werden zusammenfassend als *TRS* (Total Reduced Sulfur, vollständiger reduzierter Schwefel) bezeichnet. Eine Unterscheidung dieser Verbindungen ist nach der Oxidation nicht mehr möglich, in der Regel aber auch nicht erforderlich.

7.8.3 Messverfahren

Der mit chemischer Analytik vertraute Leser wird feststellen, dass nur ein Teil der vielfältigen verfügbaren Methoden an Motorenprüfständen eingesetzt und im Folgenden beschrieben wird. Andere häufige Verfahren wie Kernspinresonanz oder Röntgenspektroskopie finden keine Anwendung. Das Hauptproblem der Kernspinresonanz ist neben den hohen Kosten die Notwendigkeit einer flüssigen Probe. Die Röntgenspektroskopie eignet sich gut für bestimmte Einzelelemente, die typischen Abgaskomponenten liegen aber molekular vor. Einige Schadstoffe lassen sich auch durch nasschemische Analyseverfahren nachweisen, dies erfolgt aber nicht zeitlich aufgelöst, die Genauigkeit ist gering und die manuelle Durchführung aufwendig. Auch nicht näher eingegangen wird auf die

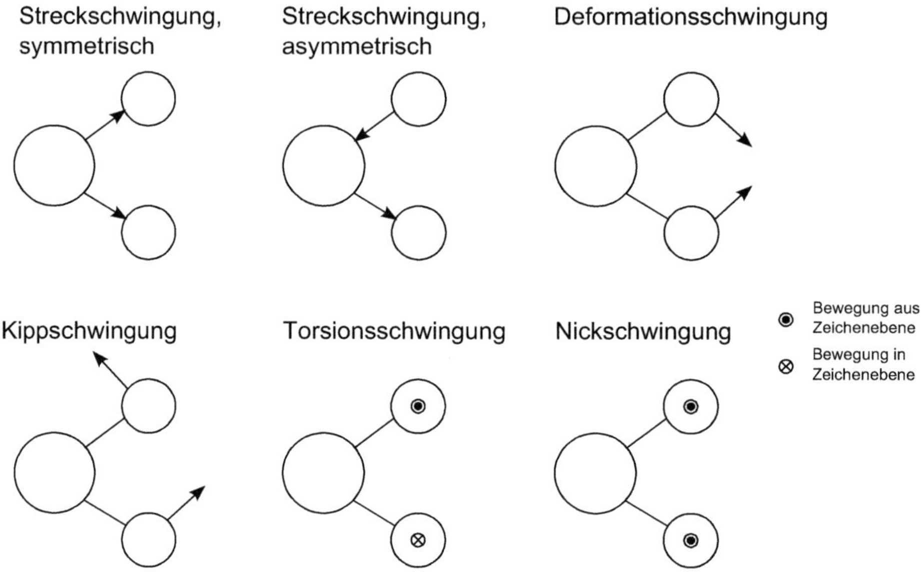

Abb. 7.38 Verformungsschwingungen eines dreiatomigen Moleküls mit sechs Freiheitsgraden

sehr preisgünstigen Halbleiter-Gassensoren (ca. 20 €) sowie auf Pellistoren, der Grund liegt in der unzureichenden Genauigkeit und den starken Querempfindlichkeiten gegenüber anderen Abgasbestandteilen [Schaumb92].

7.8.3.1 Nichtdispersive Infrarotspektroskopie

Elektronen in Einzel-Atomen können unter Absorption eingestrahlter Energie auf bestimmte, entferntere Bahnen um den Atomkern gelangen. Daraus resultieren für ein chemisches Element typische Absorptionslinien mit definierten Wellenlängen, die diesen Energiesprüngen entsprechen. Wesentlich mehr Freiheitsgrade zur Energieaufnahme als einzelne Atome haben Moleküle. Die aufgenommene Strahlungsenergie im Infrarotbereich kann zu einer Rotation oder zu verformenden Schwingungen des Moleküls führen. Das Absorptionsspektrum von Molekülen ist deshalb komplexer als das Linienspektrum einzelner Atome. Während bei zweiatomigen Gasen neben einer Rotation nur eine Schwingung der Bindungslänge (*Valenzschwingung* oder *Streckschwingung* genannt) auftreten kann, sind die möglichen Schwingungen des Moleküls bei drei oder mehr Atomen schon sehr vielfältig; so kommen die in Abb. 7.38 gezeigten *Deformationsschwingungen* oder *Beugeschwingungen* hinzu. Generell sind kombinierte oder verformende Schwingungen langwelliger und spektral verteilter als die relativ scharf abgegrenzten Valenzschwingungen im kurzwelligen Infrarotbereich.

Messtechnisch bieten sich zwei Möglichkeiten, einerseits kann die Absorption in einem bestimmten Wellenlängenbereich gemessen werden, andererseits kann mit größe-

Abb. 7.39 NDIR-Analysator für Kohlenmonoxid und Kohlenwasserstoffe. In der Mitte des kurzen Rohres ist ein Steg erkennbar, der das gesamte Rohr durchläuft und in eine Mess- und eine Referenzküvette unterteilt

rem Aufwand das gesamte Absorptionsspektrum eines Gases analysiert werden, wobei jede Gaskomponente einen charakteristischen Verlauf des Spektrums hat, der wie ein Fingerabdruck die Identifikation erleichtert. Bei Motoren sind die Abgasbestandteile bekannt, lediglich deren Konzentration ist zu bestimmen. In diesem Falle ist die Messung der Dämpfung einer das Gas durchdringenden Strahlung innerhalb eines definierten Wellenlängenbereichs kostengünstiger und hinreichend. Nur diese Form der Spektroskopie soll deshalb betrachtet werden [GottWach97].

Durchleuchtet man Gase, deren Moleküle wie CO, CO_2 und Kohlenwasserstoffe aus verschiedenen Atomen zusammengesetzt sind, mit infraroter Strahlung, so führt die Absorption neben einer Erwärmung des Gases zu einer Schwächung des Strahlungsdurchgangs. Die Schwächung ist messbar und dient als Maß für den Gehalt einer Probe an solchen Gasen. Methan absorbiert z. B. um eine Wellenlänge von 3311 nm am stärksten, CO_2 um 4257 nm und CO um 4668 nm. Wasser absorbiert in mehreren spektralen Bereichen um 5000 nm (ein stärkeres Absorptionsmaximum des Wassers bei 1450 nm liegt außerhalb des Absorptionsbereiches der zu messenden Gase); um die Messergebnisse nicht durch die Feuchtigkeit des Abgases zu beeinflussen, sollte es vor einem NDIR-Analysator getrocknet werden. Anstelle der hier angegebenen Wellenlängen wird in der Infrarotspektroskopie oft auch deren Kehrwert, die Wellenzahl angegeben.

Das physikalische Prinzip wird wie folgt messtechnisch umgesetzt (Abb. 7.39): Eine breitbandige Infrarotquelle durchstrahlt ein Rohr (Küvette), das vom unbekannten Analyten durchströmt wird. Am Ende des Rohres befindet sich ein Strahlungssensor. Dieses Verfahren wird als nichtdispersive Infrarotspektroskopie (NDIR) bezeichnet, weil übliche Infrarotquellen (z. B. Heizdrähte mit Reflektoren) breitbandig strahlen. Damit das Messgerät selektiv die Konzentration eines bestimmten Gases misst, wird durch eine Folie der relevante Spektralbereich herausgefiltert. Die meisten Geräte verwenden zum Vergleich eine zweite, geschlossene Küvette mit Stickstoff (Referenzküvette).

Als Strahlungssensoren haben sich geschlossene Kammern bewährt, die vom Hersteller mit dem zu messenden Gas in reiner Form befüllt wurden. Durch ein Fenster fällt die nach dem Durchgang durch die Küvette verbleibende Strahlung auf das eingeschlossene Gas in der Sensorkammer, welches die Reststrahlung absorbiert, sich erwärmt und dadurch ausdehnt. Die Ausdehnung kann mit einer Membran in Form eines Kondensatormikrofons gemessen werden. Eine wechselnde Expansion und Kontraktion, die eine permanente Bewegung der Mikrofonmembran und damit eine Wechselspannung verursacht, lässt sich präziser messen als eine konstante Dehnung und damit eine konstante Kapazität des Kondensatormikrofons. Zu diesem Zweck wird der Infrarotstrahl zyklisch durch eine rotierende Scheibe (Chopper oder Modulator genannt) unterbrochen. Der Chopper sorgt auch dafür, dass die Mess- und die Referenzküvette abwechselnd durchleuchtet werden. Die beiden Sensorkammern hinter der Mess- und der Referenzküvette können separate Mikrofone haben, häufig wird jedoch eine Membran zwischen den beiden Kammern verwendet, die durch den Differenzdruck zwischen dem Mess- und dem Referenzsensor bewegt wird. Sehr ausführlich wird der Aufbau verschiedener NDIR-Messgeräte von Wiegleb beschrieben [Wiegleb22], der selbst über lange Erfahrung mit deren Entwicklung verfügt.

Die Kalibrierung erfolgt mit dem zu messenden Gas in unterschiedlichen Verdünnungen.

Selten wird ein ähnliches Verfahren im Ultraviolettbereich eingesetzt, das dann NDUV (nichtdispersive UV-Spektroskopie) heißt.

7.8.3.2 QCL-Spektroskopie

Schon lange existierten Überlegungen, die bei der NDIR-Spektroskopie verwendete Breitband-Infrarotquelle durch eine Halbleiter-Infrarotquelle zu ersetzen. Da eine Infrarot-Leuchtdiode zu schwach und breitbandig ist, würde sich ein Infrarot-Laser anbieten. Zwar emittiert ein Halbleiterlaser tatsächlich starkes monochromatisches Licht, trotzdem ist es schwierig, einen Halbleiterlaser zu realisieren, der exakt die Absorptionswellenlänge des nachzuweisenden Gases trifft. Abgesehen von eventuellen Fertigungstoleranzen verschiebt sich die Wellenlänge eines Halbleiterlasers mit der Temperatur, ein Infrarot-Spektrometer mit einem Halbleiterlaser wäre instabil, würde man nicht einen unverhältnismäßig hohen Aufwand treiben, um den Laser unabhängig von der Eigenerwärmung und der Umgebungstemperatur exakt zu temperieren.

Ein Quantenkaskadenlaser (Quantum Cascade Laser, QCL) ist ein Halbleiterlaser, dessen Wellenlänge in einem bestimmten Bereich elektrisch abstimmbar ist, wobei der Faktor zwischen kleinster und größter Wellenlänge typisch in der Größenordnung 2,5 liegt. Damit gewinnt man zwei Vorteile: Einerseits kann die Wellenlänge nun elektrisch nachjustiert werden, womit vergleichsweise einfach eine hohe Stabilität erreicht werden kann, andererseits kann die Wellenlänge in einem kleinen Bereich variiert werden, um verschiedene Gase mit ähnlichen Absorptionsbanden mit genau einem Detektor nachzuweisen, dies ist z. B. zum Nachweis verschiedener Stickoxide und Ammoniak nützlich. Eine weitere Eigenschaft ist, dass ein QCL höhere Wellenlängen als ein gewöhnlicher Halbleiterlaser erzeugen kann. Das Verfahren ermöglicht Empfindlichkeiten unterhalb 1 ppm. Mehrere Laser unterschiedlicher Wellenlängen können gleichzeitig in einem Analysator verwendet werden. In der Gesetzgebung [§EU11-582] wird ein QCL-Spektrometer als *Diodenlaserspektrometer* bezeichnet.

7.8.3.3 THz-Spektroskopie

Ein großer Teil des elektromagnetischen Spektrums kann für spektroskopische Anwendungen genutzt werden und wird vielfältig genutzt. Aus den vorigen Abschnitten wird deutlich, dass sich typische Abgasbestandteile oft durch Infrarotspektroskopie, manchmal auch durch UV-Spektroskopie nachweisen lassen. Ein neuartiges Gebiet, das derzeit intensiv erforscht wird, ist die Spektroskopie mit elektromagnetischen Wellen, deren Frequenz im Terahertz-Bereich (oberhalb 10^{12} Hz) liegt. Die entsprechenden Wellenlängen liegen in der Größenordnung eines Millimeters oder darunter und grenzen an den langwelligen Infrarotbereich an.

Zur Detektion eines bekannten Stoffs ist eine monofrequente Dauerdurchstrahlung mit einer charakteristischen Absorptionsfrequenz möglich. Als Strahlenquellen kommen langwellige Laser (auch QCL) infrage oder Antennen. Eine Option sind gepulste Signale im ps-Bereich, die eine breitbandige Durchleuchtung ermöglichen [Aggrawal16]. Derzeit existieren noch keine Anwendungen der THz-Spektroskopie in der Abgasanalytik; es ist allerdings noch zu früh, die langfristige Relevanz zu beurteilen.

7.8.3.4 UV-Fluoreszenzdetektor

Zur Messung von Schwefeldioxid oder indirekt von anderen Schwefeloxiden oder Schwefelwasserstoff, die vor der Messung zu Schwefeldioxid oxidiert werden, eignet sich am besten ein UV-Fluoreszenzdetektor. Der Aufbau ist sehr einfach, ein transparentes, vom Abgas durchflossenes Rohr wird mit ultraviolettem (UV) Licht der Wellenlänge 214 nm bestrahlt. Als Quelle wird z. B. eine Quecksilberdampflampe mit einem Filter verwendet, neuerdings können auch Leuchtdioden derart kurzwelliges Licht liefern. Das im Abgas enthaltene Schwefeldioxid gibt dann einen Teil der mit dem Licht aufgenommenen Energie wieder als langwelligeres Licht in alle Richtungen ab (Fluoreszenz). Das abgegebene Licht liegt mit einer Wellenlänge von 320 nm ebenfalls noch im UV-Bereich und wird von einem senkrecht zur UV-Quelle (und damit in deren Schatten) liegenden Sensor gemessen. Als Sensor kann eine Photodiode mit Filter dienen, die an-

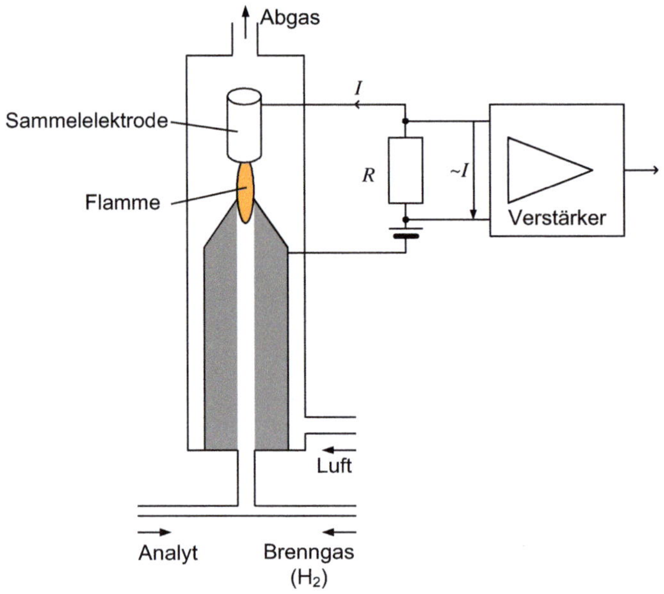

Abb. 7.40 Prinzip eines Flammenionisationsdetektors

stelle von Silizium z. B. Galliumphosphid oder Siliziumcarbid als Halbleiter verwendet und dadurch im UV-Bereich empfindlich ist. Die Intensität der Fluoreszenz ist proportional zur SO_2-Konzentration.

7.8.3.5 Flammenionisationsdetektor

Der Nachweis von Kohlenwasserstoffen erfolgt mit einem Flammenionisationsdetektor (FID, Abb. 7.40). Der kohlenwasserstoffhaltige Analyt wird in eine Wasserstoffflamme geleitet, die einen Teil der Kohlenwasserstoffe ionisiert. Einige Millimeter über der Flamme befindet sich eine rohrförmige Elektrode, an der eine Gleichspannung von einigen 100 V anliegt. Die in der Flamme erzeugten Ionen bewirken einen messbaren Stromfluss zur Elektrode.

In der Wasserstoffflamme entstehen reaktionsfreudige freie Wasserstoffatome, die sich mit gebundenen Wasserstoffatomen aus den Kohlenwasserstoffketten wieder zu molekularem Wasserstoff H_2 verbinden. Zurück bleiben reaktionsfreudige Reste der Kohlenwasserstoffe (Radikale). So wird eine Kohlenwasserstoffkette in mehreren Reaktionsschritten in CH-Radikale zerschnitten. In einem letzten Reaktionsschritt bilden diese nach der Gleichung

$$\mathrm{CH} + \mathrm{O} \rightarrow \mathrm{CHO}^{+} + \mathrm{e}^{-}. \tag{7.61}$$

jeweils ein Ionen-/Elektronenpaar, das den zu messenden Stromfluss bedingt. Eine vollständige Zerschneidung eines Kohlenwasserstoffs in CH-Radikale vorausgesetzt, würde das Verfahren einen Strom I liefern, der proportional zur Anzahl der Kohlenstoffatome des Analyten ist. Zwar wird nur ein kleiner Teil ionisiert, dieser nahezu konstante Anteil wird aber durch die Kalibrierung berücksichtigt. Bei einem Durchsatz an ionisierten Kohlenwasserstoffmolekülen von dk/dt und einer durchschnittlichen Anzahl der Kohlenstoffatome pro Molekül n und der Elementarladung q fließt ein Strom

$$I = \frac{dk}{dt} n|q|. \tag{7.62}$$

Tatsächlich ist bei Kohlenwasserstoffen aus kurzen, unverzweigten Ketten der gemessene Strom exakt proportional zur Anzahl der Kohlenstoffatome, bei langen, verzweigten oder zyklischen Kohlenwasserstoffen gilt diese Proportionalität aber nur näherungsweise (Tab. 7.8). Besonders große Abweichungen in beide Richtungen sind bei Verbindungen mit Doppel-/Dreifachbindungen (z. B. bei Acetylen) oder Kohlenwasserstoffen mit Fremdatomen (z. B. Halogenen oder Sauerstoff) möglich. Auch gibt es bei diesen Stoffen geringe Unterschiede zwischen den Geräten. Diese Abweichungen werden von den Herstellern als Response-Faktoren F_R angegeben. Eine Definition lautet

$$F_R = \frac{S_X / c_{Cx}}{S_{ref} / c_{C_{ref}}}, \tag{7.63}$$

wobei S_x und S_{ref} die gemessenen Signale des zu messenden Gases und des Kalibriergases (Propan) sind und c_{Cx} und c_{Cref} die jeweiligen Kohlenstoffkonzentrationen in mg/m^3.

Man erkennt, dass für eine präzise Messung des Kohlenwasserstoffgehalts im Abgas die Zusammensetzung der Kohlenwasserstoffe bekannt sein müsste, mit Kohlenwasserstoffen dieser Zusammensetzung müsste der FID auch kalibriert werden. Tatsächlich wird zur Kalibrierung Propan verwendet, das den mittleren Kohlenstoffgehalt der Kohlenwasserstoffe im Abgas gut abbildet. Aufgrund der hohen Linearität des FID kann schon die Kalibrierung mit einer einzigen Propankonzentration und einem Nullgas genügen. Der Detektor ist aber nicht perfekt linear; v. a. bei niedrigen Kohlenwasserstoffkonzentrationen wirken sich Ionen von Verunreinigungen aus. Auch die elektronische

Tab. 7.8 Beispiele von Proportionalitätsfaktoren verschiedener Kohlenwasserstoffe

Stoff	**Anzahl der C-Atome pro Molekül und theoretischer Faktor *n* in** Gl. (7.62)	Beispiel des gemessenen Faktors n'
Methan	1	1,0 ($n' = n$)
Ethan	2	2,0 ($n' = n$)
Propan	3	3,0 ($n' = n$)
n-Butan	4	3,8 ($n' \approx n$)
i-Butan	4	3,8 ($n' \approx n$)
Benzol	6	5,8 ($n' \approx n$)

Auswertung des Signals, die Ströme im pA-Bereich oder sogar noch darunter präzise verarbeiten können muss, zeigt v. a. bei kleinen Konzentrationen/Strömen Nichtlinearitäten. Deshalb wird bei hohen Genauigkeitsansprüchen mit unterschiedlichen Propan-Konzentrationen kalibriert.

Dem FID kann ein beheizter Katalysator *(Cutter)* vorgeschaltet werden. Dieser beseitigt mit einer Verzögerung von einigen Sekunden Nicht-Methan-Kohlenwasserstoffe (NMHC) durch Oxidation, Methan hingegen ist schwer katalysierbar. Damit kann der Methangehalt des Abgases oder bei ausgeschaltetem Cutter der Gesamtanteil an Kohlenwasserstoffen bestimmt werden. Als Differenz ergibt sich der Anteil der NMHC. Alternativ zu einem Nicht-Methan-Cutter (NMC) können NMHC und Methan auch mit einem Gaschromatographen (Abschn. 7.8.3.9) getrennt werden, wie dies auch einige Gesetzgebungen [§EU08, §R83, §CFR] vorsehen.

7.8.3.6 Chemolumineszenz-Detektor

Konzentrationen von Stickoxiden im Abgas oder von anderen stickstoffhaltigen Verbindungen, die zu Stickoxiden oxidiert werden können, werden mithilfe eines Chemolumineszenz-Detektors (CLD) gemessen. Das komplette Analysegerät wird auch Chemolumineszenz-Analysator (CLA) genannt. Chemolumineszenz (oder Chemilumineszenz) bezeichnet die Emission von Licht bei einigen chemischen Reaktionen. Speziell zum Nachweis von Stickoxiden wird die Lichtemission bei der Oxidation von Stickstoffmonoxid zu Stickstoffdioxid genutzt. Da die Reaktion mit molekularem Sauerstoff (O_2) nicht ausreicht, wird reaktionsfreudiges Ozon (O_3) verwendet. Die Reaktion erfolgt nach der Gleichung

$$NO + O_3 \rightarrow NO_2 + O_2. \qquad (7.64)$$

Das dabei entstehende Stickstoffdioxid ist zunächst energetisch angeregt und gibt dann Energie in Form von Licht mit einem Intensitätsmaximum im infraroten Bereich ab. Es kann diese Energie aber auch an andere Moleküle, v. a. CO_2, abgeben. Deshalb führt ein hoher CO_2-Gehalt der Probe zu einer Schwächung der Chemolumineszenz und somit zu einem zu niedrigen Messwert. Bei einem gleichbleibenden, bekannten CO_2-Gehalt der Probe kann es sinnvoll sein, diesen CO_2-Gehalt bei der Kalibrierung zu berücksichtigen.

Nur am Rande sei bemerkt, dass der Mechanismus, der bei intensiver Sonneneinstrahlung unter Beteiligung von Stickoxiden atmosphärisches Ozon entstehen lässt, die Umkehrreaktion der im CLD genutzten Reaktion ist.

Ein Nachweis von Stickstoffdioxid ist möglich, wenn dieses vor dem Analysator über einen erhitzten Molybdän-Katalysator zu Stickstoffmonoxid umgesetzt wird. Vorgeschrieben ist ein Konvertierungsgrad des Katalysators über 95 %. Der Katalysator hat eine wesentlich kürzere Lebensdauer als der Analysator und muss deshalb regelmäßig geprüft und ggf. ausgetauscht werden. Da dieser Katalysator auch andere Stickstoffverbindungen im Abgas, z. B. Ammoniak, in Stickstoffmonoxid wandelt, muss beachtet werden, dass in diesem Falle eine etwas erhöhte NO_2-Konzentration angezeigt wird. Zur Unterscheidung zwischen Stickstoffmonoxid und Stickstoffdioxid wird wie in Abb. 7.41

sowohl hinter dem Reduktionskatalysator (unten) gemessen als auch direkt ohne Katalysator (oben). Die Direktmessung liefert einen Wert für den NO-Gehalt des Abgases. Die Messung hinter dem Katalysator misst sowohl das ursprünglich im Abgas enthaltene NO, als auch das durch Reduktion von NO_2 entstandene NO; sie liefert folglich eine Summenkonzentration für NO und NO_2. Durch Subtraktion des durch Direktmessung bestimmten NO-Gehaltes, bekommt man den NO_2-Gehalt. In Abb. 7.41 werden beide Messungen parallel durchgeführt, wie dies bei den meisten Geräten üblich ist. Daneben gibt es Geräte, die nur einen Detektor verwenden, der im Wechsel mit dem direkten und dem reduzierten Abgas beaufschlagt wird. Da das Umschalten mit langen Übergangszeiten bis in den Bereich mehrer Sekunden verbunden ist, eignen sich Geräte mit nur einem Detektor nicht für dynamische Messungen.

7.8.3.7 Paramagnetische Detektoren

Sauerstoff ist schwach paramagnetisch, eine Eigenschaft, die sonst nur bei sehr wenigen Gasen vorhanden ist (leider auch bei Stickoxiden, dies begründet eine Querempfindlichkeit bei Sensoren, die auf dem Paramagnetismus beruhen). Damit bewegt sich Sauerstoff in ein Magnetfeld hinein und verdrängt andere Gase, da jene nicht magnetisch sind. Sehr unterschiedliche paramagnetische Detektoren (PMD) wurden entwickelt, um diesen Effekt messbar zu machen, dies sind Sauerstoffwaagen (magnetomechanische Geräte), magnetopneumatische Geräte, Ringkammer-Sauerstoffsensoren und Hitzdraht-Sauerstoffsensoren. Die Tatsache dass viele Lösungen nebenher existieren, zeigt, dass keines der Verfahren klar überlegen ist.

7.8.3.7.1 Magnetomechanische Sensoren

Magnetomechanische Sensoren (Sauerstoffwaagen) besitzen eine drehbar gelagerte „Hantel", deren Kugeln mit Stickstoff gefüllt oder massiv aus Quarz sind. Diese Kugeln (oder anders geformte Körper) befinden sich in einem Magnetfeld (Abb. 7.42). Strömt paramagnetischer Sauerstoff zwischen die Magnete, werden die stickstoffgefüllten Kugeln aus dem Feld heraus gedrängt. Zwar sind die Kräfte auf die Kugeln proportional zur

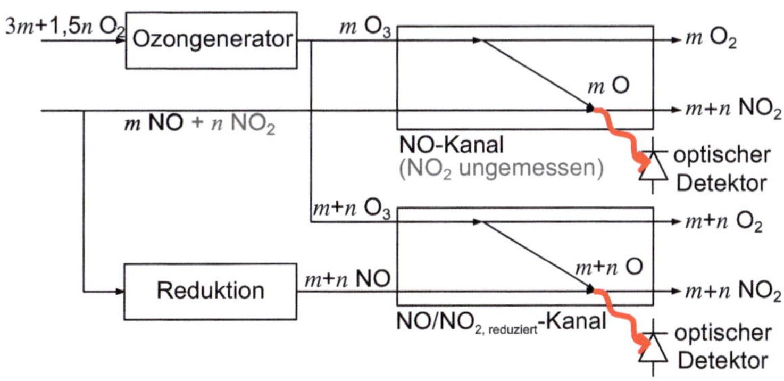

Abb. 7.41 Prinzip eines Chemolumineszenz-Detektors

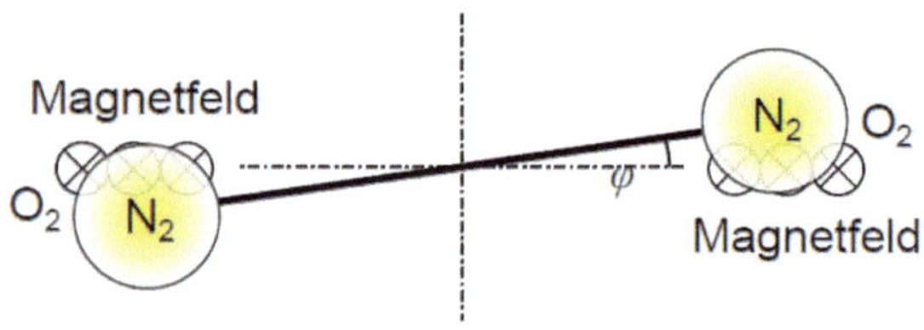

Abb. 7.42 Prinzip eines magnetomechanischen Sauerstoffsensors

Sauerstoff-Konzentration, bei starker Auswärtsdrehung der Hantel kann aber ein nichtlinear sinkendes Magnetfeld eine Nichtlinearität in die Messung einbringen.

Dieses Verfahren wird bereits seit ca. 80 Jahren eingesetzt, früher drehte mit der Hantel ein großer Zeiger oder ein Spiegel, der auf eine Lichtskala projizierte, heute wird die Auslenkung elektronisch gemessen und angezeigt. Eine elektronische Messung kann auch über eine Wicklung an der Hantel erfolgen, die ein Rückstellmoment erzeugt. Der Strom, der durch die Wicklung fließt, ist dann ein Maß für das erforderliche Rückstellmoment, um die Hanteln in der Ruheposition zu halten und damit auch für den Sauerstoffgehalt. Da bei dieser Variante die Hantel in Ruheposition gehalten wird, entfällt so die Nichtlinearität durch Auswärtsdrehung. Sauerstoffwaagen werden z. B. in Geräten von Dräger und ABB eingesetzt.

7.8.3.7.2 Magnetopneumatische Sensoren

Eine Möglichkeit zur Messung des Sauerstoffgehaltes des Abgases ist ein magnetopneumatischer Sensor wie in Abb. 7.43. Der Analyt kann in das Feld zwischen zwei abwechselnd betätigte Elektromagnete strömen. Aufgrund der paramagnetischen Eigenschaft wird sich der Sauerstoff verstärkt im Magnetfeld des gerade eingeschalteten Elektromagneten (im Bild links) sammeln. Innerhalb beider Magnete befindet sich je eine Stickstoffdüse. Auf der linken Seite baut sich vor der Düse ein höherer Druck auf als rechts, daher wird die Membran, die als Differenzdrucksensor zwischen beiden Seiten wirkt, nach rechts ausgelenkt. Wechselt der Strom auf den rechten Elektromagneten, erfolgt eine Auslenkung der Membran nach links. Damit kann die Auslenkung der Membran als indirekter Indikator des Sauerstoffgehalts im Analyten genutzt werden. Die Membran ist Teil eines aus Gründen der Übersichtlichkeit nicht vollständig eingezeichneten Kondensatormikrofons, dessen Signal schließlich auf den Sauerstoffgehalt rückführbar ist. Diese Lösung wird z. B. von Horiba bevorzugt.

Auch wenn nur auf einer Seite ein Magnet vorhanden ist, kann durch ein wechselndes Feld eine periodische Auslenkung der Membran in Abhängigkeit der Sauerstoffkonzentration erzeugt werden. Dieses vereinfachte Prinzip nutzt z. B. Siemens.

7.8.3.7.3 Ringkammersensoren

Paramagnetische Stoffe wie Sauerstoff verlieren mit steigender Temperatur ihre Permeabilität. Sensoren, die diese Eigenschaft nutzen, heißen *thermomagnetische Sensoren,* deren wichtigste Ausführung sind Ringkammersensoren [Krupp52]. Darin wird

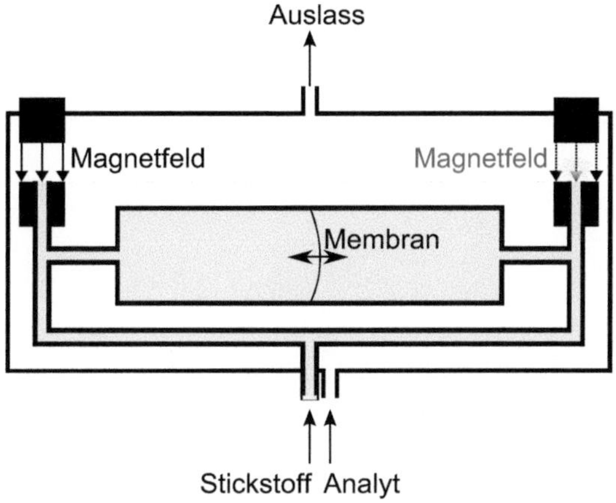

Abb. 7.43 Prinzip eines magnetopneumatischen Sauerstoffsensors

ein vom sauerstoffhaltigen Analyten durchströmtes Rohr auf einer Seite von einem externen Magnetfeld durchsetzt, auf der anderen Seite wird das Rohr auf eine Temperatur weit über 100 °C beheizt (Abb. 7.44). Die Magnetseite zieht unbeheizten Sauerstoff an. Auf diese Weise entsteht eine Strömung (magnetischer Wind) auf der Magnetseite in das Rohr hinein, die sich aufgrund der Kontinuität in die Heizseite und dort wieder aus dem Rohr heraus fortsetzt. Durch Neigung des Messrohres überlagert sich eine zusätzliche Konvektion, die zum Abgleich genutzt werden kann, aber die Messung mit einem derartigen Sensor auch lageempfindlich macht. Ein Sensor lässt sich bauen, indem dieses Rohr die Querverbindung zweier Rohräste bildet, die sich am Gaseinlass des Gerätes aufteilen und vor dem Auslass des Gases wieder zusammen laufen. Diese beiden verzweigenden und wieder zusammenlaufenden Äste gaben diesem Typ die Bezeichnung Ringkammersensor, wobei dieser Ring nicht zwingend rund sein muss. Das Querrohr muss mit einer Einrichtung zur Strömungsmessung ausgestattet werden. Deswegen erfolgt die Heizung elektrisch durch zwei Wicklungen, zwischen denen sich bei der Durch-

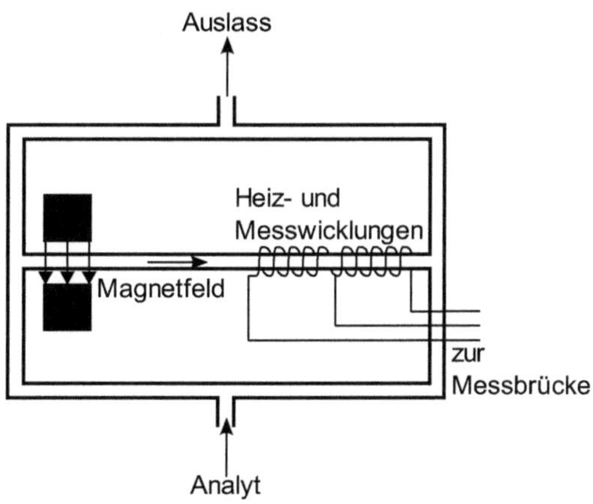

Abb. 7.44 Prinzip eines Ringkammer-Sauerstoffsensors

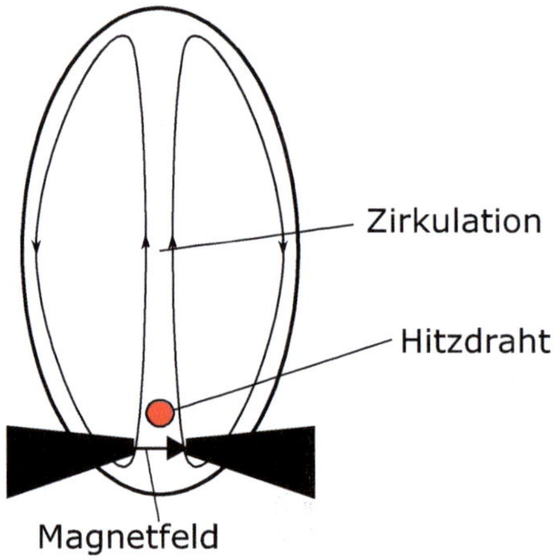

Abb. 7.45 Prinzip eines paramagnetischen Hitzdraht-Sauerstoffsensors

strömung ein Temperaturgradient einstellt. Der Temperaturunterschied der Wicklungen bewirkt eine Widerstandsdifferenz, die durch eine Brückenschaltung nachweisbar ist. Das Verfahren hat zugunsten magnetomechanischer und magnetopneumatischer Verfahren an Bedeutung verloren.

7.8.3.7.4 Hitzdrahtsensoren

Der Hitzdrahtsensor nutzt die Entmagnetisierung des Sauerstoffs an einem beheizten Draht (Abb. 7.45). Zunächst wird der kalte, noch paramagnetische Sauerstoff in das Feld der unten angebrachten Magneten hineingezogen. Dort wird er durch den Hitzdraht entmagnetisiert und steigt auf. Die so entstehende Zirkulation kühlt den Hitzdraht ab und ist über die Änderung seines Widerstandes messbar. Sie ist ein Maß für den Sauerstoffgehalt der Probe. Vier dieser Kammern, davon zwei mit dem Messgas und zwei mit einem Referenzgas mit definierter Konzentration werden zu einer Brücke verschaltet. Dieses Messprinzip hat keine industrielle Verbreitung.

7.8.3.8 FTIR-Spektrometer

Beim FTIR-Spektrometer wird die Probe mit einem zeitveränderlichen Infrarotspektrum durchstrahlt. Der von der breitbandigen Infrarotquelle kommende Strahl wird vom Strahlteiler, einem halbdurchlässigen Spiegel, in zwei Teilstrahlen aufgetrennt; ein Teilstrahl läuft in der Richtung des einfallenden Strahls weiter (in Abb. 7.46 nach rechts), der andere wird rechtwinklig zum einfallenden Strahl reflektiert (in Abb. 7.46 nach oben). Der obere Spiegel steht fest, der rechte Spiegel wird motorisch in Strahlrichtung bewegt, zu dessen Kontrolle ist ein Referenzlaser vorhanden (nicht eingezeichnet). Beide reflektierte Strahlen treffen sich wieder am Strahlteiler. Sind beide Spiegel im exakt gleichen Abstand vom Strahlteiler, so addieren sich die Teilstrahlen; abgesehen von einer geringen Dämpfung hat der resultierende Strahl wieder die Intensität des Quellstrahls. Unterscheiden sich beide Spiegelpositionen um eine viertel Wellenlänge und damit die Weglängen der Teilstrahlen um insgesamt eine halbe Wellenlänge, kommt es zu einer

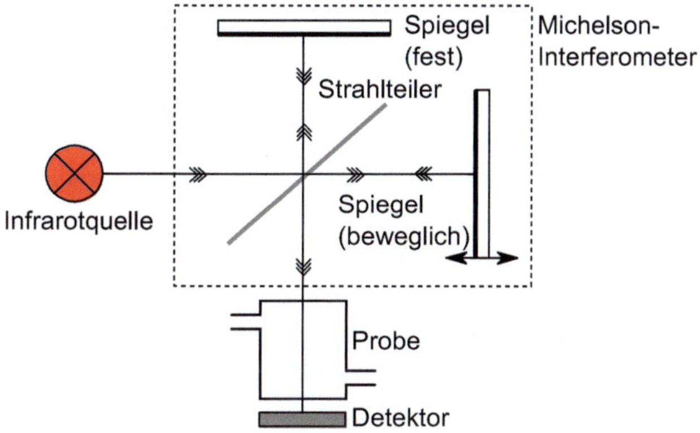

Abb. 7.46 Prinzip eines FTIR-Spektrometers

gegenseitigen Auslöschung der Teilstrahlen (destruktive Interferenz). Das nach Michelson[8] benannte Interferometer wirkt also wie ein zeitvariantes, allerdings nicht monochromatisches Filter.

Der Detektor registriert eine unterschiedliche Infrarot-Intensität in Abhängigkeit der Spiegelverschiebung, die typisch weit unterhalb eines Millimeters liegt. Durch eine Fourier-Transformation wird aus diesem Signal das Absorptionsspektrum der Probe berechnet.

Das Verfahren weist jene Gase nach, die auch durch NDIR nachweisbar sind, ist allerdings nicht auf den Absorptionsbereich eines Gases limitiert. Die Messdauer war aufgrund der Spiegelbewegung und der aufwendigen Signalverarbeitung zunächst problematisch, moderne Geräte erreichen aber Abtastraten von mehreren Hz.

7.8.3.9 Gaschromatograph

Die Gaschromatographie ist ein Verfahren zur Trennung verschiedener Bestandteile einer Gasphase. Ein Gaschromatograph ist kein eigenständiges Messgerät und benötigt einen geeigneten Detektor am Ausgang, um die getrennten Gasbestandteile zu detektieren, z. B. einen Flammenionisationsdetektor oder ein Massenspektrometer. Die Gasphase (mobile Phase) durchläuft mit einem inerten Trägergas, z. B. Stickstoff, ein als Trennsäule bezeichnetes beheiztes, innen beschichtetes, dünnes Rohr (Innendurchmesser 0,5 mm oder kleiner), das aufgrund seiner Länge von typisch einigen 10 m meist zu einer Spule gewickelt ist. Einige Gase zeigen keine Wechselwirkung mit der Innenbeschichtung (stationäre Phase) und passieren die Trennsäule schnell. Andere werden zunächst absorbiert und erst langsam wieder freigesetzt. Die unterschiedlichen, von der

[8] Albert Abraham Michelson, 1852–1931, US-amerikanischer Physiker.

Wechselwirkung mit der stationären Phase abhängigen Durchlaufzeiten bewirken die zur Analyse nutzbare Stofftrennung im Gaschromatographen.

Gaschromatographen sind als recht große Apparate bekannt, die aber in den letzten Jahren stark miniaturisiert werden konnten bis hin zu Mikro-Gaschromatographen, deren Trennsäulen als Bauteil auf einer üblichen Elektronikleiterplatte Platz finden.

7.8.3.10 Massenspektrometer

Ein Massenspektrometer ist ein sehr universeller Analysator, der wie sein Name besagt, es ermöglicht, Abgasbestandteile nach ihrer Masse zu unterscheiden. Während viele zuvor gezeigte Analyseprinzipien auf physikalischen Effekten beruhen, die nicht bei allen Stoffen nachweisbar sind, hat jedes Atom und jedes Molekül eine Masse und ist so prinzipiell nachweisbar. Neben der Nachweisbarkeit ist allerdings auch die Eindeutigkeit zu fordern, diese ist bei einem Massenspektrometer alleine nicht immer gegeben, weil es unterschiedliche Stoffe mit gleicher oder ähnlicher Masse gibt und weil es im Gerät auch zur Fragmentierung von Molekülen kommt. Bei Massenspektrometern, die auf bestimmte Stoffe spezialisiert sind, kann dieses Eindeutigkeitsproblem entfallen, so z. B. bei relativ kostengünstigen Massenspektrometern für Wasserstoff. Die üblichen universellen Massenspektrometer werden häufig mit anderen Verfahren kombiniert, die dem Massenspektrometer vorgeschaltet werden (zusätzliche Trennverfahren wie die Gaschromatographie) oder die als eigenständige Verfahren parallel zur Massenspektrometrie eingesetzt werden, z. B. FTIR [BeFeKrMa13]. Aus der Vielzahl möglicher Kombinationen folgt eine entsprechende Vielzahl der Begriffe, so ist z. B. ein GCMS ein Massenspektrometer mit vorgeschaltetem Gaschromatographen. Eine serielle Kombination des Massenspektrometers mit einem zusätzlichen Trennverfahren hat sich in vielen Bereichen bewährt, speziell am Prüfstand ergibt sich jedoch ein Zielkonflikt mit der oft geforderten zeitlichen Dynamik. Der Vielseitigkeit des Massenspektrometers stehen seine Komplexität und sein Preis entgegen, deshalb ist es kein Standard an Motorenprüfständen und wird nur an einigen Forschungsprüfständen dort eingesetzt, wo Standardverfahren wie NDIR, CLD oder FID nicht ausreichen. Die Massenspektrometrie ist aufgrund der Vielzahl unterschiedlicher Verfahren und Geräte sowie der erforderlichen Erfahrung in der Auswertung von Massenspektren ein sehr komplexes Gebiet, für eine vertiefende Einführung sei [Gross13], für die Methodik der Auswertung [Lafferty13] empfohlen.

Ein Gerät zur Massenspektrometrie ohne weiteres Trennverfahren besteht aus den Baugruppen Probenahme, Verdampfung (meist beheizt), Ionisation, der Ionentrennung nach Masse und Ladung und einem Detektor (Abb. 7.47). Ein über Preis und Baugröße wesentlich entscheidendes Kriterium, das den verschiedenen Arten von Massenspektrometern den Namen gibt, ist die Trennung der Ionen. Ein klassisches Verfahren ist das Sektorfeld, in dem ein Magnetfeld senkrecht zum Ionenstrahl steht. Das Sektorfeld-Massenspektrometer wurde in vielen Bereichen durch kompaktere Anordnungen ersetzt, z. B. dem Quadrupol-Massenspektrometer, in dem die Ionen eine Anordnung aus vier Stäben, zwischen denen eine modulierte Spannung anliegt, durchfliegen [Walte94] und

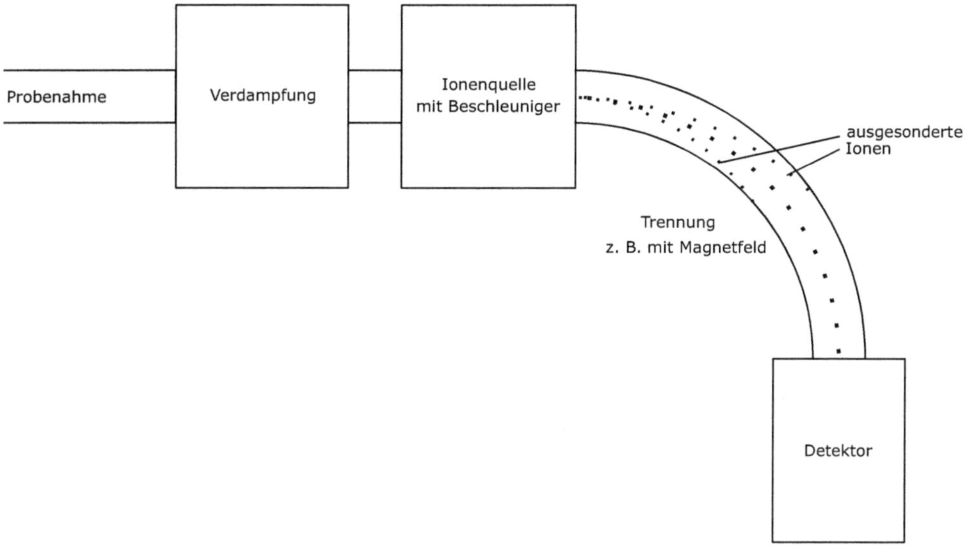

Abb. 7.47 Prinzipschema eines Massenspektrometers

dem Flugzeitmassenspektrometer (Time-of-Flight, TOF), in dem die Ionen nach ihrer Laufzeit nach der Beschleunigung in einem elektrischen Feld getrennt werden [Cotter97]. Daneben gibt es Geräte, die zwei verschieden arbeitende Massenspektrometer kombinieren (Tandem-Spektrometer).

7.8.3.11 Partikelmesstechnik

Bereits erwähnt wurde die Vielzahl unterschiedlicher Messgrößen wie Trübung durchgehenden Lichts, Schwärzung einer hellen Fläche, Leitfähigkeit, Partikelmasse, Partikelzahl, Größenverteilung der Partikel, die aus der Größenverteilung abgeleitete lungendeponierte Oberfläche (LDSA, Lung Deposited Surface Area) und Zusammensetzung der Partikel. Einige dieser Messgrößen sind für bestimmte Zwecke relevant, so kann aus dem Größenspektrum, der LDSA und der chemischen Zusammensetzung die Gesundheitsschädlichkeit abgeschätzt werden. Zu deren Bestimmung müssen dann geeignete Messverfahren definiert werden. In diesen Fällen wurde also zuerst die Messgröße definiert und dann ein geeignetes Verfahren entwickelt. In anderen Fällen hingegen wurden zunächst unspezifische Verfahren wie die Opazimetrie entwickelt und die Messgrößen (z. B. Trübung) folgen dann aus dem benutzten Verfahren.

Nachdem sich herauskristallisierte, dass die bisher zur Homologation von Fahrzeugen praktizierte Messung der Partikelmasse (Unterabschn. 7.8.3.11.4) unzureichend ist, beschäftigte sich seit 2001 eine Arbeitsgruppe der UN/ECE, die *Working Party on Pollution and Energy* (GRPE), mit der Weiterentwicklung der Messtechnik und ihrer Anwendung. Die Arbeiten dieses Gremiums sind als *Particle Measurement Program*

(PMP) bekannt. Das Ziel war v. a. die Einbeziehung von Partikeln mit Größen im nm-Bereich, die durch die Partikelmasse unzureichend erfasst werden, aber von wesentlicher Bedeutung für die Gesundheitsschädlichkeit des Abgases sind. Ein wesentlicher Punkt ist deshalb die Einführung der Partikelzählung mit einem Kondensationspartikelzähler (Unterabschn. 7.8.3.11.5). Niederschlag in der Abgasgesetzgebung fand die Arbeit dieser Gruppe v. a. in den UN-Richtlinien [§R49] und [§R83], die in die europäische Gesetzgebung einflossen.

7.8.3.11.1 Opazimetrie

Durchstrahlt Licht eine partikelhaltige Gasprobe, wird es dabei teilweise absorbiert, anschaulich ist dieses Phänomen als sichtbarer, dunkler Rauch bekannt. Dieses Prinzip wird von Opazimetern genutzt, auch bei Partikelkonzentrationen, bei denen die Trübung nicht mehr mit bloßem Auge sichtbar ist. Das Abgas wird durch einen Tunnel geleitet, auf einer Seite befindet sich eine Lichtquelle, auf der anderen Seite der Lichtempfänger. Die Länge des Tunnels wird doppelt genutzt, wenn sich die Lichtquelle und der Empfänger auf der gleichen Seite befinden und sich gegenüber ein Spiegel befindet. Ein Hilfsgebläse erzeugt einen Luftvorhang, der die Optik vor Verrußung schützt.

Die Schwächung des Lichts beim Durchgang durch das Abgas folgt dem lambert[9] -beerschen[10] Gesetz. Eine der vielen Schreibweisen dieses Gesetzes lautet

$$\frac{I_{\text{Ausgang}}}{I_{\text{Eingang}}} = e^{-Anl}. \tag{7.65}$$

I ist die Lichtintensität, einmal vor und einmal hinter der Strecke, die vom Licht durchschienen wird. A ist der Querschnitt der Partikel, n die Partikelzahl, l die Länge der durchstrahlten Strecke. Bei gleichem Querschnitt wäre theoretisch eine Partikelzählung möglich, tatsächlich variiert der Querschnitt stark und lässt sich ohne aufwendigere Messtechnik, die das Opazimeter erübrigen würde, nicht abschätzen. Der von Opazimetern ausgegebene Wert ist deshalb die *spezifische Absorption*

$$k = A \cdot n. \tag{7.66}$$

Praktische Anwendung findet die Opazimetrie v. a. bei Abgastestern für den Service. Für die Anwendung am Prüfstand sind ebenfalls Geräte verfügbar. Anforderungen ergeben sich neben der allgemeinen Norm [ISO8178] speziell für Opazimeter aus [ISO11614]. Der Hauptvorteil liegt im günstigen Preis, allerdings genügt die Auflösung für die Typzulassung nach heutigen Abgasstandards nicht, es wird auch weder eine Partikelmasse

---

[9] Johann Heinrich Lambert, 1728 bis 1777, schweizerischer Wissenschaftler, der sich u. a. basierend auf den Arbeiten von Pierre Bouguer mit der Schwächung von Licht in Medien beschäftigte.

[10] August Beer, 1825–1863, deutscher Wissenschaftler, der u. a. die Arbeiten von Lambert fortsetzte.

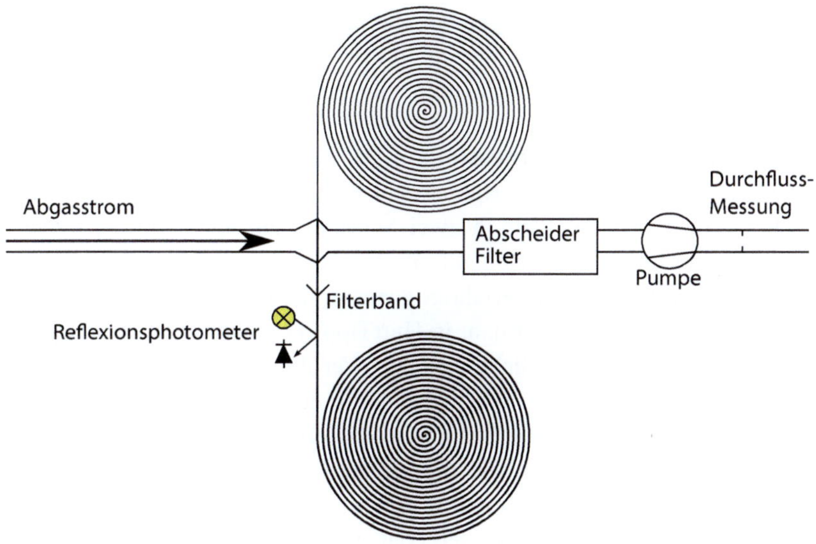

Abb. 7.48 Prinzip der Rußmessung mit dem Filterbandverfahren. Die Schwärzung des Filterbandes ist ein Indikator für den Rußgehalt des Abgases

noch eine Partikelzahl ermittelt und die Querempfindlichkeit gegenüber anderen Abgasbestandteilen (z. B. Wasserdampf und das bräunliche NO_2) kann stören.

7.8.3.11.2 Filterbandverfahren

Beim Filterbandverfahren (Abb. 7.48) wird das Abgas durch ein Papierfilter geleitet. Um nicht über ein langes Zeitintervall zu integrieren, sondern in Abhängigkeit der Zeit messen zu können, wird das Filter als durchlaufendes Band realisiert, das auf einer Seite von einer Rolle abgewickelt und auf der anderen Seite auf eine Rolle aufgewickelt wird, so ist eine zeitliche Auflösung von etwa einer Minute möglich. Nachdem das Filterband vom Abgas durchströmt wurde, wird optisch dessen Schwärzung, die nicht notwendigerweise mit bloßem Auge sichtbar sein muss, bestimmt. Die Schwärzung wird überwiegend durch Ruß verursacht, bei einer hohen Empfindlichkeit und geringem Rußanteil kann auch eine Färbung des Filters durch SOF und Sulfate nachweisbar sein. Die Vergleichbarkeit von Messungen wird durch [ISO10054] sichergestellt. Die Norm definiert als direkte Messgröße eine dimensionslose Schwärzungszahl von 1 bis 10, *FSN* genannt (Filter Smoke Number). Daneben werden andere Messgrößen verwendet, z. B. die Schwärzungszahl *SZ* von 1 bis 9 [Kuratle95] und eine von Bosch verwendete Schwärzungszahl von 1 bis 10. Eine Umrechnung in diese Größen kann teilweise automatisch erfolgen. Auch existieren empirische Näherungsformeln zur Umrechnung einer Schwärzung in eine Rußmassenkonzentration, die allerdings alle an Bedingungen gebunden und nicht exakt sind, z. B. nach [MIRA65].

Fehlerquellen sind v. a. Undichtigkeiten, die zur Verdünnung des Abgases führen und Kondensation auf dem Filterpapier, der durch trockene Betriebs- und Lagerbedingungen sowie ggf. durch eine geräteinterne Heizung entgegen gewirkt werden kann.

7.8.3.11.3 Elektrostatische Rußmessung

Die elektrostatische Messung lädt Rußpartikel elektrisch auf, der Ladestrom wird gemessen. Die Aufladung erfolgt oft in zwei Schritten, zunächst werden Ionen erzeugt, dann übertragen die Ionen durch Kontakt mit den Partikeln ihre Ladungen. Dieses zweistufige Verfahren wird Diffusionsverfahren genannt, die Geräte *Diffusion Charger* (DC). Die zugrunde liegende Theorie ist u. a. in [IntrTipp11] beschrieben. Zur Erzeugung der Ionen stehen verschiedene Möglichkeiten zur Verfügung, durch energiereiches Licht (UV), durch radioaktive Isotope oder meist durch eine Koronaentladung an der Oberfläche eines Drahtes, der auf eine Spannung von einigen kV aufgeladen wird. Neben dem Diffusionsverfahren ist auch die direkte Aufladung in einem Plattenkondensator möglich [Hauser04]. Derartige Sensoren wären prinzipiell sogar für einen serienmäßigen Einbau ins Fahrzeug geeignet, durchgesetzt hat sich dort aber die Leitfähigkeitsmessung.

Die Aufladung der Partikel hängt v. a. von deren Oberfläche ab, anhand empirischer Formeln kann auch eine Masse bestimmt werden. In Verbindung mit einem Partikelzähler kann die mittlere Partikelgröße bestimmt werden.

7.8.3.11.4 Partikelmasse

Derzeit sind zwei Verfahren zur Bestimmung der Partikelmasse üblich, die Wägung (Abschn. 7.8.3.11.4.1) und das neuere photoakustische Verfahren (Abschn. 7.8.3.11.4.2). Theoretisch mögliche Verfahren ohne praktische Relevanz sind eine Abscheidung durch elektrische Aufladung mit Messung der erforderlichen Ladung oder eine Verbrennung der Partikel mit Messung des entstehenden CO_2.

7.8.3.11.4.1 Wägung

Die Partikelmasse kann ebenfalls mithilfe von Filtern bestimmt werden. Im Gegensatz zur Trübungsmessung wird aber kein durchlaufendes Filterband verwendet, sondern ein Filter wird in einen Filterhalter im Abgasstrom eingespannt und misst integral die Gesamtmasse über eine definierte Zeit. Anschließend wird das Filter aus dem Filterhalter entfernt und gewogen. Mögliche Filtermaterialien (kein Papier) sind vom Gesetzgeber vorgegeben. Die Leermasse des Filters muss durch die Herstellerspezifikation oder eine Wägung vor der Messung bekannt sein und subtrahiert werden. Dieses Verfahren kann bei korrekter Durchführung sehr präzise sein, ist aber sehr aufwendig. Das Filter muss eingesetzt und nach der Messung wieder entnommen werden, zur Waage transportiert werden und gewogen werden. Die zu messende Beladung mit Ruß ist so gering, dass eine Schwärzung des Filters nur nach einem realistischen Fahrzyklus, nicht jedoch nach dem alten gesetzlichen Zyklus NEFZ (Abschn. 7.8.1.2.2) erkennbar ist. Bei der Handhabung darf das Filter weder durch Erschütterungen Ruß verlieren, noch weitere Verschmutzungen aufnehmen, statische Aufladungen sind also auch zu vermeiden. Aufgrund der geringen Massen muss eine Präzisionswaage unter klimatisierten Bedingungen verwendet werden. Da sich die Anforderungen an den Messbereich der Waagen zwischen dem gesetzlichen Fahrzyklus und realistischen Zyklen unterscheiden, werden ggf. mehrere Waagen eingesetzt. Bisher wird dieser Prozess oft händisch durchgeführt, zum Transport können z. B. verschlossene Petrischalen verwendet werden. In Zukunft könnte diese Arbeit von Robotern ausgeführt werden; langfristig sind eine Miniaturisierung und die Integration von Probennahme und Wägung in ein Gerät vorstellbar.

7.8.3.11.4.2 Photoakustisches Verfahren

Ohne eine Wägung kommt das photoakustische Verfahren (*PASS*, Photo Acoustic Soot Spectrometry) aus, das die Massenkonzentration im Abgas durch Bestrahlung mit Lichtimpulsen und anschließender Auswertung der dabei entstehenden Schallwelle bestimmt [SchiNTL01]. Dazu wird das Abgas durch einen akustischen Resonator (Abb. 7.49) geleitet. Ein Laser bestrahlt die Probe mit periodischen Blitzen. Da Ruß sehr breitbandig Licht absorbiert, ist keine bestimmte Wellenlänge des Lasers erforderlich, allerdings können auch andere, gasförmige Bestandteile des Abgases das Licht absorbieren und sich ausdehnen und somit Schall erzeugen. Wellenlängen, die stark von anderen Abgasbestandteilen, v. a. Wasser und CO_2 absorbiert werden, eignen sich deshalb nicht. Die Absorption der Strahlung durch die Rußpartikel bewirkt Temperaturschwankungen, die zu einer periodischen Expansion und Kontraktion des umgebenden Gases führen. Der so entstehende Schalldruck verstärkt sich durch die Auslegung der Messkammer als Resonator und wird durch Mikrofone erfasst. Das so erhaltene Signal dient als Maß der Rußkonzentration mit einer Empfindlichkeit von wenigen $\mu g/m^3$. Die Messung erfordert die Einhaltung eines definierten Druck- und Temperaturbereichs des Abgases, der durch eine geräteintegrierte Konditionierung erreicht werden kann und dann Drücke und Temperaturen am Ort der Probenahme in einem weiten Bereich erlaubt. Die Geräte sind hinreichend kompakt, um außer am Prüfstand auch im Fahrzeug eingesetzt zu werden.

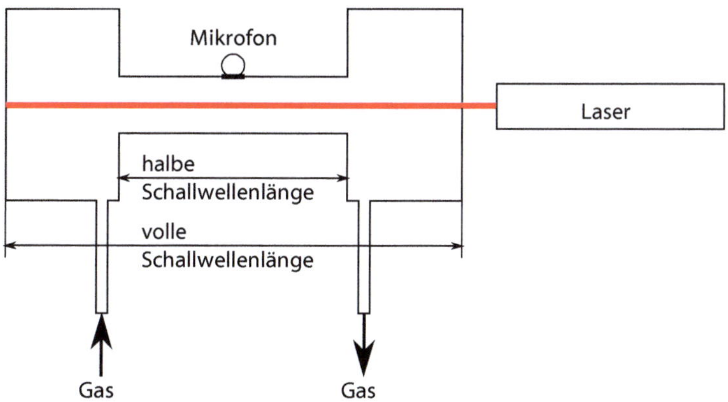

Abb. 7.49 Prinzip des photoakustischen Verfahrens. In der Mitte befindet sich der $\lambda/2$-Resonator

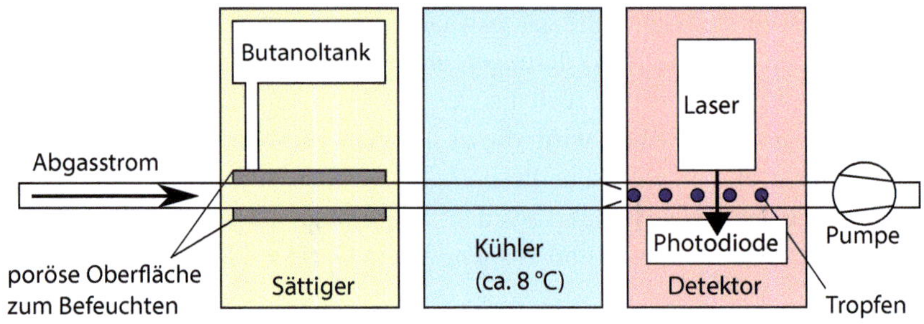

Abb. 7.50 Prinzip eines Kondensationspartikelzählers

Das Verfahren eignet sich besonders gut für Rußpartikel, aber auch Gase absorbieren bestimmte Wellenlängen. Als Alternative z. B. zum NDIR-Verfahren kann die Ausdehnung bei Anregung mit moduliertem Laserlicht in einer photoakustischen Kammer durch Mikrofone erfasst werden. Photoakustische Spektroskopie (PAS) für Gase dürfte zukünftig in PEMS Einzug halten.

7.8.3.11.5 Partikelzählung

Während in der Vergangenheit die Partikelmasse das wichtigste gesetzliche Kriterium war, ist es nun die Partikelanzahl, deren Bestimmung aufwendiger ist. Ein nahe liegender Gedanke wäre, die Partikel mit einer Lichtschranke zu zählen, dies scheitert aber an der Partikelgröße. Ein übliches Verfahren ist der *Kondensationspartikelzähler* (CPC, Condensation Particle Counter). Im Prinzip stellt dieser eine Lichtschranke dar, die Partikel werden aber so vergrößert, dass sie zählbar werden. Dies geschieht dadurch, dass das partikelhaltige Gas bei Temperaturen etwas über der Umgebungstemperatur mit Dampf gesättigt wird. Bei der Verwendung von n-Butanol als dampferzeugendes Medium ist aufgrund der hohen Flüchtigkeit sicherzustellen, dass Kohlenwasserstoffmessungen in der Nähe nicht beeinflusst werden. Sobald das Partikel/Dampfgemisch abkühlt, kondensiert der Dampf, und zwar zuerst in Form von Tropfen, die sich um die Partikel herum bilden. Diese Partikeltropfen sind nun mit einer Ungenauigkeit unter 10 % optisch zählbar, allerdings nur in einer bestimmten Anzahl pro Zeiteinheit; die bei Motoren übliche Partikelkonzentration ist zu hoch. Deshalb ist eine variable Verdünnung des Aerosols erforderlich, die den Messbereich bestimmt. Schematisch ist der Aufbau in Abb. 7.50 gezeigt.

Bei Partikeln mit einem aerodynamischen Durchmesser unter 100 nm eignet sich auch ein Faradaybecher (*Faraday Cup Electrometer,* FCE) zur Partikelzählung, bei sehr geringen Partikelkonzentrationen und großen Partikeln auch eine direkte optische Zählung ohne Kondensation. Im realen Abgas vorhandene Partikelgrößen und Partikelzahlen schließen den Einsatz aus, auch der Gesetzgeber gibt die Verwendung eines CPC vor. Faradaybecher und optische Zähler können aber als Referenzen zur Kalibrierung eines CPC verwendet werden.

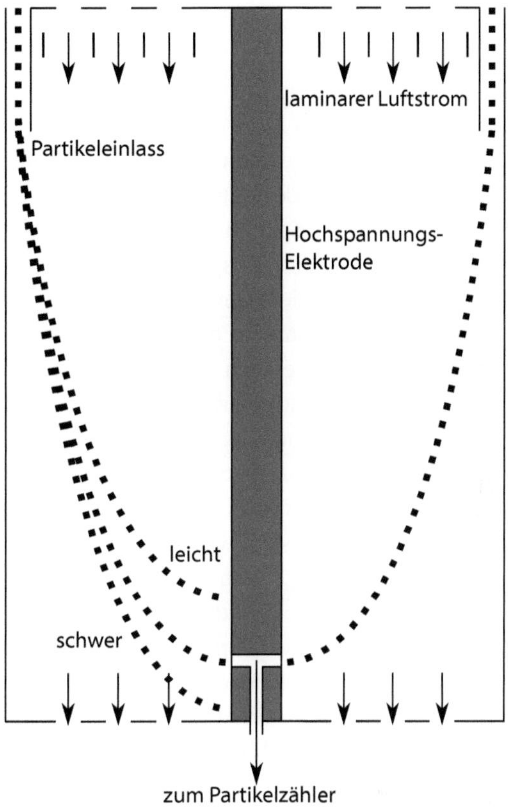

Abb. 7.51 Massentrennung von Partikeln im elektrischen Feld in einem Differential Mobility Analyzer

7.8.3.11.6 Bestimmung der Größenverteilung

Zwar existieren keine gesetzlichen Anforderungen an die Bestimmung der Größenverteilung von Partikeln, diese kann aber in Einzelfällen, z. B. bei der Entwicklung von Einrichtungen zur Abgasnachbehandlung, interessant sein und ermöglicht eine bessere Einschätzung der gesundheitlichen Gefährdung.

Ein recht einfaches Verfahren ist die Verwendung von Filtern; Partikel unterhalb einer Größe passieren das Filter, größere Partikel nicht, Partikel im Grenzbereich mit einer bestimmten Wahrscheinlichkeit, die auch von der Form und Zusammensetzung abhängt. Ein kontinuierliches Größenspektrum kann so nicht aufgenommen werden.

Ein fortgeschritteneres und in der Praxis übliches Verfahren, *DMA* (Differential Mobility Analyzer) genannt, trennt unterschiedlich große Partikel mithilfe der Schwerkraft. Das Unterscheidungskriterium ist nicht direkt die geometrische Größe, sondern die Masse. Dazu werden die Partikel mithilfe eines radioaktiven Isotops, z. B. des α-Strahlers Americium 241, elektrisch aufgeladen und in ein horizontales elektrisches Feld (in Abb. 7.51 zwischen der stabförmigen Mittelelektrode und dem Gehäuse) gebracht. Im Feld wirkt waagerecht die elektrostatische Anziehungskraft und senkrecht dazu nach unten v. a. die Schwerkraft und zusätzlich die Spülluft. Nur eine bestimmte Partikelfraktion wird unten in den Öffnungen der Elektrode aufgenommen und an den Partikelzähler weitergeleitet. Der Ausgangsstrom zum Zähler mit den „ausgewählten" Partikeln wird als *monodisperses Aerosol* bezeichnet. Wird die Spannung erhöht, so erfolgt eine stärkere horizontale Ablenkung und schwerere Partikel, die sonst unterhalb der Öffnungen in der Elektrode auftreffen würden, werden nun zum Zähler weitergeleitet. Durch Veränderung der Spannung kann also gezielt eine leichtere oder schwerere Partikelfraktion zur Zählung ausgewählt werden. Ein DMA in Kombination mit einem CPC wird in dieser Betriebsweise als *DMPS* (Differential Mobility Particle Sizer) bezeichnet. Üblich ist, die Spannung beginnend mit einem niedrigen Startwert kontinuierlich zu erhöhen bis zum Erreichen der Maximalspannung und dies zyklisch zu wiederholen. So erhält man ein kontinuierliches Massenspektrum, wobei die zeitliche Auflösung durch die Dauer eines Spannungszyklus begrenzt ist. In dieser Betriebsart wird die DMA/CPC-Kombination als *SMPS* (Scanning Mobility Particle Sizer) bezeichnet. Die Kalibrierung erfolgt mit einem Aerosolgenerator und einem Referenzgerät.

Ähnlich zum beschriebenen DMA kann die Aufladung der Partikel mit Koronaentladungen erfolgen. Durch mehrere hinter dem Ionisator liegende Ringelektroden kann ein diskretes Massenspektrum gemessen werden, die zeitliche Variation der Spannung wird hier durch eine räumliche Auflösung ersetzt. Dieses Gerät wird *DMS* (Differential Mobility Spectrometer) genannt [Reavell02].

Ein Messprinzip, das Partikel nach ihrer Größe trennt, ist der Kaskaden-Impaktor. Er nutzt das größenabhängige Strömungsverhalten in kaskadierten Kombinationen aus jeweils einer Düse und einer nachfolgenden Prallplatte. Durch unterschiedlichen Geometrien in diesen Stufen setzt sich auf jeder Prallplatte eine andere Größenfraktion ab, die gewogen wird, in der Analyse von Fahrzeugabgasen werden Kaskaden-Impaktoren aber nicht eingesetzt. Eine Variante ist der elektrische Niederdruck-Impaktor (ELPI), der ähnlich dem DMA mit aufgeladenen Partikeln arbeitet [Wiegleb22].

7.8.3.11.7 Bestimmung der Zusammensetzung

Eine genaue Analyse der chemischen Zusammensetzung erfordert eine chemische Laboranalytik oder ein Aerosol-Massenspektrometer (ein Massenspektrometer, das die Aerosolbestandteile verdampft, bevor die enthaltenen Komponenten analysiert werden). Oft genügt es aber schon, die drei wesentlichen Partikelfraktionen Ruß, SOF und Sulfate zu unterscheiden.

Eine mögliche Lösung ist in einem Partikelanalysator von Horiba realisiert. Nach Filterung der Partikel auf einem temperaturbeständigen Quarzfilter verdampft dieser zunächst organische Verbindungen in einer Stickstoffatmosphäre *(Thermodesorption)*, oxidiert diese und misst in einem Infrarot-Analysator (Unterabschnitt 7.8.3.1) das nach Gl. (2.1) entstehende Kohlendioxid. In einer Sauerstoffatmosphäre kann der verbleibende Ruß zu CO_2 oxidiert werden, das im gleichen Analysator gemessen wird. Da dieses Verfahren Ruß und SOF in Massen unterhalb 1 μg nachweist, ist es zur Messung kleinster Partikelmassen auch dann geeignet, wenn die Zusammensetzung nicht interessiert. Die Sulfate werden zu Schwefeldioxid reduziert und ebenfalls in einem Infrarot-Analysator nachgewiesen. Die Messung kann allerdings nicht in Echtzeit im Abgasstrom durchgeführt werden, die Untersuchung einer Probe dauert 4 min.

7.8.4 Probenahme

In der Entwicklung wird meist vor der Abgasnachbehandlung (Katalysatoren, Partikelfilter) das Rohabgas abgezweigt und nach der Abgasnachbehandlung das Endabgas, so wie es im Fahrzeug aus dem Auspuff kommt. Da heutige Fahrzeuge oft mehrere Abgasnachbehandlungsverfahren kombinieren, kann es dazwischen weitere Entnahmestellen geben. Unter speziellen Entnahmebedingungen, z. B. vor einem verstopften Partikelfilter, ist auf den spezifizierten Druckbereich der Abgas-Messanlage zu achten, der meist wenige 10 kPa um den atmosphärischen Druck herum umfasst. Für die Typzulassung des Fahrzeugs (bei Pkw am Rollenprüfstand) ist das Endabgas relevant, es wird allerdings nicht direkt in die Analysatoren abgezweigt, sondern nach einem vom Gesetzgeber definierten Verfahren zuvor verdünnt und in Beuteln gesammelt.

Zusätzlich wird in der Entwicklung manchmal im Saugrohr hinter der Abgasrückführung gemessen, die dortige CO_2-Konzentration liefert bei bekannter CO_2-Konzentration des Abgases eine Aussage über den Anteil hinzu gemischten Abgases, also über die Abgasrückführrate. Die Probenahme an dieser Stelle muss in einem weiten Druckbereich sowohl im Saugbetrieb des Motors als auch bei Aufladung funktionieren; die Temperatur ist hier geringer als im Abgas.

Bei einer unverdünnten Direktmessung wird ein zur Vermeidung von Kondensation beheizter Schlauch zwischen Entnahmestelle und dem Analysatorenschrank verwendet, aufwendiger ist hingegen das Verdünnungssystem für die Typzulassung oder deren Vorbereitung. Das dort eingesetzte Verfahren wird Constant Volume Sampling (CVS) genannt und im Folgenden genauer betrachtet. Da im verdünnten Abgas geringere Konzentrationen auftreten, andererseits aufgrund der Trägheit des CVS-Verfahrens die Anforderungen an die Dynamik der Analysatoren geringer sind, bieten viele Hersteller unterschiedliche Analysatoren für Direktmessung (hohe Dynamik) und CVS-Messung (verbesserte Empfindlichkeit) an. Bei der CVS wird der gesamte Abgasstrom verdünnt.

7.8.4.1 Constant Volume Sampling (CVS)

Abb. 7.52 zeigt, wie meistens am Fahrzeugprüfstand, vereinzelt aber auch am Motorenprüfstand verdünnt gemessen wird. Das Abgas wird im beheizten Verdünnungstunnel (physisch ist das ein Rohr, das aufgrund seiner Länge von mehreren Metern einen erheblichen Platzbedarf hat) der mit einem Aktivkohlefilter oder einem HEPA-Filter gereinigten Umgebungsluft zugemischt, wobei das so entstehende Gemisch einen konstanten Volumenstrom dargestellt. Erreicht wird dies durch eine im Bild nicht dargestellte Venturi-Düse hinter dem Verdünnungstunnel und einem Gebläse dahinter, wenn die Venturi-Düse kritisch betrieben wird, d. h. die Strömung in der Düse Schallgeschwindigkeit

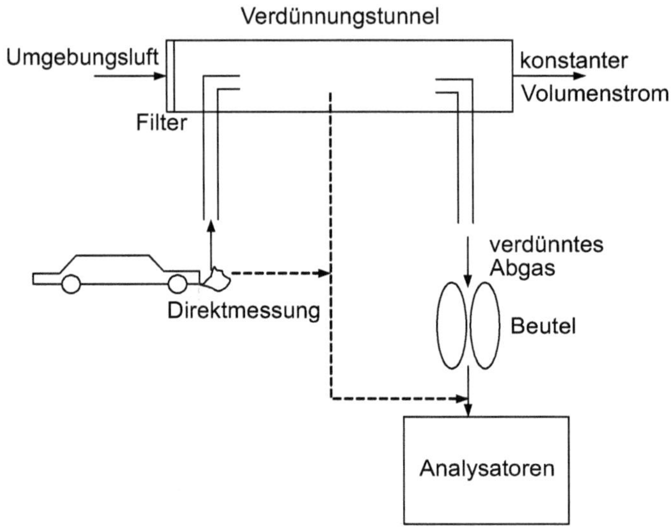

Abb. 7.52 Schema der verdünnten Messung nach dem CVS-Verfahren. Die gestrichelten Linien zeigen eine direkte Messung am Endrohr, sowie die zusätzliche Option, im Verdünnungstunnel ohne Beutel zu messen

erreicht. Die Durchflüsse im Verdünnungstunnel können je nach Art des Prüfstandes zwischen 1 m^3/min (Zweiräder) und 200 m^3/min (Nutzfahrzeuge) betragen.

Aus dem Verdünnungstunnel wird ein konstanter Anteil des Abgases entnommen und in transparenten Kunststoffbeuteln gesammelt. Diese bilden das zeitliche Integral der Emissionen während des Zyklus, die gleichen Beutel können auch für die Referenzluft aus der Umgebung benutzt werden. Die Hersteller der Abgasmesstechnik bieten Schränke an, die diese Beutel enthalten und mit kurzen Leitungslängen zu den Analysatorschränken gestellt werden können. Nach Spülung mit einem inerten Gas können die Beutel erneut verwendet werden.

Das Verfahren gewährleistet die Analyse eines konstanten Gasstromes; steigt die Abgasmenge aus dem Motor, so erhöht sich auch der Anteil des Abgases im verdünnten Strom und damit der Messwert. Aufgrund der hohen Verdünnung kommen Partikel und Moleküle im Abgas wenig miteinander in Kontakt, es finden also wenige chemische Reaktionen oder physikalische Reaktionen (z. B. Partikelverklumpung) nach der Probennahme statt, eine Voraussetzung, um das Abgas überhaupt stabil in Beuteln speichern zu können, ohne massive Verfälschungen zu erhalten. Aufgrund der Instabilität von Stickstoffmonoxid reagiert dieses im Beutel teilweise zu Stickstoffdioxid, eine vergleichende Messung unterschiedlicher Stickoxide ist deshalb mit Beuteln nicht sinnvoll und auch von der Abgasgesetzgebung nicht gefordert. Für eine Partikelmessung ist die Abgassammlung in Beuteln nicht sinnvoll, dort kommt eine Teilstromverdünnung (Abschn. 7.8.4.2) oder CVS mit eigener Partikelentnahmesonde (PSP, Particulate Sampling Probe) im Verdünnungskanal ohne Beutel zum Einsatz. Werden die Partikel auf einem nicht durchlaufenden Filter gesammelt, erreicht man damit ebenfalls eine Integration über einen Zyklus oder eine andere vorgegebene Zeit. Um verfälschende elektrostatische Abscheidungen von Partikeln in Leitungen zu vermeiden, müssen diese leitfähig und geerdet sein.

Gelangt man mit zukünftigen Abgasstandards an die Nachweisgrenze heutiger Analysatoren, dann kann eine zusätzliche Verdünnung problematisch werden, d. h. die Analysatoren müssen noch empfindlicher werden, oder Alternativen zum CVS müssen entwickelt werden. Auch können zukünftig Schadstoffe aus der Verdünnungsluft, die gefiltert der Umgebung entnommen wird, einen Einfluss auf die Messung haben.

7.8.4.2 Teilstromverdünnung

Eine beheizte Sonde nimmt einen Teil des Abgasstromes im Endrohr ab. Das Verhältnis des abgenommenen Sondenstromes zum gemessenen Abgasstrom (Abschn. 7.1.3) muss über eine präzise Regelung konstant gehalten werden. Zwischen der Sonde und dem Partikelmessgerät befindet sich als Zusatzgerät ein Verdünnungstunnel (auch Mikrotunnel genannt), um einen gleichmäßigen Durchfluss im Partikelanalysator zu ermöglichen. Da nur ein Teilstrom des Abgases abgenommen wird und verdünnt werden braucht, kann ein Mikrotunnel, der im Prinzip wie ein CVS-Tunnel funktioniert, so kompakt realisiert werden, dass er in einen Messschrank oder sogar in mobile Geräte passt. Das Verfahren ist in [ISO16183] definiert, es erfüllt [§R49] und in den USA [§CFR] Part 86.

7.8.5 Kalibrierung

Die Kalibrierung der Analysatoren erfolgt mit Referenzgasen, die den zu messenden Stoff in definierter Konzentration enthalten, sowie mit Nullgasen (meist Stickstoff, selten Helium), die vom zu kalibrierenden Analysator als Null-Konzentration erkannt werden.

Zu beachten ist, dass die Nullgase in unterschiedlichen Reinheiten geliefert werden. Bei hohem Stickstoff-Verbrauch kommt an Stelle einer hohen Vorratsmenge in Tanks oder Flaschen auch eine Gewinnung aus der Luft vor Ort infrage, neben der Investition in solch eine Anlage sind aber auch die Betriebskosten zu berücksichtigen.

Die typische Toleranz der Konzentration von Referenzgasen ist $\pm 5\,\%$. Gasgemische können sich nach mehrjähriger Lagerung über den Toleranzrahmen hinaus verändern. Als verdünnender Bestandteil der Referenzgase kommen die gleichen Gase infrage, die auch als Nullgas verwendbar sind. Der englische Begriff für Kalibriergas ist „Span Gas“, die gelegentlich anzutreffende Rückübersetzung als „Spanngas“ sollte vermieden werden, da dieser Begriff im Deutschen mit einer anderen Bedeutung belegt ist. Der Begriff Auditgas wird zeitweilig synonym mit Kalibriergas verwendet, meint aber oft ein Gas, das im Gegensatz zu einem sortenreinen Kalibriergas mehrere Gase in definierter Konzentration enthält, um z. B. Querempfindlichkeiten von Analysatoren gegenüber anderen typischen Abgasbestandteilen nachzuweisen.

Unterstellt man einen linearen Zusammenhang zwischen Konzentration und Ausgabewert des jeweiligen Analysators, genügt eine Kalibrierung mit einem Referenzgas und einem Nullgas. Dieser lineare Zusammenhang ist bei vielen Analysatoren nur näherungsweise gegeben. Mit Referenzgasen unterschiedlicher Konzentration ist auch eine Kalibrierung von Nichtlinearitäten möglich. Eine wählbare Verdünnung des Referenzgases im Analysatorschrank zur Kalibrierung ist eine weitere Möglichkeit, deren Genauigkeit aber nicht an jene von exakt vorgemischten Referenzgasen unterschiedlicher Konzentrationen heran reicht.

Die Umschaltung zwischen Nullgas und Referenzgas erfolgt in vielen Messgeräten bei der Kalibrierung automatisch unter Berücksichtigung der erforderlichen Wartezeiten von mehreren Minuten für einen vollständigen Gaswechsel.

Eine Besonderheit bei der Messung von Gasbestandteilen gegenüber anderen messtechnischen Aufgaben sind Querempfindlichkeiten vieler Analysatoren gegenüber anderen Bestandteilen (z. B. oft Wasser). Diese werden durch Kalibrierung mit einem reinen Gas nicht beseitigt.

7.8.5.1 Prüfaerosole

Prüfaerosole werden zur Kalibrierung und Überprüfung von Partikel- und Rußmessverfahren benötigt. Man unterscheidet Brenner, die aus einer Gasflamme (Propan, Butan) oder Flüssigkeitsflamme (Benzin, Diesel, Alkohole) Ruß mit einstellbarer mittlerer Partikelgröße und Konzentration als Prüfaerosol erzeugen und Erzeuger für Ersatzaerosole [VDI3491]. Ersatzaerosole können durch Vernebelung von Flüssigkeiten (z. B. Öle, DEHS [Di-Ethyl-Hexyl-Sebacat], Salzlösungen), Feststoffen oder Kondensationsverfahren erzeugt werden.

7.8.6 Realisierung von Messeinrichtungen

7.8.6.1 Stationäre Abgas-Messanlagen

Die Standard-Analysatoren, dies sind zumindest NDIR, CLD, PMD und FID, werden in Schränken zusammengefasst, die meist in der Warte stehen und neben den Analysatoren deren gemeinsame Infrastruktur zu deren Betrieb, eine Schnittstelle zur Automatisierung und in der Front einen Bildschirm zur manuellen Bedienung haben. Da die Baugröße der einzelnen Analysatoren in der Vergangenheit etwas reduziert werden konnte, passen zwei Linien (vor und nach Abgasnachbehandlung) in den Schrank.

Die gemeinsame Infrastruktur der Analysatoren ist neben der Spannungsversorgung v. a. eine Pumpe und eine Ventilmatrix, welche die jeweiligen Gase (zu messendes Abgas, außerhalb des Schranks gelagerte Kalibrier- und Betriebsgase) auf die Analysatoren verteilt (Abb. 7.53).

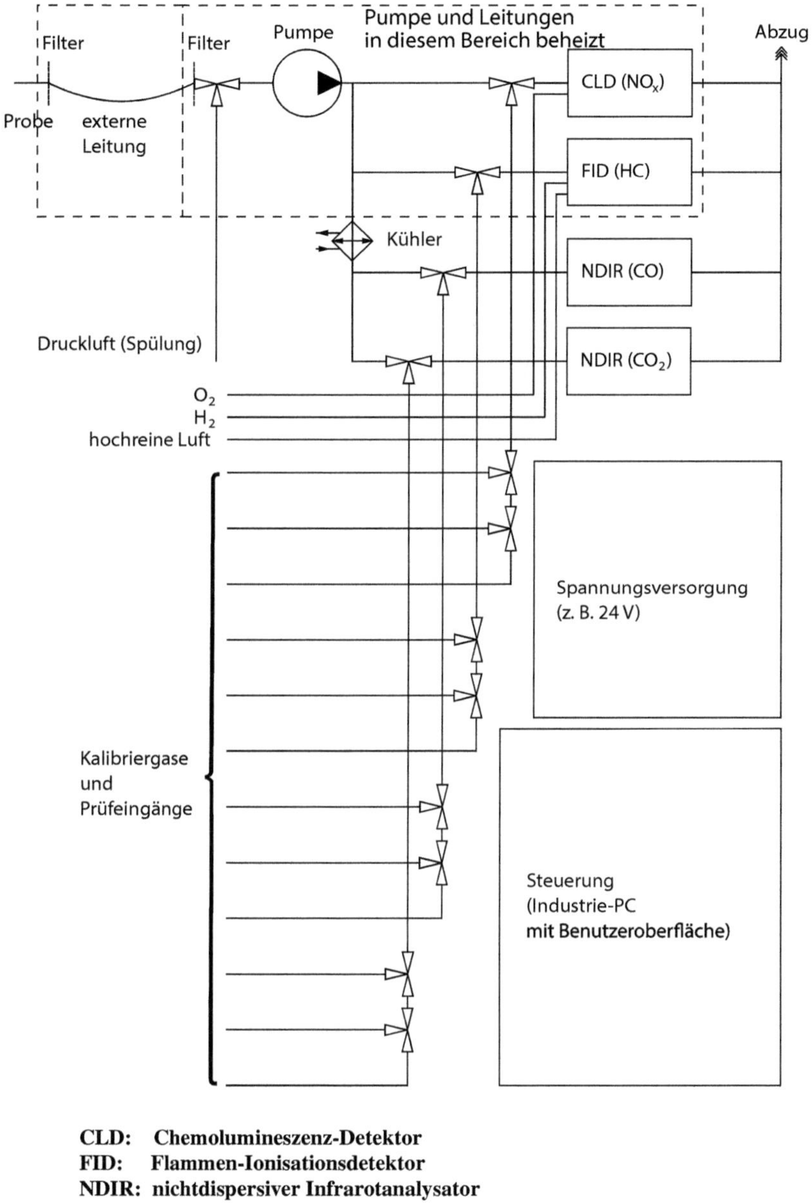

Abb. 7.53 Aufbau eines typischen Messschranks. Im gestrichelten internen Bereich sind alle abgasführenden Komponenten und Leitungen beheizt. Nicht alle Ventile sind dargestellt. CLD: Chemolumineszenz-Detektor; FID: Flammen-Ionisationsdetektor; NDIR: nichtdispersiver Infrarotanalysator

Die Kalibrier- und Betriebsgase der Analysatoren (nach [ISO6141]) werden über eine Anschlussleiste an der Rückseite des Schrankes zugeführt. Die Versorgung erfolgt mit Ausnahme der Druckluft bei typisch 100 kPa Überdruck, der außerhalb des Schrankes über Druckminderer (bei kleinen Prüfständen direkt am Flaschenventil, bei weit verzweigten Installationen an einem prüfstandsnahen Übergabepunkt) eingestellt wird. Typische Verbräuche von Kalibiergasen liegen bei einigen Litern pro Minute, Verbräuche von Betriebsgasen wie Wasserstoff, Verbrennungsluft und Sauerstoff, die während der Messung permanent verbraucht werden, liegen darunter, der Verbrauch an ölfreier Druckluft zum Spülen oder für pneumatische Ventilbetätigung liegt darüber. Sowohl Kalibriergase als auch Abgase verlassen die Analysatoren wieder und müssen am „Auspuff“ des Schrankes aus dem Raum abgeleitet werden. Wasserstoff und Brennluft für den FID werden normalerweise verbraucht, wenn im Störungsfalle die Flamme des FID nicht zündet, können diese Gase auch austreten.

Ein Abgasstrom von einigen Litern pro Minute erreicht den Schrank in einem beheizten Schlauch, auch im Gerät müssen die Gase zur Vermeidung von Kondensation beheizt (190 °C) weitergeleitet werden, eine Ausnahme stellt die Zuführung zu Analysatoren dar, deren Messung durch Wasser beeinflusst wird (z. B. NDIR-Analysatoren), dort wird dem Abgas vor dem Analysator durch Kühlung und Kondensation Feuchtigkeit entzogen. Auch die Pumpe ist beheizt. Aufgrund der beheizten Verbindungen und der Analysatorspezifikationen, die sich auf eine typische Betriebstemperatur im thermischen Gleichgewicht oberhalb der Raumtemperatur bezieht, muss der Messschrank nach Maßgabe des Herstellers einige Zeit (dies können Stunden sein) im Betrieb sein, bevor verwertbare Messungen durchgeführt werden können. Außer einer Abschaltung haben manche Messanlagen eine Standby-Funktion zur Verkürzung von Aufheizzeiten nach Messpausen. Das Abgas wird beim Einlass in die Messanlage von groben Partikeln durch ein Keramik-, Sintermetall-, oder Glasfaserfilter befreit.

Die im Schrank verwendeten Leitungen dürfen das Abgas nicht beeinflussen und nicht korrodieren, ideal sind rostfreie Stähle oder PTFE (Polytetrafluorethylen, bekannt unter dem Markennamen Teflon). Anstelle von PTFE werden auch kostengünstigere Kunststoffe verwendet. Zur Partikelmessung vorgesehene Abgasströme werden in geerdeten Metallrohren separat der Messung zugeführt (Abschn. 7.8.4).

7.8.6.2 PEMS (portable Abgasmessung)

Bisherige Messzyklen auf Prüfständen waren zwar aufgrund präzise definierter Messbedingungen reproduzierbar und damit auch vergleichbar, abgesehen von ihrer Realitätsferne zeigte sich, dass viele Hersteller die Emissionen auf genau diese Bedingungen optimierten. Schon bei minimalen Abweichungen vom Zyklus vervielfachten sich Emissionen, einige Hersteller integrierten in ihre Steuergeräte verbotenerweise Funktionen, die einen Prüfstandslauf erkannten und daraufhin dass Betriebsverhalten des Motors gegenüber dem Fahrbetrieb modifizierten. Deshalb wurden zusätzlich zum Prüfstandszyklus Emissionsmessungen bei Realfahrten (*RDE,* Real Driving Emissions) eingeführt [Borgeest23].

Die Abgasmessung bei realen Fahrten setzt voraus, dass die wichtigsten Analysatoren in einem mobilen Messgerät, dem PEMS, zusammengefasst werden (Abb. 7.54). Bei Lkw sind Messungen im Realbetrieb schon seit Euro VI eingeführt, bei Pkw wurden sie erst kürzlich mit Euro 6 d-TEMP eingeführt (vgl. Abschn. 7.8.1).

In den Abgaspfad wird ein Messgerät für die Abgasmenge (*EFM*, Exhaust Gas Flow Meter, Abschn. 7.1.3) so integriert, dass sich der Gegendruck in der Abgasanlage möglichst wenig ändert, dahinter erfolgt eine direkte Probenahme ohne Speicherbeutel. Analysatoren in einem PEMS messen neben der Partikelzahl Kohlenmonoxid, Kohlendioxid, Stickoxide und Kohlenwasserstoffe. Die Analysatoren ähneln jenen stationärer Messanlagen, eine Besonderheit stellen lediglich die Kohlenwasserstoffe dar. Da der zu deren Messung übliche Flammenionisationsdetektor (Abschn. 7.8.3.5) Wasserstoff als Brenngas benötigt, das als Gasflasche mitzuführen wäre, kommen auch andere Analysatoren zum Einsatz, es gibt auch PEMS ohne Kohlenwasserstoffmessung, die allerdings dann nicht mit allen gängigen Gesetzgebungen konform sind. Für Stickoxide werden auch NDUV-Analysatoren in PEMS eingesetzt.

Zum Einsatz benötigt das PEMS neben der Verbindung zur Abgasanlage eine stabile Montage hinter dem Fahrzeug oder im Kofferraum, eine Spannungsversorgung und Datenschnittstellen (im Gegensatz zu stationären Anlagen auch GPS zur Ortung).

Abb. 7.54 Fahrzeug mit einem portablen Emissionsmesssystem. (Foto: Umicore)

Tab. 7.9 Beispiele zu messender Temperaturen am Motor (mit Sicherheitsspielraum)

Messort	Minimum/°C	Maximum/°C
Gase:		
Einlassluft	−20	60
Ladeluft	−20	250
Abgas	0	1000
Zylinderfüllung	0	2000
Flüssigkeiten:		
Kraftstoff	−20	100
Kühlmittel	−20	150
Öl	−20	150

7.9 Messung thermodynamischer Zustandsgrößen

Die drei wichtigsten thermodynamischen Zustandsgrößen sind Temperatur, Druck und Volumen. Während sich das aktuelle Zylindervolumen aus dem Kurbelwinkel und der daraus resultierenden Position des Kolbens ergibt und konstante Volumina am Motor geometrisch nachgemessen oder aus CAD-Daten bestimmt werden, sind für die Temperatur (Abschn. 7.9.1) und den Druck (Abschn. 7.9.2) entsprechende Sensoren erforderlich.

7.9.1 Temperaturmessung

Tab. 7.9 verdeutlicht, dass an zahlreichen Stellen des Motors die Temperaturen von Gasen und Flüssigkeiten zu messen sind, vereinzelt auch an festen Materialoberflächen wie dem Zylinderkopf. Nicht alle Temperaturmessungen dienen der thermodynamischen Optimierung, eine weitere Anwendung von Temperatursensoren ist die Überwachung der zulässigen Betriebstemperaturen von Komponenten und Flüssigkeiten. Es ist durchaus üblich, dass ein Motor am Prüfstand mit einer zweistelligen Anzahl von Temperatursensoren instrumentiert ist.

Verbreitete Temperatursensoren sind keramische Heißleiter (NTC, Negative Temperature Coefficient), metallische Kaltleiter (PTC, Positive Temperature Coefficient), Halbleiter-PTC, keramische PTC und Thermoelemente. Während Thermoelemente aktiv eine Spannung in Abhängigkeit der Temperatur erzeugen, verhalten sich alle anderen Sensoren passiv und ändern ihren Widerstand in Abhängigkeit von der Temperatur. Bei PTC steigt der Widerstand mit der Temperatur (sie leiten also kalt am besten), bei NTC sinkt er mit der Temperatur (sie leiten also heiß am besten). Daneben gibt es Sensoren als integrierte Schaltungen, die die Temperaturabhängigkeit der Spannung zwischen Basis und Emitter eines Transistors oder der Durchbruchspannung einer Z-Diode nutzen. In Abschn. 7.3.2.2 wurden Bragg-Gitter als optische Dehnungsmessstreifen vorgestellt, deren Temperatureinfluss minimiert wird; ein unkompensierter Temperatureinfluss auf den Brechungsindex lässt sich hingegen sensorisch nutzen. Vorteilhaft ist die elektrische Potenzialfreiheit des Bragg-Sensors.

Aufgrund ihres günstigen Preises sind keramische Heißleiter die Standard-Temperatursensoren im Fahrzeug. Wegen ihrer exponentiellen Kennlinie und der hohen Toleranzen von mehreren Prozenten werden sie kaum an Prüfständen eingesetzt, inzwischen gibt es jedoch keramische Heißleiter mit einer Toleranz von 1 %. PTC aus Halbleitern haben für viele automobile Anwendungen einen zu kleinen Temperaturbereich (bis 150 °C) und zu große Toleranzen. Keramische PTC eignen sich aufgrund ihrer sprungartigen Kennlinie als Temperaturschalter, nicht jedoch als Messsensoren. Die an Prüfständen hauptsächlich eingesetzten Temperatursensoren sind metallische PTC, im Folgenden mit dem verbreiteten Begriff Widerstandsthermometer bezeichnet, und Thermoelemente.

Neben den Messungenauigkeiten ist zu bedenken, dass der Sensor eine Wärmebrücke zur Umgebung darstellt, also auch die zu messende Größe selbst verfälscht [VDI3511]. In den meisten Fällen kann die Verfälschung toleriert werden, andernfalls muss der Einfluss durch eine zweite Messstelle mithilfe eines präzisen Beeinflussungsmodells rechnerisch korrigiert werden.

Die hier vorgestellten Verfahren berühren die Messstelle. Berührungslose Verfahren vermeiden einen Wärmeabfluss durch den Sensor und sind selbst nicht den möglicherweise hohen Temperaturen am Messort ausgesetzt. Nachteilig ist, dass sie sich nicht für verdeckte Messstellen eignen. Die Spanne berührungsloser Temperatursensoren reicht von einfachen Infrarotsensoren bis hin zu Wärmebildkameras. Bei moderaten Anforderungen an Auflösung und Genauigkeit sind Wärmebildkameras inzwischen für wenige 100 € erhältlich und können am Prüfstand nützliche Dienste leisten.

7.9.1.1 Widerstandsthermometer

Metall-PTC, auch Widerstandsthermometer genannt, bestehen aus einem langen, mäandrierenden Leiter, der als Dünnschicht auf ein temperaturbeständiges Keramiksubstrat aufgebracht wurde. Die zulässige Temperatur beträgt einige 100 °C, darüber werden v. a. Temperaturwechsel bei Dünnschichtsensoren wegen der unterschiedlichen Materialien (Platin, Keramik, Glas) problematisch, für größere Temperaturbereiche muss auf Thermoelemente ausgewichen werden. Seltener geworden sind gewickelte Ausführungen. Das Leitermaterial ist in der Regel Platin, zu Lasten der Eignung für hohe Temperaturen wird vereinzelt auch Nickel eingesetzt.

In der Regel werden Platinsensoren nach [EN60751] mit einem Widerstand von 100 Ω bei 0 °C eingesetzt, kurz PT100 genannt, seltener auch solche mit höheren Widerständen, z. B. PT200 oder PT1000. Der Temperaturkoeffizient beträgt 3850 ppm/K. Genauigkeiten von einem zehntel Prozent sind erreichbar, es handelt sich damit um die präzisesten, verfügbaren Temperatursensoren. Platinsensoren werden oft über einen Lemo-Stecker in einer Vierleiterschaltung (zwei Leiter speisen mit einem Messstrom von 1 mA oder weniger, zwei hochohmig abgeschlossene Leitungen messen direkt am Sensor

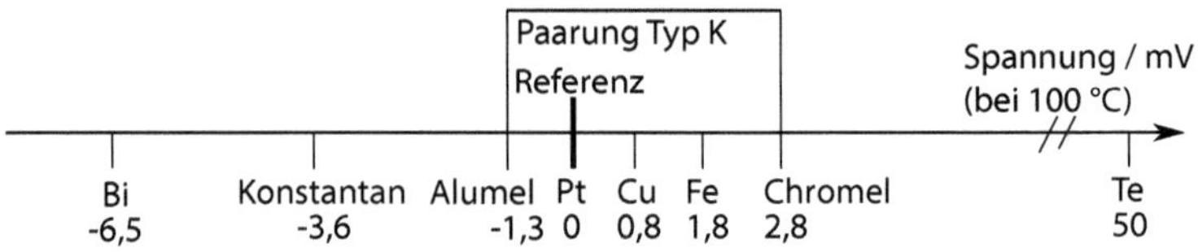

Abb. 7.55 Thermoelektrische Spannungsreihe bei 100 °C (Referenzelement 0 °C). (Daten nach [Stöcker14] und [Isabelle])

die Spannung, ohne den Spannungsabfall auf der Versorgungsleitung mitzumessen) angeschlossen, um die Abhängigkeit des Messergebnissen von den Anschlussleitungen zu minimieren.

7.9.1.2 Thermoelemente

Wann immer sich zwei verschiedene Metalle berühren, bildet sich zwischen den beiden Metallen eine *thermoelektrische Spannung* oder kurz *Thermospannung.* Dieser Effekt wird als *thermoelektrischer Effekt* oder *Seebeck*[11] *-Effekt* bezeichnet. Die thermoelektrische Spannung hängt von der Materialpaarung und von der Temperatur ab [Körtvely15]. Ein zu Messzwecken verwendetes Metallpaar wird Thermoelement genannt, in Anlehnung an den englischen Sprachgebrauch auch Thermopaar. Eine thermoelektrische Spannung entsteht aber unbeabsichtigt auch an anderen Metallpaaren. Die nach der Thermospannung gegenüber einem gleichbleibenden Bezugsmetall (typisch Platin) sortierte Auflistung verschiedener Metalle nennt sich thermoelektrische Reihe, außer einer tabellarischen Darstellung ist auch eine grafische Darstellung der Reihe wie z. B. in Abb. 7.55 möglich. Das Bild zeigt die Spannungen verschiedener Metalle gepaart mit Platin bei 100 °C, wobei ein entgegengesetzt gepoltes Referenzelement mit der gleichen Materialpaarung bei 0 °C in Reihe geschaltet wurde. Andere Reihen werden auch mit anderen Temperaturen angegeben, manchmal auch mit unterschiedlichen Messverfahren, vereinzelt werden auch andere Metalle als Platin als Referenz verwendet. Diese Vielfalt der Bestimmungsverfahren sollte beachtet werden, wenn Werte aus verschiedenen Quellen verglichen werden.

Man stelle sich z. B. einen Chromel- und einen Alumel-Draht vor. Verbindet man diese an einer Stelle, entsteht eine Thermospannung, die aber wirkungslos bleibt, weil kein geschlossener Stromkreis vorliegt. Der Stromkreis wird erst geschlossen, wenn an einer zweiten Stelle eine Verbindung hergestellt wird. Dort entsteht ebenfalls eine Thermospannung. Wenn beide Verbindungen die gleiche Temperatur haben, heben sich beide Thermospannungen in der Summe auf, erst wenn beide Verbindungen bei unterschiedlicher Temperaturen unterschiedliche Thermospannungen erzeugen, entsteht eine

[11] Thomas Johann Seebeck, 1770–1831, deutscher Physiker, entdeckte u. a. den thermoelektrischen Effekt.

resultierende Thermospannung ungleich Null, die im Stromkreis real als Spannungsquelle wirkt.

Bestimmte Materialpaarungen werden bevorzugt verwendet und haben deswegen eine genormte Bezeichnung und eine genormte Farbe des Steckverbinders und der Kabelisolierung (Tab. 7.10). Der Standard im Motorenbereich ist der Typ „K“, am gelben oder grünen Steckverbinder erkennbar. Strebt man eine höhere Empfindlichkeit an, verwendet man den Typen „J“, für einen erweiterten Temperaturbereich den Typen „S“. Unterschiede zwischen den Thermoelementtypen gibt es nicht nur in den thermoelektrischen Kennwerten, sondern auch in der Resistenz gegenüber unterschiedlichen Umweltbedingungen. Im oberen Temperaturbereich altern Thermoelemente sehr schnell, deswegen werden oft auch engere Temperaturbereiche, in denen eine bestimmte Lebensdauer garantiert wird, angegeben.

IEC 60584 führte drei Genauigkeitsklassen ein, wobei in der höchsten Klasse 1 bei einigen Elementen eine den Widerstandsthermometern vergleichbare Genauigkeit gegeben ist. Ein Vergleich ist jedoch im Einzelfall durchzuführen, da auch in der Klasse 1 die Anforderungen zwischen den Thermoelementtypen unterschiedlich sind und teilweise absolut, teilweise relativ zur Temperatur spezifiziert sind.

Ein Problem im praktischen Einsatz ist, dass der Anschluss eines Thermoelements an die Auswertelektronik mit ihren Kupferleitern parasitäre Thermoelemente bilden (Abb. 7.56). Praktisch ist dieses Problem gut beherrschbar. Wenn die Temperatur der Kontakte *(Cold Junctions)* zwischen den thermoelektrisch wirksamen Metallen und dem Kupfer bekannt ist, handelt es sich um einen präzise bestimmten, systematischen Fehler, der sich durch analoge Schaltungen, digitale Kennfelder oder nachträglich korrigieren lässt. In früheren Zeiten war es üblich, die kalten Anschlüsse in Eis zu legen, um eine definierte und obendrein niedrige Temperatur mit kleiner Thermospannung zu erreichen, heute befinden sich beide Kaltkontakte wärmeleitend aber elektrisch isoliert auf einem isothermen Block, dessen Temperatur durch einen weiteren Temperatursensor gemessen wird. Wenn die Temperatur des isothermen Blocks bei typischen Messanwendungen niedriger ist, als die der Messstelle, kommt erleichternd hinzu, dass die

Tab. 7.10 Standard-Thermoelemente in der Motorenmesstechnik. Chromel-P: 90 % Nickel, 10 % Chrom, Alumel: 96 % Nickel, 2 % Mangan, 2 % Aluminium

Typ	Material	Temperaturbereich/°C [IEC60584]	Thermospannung/mV bei Maximaltemperatur [IEC60584-1]	Empfindlichkeit/ (µV/K) bei 20 °C [HoroHill11]	Stecker-Farbe
J	Fe/CuNi	−210 … 1200	69,54	51,45	schwarz
K	**Chromel-P/ Alumel**	**−270 … 1372**	**54,88**	**40,28**	**grün oder gelb**
S	Pt10Rh/Pt	−50 … 1769	18,69	5,88	orange

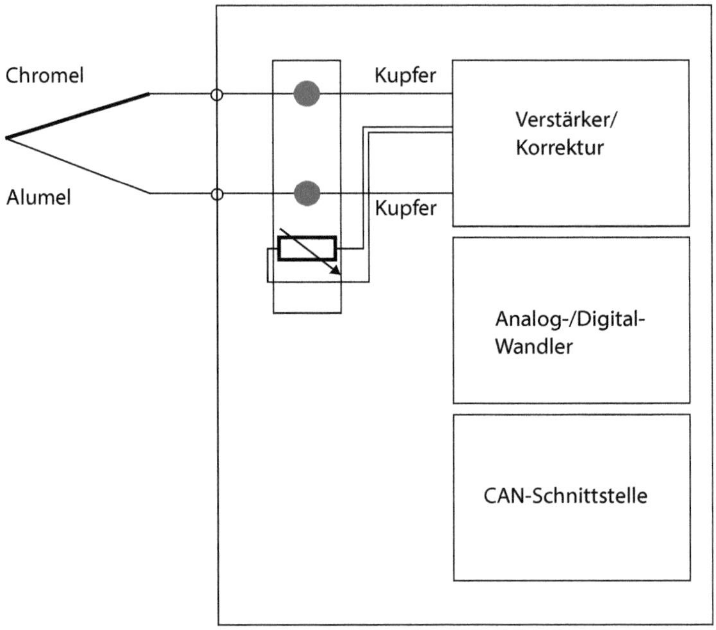

Abb. 7.56 Auswertelektronik des Thermoelements

Thermospannungen dort kleiner sind und sich die Toleranz dieses Temperatursensors damit schwächer auswirkt, als die Toleranz des Thermoelements an der Messstelle. Meist werden Thermoelemente bereits verdrahtet geliefert, wird die Verdrahtung selbst durchgeführt, müssen beide Drähte aus denselben Materialien wie im Thermoelement bestehen *(Thermoleitung)* oder zumindest im relevanten Temperaturbereich zusammen thermoelektrisch neutral sein *(Ausgleichsleitung),* was insbesondere bei Legierungen nicht immer exakt eingehalten werden kann. Thermoleitungen und Ausgleichsleitungen haben eine eindeutige Kennzeichnung nach [IEC60584-3], bestehend aus dem Buchstaben des Thermoelement-Typs, gefolgt von einem X bei Thermoleitungen oder einem C bei Ausgleichsleitungen. Vorsicht ist bei den Stecker- und Kabelfarben angebracht, da neben der [IEC60584-3] weitere an anderer Stelle genormte und nicht genormte Markierungssysteme verbreitet sind, bekanntestes Beispiel ist der verbreitete gelbe K-Stecker.

Ein Thermoelement ließe sich zwar auch selbst bauen, in der Regel wird man aber ein in reproduzierbarer Qualität aus zwei Metallen geschweißtes Thermoelement wählen. In der Regel wird das Thermoelement nicht ungeschützt verwendet, sondern in ein meist dünnes, stiftförmiges Gehäuse eingebaut. Allerdings kann gerade die geringe Masse des ungeschützten Thermoelements ein Vorteil sein, es folgt damit schnell der zu messenden Temperatur. Andernfalls müsste zunächst das Gehäuse die Umgebungstemperatur annehmen, bis dann das Thermoelement ebenfalls die Umgebungstemperatur annimmt.

Abb. 7.57 Anwendung von Thermoelementen am Motor: **a** Instrumentierung eines Wärmetauschers (beide Kreise, vor und nach Wärmetauscher), **b** in Bohrung eingelötetes Thermoelement, **c** durch eingeschweißten Bolzen gesteckter Sensor

Thermoelemente sind in verschiedenen Gehäusevarianten lieferbar, sodass sich auch Varianten mit geringer thermischer Trägheit finden. Abb. 7.57 zeigt Anwendungsbeispiele mit unterschiedlichen Möglichkeiten (Auflöten, Einlöten und Einstecken) der Montage an der Messstelle.

7.9.2 Druckmessung

Während es bei Temperaturen oft genügt, eine Untergrenze und eine Obergrenze für einen Sensor anzugeben, bewegen sich viele Drücke meist in einem bestimmten Bereich, der aber gelegentlich in Form von Druckspitzen verlassen wird (Tab. 7.11). Gelegentlich kann es sinnvoll sein, einen hochauflösenden Sensor für den Standardbereich sowie einen weiteren, großzügig bemessenen Sensor für den Maximalbereich zu wählen, wobei

Tab. 7.11 Beispiele zu messender Drücke am Motor relativ zum Atmosphärendruck (100 kPa = 1 bar)

Messort	Minimum/100 kPa	Maximum regulär/100 kPa	Maximum Spitze/100 kPa
Gase:			
Einlassluft	−1	1	4
Ladeluft	−1	4	8
Abgas	0	1	3
Zylinderfüllung	−1	100	>100
Flüssigkeiten:			
Kraftstoff (Niederdruck)	0	6	15
Kraftstoff (Common Rail)	0	Systemdruck (derzeit bis 3000, s. Unterabschn. 2.1.2.1)	2 · Systemdruck
Öl	0	16	32

auch der Sensor für die normalen Drücke mit Druckspitzen beaufschlagt wird und so auszuwählen ist, dass er dadurch nicht geschädigt wird.

Für statische oder moderat dynamische Druckmessungen werden Sensoren eingesetzt, die eine druckabhängig durchbogene Membran erhalten. Auf einer oxidierten Metallmembran oder Keramik sind vier Dehnungsmessstreifen in Dünnschichttechnik aufgedampft, selten auch in Dickschichttechnik aufgedruckt, die zu einer Vollbrücke verschaltet sind. Bei Siliziummembranen werden auch Ionenimplantation oder Diffusion zur Erzeugung der Brückenschaltung verwendet, ein Nachteil von Silizium ist, dass es spröder als die üblichen Metalle ist. Die Messmembran wird durch eine korrosionsbeständige, metallische Schutzmembran (z. B. aus einer Nickel-Molybdän-Legierung) und eine dahinter liegende Kammer vor dem Medium geschützt. Die Kammer ist mit einer Flüssigkeit, z. B. Silikonöl, gefüllt. Im Sensorgehäuse befindet sich die fertige Auswerteelektronik mit einer analogen oder heute meist digitalen Schnittstelle. Die im Sensor verwendete Brückenschaltung kompensiert den direkten Temperatureinfluss auf die Messelemente nach Gl. (7.33) nahezu vollständig, nicht aber geringe temperaturbedingte Empfindlichkeitsänderungen oder Elastizitätsänderungen, deshalb kann im Gehäuse ein weiterer Temperatursensor vorhanden sein, damit die interne Elektronik auch diesen Einfluss nahezu vollständig kompensiert *(aktive Kompensation)*. Die Sensoren können Genauigkeiten besser als 0,1 % erreichen. Eine Variante der Sensoren versetzt eine Siliziummembran in resonante Schwingungen und wertet die Frequenzänderung aus.

Die Sensoren sind oft im Messgalgen über dem Prüfstand und werden über Schläuche an die Messpunkte angebunden. Vorteilhaft sind dabei die Entkopplung des Sensors von den hohen Temperaturen am Motor sowie die Immunität gegen elektromagnetische Beeinflussung. Nachteilig sind das Schlauchvolumen, das der Messdynamik entgegensteht und unter ungünstigen Bedingungen sogar eine schwingende Säule bilden kann sowie die Füllung des Schlauches mit evtl. gefährlichen Medien.

7.9.2.1 Indizierung

Ein besonderer Anwendungsfall der Druckmessung ist die Indizierung, die Bestimmung des Zylinderinnendrucks. Gelegentlich wird begrifflich unterschieden zwischen Hochdruckindizierung (Zylinderinnendruck) und Niederdruckindizierung (Druck Einlass, Auslass). Bei der Hochdruckindizierung werden hohe Drücke bei hohen Temperaturen mit einer hohen Dynamik gemessen. Bei der Niederdruckindizierung am Auslass können sogar Temperaturen bis 1000 °C auftreten.

Der Druck wird bei der Indizierung als Funktion der Zeit, meist aber als Funktion des Zylindervolumens über dem Kolben (p-V-Diagramm) angegeben. Das Volumen kann aus dem Kurbelwinkel berechnet werden. Der Kurbelwellenwinkel wird am Prüfstand in der Regel bereits erfasst (Abschn. 7.2), es mag aber sein, dass die Auflösung nicht genügt. Bei einem Winkelgeber hinter der Belastungsmaschine kann auch ein geringer Fehler durch die Torsion des Wellenstrangs nicht ausgeschlossen werden. In diesen Fällen ist ein zusätzlicher Drehwinkelgeber am Motor anzubringen, die Auflösung sollte nicht gröber als 1° sein, für Untersuchungen an der Einspritzung, Klopfmessungen oder Akustikuntersuchungen ist eine Auflösung von 0,1° sinnvoll.

Für die Indizierung werden piezoelektrische Wandler eingesetzt. Ein in Drucksensoren verbreitetes piezoelektrisches Material, das sich nicht bei Temperaturen über 300 °C eignet, ist Quarz (SiO_2). Je nachdem, in welchem Winkel zu den Kristallachsen der verwendete Quarz aus dem Kristall geschnitten wurde, können sich die Eigenschaften etwas unterscheiden. Teilweise werden besonders temperaturbeständige Piezokeramiken wie Galliumorthophosphat ($GaPO_4$) eingesetzt, dieses hat die gleiche Kristallstruktur wie Quarz, wobei sich aber anstelle der Silizium-Atome Gallium- und Phosphoratome abwechseln. Neben der Eignung bis 970 °C ist $GaPO_4$ auch etwa doppelt so empfindlich wie Quarz. Das früher eingesetzte Langasit wurde durch $GaPO_4$ verdängt.

Teilweise werden die Sensoren in einem Wasserkreislauf gekühlt, deren Betrieb naturgemäß aufwendig ist, da der Nutzer am Prüfstand die Kühlung anschließen muss und ein geschlossener Kreislauf mit zur Vermeidung von Ablagerungen entionisiertem Wasser benutzt wird.

Eine weitere Belastung des Sensors, die auch das Messergebnis beeinflussen kann, sind die hohen Schwingungsamplituden am Zylinderkopf, es existieren Sensoren, die Schwingungen durch eine interne seismische Masse kompensieren. Der Piezokristall sollte sich am vorderen Rand des Sensors befinden, da bei einem zurückgesetzten Kristall ein Druckkanal erforderlich ist, in dem Pfeifenschwingungen entstehen können. Auch kann z. B. eine Rußablagerung das Verhalten des Sensors beeinflussen.

Um keinen weiteren Zugang für den Drucksensor in den Motor bohren zu müssen, werden einige Zylinderdrucksensoren für Ottomotoren in Zündkerzen oder für Dieselmotoren in Glühkerzen integriert. Ist hingegen ein zusätzlicher Zugang erforderlich, muss dieser passend zur Form des Sensors in den Zylinderkopf gebohrt und mit einem Gewinde versehen werden, für einige Sensoren werden von deren Anbietern spezielle, dem Sensorprofil entsprechend abgestufte Bohrer sowie weitere Hilfsmittel zur Montage angeboten. Typische Durchmesser betragen 3 bis 15 mm, teilweise mit Zwischenhülse gesteckt, teilweise geschraubt.

Zur Auswertung eines piezoelektrischen Drucksensors wird ein Ladungsverstärker verwendet. Professionelle Indiziersysteme enthalten mehrkanalige Einheiten zur synchronen Messwerterfassung an verschiedenen Stellen, die eine Weiterverarbeitung über einen PC und damit über das p-V-Diagramm oder den zeitlichen Druckverlauf hinaus gehende Auswertungen ermöglichen. Mit Einschränkungen eignen sich auch einige Datenlogger und Speicheroszilloskope als Indiziersysteme, zuvor sollten diese aber gegen ein professionelles System geprüft werden.

7.9.3 Wetterstation

Die Reproduzierbarkeit der Messung erfordert in der Regel auch bei nicht klimatisierten Prüfständen die Protokollierung der klimatischen Randbedingungen Lufttemperatur,

Luftdruck und Luftfeuchte. Die dazu erforderlichen Sensoren am Prüfstand sind meist in einem Gerät, der Wetterstation, integriert. Temperatursensoren und Drucksensoren wurden bereits in diesem Abschnitt behandelt. Bei der Verwendung externer Sensoren ist auf eine gegen Kondenswasser geschützte Montage zu achten. Feuchtesensoren bestehen aus einem beidseitig kontaktierten Dielektrikum, wenn dieses Feuchtigkeit aus der Umgebung aufnimmt, ändert sich die Kapazität zwischen beiden Kontakten. Aus den gemessenen Größen, können weitere Größen, z.B. Taupunkt, Wasserdampfdruck und Wasserdampfsättigungsdruck abgeleitet werden. Da die Automatisierung in der Regel nur dann Klimawerte aufzeichnet, wenn diese zur Protokollierung in der Prüfstandsautomatisierung ausgewählt sind, kann eine zusätzliche Aufzeichnung innerhalb der Wetterstation über einen längeren Zeitraum auch außerhalb von Messungen sinnvoll sein.

7.10 Innermotorische Analytik

Das Ziel der innermotorischen Analytik ist, die zylinderinternen Vorgänge der Gemischbildung und der Verbrennung zumindest qualitativ, oft sogar quantitativ darzustellen. Die wichtigsten Messgrößen sind Strömungsgeschwindigkeiten, Stoffkonzentrationen und Temperaturen als Funktion des Ortes (zwei- oder dreidimensional) und der Zeit. Zur Darstellung dieser Größen wird eine Vielzahl unterschiedlicher optischer Verfahren verwendet. Da diese Verfahren oft in doppelter Hinsicht teuer sind, einerseits durch die verwendete Messtechnik, andererseits wegen der Anpassung des Motors, überrascht es nicht, dass gerade in diesem Bereich versucht wird, mit Computersimulationen zu arbeiten. Die rechnergestützte Berechnung von Strömungsvorgängen (CFD, Computational Fluid Dynamics) darf im Aufwand allerdings auch nicht unterschätzt werden, die Modellierung nimmt viel Zeit in Anspruch und der hohe numerische Aufwand überfordert in vielen Fällen einen gewöhnlichen PC. Auch muss ein Simulationsmodell validiert werden, üblicherweise durch Messungen. Die innermotorische Analytik ist aufgrund des hohen Aufwandes und der nötigen Erfahrung spezialisierten Entwicklungsabteilungen und Forschungseinrichtungen vorbehalten. Dem hohen Aufwand steht der Vorteil gegenüber, Motoren nicht nur empirisch optimieren zu können, sondern die Vorgänge im Motor genauestens zu verstehen, und damit auch Rekursionen in der Entwicklung einsparen zu können.

Die wichtigsten physikalischen Effekte Streuung, Fluoreszenz (die gemeinsam mit den Streuphänomenen behandelt wird), Doppler-Effekt und Inkandeszenz sollen zunächst erläutert werden, anschließend die auf diesen Effekten aufbauenden Messverfahren.

7.10.1 Physikalische Effekte

7.10.1.1 Streuung

Wenn sich feine feste Partikel oder Flüssigkeitstropfen in einer Gasphase befinden, streuen diese das Licht in Abhängigkeit der Wellenlänge, des Winkels zwischen Einfallsrichtung und Beobachtungsrichtung und der Teilchengröße. Ein alltägliches Beispiel ist ein blauer Himmel. Astronauten, die von einem Raumschiff in die gleiche Richtung des Himmels blicken, sehen hingegen schwarz. Dies liegt daran, dass Aerosole und Moleküle in der Atmosphäre das Sonnenlicht streuen. Die Abhängigkeit von der Wellenlänge erkennen wir daran, dass der Himmel blau ist und nicht weiß. Die Winkelabhängigkeit erkennen wir daran, dass der Himmel in Abhängigkeit von Blickrichtung und Sonnenstand unterschiedliche Färbungen annehmen kann. Das grobe Aerosol der Wolken, in dem die Tropfen wesentlich größer sind als die Wellenlänge, hat andere Streueigenschaften, als das überwiegend feine Aerosol bei wolkenlosem Himmel, in dem die Größenordnung vieler Teilchen im Bereich der optischen Wellenlänge (Nanopartikel) oder darunter (Moleküle) liegt. Im Folgenden werden wir uns einen Überblick über wesentliche Streuungsphänomene verschaffen, für eine detaillierte physikalische Betrachtung sei [DaviSchw02] empfohlen.

7.10.1.1.1 Elastische Streuung

Der Begriff der elastischen Streuung wurde der Mechanik entlehnt. Bei einem elastischen Stoß bleibt keine dauerhafte Verformung der Stoßpartner zurück, Impuls und kinetische Energie bleiben beim elastischen Stoß in der Summe erhalten. Dies führt insbesondere beim Stoß zwischen einem beweglichen und einem unbeweglichen Stoßpartner dazu, dass der bewegliche Stoßpartner beim Stoß seine kinetische Energie, seinen Impulsbetrag und seinen Geschwindigkeitsbetrag behält (beim unbeweglichen Stoßpartner sind diese Größen vorher und nachher 0). Übertragen auf die Reflexion eines Lichtquants an einem fest angenommen Partikel bedeutet dies, dass bei der elastischen Streuung die Energie und Wellenlänge des Lichtquants durch die Reflexion nicht verändert wird. Monochromatisches (einfarbiges) Licht wird bei der elastischen Streuung unter Beibehaltung seiner Farbe reflektiert. Es mag paradox erscheinen, dass sich bei der Streuung von mehrfarbigem Licht die Farbe scheinbar ändern kann, dies liegt aber daran, dass nicht alle spektralen Anteile in die gleiche Richtung gestreut werden (Dispersion). Die elastische Streuung an Partikeln, die klein gegenüber der Wellenlänge sind, wird Rayleigh[12] -Streuung genannt. Da die Wellenlänge von Licht einige 100 nm beträgt, handelt es sich bei noch kleineren Partikeln im Wesentlichen um einzelne Atome und Moleküle, andere Partikel in dieser Größenordnung werden Nanopartikel genannt. Bei Verbrennungsmotoren können diese auch kleinste Rußpartikel sein. Sind die Partikel etwa

[12] John William Strutt, 3. Baron Rayleigh, 1842–1919, englischer Physiker, der maßgeblich an der Erforschung der elastischen Streuung beteiligt war.

so groß wie die Wellenlänge oder größer, wird diese Streuung Mie[13] -Streuung (oder Lorenz[14] -Mie-Streuung) genannt. Für beide Arten der Streuung gelten unterschiedliche physikalische Gesetzmäßigkeiten, die im Detail in [DavSch02] behandelt werden. Ein wesentlicher Unterschied ist, dass bei der Mie-Streuung mit zunehmender Partikelgröße der Einfluss der Wellenlänge schwindet. Mit zunehmender Partikelgröße spielt auch die Form der Partikel eine Rolle, die von runden Partikeln ausgehende Theorie von Lorenz und Mie hat deshalb Erweiterungen erfahren, die auch nichtrunde Partikel betrachten [BarbHill90].

7.10.1.1.2 Inelastische Streuung und Fluoreszenz

Während bei der elastischen Streuung das gestreute Licht seine Wellenlänge beibehält, kommt es bei der inelastischen Streuung zu einer Veränderung der Wellenlänge. Mit jeder Rayleigh-Streuung geht eine um mehrere Zehnerpotenzen schwächere inelastische Streuung einher, die nach ihrem Entdecker Raman[15] -Streuung genannt wird. Ein weiterer Effekt, bei dem auch Licht mit anderer Wellenlänge als das einfallende Licht abgestrahlt wird, ist wesentlich bekannter, weil er auch aus unserem Alltag bekannt ist: die Fluoreszenz. Beiden Phänomenen gemeinsam ist die Stoffabhängigkeit, welche die Darstellung von Stoffverteilungen im Brennraum ermöglicht.

Raman-Streuung tritt auf, wenn ein Molekül energetisch angeregt wird und anschließend auf einen Energiezustand in der Nähe der vor der Anregung vorhandenen Energie zurückfällt. Beim Rückfall auf exakt das ursprüngliche Energieniveau tritt Rayleigh-Streuung auf. Durch Molekülschwingungen kann aber nach der Anregung und der Relaxation der energetische Zustand geringfügig abweichen. Ist die Schwingungsenergie anschließend geringfügig höher, enthält das gestreute Licht weniger Energie, ist also etwas langwelliger. Diese Form der Raman-Streuung wird auch Stokes[16] -Raman-Streuung genannt. Die Schwingungsenergie kann anschließend aber auch geringer sein, dann gibt das gestreute Licht nicht nur die ursprüngliche Anregungsenergie ab, sondern zusätzlich den Verlust an Schwingungsenergie. Das Raman-gestreute Licht kann also auch kurzwelliger sein, dieser Fall der Raman-Streuung wird auch Antistokes-Raman-Streuung genannt. Das Raman-Streuspektrum ist stofftypisch und kann deshalb bei der Darstellung von Stoffverteilungen und Temperaturverteilungen helfen.

[13] Gustav Mie, 1868–1957, deutscher Physiker, der u. a. die nach ihm benannte Streuung untersuchte.

[14] Ludvig Valentin Lorenz, 1829–1891, dänischer Physiker, der u. a. die Lichtstreuung erforschte (nicht zu verwechseln mit Hendrik A. Lorentz).

[15] Chandrasekhara Venkata Raman, 1888–1970, indischer Physiker, Nobelpreis für Physik 1930, erforschte die Streuung von Licht.

[16] Sir George Gabriel Stokes, 1819–1903, irischer Mathematiker und Physiker, neben der Hydrodynamik beschäftigte er sich v. a. mit der Optik.

Bei der Fluoreszenz fallen Ladungsträger, die zuvor durch Lichteinfall angeregt wurden, auf niedrigere Energieniveaus ab, zwischen Anregung und Abfall besteht ein zeitlicher Verzug. Die Fluoreszenz ist also keine Streuung, es ist aber sinnvoll, sie im Kontext der Streuphänomene zu betrachten. Typisch für die Fluoreszenz ist, dass das abgegebene Licht in der Wellenlänge weiter vom anregenden Licht entfernt ist, als bei der Raman-Streuung. Die Wellenlänge ist bei der Fluoreszenz immer größer als beim anregenden Licht. Fluoreszenzspektren sind keine Linienspektren, sondern kontinuierlich. Die Intensität ist wesentlich höher als bei der Raman-Streuung. Die Fluoreszenz kann wie die Raman-Streuung zur Stoffidentifikation genutzt werden. Die Analyse der Raman-Streuung kann durch Fluoreszenz erschwert werden, wenn das fluoreszierte Licht das Raman-Spektrum überdeckt. Ggf. müssen dann dem Analyten Stoffe zugegeben werden, welche die Fluoreszenz unterdrücken *(Quenching)*.

Ein Sonderfall der Fluoreszenz ist die Phosphoreszenz, bei welcher der Verzug als Nachleuchten sichtbar wird. Im Gegensatz zur normalen Fluoreszenz tritt sie bei wesentlich weniger Stoffen auf. Diese werden Phosphore genannt (nicht zu verwechseln mit dem gleichnamigen chemischen Element).

7.10.1.2 Doppler-Effekt

Aus dem Alltag ist der akustische Doppler[17] -Effekt bekannt: Bewegt sich eine Schallquelle, z. B. ein Fahrzeug, auf den Beobachter zu, steigt die Tonhöhe, entfernt sich die Schallquelle, sinkt die Tonhöhe. Der Doppler-Effekt tritt auch auf, wenn sich der Beobachter relativ zur stehenden Schallquelle bewegt. Je nachdem, ob der Beobachter oder die Quelle sich bewegt, gelten unterschiedliche Formeln [Gerthsen].

Uns interessiert hier nicht der akustische Doppler-Effekt, sondern der für Licht und andere elektromagnetische Wellen geltende optische Doppler-Effekt. Dieser unterscheidet sich vom akustischen Effekt dadurch, dass die Ausbreitung des Lichts nicht an ein Medium wie Luft gebunden ist, es deswegen auch keinen Unterschied bewirkt, ob der Beobachter oder die Quelle sich bewegt, sondern lediglich die Relativbewegung zwischen Beobachter und Quelle zählt. Eine indirekte Folge dieser Relativität ist nach der speziellen Relativitätstheorie die Konstanz der Lichtgeschwindigkeit unabhängig vom Beobachter. Daraus ergibt sich die beim Beobachter verschobene Wellenlänge λ nach [Einstein05] mit der Wellenlänge der Quelle λ_0 und der relativen Geschwindigkeit v, mit der sich Beobachter und Quelle **annähern** zu

$$\lambda = \lambda_0 \sqrt{\frac{1 - \frac{v}{c}}{1 + \frac{v}{c}}}. \tag{7.67}$$

[17] Christian Doppler, 1803–1853, österreichischer Physiker, versuchte anhand von Wasserwellen den optischen Dopplereffekt (nach heutigem Wissen falsch) zu erklären, beschrieb damit aber richtig den akustischen Dopplereffekt.

Die Formel gilt ebenso im Falle, dass sich Quelle und Beobachter entfernen, die Geschwindigkeit ist dann negativ einzusetzen. In der Literatur, auch bei Einstein, wird diese Formel oft auch für die gegenteilige Richtung der Geschwindigkeit (Zähler und Nenner vertauscht) angegeben. Die Lichtgeschwindigkeit im Vakuum c beträgt

$$c = \frac{1}{\sqrt{\varepsilon_0 \mu_0}} = 3 \cdot 10^8 \, \frac{\mathrm{m}}{\mathrm{s}}, \tag{7.68}$$

wobei ε_0 und μ_0 die elektrische und die magnetische Feldkonstante sind. In Gasen gilt

$$c = \frac{1}{\sqrt{\varepsilon_0 \varepsilon_\mathrm{r} \mu_0 \mu_\mathrm{r}}}, \tag{7.69}$$

wobei ε_r und μ_r die materialspezifische relative Permittivität und Permeabilität sind. Praktisch können diese für alle relevanten Gase zu 1 angenommen werden, es kann also mit der Vakuumlichtgeschwindigkeit gerechnet werden. Wenn die Quelle mit der Frequenz f_0 sendet, berechnet sich die empfangene Frequenz mit dem Doppler-Effekt zu

$$f = \frac{c}{\lambda} = f_0 \sqrt{\frac{1 + \frac{v}{c}}{1 - \frac{v}{c}}}. \tag{7.70}$$

Wenn sich Sender und Empfänger nicht auf der Achse des Lichtstrahls bewegen, sondern im Winkel φ schräg zum Lichtstrahl, dann gilt

$$f = f_0 \frac{1 + \frac{v}{c} \cos \varphi}{\sqrt{1 - \left(\frac{v}{c}\right)^2}}. \tag{7.71}$$

Interessant ist, dass sich im Gegensatz zum akustischen Doppler-Effekt aufgrund des Nennerterms die Frequenz auch für $\cos \varphi = 0$ verschiebt, also wenn sich die Quelle z. B. in einem Winkel von 90° am Beobachter vorbei bewegt (transversaler Doppler-Effekt). Bewegen sich zwei räumliche Koordinatensysteme (wie z. B. zwei Körper in mitbewegten Koordinaten betrachtet) relativ zueinander, so lässt sich aus der Konstanz der Lichtgeschwindigkeit mithilfe von Koordinatentransformationen herleiten [Einstein05], dass aus der Sicht des einen Koordinatensystems die Zeit (definiert durch die Laufzeit eines Lichtstrahls zwischen zwei Punkten) im jeweils anderen, relativ bewegten System langsamer vergeht. Diese relativistische Zeitdilatation ist eine wesentliche Erkenntnis aus Einsteins spezieller Relativitätstheorie und drückt sich im Nennerterm aus. Die Zeitdilatation erreicht erst bei Geschwindigkeiten nahe der Lichtgeschwindigkeit eine relevante Größenordnung, bei den typischen Strömungsgeschwindigkeiten im Motor kann die Formel vereinfacht werden zu

$$f \approx f_0 \left(1 + \frac{v}{c} \cos \varphi\right). \tag{7.72}$$

Diese Formel entspricht dem akustischen Dopplereffekt im Falle einer ruhenden Quelle und eines bewegten Beobachters. Für die relative Dopplerverschiebung folgt daraus bei kleinen Geschwindigkeiten

$$\frac{f - f_0}{f_0} \approx \frac{v}{c} \cos \varphi. \tag{7.73}$$

Die Beschäftigung mit [Einstein05] zeigt, dass sich beim relativistischen Dopplereffekt auch die Intensität mit der Bewegung ändert, auch dieser Effekt tritt erst nahe der Lichtgeschwindigkeit in signifikanter Größenordnung auf und wäre selbst dann schwieriger zu messen, als die Frequenzverschiebung. Ebenso kommt es bei Geschwindigkeiten nahe der Lichtgeschwindigkeit zu einer Winkeländerung, die messtechnisch ebenfalls unbedeutend ist.

In messtechnischen Anwendungen tritt der Doppler-Effekt an reflektierenden Partikeln doppelt auf, zunächst zwischen der Quelle und dem Partikel, dann zwischen dem Partikel und dem Detektor. In diesem Falle gilt allgemein

$$f = f_0 \left(\frac{1 + \frac{v}{c} \cos \varphi}{\sqrt{1 - (\frac{v}{c})^2}} \right)^2 = f_0 \frac{\left(1 + \frac{v}{c} \cos \varphi\right)^2}{1 - \left(\frac{v}{c}\right)^2} \tag{7.74}$$

und für gegenüber der Lichtgeschwindigkeit kleine Geschwindigkeiten

$$f \approx f_0 \left(1 + \frac{v}{c} \cos \varphi\right)^2. \tag{7.75}$$

Für die relative Dopplerverschiebung folgt daraus bei kleinen Geschwindigkeiten

$$\frac{f - f_0}{f_0} \approx 2\frac{v}{c} \cos \varphi + \left(\frac{v}{c} \cos \varphi\right)^2 \approx 2\frac{v}{c} \cos \varphi. \tag{7.76}$$

Die Dopplerverschiebung mit Reflexion nach Gl. 7.76 ist also etwa doppelt so groß, wie beim Dopplereffekt ohne Reflexion nach Gl. 7.73.

7.10.1.3 Inkandeszenz

Erhitzte Partikel sind durch Glühen (Inkandeszenz) erkennbar. Das Partikel verhält sich im Idealfall wie ein schwarzer Körper, dessen temperaturabhängiges Emissionsspektrum durch das plancksche[18] Strahlungsgesetz beschrieben wird [Planck00]:

[18] Max Planck, 1858–1947, deutscher Physiker, erforschte u. a. die Strahlung schwarzer Körper.

$$u_f \mathrm{d}f = \frac{8\pi h f^3}{c^3\left(\mathrm{e}^{\frac{hf}{kT}} - 1\right)} \mathrm{d}f. \tag{7.77}$$

u_f ist die Energiedichte im Spektralbereich zwischen den Frequenzen f und $f+\mathrm{d}f$ (die physikalische Literatur verwendet oft den griechischen Buchstaben ν für die Frequenz). h und k sind Naturkonstanten (plancksches Wirkungsquant und Boltzmann-Konstante), c die Lichtgeschwindigkeit, T die absolute Temperatur. Mit

$$f = \frac{c}{\lambda} \tag{7.78}$$

ergibt sich die Ableitung

$$\frac{\mathrm{d}f}{\mathrm{d}\lambda} = -\frac{c}{\lambda^2}. \tag{7.79}$$

Daraus folgt durch Umstellung und Betragsbildung

$$|\mathrm{d}f| = \frac{c}{\lambda^2}|\mathrm{d}\lambda|. \tag{7.80}$$

Somit lässt sich die Frequenzschreibweise umformen in die äquivalente Wellenlängenschreibweise

$$u_\lambda \mathrm{d}\lambda = \frac{8\pi hc}{\lambda^5\left(\mathrm{e}^{\frac{hc}{kT\lambda}} - 1\right)} \mathrm{d}\lambda. \tag{7.81}$$

Neben den als Inkandeszenz bezeichneten sichtbaren Strahlungsanteilen enthält das Spektrum unsichtbare ultraviolette und v. a. infrarote Anteile (Wärmestrahlung). Das spektrale Maximum λ_{max} verschiebt sich nach dem wienschen[19] Verschiebungsgesetz

$$\lambda_{\max} T = 2897\,\mu\mathrm{m\,K} \tag{7.82}$$

mit zunehmender Temperatur T in Richtung kürzer Wellenlängen. Diese Verschiebung ist aus dem Alltag bekannt, mit steigender Temperatur wird zunächst eine Rotglut wahrgenommen, dann wechselt die Glutfarbe über orange, gelb und weiß (bei ca. 5400 °C) ins Bläuliche. Die messbare Lichtintensität hängt von der Partikelzahl, der Partikelgröße und der Partikeltemperatur ab.

[19] Wilhelm Wien, 1864–1928, deutscher Physiker, erforschte die Wärmestrahlung.

7.10.2 Verfahren

Im Folgenden vorgestellt werden zwei Verfahren zur Bestimmung von Konzentrationen, nämlich die kohärente Anti-Stokes-Raman-Streuung (CARS, Abschn. 7.10.2.1), die laserinduzierte Fluoreszenz (LIF, Abschn. 7.10.2.2), ein Verfahren zur Messung der Konzentration und Partikelgrößenverteilung von Ruß, nämlich die laserinduzierte Inkandeszenz (LII, Abschn. 7.10.2.4) und drei Verfahren zur Messung von Geschwindigkeitsverteilungen, nämlich die Laser-Doppler-Anemometrie (LDA, Abschn. 7.10.2.5), das quantitative Lichtschnittverfahren (QLS, Abschn. 7.10.2.6) und die Particle Image Velocimetry (PIV, Abschn. 7.10.2.7), für die es keinen gängigen deutschen Namen gibt. Zur Messung von Temperaturverteilungen geeignet sind ebenfalls die CARS und die laserinduzierte Phosphoreszenz (LIP, Abschn. 7.10.2.3). In diesem Zusammenhang ist auch die Brennraumendoskopie (Abschn. 7.10.2.9) zu nennen, die Vorgänge im Inneren des Motors sichtbar darstellt. Für eine Vertiefung optischer Verfahren sei der Leser auf [Dracos96] und [Zhao12] verwiesen.

7.10.2.1 Kohärente Anti-Stokes-Raman-Streuung

Die kohärente Anti-Stokes-Raman-Streuung (CARS) wird zur Messung von Konzentrationsverteilungen und Temperaturverteilungen verwendet. Dabei wird mit Lasern zweier ähnlicher Wellenlängen angeregt, die Probemoleküle erreichen dadurch ein etwas erhöhtes Energieniveau, das von der Differenz beider Wellenlängen abhängt. Nach weiterer Bestrahlung strahlen die Moleküle in zwei charakteristischen Wellenlängen (Stokes und Antistokes) zurück, wobei nur die kohärente Antistokes-Strahlung bei der Rückkehr auf das ursprüngliche Energieniveau ausgenutzt wird. Die realistisch erreichbare zeitliche Auflösung der Messung liegt bei ca. 10 ns, die räumliche Auflösung bei wenigen mm. Das Verfahren kennt unterschiedliche Varianten und ist sowohl in der Theorie als auch der praktischen Anwendung sehr komplex und wird in [Taylor97] ausführlich behandelt.

7.10.2.2 Laserinduzierte Fluoreszenz

Die Laserinduzierte Fluoreszenz (LIF) ist ein Verfahren zur Messung von Temperaturverteilungen (z. B. zur Darstellung einer Flammenfront) und Konzentrationsverteilungen (z. B. zur Darstellung des eingespritzten Kraftstoffs im Zylinder).

Um zu fluoreszieren, muss ein Stoff zunächst mit einer Wellenlänge angeregt werden, die stoffspezifisch ist. Eine gleichzeitige Anregung mit zwei Wellenlängen ist ebenfalls möglich. Bei nicht selbst fluoreszierenden Stoffen werden fluoreszierende Stoffe *(Tracer)* hinzu gegeben. Übliche Tracer sind Toluol, Dimethylanilin, 1,8-(o-Phenylen)naphthalin (die umgangssprachliche Bezeichnung Fluoranthen ist durch die Fluoreszenz begründet), diverse Aldehyde, Aceton, 2-Butanon, 3-Pentanon, 2,3-Butandion (Diacetyl) oder Stickstoffdioxid. Eine Tabelle mit allen wesentlichen Eigenschaften ist in [Zhao12].

Die Anregung erfolgt mit einem gepulsten Laser (z. B. 10 ns); andere Lichtquellen wären prinzipiell geeignet, die Intensität und die räumliche Auflösung des fluoreszierten Signals wären aber schlechter. Passend zu den zu messenden Stoffen/Tracern werden meist Edelgashalogenid-Excimer[20] -Laser mit Wellenlängen von 248 nm (Kryptonfluorid) oder 308 nm (Xenonchlorid) sowie Nd:YAG-Laser (Yttrium-Aluminium-Granat mit Neodym-Dotierung), die mit Frequenzverdoppler zwischen 266 nm bis in den sichtbaren Bereich bei 532 nm strahlen. Die Wellenlänge des fluoreszierten Signals ist temperaturabhängig, die Intensität konzentrationsabhängig. Der Laser wird üblicherweise zu einem Lichtband aufgeweitet, um eine Ebene im Zylinder auszuleuchten. Senkrecht auf der Beobachtungsebene befindet sich eine lichtverstärkende Kamera oder ein Spiegel, der das fluoreszierte Licht auf die Kamera umlenkt. Diese Anordnung wird auch *planare LIF* (PLIF) genannt. Um die Empfindlichkeit der Kamera gegenüber Fremdlicht zu senken, sollte sie nur die Zeitspanne einiger 100 ns aufnehmen, in der nach dem anregenden Puls mit Fluoreszenz zu rechnen ist.

7.10.2.3 Laserinduzierte Phosphoreszenz

Für die laserinduzierte Phosphoreszenz werden temperaturbeständige Tracer zugegeben. Als Phosphore (Leuchtstoffe) gut geeignet sind Metalle, bei denen die äußeren Elektronenschalen besetzt sind, innere Elektronenschalen hingegen nicht (Übergangsmetalle, seltene Erden), z. B. Dysprosium. Diese werden in einer Konzentration von wenigen Prozenten in anorganische Kristalle eingebracht, welche die Metallatome energetisch voneinander isolieren. Oft verwendet wird Dysprosium-dotierter Yttrium-Aluminium-Granat (Dy:YAG). Die Temperaturabhängigkeit des Phosphoreszenzspektrums wird genutzt, um Temperaturverteilungen zu messen. Bei vielen Phosphoren kann außer dem Spektrum auch die mit der Temperatur sinkende Dauer der Phosphoreszenz ausgewertet werden. Neben der zweidimensionalen Messung der Temperaturverteilung in Strömungen kann der Phosphor auch als Beschichtung auf Oberflächen aufgebracht werden, in [KnAnAlRi11] wurde so z. B. räumlich und zeitlich hoch aufgelöst die Wandtemperatur des Zylinders bei laufendem Motor gemessen.

7.10.2.4 Laserinduzierte Inkandeszenz

Die laserinduzierte Inkandeszenz (LII) oder laserinduzierte Glühtechnik ist ein Messverfahren zur Bestimmung und Darstellung der Rußverteilung im Brennraum. Dabei werden Rußpartikel mit einem Laser zum Glühen gebracht und die Wärmestrahlung gemessen.

Nicht sämtliche Energie des Lasers wird in Wärmestrahlung umgesetzt, ein Teil der Energie führt auch zur Verdampfung der Partikel oder wird durch Wärmeleitung wieder abgegeben. Die Wärmeleitung ist keinesfalls nur störend, Aufnahmen in dichter Folge ermöglichen die Abkühlungsgeschwindigkeit der Partikel in verschiedenen Bereichen darzustellen (TiRe-LII, *time resolved LII*). Werden die Partikel idealisiert kugelförmig

[20] Korrekt wäre bei Edelgashalogeniden der Begriff Exciplex-Laser, der allgemeine Sprachgebrauch zählt diese aber fast immer zu den Excimer-Lasern.

angenommen, so steigt das Verhältnis von Volumen und Oberfläche proportional zum Radius, große Partikel kühlen also langsamer ab; damit kann aus der räumlichen Verteilung der Abkühlungsgeschwindigkeit die räumliche Verteilung der Partikelgrößen bestimmt werden. Unmittelbar nach oder noch während der Anregung ist die Wärmeabgabe durch die dann noch intensive Verdampfung beschleunigt. Da das Glühen unter den thermodynamischen Bedingungen des Brennraumes nur ca. 100 ns nach der Anregung dauert (im Abgas ist es deutlich länger), ist es schwierig, während eines Glühvorgangs die Abkühlung zeitlich hoch aufgelöst darzustellen; einen Ausweg können mehrere Laserimpulse mit einem veränderlichen Zeitabstand zwischen Anregung und Messung bieten.

Der Versuchsaufbau ähnelt jenem der LIF, auch bei der LII wird meist ein zweidimensionaler Lichtvorhang gebildet, der eine Schnittebene zum Leuchten anregt. Wieder wird senkrecht zu dieser Ebene das Glühen mit einer lichtverstärkenden Kamera aufgenommen. Je kurzwelliger der Laser gewählt wird, desto mehr Energie kann er auf die Partikel übertragen, bei einer Anregung im UV-Bereich wird aber die Inkandeszenz stark überlagert durch die Fluoreszenz polyzyklischer aromatischer Kohlenwasserstoffe, die als Zwischenprodukte bei einer Verbrennung entstehen, sodass ein Kompromiss bei 532 nm liegen kann. Da diese Wellenlänge sichtbar ist, erleichtert sie auch das Ausrichten des Lasers.

7.10.2.5 Laser-Doppler-Anemometrie

Ein verbreitetes Verfahren zur Messung von Geschwindigkeitsverteilungen im Zylinder (das zahlreiche weitere Anwendungsgebiete auch außerhalb der Automobilindustrie hat) ist die *Laser-Doppler-Anemometrie* (LDA), auch *Laser-Doppler-Velocimetrie* (LDV) genannt. Angesichts bisher komplexer Messaufbauten ist zu begrüßen, dass neuerdings auch Geräte auf den Markt kommen, welche die Optik in einen Zündkerzeneinsatz integrieren; diese Geräte ragen allerdings wesentlich höher aus dem Motor als eine Serienzündkerze. Das theoretisch einfachste Prinzip wäre, einen Laserstrahl auf ein Partikel in der Strömung zu richten und die durch den Doppler-Effekt (Abschn. 7.10.1.2) veränderte Frequenz des reflektierten Strahls zu messen. An dieser Stelle stellen sich zwei Fragen: Welche Partikel eignen sich als Ziel (Abschn. 7.10.2.5.1)? Wie kann man mit diesem Verfahren die Geschwindigkeitsverteilung im gesamten Brennraum erfassen? Die zweite Frage wird uns auf zwei praktisch realisierte Varianten führen, das Einstrahlverfahren (Abschn. 7.10.2.5.2) und das Zweistrahlverfahren (Abschn. 7.10.2.5.3).

7.10.2.5.1 LDA-Partikel

Anforderungen an die Partikel sind die Reflexion eines Laserstrahls, das „Mitschwimmen" der Partikel in der Strömung, die zumindest kurzfristige Beständigkeit unter den thermodynamischen Randbedingungen des Brennraumes und die Unschädlichkeit der Partikel für die Messeinrichtungen und den Brennraum. Selbstverständlich ist auch die praktische Anwendbarkeit von Verfahren zur Einbringung von Partikeln ein Kriterium.

Eine gut registrierbare Reflexion erfordert hinreichend große Partikel, als Streumechanismus kommt deshalb die Mie-Streuung (Abschn. 7.10.1.1.1) infrage. Zu große Partikel hingegen verschlechtern v. a. beim später vorgestellten Zweistrahlverfahren die Auflösung. Die Strömungseigenschaften begrenzen die Partikelabmessungen ebenfalls nach oben.

Die Anforderungen an die Beständigkeit der Partikel können von der Anwendung abhängen. Die Beständigkeit kann bei festen Partikeln durch das Verbrennen, bei flüssigen Partikeln auch durch das Verdampfen begrenzt sein. Optisch gut geeignete, aber für viele Anwendungen zu empfindliche Partikel sind heliumgefüllte Seifenblasen. So können durchaus Öltröpfchen verwendet werden, sofern der Messzweck zulässt, dass diese nahe dem oberen Totpunkt aufgrund der dann herrschenden Temperaturen verdampfen, andernfalls sind spezielle, temperaturbeständige Silikonöle zu verwenden. Wird selbst deren Verdampfungs- oder Zersetzungstemperatur überschritten, kommen feste Partikel in Betracht. Da diese nicht brennbar sein sollten, bieten sich Keramikpartikel an.

Ein letzter Punkt ist die Unschädlichkeit. Die Partikel sollten sich nicht auf den Optiken absetzen, für den Motor ist v. a. wichtig, dass diese nicht abrasiv wirken, sofern der Motor längere Zeit für Versuche genutzt werden soll. In dieser Hinsicht sind gerade die langlebigen Keramiken ungünstig. Als praktikabler Kompromiss haben sich Magnesiumoxid, Aluminiumoxid und Titandioxid herausgestellt, insbesondere letzteres ist eine in vielen Anwendungen verbreitete Standardlösung.

7.10.2.5.2 Einstrahlverfahren

Ein Laser strahlt in den Prüfraum, in einem Winkel φ zum Laserstrahl befindet sich ein Detektor, der den am Partikel reflektierten Strahl detektiert und dessen Frequenzverschiebung mithilfe der bereits erläuterten Formeln für den Doppler-Effekt auswertet. Das Verfahren wird kaum angewandt, da die Abhängigkeit vom Beobachtungswinkel φ eine aufwendige Kalibrierung erfordert und die gegenüber der Frequenz des einstrahlenden Lasers kleine Frequenzänderung schwer messbar ist. Gemessen werden Strömungsgeschwindigkeiten am Schnittpunkt von Laser und Sensorachse, um ein mehrdimensionales Strömungsfeld abzuscannen müssen also Laser und Sensor für jeden Messpunkt bewegt werden.

7.10.2.5.3 Zweistrahlverfahren

Bei der Zweistrahl-Laser-Doppler-Anemometrie (Abb. 7.58) werden zwei Laserstrahlen gleicher Wellenlänge λ (die üblicherweise aus einem Laser durch Aufspaltung und Umlenkung erzeugt werden) im Winkel ϕ gekreuzt, damit sich im Überschneidungsbereich ein Interferenzmuster mit dem Linienabstand

$$a = \frac{\lambda}{2\sin(\phi/2)} \tag{7.83}$$

bildet. Ein Partikel mit der Geschwindigkeit v senkrecht zum Interferenzmuster durchläuft und streut dieses Interferenzmuster mit der Frequenz

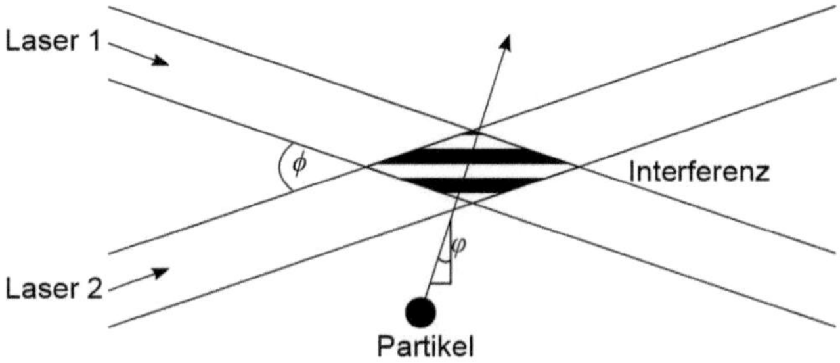

Abb. 7.58 Prinzip der Zweistrahl-LDA

$$f = \frac{2\nu \sin(\phi/2)}{\lambda}. \tag{7.84}$$

Läuft ein Partikel aus einem beliebigen Winkel φ ein, ist

$$f = \frac{2\nu \cos(\varphi) \sin(\phi/2)}{\lambda}. \tag{7.85}$$

Alternativ zu diesem Interferenzmustermodell können auch die beiden dopplerverschobenen Streusignale an einem Partikel zunächst separat berechnet und dann überlagert werden. Diese Rechnung wäre aufwendiger, dort treten zunächst auch die typischen Dopplerterme wie beim Einstrahlverfahren im Zwischenschritt auf, das Endergebnis ist aber äquivalent zu Gl. 7.84. Gemessen werden nur Geschwindigkeiten im Bereich des Interferenzmusters; wie beim Einstrahlverfahren muss also die Anordnung für jeden Messpunkt bewegt werden, um ein mehrdimensionales Strömungsfeld aufzunehmen. Weil die Partikel in alle Richtungen streuen, lässt sich die Optik, die das gestreute Licht zur Auswertung empfängt, unkompliziert ausrichten.

7.10.2.6 Quantitatives Lichtschnittverfahren

Das quantitative Lichtschnittverfahren, auch *Doppler-Global-Velocimetrie* (DGV) oder *planare Doppler-Velocimetrie* (PDV) genannt, ähnelt der einstrahligen Laser-Doppler-Anemometrie, allerdings wird das Prüfvolumen von einem flächigen Lichtvorhang durchstrahlt, der durch die Aufweitung eines Laserstrahls in eine Ebene erzeugt wird. Aus den so gewonnenen flächigen Geschwindigkeitsverteilungen kann durch Parallelverschiebung des Lichtvorhangs die Geschwindigkeitsverteilung über ein Volumen bestimmt werden. Die Sensorik unterscheidet sich von der normalen LDA-Optik, um ein flächiges Strömungsfeld ohne Abtastung durch mechanisches Schwenken oder Verschieben darzustellen.

Abb. 7.59 Prinzip der PIV

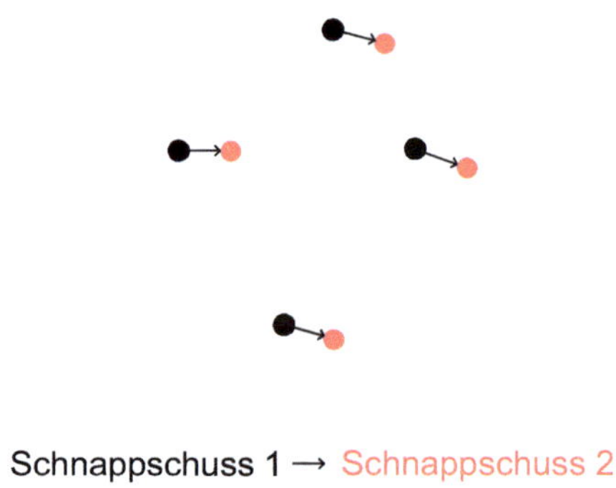

7.10.2.7 Particle Image Velocimetry

Bei der *Particle Image Velocimetry* (PIV) spannt ein Laser einen Lichtvorhang auf, der eine Ebene im Schnittvolumen beleuchtet. Mithilfe von Kameras, die optische Zugänge zum Motor erfordern, wird die beleuchtete Ebene in kurzen Abständen fotografiert. Zwischen zwei kurzen Momentaufnahmen, hat sich jedes Partikel in einer Strömung eine kleine Strecke fortbewegt (Abb. 7.59). Diese Bewegungsvektoren werden z. B. durch eine Mustererkennungssoftware registriert und liefern Geschwindigkeitsvektoren.

Mehrere Kameras ermöglichen zusätzlich eine mehrdimensionale Aufnahme des Strömungsfeldes sowie die Darstellung des Feldes in beliebigen Schnitten (Tomografie). Mithilfe bildverarbeitender Software lassen sich aus der PIV auch Druckverteilungen gewinnen und darstellen.

Eine Variante ist die PTV *(Particle Tracking Velocimetry),* bei der nicht alle Partikel in der Ebene verfolgt werden, sondern nur Einzelpartikel. Dies geschieht oft mittels mehrerer Kameras nicht nur in einer Ebene, sondern dreidimensional.

Auch die PIV erfordert oft die Einbringung künstlicher Partikel gemäß Unterabschnitt 7.10.2.5.1.

7.10.2.8 Optische Zündkerzen

Eine einfache Nutzung der natürlichen Inkandeszenz kann über Lichtwellenleiter im Brennraum erfolgen. Abb. 7.60 zeigt eine Zündkerze mit integrierten Lichtwellenleitern. Diese münden radial oberhalb der eigentlichen Zündkerze und ermöglichen damit eine Helligkeitsmessung über den gesamten Umfang. Mithilfe eines Gerätes, das die optischen Signale auswertet, kann die Verbrennung analysiert werden, insbesondere können Unregelmäßigkeiten wie z. B. Klopfen detailliert untersucht werden.

LaVision integriert ein Infrarot-Spektrometer in eine Zündkerze (Abb. 7.61), um damit im Brennraum Konzentrationen von CO_2 und anderen absorbierenden Molekülen zu bestimmen. Das Spektrometer besteht aus einer breitbandigen, leistungsstarken Infrarotquelle, die über einen Lichtwellenleiter in die Sonde strahlt. Ein Spiegel am Kopf der Sonde neben der Zündelektrode reflektiert das Infrarotlicht zurück zum Sensor. So kann z. B. die Abgasrückführrate bestimmt werden [Vanhaelst13].

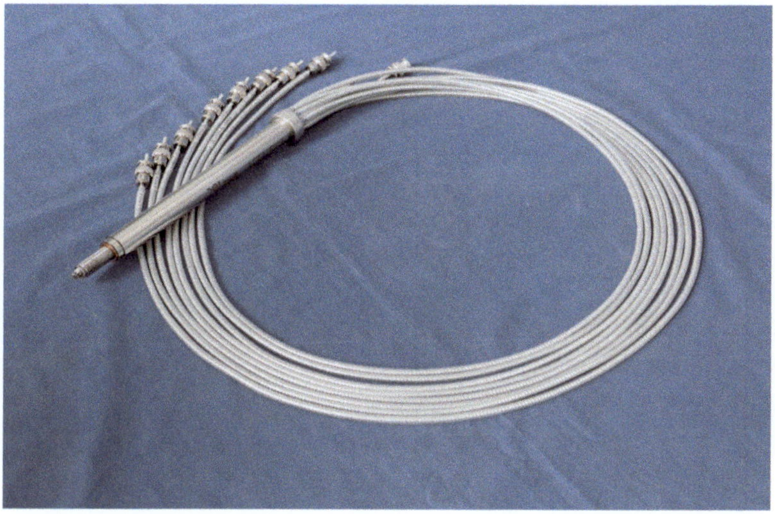

Abb. 7.60 Zündkerze mit acht integrierten Lichtwellenleitern. (Foto: SMETEC GmbH)

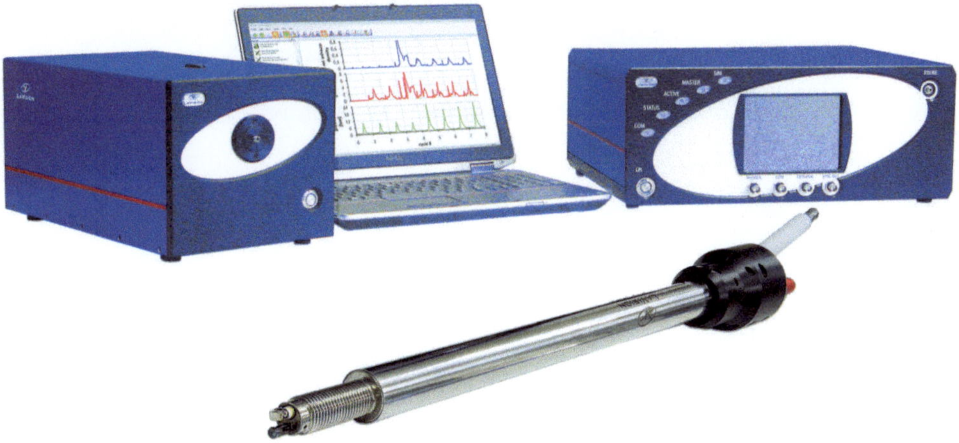

Abb. 7.61 Zündkerze mit integriertem Infrarot-Spektrometer. (Foto: LaVision GmbH)

Die Messsysteme sind nicht zwangsläufig an eine Zündkerze gebunden und können auch als eigenständiger Sensor oder in Kombination mit einer Glühkerze realisiert werden.

7.10.2.9 Endoskopie

Teilweise gläserne Versuchsmotoren unterscheiden sich erheblich von Serienmotoren; ist ein optischer Einblick in einen „normalen" Motor nötig, ist ein Endoskop, das durch eine Bohrung eingeführt wird, die Lösung. Während Endoskope in vielen Anwendungen schlauchförmig sind, genügt hier ein kurzes Rohr, das ein Bild aus dem Inneren des Motors an die außen am Endoskop montierte Kamera überträgt. Umgekehrt können Endoskope auch benutzt werden, um mit einem Laser in den Brennraum hineinzustrahlen. Die Übertragung im Rohr erfolgt typisch durch Stablinsen. Die Endoskopspitze ist durch ein Saphir- oder Quarzfenster geschützt, dieses sollte etwa bündig mit der Brennraumwand abschließen, andernfalls wird es abgeschattet oder wenn es zu weit herausragt, beeinflusst es die Strömungsverhältnisse und kann sogar in die Bewegungsbahn des Kolbens geraten. Nachteilig gegenüber einem Glasmotor sind die Lichtverluste und der geringe Sichtwinkel der Optik. Insbesondere bei Anwendungen, in denen das Endoskop außer im sichtbaren Bereich auch im UV-Bereich übertragen muss, sind Zugeständnisse an die Übertragungsqualität nötig. Verbesserungen sind durch Schwenkprismen oder Kameras an der Spitze möglich, diese sind jedoch derzeit noch nicht für Motorendoskope einsetzbar.

8 Steuerung, Regelung und Automatisierung

In früheren Zeiten enthielten die Motoren wenig elektronische Komponenten und ein Prüfstand war kein mechatronisches, sondern ein mechanisches System, das weitgehend manuell bedient wurde. Dies ermöglichte zwar einen einfachen Aufbau, erforderte aber viel Handarbeit im täglichen Betrieb und führte zu Ungenauigkeiten bei Messungen. Heute erfolgt die Bedienung bequem und sicher von der Warte, wiederkehrende Aufgaben können automatisiert werden, Messergebnisse verschiedenster Sensoren können mit einem gemeinsamen Zeitstempel zusammengeführt und aufgezeichnet werden. Neben dem Gerät selbst arbeitet auch die Gebäudetechnik zu einem Großteil automatisch. Der Prüfstand kann in die unternehmensweite Informationstechnik eingebunden werden, was z. B. den Zugriff auf zentrale Datenbanken ermöglicht, wenngleich die Anbindung an die Büro-IT auch Risiken birgt. Abb. 8.1 gibt einen Überblick über die vielen Ebenen, in denen heute am Prüfstand Daten verarbeitet und Funktionen gesteuert werden.

8.1 Prüfstandregler und Betriebsmodi

Im Straßenverkehr betätigt der Fahrer das Gaspedal und zusammen mit den Fahrwiderstandskennlinien (Kap. 6) ergibt sich ein Betriebspunkt. Am Prüfstand muss sowohl dem Verbrennungsmotor oder dessen Steuergerät als auch der Steuerung der Belastungsmaschine ein Betriebsmodus vorgegeben werden. Dies ist die Aufgabe des Prüfstandsreglers. Der Bediener kann manuell über Bedienelemente des Reglers den Motor fahren, üblicherweise geschieht dies aber über die Automatisierung.

K. Borgeest, *Messtechnik und Prüfstände für Verbrennungsmotoren*,
https://doi.org/10.1007/978-3-658-43284-3_8

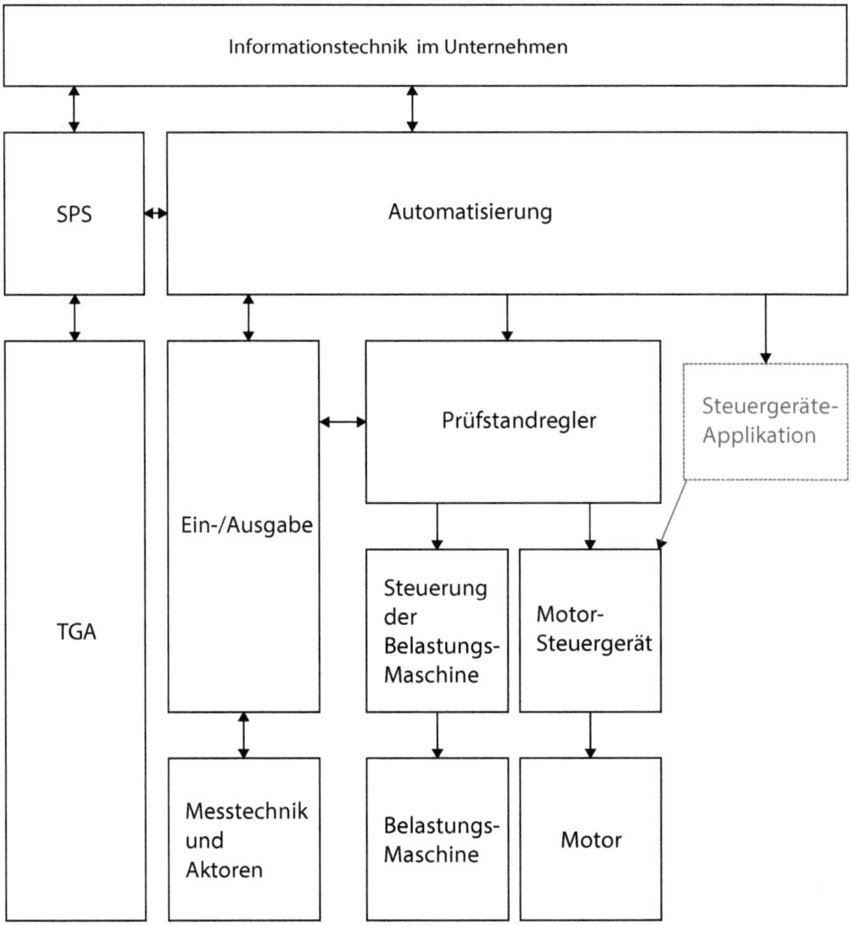

Abb. 8.1 Hierarchische Einordnung der Steuerungssysteme. SPS Speicherprogrammierbare Steuerung, TGA Technische Gebäudeausrüstung

8.1.1 Aufbau und Bedienung des Reglers

Der Prüfstandsregler ist herstellerspezifisch aufgebaut. Verbreitete Regler sind EMCON (AVL), TOM (FEV), DCU3000 (D2T/FEV), SPARC oder dessen Vorgänger x-act (Horiba). Die Hardware besteht oft aus einem Industrie-PC, der modular um mehrere Schnittstellenmodule erweitert ist und komplett in einen 19-Zoll-Einschub passt (Abb. 8.2). Die Spannungsversorgung kann über 230 V Wechselspannung erfolgen oder durch die in der Industrie verbreitete Gleichspannung von 24 V. Die Software kann auf ein PC-Betriebssystem (Windows/Linux) mit einem zusätzlichen Echtzeitkern aufsetzen. Die Frontplatte enthält zwei oder drei Drehknöpfe, über die dem Prüfstand die wichtigsten Stellgrößen direkt vorgegeben werden und einen Bildschirm, der die wichtigsten

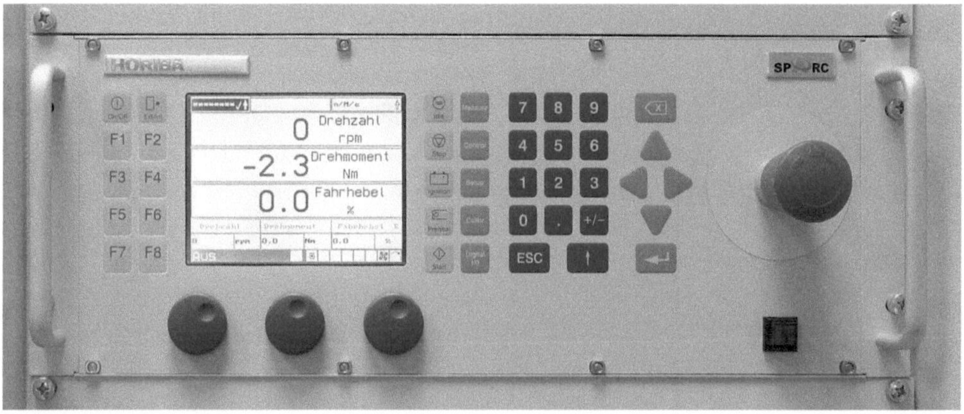

Abb. 8.2 Prüfstandsregler

Parameter anzeigt. Über Menüs, in denen mittels weiterer Tasten navigiert wird, können spezielle Funktionen erreicht werden, z. B. die Parametrisierung von Reglern. Einige Regler gestatten die Verwendung mehrerer Frontplatten, z. B. in der Warte und im Prüfstandsraum. Der Zugriff auf die Prüfstandsfunktionen kann in mehrere Berechtigungsebenen gegliedert sein, wobei die niedrigste Ebene nur das Fahren des Prüfstandes und einige Grundfunktionen erlaubt und die höchste Ebene auch weitergehende Einstellungen ermöglicht.

Unterschiede gibt es v. a. in der Behandlung der Sicherheitskreise (z. B. für Nothalt-Taster), diese können integriert oder weitgehend auf ein separates Gerät ausgelagert sein. Auch gibt es Unterschiede bei der Einbindung der Messtechnik, die an den Regler oder auch an das Automatisierungssystem angebunden sein kann.

8.1.2 Betriebsmodi des Prüfstandes

Oft wird nur ein stabiler Arbeitspunkt in Form einer Kombination aus Drehzahl und Drehmoment über eine bestimmte Zeit angestrebt. Der Prüfstand kann aber auch einen Fahrzyklus abfahren, bei dem wie im Fahrzeug Gas weggenommen oder gegeben wird. Dabei kann ein konstanter Fahrwiderstand angenommen werden oder auch ein variabler Widerstand *(Road Load Simulation)*, der im einfachsten Falle auf den Formeln nach Kap. 6 basiert oder auf einem realen Fahrprofil.

8.1.2.1 Arbeitspunkt und Stabilität

Bei der Einstellung eines Arbeitspunktes gibt der Prüfstandsregler sowohl dem Motorsteuergerät, als auch der Belastungsmaschine einen gemeinsamen Arbeitspunkt vor. Diese Aufgabe klingt trivial, berücksichtigt man aber, dass Motor und Belastungsmaschine über die Welle verbunden sind, folgt daraus, dass beide mit der gleichen Geschwindigkeit rotieren. Außerdem muss im unbeschleunigten Betrieb das vom Motor aufgebrachte Moment gleich dem Belastungsmoment sein. Wir wollen zwei Größen regeln (Drehzahl und Moment), haben zwei Stellglieder (Motor und Belastungsmaschine), aber viel mehr Stellgrößen (Abb. 8.3), so könnten wir dem Motor mit seinem Steuergerät direkt eine Drehzahl oder ein Drehmoment vorgeben, der Belastungsmaschine ebenfalls, dies sind schon $2 \cdot 2$ Größen. Tatsächlich können wir motorseitig viele weitere Größen vorgeben, z. B. die Stellung des Gaspedals oder sogar motorinterne Größen, z. B. bei Versuchen zur Motorkühlung die Kühlmitteltemperatur. Theoretisch ließe sich auch der Umrichter der Belastungsmaschine auf weitere Größen als Drehzahl oder Drehmoment regeln, was aber weder sinnvoll noch üblich ist, solange wir den Verbrennungsmotor als Prüfling betrachten. Würden wir alle möglichen Vorgaben gleichzeitig kombinieren, wäre das System folglich überbestimmt, es gäbe also Konflikte zwischen Größen, die nicht gleichzeitig wie vorgegeben koexistieren können.

Für einen stabilen Betrieb mit zwei Regelgrößen muss der Prüfstandsregler genau zwei unabhängige Größen vorgeben, dies können direkt die Regelgrößen sein oder ersatzweise andere Größen, aus denen sich die Regelgrößen ergeben. Es muss entschieden werden, welche Größe über den Verbrennungsmotor und welche über die Belastungsmaschine vorgegeben wird. Eine mögliche Kombination ist, den Verbrennungsmotor auf eine Drehzahl zu regeln, während die Belastungsmaschine ein Moment vorgibt. Es würde hingegen nicht funktionieren, den Verbrennungsmotor sowohl auf ein Drehmoment, als auch auf eine Drehzahl zu regeln und dabei die Belastungsmaschine unbestimmt zu betreiben (wenn dies ginge, wäre keine Belastungsmaschine erforderlich). Es würde auch nicht funktionieren, sowohl dem Verbrennungsmotor als auch der Belastungsmaschine eine Drehzahl vorzugeben und das Moment unbestimmt zu lassen. Wir müssen also stets eine Größe über den Verbrennungsmotor vorgeben und eine andere Größe über die Belastungsmaschine.

Eine übliche Namenskonvention gibt vor einem Schrägstrich die motorseitig gestellte Größe und nach demselben Schrägstrich die bremsseitig gestellte Größe an; der Betriebszustand M/n bedeutet nach dieser Konvention z. B. dass die Motorsteuerung versucht, das Drehmoment zu halten, während die Belastungsmaschine auf die Drehzahl

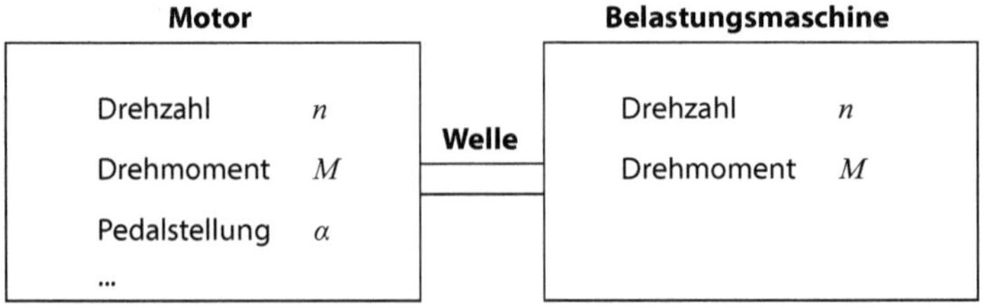

Abb. 8.3 Beispiele möglicher Stellgrößen zur Einstellung des Arbeitspunktes

geregelt wird. Dieses Buch folgt der Konvention, allerdings wird vereinzelt auch die umgekehrte Kennzeichnung (Belastungsmaschine/Motor) benutzt.

Nach der Betrachtung, ob und wie ein Arbeitspunkt überhaupt einstellbar ist, stellt sich als nächstes die Frage, ob alle möglichen Arbeitspunkte auch stabil sind. Stabilität bedeutet, wenn eine der Regelgrößen divergiert, dann muss diese Abweichung begrenzt sein und zusätzlich sollte die abweichende Regelgröße durch den Regeleingriff wieder auf den ursprünglichen Wert zurück laufen. Diese pragmatische Stabilitätsdefinition umgeht die Vielzahl möglicher Stabilitätsdefinitionen in der Regelungstechnik [LutzWend14], genügt aber an dieser Stelle.

Am Arbeitspunkt sind Drehmoment und Drehzahl von Motor und Belastungsmaschine gleich, die Kennlinien von Motor und Belastungsmaschine schneiden sich also im Arbeitspunkt, wie in Abb. 8.4 gezeigt. Dreht in Abb. 8.4a der Motor schneller, so steigt das Gegenmoment der Belastungsmaschine stärker als das Motormoment, damit wird der Motor wieder auf seine alte Drehzahl zurückgeführt. Weicht umgekehrt die Motordrehzahl nach unten ab, dann ist das Motormoment stärker als das Bremsmoment, der Motor beschleunigt wieder in Richtung Arbeitspunkt. Dreht hingegen in Abb. 8.4b der Motor schneller, gewinnt er gegenüber der Bremse noch an Drehmoment und würde ohne Reglereingriff durchgehen. Dreht er in Abb. 8.4b langsamer, verliert er gegenüber der Bremse an Drehmoment und wird zum Stillstand kommen. Der Arbeitspunkt ist stabil, wenn die Kennlinie der Bremse steiler ist, allerdings sind einige Sonderfälle zu beachten.

Ein solcher Sonderfall ist eine ähnliche Steigung beider Kennlinien mit einem sehr spitzen Schnittwinkel am Arbeitspunkt. Kennlinien sind Idealisierungen und in der Praxis mit breiten Toleranzen behaftet, verursacht z. B. durch Teiletoleranzen, Temperatureinflüsse oder Ungenauigkeiten bei der Aufnahme und Darstellung von Kennlinien. So ist der Arbeitspunkt nach Abb. 8.5 theoretisch gerade noch stabil, tatsächlich aber können Toleranzen zu unzulässigen Schwankungen der Drehzahl führen.

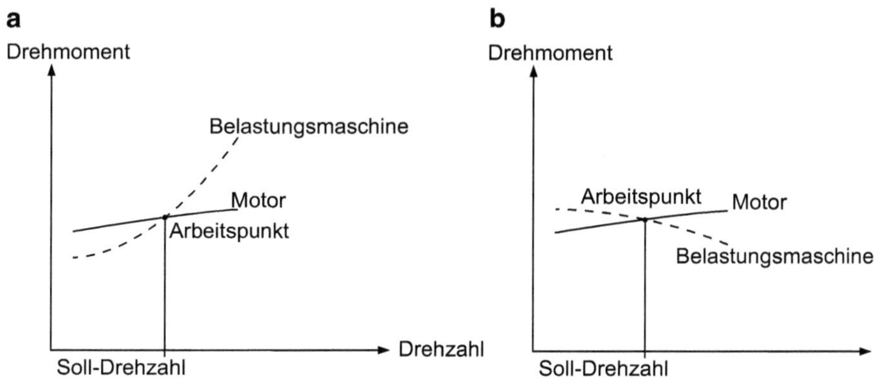

Abb. 8.4 Überschneidung der Kennlinien von Motor und Belastungsmaschine am Arbeitspunkt, **a** stabiler Arbeitspunkt, **b** instabiler Arbeitspunkt

Abb. 8.5 Überschneidung zweier toleranzbehafteter Kennlinien im spitzen Winkel

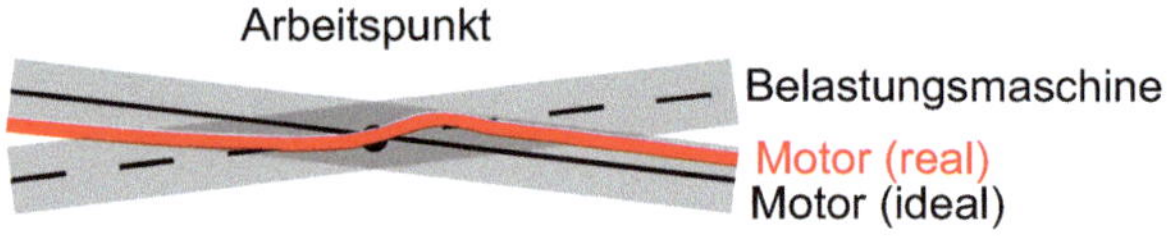

Abb. 8.6 α/n-Betrieb

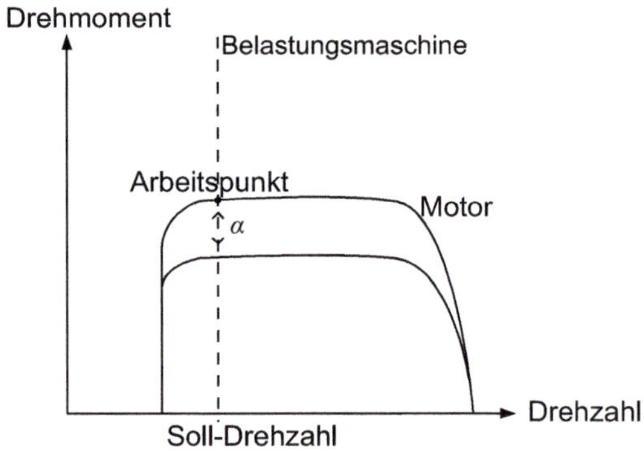

Ein weiterer Sonderfall sind Kennlinien, die senkrecht zueinander stehen. Ein in der Praxis wichtiger Betriebsmodus ist der Modus α/n, d. h. der Prüfstandsregler gibt am Motor Gas (α) und hält über die Maschine die Drehzahl (n) (Abb. 8.6). Dieser Modus eignet sich auch für den manuellen Betrieb. Die Kennlinie der Belastungsmaschine ist also eine Senkrechte. Ersatzweise kann man sich diese Senkrechte durch einen extrem steilen Anstieg vorstellen. Damit ist dieser Betriebsmodus stabil, allerdings muss insbesondere bei einer trägen hydraulischen Bremse zunächst überprüft werden, wie weit die Belastungsmaschine dieses idealisierte Verhalten einer konstant gehaltenen Drehzahl auch in der Realität erreicht.

8.1.2.2 Dynamik des Prüfstandes

Wie lange ein Arbeitspunkt stabil gehalten wird, hängt vom Prüfzweck und von den Fähigkeiten des Prüfstandes ab. Man unterscheidet manchmal zwischen statischen, transienten und dynamischen Messungen und entsprechend den Fähigkeiten zwischen statischen, transienten und dynamischen Prüfständen. Vereinzelt wird auch der Begriff der hochdynamischen Messung und des hochdynamischen Prüfstandes verwendet. Ein statischer Prüfstand hält einen Arbeitspunkt über einen Zeitraum von Sekunden, Minuten oder länger, ein transienter Prüfstand hingegen nur im Subsekundenbereich, um dann zu einem neuen Arbeitspunkt zu wechseln. Im dynamischen Betrieb werden Fahrprofile durchfahren, ohne für eine Messung einen stabilen Arbeitspunkt abzuwarten. Die Begriffe sind nicht genormt, insbesondere die Abgrenzung zwischen dynamisch und hochdynamisch erfolgt willkürlich. Wenn die Belastungsmaschine z. B. Schaltvorgänge am Getriebe und die damit verbundenen Schwingungen des Antriebsstranges simuliert, kann von einer hochdynamischen Messung gesprochen werden.

Neben den Fähigkeiten des Reglers und der Messtechnik sind v. a. das Trägheitsmoment der Belastungsmaschine und ihre Regelbarkeit die entscheidenden Größen für die Dynamik. Die lange Einregelzeit für eine Laständerung bei einer hydraulischen Bremse beschränkt deren Einsatz auf stationäre Messungen.

8.1.2.3 Road-Load-Simulation

Die Road-Load-Simulation versucht nicht, einen stabilen Arbeitspunkt einzustellen, sondern einen realen Fahrzyklus auf der Straße abzufahren. Im einfachsten Falle handelt es sich um einen Geschwindigkeitsverlauf, der als Szenario gezielt erdacht wurde, um das Verhalten des Motors in einer Abfolge bestimmter Situationen zu testen oder bei einer Testfahrt in einem Fahrzeug aufgenommen wurde. Obgleich datenschutzrechtlich bedenklich werden in den USA auch schon Fahrprofile normaler Endkunden im Feld aufgenommen und über Telematiksysteme weitergegeben. Dieser Geschwindigkeitsverlauf wird in den Prüfstandsregler programmiert. Alternativ kann auch die Betätigung des Gaspedals aufgenommen werden, um den Motor in gleicher Weise später am Prüfstand zu betreiben. Während der Fahrt kann zusätzlich das Lastmoment gemessen werden und der Belastungsmaschine vorgegeben werden, üblich ist aber eher nur ein hypothetisches oder anhand von Geodaten ermitteltes Streckenprofil (Steigung, ggf. auch Straßenzustand) vorzugeben, um dann das Lastmoment nach Gl. 6.4 und 6.5 zu berechnen. Die Gleichung wird häufig als Polynom 2. Ordnung im Prüfstandsregler abgelegt. Eine Voraussetzung für die Road-Load-Simulation ist, dass die Belastungsmaschine hinreichend schnell ihr Lastmoment anpassen kann, in der Regel enthält eine Road-Load-Simulation auch Schubphasen, die nur durch eine elektrische Belastungsmaschine nachgebildet werden können.

Um die Straßenlast motorseitig realistisch darzustellen, muss ein Schaltprogramm die Getriebeübersetzung realistisch simulieren. Bei einem vorgesehenen Betrieb mit Automatikgetriebe könnte das Schaltprogramm aus der Software des Getriebesteuergerätes abgeleitet werden, oft ist dieses aber zu Beginn einer Motorenentwicklung noch nicht appliziert. Eine Drehmomentwandlung (typisch um den Faktor 2,5 bis 3 beim Anfahren, sinkt bei Synchronität gegen 1) durch einen hydrodynamischen Wandler kann durch ein Polynom modelliert werden.

Ein Sonderfall ist der Rennsport, dort wird ein Motor für eine oder mehrere sehr genau bekannte Strecken optimiert, man spricht hier auch von einer Rundensimulation. Anstelle einfacher Gleichungen kann aber auch eine komplexe Fahrdynamiksimulation integriert werden, auch die Reaktion des Antriebsstrangs kann in die Simulation einbezogen werden, in diesem Falle ist die Anforderung an die Dynamik der Belastungsmaschine nochmals höher. Eine derartig realitätsnahe Einbindung des Motors in eine simulierte Umgebung wird auch als *Engine-in-the-Loop*-Simulation bezeichnet. Um Verwechselungen zu vermeiden, sollte der vereinzelt verwendete Begriff Hardware-in-the-Loop in diesem Zusammenhang vermieden werden, da er v. a. die Einbindung eines elektronischen Steuergerätes (z. B. Motorsteuergerät) in eine Simulationsumgebung [Borgeest23E] kennzeichnet.

8.1.2.4 Steuerung des Verbrennungsmotors

Während die Steuerung einer Belastungseinrichtung dafür entwickelt wurde, am Motorenprüfstand unter dem Prüfstandsregler zu arbeiten, gestaltet sich die Anbindung des Verbrennungsmotors, der nicht mit diesem Ziel entwickelt wurde, schwieriger.

Wie zuvor gezeigt, sind die typischen Größen, die der Prüfstandregler vorgibt, die Drehzahl n, das Drehmoment M, die Gaspedalstellung α oder ggf. spezielle motorspezifische Größen. Heutige Motoren verfügen über elektronische Steuergeräte (Abschn. 2.7). Der Fahrer eines Fahrzeugs gibt Gas durch Betätigung des Gaspedals, das bei älteren Fahrzeugen über einen Bowdenzug, bei neueren Fahrzeugen elektronisch (E-Gas) die Gemischbildung beeinflusst. Bei Ottomotoren wird im Homogenbetrieb eine Quantitätsregelung (Abschn. 2.1) durchgeführt, wobei die Drosselklappe das Stellglied ist. Bei vielen Motoren kann die Drosselklappe auch manuell betätigt werden, im Service ist dies gängige Praxis. Eine Direktbetätigung scheidet aus, wenn die Drosselklappe von einem nicht zugänglichen elektrischen Stellglied angetrieben wird oder wenn die Füllung unter Verzicht auf eine Drosselklappe durch eine variable Ventilsteuerung gestellt wird. Im Schichtladebetrieb eines Benzin-Direkteinspritzers und bei zukünftigen Brennverfahren, die trotz Direkteinspritzung ein homogenes Luft-/Kraftstoffgemisch anstreben, erfolgt eine Qualitätsregung durch die Einspritzung, in diesem Falle bleibt die Drosselklappenöffnung konstant. Dieselmotoren arbeiten immer mit einer Qualitätsregelung, indem sie die Einspritzmenge ändern, ohne in gleichem Maße die Luftmenge anzupassen. Die Qualitätsregelung erfolgte bei früheren Dieselmotoren mechanisch durch Verstellen der Regelstange bei Reiheneinspritzpumpen oder des Gashebels bei mechanisch gesteuerten Verteilerpumpen. Später wurde die Einspritzmenge ohne praktikable mechanische Stellmöglichkeiten über das Steuergerät und die Ansteuerung von Magnetventilen in der Verteilerpumpe oder in der Pumpe-Düse-Einheit verstellt. Bei Common-Rail-Systemen wird die Einspritzmenge ebenfalls ohne praktikable mechanische Stellmöglichkeiten über die Ansteuerung der Magnetventile in den Injektoren angepasst, unterstützt durch die Raildruck-Regelung [Borgeest23E]. An dieser Stelle sei daran erinnert, dass die Drosselklappe heutiger Dieselmotoren andere Aufgaben hat als beim Ottomotor und zum „Gasgeben“ nicht geeignet ist.

Als Zubehör zum Prüfstandsregler werden Aktoren angeboten, über welche der Prüfstandsregler das Gaspedal, die Drosselklappe oder andere Stellglieder betätigt. Die Aktoren werden Fahrhebelsteller oder Drosselklappensteller genannt, beide Begriffe bezeichnen je nach Anwendung denselben Aktor. Sie bestehen im Wesentlichen aus einem elektrischen Servomotor mit einer stabilen und präzisen Mechanik, die oft modular aufgebaut ist und sowohl lineare als auch rotierende Stellbewegungen ermöglicht. Da mechanische Aktoren nicht frei von Spiel und Toleranzen sind, sollte v. a. auf die Genauigkeit geachtet werden, übliche Geräte erreichen einige Promille. Die Betätigungskraft sollte mindestens 100 N, eher 200 N betragen, das Stellen eines beliebigen Wertes sollte nicht länger als 100 ms dauern. Die meisten Aktoren verfügen über eine einstellbare Kraftbegrenzung. Bei der Beschaffung ist auch an eine geeignete Montage im Prüfstandsraum zu denken, z. B. direkt oder über eine Stütze auf der Grundplatte oder an der Wand. Bei der Verwendung von Gaspedalen mit Bowdenzug ist an die begrenzten Freiheitsgrade bei der Verlegung zu denken. Angesteuert werden Fahrhebelsteller analog über einen Spannungseingang oder digital, typisch über den CAN-Bus. Die Kosten eines Fahrpedalstellers liegen bei ca. 10.000 €.

Da heutige Gaspedale (Pedalwertgeber, kurz PWG) über zwei Potentiometer zwei elektrische Signale an das Motorsteuergerät liefern (alternativ gibt es nahezu verschleißfreie PWG, die mit Magneten und Magnetfeld-Sensoren beide Signale erzeugen), erscheint es sinnvoll, auf einen mechanischen Aktor am Prüfstand zu verzichten, indem der Prüfstandsregler direkt oder über ein elektronisches Zwischenmodul (E-Gas-Simulator) beide PWG-Spannungen in das Motorsteuergerät einspeist. Ältere PWG hatten manchmal nur ein Potentiometer und einen zusätzlichen Schalter zur Plausibilitätsüberprüfung, diesen sollte ein E-Gas-Simulator auch simulieren können. Allerdings sind die aus Sicherheitsgründen unterschiedlichen Kennungen der beiden Potentiometer (Abb. 8.7), also die Winkel-/Spannungskennlinien, nicht genormt und müssen bekannt sein. Werden diese nicht vom Motorenhersteller geliefert, kann ersatzweise ein originaler PWG selbst vermessen werden. Dieser Aufwand wird auch heute noch gerne durch Verwendung eines mechanischen Aktors eingespart. Wenn das originale Gaspedal neben den beiden Potentiometern auch Schalter integriert hat, z. B. einen Kickdown-Schalter oder bei Pedalen, die noch nicht heutigen Sicherheitsanforderungen genügen, einen Überwachungsschalter anstelle des zweiten Potentiometers, so muss der E-Gas-Simulator deren Funktion durch zusätzliche digitale Ausgänge nachbilden können. Der E-Gas-Simulator kann analog an den Prüfstandsregler angeschlossen werden, meist erfolgt dies aber über einen digitalen Bus (Abschn. 8.4).

Wenn das Gaspedal im Fahrzeug über einen Bus (z. B. CAN) an das Motorsteuergerät angebunden wird, bietet es sich an, die Gaspedalstellung direkt vom Prüfstandsregler über den Bus an das Motorsteuergerät zu übertragen. Bisher sind derartige Gaspedale nicht verbreitet.

Der Abgasgegendruck in Prüfständen entspricht oft nicht dem originalen Abgasgegendruck, weiterhin kann es sinnvoll sein, für Versuchzwecke den Abgasgegendruck bei laufendem Motor zu verändern. In diesem Falle wird ein weiterer motornaher Aktor integriert, der vom Prüfstandsregler anzusteuern ist, nämlich eine Abgasklappe. Ihr Aufbau ähnelt einer Drosselklappe. Bei Motoren mit serienmäßig eingebauten Abgasklappen, z. B. bei manchen Pkw für akustische Zwecke oder bei Lkw zur Unterstützung der Bremswirkung des Motors, ist alternativ zur direkten Ansteuerung ein Zugriff über die Motorsteuerung möglich, sofern die Software des Motorsteuergerätes dies in irgendeiner Weise (über den CAN-Bus oder eine Applikationsschnittstelle) zulässt.

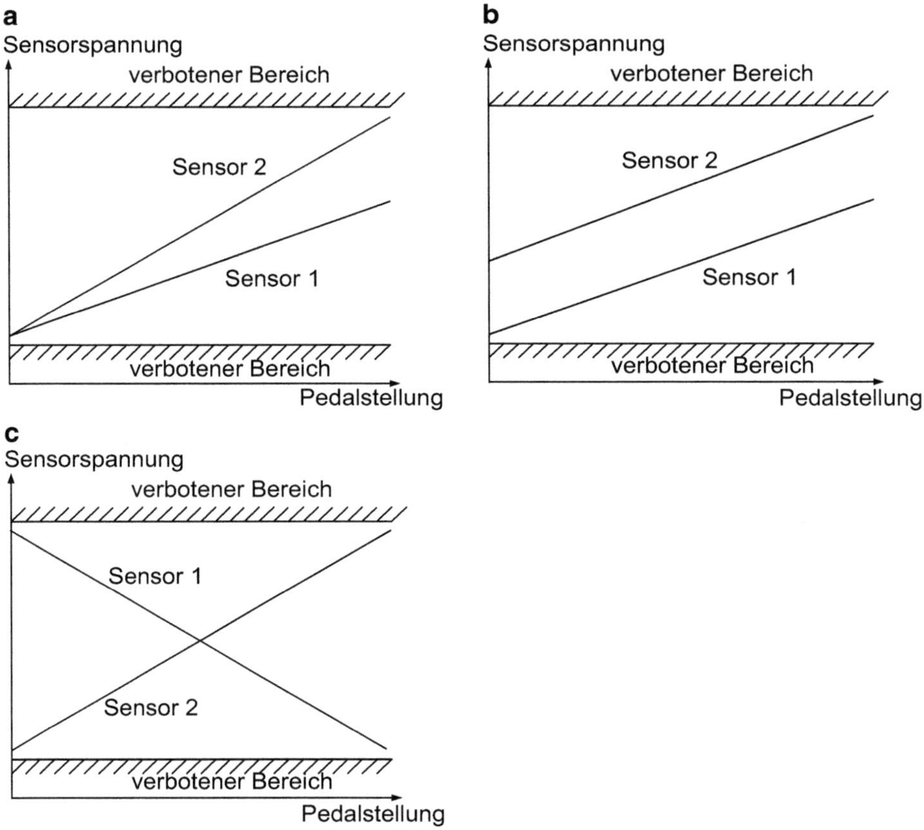

Abb. 8.7 Gängige Charakteristiken von Doppelpotentiometer-Gaspedalen

8.2 Automatisierung der Gebäudetechnik

Die technische Gebäudeausrüstung (TGA) im Prüfstandsbau wird üblicherweise über eine im Schaltschrank untergebrachte *speicherprogrammierbare Steuerung* (SPS, Abb. 8.8) gesteuert und geregelt. Diese kann und sollte, muss aber nicht an die Prüfstandsautomatisierung angebunden sein. SPS sind Steuergeräte, die kostengünstig mit standardisierter Hardware in hohen Stückzahlen produziert werden und lediglich über ebenfalls standardisierte Programmiersprachen an ihre Aufgabe angepasst werden. Diese Aufgabe erfüllt der Prüfstandslieferant, der Anwender kommt mit der Programmierung dieser SPS nicht in Berührung. Der am Aufbau und der Programmierung von SPS interessierte Leser sei auf [WellZast15] verwiesen.

Abb. 8.8 SPS zur Steuerung der Gebäudetechnik. *CPU* Central Processing Unit (Zentraleinheit)

8.3 Automatisierung des Prüfstandes

Die Prüfstandsautomatisierung steht hierarchisch über dem Prüfstandsregler und gibt diesem z. B. Messzyklen oder Sollwerte vor. Sie kann auch als Fernbedienung des Reglers verwendet werden. Sofern Signale von Sensoren und Messgeräten nicht im Prüfstandsregler auflaufen, werden diese ebenfalls in der Automatisierung zusammen geführt und weiter verarbeitet oder angezeigt. Üblich ist, dass der Bediener sich selbst Fenster mit numerischen und grafischen Anzeige- und Bedienelementen konfigurieren kann. Oft ist auch eine Weiterverarbeitung mit Software von Drittanbietern (z. B. Simulink) möglich. Obgleich die SPS zur Gebäudeautomatisierung meist autonom arbeitet, können auch Daten aus der TGA an die Prüfstandsautomatisierung zur Anzeige und Weiterverarbeitung übergeben werden und Befehle an die SPS zurückgegeben werden. Sollen bei der Arbeit am Prüfstand Motorsteuergeräte appliziert oder Daten und Messwerte aus dem Motorsteuergerät ausgelesen werden, ist dies ebenfalls über die Prüfstandsautomatisierung (alternativ über einen separaten PC) möglich, die Prüfstandsautomatisierung kann sogar automatisiert das Steuergerät applizieren, um z. B. iterativ Parameter zu optimieren. Eine häufig anzutreffende Schnittstelle zwischen der Prüfstandsautomatisierung und der Software zur Steuergeräteapplikation ist das von der ASAM standardisierte ACI (Automatic Calibration Interface) [ACI].

Die Prüfstandsautomatisierung wird als Standard-PC mit einem üblichen Betriebssystem (Linux/Windows) realisiert. Im Gegensatz zum Prüfstandsregler, bei dem das Betriebssystem dem Benutzer gegenüber verborgen arbeitet, wird der Automatisierungsrechner wie ein Büro-PC hochgefahren und meldet sich mit der Oberfläche des Betriebssystems. Die Software zur Automatisierung ist dann lediglich ein Softwarepaket, das parallel zu anderen PC-üblichen Programmen (Textverarbeitung, Tabellenkalkulation, Email, Simulationsprogramme, …) gestartet werden kann. Damit stellt die Prüfstandsautomatisierung auch das Bindeglied zur restlichen IT-Infrastruktur dar, so können Ergebnisse von Prüfstandsläufen manuell oder automatisch in Textdokumente oder Tabellen übertragen werden und auf zentralen Servern hinterlegt werden.

Da der Prüfstandsfahrer sehr viele Informationen im Auge behalten muss, ist es üblich, den Automatisierungsrechner mit zwei Monitoren auszustatten. Das Betriebssystem wird um eine Echtzeiterweiterung ergänzt, die beim Booten des Rechners oder beim Starten der Automatisierungssoftware gestartet wird. Kritische Echtzeitaufgaben (Regler, Überwachung), bei denen Antwortzeiten auf Ereignisse garantiert sein müssen, werden aber auf dem Regler gerechnet.

Die Automatisierungssoftware (z.B. AVL Puma, D2T/FEV Morphee, Horiba Stars) wird bei schlüsselfertigen Prüfständen vom Anbieter geliefert. Sie kommuniziert üblicherweise über den CAN-Bus mit dem Prüfstandsregler. Eine Kombination von Prüfstandsreglern und Automatisierungsprogrammen unterschiedlicher Hersteller soll über Schnittstellen möglich sein, funktioniert in der Praxis aber nicht immer völlig reibungslos. Es gibt im wissenschaftlichen Bereich Institute, die mit einer selbst entwickelten Automatisierung arbeiten.

Die Kommunikation mit Messgeräten und Sensoren, die nicht an der Automatisierung angeschlossen sind, erfolgt über den CAN-Bus. Die serielle Schnittstelle (RS232) mit AK-Protokoll (Abschn. 8.4.1) ist ebenfalls noch sehr verbreitet.

8.3.1 Statistische Versuchsplanung (DoE)

Industrieprüfstände sind in der Regel hoch ausgelastet, die Nutzungszeit ist teuer. Daher wird in der Entwicklung angestrebt, mit einem Minimum an Versuchen ein Maximum an Informationen zu gewinnen. Betrachtet man als Beispiel die Applikation eines Motorsteuergerätes, so sind inzwischen mehrere Tausend Einstellgrößen *(Labels)* festzulegen (nicht alle der über 10.000 Labels erfordern Versuche am Prüfstand). Selbst wenn nur tausend Labels eingestellt werden und wir annehmen, für jedes Label etwa hundert verschiedene Werte zu untersuchen (tatsächlich handelt es sich meistens um 16-bit-Labels mit 2^{16} möglichen Werten, außerdem sind viele Labels keine skalaren Werte, sondern Kennlinien oder mehrdimensionale Kennfelder) so kommen wir schon auf eine theoretische Anzahl von 100^{1000} möglichen Kombinationen. Zwar wird ein erfahrener Applikateur nicht blind alle erdenklichen Wertekombinationen ausprobieren, trotzdem bleibt die kombinatorische Vielfalt hoch; erfolgt die Applikation automatisiert, kann die menschliche Erfahrung zudem nicht genutzt werden. Es leuchtet ein, dass die Anzahl durchzuführender Versuche auf eine sinnvolle Anzahl zu beschränken ist. Neben der Erfahrung des Entwicklers oder Applikateurs gewinnen dabei immer mehr automatisierbare Verfahren an Bedeutung.

Eine große Zahl von Versuchen am Prüfstand dient der Optimierung einer einzelnen Motorkenngröße oder einer gewichtet aus mehreren Einzelgrößen zusammengesetzten Zielgröße, daneben gibt es oft Randbedingungen wie Abgasgrenzwerte, die keinesfalls überschritten werden dürfen. Die zu optimierende (zu maximierende oder minimierende) Zielgröße z hängt also in oft unbekannter Weise von den zu verändernden Variablen x_1, x_2, ..., x_n (dies können z. B. bei der Applikation eines Steuergerätes die einzustellenden Labels sein) ab, d. h.

$$z = f(x_1, x_2, \ldots, x_n). \tag{8.1}$$

Die Funktion f kann manchmal qualitativ abgeschätzt werden, manchmal ist sie völlig unbekannt, sodass Experimente mit verschiedenen Werten erforderlich werden. Besitzt die Funktion genau ein Optimum, führen klassische mathematische Optimierungsverfahren wie das Gradientenverfahren [HankBour08] schnell zum Ziel, wobei jeder Iterationsschritt einem Versuch entspricht. Besitzt die Funktion hingegen mehrere lokale Maxima oder Minima, führen diese Verfahren zügig zum nächsten lokalen Optimum, übersehen aber oft das globale Optimum. Es gibt weitere, sogenannte metaheuristische Verfahren, die in diesem Falle durch intelligentes Probieren auch das globale Optimum finden, z. B. evolutionäre Algorithmen [SchHeiFe94], genetische Algorithmen [SchHeiFe94], Simulated Annealing [KirGelVe83] oder das Nelder-Mead-Verfahren [NeldMead65]. Diese Verfahren sind allerdings weniger zielstrebig als einfache Optimierungsverfahren und benötigen damit eine hohe Anzahl an Versuchen.

DoE (Design of Experiments, statistische Versuchsplanung) versucht, mithilfe möglichst weniger Versuche durch Anwendung statistischer Methoden möglichst viele Informationen zu bekommen und ist hier oft der am besten geeignete Ansatz, der allerdings einige Erfahrung benötigt. Die Anzahl der Versuche lässt sich u. a. durch intelligente Auswahl der Versuche und durch gleichzeitige Variation mehrerer Parameter reduzieren. Vor dem Experimentieren sollte also ein durchdachter Versuchsplan aufgestellt werden. Bei sehr einfachen Problemen ist dies noch auf dem Papier möglich, bei vielen Einflussgrößen ist allerdings eine Software sinnvoll, welche die Erstellung des Versuchsplans unterstützt. Die Prüfstandsautomatisierung muss schließlich diesen Versuchsplan ausführen, deshalb bieten viele Prüfstandanbieter optional DoE-Module an, die sich lückenlos in die Automatisierung integrieren. DoE ist ein sehr umfangreiches Thema mit einem weiten statistischen Hintergrund, als einführende Literatur sei [Klein14] empfohlen.

8.4 Interne Vernetzung des Prüfstandes

In den vorigen Kapiteln und Abschnitten hatten wir bereits mehrere Hierarchieebenen der Prüfstandstechnik von der Sensorik über den Prüfstandsregler bis hinauf zur Automatisierung betrachtet, hier soll nun betrachtet werden, wie diese Ebenen untereinander verbunden werden.

Als Motorenprüfstände überwiegend mechanische Gebilde waren, wurden die wenigen Sensoren analog an einzelne Messgeräte angebunden, daneben war auch die Sensorik teilweise rein mechanisch (Manometer, Messung des Reaktionsmoments der Belastungsmaschine). Neben der enormen Anzahl an Kabeln, die wir so in heutigen Prüfständen hätten, ist die analoge Signalübertragung auch empfindlich gegen elektromagnetische Einstrahlung. Man ist heute bestrebt, so wenig analoge Signale wie möglich zwischen Geräten im Prüfstand zu übertragen, um eine gute elektromagnetische Verträglichkeit zu erreichen und mit wenigen Leitungen auszukommen. Deshalb wurden zunächst Messwerte über die serielle Schnittstelle und das AK-Protokoll (Abschn. 8.4.1) übertragen. Mit der Vielzahl an Sensoren und Messgeräten ist die Verwendung digitaler Bussysteme heute selbstverständlich, das AK-Protokoll auf der seriellen Schnittstelle wird jedoch auch noch benutzt.

Sehr häufig wurde der Profibus (Abschn. 8.4.2) installiert. Bei neueren Installationen wurde er durch den CAN-Bus (Abschn. 8.4.3) verdrängt, der auch der Vernetzung von Steuergeräten im Fahrzeug dient. Der neueste Trend sind Bussysteme, die auf dem aus der PC-Vernetzung bekannten Ethernet basieren (Abschn. 8.4.4).

8.4.1 AK-Protokoll

Das AK-Protokoll (benannt nach einem Arbeitskreis), das meist die serielle Schnittstelle des PC verwendet (RS232), ist an Prüfständen noch sehr verbreitet. Dieses Protokoll beschreibt nicht die physikalische Ebene der Kommunikation, ist also nicht zwangsläufig an die serielle Schnittstelle gebunden, sondern z. B. auch auf USB und Ethernet mit TCP/IP implementiert. Es besteht aus einem Satz standardisierter Kurzbefehle (4 Buchstaben und eventuelle Parameter). Der erste Buchstabe besagt, ob es sich um einen Steuerbefehl (S), einen Eingabebefehl vom PC an das Gerät (E) oder einen Auslesebefehl (A) handelt, der das Gerät veranlasst, Daten zurück zu senden. Die weiteren 3 Buchstaben folgen keinem festen Schema. Das Gerät antwortet mit der Wiederholung des Befehls gefolgt von der eigentlichen Antwort. Der von einem Gerät verstandene Befehlssatz wird von dessen Hersteller in der Gerätedokumentation angegeben, wobei die Unterschiede bei ähnlichen Geräten unterschiedlicher Hersteller gering sind.

8.4.2 Profibus

Der Profibus stammt aus der industriellen Automatisierungstechnik und war lange Zeit einer der führenden Datenbusse für industrielle Anwendungen *(Feldbusse)* [IEC61158, IEC61784]. Er existiert in drei Varianten, für Prüfstände ist nur die Variante Profibus DP (dezentrale Peripherie) relevant. Trotz Verdrängung durch den CAN werden speicherprogrammierbare Steuerungen noch immer häufig über den Profibus mit Feldgeräten (intelligenten Sensoren und Aktoren) sowie anderen Steuerungen verbunden.

Der Profibus ist eine linienförmige Busleitung, an die alle Teilnehmer angebunden sind, er besteht aus einer Zweidrahtleitung nach RS485 mit definierten Eigenschaften nach [ISO8482]. Unter Praktikern ist das offiziell als Typ A bezeichnete Kabel bekannt als das „lila Kabel", daneben gibt es einen weniger gebräuchlichen Kabeltyp B. Alternativ ist auch ein Lichtwellenleiter möglich, aber unüblich. Bei Kabellängen unter 100 m ist eine Datenrate bis 12 Mbit/s möglich, dies dürfte für einen Einzelprüfstand genügen. Wenn größere Prüffelder mit einem Profibus verkabelt werden, sinkt die zulässige Datenrate; es gibt auch die Möglichkeit einen langen Bus mithilfe von Repeatern in mehrere Segmente zu unterteilen.

Ein Gerät darf nur dann auf den Bus zugreifen, wenn es von einem privilegiertem Gerät, dem Master, dazu aufgefordert wird. Alle nichtprivilegierten Geräte, also Sensoren und Aktoren, werden Slaves genannt. Der Master ist die Steuerung am Bus. Eine Besonderheit des Profibus gegenüber anderen Master/Slave-Bussen ist die Zulässigkeit mehrerer Master. Damit der Zugriff auch bei mehreren Mastern konfliktfrei möglich ist, wird das Zugriffsrecht unter den Mastern reihum weitergeleitet.

8.4.3 CAN-Bus

Eine ausführliche Beschreibung ist in [Borgeest23E] gegeben, hier werden die wesentlichen Merkmale aus Sicht des Prüfstandes dargestellt.

Der CAN-Bus ist ähnlich dem Profibus eine verdrillte Zweidrahtleitung, über kurze Stichleitungspaare können nahezu beliebig viele Geräte angebunden werden. Im Fahrzeug, für welches der CAN entwickelt wurde, sind unter „Geräten" die Steuergeräte zu verstehen. Am Prüfstand sind dies in ähnlicher Weise Automatisierungsgeräte, Regelgeräte, Messgeräte und Bediengeräte (Abb. 8.9). Darüber hinaus sind am Prüfstand meist auch einfache Sensoren und Aktoren mit einer Schnittstelle zum CAN-Bus ausgestattet. Weiterhin sind am Motorkabelbaum oft verschiedene Steuergeräte aus dem Fahrzeug angeschlossen, z. B. das Motorsteuergerät, die Zentralelektrik oder ein spezielles Steuergerät, das am Prüfstand wesentliche Funktionen mehrerer Fahrzeugsteuergeräte simuliert. Zwar muss der im Kabelbaum enthaltene CAN-Bus nicht zwingend mit dem Prüfstand verbunden sein, in der Regel ist es aber sinnvoll, aus den Steuergeräten Daten auslesen zu können oder auch Daten schreiben zu können. Theoretisch könnten alle Einrichtungen am Prüfstand an einem einzigen CAN-Bus angeschlossen werden, praktisch

Abb. 8.9 Struktur des CAN-Bus und des Profibus

hat es sich bewährt, mehrere Teilnetze zu definieren, damit bleibt bei einer Störung die Auswirkung auf das Teilnetz begrenzt, auch kann die Buslast auf einem Teilnetz reduziert werden, weil nicht alle Nachrichten mehr über den gleichen Bus laufen.

Der CAN-Bus kennt im Gegensatz zum Profibus keine privilegierten Geräte. Jedes Gerät darf zu jedem Zeitpunkt Nachrichten absetzen. Die Nachrichten besitzen in den ersten 11 oder wahlweise 29 Bit nach dem Startbit eine Identifikation, die im Konfliktfall entscheidet, welche Nachricht weiter gesendet oder abgebrochen wird. Die Zuteilung des Busses im Konfliktfall wird *Arbitrierung* genannt. Im Gegensatz zum Profibus werden im Datenpaket weder Absender noch Empfänger angegeben, jede Nachricht richtet sich also zunächst an alle Kommunikationsteilnehmer, anhand der Identifikation entscheidet jeder Teilnehmer selbst, ob er die Nachricht in irgendeiner Form verwertet oder verwirft.

Die Fahrzeugkommunikation im Pkw kennt keine standardisierte Anwendungsschicht, jeder Fahrzeughersteller entscheidet selbst, evtl. sogar in unterschiedlicher Weise für verschiedene Fahrzeuge, welche Nachrichten mit welcher Priorität und welcher Bedeutung übertragen werden, lediglich die durch den CAN-Standard definierte physikalische Ebene [ISO11898-1,2] und der Zugriff auf das Übertragungsmedium [ISO11898-1], v. a. die Arbitrierung, sind standardisiert. Die angegebenen Normen beziehen sich auf den „High-Speed-CAN", der hier verwendet wird, daneben gibt es in Fahrzeugen ein Energiemanagement und weitere Varianten des CAN-Bus, die in den weiteren Teilen der ISO 11898 beschrieben werden, hier aber nicht von Interesse sind. In der Automatisierungstechnik hat es hingegen eine begrenzte Standardisierung (CANopen) der Anwendungsebene gegeben, die teilweise auch am Prüfstand genutzt werden kann. Diese definiert herstellerübergreifend Profile für bestimmte Geräte, so z. B. für Ein-/Ausgabe-Module [CiA401], Sensoren und Regler [CiA404] und absolute Winkelgeber [CiA406].

8.4.4 Ethernet-basierte Kommunikation

Die PC-Kommunikation im Heim- oder Bürobereich erfolgt über Ethernet, die Transportsteuerung und die Verteilung der Daten im Netzwerk erfolgt durch die darauf aufbauenden Protokollebenen *TCP* (Transport Control Protocol) und *IP* (Internet Protocol), zusammengefasst als *TCP/IP* bezeichnet. Die auf Ethernet aufbauenden Feldbusse werden deshalb auch als IP-basiert bezeichnet. Zunehmend wird die kostengünstigere Technik aus dem PC-Bereich auch zur industriellen Kommunikation verwendet und verdrängt dort ältere Feldbusse, aber auch den CAN. Eine endgültige Entscheidung im derzeitigen Wettbewerb der IP-basierten Feldbusse zeichnet sich noch nicht ab, derzeit scheinen EtherCAT und Profinet einen Vorsprung zu entwickeln.

EtherCAT wurde maßgeblich von einem Unternehmen der Automatisierungstechnik entwickelt, ist jedoch keine proprietäre Lösung, sondern in den Normen [IEC61158, IEC61784] berücksichtigt. Eine Besonderheit ist das *CAN Application Protocol over EtherCAT* (CoE), das eine einfache Migration von CANopen-Profilen ermöglicht. Eine Einführung bietet [EtherCAT22].

Nicht zufällig erinnert der Name Profinet an den Profibus, seine Entwicklung wurde von der gleichen Organisation, der Profibus & Profinet International in Karlsruhe, koordiniert wie seinerzeit die Entwicklung des Profibus. Das Profinet existiert in zahlreichen Varianten, ein wichtiges Ziel ist hier die einfache Migration vom Profibus. Die größte Ähnlichkeit zum Profibus DP besteht bei Profinet IO, das in [Popp10] ausführlich vorgestellt wird.

8.5 Externe Anbindung des Prüfstandes

In einer klassischen IT-Struktur, die sich allerdings derzeit in vielen Unternehmen auflöst, ist der Prüfstand an die Betriebsleitebene angebunden. Die Betriebsleitebene ist wiederum an die Büro-IT und die betriebswirtschaftliche Software angebunden. Technisch erfolgt die Anbindung über Ethernet und TCP/IP. Über die Büro-IT besteht eine Verbindung zum Internet. Häufig besteht auch ohne die Kopplung an andere Strukturen des Unternehmens eine Verbindung zum Internet, die z. B. eine Fernwartung (der Automatisierungs-PCs oder des ganzen Prüfstandes) oder sogar den ferngesteuerten Betrieb ermöglicht.

Die Anbindung an innerbetriebliche Strukturen erleichtert den Datenaustausch und die Wartung. Ein mögliches Szenario wäre, den Prüfstand nicht nur aus der Warte, sondern auch aus der Entwicklungsabteilung zu fahren. Der Datenaustausch erfordert eine Regelung der Zugriffsrechte und eine Sicherung dieser Rechte gegen irrtümliche oder beabsichtigte Zugriffe ohne Berechtigung. Je nach Ausstattung ist ein nahezu unbemannter Fernbetrieb technisch möglich, insbesondere bei größeren Prüffeldern, würde dann eine geringe Zahl von Mitarbeitern eine größere Zahl von Prüfständen vor Ort beaufsichtigen. Oftmals genügt es aber, dass ein Testlauf lediglich an anderen Stellen des Unternehmens verfolgt wird, damit reduziert sich die Fernsteuerung zu einer bloßen Datenübertragung, allerdings nahezu in Echtzeit.

Die Anbindung an das Internet eröffnet grundsätzlich die gleichen Möglichkeiten, aber auch außerhalb des Unternehmens, so könnten z. B. Zulieferer oder Kunden eingebunden werden, wenn dies beabsichtigt ist. Gleichzeitig erhöht sich aber in erheblichem Maße das Risiko, dass unbefugt Daten ausgelesen werden oder Sabotage von außen betrieben wird.

Aufgrund der Sicherheitsrisiken, die insbesondere mit einer Verbindung zum Internet einhergehen, sollte also keinesfalls die maximal mögliche Vernetzung mit der Außenwelt angestrebt werden, vielmehr sollten konkret die Ziele einer Vernetzung definiert werden, diese müssen mit einem Minimum an Konnektivität erreicht werden.

Technische Gebäudeausrüstung, Projektierung, Bau und Betrieb des Prüfstandes

9

Noch vor der technischen Ausrüstung des Gebäudes ist das Gebäude selbst zu betrachten (Abschn. 9.1). Wichtige Komponenten der technischen Gebäudeausrüstung (TGA) sind die Energieversorgung (Abschn. 9.2), die nicht nur elektrische Energie in den Prüfstand führt, sondern im Bremsbetrieb einer elektrischen Belastungsmaschine auch viel Energie aus dem Prüfstand herausführt, die Wasserversorgung (Abschn. 9.3), die am Prüfstand häufig auch die Kühlung von Wasser beinhaltet, die Druckluftversorgung (Abschn. 9.4), die Luftversorgung einschließlich Heizung und Kühlung (Abschn. 9.5), die Ableitung des Abgases (Abschn. 9.6), das Gaslager (Abschn. 9.7) und der Brandschutz einschließlich Brandmelde- und Löschtechnik (Abschn. 9.8). Der letzte Abschn. 9.9 befasst sich mit der Projektierung des Prüfstandes, wobei deutlich wird, dass der größte Aufwand in Zusammenhang mit der TGA entsteht. Weitere TGA-Anteile wie die Tankanlage wurden bereits in früheren Kapiteln im Zusammenhang mit bestimmten Prüfstandskomponenten betrachtet. Ein Großteil der TGA bedarf regelmäßiger Wartung [VDMA24186].

9.1 Hochbau

Ein Motorenprüfstand kann in ein vorhandenes Gebäude mit Laboren, Werkstätten, Büros oder anderen Prüfständen integriert werden, er kann aber auch ein eigenes Gebäude bekommen. Eine Zwischenstufe ist das „Gebäude im Gebäude", das z. B. oft gewählt wird, wenn mehrere Prüfstände in eine große Halle kommen. In diesem Falle können mehrere einfache Gebäude mit Prüfständen innerhalb der Halle als äußere Gebäudestruktur stehen, die Halle kann in diesem Falle auch teilweise zu den Seiten offen sein.

Ein Argument für die Integration in ein vorhandenes Gebäude kann eine Unternehmenspolitik der kurzen Wege sein, um z. B. eine verbesserte Zusammenarbeit zwischen verschiedenen an der Motorenentwicklung oder Erprobung beteiligten

K. Borgeest, *Messtechnik und Prüfstände für Verbrennungsmotoren*,
https://doi.org/10.1007/978-3-658-43284-3_9

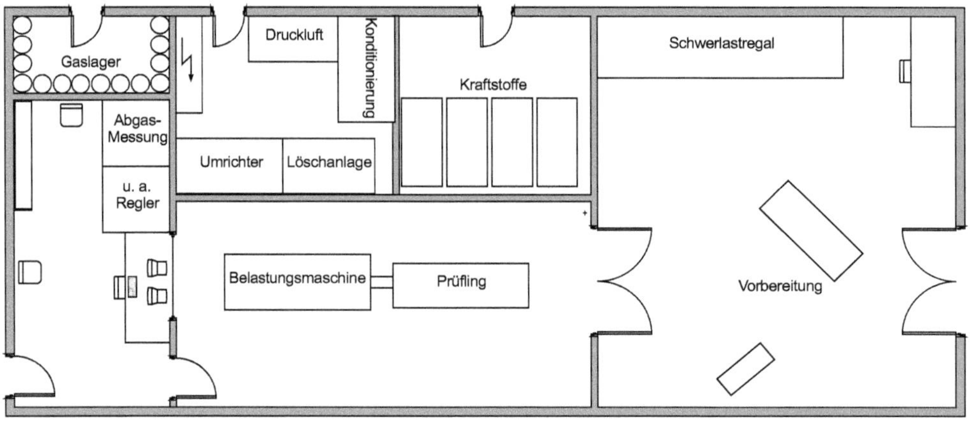

Abb. 9.1 Exemplarischer Grundriss eines Prüfstandsgebäudes. In Containerbauweise würde man versetzte Wände wie zwischen Gaslager und Warte eher meiden und alle Wände in einer möglichst mittigen Flucht anordnen

Einrichtungen zu ermöglichen. Ein weiteres Argument kann der reduzierte Grundflächenbedarf sein. Allerdings sind Motorenprüfstände nicht unbedingt zu anderen Einrichtungen im Gebäude kompatibel. Wird z. B. in der Nachbarschaft ein Mikrosystemtechniklabor betrieben, ist der Aufwand zur schwingungstechnischen Entkopplung recht hoch. Besonders hoch kann der gebäudetechnische Aufwand werden, wenn ein Motorenprüfstand in ein vorhandenes Gebäude integriert werden soll, das ursprünglich nicht dafür vorgesehen war. In solchen Fällen kann z. B. die Leitungsführung durch das Gebäude sehr schwierig werden.

Eine Alternative ist dann ein eigenes Prüfstandgebäude. Dies könnte ein gemauerter oder Betonhochbau sein, verbreitet sind aber modulare Metallgebäude. Die Module werden per Lkw geliefert, wobei sämtliche Prüfstandstechnik bereits vormontiert ist. Vor Ort verbleiben dann das Zusammensetzen der Module, der Anschluss an die vorhandene Versorgungstechnik, einige Installationsarbeiten und die Inbetriebnahme. Da die Außenhaut dieser Modulbauten aus gesickten Metallflächen bestehen, werden diese auch als Container bezeichnet, sie haben allerdings mit Frachtcontainern wenig gemeinsam, insbesondere sind die Abmessungen solcher Gebäude im Gegensatz zu Frachtcontainern nicht genormt. Vorstellbar, bisher aber unüblich sind Modulbauten aus Betonzellen, wie sie z. B. auch für Blockheizkraftwerke verwendet werden. Bei der Raumaufteilung eines Containerprüfstandes können Kompromisse zugunsten der Transportierbarkeit und Montierbarkeit erforderlich sein (Abb. 9.1).

Ein Containerprüfstand wird üblicherweise auf einem Streifenfundament errichtet, das auch eine Unterlüftung von Stahlcontainern ermöglicht (Abb. 9.2). Der Hersteller schweißt die 3 bis 4 mm dicken Wände in ein stabiles Stahlskelett ein. Bei der Beschaffung und Aufstellung ist auf Korrosionsschutz und Wetterbeständigkeit zu achten.

Abb. 9.2 Streifenfundament für einen Prüfstand in Containerbauweise

Dem Wetter ausgesetzte Schweißnähte müssen überlappend ausgeführt sein. Die Innenseiten werden zumindest im Bereich der Prüfzelle z. B. mit Bitumenpappe oder nicht brennbarer Mineralwolle entdröhnt.

Bei einem Prüfstand mit eigenem Gebäude ist eine Heizung vorzusehen, für die Warte ggf. auch eine Klimatisierung. Während in der Warte und im Vorbereitungsraum angenehme Arbeitstemperaturen herrschen sollen, genügt es bei anderen Räumen in der Regel, Frostfreiheit sicher zu stellen. In Hinblick auf die langfristigen Betriebskosten ist ein Anschluss an die Zentralheizung sinnvoll, auch wenn dieser höhere Investitionen erfordert, als eine elektrische Heizung. Da sehr viele Prüfstandskomponenten für Umgebungstemperaturen bis 40 °C spezifiziert sind, kann es sinnvoll sein, ein Überschreiten dieser Temperaturen zu verhindern, um Messungenauigkeiten durch nicht spezifizierten Betrieb zu verhindern. Eine einfache Maßnahme gegen die Aufheizung von außen kann ein zusätzliches Dach über dem Prüfstandsbau sein.

9.1.1 Prüfstandsraum

Unter den Platten oder Rosten, auf denen der Prüfstandsraum begangen wird, befindet sich eine Auffangwanne, die v. a. Öl, aber auch z. B. Wasser (Kühlmittel, Kondenswasser) aufnimmt. Am tiefsten Punkt ist ein Ablauf vorzusehen, die Leerung kann manuell oder über eine Pumpe erfolgen. Bei nachträglich eingebauten Prüfständen findet sich häufig ein ebener Grund mit Industrieestrich oder Fliesen mit nur einer leichten Senkung zum Ablauf mit Ölabscheidung. Um den Prüfling herum sollte genügend Platz vorgesehen werden, um daran zu arbeiten und z. B. zusätzliche Messgeräte oder einen Werkzeugwagen zu stellen. Die Tür, durch welche der Prüfstand bestückt wird, sollte durch einen Gabelstapler vom Vorbereitungsraum anfahrbar sein und sich auf der Prüflingsseite befinden, der Zugang von der Warte befindet sich zweckmäßigerweise gegenüber auf der Seite der Belastungsmaschine. Innen sollte sich eine Kranbahn befinden, die nicht nur den Prüfling, sondern im Bedarfsfall auch die Belastungsmaschine anheben kann; die Masse einer typischen elektrischen Belastungsmaschine mit mehreren 100 kW liegt bei einigen 100 kg. Für Versuchsaufbauten sollten genügend zweiphasige und dreiphasige Steckdosen an mehreren Stellen im Prüfraum vorhanden sein. Eine Möglichkeit, undokumentierte oder schlecht dokumentierte Motoren schnell am Prüfstand in Betrieb zu bringen (z. B. für die Untersuchung von Motoren der Wettbewerber), ist die Verkabelung des Prüflings mit dem draußen stehenden Restfahrzeug, in diesem Falle sind kurze Kabelwege zwischen Prüfraum und Parkplatz vorzusehen.

9.1.2 Warte

An der Stirnseite des Prüfstandes befindet sich die Warte, von der aus der Prüfling durch Fenster aus Panzerglas beobachtet werden kann. Neben dem Fenster befindet sich eine Sicherheitstür als direkter Zugang zur Prüfzelle. Das Automatisierungssystem und der Prüfstandsregler sind so aufgestellt, dass diese mit Blick in den Raum bedient werden können. Auch die Geräte zur Abgasanalyse sind häufig in der Warte zusammengefasst. Bei Prüffeldern mit mehreren Prüfständen befinden sich oft die Warten mehrerer Prüfstände in einem langgezogenen Raum, der als Korridor auch den Zugang zu den Prüfständen auf einer oder beiden Seiten ermöglicht. Fehlerfreies, konzentriertes Arbeiten erfordert einen guten Schallschutz gegen die Prüfstandszelle, die Dämpfung sollte mindestens 40 dB betragen. Bei einem nicht gebäudeintegrierten Prüfstand ist eine Klimatisierung sinnvoll, zumindest aber eine Heizung erforderlich.

9.1.3 Technikräume

Die Technikräume befinden sich bei einer Containerlösung typisch auf der gleichen Ebene wie der Prüfraum, bei gebäudeintegrierten Lösungen ist die Technik häufig unter und/oder über dem Prüfstand untergebracht. In den Technikräumen können z. B. das Gaslager, das Kraftstofflager, die Löschanlage, der Kompressor, Schaltschränke, Umrichter, Transformatoren, Wärmetauscher, Abgasnachbehandlungsanlagen und Pumpen für Verdünnungsrohre untergebracht sein. Räume in denen brennbare Flüssigkeiten (Kraftstoffe) oder Gase (Kraftstoffe oder Brenn- und Kalibriergase für die Abgasanalytik) untergebracht sind, müssen als explosionsgefährdet betrachtet werden und benötigen eine entsprechende Belüftung sowie geeignete Elektroinstallationen.

9.1.4 Vorbereitungsraum

Da industrielle Prüfstände mit hoher Auslastung betrieben werden und Prüfzeit teuer ist, sollten möglichst wenig Arbeiten am Prüfling in der Prüfstandszelle ausgeführt werden. Selbst bei geringerer Auslastung ist es sinnvoll, den Prüfling möglichst außerhalb der Prüfzelle vorzubereiten, dies hält die Prüfzelle frei und ermöglicht ein effektiveres und sichereres Arbeiten am Prüfling. An den Vorbereitungsraum kann ein Motorenlager angrenzen. Der Vorbereitungsraum ist oft der größte Raum im Bereich der Prüfstände. Neben der Vorbereitung der Prüflinge kann dort auch die Zerlegung, z. B. zur Beurteilung des Verschleißes bei Dauerläufen stattfinden.

9.2 Elektroinstallation

Bei einem Prüfstand mit elektrischer Belastungsmaschine ist diese einschließlich Umrichter der größte Verbraucher. Weitere Verbraucher sind Gebläse, ggf. elektrische Heizungen für Luft, Wasser, Kraftstoff, Öl, die Drucklufterzeugung, Pumpen für Wasser, Kraftstoff, Öl, Messgeräte, Rechner, Beleuchtung sowie Steckdosen mit angeschlossenen Geräten und weitere Verbraucher.

Eine Besonderheit der elektrischen Belastungsmaschine ist, dass diese nicht nur Strom verbrauchen kann, sondern die meiste Zeit als Bremse im Generatorbetrieb läuft und Strom erzeugt. In diesem Zustand ähnelt der Prüfstand einem Blockheizkraftwerk mit dem Unterschied, dass der Betrieb dem Testzweck folgt und nicht dem Strombedarf. Der vom Prüfstand erzeugte Strom kann andere elektrische Verbraucher auf dem Gelände versorgen oder nach einem zu verhandelnden Vertrag Strom ins öffentliche Netz einspeisen. Der Transformator zur Mittelspannungsebene sollte in der Nähe des Prüfstandes sein, um die Verluste auf den Leitungen und auch die Kosten der Leitungen gering zu halten, der Prüfstand wird mit 230 V Strangspannung (Spannung der drei Phasen gegenüber dem Neutralleiter) und 400 V Leiterspannung (Spannung zwischen den drei Phasen) gespeist.

9.3 Wasserversorgung und Kühlung

Mögliche Wasserverbraucher sind Konditioniereinrichtungen und hydraulische Bremsen, ein Waschbecken ist ebenfalls vorteilhaft. Die Installation erfolgt industrieüblich/haushaltsüblich, zu beachten sind jedoch eventuelle Zusatzanforderungen, die durch einzelne Geräte gestellt werden und in deren Spezifikation enthalten sind. Diese können den Einsatz zusätzlicher Filter erfordern oder sogar eine Wasseraufbereitung, um das Absetzen von Kalk und anderen Sedimenten zu verhindern, insbesondere hydraulische Bremsen sind in dieser Hinsicht empfindlich. Das filtrierte und aufbereitete Wasser kann nach Kühlung mehrfach verwendet werden. Konditioniereinrichtungen arbeiten meist mit einem geschlossenen Wasserkreislauf, der ebenfalls eine Kühlung erfordert.

Die Kühlung erfolgt wie bei Klimaanlagen für Gebäude. Eine Möglichkeit sind geschlossene Wärmetauscher auf dem Dach oder neben dem Prüfstand, die abgesehen von den größeren Abmessungen ähnlich einem Fahrzeugkühler aufgebaut sind und durch

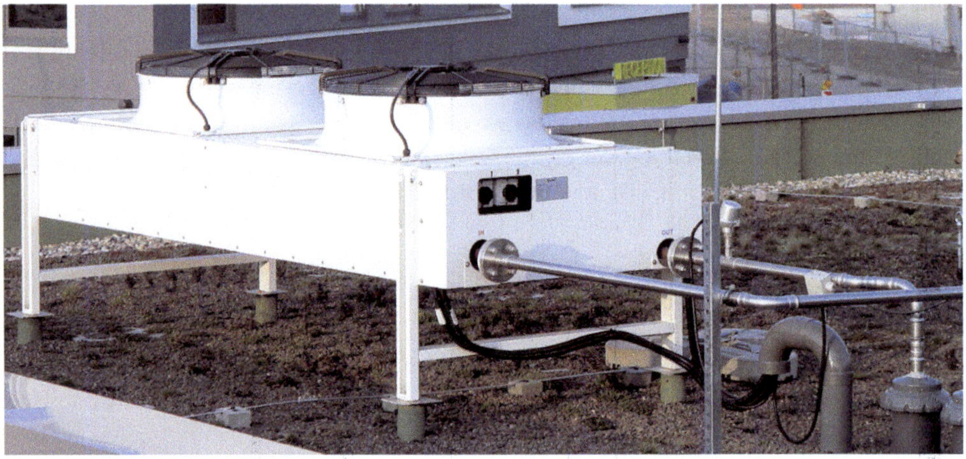

Abb. 9.3 Rückkühlwerk auf dem Dach in geschlossener Ausführung

einen Ventilator unterstützt werden (Abb. 9.3). Alternativ können Nasskühltürme verwendet werden, diese sind effektiver, weil zusätzlich Verdampfungswärme entzogen wird und der Wärmeaustausch mit der Umgebung im offenen System besser ist, nachteilig ist aber ein hoher Wartungsaufwand und die mögliche Bildung teils sehr gefährlicher Mikroorganismen. So infizierte 2010 ein Kühlturm eines Blockheizkraftwerkes in Ulm mehrere Personen mit Legionellen, einige von ihnen starben. Weitere schwere Vorfälle gab es 2013 in Warstein, 2014 in Jülich und 2015/2016 in Bremen. 2017 trat deshalb die Verordnung über Verdunstungskühlanlagen, Kühltürme und Nassabscheider [§BImschV42] in Kraft, die Betreibern offener Rückkühlanlagen Pflichten auferlegt, um Gefährdungen zu reduzieren.

Die Gefährdung durch Mikroorganismen, v. a. Legionellen, muss generell bei Warmwasserkreisläufen bedacht werden, insbesondere bei stehendem Wasser und Wassertemperaturen zwischen 20 und 60 °C. Ein Einatmen muss verhindert werden, ggf. ist das Wasser zu entkeimen.

9.4 Druckluftversorgung

Der Betrieb von Luftfedern unter der Grundplatte, pneumatisch betätigten Ventilen und Pumpen sowie die Spülung der Abgasmesstechnik erfordert eine industrietypische Druckluftversorgung. Im Prüfraum sind freie Druckluft-Anschlüsse, z. B. zum Ausblasen oder zum Betrieb pneumatischer Werkzeuge nützlich. Das zulässige Druckniveau ist den Spezifikationen der verwendeten Geräte zu entnehmen, verbreitet sind 400 kPa. Die Druckluft muss gekühlt und trocken sein, für viele Geräte (v. a. Spülung der Abgasmesstechnik) auch ölfrei. Da auch ölfrei genannte Luft Ölreste enthalten kann, ist eine genauere Spezifikation der Luftqualität nach [ISO 8573-1] hilfreich und ggf. von den Anbietern der Druckluftverbraucher zu erfragen. Das zu liefernde Druckluftvolumen ergibt sich gleichfalls aus den Spezifikationen der Verbraucher, wobei ein kleinerer Wert als die Summe angenommen werden kann, wenn sichergestellt ist, dass nicht alle Druckluftverbraucher gleichzeitig arbeiten. Ein Aufschlag für Leckageverluste sollte addiert werden. Ein Einzelprüfstand kann im Betrieb bis zu 300 l/min erreichen. Die Druckluft kann bei Eignung aus der im Betrieb vorhandenen Versorgung *(Shop Air)* entnommen werden oder der Prüfstand bekommt einen separaten Kompressor.

9.5 Luftaustausch

Gebäudetechnisch aufwendig ist die Be- und Entlüftung, weil einerseits eine hohe Verlustleistung aus dem Prüfraum abgeführt werden muss, andererseits die Entlüftung eine erhebliche Lärmquelle in der Umgebung des Prüfstandes sein kann. Weiterer Aufwand entsteht, wenn genau definierte klimatische Anforderungen zu erfüllen sind.

Abb. 9.4 zeigt ein Beispiel der Leistungsflüsse in einem Prüfstand. Die mechanische Leistung des Verbrennungsmotors sei 100 kW. 5 kW werden v. a. durch Wärmestrahlung und Konvektion vom Prüfling an den Raum abgegeben. 90 kW werden über das Abgas abgegeben, diese Verluste werden größtenteils nach außen geleitet, allerdings gibt die Abgasanlage auch im Prüfstand Wärme ab, im Beispiel 10 kW. Geraten Teile der Abgasanlage ins Glühen, steigt der Wärmestrom in den Prüfraum durch Wärmestrahlung mit der vierten Potenz. 80 kW werden über den Kühlmittel- und Schmiermittelkreis des Motors an die Konditioniereinrichtungen abgegeben, die eigene Verlustleistung der Konditioniereinrichtung ist im Bild nicht berücksichtigt. Die 100 kW mechanische Leistung werden von der Prüfstandsbremse abgefangen und z. B. bei einer elektrischen Bremse größtenteils an den Umrichter weitergegeben, teilweise aber auch als Wärme abgestrahlt. Der Wirkungsgrad des Motors liegt im Beispiel bei 27 %, selbst für einen Dieselmotor ist dies ein optimistischer Wert, da sich der spezifizierte Wirkungsgrad nur auf einen optimalen Betriebspunkt bezieht. Die Wärmeabgabe in den Prüfraum beträgt 20 kW; zum Vergleich sei erwähnt, dass ein Heizköper für Wohnräume mit ungefähr 100 W/m^2 ausgelegt wird. In einem kleinen Prüfraum mit z. B. 20 m^2 wird also eine Verlustleistung abgegeben, die als Heizleistung in einem zehnmal so großen Wohnraum installiert wird.

Einem Testfeld mit mehreren Prüfständen kommt zugute, dass fast nie auf allen Prüfständen die gleiche Leistung zur gleichen Zeit abgegeben wird. Auf Dauerlaufprüfständen mag der „Gleichzeitigkeitsfaktor“, der Faktor mit dem die Summenleistung zur realistischen Auslegung zu multiplizieren ist, noch gegen eins gehen, der ungünstigste Fall wäre also gleichzeitige Maximalleistung auf allen Prüfständen. Auf spezialisierten Forschungsprüfständen wird meist der geringste Gleichzeitigkeitsfaktor erreicht.

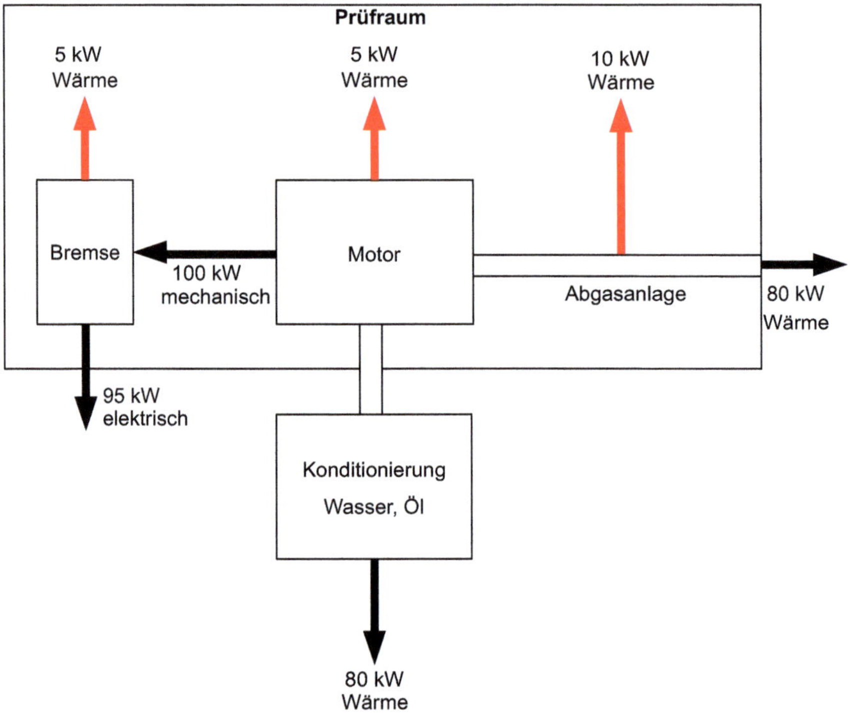

Abb. 9.4 Leistungsfluss in einem Prüfraum (exemplarisch)

Die Kühlung des Prüfstandsraumes kann durch portable Gebläse zur Kühlung besonders heißer oder für die jeweilige Messung temperaturempfindlicher Bereiche des Motors ergänzt werden.

Neben der Verlustwärme können nicht nur im Fehlerfall Dämpfe von Betriebsstoffen, geringe Abgasleckagen und bei den üblichen Temperaturen bis 40 °C verschiedenste Ausdünstungen frei werden. Die Lüftung dient hier auch der Erhaltung der Luftqualität zum Schutz dort arbeitender Personen. Wenn der Motor direkt aus der Prüfzelle ansaugt, verbessert die Lüftung die Reproduzierbarkeit der Luftzusammensetzung, bei höchsten Anforderungen wird eine separate Konditioniereinheit für die Ansaugluft nötig sein. Unter diesem Aspekt ist nicht nur die Menge der ausgetauschten Luft relevant, die möglichst gleichmäßige Verteilung der Luft in der Prüfzelle kann sogar sicherheitskritisch sein, um zu verhindern, dass sich z. B. in begrenzten Bereichen Benzindämpfe in zündfähiger Konzentration anreichern können. Dies kann durch breit gefächerte Ein- und Auslässe erreicht werden, mit denen sich auch der Geräuschpegel reduzieren lässt, dies ist aber auch mit Zusatzlüftern an kritischen Stellen möglich.

Der Lärmpegel außerhalb des Prüfstandes unterliegt Vorgaben, die in Abschn. 10.9.1 erwähnt werden, die Abluft ist häufig die größte Lärmquelle. Dieser Lärm reduziert sich durch große Querschnitte mit niedrigen Strömungsgeschwindigkeiten, durch Schalldämpfer und durch eine geschickte Formgebung am Auslass der Abluft. Noch wirksamer gegen Lärm sind geschlossene Zirkulationssysteme mit Kühleinrichtungen, die Reinigung der Luft ist dort aber problematisch und die Kosten liegen wesentlich höher. Ergänzt werden kann der äußere Lärmschutz durch eine Positionierung in großer Entfernung von z. B. Wohngebäuden und eine lärmmindernde Außengestaltung, z. B. Bäume, Wälle oder Reflektoren.

Die Luftführungen sind durch Brandschutzklappen abzusichern und so zu gestalten, dass sie kein Regenwasser in den Prüfstand leiten.

Eine definierte Feuchtigkeit der Ansaugluft kann über kombinierte Trockner und Befeuchter eingestellt werden. Da die Trocknung von Luft (durch Kühlung und Kondensation) energieaufwendig ist und eine hohe Luftfeuchte im Prüfstand langfristig Schäden verursachen kann, ist es sinnvoll, spezielle Konditioniergeräte für die Verbrennungsluft zu verwenden und nicht die gesamte Luft im Prüfstand zu konditionieren. Bei einem Klimaprüfstand hingegen ist es unvermeidlich, die gesamte Raumluft bezüglich Temperatur, Feuchte und Dichte zu konditionieren. Die Kühlung kann durch Wärmetauscher oder effektiver durch Verdampfer in einem Kältekreislauf erfolgen, die Heizung elektrisch oder durch evtl. vorhandene Prozesswärme.

9.6 Abgas

Die Abgase werden nicht über die Raumlüftung, sondern separat über einen Trichter am Endrohr der Abgasanlage abgesaugt. Der Abgasvolumenstrom $\dot{V}$ kann berechnet werden über das Pumpvolumen des Motors, das sich als Produkt aus maximaler Drehzahl n_0 und Hubvolumen V_H ergibt, allerdings sind einige Korrekturen erforderlich:

- Bei einem Viertaktmotor pumpt jeder Zylinder nur jede zweite Umdrehung, deshalb ist die halbe Drehzahl anzusetzen.
- Der durch Reaktionsgleichung (2.1) beschriebene idealisierte Verbrennungsvorgang vergrößert das Gasvolumen gegenüber der Ansaugluft. Wenn die mittlere Summenformel des Kraftstoffs C_mH_n ist, dann werden aus $m + n/4$ Mol Sauerstoff (O_2) m Mol Kohlendioxid + $n/2$ Mol Wasserdampf, sofern dessen Kondensation vernachlässigt wird. Da die Ansaugluft nur zu 21 % aus Sauerstoff besteht und zu 79 % aus anderen Stoffen, die nahezu unverändert im Abgas auftauchen, resultiert mit $n/m = 2$ nur eine Volumenvergrößerung um ca. 7 %.
- Ein von Eins verschiedener Luftaufwand λ_a nach Gl. 2.3 wirkt sich auf das Volumenverhältnis am Einlass aus.
- Die Aufladung erhöht die Luftmenge, näherungsweise entspricht der dadurch zu berücksichtigende Faktor dem Verhältnis vom absoluten Ladedruck p_1 zum Atmosphärendruck p_0.

- Aufgrund der Abgastemperatur ist die Abgasdichte ρ_{Abgas} geringer als die Luftdichte ρ_{Luft}, was zu einer Volumenvergrößerung des Abgases führt. Bei 450 °C führt dies etwa zu einer Verdoppelung des Volumens.

$$\dot{V} = \frac{\rho_{\text{Luft}}}{\rho_{\text{Abgas}}}\frac{p_1}{p_0}\lambda_{\text{a}}\left(0{,}79 + 0{,}21\frac{m+n/2}{m+n/4}\right)\frac{n_0}{2}V_{\text{H}}. \tag{9.1}$$

Absaugungen werden häufig nach der in [§TRGS554] angegebenen Formel für UMA-Prüfplätze dimensioniert, da bei der UMA die Motoren ebenfalls mit Maximaldrehzahl betrieben werden. Die dortige Formel lautet[1]

$$\frac{\dot{V}}{\text{m}^3/\text{h}} = 0{,}0363 \cdot 1{,}2\,\frac{n_0}{\text{min}^{-1}}\frac{V_{\text{H}}}{1}, \tag{9.2}$$

wobei die Faktoren nicht begründet werden. Mindestens werden dort aber 600 m³/h für Pkw und 1200 m³/h für Lkw gefordert.

Beispiel

Ein Prüfstand soll für Pkw-Motoren (Otto und Diesel) bis 2 l Hubraum verwendet werden. Die Höchstdrehzahl sei großzügig mit 9000 min^{-1} angenommen. Der maximale Ladedruck sei ebenfalls großzügig zu 3 bar absolut angenommen. Der Luftaufwand betrage maximal 1,2. Der Kraftstoff besteht aus langkettigen Kohlenwasserstoffen mit $n/m = 2$. ◀

Gl. 9.1 liefert 674 m³/h, Gl. 9.2 liefert 363 m³/h, wobei ersatzweise die Mindestmenge von 600 m³/h anzunehmen ist. Um eine vollständige Absaugung sicher zu stellen, sollte Gl. 9.1 verwendet werden. Damit die Raumlüftung kein Abgas zurücksaugt, wird eine Auslegung in etwa dreifacher Größe empfohlen mit 2000 m³/h.

Das Gebläse, das sich im Prüfraum oder außerhalb befinden kann, transportiert das Abgas über eine optionale Abgasreinigung, einen Schalldämpfer und einen Kamin nach außen. Auf dem Kamin kann ein Deflektor den Ausstoß unterstützen.

9.7 Gaslager

Die Gase, die zum Betrieb oder zur Kalibrierung der Abgasmessanlage verwendet werden, befinden sich in einem Lager außerhalb des Prüfraumes. Dies kann ein geschlossener Raum oder ein offenes Lager sein. Der geschlossene Raum ist als ex-

[1] Der Volumenstrom wird in der zitierten Quelle V genannt. Die Untersuchung des Motormanagements und Abgasreinigungssystems (UMA) wird in der Quelle noch Abgasuntersuchung (AU) genannt.

Tab. 9.1 Typische Minimalausstattung eines Gaslagers, PMD: paramagnetischer Detektor, NDIR: nichtdispersiver Infrarotanalysator

Gas	Verwendungszweck
H_2 40 Vol.-% in He	Brenngas Flammenionisations-Detektor
Hochreine, synthetische Luft	Brennluft Flammenionisations-Detektor
O_2	Ozonvorstufe für Chemolumineszenz-Detektor
N_2	Nullgas für alle Analysatoren und Träger für PMD
O_2 22,5 Vol.-%	Kalibriergas für PMD
CO 9,5 Vol.-% in N_2	Kalibriergas für CO-NDIR
CO 3000 ppm in N_2	Kalibriergas für CO-NDIR
CO_2 19 Vol.-%	Kalibriergas für CO_2-NDIR
NO 9500 ppm in N_2	Kalibriergas für Chemolumineszenz-Detektor
Propan 6500 ppm in N_2	Kalibriergas für Flammenionisations-Detektor

plosionsgefährdeter Raum zu betrachten, im Störungsfall können sich dort auch giftige Gase befinden. Ein offener Bereich ist hinreichend durchlüftet, er sollte allerdings nicht öffentlich zugänglich sein.

Tab. 9.1 zeigt exemplarisch eine Minimalausstattung, in großen industriellen Prüffeldern kommen häufig andere Gase, sowie die aufgeführten Gase in anderen Konzentrationen hinzu. Die Lagerung der Gase erfolgt in Metallgasflaschen, eine gängige Größe ist 50 l pro Flasche.

9.8 Brand- und Explosionsschutz

Die Wahrscheinlichkeit eines Brandes ist beim Motorenprüfstand aufgrund hoher Temperaturen (z. B. glühende Abgasanlage), hoher installierter elektrischer Leistung und der Anwesenheit brennbarer Flüssigkeiten und Gase höher als bei vielen anderen Industrieeinrichtungen. In großen Prüffeldern sind falsche oder echte Feueralarme fast ein Routineereignis. Über gesetzliche Vorschriften hinaus, richtet sich der Brandschutz nach den möglichen Schäden, die z. B. bei der Integration eines komplexen Prüfstandes in ein größeres Entwicklungsgebäude höher sein können als bei einem freistehenden kostengünstigen Prüfstand. An Hochschulen sollte berücksichtigt werden, dass sich auch ungeübte Personen am Prüfstand aufhalten (was allerdings nicht ohne Sicherheitsbelehrung geschehen sollte).

9.8.1 Baulicher Brand- und Explosionsschutz

Bei Verwendung gasförmiger oder anderer hochexplosiver Kraftstoffe, sollte mindestens eine nicht tragende Außenwand im Explosionsfall zum Druckabbau nach außen nachgeben, während die Innenwände der Druckwelle standhalten sollen. Nachgiebigkeit einer Wand nach außen kann durch Klappen erreicht werden, jedoch selbst die völlige Zerstörung einer nicht tragenden Außenwand hat geringere Folgen, als eine Ausbreitung der Druckwelle und der Stichflamme im Gebäude.

Ein hoher Luftdurchsatz und eine Überwachung auf austretende Gase oder Leckagen reduziert die Explosionsgefahr.

Elektrische Installationen müssen explosionsgeschützt sein. Wenn nur eine gasförmige Kraftstoffsorte vorkommt und diese schwerer als Luft ist (Autogas), sollten Installationen und andere potenzielle Zündquellen möglichst hoch liegen, bei leichten Gasen (Erdgas, Wasserstoff) möglichst niedrig. Potenzielle Zündquellen sollten fern von bevorzugten Leckagestellen (z. B. Kupplungen, Ventile, Flansche) liegen.

Innenwände einschließlich integrierter Fenster (z. B. zwischen Prüfraum und Warte) müssen eine Ausbreitung eines Brandes verzögern. Für den Prüfraum, die Warte und den Vorbereitungsraum dürfte in der Regel die Feuerwiderstandsklasse F60 nach [DIN4102-2] genügen, die einem Brand 60 min widersteht. Für Gas- und Kraftstofflager ist F90 geeignet. Bei Innenfenstern ist zu überlegen, ob eine Widerstandsfähigkeit über die vorgegebene Zeit genügt (z. B. G60) oder ob Brandschutzglas (z. B. F60) verwendet wird, das im Brandfall aufschäumt und so eine Ausbreitung des Brandes z. B. durch Wärmestrahlung und Wärmeleitung zusätzlich erschwert. Wichtig ist auch die brandsichere Durchführung von Rohren und elektrischen Leitungen.

9.8.2 Brandmelde- und Löschanlage

Die nach [DIN14675] und den Vorgaben der örtlichen Feuerwehr auszuführende Brandmelde- und Löschanlage besteht aus einer Sensorik, der Brandmeldezentrale (die zweckmäßig in der Nähe der Laufkarten und fern von potenziellen Brandherden montiert wird) mit dem Feuerwehr-Bedienfeld und der Aktorik. Die Sensorik soll Brände erkennen und wird durch manuell betätigte Brandmelder ergänzt. Die Aktorik besteht aus der Löschanlage, akustischen und optischen Meldern in der Anlage und dessen Umgebung sowie der automatischen Alarmierung der Feuerwehr.

9.8.2.1 Sensorik

Ein Brand kann detektiert werden über Rauchpartikel, Licht oder Wärme. Eine Kombination zweier unterschiedlicher Sensoren kann Fehlalarmen vorbeugen.

Rauchpartikelsensoren entsprechen den in Haushalten, Hotels und Büros installierten Sensoren. Sie enthalten eine dunkle Kammer, in der Lichtreflexe von Rauchpartikeln ausgewertet werden. Bei Versagen der Abgasabsaugung sprechen diese gleichfalls an.

Sie reagieren auch auf optisch ähnliche Partikel, die z. B. bei Arbeiten am Mauerwerk freigesetzt werden und sollten bei staubigen Arbeiten deaktiviert werden, falls die Alarmierung nicht das Signal eines zweiten andersartigen Sensors erfordert. Wärmesensoren reagieren auf die Wärmestrahlung durch den Brand, sie detektieren Schwelbrände nur mit geringer Wahrscheinlichkeit. Weiterhin sind Sensoren verfügbar, die auf Licht im sichtbaren oder ultravioletten Bereich reagieren. Fehlalarme können in diesem Falle z. B. durch Blitzlampen ausgelöst werden.

Neben automatischen Sensoren sind an gut zugänglichen Stellen von Hand betätigte Brandmelder zu installieren. Um eine versehentliche Auslösung zu verhindern, wird der Taster durch eine Scheibe abgedeckt, die vor der Betätigung zu zerstören ist. Diese müssen in jedem Falle alleinig zur Alarmauslösung führen.

Häufig befindet sich im Prüfraum ein CO-Sensor, dieser dient nicht primär dem Brandschutz, sondern dem Personenschutz beim Versagen der Abgasabsaugung. Bei einem Brand würde dieser ebenfalls ansprechen, allerdings führt dies lediglich zu einer Gaswarnung.

9.8.2.2 Löschanlage

Ein Brand erfordert einen brennbaren Stoff, Sauerstoff und eine Temperatur über der Zündtemperatur der brennbaren Materialien. Die Vermeidung brennbarer Materialien ist eine Frage des vorbeugenden Brandschutzes und gerade an einem Prüfstand für Verbrennungsmotoren naturgemäß nur begrenzt umsetzbar. Allerdings sollte im Brandfall ein weiterer Nachschub an brennbaren Stoffen durch selbsttätig schließende Hähne und Abschaltung von Pumpen unterbunden werden. Auch sollte eine weitere Luftzufuhr durch Frischluft und Druckluft unterbunden werden.

Ansatzpunkte für die Löschanlage sind die Behinderung der Sauerstoffversorgung des Brandes und die Senkung der Temperatur. Wasser als Löschmittel bewirkt insbesondere durch die Aufnahme von Verdampfungswärme (über 2 MJ/kg) eine Kühlung, der entstehende Wasserdampf verschlechtert die Sauerstoffzufuhr nur geringfügig. Bei Flüssigkeitsbränden verteilt die schnelle Dampfbildung und damit die Volumenzunahme um den Faktor 1700 die brennende Flüssigkeit und führt zu einer explosionsartigen Brandausbreitung. Diesem Risiko lässt sich durch eine feine Zerstäubung des Wassers entgegen wirken. Ein feiner Wassernebel schirmt überdies Wärmestrahlung ab. Eine feine Zerstäubung kann durch einen hohen Druck erreicht werden, deswegen werden an Prüfständen häufig Hochdruck-Wassernebellöschanlagen installiert. Diese vermeiden nicht nur eine Explosion bei Flüssigkeitsbränden, sondern ermöglichen auch eine gleichmäßige Wasserdampfverteilung und blockieren die Sauerstoffzufuhr wirksamer als bei der Löschung mit einem Flüssigkeitsschwall oder einer nur grob vernebelnden Anlage (z. B. Sprinkler). Nach Erfahrungsberichten wird die Elektronik am Prüfstand nicht geschädigt, nach der Trocknung ist der Prüfstand schnell wieder einsetzbar.

Die Hochdruckwassernebellöschanlage besteht aus einer Batterie von Wasserflaschen und mindestens einer Stickstoffflasche. Zu beachten ist, dass bei Temperaturen am Gefrierpunkt die Anlage nicht mehr sicher funktioniert. Im Brandfall presst der Stickstoff das Wasser mit einem Druck über 10 MPa in die Leitungen, die zum Druckerhalt nicht länger als 10 m sein sollten. In der Anlage verteilt sind Sprühköpfe, die das Wasser fein vernebeln.

Bei der Handlöschung wird häufig Pulver (anorganische Salze) eingesetzt, dieses überdeckt den Brand mit einer erstickenden Schicht und wirkt antikatalytisch. Der Pulvereinsatz ist für eine automatische großflächige Verteilung durch eine Löschanlage weniger geeignet und hinterlässt erhebliche Folgeschäden. Bei der Handlöschung und durch die Feuerwehr wird auch wasserbasierter Schaum eingesetzt, aufgrund seiner elektrischen Leitfähigkeit und der großen Menge, die erforderlich wäre, weil eine automatische Anlage nicht gezielt löschen kann, eignet sich Schaum hier weniger. Je nach Zusammensetzung sind einige Pulver und Schäume zueinander inkompatibel, dies ist v. a. bei der Installation von Handfeuerlöschern zu beachten.

In geschlossenen Räumen sehr wirksam ersticken sauerstoffverdrängende Gase einen Brand, allerdings ersticken sie ebenfalls im Raum befindliche Personen. Für Hochschulprüfstände oder für Prüfstände an denen betriebsfremde Personen, z. B. Kunden, arbeiten sind solche Anlagen deshalb ungeeignet. Weiterhin kann der Einsatz solcher Löschmittel aus diesem Grunde erst zeitverzögert nach der Alarmierung erfolgen, um eine Evakuierung zu ermöglichen, während dieser Zeit kann sich der Brand bereits ausgebreitet haben. Dass permanent sichere Fluchtwege bei Einsatz solcher Löschmittel eine besondere Bedeutung haben, dürfte sich von selbst verstehen. Räume, in denen mit erstickenden Gasen gelöscht wird, müssen deutlich gekennzeichnet sein. Ein Alarm muss auch beim höchsten möglichen Lärmpegel noch deutlich wahrnehmbar sein; bei Lärmpegeln, die einen Gehörschutz erfordern ist eine zusätzliche optische Alarmierung unverzichtbar. Ein Vorteil erstickender Gase ist, dass sie keine Folgeschäden am Prüfstand hinterlassen. Sowohl in der Löschwirkung als auch in der erstickenden Wirkung auf Lebewesen unterscheiden sich die Gase. Sehr geeignet waren Halone, eine Gruppe halogenierter Kohlenwasserstoffe, zugunsten des Klimaschutzes wurde ihre Anwendung bis auf wenige Ausnahmen verboten. Häufig wird Kohlendioxid verwendet, in den beim Löschen auftretenden Konzentrationen beruht seine Gefährlichkeit nicht nur auf der Verdrängung von Luft, sondern auch auf eine Unterdrückung der Atmung, bereits bei 5 Vol.-% sind Personen gefährdet. Sicherere Gase, die erst ab mehr als der zehnfachen Konzentration gegenüber CO_2 Personen gefährden, sind Edelgase, Stickstoff, IG-55 (ein Stickstoff/Argon-Gemisch, Markennamen Argonite/ProInert) und IG-541 (ein Stickstoff/Argon/CO_2-Gemisch, Markenname Inergen). Auch gibt es spezielle fluorierte Verbindungen wie z. B. $CF_3CF_2C(O)CF(CF_3)_2$ (Markenname Novec1230), die als wenig personengefährdend und klimaschädlich gelten.

9.8.3 Gaswarnanlage

Die Gaswarnanlage hat eine Doppelfunktion, durch Detektion hoher Kohlenwasserstoffkonzentrationen in der Luft, die v. a. durch Kraftstoffdämpfe entstehen können, soll sie

Bränden und Explosionen vorbeugen. Darüber hinaus soll sie auch vor giftigen Gasen, v. a. Kohlenmonoxid warnen. Grundsätzlich sollten alle Sensoren dort angebracht sein, wo am ehesten mit gefährlichen Konzentrationen der jeweiligen Gase zu rechnen ist. Bei Kohlenwasserstoffsensoren werden dies das Kraftstofflager, falls vorhanden die Bodenwanne und ggf. weitere Bereiche, in denen sich Kraftstoffe im Falle einer Leckage sammeln können, sein. Ein Kohlendioxidsensor ist in der Prüfzelle unterzubringen für den Fall, dass die Absaugung der Abgase nicht ordnungsgemäß arbeitet. Weitere Sensoren sind im Gaslager sinnvoll.

9.9 Projektierung eines Prüfstandes, Checkliste

Bevor ein Prüfstand projektiert wird, ist die Entscheidung über den Verwendungszweck in der Regel bereits gefallen, schließlich ist dieser Zweck der Anlass, einen Prüfstand zu beschaffen. Bei einem Dienstleister, der einen Prüfstand nicht für den eigenen Bedarf beschafft, wird eine Marktanalyse vorausgegangen sein. Zu überprüfen ist allerdings, ob ein zu einem bestimmten Zweck beschaffter Prüfstand nicht auch für weitere Zwecke sinnvoll eingesetzt werden kann. Typische Anwendungen sind Dauerläufe, Leistungsuntersuchungen, Abgasuntersuchungen, Umweltbedingungen (Klima und mechanische Bedingungen), Tests in der Produktion, Komponententests, Untersuchungen an Betriebsstoffen (Kraftstoffe, Schmiermittel, Kühlmittel), Steuergeräteapplikation oder Akustik. Zu überprüfen ist weiterhin, ob ein eigener Prüfstand beschafft wird oder ein Dienstleister beauftragt werden soll. Bei Komponententests ist zu überlegen, ob ein Motorenprüfstand sinnvoll ist, ein spezialisierter Komponentenprüfstand oder auch beides.

Steht die Anwendung fest, stellt sich als nächstes die Frage, für welche Prüflinge der Prüfstand geeignet sein soll. Die grundsätzliche Frage, ob Motoren für Pkw, Lkw, Busse, Schiffe, Triebfahrzeuge, Kleinflugzeuge, Baumaschinen, Landmaschinen, Arbeitsgeräte oder Zweiräder geprüft werden, ist oft bereits zusammen mit dem Einsatzzweck beantwortet, der Prüfling ist aber noch genauer einzugrenzen. Seine Leistung, Drehzahl und sein Drehmoment entscheiden über die Beschaffung der Belastungsmaschine. Die Leistung ist auch maßgeblich für die Verlustleistung und damit für die Dimensionierung der Lüftung. Die Leistung des Prüflings kann rechtlich relevant sein (vgl. Abschn. 10.1.2). Bei sehr unterschiedlichen Leistungen kann evtl. nicht mehr das gesamte Leistungsspektrum durch eine einzige Belastungsmaschine sinnvoll dargestellt werden. Es ist zu entscheiden, ob reine Verbrennungsmotoren oder hybride Antriebe getestet werden sollen, auch eine spätere Nachrüstung für hybride Antriebe sollte schon zu Beginn eingeplant werden. Bei beengtem Bauraum sind auch geometrische Maximalspezifikationen des Prüflings zu definieren, so können liegende Motoren für Busse und Triebwagen eine erhebliche Fläche beanspruchen. Neben diesen Parametern sind auch die Kraftstoffe zu spezifizieren, insbesondere auch, ob nur marktübliche Standardkraftstoffe verwendet werden oder für Versuchszwecke auch andere Kraftstoffe. Eng verbunden mit der Spezifikation ist die beabsichtigte Lebensdauer des Prüfstandes, da ein „typischer"

Motor in einigen Jahren wahrscheinlich andere Parameter haben wird als ein heutiger Motor, so ist mit anderen Leistungen, anderen Abgasstandards, anderen Kraftstoffen und vielleicht auch geringeren Baugrößen zu rechnen. Ein wichtiges Detail ist, ob die Originalabgasanlage des Motors verwendet werden soll. Ein weiteres früh zu klärendes Detail ist der Drehsinn des Prüflings, da einige Belastungsmaschinen, v. a. Wasserbremsen, nur in einer Richtung einsetzbar sind.

Sind diese Eckparameter definiert, beginnt mit der Erstellung des Lastenhefts die Detailarbeit, die an jedem Prüfstand anders ausfallen wird. Als Hilfsmittel folgt eine Checkliste.

Übersicht

1 Beschreibung des Prüflings (nur informativ)
2 Gebäude
- 2.1 Schallschutz (Beurteilungspegel)
- 2.2 Elektroinstallation (Beleuchtung, Schalter, Steckdosen, Kabel, Sicherungen)
- 2.3 Boden/Wanne
- 2.4 Kranbahn
- 2.5 Klimabedingungen
- 2.6 Brandschutz
- 2.7 Gaswarnung
- 2.8 Tankanlage
- 2.9 externe Installationen

Medienversorgung s. 6.

3 Belastungseinrichtung (Art, Leistung, Drehzahl, Drehmoment, Drehrichtung)
- 3.1 Drehmomentmessflansch (Genauigkeit, Drehmoment, Drehzahl, Dynamik, Linearität, Temperatureinfluss, Nullsignal, Reproduzierbarkeit, Massenträgheitsmoment, Umgebungsbedingungen)
- 3.2 Winkel-/Drehzahlgeber (Auflösung, Genauigkeit)
- 3.3 Justier-, Blockiereinrichtung
- 3.4 Belastungsmaschinen-Unterbau
- 3.5 Umrichter und Steuergeräte

4 Mechanische Komponenten
- 4.1 Schwingrahmen oder Schwingfundament
- 4.2 Aufnahme des Prüflings
- 4.3 Wellenverbindung (Art der Welle, Drehmoment, Drehzahl)
- 4.4 Wellenschutz
- 4.5 Medien-Docksysteme
- 4.6 Halterungen, Tragarme
- 4.7 sonstige Aufbauten, z. B. Kühlgebläse

5 Kühlsysteme

- 5.1 Kühlung Belastungsmaschine
- 5.2 Kühlung Frequenzumrichter
- 5.3 Konditionierung Kühlmittel Verbrennungsmotor
  - 5.3.1 Umgebungsbedingungen
  - 5.3.2 Primärkreis (Betriebstemperatur, Temperatur-Regelbereich, Regelgenauigkeit, Förderstrom bei Nennkühlleistung, Druckabfall, maximaler Systemdruck)
  - 5.3.3 Sekundärkreis (Temperatur am Geräteeintritt, Druck)
- 5.4 Konditionierung Schmiermittel Verbrennungsmotor (Kriterien ähnlich Kühlmittel)
- 5.5 Konditionierung Kraftstoffe (Regelbereiche, Regelgenauigkeit, Druck an Übergabe und Rücklauf)
- 5.n ggf. weitere Konditioniereinrichtungen

6 Medienversorgung/-Entsorgung
- 6.1 Prüfzellenbelüftung einschließlich Bransdchutzklappen
- 6.2 Verbrennungsluft-Versorgung (über Prüfzellenbelüftung oder separat)
- 6.3 Abgassystem (Originalanlage?, Absaugtrichter, Fördermenge, Filter, Schalldämpfer, Brandschutz)
- 6.4 Kraftstoffversorgung (Konditionierung s. 5.5, Verrohrung, Schnittstellen, Brandschutz, Druck, Entlüftung, Dichtheitsprüfung)
- 6.5 Motoröl-Versorgung (sofern nicht Eigenversorgung aus Ölwanne des Motors)
- 6.6 Druckluft-Versorgung (Kompressor, Verrohrung, Anschlüsse)
- 6.7 Wasserversorgung (Druck, Verrohrung, Anschlüsse, ggf. Aufbereitung, Dichtheitsprüfung)
- 6.8 Wannensumpf-Entsorgung

7 Elektrische Versorgungseinrichtungen (Einspeisung, Rückspeisung)

8 Messtechnik (Drehmoment/Drehzahl s. Punkt 3)
- 8.1 Kraftstoffverbrauchsmessung (Messbereich, Genauigkeit, dynamisches Verhalten, zulässige Kraftstoffe, Versorgungsdruck, Temperaturbereich, Umgebungsbedingungen)
- 8.2 Ansaugluftmassenmessung (Messbereich, Genauigkeit, dynamisches Verhalten, Temperaturbereich, Umgebungsbedingungen)
- 8.3 Blow-by-Messung (Messbereich, Genauigkeit, dynamisches Verhalten, Erfassung auch zurück strömender Gase, Umgebungsbedingungen)
- 8.4 Abgas-/Rußmessung (Entnahmestellen, Probennahme, Verdünnung, zu messende Bestandteile, Messbereiche, Genauigkeiten, dynami-

sches Verhalten, Temperaturbereich, Umgebungsbedingungen, Kalibrier- und Betriebsgase)
- 8.5 Druckmesstechnik (Wo sollen Drücke gemessen werden? Liste alle fest installierten Sensoren mit Messbereichen, zulässigen Drücken, Betriebsbedingungen und Genauigkeiten, Ausgangssignale)
- 8.6 Temperaturmesstechnik (Wo sollen Temperaturen gemessen werden? Liste alle fest installierten Sensoren mit Messprinzipien, Messbereichen, zulässigen Temperaturen, Betriebsbedingungen und Genauigkeiten, Ausgangssignale)
- 8.7 Indiziersystem
- 8.8 Wetterstation (Messbereiche, Genauigkeiten, Ausgangssignal)

9 Automatisierung/Bedienung
- 9.1 Prüfstandsregler und Automatisierungssystem (besondere Schnittstellen, E-Gas, spezielle Optionen?, Automatisierungs-PC, Betriebssystem, Monitore)
- 9.2 Messung/Kalibrierung des Steuergerätes (Hardwareschnittstellen, Applikationssoftware)

10 Dokumentation
11 einzuhaltende Vorschriften
12 Verpackung/Transport
13 Bau, Installation, Inbetriebnahme, Abnahme
14 Einweisung/Schulung

Die Projektierung ist mit einem erheblichen Aufwand verbunden und enthält sehr viel Detailarbeit, die beim Blick auf die Checkliste nicht sofort ersichtlich ist. Sie ist jedoch auch die Gestaltung des Prüfstandes und dafür maßgeblich, dass dieser später für seine Aufgaben gut geeignet ist. Es gibt jedoch Teilaufgaben der Projektierung, bei denen eine Auslagerung sinnvoll ist, dies sind bauliche Maßnahmen, die TGA, der Brandschutz und der Immissionsschutz. Auch ist die Planung eines Tanklagers in der Regel nicht die Kernaufgabe eines Betreibers. Es ist deshalb nicht industrieüblich, dass der Betreiber derartige Gewerke selbst projektiert.

Der Beschaffung werden sowohl in Unternehmen als auch im öffentlichen Umfeld formale Prozeduren vorausgehen. Im Hochschulumfeld ist in vielen Bundesländern ein DFG-Großgeräteantrag auch dann erforderlich, wenn der Prüfstand vom Land beschafft wird. Die Beschaffung kurzzeitig auf dem Markt verfügbarer, kostengünstiger Gebrauchtprüfstände scheidet mit diesem Verfahren aus. Für das DFG-Verfahren sollte eine mehrjährige Vorlaufzeit sowie ein zeitlicher Aufwand von über tausend Arbeitsstunden eingeplant werden. Dieser Aufwand beinhaltet allerdings auch Tätigkeiten, die ohnehin erforderlich sind, wie die Projektierung und die Einholung von Angeboten. Das DFG-Verfahren umfasst nur das eigentliche Gerät und nicht die damit verbundenen Baumaßnahmen; eine abweichende Auflage der Landesbehörden, die komplette Beschaffung inklusive der Errichtung eines Gebäudes einer Begutachtung zu unterziehen, führt zu erheblichen Schwierigkeiten im Verfahren und sollte im Vorfeld diskutiert werden. Ein spezielles Problem bei Motorenprüfständen ist, dass Angebote nicht immer direkt vergleichbar sind, da z. B. die Belastungsmaschinen nicht in einheitlichen Leistungsstufen angeboten werden oder einige Hersteller Funktionalitäten unterschiedlich in Geräten bündeln, sodass im Einzelfall Leistungen angeboten werden, die nicht Bestandteil der Anforderung sind. Nach Erfahrung des Autors als Antragsteller und Gutachter erfolgt die Prüfung durch die DFG nicht nach einheitlichen Kriterien. Gutachter achten z. B. inhaltlich auf das wissenschaftliche Umfeld und frühere Aktivitäten an der Hochschule, die Notwendigkeit anhand der Ausrichtung in Forschung und Lehre und eine ausreichende personelle Ausstattung zum Betrieb des Prüfstandes (an Fachhochschulen in vielen deutschen Ländern der schwierigste Punkt), formal v. a. auf die Vergleichbarkeit und Detaillierung der vorliegenden Angebote. Das Ergebnis des DFG-Verfahrens ist die Empfehlung der Beschaffung einschließlich der empfohlenen maximalen Beschaffungshöhe (meist ca. 20 bis 30 % unter der Summe des günstigsten Angebotes) oder die Nichtempfehlung. Ist der Antrag erfolgreich, wird die Beschaffung also empfohlen, gibt das Land die Mittel frei und der Prüfstand kann öffentlich ausgeschrieben werden. Hinweise an mögliche Ausschreibungsteilnehmer über das genehmigte Budget sind nicht zulässig, wären aber hilfreich. Der Anbieter, der die Spezifikation zum niedrigsten Preis erfüllt bekommt den Zuschlag, deshalb muss das Lastenheft, das Bestandteil der Ausschreibung ist, lückenlos sein. Die Möglichkeiten, nicht qualifizierte Bieter auszuschließen, sind im öffentlichen Vergaberecht sehr begrenzt.

10 Sicherheit und Umwelt

Wie jede Laborumgebung birgt auch ein Motorenprüfstand offensichtliche und latente Risiken für Personen, die sich im Prüfstand oder in dessen Nähe aufhalten und auch für die hohen installierten Sachwerte. Daneben führen an industriellen Prüfständen Schäden zu Ausfallzeiten und gefährden so den Terminplan von Entwicklungsprojekten mit entsprechenden Folgekosten.

Auch Beeinträchtigungen für die Umwelt sind zu berücksichtigen. Unterschieden werden muss zwischen strikt zu vermeidenden Unfallereignissen, die z. B. zum Versickern von Betriebsstoffen ins Erdreich führen, und im Betrieb unvermeidbaren Beeinträchtigungen wie z. B. Lärm, die lediglich auf ein angemessenes Maß zu reduzieren sind. Die Angemessenheit definiert sich aus dem geltenden Recht (Abschn. 10.1) und der Unternehmenspolitik auf der einen Seite sowie aus ökonomischen Erwägungen auf der anderen Seite. Beim Umweltschutz ist das Immissionsrecht berührt (Geräusche und Abgase) sowie das Wasser- und Bodenrecht (Leckagen).

Sicherheit lässt sich nicht alleine durch technische oder organisatorische Maßnahmen garantieren, sondern ist maßgeblich eine Einstellungssache. Ein natürliches Angstempfinden sicherte unseren Vorfahren das Überleben inmitten erheblicher natürlicher Gefahren, dieses Empfinden versagt völlig in künstlichen Umgebungen. Viele Menschen fürchten das Fliegen, der Autor kennt mit Ausnahme von Fahranfängern keine Menschen, die vor dem wesentlich gefährlicheren Autofahren Angst haben, weil letzteres alltägliche Routine ist. Der Vergleich zeigt, dass auch dort, wo wir uns aus Routine sicher fühlen, Gefahren existieren.

Besondere Gefährdungen am Motorenprüfstand entstehen durch rotierende Teile, elektrische Installationen, brennbare Flüssigkeiten und Gase und giftige Gase. Beim Betreten ist aufgrund des oft beengten Raumes auf Hindernisse mit Stolpergefahr zu achten. Neben speziellen Gefährdungen am Prüfstand dürfen allgemeine Gefährdungen, wie sie an jedem Arbeitsplatz existieren, nicht außer Acht gelassen werden.

K. Borgeest, *Messtechnik und Prüfstände für Verbrennungsmotoren*,
https://doi.org/10.1007/978-3-658-43284-3_10

10.1 Rechtsgrundlagen

Die Rechtsgrundlagen setzen sich in Deutschland zusammen aus vom Gesetzgeber (Parlament) erlassenen Gesetzen und ergänzenden Verordnungen der Exekutive (z. B. Fachministerien). Das Recht zur Arbeitssicherheit ist in Deutschland Bundesrecht, das Parlament ist in diesem Falle der Bundestag, die Ministerien sind in diesem Falle Bundesministerien, speziell das Bundesministerium für Arbeit und Soziales. Das Umweltrecht ist teilweise Landesrecht, in diesem Falle sind neben dem Bundestag und dem Bundesministerium für Umwelt, Naturschutz, Bau und nukleare Sicherheit auch Länderparlamente und Landesministerien involviert. Die Parlamente, in denen nicht immer Fachleute vertreten sind, legen in den Gesetzen grundsätzliche Regeln fest und verweisen in diesen auf weiterführende Regeln, diese sind Verordnungen, die auch Details regeln. Verordnungen entstehen manchmal unter Mitwirkung von Fachleuten und können flexibler angepasst werden als Gesetze. Einige Verordnungen werden durch Verweis auf zusätzliche Regeln weiter präzisiert. Eine Besonderheit im Arbeitsschutz ist, dass auch Berufsgenossenschaften als Körperschaften des öffentlichen Rechts verbindlich Unfallverhütungsvorschriften erlassen können.

Daneben existiert europäisches Recht in Form von Richtlinien (auch Direktiven, engl. directives genannt) und Verordnungen, engl. regulations. Europäische Richtlinien sind Vorgaben für die nationalen Gesetzgeber und kein unmittelbares Recht, aber die Kenntnis wichtiger Verordnungen lässt erkennen, mit welcher unmittelbaren Gesetzgebung in der gegebenen Frist zu rechnen ist. Europäische Verordnungen sind unmittelbar rechtskräftige Gesetze der EU und haben trotz gleichen Begriffs nichts mit Verordnungen nach nationalem Recht gemein.

Lücken oder Unklarheiten der Gesetzgebung werden durch die Rechtsprechung gefüllt, die Kenntnis einschlägiger Urteile kann Überraschungen vermeiden.

In Österreich und der Schweiz gelten diese Prinzipien sinngemäß, in Österreich sind auch weitgehend die gleichen Rechtsbegriffe üblich. Die dortigen Unfallversicherungsträger haben aber nicht die Befugnisse deutscher Berufsgenossenschaften. Die Aufgabenteilung zwischen Staat und Ländern/Kantonen ist in Österreich und der Schweiz anders organisiert. Die Schweiz ist nicht Mitglied der EU; EU-Recht gilt in der Schweiz nicht unmittelbar, obgleich sie vereinzelt Rechtsvorschriften aus der EU übernimmt, v. a. produktbezogene Vorschriften, die die Teilnahme am Binnenmarkt erleichtern.

10.1.1 Rechtsgrundlagen der Arbeitssicherheit

Das wesentliche Gesetz zum praktischen Arbeitsschutz ist in Deutschland das Arbeitsschutzgesetz [§ArbSchG] (nicht zu verwechseln mit dem Arbeitssicherheitsgesetz, das Anforderungen an die betriebliche Organisation der Arbeitssicherheit definiert). Relevant ist v. a. die durchzuführende Gefährdungsbeurteilung nach § 5, diese beinhaltet eine Analyse der Gefährdungen, wie sie für den Prüfstand in den nächsten Abschnitten beschrieben werden. Der Arbeitgeber oder sein interner oder externer Beauftragter (z. B. ein in der Durchführung von Gefährdungsbeurteilungen geübter Mitarbeiter oder Dienstleister) zieht in der Regel einen sachkundigen Prüfstandsnutzer sowie einen Mitarbeiter der Haustechnik für die prüfstandsnahe technische Gebäudeausrüstung hinzu. Da sich die Ausstattung der Prüfstände unterscheidet, können im Einzelfalle weitere, besondere Gefährdungen hinzukommen. Die Gefährdungen müssen dokumentiert und durch Maßnahmen sicher beherrscht werden. Die Arbeitnehmer sind nach § 12 über die Sicherheit an ihren Arbeitsplätzen zu unterweisen, dies kann z. B. durch eine regelmäßig durchgeführte Sicherheitsbelehrung geschehen.

§ 24 ArbSchG verweist in allgemeiner Form auf ergänzende Verordnungen. Im Zusammenhang mit dem Prüfstand sind dies v. a. die Betriebssicherheitsverordnung [§BetrSichV], die Gefahrstoffverordnung [§GefStoffV], die Lärm- und Vibrations-Arbeitsschutzverordnung [§LVArbSchV] und die Lastenhandhabungsverordnung [§LasthandhabV]. Die Verordnung über brennbare Flüssigkeiten [§VbF] und die technischen Regeln über brennbare Flüssigkeiten (TRbF) wurden nahezu vollständig ersetzt durch technische Regeln für die Betriebssicherheit (TRBS) und technische Regeln für Gefahrstoffe (TRGS). Die TRBS ergänzen die BetrSichV und sind unterteilt in allgemeine Regeln (z. B. TRBS 1201, Prüfungen von Arbeitsmitteln und überwachungsbedürftigen Anlagen), gefährdungsbezogene Regeln (z. B. TRBS 2111, mechanische Gefährdungen) und spezielle Regeln, von denen hier keine relevant ist. Die derzeit über 50 TRGS ergänzen vor allem die Gefahrstoffverordnung. TRBS, TRGS und weitere technische Regeln dokumentieren informativ den Stand der Technik ähnlich einer Norm, sind also nicht unmittelbar verbindlich, unbegründete Abweichungen vom Stand der Technik können aber nachteilige Rechtsfolgen haben.

Weitere Gesetze, die bei einzelnen Mitarbeitern zur Anwendung kommen können, sind das vor einigen Jahren grundlegend reformierte Mutterschutzgesetz [§MuSchG] mit Mutterschutzverordnungen für Beamtinnen der Bundesländer und des Bundes und das Jugendarbeitsschutzgesetz [§JArbSchG].

10.1.2 Immissionsrecht

Immissionen sind schädliche Einwirkungen auf ein Grundstück oder eine Person, während Emissionen Aussendungen schädlicher Stoffe oder physikalischer Wirkungen wie Lärm sind. Zwar geht es beim Prüfstand v. a. um dessen Aussendungen, da aber Immissionen und Emissionen eng zusammenhängen, sind sämtliche Rechtsnormen über Abgase und Lärm in Deutschland im allgemein gehaltenen Bundesimmissionsschutzgesetz [§BImSchG] und in Verordnungen, die dieses Gesetz konkretisieren, zusammengefasst; die Struktur dieser Rechtsnormen ähnelt jenen zum Arbeitsschutz. Neben dem Bundesimmissionsschutzgesetz gibt es im Gegensatz zum Arbeitsschutz zusätzlich Landesgesetze zum Immissionsschutz und eventuell sogar kommunale Satzungen, die im Einzelfall zu beachten sind. Nach eigener Erfahrung bewährt sich eine rechtzeitige Einbeziehung kommunaler Behörden in die Planung einer Anlage. Da sich das Immissionsrecht sehr dynamisch entwickelt, sei für einen aktuellen Überblick über die derzeit etwa 30 Verordnungen eine Suche im Internet, z. B. [@WikipB] empfohlen.

Eine wesentliche Frage ist, ob die Errichtung des Prüfstandes ein immissionsrechtliches Genehmigungsverfahren erfordert und wenn ja, ob ein vereinfachtes Verfahren nach § 19 BImSchG ohne Öffentlichkeitsbeteiligung oder ein vollständiges Verfahren nach § 10 gefordert ist. Antwort gibt [§BImSchV4], deren Anhang 1 Anlagen mit dem erforderlichen Genehmigungsverfahren auflistet, so Punkt 10.15.1 für Motorenprüfstände. Dort wird in der zitierten Version das vereinfachte Verfahren vorgeschrieben ab einer Feuerungswärmeleistung von 300 kW. Diese bezieht sich nach § 2 [§BImschV1] auf den Heizwert des verbrannten Kraftstoffs; ein Wert von 300 kW wird also schon bei einer wesentlich kleineren Nennleistung des Motors erreicht. Die Genehmigungspflicht entfällt, wenn nur Serienmotoren mit der serienmäßigen Abgasnachbehandlung geprüft werden oder die Feuerungswärmeleistung von 300 kW nicht erreicht wird. Ist ein Genehmigungsverfahren erforderlich, gilt [§BImSchV9]. Aus dem Betrieb genehmigungsbedürftiger Anlagen folgt die Pflicht, regelmäßig eine Emissionserklärung über berechnete, gemessene oder geschätzte Schadstoffemissionen an die zuständige Behörde des jeweiligen Bundeslandes abzugeben [§BImSchV11]. Die Betreiberpflichten und zulässigen Emissionen von Großfeuerungsanlagen einschließlich motorbetriebener Anlagen sind in [§BImSchV13] definiert, allerdings gilt diese Verordnung nur für Anlagen mit einer Feuerungswärmeleistung ab 50 MW, eine Größenordnung, die nur von einigen Großdieselmotoren erreicht wird und selbst dann sollte anhand von § 1 geprüft werden, ob wirklich die Voraussetzungen für die Anwendbarkeit der Verordnung erfüllt sind, so sind z. B. „technische Geräte, die unmittelbar zum Antrieb von Fahrzeugen, Schiffen oder Flugzeugen eingesetzt werden“ ausgenommen.

Da Ottokraftstoffe durch Verdampfung Kohlenwasserstoffe an die Umwelt abgeben, trat [§BImSchV20] für deren Lagerung und Befüllung in Kraft. Sonderregelungen existieren für Anlagen, in denen Kleinstmengen gelagert oder umgesetzt werden. Die aktuelle Definition eines Tanklagers in § 2 der Verordnung trifft dem Wortlaut nach nicht zu beim Kraftstofflager eines Prüfstandes, das vermutlich auch kein beabsichtigter Gegenstand der Verordnung ist, von daher kann die Anwendung der 20. BImSchV bestritten werden. Von Bedeutung ist vor allem die Verdampfung beim Betanken, die eine Filterung sämtlicher Dämpfe oder ein Rücksaugen der Dämpfe (Gaspendelung) erfordert. Tankwagen sind heute in der Regel entsprechend ausgestattet, sodass lediglich ein passender Tankanschluss in Absprache mit dem Kraftstofflieferanten bereitzustellen ist, selbst wenn die Verordnung nicht zwingend anzuwenden ist.

[§BImSchV26] definiert zulässige elektromagnetische Emissionen. Die dort betrachteten hochfrequenten und Gleichfelder treten im Umfeld von Prüfständen gewöhnlich nicht in kritischer Größenordnung auf, an großen Prüffeldern können aber die ebenfalls betrachteten niederfrequenten Emissionen der elektrischen Energieversorgung relevant werden.

[§BImSchV28] definiert Emissionsgrenzwerte für Verbrennungsmotoren und ist von zentraler Bedeutung für die Motorenentwicklung, da diese die von der EU vorgegebenen Grenzwerte umsetzt, der Prüfstandsbetrieb im Sinne dieses Kapitels ist von der Verordnung nicht betroffen.

[§BImSchV32] definiert Lärmgrenzwerte für das Inverkehrbringen und den Betrieb verschiedener Kategorien von Maschinen in Wohngebieten und anderen empfindlichen Gebieten, der Fokus der Verordnung liegt dabei eher bei üblichen Belästigungen z. B. durch Laubbläser, als bei industriellen Anlagen. Die Verordnung ist auf die Entwicklung verbrennungsmotorbetriebener Produkte anwendbar, soweit diese in deren Anhang gelistet sind. Neben dieser Verordnung sind bezüglich des Lärms weitere Rechtsquellen zu beachten, die [§LVArbSchV] bezüglich des Arbeitsschutzes und die Technische Anleitung Lärm ([§TALärm]) als ergänzende Verwaltungsvorschrift. Tatsächlich ist es v. a. die TA Lärm, die maßgeblich ist, um die Umgebung vor Betriebsgeräuschen zu schützen, ihre Anwendbarkeit folgt u. a. aus § 22 BImSchG. Der externe Lärmschutz ist ein erheblicher Kostenfaktor bei der Errichtung des Prüfstandes, wobei nachträgliche Nachbesserungen bei Nichtbeachtung geltender Vorschriften noch höhere Kosten nach sich ziehen.

[§BImSchV39] ist für das Immissionsrecht von zentraler Bedeutung, diese Verordnung definiert Grenzwerte für die Luftqualität. Auch die typischen Schadstoffe aus Verbrennungsmotoren, Stickoxide und Partikel, sind Gegenstand der Verordnung. Die praktische Bedeutung für den Anlagenbetreiber ist trotzdem gering, da eine Überschreitung der Luftgrenzwerte in der Nachbarschaft durch den Betrieb eines Verbrennungsmotors schwierig ist. Weiterhin wird die Luftqualität oft nur an wenigen Stationen gemessen, obwohl die Richtlinie überall gilt, auch jenseits der Messstationen. Teil 7 der Verordnung geht auf die Summe der Emissionen in Deutschland ein und verweist in allgemeiner Form auf zukünftige Maßnahmen ohne direkt Auflagen für den Betrieb zu definieren.

Als zusätzliche Verwaltungsvorschrift ist die Technische Anleitung Luft ([§TALuft]) zu beachten. Sie richtet sich direkt an die Genehmigungsbehörden und ist damit indirekt für die Errichter und Betreiber genehmigungspflichtiger Anlagen gemäß 4. BImSchV relevant. Die Genehmigungsbehörden können im Einzelfalle auch bei nicht genehmigungspflichtigen Anlagen Messungen veranlassen, wenn davon auszugehen ist, dass die Betreiberpflichten nach § 22 BImSchG nicht eingehalten werden (hier besteht ein Ermessensspielraum der Behörden), in diesem Falle kann die TA Luft ebenfalls angewandt werden.

[§BImSchV42] trat 2017 in Kraft, um die im vorigen Kapitel beschriebenen mikrobiologischen Risiken offener Nasskühlanlagen zu beherrschen.

[§BImSchV44] über mittelgroße Feuerungs- Gasturbinen- und Verbrennungsmotoranlagen von 2019 gilt nicht für Prüfstände.

Das Immissionsrecht basiert inzwischen weitgehend auf EU-Richtlinien, daher ist das österreichische Immissionsrecht trotz abweichender formaler Organisation inhaltlich ähnlich. Das Schweizer Immissionsrecht basiert nicht auf EU-Recht und ist in mancher Hinsicht strenger.

10.1.3 Wasser- und Bodenrecht

Grundlage des Wasserrechts, das Oberflächenwasser und Grundwasser schützt, ist das Wasserhaushaltsgesetz [§WHG], das in § 5 eine allgemeine Sorgfaltspflicht definiert. Diese beinhaltet konkret die Vermeidung von Leckagen. In Wasserschutzgebieten müssen Anlagen, in denen mit wassergefährdeten Stoffen gearbeitet wird, nach § 63 auf ihre Eignung geprüft werden, praktisch dürfte eine Errichtung in Wasserschutzgebieten ausscheiden. Ergänzende Rechtsnormen der Bundesländer wurden bundeseinheitlich in der Verordnung über Anlagen zum Umgang mit wassergefährdenden Stoffen [§VAwS] in wenigen Paragraphen zusammengefasst. In Österreich ist das Wasserrechtsgesetz die zentrale Rechtsnorm [§WRG], in der Schweiz das Gewässerschutzgesetz [§GSchG] mit den Einführungsgesetzen der Kantone.

Das Bodenrecht war lange Zeit über viele Rechtsquellen verteilt definiert, bis 1998 mit dem Bundesbodenschutzgesetz [§BBodSchG] eine dem Immissions- oder Wasserrecht vergleichbare zusammenhängende Regelung geschaffen wurde. Die in § 4 statuierte Pflicht zur Gefahrenabwehr und die Vorsorgepflicht nach § 7 haben die gleiche praktische Konsequenz wie die wasserrechtliche Sorgfaltspflicht. Die Sanierung von Umweltschäden wird durch das Umweltschadensgesetz [§USchadG] geregelt, insbesondere die Haftung des Anlagenbetreibers.

10.1.4 Baurecht

Das Baurecht unterscheidet zwischen dem privaten Baurecht, das besonders bei benachbarter Wohnbebauung die nachbarschaftlichen Beziehungen organisiert und dem öffentlichen Baurecht. Das öffentliche Baurecht unterscheidet wiederum das Bauplanungsrecht der öffentlichen Verwaltung und das Bauordnungsrecht, das im wesentlichen bei der Errichtung einer Anlage relevant ist, insbesondere wenn diese mit einem eigenen Gebäude errichtet wird oder mit der Nutzungsänderung eines vorhandenen Gebäudes verbunden ist. Die zentrale Rechtsnorm des Baurechts ist das Baugesetzbuch [§BauGB], von größerer praktischer Bedeutung bei der Errichtung oder Änderung einer Anlage sind aber die Rechtsnormen der Bundesländer sowie häufig kommunale Vorschriften. Allgemeine Hinweise können hier deshalb nicht gegeben werden, es wird empfohlen, rechtzeitig vor Beginn der Planung Kontakt zur Kommune aufzunehmen. Ist der Standort der Anlage nicht vorgegeben, können auch die örtlich unterschiedlichen baurechtlichen Rahmenbedingungen ein Kriterium bei der Standortwahl sein. In Österreich obliegt das Baurecht vollständig den Ländern, auch das schweizerische Baurecht ist hochgradig dezentral.

10.2 Wie ermittelt man Gefährdungen?

Die wesentlichen Gefährdungen an Prüfständen sind bekannt und werden in den folgenden Abschnitten erwähnt. Trotzdem soll kurz auf das Vorgehen zur Ermittlung von Gefährdungen eingegangen werden.

Der Begriff *Gefährdung* kennzeichnet die Möglichkeit einer Schädigung von Personen, Sachwerten oder anderen Werten. Eine Schädigung von Personen kann der Tod, eine Verletzung oder eine Schädigung der Gesundheit (meist über einen längeren Zeitraum) sein. Eine Schädigung von Personen führt oft zum Arbeitsausfall. Gefährdungen sind beim Betrieb technischer Einrichtungen oft unvermeidbar, allerdings lässt sich sehr wohl das Risiko, dass eine Gefährdung tatsächlich zu Schäden führt, beeinflussen. Unter einem *Risiko* wird oft das Produkt aus der Wahrscheinlichkeit eines Schadens und dem Ausmaß verstanden, wobei in der Praxis die Schwierigkeit in der quantitativen Abschätzung von Schaden und Ausmaß liegt. Beide Faktoren können oft nur geschätzt und nicht exakt bestimmt werden. Insbesondere beim Schadensausmaß sind nur Sach- und Kapitalschäden quantifizierbar, Personenschäden müssen mehr oder weniger willkürlich einem Geldbetrag gleichgesetzt werden, um quantifizierbar und vergleichbar zu werden. Überschreitet ein Risiko ein akzeptables Ausmaß, spricht man nicht mehr von einer Gefährdung, sondern einer *Gefahr,* in diesem Falle ist die Gefahr zu beseitigen, d. h. das Risiko durch Senkung der Wahrscheinlichkeit oder des Ausmaßes eines Schadens unter eine akzeptable Schwelle zu bringen. Leider bleibt auch die Definition einer akzeptablen Schwelle willkürlich, da ein Nullrisiko beim Betrieb einer Anlage nicht möglich ist. Bei der Ermittlung von Gefährdungen wird außer dem Risiko auch oft die Beherrschbarkeit dieses Risikos einbezogen, so ist nachvollziehbar, dass ein Schadereignis, das sich vorher ankündigt weniger kritisch zu bewerten ist, als ein Ereignis ohne Vorwarnung.

Ein in der Automobilindustrie verbreitetes Verfahren ist die FMEA [Borgeest23E], bei der versucht wird, möglichst viele denkbare Schadereignisse zu definieren und diese zu bewerten, indem für jedes Schadereignis zunächst alle Ursachen und Folgen aufgeschrieben und dann für jedes Schadereignis das Produkt aus Wahrscheinlichkeit, Schwere und dem „Überraschungsfaktor" berechnet wird. So kann nicht nur die Gefährdung von Personen und Material, sondern auch die betriebliche Auswirkung eines Anlagenstillstands einbezogen werden. Eine FMEA kann auf technische Systeme wie einen Prüfstand angewandt werden, sie kann aber auch als Prozess-FMEA auf typische Arbeitsabläufe angewandt werden. Eine vollständige FMEA ist allerdings recht aufwendig, weiterhin werden dabei leicht Gefährdungen übersehen, die nicht auf Ausfälle, sondern auf konzeptionelle Fehler zurück zu führen sind, z. B. an ungeschickter Stelle eingeplante Not-Halt-Schalter.

Es gibt Normen zur funktionalen Sicherheit, die über ähnliche Überlegungen versuchen, ein Risiko in mehreren (derzeit meist vier) Stufen zu quantifizieren und entsprechend Maßnahmen zu fordern. Zwar gibt es keine spezielle Norm zu Motorenprüfständen oder vergleichbaren Anlagen, der Umgang mit den Normen [IEC61508, IEC61511, ISO26262] kann aber hilfreiche Anregungen liefern.

Es folgt eine Grobgliederung einer Checkliste möglicher Gefährdungen, die jedoch nicht davon entbindet, im Einzelfall zu prüfen, ob weitere Gefährdungen bestehen. Eine Feingliederung kann im Einzelfall durchaus über Hundert Unterpunkte enthalten. Nicht in jedem Falle sind Gefährdungen offensichtlich, so verstecken sich z. B. manchmal radioaktive Isotope oder Laser in den Gehäusen einiger Geräte und werden erst bei einem unsachgemäßen Umgang oder eigenmächtigen Reparaturversuchen gefährlich. Die häufigsten Arbeitsunfälle sind Sturzunfälle.

```
1  allgemeine Anforderungen des betrieblichen Arbeitsschutzes
2  allgemeine Gefährdungen
3  Vorsorge für Notfälle, Erste Hilfe
4  Brandschutz, Fluchtwege
5  Raumausstattung
6  Raumklima
7  Anordnung und Ausstattung des Arbeitsplatzes
8  Beleuchtung
9  Bildschirmarbeitsplätze
10 Sturz, Absturz
11 psychische Belastungen
12 Lärm
13 elektrische Gefährdungen
14 Gefahrstoffe
15 mechanische Gefährdungen
16 optische Gefährdungen (v. a. Laser)
17 Gefährdung durch ionisierende Strahlung
18 Gefährdung durch Hitze oder Kälte
19 Gefährdung durch elektromagnetische Felder
```

10.3 Gefährdungen durch rotierende Teile

Der Verbrennungsmotor treibt eine Gelenk- oder Elastikwelle an, diese dreht entweder leer oder die Belastungseinheit erzeugt ein Gegenmoment. Im Schleppbetrieb treibt umgekehrt die Belastungseinheit den Verbrennungsmotor an. Um versehentliches Schleppen, z. B. durch Bedienfehler, zu vermeiden, ist es üblich, dass der Schleppbetrieb in der Steuerung oder in der Automatisierung zuvor vom Benutzer freigeschaltet werden muss.

Rotierende Teile am Motor können offen liegen und dürfen nicht berührt werden. Eine Berührung der Welle wird durch Zuklappen des Wellenschutzes unwahrscheinlich. Ein Aufenthalt in der Nähe rotierender Teile mit langen Haaren, Ketten, weiten Kleidungsstücken, Krawatten o. ä. ist nicht zulässig.

Die Welle kann brechen und umherfliegen. Eine wesentliche Ursache sind die in Abschn. 5.4 besprochenen Schwingungen. Um Gefahren durch Wellenbruch und Berührung rotierender Teile zu reduzieren, ist der Wellenschutz geschlossen zu halten. Das Schließen des Wellenschutzes wird durch einen Schalter im Sicherheitskreis überprüft. Die Funktion des Schalters ist regelmäßig zu prüfen.

Bei Versuchsmotoren ist nicht die Zuverlässigkeit eines Serienmotors zu erwarten, auch ein ausfallender Motor kann Teile fortschleudern, deshalb soll der Prüfraum im Betrieb nicht betreten werden. Geschieht dies doch, sind belastende Betriebsbedingungen des Motors (Drehzahl, Moment, Änderung dieser Größen, Temperatur) zu vermeiden. Eine Schutzbrille ist bei den Arbeiten zu tragen. Ein Standort an den Stirnseiten des Prüfstandes ist sicherer als neben der Welle oder dem Prüfstand, aus diesem Grunde sind die Fenster zur Beobachtung des Prüfstandes oft stirnseitig angebracht. Es handelt sich um Fenster mit erhöhter Bruchsicherheit, da auch an den Stirnseiten keine absolute Sicherheit vor fliegenden Teilen besteht.

Das Motorschwungrad kann brechen, dessen Bruchstücke können sich mit einer besonders hohen kinetischen Energie im Raum bewegen.

Für den störungsfreien Betrieb sind die Spezifikationen der Komponenten einzuhalten und sprunghafte Parameteränderungen zu vermeiden. In der Praxis heißt dies insbesondere, dass beim Umschalten von Reglern in der Steuerung Sprünge der Führungsgrößen möglichst zu vermeiden sind und dass durch die Wahl des Betriebsmodus ein stabiler Arbeitspunkt von Verbrennungsmotor und elektrischer Maschine existiert. Im Zweifelsfalle ist eine α/n-Regelung (Abschn. 8.1.2) zu bevorzugen, diese arbeitet im Abregelbereich des Motors aber nur noch bedingt stabil. Entsprechende Einstellungen dürfen nur mit entsprechender Sachkenntnis (Grundlagen im Prüfstandsbetrieb, Grundverständnis der Regelungstechnik, Regelungsmodi [z. B. α/n], Umschalten von Reglern) getätigt werden.

Bei der Applikation von PID-Reglern muss bei der Auswahl des Einstellverfahrens auch der Sicherheitsaspekt berücksichtigt werden. Wenn kritische Regler an den Rand der Stabilität gebracht werden, sodass die Regelgröße zu schwingen beginnt (Einstellverfahren nach Ziegler und Nichols [ZieNic64]), kann dies unzulässige Schwingungsfrequenzen- oder Amplituden anregen. Viele andere Einstellverfahren fordern, dass Sprungantworten aufgenommen werden (Einstellverfahren nach Chien, Hrones und Reswick [ChHrRe52], Wendetangentenverfahren nach [ZieNic64], nach [Oppelt72] oder nach [Rosenb68], T-Summenverfahren [Kuhn95]). Sollte dies zu extremen Änderungen des Drehmoments oder der Drehzahl führen, kann dies auch zu Schäden führen. Wenn Schwingungen oder abrupte Änderungen von Bewegungsgrößen nicht akzeptabel sind, bleibt nur die Möglichkeit einer langsamen empirischen Einstellung, indem zunächst der P-Anteil vorsichtig erhöht wird und dann der Regler mit dem P- und dem I-Anteil optimiert wird oder alternativ einer Modellbildung, die einen theoretischen Ansatz zur Einstellung liefert.

10.4 Gefährdungen durch elektrische Einrichtungen

Gefährdungen können sowohl aufgrund der elektrischen Leistung und der damit verbundenen Wärmeentwicklung entstehen als auch durch die auftretenden Spannungen.

Die hohen Leistungen können durch Überhitzung Brände verursachen, dieses Risiko ist durch die herstellerseitige Auslegung auf ein Minimum reduziert, unsachgemäße Umbauten elektrischer Installationen sind zu vermeiden. Bei Auslösung einer Sicherung ist die Ursache zu ermitteln und nach deren Behebung die defekte Sicherung auslegungsgemäß durch eine neue Sicherung zu ersetzen.

Die Berührung hoher Spannungen wird durch Isolationen und Gehäuse verhindert. Berührbare Teile aus Metall müssen grundsätzlich geerdet sein. Bei defekter Isolation oder defektem Gehäuse ist vor der Inbetriebnahme eine sachgerechte Reparatur durchzuführen. Gehäuse oder Installationsschränke dürfen auch im Stillstand der Anlage nur durch qualifiziertes Fachpersonal geöffnet werden.

Bereits bei Spannungen weit unter 100 V können durch mechanische oder verschleißbedingte Trennung von Kontakten Lichtbögen entstehen und Brände verursachen.

Hohe Spannungen treten auch in hybriden Antrieben auf. An diesen Anlagen dürfen nur geschulte Personen arbeiten. Die vielerorts angebotenen Schulungen für Arbeiten an Serienfahrzeugen berechtigen nicht zur Durchführung darüber hinaus gehender Arbeiten im Entwicklungsbereich, die gesonderte Schulungen erfordern. Drei grundsätzliche Maßnahmen vor der Durchführung von Arbeiten an Hochvoltanlagen sind die Freischaltung von Spannung, die Sicherung gegen Wiedereinschalten und die Prüfung der Spannungsfreiheit.

Besondere Gefährdungen gehen von Akkumulatoren (Starterbatterien oder Traktionsbatterien von Elektro- oder Hybridmotoren) aus.

Starterbatterien haben einen sehr niedrigen Innenwiderstand, um den Anlasserstrom liefern zu können. Die daraus folgenden gefährlich hohen Kurzschlussströme erfordern eine Trennung des Masseanschlusses bei Arbeiten an der Elektrik. Starterbatterien enthalten verdünnte Schwefelsäure, die Gegenstände und Körperteile verätzen kann. Beim Laden kann Wasserstoff entstehen (Explosionsgefahr).

Traktionsbatterien gefährden durch lebensgefährliche Spannungen. Lithium-Ionen-Akkumulatoren können bei mechanischer Schädigung oder elektrischer Schädigung (z. B. Kurzschluss, Überladung und sogar Tiefentladung) brennen. Selbst wenn ein unzulässiges Ereignis vom Lithium-Ionen-Akkumulator scheinbar schadlos überstanden wurde, kann es noch Tage später zum Brand kommen. Lithium-Ionen-Akkumulatoren sind wegen hoher Brandtemperaturen und einer internen Freisetzung von Sauerstoff im Brandfall schwer löschbar. Ein gelöschter Lithium-Ionen-Akkumulator kann sich erneut entzünden.

10.5 Gefährdungen durch brennbare Flüssigkeiten

Brennbare Flüssigkeiten im Motorenprüfstand sind Kraftstoffe und Schmiermittel. Der Prüfstand enthält Behälter und Leitungen für Diesel-, Otto- und oft weitere Kraftstoffe. Da Ottokraftstoff schon bei Raumtemperatur entzündliche Dämpfe bildet, geht von diesem eine erhöhte Brandgefahr aus.

Im Einzelfall kann mit brennbaren Reinigungs- oder Lösungsmitteln gearbeitet werden. Insbesondere der oft als Lösungsmittel verwendete Bremsenreiniger bildet leicht entzündliche Dämpfe. Solche Mittel dürfen sich nur im Prüfstand befinden, soweit es zur Verrichtung der Arbeiten nötig ist und sind insbesondere vor dem Betrieb zu entfernen.

10.6 Gefährdungen durch Gase

Neben eventuellen Wirkungen der Gase selbst ist zu beachten, dass es sich bei den Gasflaschen um Druckbehälter handelt. Die Flaschenventile sind langsam zu öffnen. Bei Nichtgebrauch sind die Flaschen zu verschließen. Die Flaschen dürfen nicht ohne geeigneten Druckminderer eingesetzt werden. Die Flaschen sind gegen Umfallen zu sichern. Bei nicht angeschlossenen Flaschen muss das Ventil durch die zugehörige Kappe geschützt sein. Beim Transport ist auch das Gewicht selbst leerer Flaschen zu beachten. Weiterhin sei auf [§TRBS3145] und [§TRBS3146] verwiesen, welche die technischen Regeln für Druckgase ablösen.

10.6.1 Wasserstoff (H_2)

Wasserstoff dient als Brenngas („Fuel") für den Flammenionisationsdetektor der Abgasmessanlage. Unverdünnter Wasserstoff dient als Brennstoff für Wasserstoffmotoren. Kleine Mengen (für die Abgasmessanlage) werden in roten Druckflaschen gelagert, üblicherweise in Helium verdünnt. Typisch sind 50-l-Flaschen mit 20 oder 30 MPa Fülldruck. Größere Mengen (für Wasserstoffmotoren) werden in Drucktanks, Kältetanks oder chemisch gebunden als Hydrid gelagert oder bei Bedarf vor Ort erzeugt. Wasserstoff kann durch Metallwände diffundieren. **Gefahr: Wasserstoff kann explosionsartig verbrennen (Knallgasreaktion).** Ein Wasserstoff-Luft-Gemisch ist in weiten Konzentrationsgrenzen zündfähig, die erforderliche Zündenergie ab 20 µJ ist in Vergleich zu anderen zündfähigen Gemischen gering, z. B. eine schwache elektrostatische Entladung genügt. Wasserstoff ist farb- und geruchlos. Bei einer nicht explosionsartigen Verbrennung leuchtet die Flamme so schwach, dass übersehen werden kann. Wasserstoff soll nicht in unmittelbarer Nähe oxidierender Gase wie Sauerstoff gelagert werden. Zündquellen (auch mögliche elektrostatische Entladungen) in unmittelbarer Nähe von Wasserstoffbehältern oder Armaturen sind zu vermeiden. Der Lagerort muss gut belüftet sein.

10.6.2 Stickstoff (N_2)

Stickstoff dient als Nullgas für alle Abgas-Analysatoren, deren Kalibriergase Stickstoff als Verdünnungsmittel nutzen. Weiterhin kann Stickstoff als Druckgas für eine Wassernebellöschanlage verwendet werden. **Gefahr: Stickstoff kann wie jedes Druckgas sauerstoffhaltige Luft verdrängen.** Berücksichtigt man, dass normale Luft bereits zu ca. 78,1 Vol.-% aus Stickstoff besteht, wird deutlich, dass eine Gefährdung erst beim Austritt großen Mengen vorliegt. Der Lagerort muss gut belüftet sein.

10.6.3 Luft

Hochreine Luft wird für den Flammenionisationsdetektor der Abgasmessanlage zur Verbrennung von Wasserstoff benötigt. Sie ist ungefährlich, es gelten aber die Sicherheitsmaßnahmen für Druckgasflaschen.

10.6.4 Sauerstoff (O_2)

Sauerstoff wird für den Ozongenerator im Chemolumineszenz-Detektor benötigt. **Gefahr: brandfördernd.** Schon eine geringe Erhöhung der Sauerstoffkonzentration in der Luft gegenüber den normalen 20 bis 21 % kann dazu führen, dass ein kleiner Funke (z. B. durch Reibung) schlagartig brennbare Materialien (z. B. Kleidung, Haare) entflammt. Sauerstoffführende Armaturen sind fettfrei und schmutzfrei zu halten. Der Lagerort muss gut belüftet sein.

10.6.5 Kohlenmonoxid (CO)

Kohlenmonoxid ist im Abgas von Verbrennungsmotoren enthalten und dient deshalb auch in unterschiedlichen Konzentrationen in Stickstoff verdünnt als Kalibriergas für die Abgasmessanlage. Es ist unsichtbar und geruchlos. Im Organismus blockiert es den Sauerstofftransport durch die roten Blutkörperchen zu den Zielorganen und verursacht damit einen Sauerstoffmangel v. a. des Gehirns. Vergiftungssymptome sind je nach Schwere kaum bemerkbare Beeinträchtigungen der geistigen Leistungsfähigkeit, Kopfschmerzen, Schwindel, Bewusstlosigkeit oder Tod. Dabei kann auch eine vor Gefahreneintritt vorhandene chronische CO-Vergiftung, z. B. durch Rauchen oder eine abnorme Blutzusammensetzung, die Wirkung beeinflussen. **Gefahr: giftig.**

10.6.6 Kohlendioxid (CO_2)

Verdünntes Kohlendioxid dient als Kalibriergas für die Abgasmessanlage. **Gefahr: Große Mengen CO_2 können in geschlossenen Räumen zum Ersticken führen.**

10.6.7 Stickstoffmonoxid (NO)

Stickstoffmonoxid ist ein Bestandteil des Abgases von Verbrennungsmotoren, deswegen dient es in verschiedenen Verdünnungen als Kalibriergas für die Abgasmessanlage. Es ist unsichtbar und geruchlos. Einrichtungen, die mit Stickstoffmonoxid in Kontakt kommen sind fett- und ölfrei zu halten. Der Lagerort muss gut belüftet sein. **Gefahr: Stickstoff-**

monoxid ist giftig und brandfördernd. An der Luft oxidiert es zum stechend riechenden Stickstoffdioxid NO_2, das die Atemwege verätzt.

10.6.8 Propan (C_3H_8)

Verdünntes Propan dient stellvertretend für verschiedene Kohlenwasserstoffe als Kalibriergas für den Flammenionisationsdetektor. Es ist unsichtbar und geruchlos. Zündquellen sind fern zu halten und der Lagerort ist gut zu belüften. **Gefahr: Propan ist hochentzündlich.**

10.6.9 Ammoniak (NH_3)

Ammoniak gehört noch nicht zu den Standardgasen am Prüfstand. Bei einigen Katalysatoren zur Stickoxidreduktion im Dieselabgas kann Ammoniak entstehen, bei der Untersuchung solcher Katalysatoren wird es deshalb gemessen und als Kalibriergas für die Messgeräte vorgehalten. Ammoniak ist schon in kleinen Mengen durch seinen stechenden Geruch wahrnehmbar. **Gefahr: Ammoniak ist giftig und verätzt die Augen und die Atemwege.**

10.6.10 Erdgas

Erdgas wird zunehmend als Kraftstoff verwendet, Hauptbestandteil ist Methan. Erdgas wird oft odoriert, um austretendes Gas leichter zu bemerken. **Gefahr: Erdgas ist hochentzündlich.**

10.7 Schutz vor Lärm und Vibrationen im Prüfstand

Schwingungen breiten sich von den Quellen als Körperschall (Schwingungen in festen Strukturen) und als Luftschall (Dichteschwingungen der Luft) aus. Körperschall, der über Hände, Füße oder Sitzmöbel auf den menschlichen Körper übertragen wird, wird als Vibration bezeichnet. Luftschall, der das menschliche Gehör erreicht, wird als Lärm bezeichnet.

Gesundheitlich bedenkliche Hand-Arm-Vibrationen treten durch den normalen Prüfstandsbetrieb nicht auf, sie werden z. B. durch die Verwendung schlagender Werkzeuge, in geringerem Maße auch durch einige rotierende Werkzeuge wie z. B. leistungsstarke Winkelschleifer verursacht. Eine gesundheitliche Gefährdung kann bei regelmäßiger Verwendung solcher Werkzeuge vorliegen [BRD07].

Auch Ganzkörpervibrationen dürften im störungsfreien Betrieb kein Problem darstellen; koppeln die Vibrationen des Motors aufgrund einer defekten Lagerung auf benachbarte Strukturen ein, kann es zu moderaten Ganzkörpervibrationen führen, zur Veranschaulichung möge man sich ein Fahrzeug mit defekten Motorlagern vorstellen, zumindest mit einem Pkw-Motor dürften auch hier keine kritischen Grenzwerte erreicht werden. Problematischer kann der Betrieb von Großmotoren sein, insbesondere wenn Strukturen der Umgebung in Resonanz geraten, man stelle sich hier zur Veranschaulichung die auf manchen Schiffen durchaus sehr heftigen Vibrationen vor.

Von größter praktischer Bedeutung ist der vom Verbrennungsmotor ausgehende, hörbare Lärm. Dieser stellt einerseits Anforderungen an die Schallisolierung benachbarter Räume, v. a. an den Kontrollstand des Prüfstandes, andererseits erfordert er persönliche Schutzmaßnahmen, wenn der Prüfstand bei laufendem Motor betreten wird (was aus Sicherheitsgründen ohnehin weitestgehend vermieden werden soll).

Die [§LVArbSchV] schreibt eine Berücksichtigung des Lärms in der Gefährdungsbeurteilung vor. Dies erfordert Messungen des Schallpegels. Die Verordnung unterscheidet zwischen einer über 8 h gemittelten Exposition $L_{\mathrm{EX,8h}}$ und einem Spitzenwert $L_{\mathrm{pC,peak}}$. Eine adäquate Dämmung der Nachbarräume vorausgesetzt, ist bei wenigen kurzen Aufenthalten im Prüfstandsraum dort die Spitzenexposition relevant. Überschreitet diese 135 dB(C), ist ein Gehörschutz bereitzustellen, der eine Belastung über 137 dB(C) zuverlässig verhindert. Da dieser Wert bereits eine erhebliche Lärmbelastung darstellt und ein Kapselgehörschutz (Kopfhörerform, umgangssprachlich „Mickey Mouse“) mit ca. 30 dB Dämpfung weniger als 40 € kostet, ist die Verwendung generell zu empfehlen. Daneben gibt es auch Kopfhörer mit aktiver Kompensation, die aber bei hohen Frequenzen (wenn Verbrennungsmotoren am lautesten sind) schwach sind und mehr kosten. Ein Gehörschutz, der direkt in die Ohren gesteckt wird, ist nicht zu empfehlen, da er kaum wirkt, wenn er nicht passt, leichter verloren wird und seine Wiederverwendung nicht hygienisch ist, wobei der Wiederverwendung mit regelmäßig nachgefüllten Spendern entgegen gewirkt werden kann. Oberhalb einer Spitzenbelastung von 137 dB(C) ist der Prüfstandsraum als Lärmbereich zu kennzeichnen.

10.8 Umweltgefährdung

Eine mögliche Umweltgefährdung ist der Verlust von Betriebsstoffen, v. a. Kraftstoff. Dieser kann beim Befüllen der Tanks auslaufen oder im Betrieb z. B. durch beschädigte Leitungen auslaufen. Neben der Brandgefahr ist aus Sicht der Umwelt ein Versickern in den Boden und evtl. ins Grundwasser zu vermeiden. Durch eine Wanne oder bei ebenerdigem Zugang zum Tankraum (Abb. 10.1) durch ein dichtendes Steckschott ist ein Auslaufen überlaufenden Kraftstoffs zu verhindern. Die Tanks für Ottokraftstoff sind mit einem Geber für eine Abfüllschlauchsicherung (ASS) zu versehen. Weiterhin muss die Betankung unter permanenter Aufsicht des Betankenden erfolgen, die Tankwagen sind in der Regel mit technischen Einrichtungen ausgestattet, die eine unbeaufsichtigte Betankung verhindern.

Ein Austritt aus Verrohrungen ist bei doppelwandigen Rohren unwahrscheinlicher. Leitungen und Behälter müssen regelmäßig überprüft werden, in dieser Hinsicht sind In-

Abb. 10.1 Sperrschott gegen Leckagen bei der Betankung

stallationen, die keine Sichtprüfung von außen ermöglichen, v. a. unterirdische Installationen, nachteilig. Erdtanks können nur im geleerten Zustand sicher inspiziert werden.

Bei einem Austritt sind nahe Kanalisationsöffnungen abzudichten und die Feuerwehr zu verständigen. Rauchen und andere Zündquellen sind zu vermeiden. Besonders bei einem Austritt von Ottokraftstoff kann sich leicht eine explosionsgefährliche Konzentration von Kraftstoffdämpfen bilden, bereits ein Schaltfunke kann eine Explosion auslösen.

10.9 Umweltbelästigung

Auch bei ordnungsgemäßem Betrieb des Prüfstandes sind Auswirkungen auf die Umgebungen nicht völlig vermeidbar. Der Verbrennungsmotor erzeugt schadstoffhaltige Abgase und der hohe Luftaustausch des Prüfstandes verursacht Geräusche.

10.9.1 Lärm

Im Prüfstand befinden sich zahlreiche Lärmquellen, dies sind u. a. der Verbrennungsmotor, Rohrströmungen, interne Lüfter (z. B. des Umrichters) und externe Lüfter (Luftaustausch des Prüfstandes mit der Umgebung). Von internen Geräuschen dringt wenig nach außen, kritisch sind v. a. außen angebrachte Lüfter. Weiterhin kann der Abgasaustritt Geräusche verursachen.

Während der Lärm im Prüfstand oder auf dem Werksgelände ein Problem des Arbeitsschutzes ist (geregelt durch die [§LVArbSchV]), ist der Lärm, der das Betreibergrundstück verlässt, eine Umweltbelästigung (für genehmigungspflichtige, teilweise auch nicht genehmigungspflichtige Anlagen geregelt durch die [§TALärm]). Während beim Lärmschutz als Teil des Arbeitsschutzes die Vermeidung von Gehörschäden im Vordergrund steht, soll der Lärmschutz als Teil des Umweltschutzes Belästigungen vermeiden. Eine Belästigung erfolgt schon bei wesentlich kleineren Schallpegeln.

Das menschliche Gehör ist am empfindlichsten bei Frequenzen um 1 kHz. Üblich ist deshalb, bewertete Schallpegel im Lärmschutz zu verwenden, welche die Frequenzabhängigkeit des Gehörs berücksichtigen. Unter verschiedenen Bewertungskurven wird üblicherweise eine bestimmte, die *A-Bewertung,* verwendet. Ein Schallpegelmessgerät, das den A-bewerteten Schallpegel in dB(A) anzeigt, besitzt ein Filter, das über die Bewertungskurve die Charakteristik des Gehörs nachbildet. Ist die Empfindlichkeit des Gehörs z. B. bei 200 Hz um 10 dB geringer als beim Referenzwert 1 kHz, zeigt das Gerät beim gleichen physikalischen Schallpegel für 200 Hz 10 dB(A) weniger an. Über eine bestimmte Zeit gemittelt, wird dieser Pegel in der TA Lärm als Mittelungspegel $L_{\mathrm{Aeq,i}}$ bezeichnet.

Es ist naheliegend, dass nachts oder früh morgens Lärm kritischer zu bewerten ist, als Lärm zu anderen Tageszeiten. Besonders schwierig zu bewerten ist die subjektive Komponente, so sind ungleichförmige Geräusche unangenehmer als gleichförmige Geräusche, eine besonders hohe Empfindlichkeit besteht bei informationshaltigen Geräuschen (z. B. Sprache oder Musik). Daneben variiert die Geräuschempfindung individuell. Die Lästigkeit wird berücksichtigt, in dem der Mittelungspegel um diverse Zuschläge für die empfundene Lästigkeit sowie Korrekturen ergänzt wird. Dieser „Lästigkeitspegel" wird Beurteilungspegel L_r genannt. Er wird nach TA Lärm getrennt für den Tag und die Nacht ermittelt. Er wird für den Ort der Schalleinwirkung (z. B. nächstes Wohnhaus) berechnet nach

$$L_r = 10\lg\left(\frac{\sum_{i=1}^{n} T_i 10^{0,1(L_{Aeq,i}-C_{met}+K_{T,i}+K_{I,i}+K_{R,i})}}{\sum_{i=1}^{n} T_i}\right). \qquad (10.1)$$

Der Nenner stellt dabei den gesamten Mittelungszeitraum dar, für den Tageswert sind dies insgesamt 16 h, für den Nachtwert ist dies jeweils eine Stunde; die Nachtstunde mit dem höchsten Beurteilungspegel wird stellvertretend für die gesamte Nacht herangezogen. Im Zähler wird für die unterschiedlichen zeitlichen Lärmbeiträge T_i der Mittelungspegel $L_{Aeq,i}$ um verschiedene Korrekturen ergänzt. Wenn alle Größen über den Beurteilungszeitraum stationär bleiben, entfallen die Mittelwertbildung und die dafür erforderliche Summenbildung über die Zeitabschnitte i von 1 bis n. Damit vereinfacht sich Gl. 10.1 zu

$$L_r = L_{Aeq} - C_{met} + K_T + K_I + K_R. \qquad (10.2)$$

L_{Aeq} ist der nach [EN60804] kurzzeitig gemittelte physikalische Schalldruckpegel. Die weiteren Größen sind Korrekturen: C_{met} ist eine meteorologische Korrektur nach [ISO9613-2], die unter Verwendung lokaler Windstatistiken berücksichtigt, dass sich der Schall mit dem Wind stärker ausbreitet als in stehender Luft oder gegen den Wind. K_T ist ein Zuschlag von 3 dB oder 6 dB für tonhaltige oder informationshaltige Signale. Da Informationshaltigkeit bei Prüfständen ausgeschlossen werden kann, ist nur die Tonhaltigkeit zu berechnen oder nach [DIN45681] zu messen, sie dürfte bei den rauschenden Abluftgeräuschen vernachlässigbar sein, kommt aber zum Tragen, wenn Motorengeräusche nach außen dringen. Auch der Abgaskamin kann tonhaltige Geräusche verursachen. K_I ist ein Zuschlag für die Impulshaltigkeit des Signals, bei gleichförmigen Geräuschen entfällt dieser. K_R ist ein Zuschlag von 6 dB für frühen/späten Betrieb oder an Sonn- und Feiertagen für den Betrieb am frühen Nachmittag.

Der zulässige Beurteilungspegel hängt von der umgebenden Bebauung (z. B. Wohngebiet oder Industriegebiet) ab, hier sind oft auch kommunale Regelungen zu beachten. Es ist zu empfehlen, rechtzeitig den Kontakt mit der Kommune zu suchen und ein spezialisiertes Ingenieurbüro mit der Berechnung zu beauftragen.

Die höchsten gemessenen Schalldruckpegel treten bei Frequenzen unter 100 Hz auf, allerdings ist das menschliche Gehör in diesen Bereichen sehr unempfindlich. Die höchsten bewerteten Pegel treten deshalb in der Nähe des Empfindlichkeitsmaximums von

Tab. 10.1 Exemplarische Schallpegel eines Prüfstandes mit Vergleichswerten. Die Angabe dB(A) besagt, dass die Frequenzabhängigkeit des menschlichen Gehörs nach Bewertungskurve A berücksichtigt wurde.

Ort/Vergleichswert	Modus	Pegel/dB(A)
Schmerzschwelle	Vergleich	>120
Laubbläser	Vergleich	ca. 100
Ventilator Wärmetauscher	**Volllast**	**<100**
Abgaskamin	**Volllast**	**<90**
Abluftgebläse	**Volllast**	**<80**
Lkw	Vergleich, normale Fahrt	<85
Außenwand eines Containerprüfraumes	**Volllast**	**<85**
Zuluftgebläse	**Volllast**	**<70**
Staubsauger	Vergleich	<70

1 kHz auf. Tab. 10.1 setzt Schallquellen am Motorenprüfstand in Beziehungen zu Vergleichswerten.

Lüfter und Abgaskamine sollten bereits selbst schalloptimiert sein; bevor das Abgas den Abgaskamin erreicht, durchläuft es einen Schalldämpfer, der in seiner Wirkungsweise dem Fahrzeugschalldämpfer ähnelt. Als zusätzliche Gegenmaßnahmen kommen weiträumige Verkleidungen vor allem der Dachaufbauten mit Lüftern und Abgaskaminen sowie ein möglichst großer Abstand von den Immissionsorten (100 m können bereits eine Dämpfung von ca. 20 dB bewirken) in Betracht. Verkleidungen von Auslässen sollen deren Wirkung nicht behindern. Gute Schalldämpfungseigenschaften haben Bäume, für eine Bewertung würde man jedoch bei Laubbäumen den Zustand im Winter zugrunde legen.

10.9.2 Abgas

Der Betrieb eines Verbrennungsmotors führt zu Abgasemissionen. Bei PKW-Motoren, insbesondere mit serienmäßiger Abgasnachbehandlung, sind diese gemessen an den Emissionen des vorbei fließenden Verkehrs oder benachbarter Gebäudeheizungen oft gering. Daraus resultiert die nach der 4. BImSchV entfallende Genehmigungspflicht bei Leistungen unter 300 kW oder serienmäßiger Abgasnachbehandlung. In diesen Fällen enthält die Abgasanlage des Prüfstandes zwar eine Schalldämpfung, aber keine weitere Abgasreinigung.

Bei größeren, genehmigungspflichtigen Anlagen können Maßnahmen zur Einhaltung der immissionsrechtlichen Grenzwerte erforderlich werden. Grundlagen eventueller Auflagen sind die [§TALuft] und die [§TRGS554].

Sind Maßnahmen erforderlich, ist es üblich oberhalb der Prüfstandskabinen ein Zwischendeck für die Abgasreinigung einzusetzen. Grundsätzlich werden die gleichen Techniken eingesetzt, die auch am Fahrzeug eingesetzt werden, speziell bei der Partikelfilterung kämen jedoch auch andere Techniken wie elektrostatische Abscheider in Betracht. Nassabscheider sind aufgrund der Abgaszusammensetzung bei Motorenprüfständen ungünstig. Während im Fahrzeug die Motorsteuerung auf die Abgasreinigung abgestimmt ist, muss eine Abgasreinigung am Prüfstand auch unter widrigen Betriebsbedingungen des Motors arbeiten und entsprechend ausgelegt sein. Speziell an Großmotorprüfständen wird die Reinigung der Abgase derzeit technisch noch nicht sicher beherrscht. Die deutliche Sichtbarkeit der Emissionen bei Leistungssprüngen an Großmotoren kann zu Interventionen aus der Nachbarschaft führen.

10.10 Abschaltung

Es gibt zwei Möglichkeiten zur Abschaltung eines Prüfstandes, ein sofortiges Anhalten unter Mitwirkung der Bremse (geführtes Stillsetzen) und ein passives Auslaufen. Die Dauer der geführten Stillsetzung wird am Umrichter der Maschine vorkonfiguriert. Welche der beiden Abschaltungen zu bevorzugen ist, hängt von der Situation ab.

Ein sofortiges Anhalten bringt ein hohes Drehmoment auf die Welle und kann zur Schädigung des Motors oder gar zum Bruch der Welle führen. Weiterhin nimmt der Prüfstand dabei noch einmal kurzfristig eine hohe elektrische Leistung auf. Bei mechanischen Problemen (z. B. extreme Unwucht, Welle angebrochen) kann also gerade das abrupte Abbremsen eine endgültige Zerstörung der betroffenen Komponente bewirken. Auch bei elektrischen Problemen (z. B. Qualm aus dem Umrichter oder der Maschine) kann die hohe Bremsleistung zum schnellen Abbremsen die Gefährdung erhöhen. Bei der Gefährdung von Personen ist im Zweifelsfall der Prüfstand möglichst schnell zum Stillstand zu bringen.

Um im Gefahrenfall keine Zeit damit zu verlieren, die angemessene Abschaltprozedur zu überlegen oder das Menü zum Auslaufen lassen zu suchen, empfiehlt sich wenn unverzügliches Handeln geboten ist, das folgende vereinfachende Schema:

- Bei akuter Personengefährdung oder unsicherer Einschätzung der Gefahrenlage sofort Prüfstand in den Stillstand **bremsen** („Schnellstop").
- In anderen Gefahrsituationen Prüfstand **auslaufen** lassen.

Der Schnellstop erfolgt über einen der Not-Halt-Schalter. Vor erstmaliger Nutzung hat der Bediener sich die Orte der Taster anzuschauen.

Das Auslaufen erfolgt über die Steuerung oder die Automatisierung.

Literatur

Dateien aus dem Internet

[@WikicA] Wikimedia Commons, von Benutzer „Martinhelfer“ am 09.01.2006, gemeinfrei. http://commons.wikimedia.org/wiki/File:Anechoic_engine_test_stand.jpg

[@WikicEM] Wikimedia Commons, von Benutzer „Ulfbastel“ am 13.02.2008, gemeinfrei. http://commons.wikimedia.org/wiki/File:Codierer.jpg

[@WikicEO] Wikimedia Commons, von Benutzer „Mike1024“ am 31.12.2009 und „Dicklyon“ am 22.06.2018, gemeinfrei- http://commons.wikimedia.org/wiki/File:Gray_code_rotary_encoder_13-track_opened.jpg

[@WikicT] Wikimedia Commons, von Benutzer „pud“ am 28.04.2005 (Fotograf Q. Schwinn), gemeinfrei. http://commons.wikimedia.org/wiki/File:Turbocharger.jpg

[@WikipB] Wikipedia, Artikel BImSchV oder Bundes-Immissionsschutzverordnung, verschiedene Autoren. http://de.wikipedia.org/wiki/BImSchV

Literatur

[ACEA21] ACEA: European oil sequences for light-duty engines. https://www.acea.auto/files/2022-ACEA-oil-sequences-heavy-duty-engines.pdf (2021, Revision 1, 2022).

[ACEA22] ACEA: European oil sequences, heavy-duty engines. https://www.acea.auto/files/2022-ACEA-oil-sequences-heavy-duty-engines.pdf (2022).

[ACI] ASAM: Automatic calibration interface, Version 1.4.0. https://www.asam.net/standards/detail/aci/ (2014).

[Adamski14] Adamski, D.: Simulation in der Fahrwerktechnik: Einführung in die Erstellung von Komponenten- und Gesamtfahrzeugmodellen ATZ/MTZ-Fachbuch. Springer-Vieweg, Wiesbaden (2014)

[Adler04] Adler, M.: Kurzfassung Motorrad-Umweltliste 2004. Bericht des IFEU, Heidelberg (2004)

[Aggrawal16] Aggrawal H., Chen, P., Assefzadeh, M.M., Jamali, B., Babakhani, A.: Gone in a picosecond: Techniques for the generation and detection of picosecond pulses and their applications, IEEE Microwave Magazine, **17**(12), 24–38 (2016)

K. Borgeest, *Messtechnik und Prüfstände für Verbrennungsmotoren*,
https://doi.org/10.1007/978-3-658-43284-3

[AlbOttMe12] Albers, A., Ott, S., Merkel, P.: Methods for clutch dimensioning. In: FISITA 2012 World Automotive Congress, Advanced Transmission System and Driveline. Bd. 5, S. 40–48 (2012)

[Andersohn13] Andersohn, G.: Methodenentwicklung zur Korrosionsuntersuchung thermisch beanspruchter Werkstoffe in Kühlsystemen für Verbrennungsmotoren, Dissertation TU Darmstadt, Shaker-Verlag, Aachen (2013)

[AndNolWe03] Andrae, J., Nold, W., Wegener, G.: Traceability of Rotating Torque Transducers Calibrated under Non-Rotating Operating Conditions, XVII IMEKO World Congress, Dubrovnik, Kroatien, 22.–27. Juni. (2003)

[AndrWege06] Andrae, J., Wegener, G.: Dynamische Drehmomentmessung – Drehmomentaufnehmer in Leistungsprüfständen. Technisches Messen 73(12), 684–691 (2006)

[ASTM] Homepage der ASTM. Unterseite https://www.astm.org/catalogsearch/result/index/?index=11&q=coolant

[BaehKabe16] Baehr, H.D., Kabelac, S.: Thermodynamik: Grundlagen und technischeAnwendungen, 16. Aufl., Springer, Wiesbaden (2016)

[Baker02] Baker, R.C.: An Introductory Guide to Flow Measurement, 2. Aufl. Wiley, New York (2002). Professional Engineering Publishing

[BarbHill90] Barber, P.W., Hill, S.C.: Light Scattering by Particles: Computational Methods Advanced Series in Applied Physics, Bd. 2. World Scientific Publishing Company, Singapur (1990)

[Basler16] Basler, S.: Encoder und Motor-Feedback-Systeme, Springer-Vieweg, Wiesbaden (2016)

[Basshuys16] van Basshuysen, R.: Ottomotor mit Direkteinspritzung und Direkteinblasung: Ottokraftstoffe, Erdgas, Methan, Wasserstoff (ATZ/MTZ-Fachbuch), Springer-Vieweg, Wiesbaden (2016)

[BassSchä17] van Basshuysen, R., Schäfer, F.: Handbuch Verbrennungsmotor: Grundlagen, Komponenten, Systeme, Perspektiven, 8. Aufl. Springer-Vieweg, Wiesbaden (2017)

[BeFeKrMa13] Behn, A., Feindt, M., Krause, S., Matz, G.: System zur Messung von Ölemissionen im Dieselabgas. Motortechnische Zeitschrift (MTZ) **74**, 424 (2013)

[BischTuo03] Bischoff, O.F., Tuomenoja, H.: Messung von Blow-by-Gaspartikeln. Motortechnische Zeitschrift (MTZ) **64**, 7–8 (2003)

[Borgeest18] Borgeest, K.: EMC and Functional Safety of Automotive Electronics, IET, Stevenage (2018), ISBN 978-1785614088

[Borgeest23A] Borgeest, K.: Manipulation von Abgaswerten: Technische, gesundheitliche, rechtliche und politische Hintergründe des Abgasskandals, Springer Vieweg, Wiesbaden, 3. Aufl. (2023), ISBN 978-3-658-41304-0

[Borgeest23E] Borgeest, K.: Elektronik in der Fahrzeugtechnik, 5. Aufl. Springer-Vieweg, Wiesbaden (2023), ISBN 978-3-658-41482-5

[Bosch14] Robert Bosch GmbH (Hrsg.): Kraftfahrtechnisches Taschenbuch, 28. Aufl. Springer-Vieweg, Wiesbaden (2014)

[Bozzelli95] Bozzelli, J.W., Dean, A.M.: A possible new route for NOx formation in flames. Int. J. Chem. Kinet., **27**, 1097–1109 (1995)

[BRD07] Bundesrepublik Deutschland: EU-Handbuch Hand-Arm-Vibration. Bundesministerium für Arbeit und Soziales, Potsdam (2007)

[Carter28] Carter, B.C.: An empirical formula for crankshaft stiffness in torsion. Engineering **126**(2), 36 (1928)

[ChHrRe52] Chien, K.L., Hrones, J.A., Reswick, J.B.: On the automatic control of generalized passive systems. Transactions of the ASME **74**, 175–185 (1952)

[Cotter97] Cotter, R.J.: Time-of-Flight Mass Spectrometry. ACS Professional Reference Books. American chemical society, Washington (D.C.) (1997), ISBN 978-0-84123474-1

[Czichos07] Czichos, H., Saito, T., Smith, L. (Hrsg.): Springer Handbook of Materials Measurement Methods, Springer, Berlin (2007)

[DaviSchw02] Davis, E.J., Schweiger, G.: The Airborne Microparticle. Its Physics, Chemistry, Optics and Transport Phenomena. Springer, Berlin (2002). Nachdruck

[Dracos96] Dracos, T. (Hrsg.): Three-Dimensional Velocity and Vorticity Measuring and Image Analysis Techniques. Kluwer, Dordrecht (1996)

[Drafts01] Drafts, B.: Acoustic wave technology sensors. IEEE Transactions on Microwave Theory and Techniques **49**(4), 795–802 (2001)

[DreHol16] Dresig, H., Holzweißig, F.: Maschinendynamik, 12. Aufl. Springer, Berlin (2016)

[Dua10] Dua, V., Surwade, S.P., Ammu, S., Agnihotra, S.R., Jain, S., Roberts, K.E., Park, S., Ruoff, R.S., Manohar, S.K.: All-organic vapor sensor using inkjet-printed reduced graphene oxide. Angewandte Chemie, internationale Ausgabe, **49**(12), 2154–2157 (2010)

[Eckelm97] Eckelmann, H.: Einführung in die Strömungsmeßtechnik. B. G. Teubner, Stuttgart (1997)

[Einstein05] Einstein, A.: Zur Elektrodynamik bewegter Körper. Annalen der Physik **17**(10), 891 (1905)

[EtherCAT22] EtherCat Technology Group: EtherCAT – Der Ethernet-Feldbus, Broschüre. https://www.ethercat.org/download/documents/ETG_Brochure_DE.pdf (2023)

[Fedtke07] Fedtke, T. (Hrsg.): Kunstkopftechnik – Eine Bestandsaufnahme, Mitteilung aus dem Normenausschuss „Psychoakustische Messtechnik", Acta Acustica, 93(1), 1–58 (2007)

[Fenimore71] Fenimore, C.P.: Formation of nitric oxide in premixed hydrocarbon flames, International Symposium on Combustion, **13**(1), 373–380 (1971)

[Ferzgeri20] Ferziger, J.H., Perić, M., Street, R.: Numerische Strömungsmechanik. Springer, Berlin (2020)

[Fischer22] Fischer, R., Nolle E.: Elektrische Maschinen, 18. Aufl. Hanser, München (2022)

[Fu08] Fu, D., Lim, H., Shi, Y., Dong, X., Mhaisalkar, S.G., Chen, Y., Moochhala, S., Li, L.-J.: Differentiation of gas molecules using flexible and all-carbon nanotube devices, J. Physical Chemistry C, **112**(3), 650–653 (2008)

[Fuchs10] Fuchs, H.V.: Schallabsorber und Schalldämpfer, innovative akustische Konzepte und Bauteile mit praktischen Anwendungen in konkreten Beispielen, 3. Aufl. Springer, Berlin (2010)

[FVV530] Forschungsvereinigung Verbrennungskraftmaschinen: Prüfung der Eignung von Kühlmittelzusätzen für die Kühlflüssigkeit von Verbrennungskraftmaschinen, Heft R350, Ausgabe 2005 https://www.el-technologie.com/index_htm_files/FVV%20Richtlinie%20R530_2005.pdf

[GaNoPf02] Gasch, R., Nordmann, H., Pfützner, H.: Rotordynamik, 2. Aufl. Springer, Berlin (2002)

[Gautschi02] Gautschi, G.: Piezoelectric Sensorics. Springer, Berlin (2002)

[Genuit10] Genuit, K. (Hrsg.): Sound-Engineering im Automobilbereich, Methoden zur Messung und Auswertung von Geräuschen und Schwingungen. Springer, Berlin (2010)

[Gerthsen] Meschede, D.: Gerthsen Physik, 25. Aufl. Springer, Berlin (2015)
[GottWach97] Gottwald, W., Wachter, G.: IR-Spektroskopie für Anwender. Wiley-VCH, Weinheim (1997)
[Gross13] Gross, J.H.: Massenspektrometrie. Springer, Berlin (2013)
[HafnMaas85] Hafner, K.E., Maass, H.: Torsionsschwingungen in der Verbrennungskraftmaschine, Springer, Wien (1985)
[HankBour08] Hanke-Bourgeois, M.: Grundlagen der Numerischen Mathematik und des Wissenschaftlichen Rechnens. Vieweg-Teubner, Wiesbaden (2008)
[Hauser04] Hauser, G.: Rußsensor für die on-board-Diagnose und als Präzisionsmessgerät. (2004)
[Heidenhn21] Heidenhain: Schnittstellen von Heidenhain-Messgeräten. Broschüre. https://www.heidenhain.de/fileadmin/pdf/de/01_Produkte/Prospekte/PR_Schnittstellen_ID1078628_de.pdf (2023).
[Heidenhn17] Heidenhain: EnDat 2.2 – Bidirektionales Interface für Positionsmessgeräte. Broschüre. https://www.heidenhain.de/fileadmin/pdf/de/01_Produkte/Technische_Dokumentation/TI_EnDat_2-2_ID383942_de.pdf (2023).
[Henao14] Henao, H., Capolino, G.-A., Fernandez-Cabanas, M., Filippetti, F., Bruzzese, C., Strangas, E., Pusca, R., Estima, J., Riera-Guasp, M., Hedayati-Kia, S.: Trends in fault diagnosis for electrical machines: A review of diagnostic techniques. Industrial Electronics Magazine, IEEE **8**(2), 31–42 (2014). doi:10.1109/MIE.2013.2287651
[HierPren03] Hiereth, H., Prenninger, P.: Aufladung der Verbrennungskraftmaschine (Der Fahrzeugantrieb). Springer, Berlin (2003)
[Hoffmann] Hoffmann, K.: Eine Einführung in die Technik des Messens mit Dehnungsmessstreifen, HBM, Darmstadt (1987). http://www.hbm.com
[Holzer21] Holzer, H.: Die Berechnung der Drehschwingungen und ihre Anwendung im Maschinenbau. Springer, Berlin (1921). https://archive.org/stream/dieberechnungde00holzgoog
[HoroHill11] Horowitz, P., Hill, W.: The Art of Electronics, Cambridge University Press, Cambridge (2011)
[Huang14] Huang, L., Jiang, P., Wang, D., Luo, Y., Li, M., Lee, H., Gerhardt, R.A.: A novel paper-based flexible ammonia gas sensor via silver and SWNT-PABS inkjet printing, Sensors and Actuators B: Chemical, **197**, 308–313 (2014)
[Hütte12] Czichos, H., Hennecke, M., Akademischer Verein Hütte e. V. (Hrsg.): HÜTTE – Das Ingenieurwissen, 34. Aufl. Springer, Berlin (2012)
[IntrTipp11] Intra, P., Tippayawong, N.: An overview of unipolar charger developments for nanoparticle charging. Aerosol and Air Quality Research **11**, 187–209 (2011)
[Isabelle] Isabellenhütte: Thermolegierungen. Broschüre (2015)
[Jürgler04] Jürgler, R.: Maschinendynamik, 4. Aufl. Springer, Berlin (2004)
[KashThir09] Kashdan, J., Thirouard, B.: A Comparison of Combustion and Emissions Behavior in Optical and Metal Single Cylinder Engines SAE-Paper, Bd. 2009-01-1963. SAE International, Warrendale, PA (2009)
[KashThir11] Kashdan, J., Thirouard, B.: Optical engines as representative tools in the development of new combustion engine concepts. Oil & Gas Science and Technology – Rev. IFP Energies nouvelles **66**(5), 759–777 (2011). doi:10.2516/ogst/2011134
[Killedar12] Killedar, J.S.: Dynamometer: Theory and Application to Engine Testing. Xlibris, Bloomington IN (2012)

[King14] King, L.V.: On the convection of heat from small cylinders in a stream of fluid. Phil. Trans. Royal Society London A **214**, 373–432 (1914)

[KirGelVe83] Kirkpatrick, S., Gelatt Jr., C.D., Vecchi, M.P.: Optimization by simulated annealing. Science **220**(4598), 671–680 (1973)

[KlaBruKo12] Klaus, L., Bruns, T., Kobusch, M.: Determination of Model Parameters for a Dynamic Torque Calibration Device. XX IMEKO World Congress, Busan, Korea, 282–285 (2012)

[Klein14] Klein, B.: Versuchsplanung-DoE, 4. Aufl. Oldenbourg, München (2014)

[KlelEich18] Klell, M., Eichlseder, H., Trattner, A.: Wasserstoff in der Fahrzeugtechnik: Erzeugung, Speicherung, Anwendung. 4. Aufl. Springer-Vieweg, Wiesbaden (2018)

[KnAnAlRi11] Knappe, C., Andersson, P., Algotsson, M., Richter, M., Linden, J., Alden, M., Tuner, M., Johansson, B.: Laser-Induced phosphorescence and the impact of phosphor coating thickness on Crank-angle resolved cylinder wall temperatures. SAE Int. J. Engines **4**(1), 1689–1698 (2011). doi:10.4271/2011-01-1292

[Körtvely15] Körtvélyessy, L.: Thermoelement-Praxis: Grundlagen | Anwendungen | Praxisanleitungen, 4. Aufl. Vulkan-Verlag, Essen (2015)

[Kreuzer07] Kreuzer, M.: Dehnungsmessung mit Faser-Bragg-Gitter-Sensoren. HBM, Darmstadt (2007).

[Krishnan01] Krishnan, R.: Switched Reluctance Motor Drives. CRC Press, Boca Raton FL (2001)

[Krupp52] Krupp, H.: Theorie der thermomagnetischen Sauerstoffmessung. Dissertation, TH Karlsruhe (1952)

[Kuhn95] Kuhn, U.: Eine praxisnahe Einstellregel für PID-Regler: Die T-Summenregel Automatisierungstechnische Praxis (atp)., S. 10–16 (1995)

[Kuhn07] Kuhn, S.: Advantage of carrier frequency in contactless high precision torque measurement systems, 20th Int. Conf. IMEKO TC3, Merida, Mexico, 27. – 30. November. (2007)

[Kuratle95] Kuratle, R.: Motorenmesstechnik. Vogel-Verlag, Würzburg (1995)

[Lafferty13] McLafferty, F.W.: Interpretation von Massenspektren. Springer, Berlin (2013). Nachdruck

[LechNaun07] Lechner, G., Naunheimer, H.: Fahrzeuggetriebe: Grundlagen, Auswahl, Auslegung und Konstruktion. Springer, VDI-Buch (2007)

[Lee20] Lee, S.B., Stone, G.C., Antonino-Daviu, J., Gyftakis, K.N., Strangas, E.G., Maussion, P., Platero, C. A.: Condition Monitoring of Industrial Electric Machines: State of the Art and Future Challenges. Industrial Electronics Magazine, IEEE 14(4), 158–167 (2020).doi: 10.1109/MIE.2020.3016138

[Lehr30] Lehr, E.: Schwingungstechnik Bd. 1. Springer, Berlin (1930). 1934 (Bd. 2)

[LinkRGSH05] Linkenheil, K., Ruoß, H.-O., Grau, T., Seidel, J., Heinrich, W.: A novel sparkplug for improved ignition in engines with gasoline direct injection (GDI). IEEE Transactions on Plasma Science **33**(5), 1696 (2005). doi:10.1109/TPS.2005.856409

[Lonsdale] Lonsdale, A.: Dynamic Rotary Torque Measurement Using Surface Acoustic Waves. Firmenveröffentlichung, Sensor Technology Ltd. http://www.sensors.co.uk/files/tpr/tpr_MM462207.pdf (2001).

[LutzWend14] Lutz, H., Wendt, W.: Taschenbuch der Regelungstechnik. Europa-Lehrmittel, Haan-Gruiten (2014)

[Magnus16] Magnus, K., Popp, K., Sextro, W.: Schwingungen. Springer-Vieweg, Berlin (2016)

[Mahle13] Mahle GmbH (Hrsg.): Ventiltrieb. Springer-Vieweg, Wiesbaden (2013)

[Mahle15] Mahle GmbH (Hrsg.): Kolben und motorische Erprobung. Springer-Vieweg, Wiesbaden (2015)

[Mau13] Mau, G.: Handbuch Dieselmotoren im Kraftwerks- und Schiffsbetrieb. Springer, Berlin (1984). Nachdruck 2013

[Martyr21] Martyr, Anthony J., Rogers, David R., Engine Testing, 5. Aufl., Butterworth-Heinemann, Kidlington (2021)

[MCCGKMR] Müller, L.L., Comte, P., Czerwinski, J., Gehr, P., Kasper, M., Mayer, A.C.R., Rothen-Rutishauser, B.: Toxic Potential of 2- and 4-stroke Scooter and Diesel Car Exhaust Emissions in Lung Cells In Vitro ETH Conference. (2010)

[MerSchTe12] Merker, G.P., Schwarz, C., Teichmann, R.: Grundlagen Verbrennungsmotoren, 6. Aufl. Springer-Vieweg, Wiesbaden (2012)

[MIRA65] Dodd, A.E., Holubecki, Z.: The Measurement of Diesel Exhaust Smoke. Motor Industry Research Association, England, MIRA-Report, 1965/10

[MouOehZe92] Moussiopoulos, N., Oehler, W., Zellner, K.: Kraftfahrzeugemissionen und Ozonbildung, 2. Aufl. Springer, Berlin (1992)

[MPB08] Meier-Peter, H., Bernhardt, F., Handbuch Schiffsbetriebstechnik, Seehafen-Verlag, Hamburg (2008)

[Nagel97] Nagel, H.: Lasermassenspektrometrie molekularer Spurenstoffe. Dissertation TU München. Herbert Utz Verlag, München (1997)

[NeldMead65] Nelder, J., Mead, R.: A simplex method for function minimization. Computer Journal **7**, 308–313 (1965)

[NeNeHo05] Neale, M., Needham, P., Horrell, R.: Couplings and Shaft Alignment. Wiley, New York (2005)

[Nestro58] Nestroides, E.J.: Handbook on Torsional Vibrations. Cambridge University Press, Cambridge (1958)

[Norden98] Elis Norden, K.: Handbook of Electronic Weighing. Wiley-VCH, Weinheim (1998)

[Oppelt72] Oppelt, W.: Einige Faustformeln zur Einstellung von Regelvorgängen. Chemie Ingenieur Technik, Weinheim (1951)

[PaulLebe14] Paulweber, M., Lebert, K.: Mess- und Prüfstandstechnik. Springer-Vieweg, Berlin (2014)

[Planck00] Planck, M.: Zur Theorie des Gesetzes der Energieverteilung im Normalspectrum. Verhandlungen der Deutschen physikalischen Gesellschaft **2**(17), 245 (1900)

[Popp10] Popp, M.: Das PROFINET IO-Buch: Grundlagen und Tipps für Anwender, 2. Aufl. VDE-Verlag, Berlin (2010)

[Poppe19] Poppe, J.: Messtechnische Herausforderungen in der GTR 15; Gesetzeskonformes Messen von NH_3 und weiteren Luftschadstoffen, Präsentation, Horiba TechDays, Darmstadt (2019)

[Prevot13] Platt, S.M., El Haddad, I., Pieber, S.M., Huang, R.-J., Zardini, A.A., Clairotte, M., Suarez-Bertoa, R., Barmet, P., Pfaffenberger, L., Wolf, R., Slowik, J.G., Fuller, S.J., Kalberer, M., Chirico, R., Dommen, J., Astorga, C., Zimmermann, R., Marchand, N., Hellebust, S., Temime-Roussel, B., Baltensperger, U., Prévôt, A.S.H.: Two-stroke scooters are a dominant source of air pollution in many cities. Nature Communications **5**(3749) (2013). Veröffentlichung 2014 doi:10.1038/ncomms4749

[Pucher12] Pucher, K., Zinner, H.: Aufladung von Verbrennungsmotoren: Grundlagen, Berechnungen, Ausführungen, 4. Aufl., Springer, Berlin (2012)

[Reavell02] Reveall, K.: Fast response classification of fine aerosols with a differential mobility spectrometer, 13th Annual Conference Aerosol Society, Lancaster (2002)

[Reif12] Reif, K. (Hrsg.): Klassische Diesel-Einspritzsysteme: Reiheneinspritzpumpen, Verteilereinspritzpumpen, Düsen, mechanische und elektronische Regler. Bosch Fachinformation Automobil. Springer-Vieweg, Wiesbaden (2012)

[Reif14] Reif, K. (Hrsg.): Ottomotor-Management: Steuerung, Regelung und Überwachung. Bosch Fachinformation Automobil. Springer-Vieweg, Wiesbaden (2014)

[ReNoBo12] Reif, K., Noreikat, K.E., Borgeest, K. (Hrsg.): Kraftfahrzeug-Hybridantriebe. ATZ/MTZ-Fachbuch. Springer-Vieweg, Wiesbaden (2012)

[RiBrSaNt05] Rijkeboer, R., Bremmers, D., Samaras, Z., Ntziachristos, L.: Particulate matter regulation for two-stroke two wheelers: Necessity or haphazard legislation? Atmospheric Environment **39**(13), 2483–2490 (2005)

[RichSand13] Richard, H.A., Sander, M.: Technische Mechanik, Festigkeitslehre. Springer-Vieweg, Wiesbaden (2013)

[Rosenb68] Rosenberg, W.: Der PID-Regler und seine Optimierung. Elektronik **12**, 365–370 (1968)

[RöskPesh97] Röske, D., Peschel, D.: Investigations into the Alternating Torque Calibration of Torque Transducers, XIV IMEKO World Congress, Tampere, Finnland. Bd. III., S. 72–78 (1997)

[Schaumb92] Schaumburg, H.: Sensoren. Teubner, Stuttgart (1992). Nachdruck 2012

[Schaumb95] Schaumburg, H.: Sensoranwendungen. Teubner, Stuttgart (1995)

[SchHeiFe94] Schöneburg, E., Heinzmann, F., Feddersen, S.: Genetische Algorithmen und Evolutionsstrategien: Eine Einführung in Theorie und Praxis der simulierten Evolution. Addison-Wesley, Bonn (1994)

[SchiNTL01] Schindler, W., Nöst M., Thaller W., Luxbacher, T.: Stationäre und transiente messtechnische Erfassung niedriger Rauchwerte, MTZ 62 Nr. 10 (2001)

[SchiWege02] Schicker, R., Wegener, G.: Drehmoment richtig messen. Hottinger Baldwin Messtechnik GmbH, Darmstadt (2002)

[Schwarze13] Schwarze, R.: CFD-Modellierung: Grundlagen und Anwendungen bei Strömungsprozessen. Springer-Vieweg, Wiesbaden (2013)

[Seiliger22] Seiliger, M.: Graphische Thermodynamik und Berechnen der Verbrennungs-Maschinen und Turbinen. Springer, Berlin (1922)

[SeThScAu02] Graf von Seherr-Thoss, H.-C., Schmelz, F., Aucktor, E.: Gelenke und Gelenkwellen: Berechnung, Gestaltung, Anwendungen, 2. Aufl. Springer, Berlin (2002)

[Shennan88] Shennan, J.L.: Control of microbial contamination of fuels in storage. In: Houghton D.R., Smith R.N., Eggins H.O.W. (Hrsg.) „Biodeterioration". Springer, Dordrecht (1988)

[Sigloch22] Sigloch, H.: Technische Fluidmechanik, 11. Aufl., Springer Vieweg, Wiesbaden (2022)

[SinaSent20] Sinambari, G.R., Sentpali, S.: Ingenieurakustik: Physikalische Grundlagen und Anwendungsbeispiele, 6. Aufl., Springer-Vieweg, Wiesbaden (2020)

[StöKalAm11] Stölting, H.-D., Kallenbach, E., Amrhein, W.: Handbuch Elektrische Kleinantriebe, 4. Aufl. Carl-Hanser-Verlag, München (2011)

[Stöcker14] Stöcker, H.: Taschenbuch der Physik, 7. Aufl. Europa-Lehrmittel, Haan-Gruiten (2014)

[Taylor97] Taylor, A.M.P.K.: Instrumentation for Flows with Combustion. Academic Press, London (1997)

[Tectos] Homepage der tectos GmbH. http://www.tectos.at (2023)

[Tschöke18] Tschöke, H., Mollenhauer, K., Maier, R.: Handbuch Dieselmotoren, 4. Aufl., Springer-Vieweg, Wiesbaden (2018)

[TieSchGa19] Tietze, U., Schenk, C., Gamm, E.: Halbleiter-Schaltungstechnik, 16. Aufl. Springer, Berlin (2019)

[Torrey02] Torrey D.A.: Switched Reluctance Generators and Their Control, IEEE Trans. on Industrial Electronics 49(1) 3–14 (2002)

[UBA23] Umweltbundesamt, https://www.umweltbundesamt.de/daten/klima/treibhausgas-emissionen-in-deutschland/distickstoffoxid-emissionen

[US2670595] Miller, R.: High-Pressure Supercharging System (1947). Patentschrift US 2670595

[Vanhaelst13] Vanhaelst, R., Thiele, O., Berg, T., Hahne, B., Stellet, H.-P., Wildhagen F., Hentschel, W., Jördens, C., Czajka, J., Wislocki, K.: Development of an in-cylinder-optical infrared sensor for the determination of EGR and residual gas rates inside SI and diesel engines, 11th Congress Engine Combustion Processes, Ludwigsburg (2013)

[Waghuley08] Waghuley, S.A., Yenorkar, S.M., Yawale, S.S., Yawale, S.P.: Application of chemically synthesized conducting polymer-polypyrrole as a carbon dioxide gas sensor. Sensors and Actuators B: Chemical, **128**(2), 366–373 (2008)

[Walte94] Walte, A.: On-Line-Analyse gasförmiger und partikelgebundener Aromaten in Abgasen mit einem mobilen Massenspektrometer, Dissertation TU Hamburg-Harburg. VDI-Verlag, Düsseldorf (1994)

[Webster14] Webster, J.G.: Measurement, Instrumentation, and Sensors Handbook, Second Edition: Spatial, Mechanical, Thermal, and Radiation Measurement, 2. Aufl. CRC Press, Boca Raton FL (2014)

[WellZast15] Wellenreuther, G., Zastrow, D.: Automatisieren mit SPS – Theorie und Praxis: Programmieren mit STEP 7 und CoDeSys, Entwurfsverfahren, Bausteinbibliotheken Beispiele für Steuerungen, … PROFINET, Ethernet-TCP/IP, OPC, WLAN, 6. Aufl. Springer-Vieweg, Wiesbaden (2015)

[Wiegleb22] Wiegleb, G.: Gasmesstechnik in Theorie und Praxis; Messgeräte, Sensoren, Anwendungen, 2. Aufl., Springer-Vieweg, Wiesbaden (2022)

[Wilson35] Wilson, William Ker: Practical Solution of Torsional Vibration Problems. Wiley, New York (1935). http://babel.hathitrust.org/cgi/pt?id=wu.89080441520;view=1up;seq=1

[Wolfrum72] Wolfrum, J.: Formation of nitrogen oxides in combustion, Chemie Ingenieur Technik, **44**(10), 656–659 (1972)

[Wu13] Wu, Z., Chen, X., Zhu, S., Zhou, Z., Yao, Y., Quan, W., Liu, B.: Room temperature methane sensor based on graphene nanosheets/polyaniline nanocomposite thin film. IEEE Sensors Journal **13**(2), 777–782 (2013)

[Wu15] Wu, S.F.: The Helmholtz Equation Least Squares Method: For Reconstructing and Predicting Acoustic Radiation. Springer, Berlin (2015)

[Zeldovich46] Zeldovich, Y.B.: The oxidation of nitrogen in combustion and explosions. Acta Physiochimica **21**, 577–628 (1946)

[Zeller18] Zeller, P. (Hrsg.): Handbuch Fahrzeugakustik, 3. Aufl. Springer-Vieweg, Wiesbaden (2018)

[Zhao12] Zhao, H.: Laser Diagnostics and Optical Measurement Techniques. SAE International, Warrendale PH (2012)

[ZieNic64] Ziegler, J.G., Nichols, N.B.: Optimum settings for automatic controllers. Transactions of the ASME **64**, 759–768 (1942)

Software

[INCA] Etas GmbH Stuttgart: INCA. Applikations-Software. https://www.etas.com/de/portfolio/inca.php (2023)

CiA (CAN in Automation)

[CiA401] CAN in Automation e. V. *CANopen device profile for generic I/O modules.* Geräteprofil CiA 401, V3, Ergänzungen 401-B (Functional behavior and parameters), -C (Mapping to classic CANopen), -F (Mapping to CANopen FD)

[CiA404] CAN in Automation e. V. *CANopen device profile measuring devices and closed-loop controllers.* Geräteprofil CiA 404, V2.0.0/V2.1.0

[CiA406] CAN in Automation e. V. *CANopen device profile for encoders.* Geräteprofil CiA 406, V4.1.0

DAkkS (Deutsche Akkreditierungsstelle GmbH)

[DKD3-5] Deutsche Akkreditierungsstelle (2010). Richtlinie DAkkS-DKD 3-5 *Kalibrierung von Drehmomentmessgeräten für statische Wechseldrehmomente*

DIN (DIN Deutsches Institut für Normung e. V.)

[DIN650] *Werkzeugmaschinen; T-Nuten; Maße*, DIN 650:1989-10

[DIN808] *Werkzeugmaschinen; Wellengelenke; Baugrößen, Anschlußmaße, Beanspruchbarkeit, Einbau*, DIN 808:1984-08, berichtigt 2019

[DIN1319-1] *Grundlagen der Meßtechnik – Teil 1: Grundbegriffe*, DIN 1319-1:1995-01

[DIN1319-2] *Grundlagen der Messtechnik – Teil 2: Begriffe für Messmittel*, DIN 1319-2:2005-10

[DIN1319-3] *Grundlagen der Messtechnik – Teil 3: Auswertung von Messungen einer einzelnen Meßgröße, Meßunsicherheit*, DIN 1319-3: 1996-05

[DIN1319-4] *Grundlagen der Messtechnik – Teil 4: Auswertung von Messungen; Meßunsicherheit*, DIN 1319-4: 1999-02

[DIN1940] *Verbrennungsmotoren; Hubkolbenmotoren, Begriffe, Formelzeichen, Einheiten*, DIN 1940:1976-12

[DIN4102-2] *Brandverhalten von Baustoffen und Bauteilen; Bauteile, Begriffe, Anforderungen und Prüfungen*, DIN 4102:1977-09

[DIN6623-1] *Stehende Behälter (Tanks) aus Stahl mit weniger als 1 000 Liter Nennvolumen für die oberirdische Lagerung von Flüssigkeiten - Teil 1: Einwandig*, DIN 6623-1:2017-06

[DIN6623-2] *Stehende Behälter (Tanks) aus Stahl mit weniger als 1 000 Liter Nennvolumen für die oberirdische Lagerung von Flüssigkeiten - Teil 2: Doppelwandig*, DIN 6623-2:2017-06

[DIN14675] *Brandmeldeanlagen – Aufbau und Betrieb*, DIN 14675:2020-01

[DIN45635-11] *Geräuschmessung an Maschinen; Luftschallemission, Hüllflächen-Verfahren; Verbrennungsmotoren*, DIN 45635-11:1987-01

[DIN45681] *Akustik – Bestimmung der Tonhaltigkeit von Geräuschen und Ermittlung eines Tonzuschlages für die Beurteilung von Geräuschimmissionen*, DIN 45681:2005-03, berichtigt 2006

[DIN51309] *Werkstoffprüfmaschinen – Kalibrierung von Drehmomentmessgeräten für statische Drehmomente*, DIN 51309:2022–08

[DIN73021] *Bezeichnung der Drehrichtung, der Zylinder und der Zündleitungen von Kraftfahrzeugmotoren*, DIN 73021:1953-06

EN (CEN-CENELEC Management Centre)

[EN228] *Kraftstoffe - Unverbleite Ottokraftstoffe - Anforderungen und Prüfverfahren*, DIN EN 228:2017-08, berichtigt 2020

[EN590] *Kraftstoffe - Dieselkraftstoff - Anforderungen und Prüfverfahren*, DIN EN 590:2022-5

[EN13160-2] *Leckanzeigesysteme – Teil 2: Über- und Unterdrucksysteme*, DIN EN 13160-2:2016-12

[EN55012] *Fahrzeuge, Boote und von Verbrennungsmotoren angetriebene Geräte – Funkstöreigenschaften – Grenzwerte und Messverfahren zum Schutz von außerhalb befindlichen Empfängern*, DIN EN 55012:2010-04

[EN55025] *Fahrzeuge, Boote und von Verbrennungsmotoren angetriebene Geräte – Funkstöreigenschaften – Grenzwerte und Messverfahren für den Schutz von an Bord befindlichen Empfängern*, DIN EN 55025:2021-06

[EN60529] *Schutzarten durch Gehäuse (IP-Code)*, DIN EN 60529:2014-09 berichtigt 2019

[EN60751] *Industrielle Platin-Widerstandsthermometer und Platin-Temperatursensoren*, DIN EN 60751:2023-06

[EN60804] *Integrierende mittelwertbildende Schallpegelmesser*, DIN EN 60804:1994-05. Die Norm ist zugunsten der EN 61672 zurückgezogen, wird von der TA Lärm aber noch in dieser Version referenziert.

[EN61800-3] *Drehzahlveränderbare elektrische Antriebe – Teil 3: EMV-Anforderungen einschließlich spezieller Prüfverfahren*, DIN EN 61800-3:2022-05

IEC (International Electrotechnical Commission)

[IEC60034-1] TC 2: *Rotating electrical machines – Part 1: Rating and performance*, IEC 60034-1 Ausgabe 14, 2022

[IEC60584-1] TC 65B: *Thermocouples – Part 1: EMF specifications and tolerances*, IEC 60584-1:2013 (zurückgezogen)

[IEC60584-2] (zurückgezogen)

[IEC60584-3] TC 65B: *Thermocouples – Part 3: Extension and compensating cables – Tolerances and identification system*, IEC 60584-3:2021

[IEC61158] TC 65C: *Industrial communication networks – Fieldbus specifications*, Teil 1 bis 6, 2007–2023

[IEC61508] TC 65A: *Functional safety of E/E/PE safety-related systems*, Teil 1 bis 7, 2010

[IEC61511] TC 65A: *Functional safety – Safety instrumented systems for the process industry sector*, IEC 61511:2021 Serie

[IEC61784] TC 65C: *Industrial communication networks – Profiles*, Teil 1 bis 5, 2018–2023

ISO (International Organization for Standardization)

[ISO1204] TC70: *Reciprocating internal combustion engines – Designation of the direction of rotation and of cylinders and valves in cylinder heads, and definition of right-hand and left-hand in-line engines and locations on an engine*, 2. Ausgabe, ISO 1204:1990

[ISO1940] TC108, SC2: *Mechanical vibration – Balance quality requirements for rotors in a constant (rigid) state – Part 1: Specification and verification of balance tolerances*, ISO 1940-1:2003, 2. Ausgabe, korrigiert 2005 (DIN ISO 1940-1:2004-04), abgelöst durch ISO 21940

[ISO3740] TC43, SC1: *Acoustics – Determination of sound power levels of noise sources – Guidelines for the use of basic standards*, 3. Ausgabe, ISO 3740:2019

[ISO3741] TC43, SC1: *Acoustics – Determination of sound power levels and sound energy levels of noise sources using sound pressure – Precision methods for reverberation test rooms*, 4. Ausgabe, ISO 3741:2010

[ISO3743-1] TC43, SC1: *Acoustics – Determination of sound power levels and sound energy levels of noise sources using sound pressure – Engineering methods for small movable sources in reverberant fields – Part 1: Comparison method for a hard-walled test room*, 2. Ausgabe, ISO 3743-1:2010

[ISO3743-2] TC43, SC1: *Acoustics – Determination of sound power levels of noise sources using sound pressure – Engineering methods for small, movable sources in reverberant fields – Part 2: Methods for special reverberation test room*, 2. Ausgabe, ISO 3743-2:2018

[ISO4113] TC22, SC34: *Road vehicles – Calibration fluids for diesel injection equipment*, 3. Ausgabe, ISO 4113:2010

[ISO5165] TC28: *Petroleum products – Determination of the ignition quality of diesel fuels – Cetane engine method*, 5. Ausgabe, ISO 5165:2020

[ISO5167-1] TC30, SC2: *Measurement of fluid flow by means of pressure differential devices inserted in circular cross-section conduits running full – Part 1: General principles and requirements*, 3. Ausgabe, ISO 5167-1:2022

[ISO5167-2] TC30, SC2: *Measurement of fluid flow by means of pressure differential devices inserted in circular cross-section conduits running full – Part 2: Orefice Plates*, 3. Ausgabe, ISO 5167-2:2022

[ISO5167-3] TC30, SC2: *Measurement of fluid flow by means of pressure differential devices inserted in circular cross-section conduits running full – Part 3: Nozzles and Venturi nozzles*, 3. Ausgabe, ISO 5167-3:2022

[ISO5167-4] TC30, SC2: *Measurement of fluid flow by means of pressure differential devices inserted in circular cross-section conduits running full – Part 4: Venturi tubes*, 2. Ausgabe, ISO 5167-4:2022

[ISO5167-5] TC30, SC2: *Measurement of fluid flow by means of pressure differential devices inserted in circular cross-section conduits running full – Part 5: Cone Meters*, 2. Ausgabe, ISO 5167-5:2022

[ISO5167-6] TC03, SC2: *Measurement of fluid flow by means of pressure differential devices inserted in circular cross-section conduits running full – Part 6: Wedge meters*, 2. Ausgabe, ISO 5167-6:2022

[ISO6141] TC158: *Gas analysis – Contents of certificates for calibration gas mixtures*, 4. Ausgabe, ISO 6141:2015

[ISO7637-1] TC22, SC32: *Road vehicles – Electrical disturbances from conduction and coupling – Part 1: Definitions and general considerations*, 4. Ausgabe, ISO 7637-1:2015

[ISO7637-2] TC22, SC32: *Road vehicles – Electrical disturbances from conduction and coupling – Part 2: Electrical transient conduction along supply lines only*, 3. Ausgabe, ISO 7637-2:2011

[ISO7637-3] TC22, SC32: *Road vehicles – Electrical disturbance by conduction and coupling – Part 3: Vehicles with nominal 12 V or 24 V supply voltage – Electrical transient transmission by capacitive and inductive coupling via lines other than supply lines*, 3. Ausgabe, ISO 7637-3:2016

[ISO7637-4] TC22, SC32: *Road vehicles – Electrical disturbance by conduction and coupling – Part 4: Electrical transient conduction along shielded high voltage supply lines only*, ISO/TS 7637-4:2020

[ISO8178-1] TC70, SC8: *Reciprocating internal combustion engines — Exhaust emission measurement — Part 1: Test-bed measurement systems of gaseous and particulate emissions*, 4. Ausgabe, ISO 8178-1:2020

[ISO8178-2] TC70, SC8: *Reciprocating internal combustion engines — Exhaust emission measurement — Part 2: Measurement of gaseous and particulate exhaust emissions under field conditions*, 3. Ausgabe, ISO 8178-2:2021

[ISO8178-3] TC70, SC8: *Reciprocating internal combustion engines — Exhaust emission measurement — Part 3: Test procedures for measurement of exhaust gas smoke emissions from compression ignition engines using a filter type smoke meter*, 2. Ausgabe, ISO 8178-3:2019

[ISO8178-4] TC70, SC8: *Reciprocating internal combustion engines — Exhaust emission measurement — Part 4: Steady-state and transient test cycles for different engine applications*, 4. Ausgabe, ISO 8178-4:2020

[ISO8178-5] TC70, SC8: *Reciprocating internal combustion engines — Exhaust emission measurement — Part 5: Test fuels*, 4. Ausgabe, ISO 8178-5:2021

[ISO8178-6] TC70, SC8: *Reciprocating internal combustion engines — Exhaust emission measurement — Part 6: Report of measuring results and test*, 2. Ausgabe, ISO 8178-6:2018

[ISO8178-7] TC70, SC8: *Reciprocating internal combustion engines — Exhaust emission measurement — Part 7: Engine family determination*, 2. Ausgabe, ISO 8178-7:2015

[ISO8178-8] TC70, SC8: *Reciprocating internal combustion engines — Exhaust emission measurement — Part 8: Engine group determination*, 2. Ausgabe, ISO 8178-8:2015

[ISO8178-9] TC70, SC8: *Reciprocating internal combustion engines — Exhaust emission measurement — Part 9: Test cycles and test procedures for measurement of exhaust gas smoke emissions from compression ignition engines using an opacimeter*, 3. Ausgabe, ISO 8178-9:2019

[ISO8482] ISO/IEC JTC1/SC6: *Information technology – Telecommunications and information exchange between systems – Twisted pair multipoint interconnections*, ISO/IEC 8482:1993

[ISO8573-1] TC118, SC4: *Compressed air – Part 1: Contaminants and purity classes*, ISO 8573-1:2010, 3. Ausgabe (DIN ISO 9613-2:1999-10)

[ISO9613-2] TC43, SC1: *Acoustics – Attenuation of sound during propagation outdoors – Part 2: General method of calculation*, ISO 9613-2:1996, 1. Ausgabe (DIN ISO 9613-2:1999-10)

[ISO9614-1] TC43, SC1: *Acoustics – Determination of sound power levels of noise sources using sound intensity – Part 1: Measurement at discrete points*, ISO 9614-1:1993

[ISO9614-2] TC43, SC1: *Acoustics – Determination of sound power levels of noise sources using sound intensity – Part 2: Measurement by scanning*, ISO 9614-2:1996

[ISO9614-3] TC43, SC1: *Acoustics – Determination of sound power levels of noise sources using sound intensity – Part 3: Precision method for measurement by scanning*, ISO 9614-3:2002

[ISO10054] TC 22, SC 34: *Internal combustion compression-ignition engines – Measurement apparatus for smoke from engines operating under steady-state conditions – Filter-type smokemeter*, ISO 10054:1998

[ISO10605] ISO/ANSI JTC1: *Road vehicles – Test methods for electrical disturbances from electrostatic discharge*, 3. Ausgabe, ISO 10605:2023

[ISO11451-1] TC22, SC32: *Road vehicles – Vehicle test methods for electrical disturbances from narrowband radiated electromagnetic energy – Part 1: General principles and terminology*, 4. Ausgabe, ISO 11451-1:2015

[ISO11451-2] TC22, SC32: *Road vehicles – Vehicle test methods for electrical disturbances from narrowband radiated electromagnetic energy – Part 2: Off-vehicle radiation sources*, 4. Ausgabe, ISO 11451-2:2015

[ISO11451-3] TC22, SC32: *Road vehicles – Vehicle test methods for electrical disturbances from narrowband radiated electromagnetic energy – Part 3: On-board transmitter simulation*, 3. Ausgabe, ISO 11451-3:2015

[ISO11451-4] TC22, SC32: *Road vehicles – Electrical disturbances by narrowband radiated electromagnetic energy – Vehicle test methods – Part 4: Harness excitation methods*, 4. Ausgabe, ISO 11451-4:2022

[ISO11451-5] TC22, SC32: *Road vehicles – Vehicle test methods for electrical disturbancesfrom narrowband radiated electromagnetic energy – Part 5: Reverberation chamber,* 1. Ausgabe, ISO 11451-5:2023

[ISO11452-1] TC22, SC32: *Road vehicles – Component test methods for electrical disturbances from narrowband radiated electromagnetic energy – Part 1: General principles and terminology*, 4. Ausgabe, ISO 11452-1:2015

[ISO11452-2] TC22, SC32: *Road vehicles – Component test methods for electrical disturbances from narrowband radiated electromagnetic energy – Part 2: Absorber-lined shielded enclosure*, 3. Ausgabe, ISO 11452-2:2019

[ISO11452-3] TC22, SC32: *Road vehicles – Component test methods for electrical disturbances from narrowband radiated electromagnetic energy – Part 3: Transverse electromagnetic mode (TEM) cell*, 3. Ausgabe, ISO 11452-3:2016

[ISO11452-4] TC22, SC32: *Road vehicles – Component test methods for electrical disturbances from narrowband radiated electromagnetic energy – Part 4:* Harness excitation methods, 5. Ausgabe, ISO 11452-4:2020

[ISO11452-5] TC22, SC32: *Road vehicles – Component test methods for electrical disturbances from narrowband radiated electromagnetic energy – Part 5: Stripline*, 2. Ausgabe, ISO 11452-5:2002

[ISO11452-7] TC22, SC32: *Road vehicles – Component test methods for electrical disturbances from narrowband radiated electromagnetic energy – Part 7: Direct radio frequency (RF) power injection*, 2. Ausgabe, ISO 11452-7:2003/Amd 1:2013, 12.06.2013

[ISO11452-8] TC22, SC32: *Road vehicles – Component test methods for electrical disturbances from narrowband radiated electromagnetic energy – Part 8: Immunity to magnetic fields*, 2. Ausgabe, ISO 11452-8:2015

[ISO11452-9] TC22, SC32: *Road vehicles – Component test methods for electrical disturbances from narrowband radiated electromagnetic energy – Part 9: Portable transmitters*, 2. Ausgabe, ISO 11452-9:2021

[ISO11452-10] TC22, SC32: *Road vehicles – Component test methods for electrical disturbances from narrowband radiated electromagnetic energy – Part 10: Conducted immunity in the extended audio frequency range*, 1. Ausgabe, ISO 11452-10:2009

[ISO11452-11] TC22, SC32: *Road vehicles – Component test methods for electrical disturbances from narrowband radiated electromagnetic energy – Part 11: Reverberation chamber*, 1. Ausgabe, ISO 11452-11:2010

[ISO11614] TC22, SC34: *Reciprocating internal combustion compression-ignition engines – Apparatus for measurement of the opacity and for determination of the light absorption coefficient of exhaust gas*, 1. Ausgabe, ISO 11614:1999

[ISO11898-1] TC22, SC31: *Road Vehicles – Controller area network (CAN) – Part 1: Data link layer and physical signalling*, 2. Ausgabe, ISO/IEC 11898-1:2015

[ISO11898-2] TC22, SC31: *Road Vehicles – Controller area network (CAN) – Part 2: High-speed medium access unit*, 2. Ausgabe, ISO/IEC 11898-2:2016

[ISO15031-1] TC22, SC31: *Road vehicles – Communication between vehicle and external equipment for emissions-related diagnostics – Part 1: General information*, 2. Ausgabe, ISO 15031-1:2010

[ISO15031-2] TC22, SC31: *Road vehicles – Communication between vehicle and external equipment for emissions-related diagnostics – Part 2: Terms, definitions, abbreviations and acronyms*, 1. Ausgabe, ISO 15031-2:2010

[ISO15031-3] TC22, SC31: *Road vehicles – Communication between vehicle and external equipment for emissions-related diagnostics – Part 3: Diagnostic connector and related electrical circuits, specification and use*, 3. Ausgabe, ISO 15031-3:2023

[ISO15031-4] TC22, SC31: *Road vehicles – Communication between vehicle and external equipment for emissions-related diagnostics – Part 4: External test equipment*, 2. Ausgabe, ISO 15031-4:2014

[ISO16183] TC22, SC34: *Heavy duty engines – Measurement of gaseous emissions from raw exhaust gas and of particulate emissions using partial flow dilution systems under transient test conditions*, 1. Ausgabe, ISO 16183:2002

[ISO16185] TC22, SC34: *Road vehicles – Engine families for certification of heavy-duty vehicles by Exhaust emission*, 1. Ausgabe, ISO 16185:2000

[ISO16750-2] TC22, SC32: *Environmental conditions and testing for electrical and electronic equipment – Part 2: Electrical loads*, 5. Ausgabe, ISO 16750-2:2023

[ISO21940-11] TC108, SC2: *Mechanical vibration – Rotor balancing – Part 11: Procedures and tolerances for rotors with rigid behaviour*, 1. Ausgabe, ISO 21940-11:2016

[ISO21940-12] TC108, SC2: *Mechanical vibration – Rotor balancing – Part 12: Procedures and tolerances for rotors with flexible behaviour*, 1. Ausgabe, ISO 21940-12:2016

[ISO26262] TC22,SC32: *Road vehicles – Functional safety*, Teile 1 bis 12, 2. Ausgabe, ISO 26262:2018

VDI (Verein Deutscher Ingenieure)

[VDI2639] *Kenngrößen für Drehmomentaufnehmer*, VDI-Richtlinie VDI/VDE/DKD 2639:2015-04

[VDI2646] *Drehmomentmessgeräte – Mindestanforderungen an Kalibrierungen*, VDI-Richtlinie VDI/VDE 2646:2006-02

[VDI3491] *Messen von Partikeln, Herstellungsverfahren für Prüfaerosole*, VDI-Richtlinie 3491

[VDI3511] *Technische Temperaturmessungen*, VDI-Richtlinie VDI/VDE 3511

VDMA (Verband Deutscher Maschinen- und Anlagenbau)

[VDMA24186] *Wartung von technischen Anlagen und Ausrüstungen in Gebäuden*, VDMA 24186

UN/ECE-Regelungen

[§GTR15] Global Technical Regulation No. 15 (Worldwide harmonized Light vehicles Test Procedure), 2014, Amendment 6, 18 January 2021 https://unece.org/sites/default/files/2022-06/ECE-TRANS-180a15am6e.pdf

[§R10] Regulation No. 10, Uniform provisions concerning the approval of vehicles with regard to electromagnetic compatibility, Revision 6, 20. November 2019 https://www.unece.org/fileadmin/DAM/trans/main/wp29/wp29regs/2019/E-ECE-324-Add.9-Rev.6.pdf

[§R24] Regulation No. 24, Uniform provisions concerning: I. the approval ofcompression ignition (c.i.) Engines with regard to the Emission of visiblepollutants, II. the approval of motor vehicles with regard to the installation ofc.i. engines of an approved type, III. the approval of motor vehicles equippedwith c.i. Engines with regard to the emission of visible pollutants by theengine, IV. the measurement of power of c.i. engine, Revision 2, Amendment 9, 15. Juni 2023 https://unece.org/sites/default/files/2023-06/R024r2am9e.pdf

[§R40] Regulation No. 40, Uniform provisions concerning the approval of motor cycles equipped with a positive-ignition engine with regard to the emission of gaseous pollutants by the engine, Revision 1, Amendment 2, 6. August 2007 https://www.unece.org/fileadmin/DAM/trans/main/wp29/wp29regs/r040a2e.pdf

[§R47] Regulation No. 47, Uniform provisions concerning the approval of mopeds equipped with a positive-ignition engine with regard to the emission of gaseous pollutants by the engine, Revision 1, Amendment 1, 6. August 2007 https://www.unece.org/fileadmin/DAM/trans/main/wp29/wp29regs/r047a1e.pdf

[§R49] Regulation No. 49, Uniform provisions concerning the measures to be taken against the emission of gaseous and particulate pollutants from compression-ignition engines and positive ignition engines for use in vehicles, Revision 6, Amendment 6, 16. Januar 2019 https://www.unece.org/fileadmin/DAM/trans/main/wp29/wp29regs/2018/R049r6am6e.pdf

[§R83] Regulation No. 83, Uniform provisions concerning the approval of vehicles with regard to the emission of pollutants according to engine fuel requirements, Revision 5, Amendment 8, 24. Juni 2019 https://www.unece.org/fileadmin/DAM/trans/main/wp29/wp29regs/2018/R083r5am8e.pdf

EU-Recht

[§EU70] Richtlinie des Rates vom 6. Februar 1970 zur Angleichung der Rechtsvorschriften der Mitgliedstaaten über die Betriebserlaubnis für Kraftfahrzeuge und Kraftfahrzeuganhänger (70/156/EWG) https://eur-lex.europa.eu/LexUriServ/LexUriServ.do?uri=CONSLEG:1970L0156:20060704:DE:PDF

[§EU91] Richtlinie 91/441/EWG des Rates vom 26. Juni 1991 zur Änderung der Richtlinie 70/220/EWG zur Angleichung der Rechtsvorschriften der Mitgliedstaaten über Maßnahmen gegen die Verunreinigung der Luft durch Emissionen von Kraftfahrzeugen. https://eurlex.europa.eu/legalcontent/DE/TXT/%20PDF/?uri=CELEX:31991L0441

[§EU97] Richtlinie 97/24/EG des Europäischen Parlaments und des Rates vom 17. Juni 1997 über bestimmte Bauteile und Merkmale von zweirädrigen oder dreirädrigen Kraftfahrzeugen https://eur-lex.europa.eu/legal-content/DE/TXT/PDF/?uri=CELEX:31997L0024

[§EU02-51] Richtlinie 2002/51/EG des Europäischen Parlaments und des Rates vom 19. Juli 2002 zur Verminderung der Schadstoffemissionen von zweirädrigen und dreirädrigen Kraftfahrzeugen und zur Änderung der Richtlinie 97/24/EG https://eur-lex.europa.eu/resource.html?uri=cellar:df192962-66a9-45ef-bdd9-33e609632388.0002.02/DOC_1&format=PDF

[§EU03-77] Richtlinie 2003/77/EG der Kommission vom 11. August 2003 zur Änderung der Richtlinien 97/24/EG und 2002/24/EG des Europäischen Parlaments und des Rates über die Typgenehmigung für zweirädrige oder dreirädrige Kraftfahrzeuge http://eur-lex.europa.eu/legal-content/DE/TXT/PDF/?uri=CELEX:32003L0077

[§EU03-96] Richtlinie 2003/96/EG des Rates vom 27. Oktober 2003 zur Restrukturierung der gemeinschaftlichen Rahmenvorschriften zur Besteuerung von Energieerzeugnissen und elektrischem Strom http://eur-lex.europa.eu/LexUriServ/LexUriServ.do?uri=OJ:L:2003:283:0051:0070:DE:PDF

[§EU04] Richtlinie 2004/104/EG der Kommission vom 14. Oktober 2004 zur Anpassung der Richtlinie 72/245/EWG des Rates über die Funkentstörung (elektromagnetische Verträglichkeit) von Kraftfahrzeugen an den technischen Fortschritt und zur Änderung der Richtlinie 70/156/EWG des Rates zur Angleichung der Rechtsvorschriften der Mitgliedstaaten über die Betriebserlaubnis von Kraftfahrzeugen und Kraftfahrzeuganhängern (Kfz-EMV-Richtlinie) http://eur-lex.europa.eu/LexUriServ/LexUriServ.do?uri=OJ:L:2004:337:0013:0058:DE:PDF

[§EU05-30] Richtlinie 2005/30/EG der Kommission vom 22. April 2005 zur Änderung der Richtlinien 97/24/EG und 2002/24/EG des Europäischen Parlaments und des Rates über die Typgenehmigung für zweirädrige oder dreirädrige Kraftfahrzeuge im Hinblick auf die Anpassung an den technischen Fortschritt http://eur-lex.europa.eu/legal-content/DE/TXT/PDF/?uri=CELEX:32005L0030

[§EU05-78] Richtlinie 2005/78/EG der Kommission vom 14. November 2005 zur Durchführung der Richtlinie 2005/55/EG des Europäischen Parlaments und des Rates zur Angleichung der Rechtsvorschriften der Mitgliedstaaten über Maßnahmen gegen die Emission gasförmiger Schadstoffe und luftverunreinigender Partikel aus Selbstzündungsmotoren zum Antrieb von Fahrzeugen und die Emission gasförmiger Schadstoffe aus mit Flüssiggas oder Erdgas betriebenen Fremdzündungsmotoren zum Antrieb von Fahrzeugen und zur Änderung ihrer Anhänge I, II, III, IV und VI http://eur-lex.europa.eu/legal-content/DE/TXT/PDF/?uri=CELEX:32005L0078

[§EU05-88] Richtlinie 2005/88/EG des Europäischen Parlaments und des Rates vom 14. Dezember 2005 zur Änderung der Richtlinie 2000/14/EG über die Angleichung der Rechtsvorschriften der Mitgliedstaaten über umweltbelastende Geräuschemissionen von zur Verwendung im Freien vorgesehenen Geräten und Maschinen http://eur-lex.europa.eu/LexUriServ/LexUriServ.do?uri=OJ:L:2005:344:0044:0046:de:PDF

[§EU06-72] Richtlinie 2006/72/EG der Kommission vom 18. August 2006 zur Änderung der Richtlinie 97/24/EG des Europäischen Parlaments und des Rates über bestimmte Bauteile und Merkmale von zweirädrigen oder dreirädrigen Kraftfahrzeugen zwecks Anpassung an den technischen Fortschritt http://eur-lex.europa.eu/legal-content/DE/TXT/PDF/?uri=CELEX:32006L0072

[§EU06-120] Richtlinie 2006/120/EG der Kommission vom 27. November 2006 zur Berichtigung und Änderung der Richtlinie 2005/30/EG zur Änderung der Richtlinien 97/24/EG und 2002/24/EG des Europäischen Parlaments und des Rates über die Typgenehmigung für zweirädrige oder dreirädrige Kraftfahrzeuge zwecks Anpassung an den technischen Fortschritt http://eur-lex.europa.eu/legal-content/DE/TXT/PDF/?uri=CELEX:32006L0120

[§EU07-46] Richtlinie 2007/46/EG des Europäischen Parlaments und des Rates vom 5. September 2007 zur Schaffung eines Rahmens für die Genehmigung von Kraftfahrzeugen und Kraftfahrzeuganhängern sowie von Systemen, Bauteilen und selbstständigen technischen Einheiten für diese Fahrzeuge (Rahmenrichtlinie) http://eur-lex.europa.eu/LexUriServ/LexUriServ.do?uri=CONSLEG:2007L0046:20110224:DE:PDF

[§EU07-715] Verordnung (EG) Nr. 715/2007 des Europäischen Parlaments und des Rates vom 20. Juni 2007 über die Typgenehmigung von Kraftfahrzeugen hinsichtlich der Emissionen von leichten Personenkraftwagen und Nutzfahrzeugen (Euro 5 und Euro 6) und über den Zugang zu Reparatur- und Wartungsinformationen für Fahrzeuge http://eur-lex.europa.eu/legal-content/DE/TXT/PDF/?uri=CELEX:32007R0715

[§EU08] Verordnung (EG) Nr. 692/2008 der Kommission vom 18. Juli 2008 zur Durchführung und Änderung der Verordnung (EG) Nr. 715/2007 des Europäischen Parlaments und des Rates über die Typgenehmigung von Kraftfahrzeugen hinsichtlich der Emissionen von leichten Personenkraftwagen und Nutzfahrzeugen (Euro 5 und Euro 6) und über den Zugang zu Reparatur- und Wartungsinformationen für Fahrzeuge http://eur-lex.europa.eu/legal-content/DE/TXT/PDF/?uri=CELEX:32008R0692

[§EU09-108] Richtlinie 2009/108/EG der Kommission vom 17. August 2009 zur Änderung der Richtlinie 97/24/EG des Europäischen Parlaments und des Rates über bestimmte Bauteile und Merkmale von zweirädrigen oder dreirädrigen Kraftfahrzeugen zwecks Anpassung an den technischen Fortschritt http://eur-lex.europa.eu/legal-content/DE/TXT/PDF/?uri=CELEX:32009L0108

[§EU09-595] Verordnung (EG) Nr. 595/2009 des Europäischen Parlaments und des Rates vom 18. Juni 2009 über die Typgenehmigung von Kraftfahrzeugen und Motoren hinsichtlich der Emissionen von schweren Nutzfahrzeugen (Euro VI) und über den Zugang zu Fahrzeugreparatur- und -wartungsinformationen, zur Änderung der Verordnung (EG) Nr. 715/2007 und der Richtlinie 2007/46/EG sowie zur Aufhebung der Richtlinien 80/1269/EWG, 2005/55/EG und 2005/78/EG http://eur-lex.europa.eu/LexUriServ/LexUriServ.do?uri=OJ:L:2009:188:0001:0013:de:PDF

[§EU11-566] Verordnung (EU) Nr. 566/2011 der Kommission vom 8. Juni 2011 zur Änderung der Verordnung (EG) Nr. 715/2007 des Europäischen Parlaments und des Rates und der Verordnung (EG) Nr. 692/2008 der Kommission über den Zugang zu Reparatur- und Wartungsinformationen für Fahrzeuge http://eur-lex.europa.eu/LexUriServ/LexUriServ.do?uri=OJ:L:2011:158:0001:0024:DE:PDF

[§EU11-582] Verordnung (EU) Nr. 582/2011 der Kommission vom 25. Mai 2011 zur Änderung der Verordnung (EG) Nr. 715/2007 des Europäischen Parlaments und des Rates und der Verordnung (EG) Nr. 692/2008 der Kommission über den Zugang zu Reparatur- und Wartungsinformationen für Fahrzeuge http://eur-lex.europa.eu/LexUriServ/LexUriServ.do?uri=OJ:L:2011:167:0001:0168:de:PDF

[§EU11-678] Verordnung (EU) Nr. 678/2011 der Kommission vom 14. Juli 2011 zur Ersetzung des Anhangs II und zur Änderung der Anhänge IV, IX und XI der Richtlinie 2007/46/EG des Europäischen Parlaments und des Rates zur Schaffung eines Rahmens für die Genehmigung von Kraftfahrzeugen und Kraftfahrzeuganhängern sowie von Systemen, Bauteilen und selbstständigen technischen Einheiten für diese Fahrzeuge (Rahmenrichtlinie) https://eur-lex.europa.eu/legal-content/DE/TXT/PDF/?uri=CELEX:32011R0678

[§EU12-64] Verordnung (EU) Nr. 64/2012 der Kommission vom 23. Januar 2012zur Änderung der Verordnung (EU) Nr. 582/2011 zur Durchführung und Änderung der Verordnung (EG) Nr. 595/2009 des Europäischen Parlaments und des Rates hinsichtlich der Emissionen von schweren Nutzfahrzeugen (Euro VI) https://eur-lex.europa.eu/legal-content/DE/TXT/PDF/?uri=CELEX:32012R0064

[§EU12-459] Verordnung (EU) Nr. 459/2012 der Kommission vom 29. Mai 2012 zur Änderung der Verordnung (EG) Nr. 715/2007 des Europäischen Parlaments und des Rates und der Verordnung (EG) Nr. 692/2008 der Kommission hinsichtlich der Emissionen von leichten Personenkraftwagen und Nutzfahrzeugen (Euro 6) http://eur-lex.europa.eu/LexUriServ/LexUriServ.do?uri=OJ:L:2012:142:0016:0024:de:PDF

[§EU13-168] Verordnung (EU) Nr. 168/2013 des Europäischen Parlaments und des Rates vom 15. Januar 2013 über die Genehmigung und Marktüberwachung von zwei- oder dreirädrigen und vierrädrigen Fahrzeugen https://eur-lex.europa.eu/legal-content/DE/TXT/PDF/?uri=CELEX:32013R0168

[§EU13-60] Richtlinie 2013/60/EU der Kommission vom 27. November 2013 zur Änderung der Richtlinie 97/24/EG des Europäischen Parlaments und des Rates über bestimmte Bauteile und Merkmale von zweirädrigen oder dreirädrigen Kraftfahrzeugen, der Richtlinie 2002/24/EG über die Typgenehmigung für zweirädrige oder dreirädrige Kraftfahrzeuge und der Richtlinie 2009/67/EG des Europäischen Parlaments und des Rates über den Anbau der Beleuchtungs- und Lichtsignaleinrichtungen an zweirädrigen oder dreirädrigen Kraftfahrzeugen zwecks Anpassung an den technischen Fortschritt. http://eur-lex.europa.eu/legal-content/DE/TXT/PDF/?uri=CELEX:32013L0060

[§EU13-168] Verordnung (EU) Nr. 168/2013 des Europäischen Parlaments und des Rates vom 15. Januar 2013 über die Genehmigung und Marktüberwachung von zwei- oder dreirädrigen und vierrädrigen Fahrzeugen. http://eur-lex.europa.eu/legal-content/DE/TXT/PDF/?uri=CELEX:32013R0168

[§EU14-133] Verordnung (EU) Nr. 133/2014 der Kommission vom 31. Januar 2014 zur Anpassung der Richtlinie 2007/46/EG des Europäischen Parlaments und des Rates, der Verordnung (EG) Nr. 595/2009 des Europäischen Parlaments und des Rates sowie der Verordnung (EU) Nr. 582/2011 der Kommission an den technischen Fortschritt hinsichtlich der Emissionsgrenzwerte https://eur-lex.europa.eu/legal-content/DE/TXT/PDF/?uri=CELEX:32014R0133

[§EU14-134] Delegierte Verordnung (EU) Nr. 134/2014 der Kommission vom 16. Dezember 2013 zur Ergänzung der Verordnung (EU) Nr. 168/2013 des Europäischen Parlaments und des Rates in Bezug auf die Anforderungen an die Umweltverträglichkeit und die Leistung der Antriebseinheit sowie zur Änderung ihres Anhangs V https://eur-lex.europa.eu/legal-content/DE/TXT/PDF/?uri=CELEX:32014R0134

[§EU14-136] Verordnung (EU) Nr. 136/2014 der Kommission vom 11. Februar 2014 zur Änderung der Richtlinie 2007/46/EG des Europäischen Parlaments und des Rates und der Verordnung (EG) Nr. 692/2008 der Kommission hinsichtlich der Emissionen von leichten Personenkraftwagen und Nutzfahrzeugen (Euro 5 und Euro 6) sowie der Verordnung (EU) Nr. 582/2011 hinsichtlich der Emissionen von schweren Nutzfahrzeugen (Euro VI) https://eur-lex.europa.eu/legal-content/DE/TXT/PDF/?uri=CELEX:32014R0136

[§EU14-540] Verordnung (EU) Nr. 540/2014 des Europäischen Parlaments und des Rates vom 16. April 2014 über den Geräuschpegel von Kraftfahrzeugen und von Austauschschalldämpferanlagen sowie zur Änderung der Richtlinie 2007/46/EG und zur Aufhebung der Richtlinie 70/157/EWG http://eur-lex.europa.eu/legal-content/DE/TXT/PDF/?uri=CELEX:32014R0540

[§EU14-627] Verordnung (EU) Nr. 627/2014 der Kommission vom vom 12. Juni 2014 zur Änderung der Verordnung (EU) Nr. 582/2011 zwecks Anpassung an den technischen Fortschritt hinsichtlich der Überwachung der Partikelemissionen durch das On-Board-Diagnosesystem https://eur-lex.europa.eu/legal-content/DE/TXT/PDF/?uri=CELEX:32014R0627

[§EU16-427] Verordnung (EU) 2016/427 der Kommission vom 10. März 2016 zur Änderung der Verordnung (EG) Nr. 692/2008 hinsichtlich der Emissionen von leichten Personenkraftwagen und Nutzfahrzeugen (Euro 6). http://eurlex.europa.eu/legal-content/DE/TXT/PDF/?uri=CELEX:32016R0427

[§EU16-646] Verordnung (EU) 2016/646 Der Kommission vom 20. April 2016 zur Änderung der Verordnung (EG) Nr. 692/2008 hinsichtlich der Emissionen von leichten Personenkraftwagen und Nutzfahrzeugen (Euro 6). http://eurlex.europa.eu/legal-content/DE/TXT/PDF/?uri=CELEX:32016R0646

[§EU16-1628] Verordnung (EU) 2016/1628 des Europäischen Parlaments und des Rates vom 14. September 2016 über die Anforderungen in Bezug auf die Emissionsgrenzwerte für gasförmige Schadstoffe und luftverunreinigende Partikel und die Typgenehmigung für Verbrennungsmotoren für nicht für den Straßenverkehr bestimmte mobile Maschinen und Geräte, zur Änderung der Verordnungen (EU) Nr. 1024/2012 und (EU) Nr. 167/2013 und zur Änderung und Aufhebung der Richtlinie 97/68/EG https://eur-lex.europa.eu/legal-content/DE/TXT/PDF/?uri=CELEX:32016R1628

[§EU16-1718] Verordnung (EU) 2016/1718 der Kommission vom 20. September 2016 zur Änderung der Verordnung (EU) Nr. 582/2011 hinsichtlich der Emissionen von schweren Nutzfahrzeugen in Bezug auf die Bestimmungen über Prüfungen mit portablen Emissionsmesssystemen (PEMS) und das Verfahren zur Prüfung der Dauerhaltbarkeit von emissionsmindernden Einrichtungen für den Austausch https://eur-lex.europa.eu/legal-content/DE/TXT/PDF/?uri=CELEX:32016R1718

[§EU17-1151] Verordnung (EU) 2017/1151 der Kommission vom 1. Juni 2017 zur Ergänzung der Verordnung (EG) Nr. 715/2007 des Europäischen Parlaments und des Rates über die Typgenehmigung von Kraftfahrzeugen hinsichtlich der Emissionen von leichten Personenkraftwagen und Nutzfahrzeugen (Euro 5 und Euro 6) und über den Zugang zu Fahrzeugreparatur- und -wartungsinformationen, zur Änderung der Richtlinie 2007/46/EG des Europäischen Parlaments und des Rates, der Verordnung (EG) Nr. 692/2008 der Kommission sowie der Verordnung (EU) Nr. 1230/2012 der Kommission und zur Aufhebung der Verordnung (EG) Nr. 692/2008 der Kommission https://eur-lex.europa.eu/legal-content/DE/TXT/PDF/?uri=CELEX:32017R1151

[§EU17-1154] Verordnung (EU) 2017/1154 vom 7. Juni 2017 zur Änderung der Verordnung (EU) 2017/1151 der Kommission zur Ergänzung der Verordnung (EG) Nr. 715/2007 des Europäischen Parlaments und des Rates über die Typgenehmigung von Kraftfahrzeugen hinsichtlich der Emissionen von leichten Personenkraftwagen und Nutzfahrzeugen (Euro 5 und Euro 6) und über den Zugang zu Reparatur- und Wartungsinformationen für Fahrzeuge, zur Änderung der Richtlinie 2007/46/EG des Europäischen Parlaments und des Rates, der Verordnung (EG) Nr. 692/2008 der Kommission und der Verordnung (EU) Nr. 1230/2012 der Kommission sowie zur Aufhebung der Verordnung (EG) Nr. 692/2008 und der Richtlinie 2007/46/EG des Europäischen Parlaments und des Rates in Bezug auf Emissionen leichter Personenkraftwagen und Nutzfahrzeuge im praktischen Fahrbetrieb (Euro 6) https://eur-lex.europa.eu/legal-content/DE/TXT/PDF/?uri=CELEX:32017R1154

[§EU17-1347] Verordnung (EU) 2017/1347 der Kommission vom 13. Juli 2017 zur Berichtigung der Richtlinie 2007/46/EG des Europäischen Parlaments und des Rates, der Verordnung (EU) Nr. 582/2011 der Kommission und der Verordnung (EU) 2017/1151 der Kommission zur Ergänzung der Verordnung (EG) Nr. 715/2007 des Europäischen Parlaments und des Rates über die Typgenehmigung von Kraftfahrzeugen hinsichtlich der Emissionen von leichten Personenkraftwagen und Nutzfahrzeugen (Euro 5 und Euro 6) und über den Zugang zu Reparatur- und Wartungsinformationen für Fahrzeuge, zur Änderung der Richtlinie 2007/46/EG des Europäischen Parlaments und des Rates, der Verordnung (EG) Nr. 692/2008 der Kommission sowie der Verordnung (EU) Nr. 1230/2012 der Kommission und zur Aufhebung der Verordnung (EG) Nr. 692/2008 https://eur-lex.europa.eu/legal-content/DE/TXT/PDF/?uri=CELEX:32017R1347

[§EU17-2400] Verordnung (EU) 2017/2400 der Kommission vom 12. Dezember 2017 zur Durchführung der Verordnung (EG) Nr. 595/2009 des Europäischen Parlaments und des Rates hinsichtlich der Bestimmung der CO2-Emissionen und des Kraftstoffverbrauchs von schweren Nutzfahrzeugen sowie zur Änderung der Richtlinie 2007/46/EG des Europäischen Parlaments und des Rates sowie der Verordnung (EU) Nr. 582/2011 der Kommission https://eur-lex.europa.eu/legal-content/DE/TXT/PDF/?uri=CELEX:32017R2400

[§EU18-932] Verordnung (EU) 2018/932 der Kommission vom 29. Juni 2018 zur Änderung der Verordnung (EU) Nr. 582/2011 in Bezug auf die Bestimmungen über Prüfungen mit portablen Emissionsmesssystemen (PEMS) und die Anforderungen an eine Typgenehmigung aufgrund von Vielstofffähigkeit https://eur-lex.europa.eu/legal-content/DE/TXT/PDF/?uri=CELEX:32018R0932

[§EU18-1832] Verordnung (EU) 2018/1832 der Kommission vom 5. November 2018 zur Änderung der Richtlinie 2007/46/EG des Europäischen Parlaments und des Rates, der Verordnung (EG) Nr. 692/2008 der Kommission und der Verordnung (EU) 2017/1151 der Kommission im Hinblick auf die Verbesserung der emissionsbezogenen Typgenehmi¬gungsprüfungen und -verfahren für leichte Personenkraftwagen und Nutzfahrzeuge, unter anderem in Bezug auf die Übereinstimmung in Betrieb befindlicher Fahrzeuge und auf Emissionen im praktischen Fahrbetrieb und zur Einführung von Einrichtungen zur Überwachung des Kraftstoff- und des Stromverbrauchs https://eur-lex.europa.eu/legal-content/DE/TXT/PDF/?uri=CELEX%3A32018R1832

[§EU19-1939] Verordnung (EU) 2019/1939 der Kommission vom 7. November 2019 zur Änderung der Verordnung (EU) Nr. 582/2011 hinsichtlich zusätzlicher Emissionsstrategien, des Zugangs zu Fahrzeug-OBD-Informationen und zu Fahrzeugreparatur- und -wartungsinformationen, der Messung von Emissionen in Kaltstartphasen und der Verwendung transportabler Emissionsmesseinrichtungen (PEMS) zur Messung der Partikelzahl in Bezug auf schwere Nutzfahrzeuge https://eur-lex.europa.eu/legal-content/DE/TXT/PDF/?uri=CELEX:32019R1939

[§EU20-1694] Verordnung (EU) 2020/1694 des Europäischen Parlaments und des Rates vom 11. November 2020 zur Änderung der Verordnung (EU) Nr. 168/2013 hinsichtlich besonderer Maßnahmen für Fahrzeuge der Klasse L aus einer auslaufenden Serie als Antwort auf die COVID-19-Pandemie https://eur-lex.europa.eu/legal-content/DE/TXT/PDF/?uri=CELEX:32020R1694

[§EU23-443] Verordnung (EU) 2023/443 der Kommision vom 8. Februar 2023 zur Änderung der Verordnung (EU) 2017/1151 hinsichtlich der Emissionstypgenehmigungsverfahren für leichte Personenkraftwagen und Nutzfahrzeuge. https://eur-lex.europa.eu/legal-content/DE/TXT/PDF/?uri=CELEX:32023R0443.

[§EU-E7] Proposal for a regulation of the European Parliament and of the Council on type-approval of motor vehicles and engines and of systems, components and separate technical units intended for such vehicles, with respect to their emissions and battery durability (Euro 7) and repealing Regulations (EC) No 715/2007 and (EC) No 595/2009 https://germany.representation.ec.europa.eu/news/neue-abgasnorm-euro-7-saubere-luft-und-erschwingliche-autos-2023-02-09_de

Recht in Deutschland, Österreich und der Schweiz

[§AFGBV] Bundesrepublik Deutschland: „*Verordnung zur Genehmigung und zum Betrieb von Kraftfahrzeugen mit autonomer Fahrfunktion in festgelegten Betriebsbereichen*" (kurz *Autonome-Fahrzeuge-Genehmigungs-und-Betriebs-Verordnung*) vom 24. Juni 2022 (BGBl. I S. 986), zuletzt geändert durch Artikel 10 der Verordnung vom 20. Juli 2023 (BGBl. 2023 I Nr. 199)

[§ArbSchG] Bundesrepublik Deutschland: „*Gesetz über die Durchführung von Maßnahmen des Arbeitsschutzes zur Verbesserung der Sicherheit und des Gesundheits-*

schutzes der Beschäftigten bei der Arbeit“ (kurz *Arbeitsschutzgesetz*) vom 7. August 1996 (BGBl. I S. 1246), zuletzt geändert durch Artikel 113 des Gesetzes vom 20.11.2019 (BGBl. I S. 1626)

[§BauGB] Bundesrepublik Deutschland: *„Baugesetzbuch“* vom 23. Juni 1960 in der Fassung der Bekanntmachung vom 03.11.2017 (BGBl. I S. 3634) zuletzt geändert durch Artikel Artikel 1 des Gesetzes vom 28. Juli 2023 (BGBl. 2023 I Nr. 221)

[§BBodSchG] Bundesrepublik Deutschland: *„Gesetz zum Schutz vor schädlichen Bodenveränderungen und zur Sanierung von Altlasten“* (kurz *Bundes-Bodenschutzgesetz*) vom 17. März 1998 (BGBl. I S. 502), zuletzt geändert durch Artikel 7 des Gesetzes vom 25. Februar 2021 (BGBl. I S. 306)

[§BetrSichV] Bundesrepublik Deutschland: *„Verordnung über Sicherheit und Gesundheitsschutz bei der Bereitstellung von Arbeitsmitteln und deren Benutzung bei der Arbeit, über Sicherheit beim Betrieb überwachungsbedürftiger Anlagen und über die Organisation des betrieblichen Arbeitsschutzes“* (kurz *Betriebssicherheitsverordnung*) vom 3. Februar 2015 (BGBl. I S. 49), zuletzt geändert durch Artikel 7 des Gesetzes vom 27. Juli 2021 (BGBl. I S. 3146)

[§BImSchG] Bundesrepublik Deutschland: *„Gesetz zum Schutz vor schädlichen Umwelteinwirkungen durch Luftverunreinigungen, Geräusche, Erschütterungen und ähnliche Vorgänge“* (kurz *Bundesimmissionsschutzgesetz*) vom 17. Mai 2013 (BGBl. I S. 1274), zuletzt geändert durch Artikel 11 Absatz 3 des Gesetzes vom 26. Juli 2023 (BGBl. 2023 I Nr. 202)

[§BImSchV1] Bundesrepublik Deutschland: *„Erste Verordnung zur Durchführung des Bundes-Immissionsschutzgesetzes“ (Verordnung über kleine und mittlere Feuerungsanlagen - 1. BImSchV)* vom 26. Januar 2010, zuletzt geändert durch Artikel 1 der Verordnung vom 13. Oktober 2021 (BGBl. I S. 4676)

[§BImSchV4] Bundesrepublik Deutschland: *„Vierte Verordnung zur Durchführung des Bundes-Immissionsschutzgesetzes“* (kurz *Verordnung über genehmigungsbedürftige Anlagen – 4. BImSchV*) vom 2. Mai 2013 (BGBl. I S. 973, 3756) in der Fassung der Bekanntmachung vom 31.05.2017 (BGBl. I S. 1440), zuletzt geändert durch Artikel 1 der Verordnung vom 12. Oktober 2022 (BGBl. I S. 1799)

[§BImSchV9] Bundesrepublik Deutschland: *„Neunte Verordnung zur Durchführung des Bundes-Immissionsschutzgesetzes“* (kurz *Verordnung über das Genehmigungsverfahren – 9. BImSchV*) vom 18. Februar 1977, Neufassung vom 29. Mai 1992 (BGBl. I S. 1001), zuletzt geändert durch Artikel 10 des Gesetzes vom 22. März 2023 (BGBl. 2023 I Nr. 88)

[§BImSchV11] Bundesrepublik Deutschland: *„Elfte Verordnung zur Durchführung des Bundes-Immissionsschutzgesetzes“* (kurz *Verordnung über Emissionserklärungen – 11. BImSchV*) vom 29. April 2004, Neufassung vom 5. März 2007 (BGBl. I S. 289), zuletzt geändert durch Artikel 2 der Verordnung vom 09.01.2017 (BGBl. I S. 42)

[§BImSchV13] Bundesrepublik Deutschland: *„Dreizehnte Verordnung zur Durchführung des Bundes-Immissionsschutzgesetzes“* (kurz *Verordnung über Großfeuerungs-, Gasturbinen- und Verbrennungsmotoranlagen – 13. BImSchV*) vom 6. Juli 2021 (BGBl. I S. 2514)

[§BImSchV20] Bundesrepublik Deutschland: *„Zwanzigste Verordnung zur Durchführung des Bundes-Immissionsschutzgesetzes“* (kurz *Verordnung zur Begrenzung der Emissionen flüchtiger organischer Verbindungen beim Umfüllen oder Lagern von Ottokraftstoffen, Kraftstoffgemischen oder Rohbenzin – 20. BImSchV*) vom

27. Mai 1998 (BGBl. I S. 1174), Neufassung durch Bekanntmachung vom 18.08.2014 (BGBl. I S. 1447), zuletzt geändert durch Artikel 11 des Gesetzes vom 27. Juli 2021 (BGBl. I S. 3146)

[§BImSchV26] Bundesrepublik Deutschland: *„Sechsundzwanzigste Verordnung zur Durchführung des Bundes-Immissionsschutzgesetzes"* (kurz *Verordnung über elektromagnetische Felder – 26. BImSchV*) vom 16. Dezember 1996, Neufassung durch Bekanntmachung vom 14.08.2013 (BGBl. I S. 3266)

[§BImSchV28] Bundesrepublik Deutschland: *„Achtundzwanzigste Verordnung zur Durchführung des Bundes-Immissionsschutzgesetzes"* (*Verordnung zur Durchführung der unionsrechtlichen Verordnung über Emissionsgrenzwerte und die Typgenehmigung für Verbrennungsmotoren für nicht für den Straßenverkehr bestimmte mobile Maschinen und Geräte– 28. BImSchV*) vom 21. Juli 2021 (BGBl. I S. 3125)

[§BImSchV32] Bundesrepublik Deutschland: *„32. Verordnung zur Durchführung des Bundes-Immissionsschutzgesetzes"* (*Geräte- und Maschinenlärmschutzverordnung – 32. BImSchV*) vom 29. August 2002 (BGBl. I S. 3478), zuletzt geändert durch Artikel 14 des Gesetzes vom 27. Juli 2021 (BGBl. I S. 3146)

[§BImSchV39] Bundesrepublik Deutschland: *„Neununddreißigste Verordnung zur Durchführung des Bundes-Immissionsschutzgesetzes"* (kurz *Verordnung über Luftqualitätsstandards und Emissionshöchstmengen – 39. BImSchV*) vom 2. August 2010 (BGBl. I S. 1065), zuletzt geändert durch Artikel 112 der Verordnung vom 19. Juni 2020 (BGBl. I S. 1328)

[§BImSchV42] Bundesrepublik Deutschland: *„Zweiundvierzigste Verordnung zur Durchführung des Bundes-Immissionsschutzgesetzes (Verordnung über Verdunstungskühlanlagen, Kühltürme und Nassabscheider – 42. BImSchV)"* vom 12. Juli 2017 (BGBl. I S. 2379; 2018 I S. 202)

[§BImSchV44] Bundesrepublik Deutschland: *„Vierundvierzigste Verordnung zur Durchführung des Bundes-Immissionsschutzgesetzes (Verordnung über mittelgroße Feuerungs- Gasturbinen- und Verbrennungsmotoranlagen – 44. BImSchV)"* vom 13. Juni 2019 (BGBl. I S. 804), zuletzt geändert durch Artikel 1 der Verordnung vom 12. Oktober 2022 (BGBl. I S. 1801)

[§EnergieStG] Bundesrepublik Deutschland: *„Energiesteuergesetz"* vom 15. Juli 2006 (BGBl. I S. 1534), zuletzt geändert durch Artikel 1 des Gesetzes vom 19. Dezember 2022 (BGBl. I S. 2483)

[§GefStoffV] Bundesrepublik Deutschland: *„Verordnung zum Schutz vor Gefahrstoffen"* (kurz *Gefahrstoffverordnung*) vom 26. November 2010 (BGBl. I S. 1643, 1644), zuletzt geändert durch Artikel 2 der Verordnung vom 21. Juli 2021 (BGBl. I S. 3115)

[§GSchG] Schweizerische Eidgenossenschaft: *„Bundesgesetz über den Schutz der Gewässer"* (kurz *Gewässerschutzgesetz*) vom 24. Januar 1991 (SR 814.20), Stand vom 01.02.2023

[§JArbSchG] Bundesrepublik Deutschland: *„Gesetz zum Schutze der arbeitenden Jugend"* (kurz *Jugendarbeitsschutzgesetz*) vom 12. April 1976 (BGBl. I S. 965), zuletzt geändert durch Artikel 2 des Gesetzes vom 16. Juli 2021 (BGBl. I S. 2970)

[§LVArbSchV] Bundesrepublik Deutschland: *„Verordnung zum Schutz der Beschäftigten vor Gefährdungen durch Lärm und Vibrationen"* (kurz *Lärm- und Vibrations-Arbeitsschutzverordnung*) vom 6. März 2007 (BGBl. I S. 261), zuletzt geändert durch Artikel 3 der Verordnung vom 21. Juli 2021 (BGBl. I S. 3115)

[§LasthandhabV] Bundesrepublik Deutschland: „*Verordnung über Sicherheit und Gesundheitsschutz bei der manuellen Handhabung von Lasten bei der Arbeit*“ (kurz *Lastenhandhabungsverordnung*) vom 4. Dezember 1996 (BGBl. I S. 1842), zuletzt geändert durch Artikel 294 der Verordnung vom 19. Juni 2020 (BGBl. I S. 1328)

[§MOeStG] Republik Österreich: „*Bundesgesetz, mit dem die Mineralölsteuer an das Gemeinschaftsrecht angepaßt wird*“ vom 1. November 1995 (BGBl. 630/1994), zuletzt geändert durch BGBl. I Nr. 104/2019

[§MuSchG] Bundesrepublik Deutschand: „*Gesetz zum Schutz von Müttern bei der Arbeit, in der Ausbildung und im Studium“ (kurz Mutterschutzgesetz)* vom 23. Mai 2017 (BGBl. I S. 1228), zuletzt geändert durch Artikel 57 Absatz 8 des Gesetzes vom 12.12.2019 (BGBl. I S. 2652)

[§StVZO] Bundesrepublik Deutschland: „*Straßenverkehrs-Zulassungs-Ordnung*“ vom 26. April 2012 (BGBl. I S. 679), zuletzt geändert durch Art. 8 der Verordnung vom 20. Juli 2023 (BGBl. 2023 I Nr. 199)

[§TALärm] Bundesrepublik Deutschland: „*Sechste Allgemeine Verwaltungsvorschrift zum Bundes-Immissionsschutzgesetz*“ (kurz *Technische Anleitung zum Schutz gegen Lärm* – TA Lärm) vom 26. August 1998 (GMBl Nr. 26/1998 S. 503), geändert durch Verwaltungsvorschrift vom 01.06.2017

[§TALuft] Bundesrepublik Deutschland: „*Erste Allgemeine Verwaltungsvorschrift zumBundes-Immissionsschutzgesetz*“ (kurz *Technische Anleitung zur Reinhaltungder Luft* – TA Luft) vom 18. August 2021 (GMBl Nr. 48-54/2021, S. 1050)

[§TRBS1201] Bundesrepublik Deutschland: „*Technische Regeln für Betriebssicherheit – Prüfungen von Arbeitsmitteln und überwachungsbedürftigen Anlagen*“ (kurz TRBS 1201) vom August 2012, berichtigt am 08.07.2019 (GMBl 2019 S. 431)

[§TRBS2111] Bundesrepublik Deutschland: „*Technische Regeln für Betriebssicherheit – Mechanische Gefährdungen – Allgemeine Anforderungen*“ (kurz TRBS 2111) vom März 2014 (GMBl 2014 S. 594)

[§TRBS3145] Bundesrepublik Deutschland: „*Technische Regeln für Betriebssicherheit – Ortsbewegliche Druckgasbehälter – Füllen, Bereithalten, innerbetriebliche Beförderung, Entleeren*“ (kurz TRBS 3145) vom Februar 2016 (GMBl. Nr. 12-17/2016, S. 256–314)

[§TRBS3146] Bundesrepublik Deutschland: „*Technische Regeln für Betriebssicherheit – Ortsfeste Druckanlagen für Gase*“ (kurz TRBS 3146) vom April 2014 (GMBl. Nr. 28–29/2014, S. 606)

[§TRGS554] Bundesrepublik Deutschland: „*Technische Regeln für Gefahrstoffe – Abgase von Dieselmotoren*“ (kurz TRGS 554) vom Januar 2019 (GMBl 2019 S. 88–104)

[§TRT006] Bundesrepublik Deutschland: „*Technische Richtlinie Tanks – Explosionsdruckstoßfestigkeit*“ (kurz TRT 006, VkBl. 2014 S. 398)

[§TRT030] Bundesrepublik Deutschland: „*Technische Richtlinie Tanks – Lüftungseinrichtungen, Flammendurchschlagsicherungen*“ (kurz TRT 030, VkBl. 2002 S. 238)

[§USchadG] Bundesrepublik Deutschland: „*Gesetz über die Vermeidung und Sanierung von Umweltschäden*“ (kurz *Umweltschadensgesetz*) 5. März 2021 (BGBl. I S. 346)

[§VAwS] Bundesrepublik Deutschland: „*Verordnung über Anlagen zum Umgang mit wassergefährdenden Stoffen*“ (*WasgefStAnlV*) vom 18. April 2017 (BGBl. I S. 905), zuletzt geändert durch Artikel 256 der Verordnung vom 19. Juni 2020 (BGBl. I S. 1328)

[§VbF] Bundesrepublik Deutschland: *„Verordnung über Anlagen zur Lagerung, Abfüllung und Beförderung brennbarer Flüssigkeiten zu Lande"* (kurz *Verordnung über brennbare Flüssigkeiten*) vom 13. Dezember 1996 (BGBl. I S. 1937; 1997 I S. 447), zuletzt geändert durch Artikel 11 der Verordnung vom 02.06.2016 (BGBl. I S. 1257)

[§WHG] Bundesrepublik Deutschland: *„Gesetz zur Ordnung des Wasserhaushalts"* (kurz *Wasserhaushaltsgesetz*) vom 31. Juli 2009 (BGBl. I S. 2585), zuletzt geändert durch Artikel 5 des Gesetzes vom 3. Juli 2023 (BGBl. 2023 I Nr. 176)

[§WRG] Republik Österreich: *„Wasserrechtsgesetz"* vom 1. November 1959 (BGBl. S. 1525), zuletzt geändert durch Bundesgesetz, mit dem das Abfallwirtschaftsgesetz 2002, das Immissionsschutzgesetz – Luft und das Wasserrechtsgesetz 1959 geändert wird vom 22.11.2018 (BGBl. I Nr. 73/2018)

Weitere Rechtsquellen

[§CFR] USA: Code of Federal Regulations, Title 40, Chapter I, Subchapter U. https://www.law.cornell.edu/cfr/text/40/chapter-I/subchapter-U

[§MARPOL] International Maritime Organization: *MARPOL 73/78*, Annex VI

Stichwortverzeichnis

K. Borgeest, *Messtechnik und Prüfstände für Verbrennungsmotoren*,
https://doi.org/10.1007/978-3-658-43284-3